功能高分子材料概论

辛志荣　韩冬冰　编著

中国石化出版社

内 容 提 要

本书全面地介绍了目前已经生产或已经研究有成的功能高分子材料，包括离子交换材料、吸附分离材料、螯合树脂、水溶性高分子、高吸水树脂、感光高分子、导电高分子、磁性材料、高分子试剂、高分子催化剂、高分子液晶、高分子膜、高分子微球、医用高分子材料、智能高分子材料、高分子表面活性剂、功能复合材料。书中内容详略有致，深浅有别；既可作为实用参考，又有手册性的功能。

本书可作为高等学校高分子材料、化工、轻工相关专业的教材，也可供有关研究人员、工程技术人员参考。对一般读者，也是一本入门的科普读物。

图书在版编目（CIP）数据

功能高分子材料概论 / 辛志荣，韩冬冰编著 .—北京：中国石化出版社，2009（2023.7 重印）
ISBN 978-7-80229-919-1

Ⅰ. 功… Ⅱ. ①辛…②韩… Ⅲ. 功能材料：高分子材料-概论 Ⅳ. TB324

中国版本图书馆 CIP 数据核字（2009）第 059259 号

地址：北京市东城区安定门外大街 58 号
邮编：100011　电话：(010)57512500
发行部电话：(010)57512575
http://www.sinopec-press.com
E-mail:press@sinopec.com
北京艾普海德印刷有限公司印刷
全国各地新华书店经销
*
787×1092 毫米 16 开本 20.5 印张 507 千字
2023 年 7 月第 1 版第 5 次印刷
定价：45.00 元

前　言

要是在三十年前，不会有人写这本书。因为当时还没有功能高分子这个概念。即使高分子这个概念，早算也才出现在20世纪20年代，至今也不过八十多年。相对于其他学科来说，高分子是年轻的。而高分子形成学科，大约到40年代。随着第二次世界大战的结束，军工材料进入民用领域。冷战的叫板，呼唤着新材料的问世。人类进入太空以及各方面的要求，使材料的作用凸显着重要的地位。高分子学科的发展迅速，很快走向成熟，成为既年轻又成熟的学科。高分子材料以其独特的性能，由替代其他材料的地位，诸如替代木材、石材、钢材、水泥，转而变成其他材料无法替代的独特材料。有的成了非它不可的专用材料，有的成了自然界没有出现过的奇异材料。不仅仅是因为它质轻，不仅仅是因为它绝缘，不仅仅是因为它可以大规模生产，不仅仅是因为它易于加工成型，许多高分子材料起着十分神奇的作用。可以说，没有高分子材料，火箭就不能上天，卫星就不能回来，宇航员就无法工作，许多人类梦寐以求的事情就无法兑现。这样看来，高分子尽管还很年轻，但几乎国民经济的每个部门，人类生活的每个角落都离不开她。在现代通信、能源、高新技术、国防尖端以及农林牧副渔、工农商学兵、衣食住行用，从科学殿堂到农家小院，到处都充斥着她的倩影。

功能高分子材料的概念，出现在20世纪80年代。它与复合材料成为高分子学科的两个重要的新分支，并且各自十分迅速地在发展着。细究起来，功能高分子材料从一开始就是为了满足人类的新的要求而根据分子设计的理论和材料性能设计的理论，通过化工合成和材料化制备过程等方法，终于得到的具有人们所期望性能的材料。但随着功能高分子知识和材料的普及，人们把许多特别的性能也看成了功能；反过来，把一些并没有起十分大作用的功能又淡化了，并把一些司空见惯的功能忽略了。所以功能高分子其“功能”的说法，至今尚无定论。在无定论的“功能”名下，写一本介绍功能高分子材料的著作，当然有些勉强。然而，又不能不写，因为现代分离技术、微波技术、光纤通信、光电复印、临床医学、新型材料、新型能源以及日常应用等，都离不开功能高分子材料。

当今，也有一些介绍功能高分子材料的书，其内容或者以大量生产的为主，或者以正在探索的为主，或侧重于尖新，或侧重于成熟。本书作者力图将二者结合，编出一本有特色的教材和参考书。

本书的编写宗旨有两条：一条是它是一本科技读物，因此要侧重于介绍功能高分子的性能和应用，兼及合成它们的工艺方法，具有实用意义和指导意义，一般科研人员和使用者都可以作为参考书。作为这类参考书，则要求较全，要有一定的广度。虽不敢说此书应有尽有，至今可说覆盖面相当大。本书的另一条宗旨是它是一本教材，是供化工专业、高分子材料专业、轻工专业和相关专业的学生学习的，因此，要有一定的理论和深度，而且要有利于自学，有一定的综合和概括，眉目清楚，条理明晰。现在看来，作者尽力了，基本上可以达到这两条宗旨了。大家看看目录，就略知一二。

当然，功能高分子发展太快了，研究的领域又涉及诸多学科。篇幅本已有限，而作者水平亦有限，疏漏不当之处，烦请读者指教。

目　　录

第一章 概 述

第一节 功能高分子知识

一、什么是功能高分子材料

1. 什么叫材料

材料通常的定义是人类能够合理经济地制造实用器件或直接使用的物质。依照来源，可分为天然材料和人造材料，天然材料如石材、木材；人造材料又可分为人工合成的材料如塑料，人工改性的天然材料如天然橡胶的硫化胶等。有人喜欢研究材料和原料的区别，认为可以直接加工成器件的叫材料，否则叫原料，如钢锭是原料，而钢板、角钢等则是钢材。砍下来的树木叫原木，加工成板、木方，叫板材、枋材。其实，这种区别也经不住推敲。

我们粗略地把材料分为金属材料、无机非金属材料、有机高分子材料和其他材料四类。通常以前三类多见，故有人只划分材料为三类。

并不是什么物质都可以变成材料。物质经过一定的方式，经过加工、改造，转变为适合一定用途的可制成器件的材料，这种加工改造的过程叫材料化过程。有时我们往往把概念混淆，把那些可以经过材料化过程而变成材料的物质，按说应当是材料的原料，有时也说它们是材料。没有加工的石头也可叫石材，没有加工的木料也可以叫木材，没有添加填料等添加剂、甚至不利加工的高分子树脂，也常称高分子材料。

2. 什么是高分子材料

通常的定义是相对分子质量大于 10000 的大分子叫高分子。其实这个数字也不绝对，不过我们常用的“高分子”，其相对分子质量动辄七八万、十几万、几十万。一万左右的也有，但稀少，上百万的也很少。

按照来源划分，可以分为天然高分子和人造高分子。与材料的划分差不多，人造的高分子又可以分为纯人工合成的和天然高分子经人工加工改性的高分子。

按照物质组成，又习惯地划分为无机高分子和有机高分子，再加上一种半无机(半有机)高分子。无机高分子，如结晶的 SiO_2、长石、云母，但人们因为认识它们较早，那时并没有“高分子”这个概念，因此，这些无机物常常不在“高分子”材料的研究范围之内。它们通常是作为无机非金属材料的一类。至于半无机高分子，就是说分子的主链骨架不是碳链，也不是碳杂链，而是无机元素组成的主链，如 —Si—O—Si—O—Si—O—，—Al—O—Al—O—，—B—O—B—O— 之类，但它们的侧链则是有机基团，如烷基、芳烃基、烯基等。这些“半无机”或叫“半有机”的高分子，通常也是高分子学科研究的范畴。所以，材料学科划分的“有机高分子材料”指的是人工合成的有机高分子物、人工合成的半有机半无机高分子物、人工改性的天然有机高分子物。我们这里讲的功能高分子材料的“高分子”，就是上述指的“有机高分子材料”的范围。

3. 什么是功能

功能这个汉语词汇，在《汉语大词典》和《辞海》中都是指事物的“功效”或“效能”。“功效”指的是功劳、成效、效验等含义，“效能”指的是作用、贡献、才能的含义。这就大体上让我们明白，所谓功能，是指能作出什么贡献，对人们来说，它有功劳、有效验的一种能力。

在自然辩证法中，功能是与结构相对应的，结构指物质系统内部各要素的关系，功能指物质系统的作用。实际上说得较玄，定义还是同《汉语大词典》类似。

过去研究材料或研究其他物质的人们，都是研究的物质的性能，或者是研究材料的特性，即特征和性能。功能高分子这个说法，大约在20世纪70年代才出现，因此，就有人研究这“性能”或“特性”同“功能”的界定与区别。比较为人们认同的说法是，材料的特性泛指性能与功能。性能是指材料或物质对外部刺激的抵抗。所谓外部刺激指外机械力、光、热、电、磁等物理刺激以及水、溶剂、药品、化学品等化学刺激。这样，强度、耐热性、透光性、耐水、耐腐蚀等就被说成了性能。功能则是指假若对某种材料或物质输入一种信号，物质或材料会引发起质和量的变化，或者会对某一种输入信号，产生一种输出信号的作用。例如，光输入之后，产生变色而输出；输入金属离子之后，产生氢离子输出；空气输入之后，出来的气体含氧量提高等，这就被说成了功能。

还有一些材料，能够耐受生物体的体液、血液、消化液、生物酶的作用，几乎不被生物体排异，按说该是一种抵抗，定义当是“性能”，但由于太稀罕，也被说成了功能。尤其是许多高分子材料，得以在医药上应用，也被称为功能高分子或医用功能高分子材料。

4. 什么是功能高分子材料

根据上述讨论，本来可以很明白晓畅地说，具有“功能”的高分子材料就叫功能高分子。但由于这个功能的定义有些勉强，例如对生物体刺激的“抵抗”，按定义属于性能，但人们划它为功能。最有意思的是，合成高分子材料的“绝缘”能力，被认为是性能，而“导电”或“半导体”却成了功能，同样是对外电压的抵抗，只是有些“坚强”，有些“软弱”，有些“太不中用”罢了。因此，有人主张，功能高分子指那些性能特殊到与众不同的高分子。与众不同的“众”，指什么呢，有人说是常规高分子，有人说是普通的高分子。再追究下去，什么是常规的或普通的高分子，又有人主张，性能从众的，随大流的叫常规高分子，人家绝缘我也绝缘，人家有一定强度，我也有一定强度。还有人说我们常说的塑料、橡胶、合成纤维、涂料、黏合剂等就是常规高分子。其实，这些高分子只是它们的形态或应用时的形态，完全不能代表它们的性能或功能，更不能说常规不常规。例如，感光高分子的形态就很多，有塑料、涂料、黏合剂等形态。也有人注意到功能高分子是指有特别用途的精细高分子，有人定义功能高分子是知识密集型的高附加值的高分子等。

看来，功能高分子很难有一个确切的定义。这也难怪，直到20世纪70年代，才开始形成的一个分支或学科，人们的认识还在深化。所以，我们认为目前不必给功能高分子一个严格定义上的概念，也不必纠缠功能和性能的区别，而是注重研究一些新型高分子材料的那些叫人喜欢的、有实用价值的、其他材料很少能够取代的、少数几个品种所独有的、特殊到叫人欢欣鼓舞的性能。这些性能不仅有技术意义、经济意义，有的还有社会进步意义、环境保护意义、生命医药意义等。这些奇特的性能，有功劳、有效验的性能，就叫它功能吧。具有这些功能的高分子材料就叫功能高分子材料。

二、功能的类型

一般材料的功能或性能，通常划分为物理功能、化学功能、生物生理功能和介于化学和物理之间的物理化学功能四种类型。

1. 物理功能

物理功能通常指导电、热电、压电、焦电、电磁波透过吸收、热电子放射、超导、形状记忆、超塑性、低温韧性、磁化、磁记录、电磁屏蔽、光致变色、偏光性、光传导、光弹性、光磁效应、光电效应、耐放射性、X 射线透过、X 射线吸收等。

2. 化学功能

化学功能通常指氧化还原、催化、离子交换、光交联、光分解、水溶解、空气降解、大气老化、光聚合、光降解、固体电解质等。

3. 生物功能

生物功能主要指生物组织体适应性、血液适应性、生物体液分解性、生物体内非抽出性、非吸附性、酶和微生物降解等。

4. 物理化学功能

物理化学功能通常指气体吸附、液体吸附分离、高吸水、憎水、表面活性、膜分离、消泡匀泡等。

三、功能高分子材料分类

一般按上述四种类型来划分功能高分子材料。以目前出现的材料来说，主要有以下几种。

1. 属于物理功能为主的材料

如导电高分子、压电高分子、高分子极驻体、旋光性高分子、高分子载体、磁记录高分子、高分子颜料、高分子荧光体和高分子发光体、光变色材料等。

2. 属于化学功能为主的材料

如离子交换树脂、感光或光敏高分子、氧化还原树脂、高分子催化剂、高分子试剂、光降解塑料、水溶性高分子、固体电解质等。

3. 属于生物功能为主的材料

如医用高分子、高分子医药物、高分子农药、生物降解高分子等。

4. 属于物理化学功能为主的材料

如高分子凝胶吸附树脂、高分子分子筛、聚凝剂、高分子染料、稳定剂、高分子表面活性剂、分离膜、功能膜、超强吸水材料等。

也有人将功能高分子按功能的特征分为化学反应型、光敏型、电敏型、吸附型、膜型等，未能包括的则称为其他型。还有人主张按其应用领域分类，如信息化功能材料、电工电子电讯材料、计算机功能材料、能源功能材料、医用生物功能材料、航空航天材料等。

四、功能高分子材料的历史和展望

从某种程度上看，高分子材料发展的历史，就是功能高分子材料发展的历史。

人们很早就利用自然界的天然高分子，将竹、木等用作结构材料，抗压、抗拉的强度，成了它们的功能，还将动物的皮、毛、丝，植物的韧皮，麻、棉的纤维等加工成各式用品，用于日常生活和军事目的，成为一时不可替代的功能高分子。

1839 年，古特异发现了天然橡胶的硫化，硫化橡胶成了功能材料，于 1858 年得到了应用。到 1870 年，人们又发现橡皮能擦掉写在纸上的铅笔字，风行一时，小小的橡皮也有了叫人喜欢的“功能”。

差不多同时，人们发现了硝化纤维素，尔后，又发现了醋酸纤维素，不溶的纤维素可以溶解并继而又变成纤维，得到“再生”之功能，到 1900 年前后，再生纤维，即人造丝厂建成投产。

1907 年，酚醛树脂研究已经成熟，1910 年建厂，成为重要的电气绝缘材料。这种功能材料的出现，为电气行业和弱电产业带来新的生机。1932 年世界上第一个用酚醛塑料作外壳和里面绝缘材料的黑色电话机问世。但随着塑料和橡胶工业的发展，“绝缘”已司空见惯，忘了它曾经的辉煌“功能”。

1927 年，生产出了有机玻璃，这种高分子有透光和光折射的功能。但以后又发现许多透明的高分子材料，随后人们又把这种功能淡忘了。

1935 年，尼龙 66 投产，称为“比蜘蛛丝还细，比钢还强”的纤维。

20 世纪 50 年代，随着汽车工业、电气工业、航空航天的需要，出现了许多满足特殊性能的高分子材料，往往称它们为工程塑料，以后工程塑料发展迅速，似乎也不算“功能”了。

20 世纪 30 年代初人们发现了离子交换功能团的作用，1935 年出现了阳离子交换树脂和阴离子交换树脂。到 1960 年之后，离子交换树脂技术已相当成熟，结构稳定，使用寿命长。到 1966 年，出现了非极性的吸附树脂，到 20 世纪 70 年代，制成离子膜。

1947 年，醋酸纤维带基的磁带已有销售，随后在 1963 年菲力浦公司将盒式录音系统专利无偿公布，以后又有软磁盘、光盘走进千家万户。

1952 年，柯达公司发现聚乙烯醇和肉桂酸酯在紫外光作用下，很快交联，用于光学玻璃的光栅蚀刻。到 1968 年，德国巴斯夫公司发现了光固化不饱和树脂的技术，成了现代还为人使用的感光高分子。这种光刻和光固化技术随着电子束、离子束、激光等离子体等光源的出现，感光高分子在印刷、复印、涂覆粘接、封装等方面得到应用。

20 世纪 60 年代末，美、日等国相继开发出高吸水树脂，引起各国关注，成为一个独立的研究领域，除研究生产方法之外，还不断开拓其应用领域。

20 世纪 70 年代，发现了聚乙炔的高导电性，其后的研究开创了一个新领域，三位科学家同时获诺贝尔奖。

至于医用高分子的应用，可以追溯到很远古时期。但把人工合成的高分子材料用于医疗行业，则是 20 世纪 40 年代到 50 年代初的事。1940 年，人工骨最先被使用，之后人工气管、人工尿道相继被使用，人工心瓣膜应用于 1952 年，人工肺应用于 1953 年。随着工业技术和医疗技术的发展，生物医学的研究深入，原先的高分子材料有些已经不适应，有的出现了缺陷，这就促进了医用高分子材料的开拓，20 世纪 70 年代之后成了热门，至今长盛不衰。

20 世纪 70 年代之后，功能高分子的发展迅速，呼声极高，终于形成了一个学科分支。今后，功能高分子将为科技进步和社会发展做出更大的贡献。

功能高分子今后的路还很长，还要降低成本、简化生产方式，开拓应用领域。可能的发展方向是：

(1) 通用材料的功能化

通用材料生产方法稳定可靠，产量高，成本低，利用这个优势使之功能化，成为新型的功能材料。

（2）功能材料的高功能化和复合化

功能材料的功能向深度开发，可以更好地开拓应用领域。把两种或多种材料组合起来，可发挥出单独使用时达不到的功能。

（3）功能材料的工程化

许多功能材料并不能实现工程应用，应当着力开拓其工程应用。工程化不仅是指在工程上的应用，而是指走出试验室，研究其加工、测试、评估、应用，研究它的工程问题，生产流程合理化，节能降耗，用工程的综合方法来研究它。

（4）从分子设计到应用领域的综合一体化

研究课题的选择来自于应用和需求，再到应用领域中去检验和开发，进行一体化的开发研究，提倡产、学、研相结合。

第二节 功能高分子材料的结构特征

功能高分子材料之所以能够在应用中表现出许多独特的性能，主要与其结构中的两方面有关。一是分子中特殊性能的官能团，如高分子化学反应试剂中的反应活性点的反应性质；二是连接并承载这些官能团的聚合物骨架，如高分子骨架的溶胀性或润湿性等。两者的结合构成功能高分子的构效关系。

一、起功能作用的官能团

许多官能团有其独特的性能，这在有机化学中已经知道，如—COOH、—OH 是亲水的基团，—C ═C—是可以引发聚合或加成的基团，$—SO_3^-H^+$是可以离子交换的基团等。许多功能高分子主要依靠官能团。

当官能团的性质对材料的功能起主要作用时，高分子骨架仅仅起支撑、分隔、固定和降低溶解度等辅助作用。比如高分子氧化剂中的过氧羧基，具有电显示功能的 *N*，*N*-二取代联吡啶结构，侧链聚合物液晶中的刚性侧链，离子交换树脂中的季铵基和磺酸基等就属于这一类型官能团。它们常常在小分子中就能够表现出类似作用。高分子化过程往往使上述的这些性能得到改善和提高。在高分子过氧酸中过氧羧基是氧化反应的活性官能团，聚苯乙烯高分子骨架在试剂中仅仅起提高试剂的稳定性和降低溶解性的作用。电活性聚合物中 *N*，*N*-二取代联吡啶结构是氧化还原中心，对氧化还原变色行为起主要作用。

也有些情况下官能团要依赖高分子骨架才能起作用，这时看上去似乎高分子骨架成了主要的效应，但没有功能官能团也是不行的。如具有侧基—COOH 基团的高分子骨架，如果不交联，线型聚合物就会溶于水，如果交联度很高，高分子骨架很紧密，几乎在水中不溶胀，则—COOH 就起一个弱酸性的离子交换作用，而适度交联，有相当的溶胀空间，—COOH 又成了吸水变成凝胶的基团。高分子骨架上引入官能团的协同作用有时不可小视，如利用引入官能团改善溶解性能、降低玻璃化温度、改变润湿性和提高机械强度等作用。如在主链型液晶聚合物的芳香环上引入一定体积的取代基可以降低其玻璃化温度，从而降低使用温度；在高分子膜材料中引入极性基团可以改变润湿性。在这种情况下，这类官能团仍是很重要的，但是它们对功能的贡献是辅助结构。

二、聚合物骨架的作用

1. 聚合物骨架为功能主体

官能团与聚合物骨架在形态上不能区分，也就是说，官能团是聚合物骨架的一部分，或者说聚合物骨架本身起着官能团的作用。这方面的例子包括高分子分子筛、主链型聚合物液晶和导电聚合物等。如电子导电型聚合物，是由具有线型共轭结构的大分子构成，像聚乙炔、芳香烃以及芳香杂环聚合物。线型共轭结构是高分子骨架，同时它们对导电过程起主要作用。

2. 功能材料中聚合物骨架的高分子效应

不难发现，带有同样功能官能团的高分子化合物与类似的低分子化合物，其化学和物理性质不尽相同。这是高分子骨架产生的高分子效应。这种效应表现在许多方面，有物理性质方面的，也有化学性质方面的。

(1) 高分子骨架的物理效应

高分子骨架的引入，最直接的作用是使小分子功能材料的挥发性和溶解性均大大下降，特别是引入交联型聚合物，可以使其在溶剂中只能溶胀，而不能溶解。可以提高功能材料的稳定性，同时有利于消除或降低某些材料的不良气味和毒性。可以使固相的功能材料易于与液相分离，使高分子试剂容易回收再生，高分子催化剂可以反复多次使用。可以将某些性能优异的络合剂、萃取剂等通过高分子化过程，制成用途广泛的络合树脂和吸附性树脂。利用其不溶性质在水处理、环境保护、化学分析等方面得到广泛应用。

(2) 高分子骨架的机械支撑作用

由于大部分功能高分子材料中的功能基团是连接到高分子骨架上的，因此起支撑作用的高分子骨架对功能基的性质和功能产生许多重要影响。比如，在相对刚性的聚合物骨架上稀疏地连接功能基，制成的高分子试剂具有类似合成反应中的“稀释”作用，各功能基团之间减少相互干扰。同样在聚合物骨架上相对密集地连接功能基团，可以得到由官能团相互作用而产生的“浓缩”状态。

(3) 高分子骨架的邻位效应

在功能高分子材料中，高分子骨架上邻近功能基团的一些结构和基团对功能基具有影响，比如在离子交换树脂中离子交换基团附近，如果有一个氧化还原基团，通过控制该基团的带电状态，将直接控制离子交换树脂的离子交换能力。

(4) 高分子骨架的“模板效应”

“模板效应”是指利用高分子骨架的空间结构，包括高分子构型和构象，在其周围建立起特殊的局部空间环境，在应用时提供一个场所，形如浇铸过程中使用的模板。

(5) 聚合物的半透性和包络作用

多数聚合物都具有一定的半透性，即对某些气体或液体有一定透过性，而对另外一些物质没有透过性，或者透过性很小。交联聚合物在溶胀状态下形成的大网状结构，也为物质分子透过提供了条件。这种透过性在发挥功能材料的作用上有着重要意义。用物理法制备的固化酶正是利用了这种效应，使小分子得以透过聚合物与酶接触反应，而酶本身则被该聚合物包络固化。高分子缓释药物的缓释作用、聚合物修饰电极中聚合物修饰层的选择性，都是依靠聚合物的半透性和包络作用。

第三节　功能高分子材料的获得途径

一、材料设计和分子设计

材料设计和分子设计相当于新产品的开发。开发的需求来自于市场的需求和开发者的设想，以往是依赖于开发小组成员的知识和经验，现代计算机的应用可以借助于数据库的检索。通常一个新型功能材料不可能有现成的材料供选用，而是借助于具有其中的某一方面或某几个功能的材料，促进研究开发。开发的材料包括：分子结构设计，材料加工和复合的设计两部分。

材料设计流程可示意为：

$$\left.\begin{matrix}\text{市场}\\\text{文献}\\\text{设想}\end{matrix}\right\}\text{—开发目标—制订检索方案—检索—方案设计}\left\{\begin{matrix}\text{分子结构设计}\\\text{合成路线设计}\\\text{材料化过程设计}\end{matrix}\right.$$

—评价—流程设计—试验—结果评价—工程设计

功能高分子的分子设计，通常是经过检索，从已知功能的低分子物入手，将它们引入到高分子的骨架上。在引入到高分子骨架上的时候，考虑两个方面的问题，一是形成高分子之后，克服功能低分子原有的缺陷和不能利用的问题；二是形成高分子之后，不能减小或限制小分子团功能的发挥。例如低分子液晶常常有流动性强不易加工等问题，从而限制了它在某些领域的应用，把它引入高分子链形成高分子液晶后，可以大大克服上述不足。又如小分子的过氧酸是很强的氧化剂，但其稳定性差，不便于储存和储运，而且容易发生爆炸或被还原分解，使用后产生的低分子酸，作为杂物还要加以去除，有时去除并不是很方便。将这种过氧酸引入到高分子骨架之后，大大提高了其稳定性。同时，为了不影响功能的发挥，要设计的高分子应当尽量减少高分子的邻位、侧基的负面影响，充分发挥功能基团的功能。

许多功能材料并不完全是小分子官能团的作用，有时还有高分子骨架的协同效果，还要研究高分子骨架的构架结构，虽然我们知道有“高分子效应”，但其中的规律还不算很明白，还要继续探讨研究。

此外，从已有的功能高分子材料出发，设计一种材料化方案，将其功能拓展和扩大，也是功能高分子结构设计的一种方法，例如一些高分子膜具有一定的半透性，将这种材料修饰拓展可以开发出效果更好的半透膜。有些功能高分子材料，可以通过微孔化、修饰侧基、改变交联、改变结晶状态等，开发出新的功能材料。

二、功能高分子材料的合成途径

1. 功能型的小分子实现高分子化

(1) 功能型的小分子实现单体聚合

这种方法的关键是要合成或者说要找到既具有功能基团，又可以聚合的单体。功能基团在聚合过程中还要不能丧失。

可聚合单体如含有双键，或者含有两个以上可以反应的化学官能团，它们可以分别由连锁聚合(也称链式聚合)方法和逐步聚合方法实现聚合。有了这些单体，并不难实现高分子化。例如：

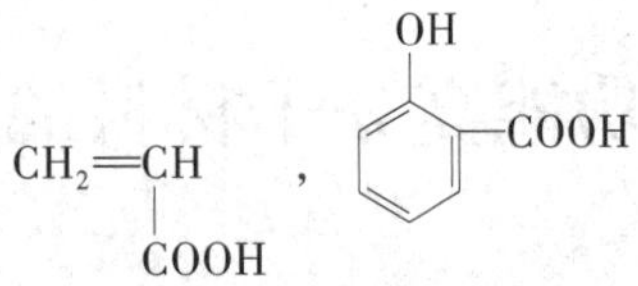

前者可以用连锁聚合、自由基聚合合成高分子；后者可以用制造酚醛树脂同样的方法，用逐步聚合的方法，合成高分子。

实际上，许多聚合并不是单一功能性单体的聚合，常从高分子骨架的角度来考虑，采用共聚合。共聚合的目标可能为了调节功能基团在大分子中的分布、密集程度，也可能为了改善高分子骨架的交联程度或其他物理化学性能。例如上述邻羟基苯甲酸在与甲醛反应生成的树脂是线型的，可溶解，失去了羧基离子交换的功能作用，必须使高分子交联，因此要加入一定量的三官能度的苯酚，实现共缩聚。上述丙烯酸均聚物也是线型的，可溶于水，失去了作为离子交换、吸水树脂的价值，因此，高分子骨架要交联，例如用二乙烯苯，可以在共聚合时就生成交联聚合物。

还有许多情况是要把功能型的低分子引入可聚合的基团。如引入端双键、引入多反应基团的硅烷等，形成一个新型的可聚合功能单体。

（2）聚合物包埋法

在单体溶液中加入小分子功能化合物，在聚合过程中小分子被生成的聚合物所包埋。聚合物骨架与小分子功能化合物之间没有化学键连接，固化作用通过聚合物的包络作用来完成。这种方法制备的功能高分子，类似于用共混方法制备的产物，但是均匀性更好。另外一个优点是方法简便，功能小分子的性质不受聚合物性质的影响。

通过聚合法制备功能高分子材料的主要优点是功能基分布均匀，产物的稳定性较好，因此获得了较为广泛的应用。但在功能型小分子引入可聚合结构时，常常需要复杂的合成反应，要求在反应中不破坏原有结构和功能。

2. 非功能高分子材料的功能化

通过化学或物理方法对已有聚合物进行功能化，使常见的高分子材料具备特定功能，成为功能高分子材料。这种方法的好处是可以利用通用高分子材料，得到功能材料。通过高分子材料的功能化获得功能高分子材料，包括化学改性和物理共混两种方法。

（1）高分子材料的化学方法功能化

这种方法主要是利用接枝反应，在聚合物骨架上引入活性功能基，从而改变聚合物性质，赋予其新的功能。能够用于这种接枝反应的高分子材料都是通用高分子，可以便宜地获得。常见的品种包括聚苯乙烯、聚乙烯醇、聚丙烯酸衍生物、聚丙烯酰胺、聚乙烯亚胺、纤维素、聚酯、聚酰胺、聚环氧化合物、聚苯醚、聚氨酯、有机硅和一些无机高分子。

利用高分子化学反应引入功能基团屡见不鲜，如利用苯环上的取代反应，将交联的聚苯乙烯与磺酸反应可以在苯环的对位上获得阳离子交换基团，同样，也可以获得阴离子交换基团。利用纤维素或大分子侧基上的羟基，可以与氯乙酸 $ClCH_2COOH$ 反应，生成具有大量羧基的功能高分子材料，或溶于水，或作高吸水树脂。

（2）高分子材料的物理方法功能化

有一部分功能高分子材料是通过对聚合物采用物理功能化的方法获得的。其主要原因是物理方法比较简便、快速，多数情况不受场地和设备的限制，特别是不受聚合物和功能型小分子官能团反应活性的影响，适用范围宽；可以有更多的聚合物和小分子功能化合物供选择；得到的功能高分子其功能基的分布比较均匀。

高分子的物理功能化方法主要是通过小分子功能化合物与高分子的共混来实现。共混方法主要有熔融态共混和溶液共混。熔融态共混与两种高分子共混相似，是将聚合物熔融，在熔融体中加入功能型小分子，小分子如果能够在聚合物中溶解，将形成分子分散相，获得均相物。溶解性能直接影响共混物的相态结构。溶液共混是将高分子溶解在一定溶剂中，同时，将功能型小分子溶解在高分子溶液中，或者悬浮在溶液中成混悬体。

这种方法用于聚合物或功能型小分子缺乏反应活性的情况下，不能或者不容易采用化学接枝反应进行功能化的场合。有时则是被引入的功能型小分子物质对化学反应过于敏感，不能承受化学反应条件的情况下，不适宜化学方法进行功能化。

与化学法相比，聚合物共混的主要缺点是共混体不够稳定，在使用条件下(如溶胀、成膜等)功能高分子容易由于功能型小分子的流失，而逐步失去作用。

3. 功能高分子材料的多功能复合与功能扩大

(1) 多功能复合

有时一种高分子功能材料难以满足某种特定需求，如单向导电高分子，必须要采用两种以上的功能材料加以复合才能实现。又如，聚合物型光电池中光电转换材料不仅需要光吸收和光电子激发功能，为了形成电池电势，还要具有电荷分离功能。这时也必须要有多种功能材料复合才能完成。有时为了满足某种需求，需要在同一分子中引入两种以上的功能基。如在聚合物中引入电子给予体和电子接受体，使光电子转移过程在分子内完成。此外，某些功能高分子的功能单一，作用程度不够，也需要对其用化学的或物理的方法进行二次加工。这称为功能高分子材料的多功能复合。

(2) 在同一分子中引入多种功能基

在同一种功能材料中，甚至在同一个分子中引入两种以上的功能基团，也是制备新型功能高分子的一种方法。以这种方法制备的功能高分子，或者集多种功能于一身，或者两种功能协同，创造出新的功能。

例如在离子交换树脂中，离子取代基邻位引入氧化还原基团，如二茂铁基团，以该法制成的功能材料对电极表面进行修饰，修饰后的电极对测定离子的选择能力受电极电势的控制。当电极电势升到二茂铁氧化电位以上时，二茂铁被氧化，带有正电荷，吸引带有负电荷的离子交换基团，构成稳定的正负离子对，使其失去离子交换能力。

(3) 原有功能高分子材料功能的拓展与扩大

采用的方法多种多样，但是总体来说主要包括物理方法和化学方法两种。物理方法就是对功能高分子材料进行机械处理和加工，改变其宏观结构形态，使其具有新的功能。比如，离子交换树脂的成膜化，赋予其分离膜的性质，形成离子交换膜；将吸附性树脂微孔化，增加比表面积，用于微量成分的富集等均属于物理拓展功能法。用化学方法拓展已有的功能，例如将离子交换树脂变成螯合树脂，成为固体酸或固体碱，除了作离子交换之外，还用于催化、医药、色谱等行业。

第二章 离子交换树脂

第一节 概　　述

一、发展简述

离子交换树脂几乎是第一个按照人类生产和生活的需要而有目的地制造出来的功能高分子材料。20 世纪 30 年代，为了解决工业锅炉用软水和发电厂锅炉用水的软化问题，人们发现了离子交换的作用。但最早的用于处理硬水的材料易碎，不好用，就想到了当时作为高分子材料的酚醛树脂作骨架材料。酚醛树脂生产较早，早期应用于涂料上，当时已经不新鲜了。而加填料制成绝缘材料，结实且有很好的强度，十分吸引人，电气电力工业上到处应用。于是 1935 年有人试着将已经可以使用的酚醛树脂加以磺化，得到了阳离子交换树脂。这最早出现的磺化酚醛树脂，是无定形的，大小粒径并不规整。实际上当时也不知道控制树脂的交联度，只是合成出什么样的酚醛树脂就把它加以磺化。不久，又在此基础上研制了阴离子交换树脂。德国、法国相继工业化生产。整个二次大战期间，美国磺化酚醛树脂类的产量达到高峰，为电力电子工业的发展作出了贡献。

二次大战结束后，随着高分子合成技术的发展，对以苯乙烯为主的共聚合体系生产出的大小不等的粒状、球状的交联聚苯乙烯，采用磺化的方法，可以得到球珠状的阳离子交换树脂，这是离子交换树脂上的一次革命。交联聚苯乙烯的骨架稳定，使用寿命长，而且人们筛选出尺寸几乎相同的交联聚苯乙烯小球，进行离子交换功能化反应。得到的商品外观美好，使用寿命长，物理化学性能稳定，而且可以人为地控制磺化程度和水平。到了 20 世纪 50 年代，离子交换树脂在高分子的骨架材料上又得到了进一步开发研究，除了酚醛树脂和交联聚苯乙烯之外，又开发了交联聚丙烯酸酯树脂、脲醛树脂等，到 20 世纪 60 年代前后，又发现了聚乙烯基吡啶材料（PVP），它比聚苯乙烯有更加稳定的耐化学试剂、耐辐射等特性，成了当时最优良的特殊功能的离子交换树脂骨架材料。

20 世纪 40 年代到 60 年代，是离子交换树脂蓬勃发展的时期。不仅制造离子交换树脂的骨架材料得到充分开发，而且对于功能化的研究也走向成熟，不仅传统的磺化生产工艺和氯甲基化工艺得到完善，而且又开发了弱酸性和弱碱性的功能基团。这些弱酸性基团对于交换高阶离子有更好的结合力和交换强度。在此基础上，人们又研究了由两个弱酸性交换基团共同“抬”或“夹”着高价离子的方案，这就在 60 年代发明了离子交换中的“螯合树脂”，随后螯合功能逐步走向成熟，工艺走向完善，发展成了一个大的类型。在这前后，人们为了提高离子交换的能力，先后发明了氧化还原的交换基团和树脂骨架上同时接有阴阳两种交换基团的树脂，使离子交换树脂的功能基团的研究几乎达到了极致。

20 世纪 60 年代之后，是离子交换树脂推广应用的时代。这时期高分子骨架的开发已经走向成熟，交换功能团的开发也几乎达到极点。因此，人们致力于研究它的应用和再生技术，研究出了可以用热水再生的弱酸弱碱两性树脂。应用领域上，从处理硬水使它软化，到生产纯水、超纯水，由废水中离子的处理到从废液中提取有用的离子，从应用于原子能工业浓缩铀到稀土工业的萃取分离，从食品工业的脱盐脱色到制药工业的去离子浓缩提纯等。

20 世纪 70 年代前后，离子交换树脂的发展走向功能的拓展和深化。人们分别研究将高分子骨架制成大孔状、微孔状，增大接触面积，这就出现了大孔骨架的树脂和微孔骨架树脂，随着开发的深入，又发明了网状、络状的树脂骨架，以至于出现了网状的均匀孔径的“分子筛式”的离子交换树脂。70 年代之后，离子膜的技术随着杜邦公司开发的全氟磺酸树脂离子交换膜的出现，不仅引发了氯碱工业电解槽的革命，也将离子交换树脂的发展带到了一个新的高度。所谓离子交换树脂的功能，已经不局限在“离子的交换”这一点上，还有络合配位、螯合、氧化还原等功能。

我国的离子交换树脂研究，始于 20 世纪 50 年代初。到 1953 年酚醛磺化树脂生产，1958 年凝胶聚苯乙烯系树脂研究成功，不久投产。到 70 年代，产品种类和产量增加，已基本满足国内需求。

二、结构和功能种类

离子交换树脂的结构可由三部分组成，一是高分子骨架，二是功能基团，三是可交换的离子。

1. 高分子骨架

不论其化学组成如何，在物理形态上分为凝胶型和大孔型。

所谓凝胶型，就是它只有高分子交联链自然形成的蜷曲链的孔洞，又称“凝胶孔”。凝胶孔大小不一，孔的多寡和大小与交联程度有关，与高分子骨架的化学组成有关，也与交联剂的化学组成有关。孔的存在，直接影响离子交换的速率和交换容量。这种凝胶孔，要靠水钻进去溶胀而形成；无水的、干燥的树脂孔就收缩，没有作用。

所谓大孔树脂，是指高分子骨架除了由交联链形成的凝胶孔洞之外，还有人为制造的一些毛细孔，这些毛细孔根据大小和形态又可以分为一般毛细孔，简称大孔树脂，大而且多的毛细孔，称高大毛细孔。多到极致就成了网状骨架，如果孔径均匀，称为网状匀孔树脂骨架。形成毛细孔的方法，通常是在聚合过程中加入“致孔剂”，致孔剂一般是一些低分子物质，可以是溶剂，也可以不是溶剂，在聚合后期蒸出来，形成孔洞，也可以在加热过程中膨化成孔洞，还可以用溶剂浸出的方法浸出“致孔剂”，留下空洞。用线型高分子和交联高分子形成的互穿网络，而后用线型高分子的溶剂浸出线型聚合物留下网状空洞，也是制造大孔树脂的方法。

2. 阳离子交换树脂

离子交换树脂的功能基团，就是起离子交换作用的化学官能团。官能团的功能有阳离子交换、阴离子交换、氧化还原和螯合等几种功能作用。

阳离子交换的功能团一般是酸，在交换过程中，酸根与阳离子结合，而以氢离子作为可交换离子。

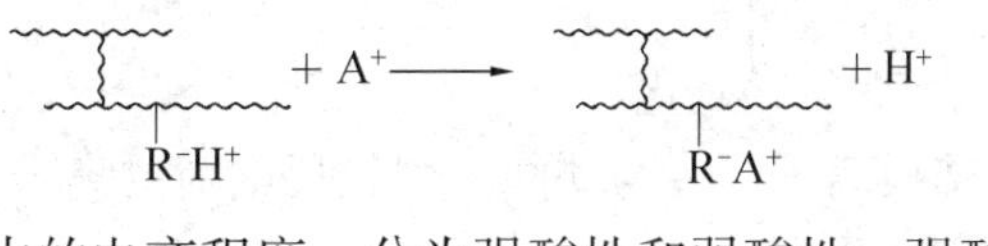

根据这些酸基团在水中的电离程度，分为强酸性和弱酸性。强酸性的如磺酸基，弱酸性的如羧酸基、磷酸基等。

3. 阴离子交换树脂

阴离子交换功能团一般是碱，交换过程示意如下：

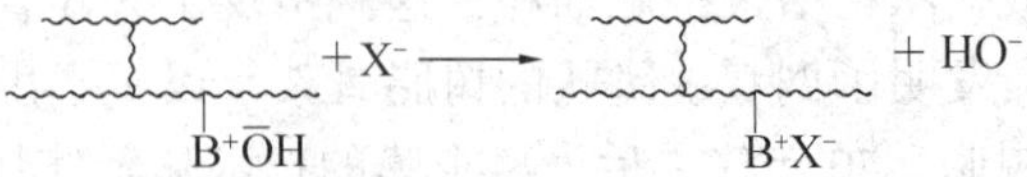

根据电离水平，又分为强碱型和弱碱型，强碱一般是季铵碱，弱碱一般是伯、仲、叔胺。

4. 氧化还原功能团树脂

有些功能基团在进行离子交换的同时，自身发生氧化还原反应，如对苯二酚基团 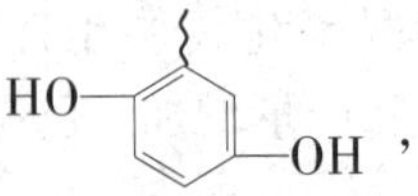，在还原交换中，自身变成醌 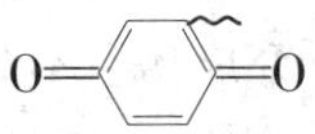，这些基团的离子交换作用强烈，故氧化还原功能基团又称为电子交换基团。所以，氧化还原树脂又叫电子交换树脂。其氧化态和还原态外观颜色不同，很易分别，便于使用。

5. 两性离子交换树脂

高分子骨架上接有弱酸性和弱碱性两种可离子交换的基团，或者接有弱酸和强碱、中强碱的两种可交换的基团。

6. 螯合树脂

螯合功能基团是离子交换和离子配位相结合的功能基团，基本特征是有相邻的两个功能基团，可以像螯爪一样地抓住大的金属离子，作用机理是与离子的“络合作用”。

离子交换树脂组成结构示意如下：

- 离子交换树脂组成
  - 高分子骨架
    - 凝胶型树脂
      - 低交联度(<8%)
      - 标准交联度(8%)
      - 高交联度(>8%)
    - 大孔型树脂
      - 大孔树脂
      - 高大孔树脂
        - 网状树脂
        - 网状匀孔树脂
  - 功能基团
    - 阳离子
      - 强酸性
      - 中强酸性
      - 弱酸性
    - 阴离子
      - 弱碱
      - 强碱
        - Ⅰ型　$N^+(CH_3)_3{}^-OH$
        - Ⅱ型　$N^+(CH_3)_2(CH_2CH_2OH)^-OH$
    - 螯合性
    - 两性
      - 强碱-弱酸
      - 弱碱-弱酸
    - 氧化还原
  - 交换离子——与功能基团相反电荷的离子

三、离子交换树脂分类和命名

分类不是绝对的，分类的方法很多，试举如下。

1. 以高分子骨架的物理形态分类

(1) 凝胶型：外观半透明，球状，在溶胀后产生微孔。

(2) 大孔型：外观不透明，球状，有毛细孔，交换速率快。

2. 以高分子骨架化学组成分类

分类代号分别是1、2、3、4、5、6、7共七种，依次述说如下。

(1) 类，聚苯乙烯系：以苯乙烯和交联剂二乙烯苯悬浮共聚的高分子小球。

(2) 类，聚丙烯酸系：以丙烯酸、丙烯酸酯、甲基丙烯酸甲酯等一种或数种单体，与交联剂悬浮共聚的高分子小球。交联剂常用的是二乙烯苯，有时用二甲基丙烯酸乙二醇酯、甲基丙烯酸烯丙酯等。

(3) 类，酚醛树脂系：以苯酚和甲醛缩聚反应得到的无定型粉末状高分子，或者是在分散剂中分散成小球状。

(4) 类，环氧系：以双酚A型环氧树脂为骨架，通常是粉末状高分子或小球状。

(5) 类，乙烯基吡啶系：以乙烯基吡啶为单体与交联剂二乙烯苯共聚而成的高分子小球。

(6) 类，脲醛系：以缩聚的脲醛树脂，经粉碎而成的无定形粉状高分子。

(7) 类，氯乙烯系：以氯乙烯或者加有其他的单体悬浮聚合得到的高分子小球。

3. 以功能基的化学结构分类

分类代号分别是0，1，2，3，4，5，6共七种，依次表达如下：

(0)类，强酸性：功能基是磺酸基 $—SO_3H$。

(1)类，弱酸性：功能基是羧酸基 —COOH、磷(膦酸基)$—PO_3H_2$ 等。

(2)类，强碱性：又分为Ⅰ型和Ⅱ型：

Ⅰ型功能基为甲基季铵基 $—N^+(CH_3)_3$

Ⅱ型功能基为二甲基季铵基 $—N^+(CH_3)_2(CH_2CH_2OH)$

(3)类，弱碱性：功能基是伯胺、仲胺、叔胺类$—NH_2$、—NHR、$—NR_2$ 等。

(4)类，螯合性：主要代表产品有功能为胺羧基的、多羟基的$—CH_2N(CH_2COOH)_2$、$—CH_2N(CH_3)C_6H_8(OH)_5$ 等。

(5)类，两性：功能基为两种，有强碱-弱酸型，如$—N^+(CH_3)$、COOH；有弱碱-弱酸型，如$—NH_2$、—COOH。

(6)类，氧化还原性：功能基是一些具还原性的基团，如硫醇基$—CH_2SH$、对苯二酚基。

以上所谓分类代号是按照1976年立项制定的部颁标准，HG 2-884-886-76来归类的。

实际上，离子交换树脂没有统一的命名，各国不同，各厂各异，现在更是名目众多。但原石油化学工业部制定有标准，试图规范国产离子交换树脂的命名，但实施时间很短，没有形成习惯。兹举例如下，以便参考。

凝胶型离子交换树脂命名原则

ABC×E　　A表示功能基分类代号；

B表示高分子骨架代号；

C表示厂家自定的顺序号，有时根据交联剂来编；

E表示交联度。

如 011×8 表示是以二乙烯苯为交联剂，交联度为 8 的聚苯乙烯类强酸性阳离子交联树脂。

对于大孔型树脂，在凝胶型树脂命名前加一个“D”是汉语拼音“大”的第一个字母。如 D211 表示为以二乙烯苯为交联剂的聚苯乙烯骨架强碱性大孔树脂。

第二节　离子交换树脂的性能

一、基本物理参数

1. 粒度或平均粒径 d_p

大多数离子交换树脂是小球状，商品树脂都是含水的，沥干后测定平均粒径 d_p 一般为 1.0mm，但粒度的范围通常在 0.2~1.2mm 之间，从理论上讲，小粒度可以有较大的比表面积，但使用中不方便。

工业上粒度常用泰勒筛或中国标准筛的“目”数来表示。例如 18 目约为 1mm；25 目约为 0.8mm；35 目约为 0.5mm。

2. 堆积密度 ρ_V

这是固体颗粒的重要指标，测定的方法很简单，用一个量筒和天平就可以测定单位体积的树脂质量。将要测的树脂装入小量筒轻轻敲打踏实之后，测量体积为 V_o，并称重。以体积 V_o 和质量 W 即可算出 $\rho_V = \dfrac{W}{V_o}$

有人称堆积密度叫视密度、表观密度等，一般离子交换树脂表观密度在 0.6~0.9g/cm^3 之间。

3. 密度 ρ

树脂的骨架真实密度的测量比较困难，通常是先称取一定质量(W)的树脂，放入量筒内，倒入标定体积 V_L 的溶剂，是可以渗透到树脂凝胶孔中而不与树脂反应的溶剂，常用庚烷，达到平衡后，从总体积中减去溶剂体积 V_L 即为树脂的体积。

$$\rho = \frac{W}{V - V_L}$$

4. 孔容 $\bar{V}$

孔容指单位质量的干树脂内孔洞的体积。

$$\bar{V}_{孔容} = \frac{V_{孔}}{W} = \frac{V_o - (V - V_L)}{W}$$

$$\bar{V} = \frac{1}{\rho_V} - \frac{1}{\rho}$$

5. 比表面积 S

大孔树脂经常测定比表面积，即每克树脂具有的内外表面积总和。现代有专门的比表面积测定仪测定。

6. 溶胀度

溶胀度指一定体积的干树脂，在室温水中浸泡 24h，体积胀大的百分率。但有时表达的是“交换引起的溶胀度”，一般为 5%~10%，与交联度有关。

7. 含水量

含水量指单位质量湿树脂中含水的质量分数。通常商品离子交换树脂都是以湿树脂的形式出售的，以保持树脂中的微孔，干的树脂几乎不见微孔，当浸有足够的水之后，才能使凝胶孔保持溶胀状态。所以，所谓含水量常常指含水达到饱和时的百分数，通常含水都在45%~60%。

8. 使用温度

这与离子交换树脂的骨架高分子材料有关。一般使用温度在40~80℃，偶尔有的可用到100℃以上。

二、基本化学性能

1. 离子交换树脂的化学反应

不同功能基团的离子交换树脂，有不同性质的可交换基团，反应举例如下。

（1）强酸性阳离子交换树脂

$$R—SO_3H + Na^+ \longrightarrow R—SO_3Na + H^+$$

$$2R—SO_3H + Ca^{2+} \longrightarrow (R—SO_3)_2Ca + 2H^+$$

（2）强碱性阴离子交换树脂

$$R—N(CH_3)_3 \cdot OH + Cl^- \longrightarrow R—N(CH_3)_3 \cdot Cl + {}^- OH$$

$$2R—N(CH_3)_3 \cdot OH + SO_4{}^{2-} \longrightarrow (R—N(CH_3)_3)_2 \cdot SO_4 + 2{}^- OH$$

（3）弱酸性阳离子交换树脂

$$R—COOH + Na^+ \longrightarrow RCOONa + H^+$$

$$2RCOOH + Ca^{2+} \longrightarrow (RCOO)_2Ca + 2H^+$$

（4）弱碱性阴离子交换树脂

$$R—NH_2 + H_2O + Cl^- \longrightarrow RNH_2 \cdot HCl + {}^- OH$$

$$2RNH_2 \cdot OH + SO_4^{2-} \longrightarrow (RNH_2)_2SO_4 + 2{}^- OH$$

（5）螯合树脂

$$R \cdot CH_2 \cdot N(CH_2COOH)_2 + Cu^{2+} \longrightarrow RCH_2 \cdot N(CH_2COO)_2 \cdot Cu + 2H^+$$

2. 离子交换容量

这是个理论数值，指单位体积或单位质量的树脂所持有的可交换的离子的数量，单位是毫克当量/mL或毫克当量/g。

测量这个数据的方法，总的来说，可用酸碱滴定法，对于弱酸性离子交换树脂，可以用过量的NaOH标准溶液浸泡24h，再用HCl标准溶液滴定，可以计算出弱酸性树脂的交换容量。同理，用过量的HCl标准溶液浸泡弱碱性离子交换树脂，再用NaOH标准溶液滴定，可以测出弱碱性树脂的交换容量。

用这个方法测强碱强酸性的离子交换树脂不准确，对于强酸性离子交换树脂，先用5%~7%HCl溶液冲洗，再用去离子纯水洗涤干净，得到的强酸型阳离子交换树脂，已经转化为H型。将NaCl溶液通入已置换为H型的树脂，充分置换出H离子，再用NaOH标准溶液滴定。同理，可测定出强碱性阴离子交换树脂的交换容量。

实际应用中，一般可用实验方法测出交换容量，具体的方法是向离子交换柱中以一定速度，通入一定浓度的含有要除去的离子的溶液，当流出液中检测到要除去的离子时，就可以计算出实际的交换容量。有人把这个实测的交换容量叫穿漏交换容量。

在具体使用离子交换树脂时，有时不是等到从流出液中出现了要除去的离子时，才不能工作，而是根据外观、速度或其他条件判断。这个离子交换量的数据，有人叫做“工作交换容量”，不过这个数据并不准确，但可供使用者在设计和计算时参考。

离子交换容量的大小，并不完全反映了离子团的数量，还与高分子骨架结构有关。不同的主链骨架有不同的分子间力，凝胶孔大小不一。而交联度影响甚大，交联度越高，凝胶孔越小，交换容量下降。交联剂的长短大小，也影响到凝胶孔的大小。同样，大孔型树脂的交换容量要比凝胶型的大。另外，交换容量也因不同离子而不同，也就是说，离子交换容量与树脂对离子的选择性有关。所以在设计离子交换树脂的用量和再生周期时，要经过实验测定。

3. 离子交换平衡和选择性

离子交换反应是可逆的，简单表示为：

$$RA+B^+ \underset{K_2}{\overset{K_1}{\rightleftharpoons}} RB+A^+$$

两种离子之间的浓度差，是离子交换的推动力，正是由于离子交换的平衡，才使离子交换树脂的“再生”成为可能。浓度差越大，交换的速度越快，达到一定程度后，离子交换就认为达到了平衡，表观交换速度为零。

根据质量作用定律，平衡常数 K 表达为：

$$K_1=\frac{[RB][A^+]}{[RA][B^+]}$$

平衡常数与达到平衡时两种离子浓度的比值有关。并不一定是两种离子的浓度相等时才平衡。所以，这个平衡常数 K 与树脂对 A^+ 和 B^+ 的亲和力有关，也就是与树脂对这两种离子的选择性有关。因此，K_1 又叫做选择性系数。选择性系数不是固定不变的值，不同的树脂不同，不同的离子也不一样。因此，K_1 实际上是个实验值。

离子交换树脂对离子的选择性，影响因素甚多。不仅取决于树脂本身的功能基团，还与树脂高分子骨架种类、交联程度、小孔结构等有关，与被交换离子的离子价、离子水合半径有关，还与交换环境的浓度、pH 值有关。举其大概，可归纳如下：

（1）离子价和离子水合半径的影响

通常离子交换树脂优先选择高价的反离子或离子团。

选择顺序如： $PO_4^{3-}>SO_4^{2-}>Cl^-$

$$Cr^{3+}>Ca^{2+}>Na^+$$

同价离子，则随主原子的原子序数增大，表面电荷密度相对减小，因而水合半径相对减小，而被交换能力相对增大。一些离子的交换顺序如：

$$C_S{}^+ > Rb^+ > K^+ \sim Na^+ > Li^+$$

$$Ba^{2+} > Sr^{2+} > Ca^{2+}$$

$$CNS^- > ClO_4{}^- > I^- > NO_3{}^- > Br^- > CN^- > HSO_4{}^- > NO_2{}^- > Cl^- > HCO_3^- >$$

$$CH_3COO^- > HO^- > F^-$$

（2）树脂的功能基团影响

对于阳离子交换树脂而言，随功能基团酸性的增大，对 H^+ 和金属高价离子的选择性减小。选择性顺序是：

羧酸树脂>磷（膦）酸树脂>磺酸树脂

弱酸性阳离子交换树脂对 Cu^{2+}、Co^{2+}、Ni^{2+} 等易生成络合离子的金属离子有特殊的选择性。

强碱Ⅰ型对阴离子的选择性要高于强碱Ⅱ型，而反过来，对 HO^- 的亲和力，Ⅰ型较Ⅱ型差，所以Ⅱ型的再生效率高于Ⅰ型。

螯合树脂对某些金属离子却有特殊的选择性，有些品种甚至于可以不顾其他一价金属离子的存在，而只选择性除去二价或高价金属离子，甚至于是微量的二价或高价金属离子，很有实用意义。

（3）树脂骨架的影响

粒度和孔度、比表面积的影响自不待言。而交联度和交联剂的长短、交联剂的极性直接影响凝胶孔径的大小。当交联度较大时，交联程度大，则孔径小，对高价小半径的离子选择性强；反过来，当交联度较小时，孔径较大，甚至于对选择性几乎没有影响。

（4）浓度和环境的影响

通常浓度大，交换推动力大，但与选择性关系不大。

对于强酸性阳离子交换树脂，交换液酸的浓度越大，选择性变差。而对于强碱性阴离子交换树脂而言，在高浓度碱液中，对不同价次的阴离子选择性区别变小，甚至相同，乃至于有时会反过来。

4. 离子交换速率

离子交换的选择性只决定了离子交换的可能性，相当于解决了热力学问题，而离子交换的速率，直接影响到能否实施，相当于动力学问题。动力学研究表明，离子交换过程包括离子从溶液中扩散到树脂的表面，穿过表面的液膜，进入树脂内部孔道，进而与相关离子进行交换。交换后的离子再从树脂内扩散到溶液中。这些过程中，离子进入树脂表面和进入树脂孔内的速度是决定性的步骤。

影响这两个扩散步骤的因素是树脂的粒径、比表面积、孔洞的大小多寡、溶液的浓度和流速等，具体数据由实验确定。

5. 离子交换树脂的再生

当离子交换树脂使用到一个合理的“工作交换容量”时，就认为失去了交换活性，就要进行再生。

再生使用的溶液，其工作原理，就是离子交换平衡的逆反应。影响选择性的决定因素是再生溶液的浓度和再生液的流速。流速增大，可以提高向树脂的扩散速度，而浓度较高时，提高孔内的扩散速度。当浓度较高时，强酸性阳离子和强碱性阳离子交换树脂的选择性变差，离子价数已经不是选择性的依据，这才使得用一价的 H^+ 和 HO^- 溶液再生得以进行。

因此，再生强酸性阳离子树脂的原则是以较高浓度的 HCl 溶液，较高的流速通过离子交换柱，通常使用的 HCl 浓度为 5%~8%。同样，再生阴离子使用的 NaOH 浓度，一般也是 5%~8%。弱酸、弱碱性离子交换树脂，通常也用酸碱再生，有时根据交换要求，可以用盐类再生。如再生弱酸性阳离子树脂，用 2%~4%HCl，而一般弱碱性阳离子树脂，常用 NaOH 的浓度为 1%~3%，有时用 10%的纯碱溶液。而弱酸—弱碱的两性树脂可以用热水再生，故它们又称为热再生树脂。

在用离子交换树脂制取纯水时，使用混床，即两种离子混合在一起，再生时则利用阴阳离子交换树脂在饱含水之后重度有差别，可以用水力冲洗将它们分为上下两层，分别再生后，用 N_2 吹混均匀。

第三节　离子交换树脂的合成

一、概述

大多数离子交换树脂的合成，是分步实施的。即第一步合成无功能基团的高分子骨架，骨架是交联的高分子，一般不溶于溶剂，只有适度溶胀，通常它们是球形的，俗称白球或珠球。第二步是将功能基团引入到高分子珠球上，这个过程常称“功能化”或叫“修饰”。并不是所有的离子交换树脂都要采用两步法，有些弱酸性离子交换树脂，就是用带有功能基团的单体直接与其他单体、交联剂单体共聚合成的。看起来，当然这种一步法合成是要简单得多。那些用两步法合成的离子交换树脂，并不是人们找不到这种带功能基团的单体，而是因为这些功能基团如磺基和氨基的存在，使这种单体成为自由基聚合的阻聚剂，目前无法直接与交联剂单体以自由基聚合机理聚合起来，不得已采用两步法合成。当然随着高分子合成技术的进步，应当会改进。

至于大孔型离子交换树脂，目前仍然大多数采用两步法，先合成具有大孔的树脂珠球，再向无功能化的珠球上引入功能基团。

二、两步法合成离子交换树脂

1. 合成高分子骨架

大多数高分子骨架是悬浮聚合的小球体，以水为分散介质，以水溶性的表面活性剂作为悬浮分散剂和稳定剂。单体是油溶性的，被悬浮分散为小油滴并被悬浮剂包围。引发剂通常是油溶性的，与单体油滴在一个相中，加热引发，在油滴中进行本体聚合。由于加有交联剂，聚合出来的高分子成小球状分散在液相中，不溶于溶剂。引发剂也有水相的，如过氧化物。

高分子骨架最常见的是聚苯乙烯白球，此外，常用的还有聚丙烯酸酯类骨架。两种骨架上功能团引入方法不同。

（1）聚苯乙烯白球

基本配方(质量份)：

苯乙烯	80
二乙烯苯	20~30
聚乙烯醇	1
去离子水	500
引发剂过氧化二苯甲酰	0.5~1

聚合交联剂二乙烯苯，有对位和间位两种异构体，工业用二乙烯苯，这两种异构体一般不加分离。在聚合条件下，80℃左右，对位的二乙烯苯活性高于间位的，而间位的二乙烯苯活性大于苯乙烯，因此共聚体往往存在交联密度不均的情况，在工艺上要加以改进。球状物充分洗涤，110~120℃干燥，得到“白球”。

（2）聚丙烯酸酯类珠球

最常用的单体是丙烯酸甲酯，有时为了调整珠球的强度，往往加入甲基丙烯酸甲酯。交联剂的使用，仍然可以用二乙烯苯，但二乙烯苯的活性比丙烯酸酯大得多，更加会造成交联不均的现象，因此，往往改用二甲基丙烯酸乙二醇酯，或由二乙烯苯与甲基丙烯酸烯丙酯混合使用。

基本配方(质量份)：

丙烯酸甲酯和甲基丙烯酸酯	100
二乙烯苯	10
甲基丙烯酸烯丙酯	14
聚乙烯醇	0.7
过氧化二苯甲酰	1
去离子水	400

(3) 聚乙烯基吡啶树脂

乙烯基吡啶有对位、间位、邻位等几种异构体，以及甲基乙烯基吡啶、乙基乙烯基吡啶等几种同系物，这些都可以单独或混合使用，交联剂经常用二乙烯苯。在悬浮聚合中，聚乙烯基吡啶容易发生乳化，故应加入盐析剂如 $NaNO_2$ 等。

基本配方(质量份)：

乙烯基吡啶混合单体	100
二乙烯苯	20
羟丙基甲基纤维素	3.5
$NaNO_2$	20
偶氮二异丁腈	0.5
去离子水	300

(4) 大孔树脂骨架合成

一般是在共聚合过程中，同单体一起加入“致孔剂”，当致孔剂被聚合物包埋或互穿形成外观完整的高分子凝胶白球之后，再把致孔剂脱除。脱除的方法有水蒸气蒸馏或溶液浸出等。致孔剂通常是低沸点可溶单体而不溶聚合物的不良溶剂，如庚烷、汽油、异戊醇等，也可用良溶剂和混合溶剂，有时也用线型高分子或线型低聚物，在树脂中形成互穿网络(IPN)，再用线型高分子的良溶剂浸取脱除，留下网络状高分子的大孔树脂。

以不良溶剂作致孔剂，得到的树脂微孔，孔径较大而且不规则，比表面积较小。但比表面积还与交联程度有关，当交联剂用量增大时比表面积也增大，接近于直线增长。参见图 2-1。

而不良溶剂的用量，并不是与比表面积呈直线增长的，当溶剂太多时，孔径变大，比表面积反而下降，经验上以 50%～70%的溶剂为较好。

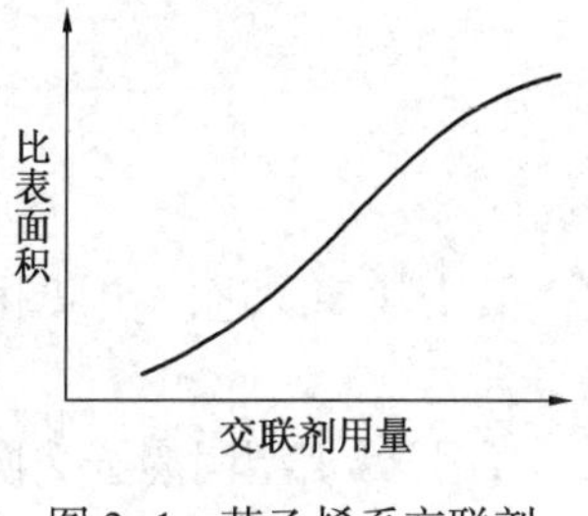

图 2-1　苯乙烯系交联剂与比表面积影响(正庚烷 60%)

若采用线型高分子，如相对分子质量在 2 万～3 万左右的聚苯乙烯，作为交联聚苯乙烯白球的致孔剂时，用量在 10%～30%，就会形成较好的互穿网络的聚合物，苯乙烯-二乙烯苯骨架中，互穿着聚苯乙烯。如果聚苯乙烯溶于它的良溶剂中，与单体一起共聚，形成的互穿网络孔洞趋于均匀，而且孔洞变小，比表面积增大。

以不良溶剂致孔基本配方(质量份)：

苯乙烯	80
二乙烯苯	25

过氧化二苯甲酰	0.7~1.0
汽油	50
聚乙烯醇	1
去离子水	300

2. 高分子骨架上引入功能基团

上述合成的高分子骨架不具有离子交换的功能基团，必须利用高分子的化学反应，将功能基团引入。

(1) 苯环上磺化反应引入强酸性阳离子交换基团

通常以交联聚苯乙烯白球的磺化反应制取阳离子交换树脂。磺化反应发生在苯环的对位，磺化剂常用浓 H_2SO_4，也可以用发烟硫酸、氯磺酸等。为了使反应顺利进行，通常用二氯乙烷作溶剂、溶胀聚苯乙烯白球。树脂的交联度和反应温度直接影响磺化速度和效果。通常反应温度为 80℃。反应示意如下：

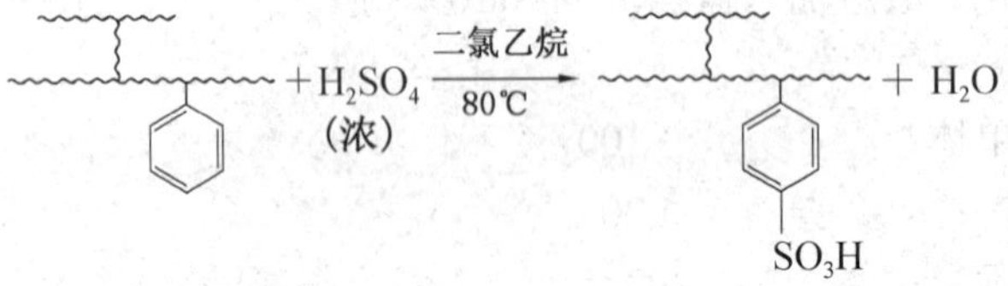

随着磺化程度的深入，磺酸基可能与反应生成的水亲和，因此，反应后期宜升高温度，将 H_2O 脱出，使磺化反应充分进行下去。

反应结束后，一定要缓慢逐步稀释 H_2SO_4，防止过快稀释，放热太大，温度过高，可能使磺基水解，高温下的水使已经磺化的树脂过度溶胀以致崩裂破坏。

(2) 苯环上氯甲基化反应引入阴离子交换基团

氯甲基化通常发生在苯环的间位上。氯甲基化剂目前仍以氯甲醚为主，尽管它的毒性较大，但是它是聚苯乙烯白球很好的溶胀剂，一举两得。催化剂通常用 $ZnCl_2$。树脂的交联度和反应温度影响氯甲基化的程度，交联度越高，氯甲基化程度越低。而反应一般控制在较低温度，防止放热太多太快。反应示意如下：

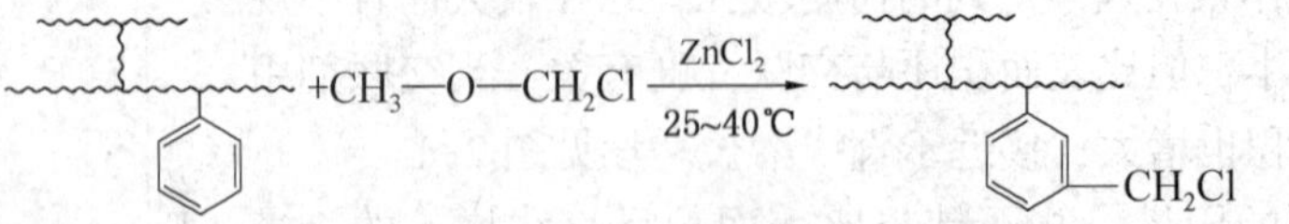

氯甲基基团进一步胺化反应，可以分别得到强碱型和弱碱型阳离子交换基团，示意如下：

① 强碱 I 型阴离子交换基团引入：

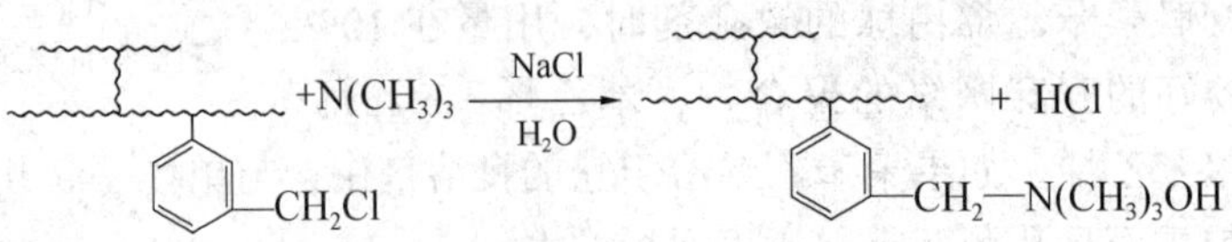

聚苯乙烯白球在胺化时，易于溶胀破裂，常加入 NaCl 作为缓冲剂，三甲胺的加入亦分批投料，控制反应速度。胺化结束后，缓慢逐步加以稀释，洗涤后得产品。大孔的骨架可以加快反应速度。

② 强碱Ⅱ型阴离子交换功能基团引入：

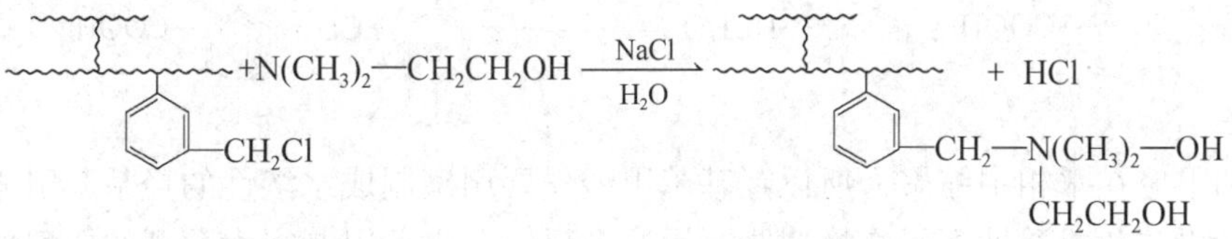

③ 弱碱性阴离子交换基团引入：

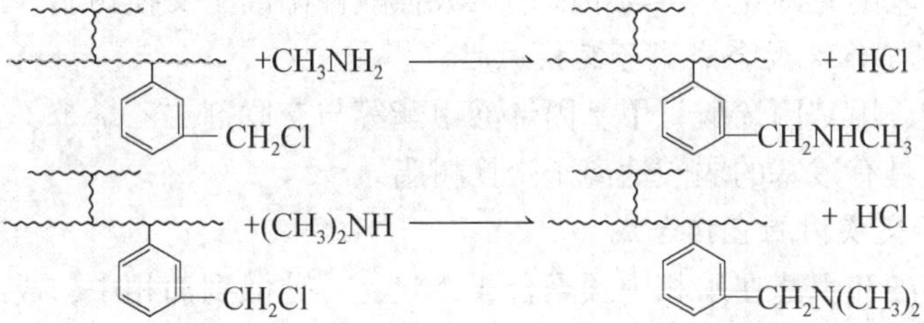

所用的伯胺、仲胺、叔胺或多胺不同，就有不同牌号和不同品种。

某些氧化还原树脂、某些螯合树脂可以从氯甲基化之后，引入季铵碱再加以合成：

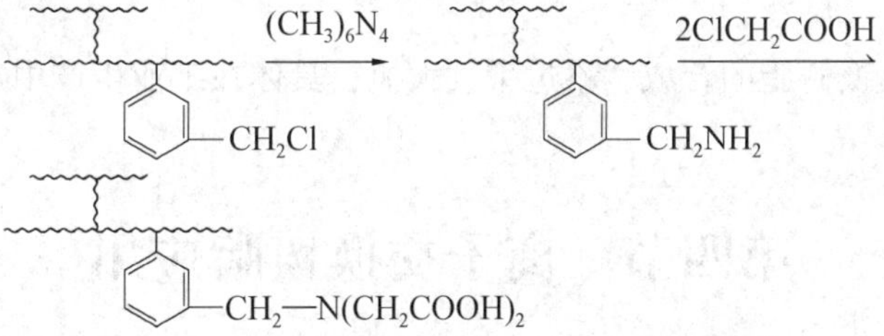

(3) 聚丙烯酸酯酯基的化学反应引入功能基团

① 酯基水解，引入弱酸性离子交换功能团：

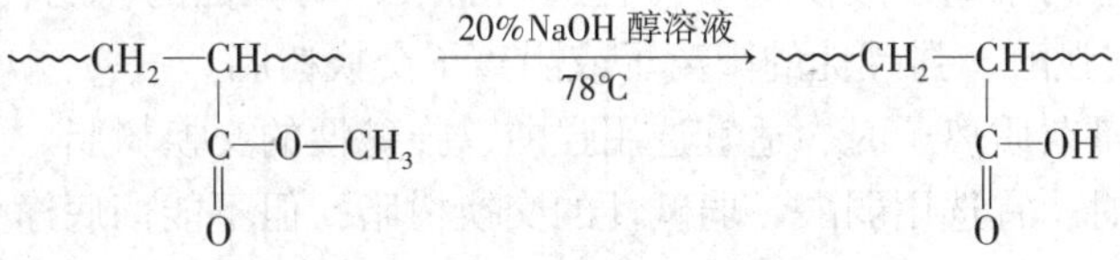

② 酯基胺解引入弱碱性离子交换功能团：

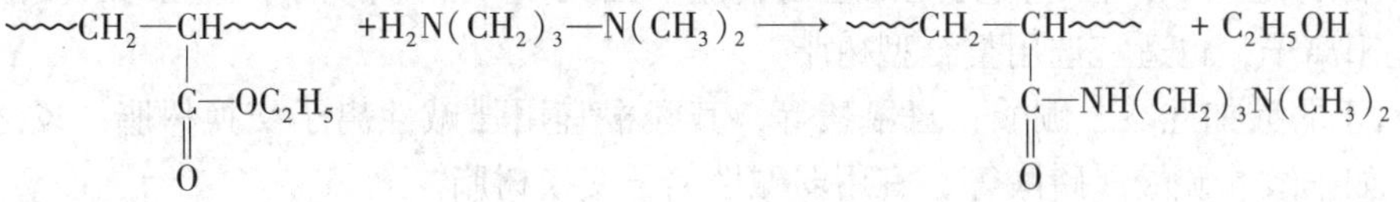

三、由具有功能基团的单体(一步法)合成离子交换树脂

通常，带有磺酸基或氨基的单体，是自由基聚合的阻聚剂。因此，这种直接合成的离子交换树脂骨架通常是酚醛树脂等缩聚的树脂。而含有羧基的单体，可以自由基聚合，举例如下。

1. 具有功能基的苯酚衍生物与甲醛缩聚合成离子交换树脂

常用于弱酸性离子交换树脂合成：

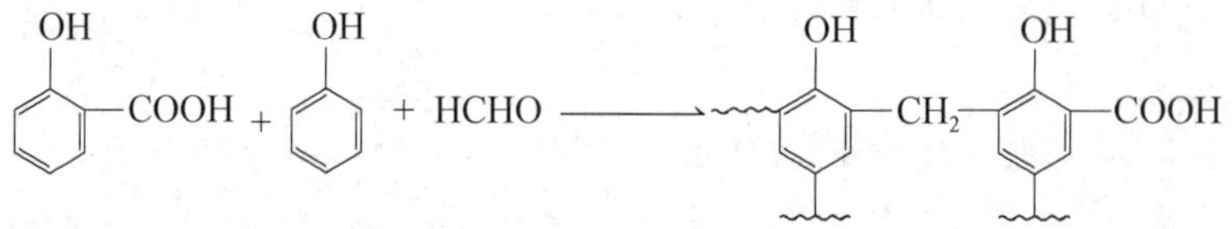

苯酚和甲醛在水相中缩聚，所以羟基苯甲酸先要用碱制成水溶性的羟基苯甲酸钠进行反应，结束后再酸化成酸性离子交换树脂。用这个反应，也可以制得大孔型的弱酸性离子交换树脂，即在反应的甲阶段，将反应物浆料转移到机油中分散，继续进行乙阶段丙阶段缩聚。

过去也有人将苯酚先磺化，再与甲醛缩聚成强酸性阳离子交换树脂。

2. 丙烯酸系列单体共聚合成离子交换树脂

单体用丙烯酸、甲基丙烯酸、甲基丙烯酸甲酯等与交联剂二乙烯苯、二甲基丙烯酸乙二醇酯等共聚，形成具有羧基的弱酸性离子交换树脂。

3. 弱碱性离子交换树脂直接合成

间苯二胺、苯酚和甲醛在水相中预聚合成浆状，再分散到油相中，成悬浮状的小球，进行乙阶段丙阶段缩聚，生成弱碱性离子交换树脂小球。

四乙烯五胺和环氧氯丙烷在水溶液中预聚，再分散到二甲苯和二氯苯混合溶液中进一步缩聚。四乙烯五胺和苯酚、甲醛预聚合成浆状，再分散到二氯苯中继续缩合，生成弱碱性阴离子交换树脂。

以上关于离子交换树脂的合成，不过举其大概，具体在工业生产中还有许多工艺改革和技术革新。

第四节　离子交换树脂应用

一、离子交换树脂选用的经验原则

① 脱除二价以上的阳离子或阴离子，宜选用弱酸、弱碱性的树脂；而脱除一价的阳离子或阴离子，宜选用强酸、强碱性的阳离子或阴离子交换树脂。

② 彻底去除微量杂质离子时，适宜选用强酸、强碱性的交换树脂。

③ 杂质含量多时，宜选用弱酸、弱碱性的交换树脂，但不能彻底净化，可再配合强酸、强碱性树脂深化净化。

④ 去除特定离子，宜选用特定的螯合树脂。当大量一价金属离子存在时，要脱除微量二价以上阳离子，也适宜选用螯合型树脂。

⑤ 对于弱酸如硅酸、硼酸、氢氟酸等，其酸根宜用强碱性离子交换树脂；反之，对于强酸根，如硝酸、硫酸、磷酸等，宜用弱碱性离子交换树脂。

⑥ 注意使用离子交换后的环境，以及交换后产生的酸碱性变化，要为工艺服务。

二、水质处理上的应用

1. 软化水和脱盐水生产

水中含有 Ca^{2+}、Mg^{2+}等离子的水叫硬水。硬水不能作为锅炉用水，高温下不仅会形成水垢，传热阻力增大，而且有爆炸危险。离子交换树脂就是为了软化水应运而生的。因此，制取软化水是离子交换树脂的传统应用。

原水经过弱酸性钠盐型的离子交换树脂，就可以有效除去水中的钙、镁离子。有时只要一个或两个离子交换柱就可以使锅炉用水得到保证。但用弱酸钠型阳离子树脂处理高碱度的原水，还不能满足要求，因为软化后水中含盐量增大，所以还要降碱处理。通常要在钠型阳离子交换树脂之前，先用 H^+ 型阳离子树脂预处理，要两种离子交换树脂柱。

目前，经常用离子交换法制取脱盐水供锅炉使用，就没有上述问题。所谓脱盐水是将水中可溶的酸、碱、盐类电解质离子去除或基本去除到一定水平，这种水又叫初级纯水，处理后水中含盐量在 0.5~5mg/L，水的电阻率在 $0.1\times10^6\sim1\times10^6\Omega\cdot cm$。

水处理的流程通常是：水——弱酸性或强酸性离子交换树脂——弱碱性离子交换树脂——初级纯水。

也可以用的流程是：水——强酸性离子交换树脂——强碱性离子交换树脂——初级纯水。

由于强碱性阴离子交换树脂运行费用高，所以大多数采用前一个流程。

2. *纯水和超纯水生产*

在食品、化工、医药、纺织或实验室中广泛和大批量使用的纯净水，称为去离子水，去离子水就是水中的强电解质基本去除，弱电解质也大部分去除。去离子水中的残余含盐量在 0.5mg/L 以下，达 0.05~0.5mg/L，水的电导率达 $1\times10^6\sim10\times10^6\Omega\cdot cm$，这种水在水质上称为纯水。把水处理为纯水，这是目前离子交换树脂进行水处理应用最多的也是最常用的一种方案。

最简单的去离子水生产工艺，采用三塔流程，或叫三床流程。

第一个塔用强酸性阳离子交换树脂，几乎把阳离子全部交换为 H^+。

第二个塔用强碱性阴离子交换树脂，几乎把阴离子全部交换为 HO^-。上述两种离子结合为 H_2O。但阳离子的交换量和阴离子的交换量不一定平衡，经过两个塔之后，仍然有一部分阳、阴离子未被交换掉，而且已交换掉的离子不会是当量比正好 1∶1。出来的水不仅离子不合格，酸碱性也不合格。通常的方法是再串联一组或若干组，形成多塔系统，又叫“复床”系统，但再多的串联组，仍然是不容易平衡的。因此，现代采用的三塔流程的第三个塔是混床系统。

第三个塔将强酸、强碱两种离子交换树脂混匀之后装填，一个阳离子交换树脂周围有许多个阴离子树脂，一个阴离子树脂周围也有许多个阳离子树脂。相当于“小容量”的树脂塔数以千计个组。这样交换出来的 H^+ 和 OH^- 在混床内部即生成水。

一些对使用的水质要求更高的地方，需要超纯水。超纯水就是原水中电解质几乎全部去除，水中的胶体、有机物、微生物等降至较低或很低的程度。水中含盐量达到 0.05mg/L 以下，水的电阻率达到 $10\times10^6\Omega\cdot cm$ 以上。

超纯水的生产采用四塔流程，出水后仍要用超滤或反渗透膜分离技术处理。四塔流程即在上述去离子水三塔流程之后，再加一个“精制混床”塔，选用的离子交换树脂应当有很好的交换速度和能力，一般用均孔均粒的离子交换树脂。

三、处理工业和生活废水

1. *从污水废水中湿法冶金回收金属*

工业上许多污水中含有重金属、贵金属，例如再生纤维使用的铜氨废液中含有铜，照相冲洗液中含有银，电镀废液中含有铜、镍、铬，制革废液中含有铬等。最早在 1941 年德国人就已经用弱酸性离子交换树脂回收铜离子，洗涤时就浓缩了，再用湿法冶金回收。现在已经发展到用大孔离子交换树脂从废液中回收重金属，还可以用特定的螯合树脂用湿法冶金技术回收某一种或某几种金属。

2. 处理工业和生活污水得净化水

在其他处理工业和生活污水方法的配合下，离子交换树脂不仅可以回收有用物质，还可以使水质进一步净化，作为工业循环水、动力补给水等，充分利用水资源。

四、化工制药冶金工业分离提纯

从核工业废水中浓缩和回收铀和钚，不仅能回收资源，还是从低浓度浓缩到高浓度的重要方法。不仅是铀元素的提取，即以稀土元素而论，从稀土盐溶液中提取稀土元素的湿法冶金也已经实现了工业化，浓缩的主要手段就是使用大孔离子交换树脂和螯合树脂。

化工制药行业用离子交换树脂从发酵液中提取链霉素，以及青霉素的提纯，在氯碱行业中从饱和食盐水中去除微量的钙镁离子，过去要添加碳酸钠盐，还要有充分空间的庞大的沉淀池装置，现在一般用大孔螯合树脂，可以在一个很小的装置塔中有效地从高浓度的 Na^+ 溶液中去除钙镁离子。

在生物化工制糖工业中，蔗糖溶液的脱盐以及葡萄糖脱盐，已经用大型的离子交换树脂混床实现了工业化。

五、代替酸碱作化工合成催化剂

传统的有机合成常用浓 H_2SO_4 或碱作催化剂。作为催化剂的酸碱在生产工艺中不易与产物分离，回收利用和重复利用的费用较高，用离子交换树脂，就可能产生革命性的变化。

例如用苯酚和丙酮合成双酚 A：

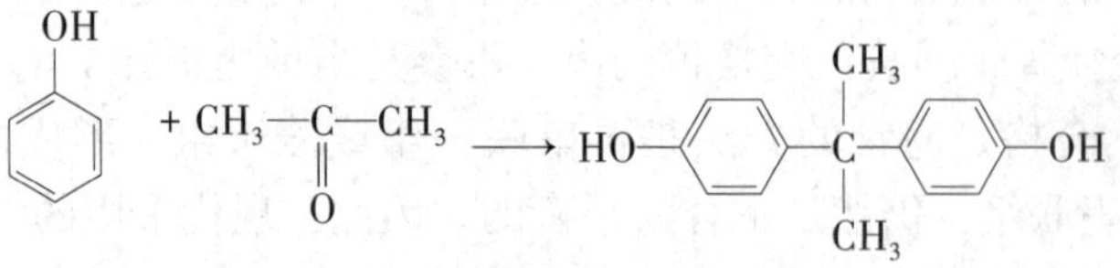

以浓 H_2SO_4 作催化剂，反应周期长，产物中废酸要处理，H_2SO_4 消耗高，改用离子交换树脂，双酚 A 的合成可以在离子交换床中连续化生产，不需要处理废酸。硫酸法生产双酚 A，苯酚的消耗定额为 1250kg，丙酮的消耗定额为 450kg，还要消耗甲苯 1200kg，浓 $H_2SO_4$1600kg；而用离子交换树脂法，苯酚和丙酮的消耗定额分别降为 880kg 和 290kg，不用甲苯和 H_2SO_4。

又如用阳离子交换树脂生产低黏度小聚合度硅油，比传统的浓 H_2SO_4 作催化剂省去了产物的中和水洗过程，而且可以在常温常压下进行，不用搅拌，单体环体从离子交换树脂塔下泵入，停留 1h 左右，从塔顶出来的就是硅油，转化率达 85%以上，催化剂可以反复使用，生产可以连续化。用全氟磺酸型的阳离子交换树脂，生产效率还可大大提高，是大孔阳离子树脂催化活性的 30 倍。

又如苯酚合成中，异丙苯氧化法制苯酚，先由异丙苯氧化为过氧化氢异丙苯（CHP），再由浓 H_2SO_4 作催化剂“酸解”CHP 变成苯酚和丙酮。

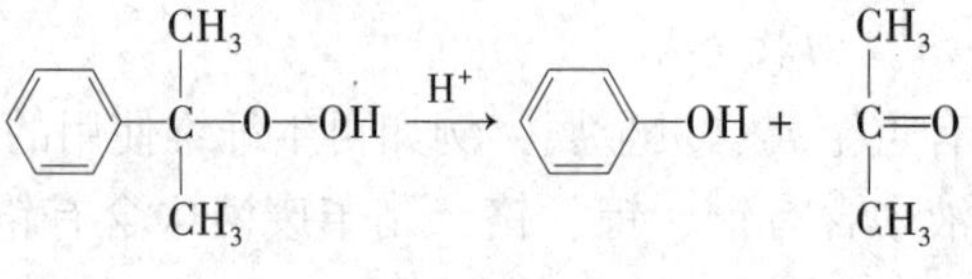

酸解后要加一个中和塔，中和掉催化剂浓 H_2SO_4，并处理中和的废水。不仅使原材料消耗变高，而且仍有硫酸和中和废液残留，不仅硫酸盐容易堵塞管道，H_2SO_4 对设备腐蚀很严重，而且中和后分离任务重，增大了流程负担和复杂性。现在，酸解改用离子交换树脂，可使副产物大为减少，提高了苯酚和丙酮收率，简化了酸解过程。

第五节　螯　合　树　脂

一、概述

螯合树脂是一种新型的发展很快的一类离子交换树脂，现在许多人仍称它为吸附树脂。一定要找到根本区别，就是吸附树脂吸附的是分子，螯合树脂则螯合离子，当属于离子交换树脂。由于品种繁多，应用广泛，通常的离子交换树脂以处理水为主，而螯合树脂则以“分离”为主，这一点在应用功能上又近似于吸附树脂。所以这里单独列出加以略述。

螯合树脂基本特征是高分子骨架上连接有螯合的功能基，对多种金属离子有选择性的螯合作用。从结构上来说，有一类是螯合基团在高分子骨架主链上，另一类是螯合基团作为侧基连于高分子骨架上。常见的为后者。

螯合基团是含有多个配位原子的功能基团，目前常见的配位原子有 O、P、S、N、Se 等，如：

配位原子	配位基团举例
氧原子	—OH，—O—，—C(=O)—，—C(=O)—OH，—C(=O)—O—R，—N=O，NO_2，—SO_3H，—PHO(OH)，—P(=O)$(OH)_2$
氮原子	—NH_2，>N—H，—N<，—C(—)=NH，—C(—)=N—R，—C(—)=N—OH，—C(=O)—NHOH，—N=N—
硫原子	—SH，—S—，>C=S，—C(=O)—SH，S—C≡N，CS—S—S—CS

二、氧为配位原子的高分子螯合剂

氧配位原子：
- 醇类螯合树脂　如聚乙烯醇
- β-二酮类　如聚甲基丙烯酰丙酮或与苯乙烯、MMA 共聚物
- β-酮酸酯类
- 酚类　含酚羟基的聚苯乙烯
- 羧酸型　聚甲基丙烯酸、聚丙烯酸、聚顺丁烯二酸
- 冠醚型

1. 醇类

主要的并且最重要的是聚乙烯醇(PVA)。它能与 Cu^{2+}、Ni^{2+}、Co^{2+}、Co^{3+}、Fe^{3+}、Mn^{2+}、Ti^{3+}、Zn^{2+}等离子螯合，其中与 Cu^{2+}、Fe^{3+}、Ti^{3+}的螯合物特别稳定，尤其是对 Cu^{2+}特别有效。PVA 与二价过渡金属离子的络合物稳定性 $Co^{2+}<Ni^{2+}<Zn^{2+}<Cu^{2+}$。

如把聚乙烯醇薄膜放入含有 $Cu_3(PO_4)_2$ 的水溶液中，薄膜会收缩，甚至可将重物提起。而它对一价铜络合作用弱，当把络合的二价铜还原为一价铜时，聚乙烯醇会吐出一价铜，体积重新膨胀，收缩率可达 30%。

2. β-二酮类

一般具有乙酰丙酮侧基结构：

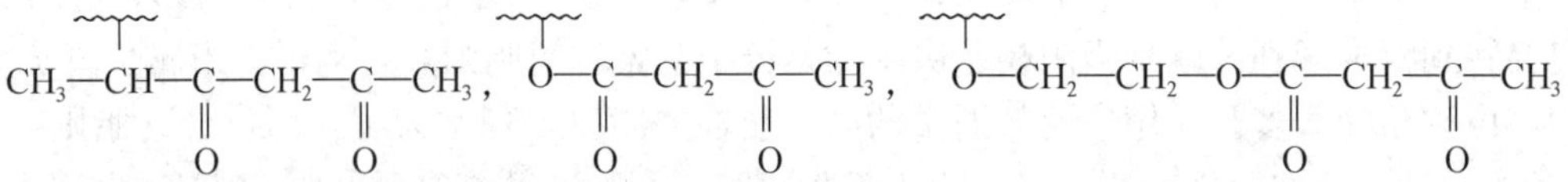

例如用聚乙烯醇可以同乙烯酮或双乙烯酮反应。

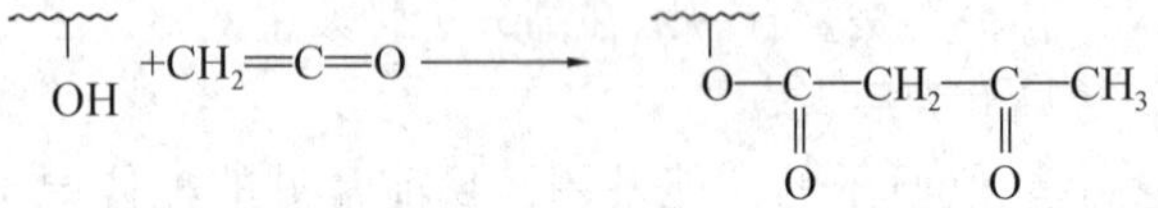

还可以把交联聚苯乙烯硝化转化后与双乙烯酮反应。总之，合成方法甚多，研究报道也多。不同品种对不同的高价金属有不同的结合能力。可用于金属离子的富集，还可以作高分子催化剂等。

3. 酚类

如聚对羟基苯乙烯，以及间位上的各种取代衍生物的聚合物，对重金属有不同的结合作用。

4. 冠醚类

冠醚是由多个氧原子组成的具有醚键的大环，常常是对称的，大环空间结构对称，形似王冠，故名冠醚。

冠醚结构可以在聚合物的主链，也可在侧链上，以侧链上具有冠醚结构为多。冠醚结构的大小、氧原子的多寡，对不同的金属离子有很强的选择性。

三、氮为配位原子的高分子螯合剂

氮配位原子：
- 含氨基的螯合剂，如：乙酰胺基乙烯聚合水解得到聚乙烯骨架的脂肪胺
- 含有肟结构
- 含席夫碱(—C—N—R)结构螯合剂
- 含羟肟酸结构
- 氨基酸和氨基多酸类螯合剂
- 高分子偶氮化合物
- 含氮杂环的螯合剂

1. 含氨基类

这是目前最多，也是最易合成的一类。聚乙烯胺是最常见的一种，由乙酰胺基乙烯聚合

物水解：

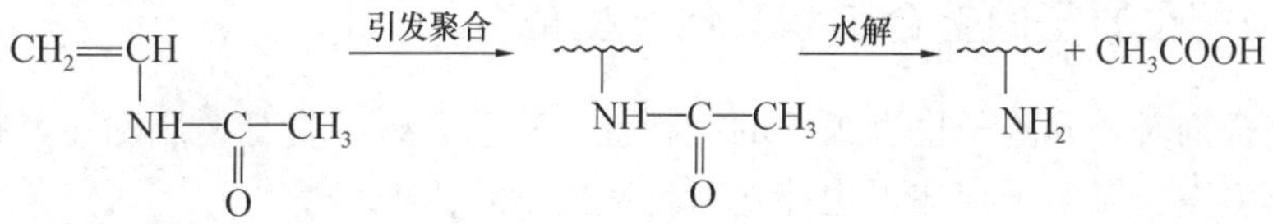

常用含芳基的单体共聚。

交联聚苯乙烯白球氯甲基化之后，与多胺反应，可以方便地合成氨基类螯合树脂。

氨基类螯合树脂对重金属和贵金属离子有不同的选择性，用于重金属和贵金属离子的富集和分离。芳香胺螯合剂对金、铜、汞、镍等离子有很好的络合作用。

2. 肟类和羟肟酸类

具有 $-\overset{|}{C}=N-OH$ 结构称为肟。

螯合结构如

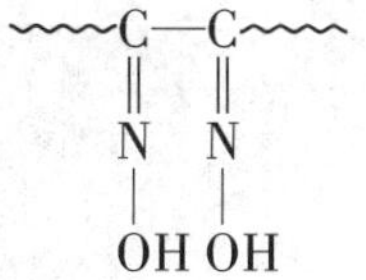

是氮和氧共同配位的结果。

肟类的螯合树脂尚不很多，大多数对铁族元素的离子选择性好。

具有羟肟酸结构的螯合树脂，可以从不同的盐溶液中分离出 Fe^{3+}，对海水中的重金属离子有很好的富集作用。

3. 席夫碱类

席夫碱类是四配位的螯合树脂，有主链含有这种结构，也有侧链含有这种结构的，如：

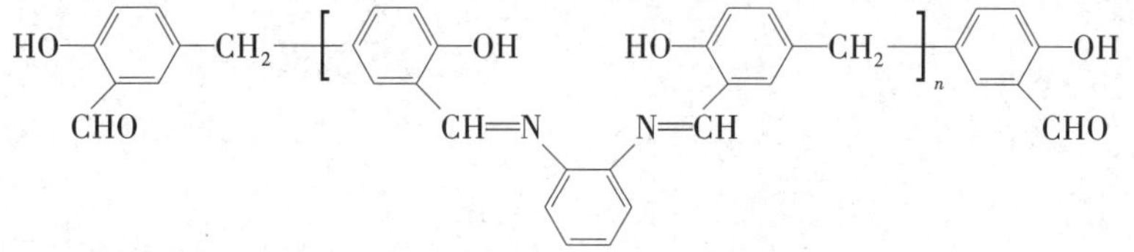

主链型

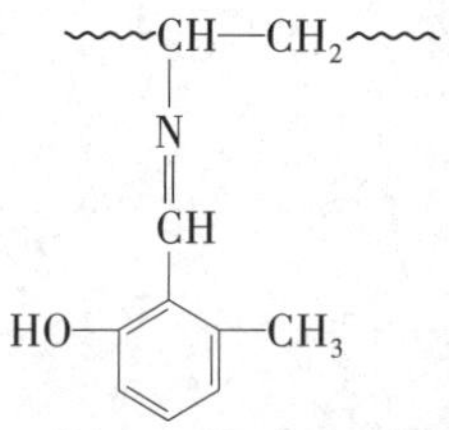

侧链型

也是 N 和 O 共同配位的结果，这种树脂热稳定性好。这类树脂和金属离子螯合有良好的耐热性，在空气中分解温度高于 300℃，对二价金属离子络合稳定性最好，尤以二价镍离子为最。对三价金属离子的螯合物，也有良好的耐热性。

4. 氨基羧酸类

螯合树脂中有氨基酸长侧链，又有人称为胺羧基螯合树脂。这种树脂对酸、碱、溶剂均稳定，能优先吸附高价金属离子。

用不对称的氨基酸结构类螯合树脂，能把氨基酸的外消旋体良好地分离。

5. 其他

如含偶氮的螯合剂，用于富集稀土元素。许多含有吡咯环的，进入螯合树脂后，对某些金属离子有良好的选择性。

目前，对含杂环化基团的螯合树脂，研究成果甚多。

四、硫为配位原子的螯合剂和其他类型螯合

含硫的螯合剂对金属离子也有很好的选择性。有些含硫的螯合树脂对 Ag^+ 有特殊的选择性，甚至在诸多重金属离子存在下也能定量地吸附 Ag^+、Hg^{2+} 等。

高分子的螯合树脂还有很多种，配位原子也不是绝对化的，许多含硫氧、硫氮、氮氧的螯合树脂，不能简单地以一种中心原子来分类，各种螯合树脂对什么离子具有选择性要经过试验。目前人们对螯合树脂的兴趣甚浓，许多实验室报道的产物还未投产，文献上记载的更多。人们对工业化生产和它们的应用，正在注重和期待。

第三章 吸附树脂

第一节 概　　述

一、吸附树脂的发展和进步

吸附树脂的发展是随着离子交换树脂的研究脚步前进的。离子交换树脂出现较早，在二次大战之后，离子交换树脂得到实际应用，研究的速度和技术进步惊人。当时，人们把离子交换树脂的功能称为“吸附功能”。20世纪60年代之后，离子交换树脂的功能走向复合化和多样化。除了常见的强酸、强碱型的阳、阴离子交换树脂之外，又开发了弱碱、中弱碱、中强酸、弱酸型的以及氧化还原和两性的离子交换树脂，提高离子交换树脂的交换水平。这时，已经有人注意到离子交换树脂的发展，不能光从“离子”上做文章了，要从高分子骨架上寻求新的突破。因为习惯上叫离子交换树脂为吸附树脂，所以，到20世纪70年代，当改进高分子支链骨架，创造出了以N、O、S等为配位的离子交换树脂时，发现它们可以把重金属、高价金属从稀溶液中吸附出来，还可以从浓的一价金属离子中吸附出微量的高价金属离子，这种令人叫绝的选择性“吸附功能”，绝不是阳离子交换和阴离子交换所能解释的。因此，人们称这类树脂为吸附树脂。当然，后来的研究者，仍把这种树脂归纳为离子交换树脂，只是叫它“螯合型离子交换树脂”。所以至今许多专著仍把离子交换树脂和吸附树脂混在一起论述。

20世纪70年代之后，研究离子交换树脂的高分子骨架改进成了当时的热门课题，研究的目的是为了提高吸附功能。人们受高分子行业可发性聚苯乙烯等材料的启发，首先在高分子合成中加入低沸点的物质如石油醚之类，发明了将高分子的凝胶孔制成多孔骨架。随着高分子材料加工技术、发泡技术、匀泡技术的进步和互相促进，以后又逐步改进，出现了微孔、中孔、大孔、网络、均匀孔等离子吸附树脂，这些大孔的、多孔的、微孔的离子交换树脂，已经不仅仅是靠离子的交换能力了，更多地靠大孔微孔的“分子筛”作用，因此，仍有人将大孔离子交换树脂称为吸附树脂。只是把我们这里定义的吸附树脂称为分子型吸附树脂，而离子交换树脂有人会说成是离子型吸附树脂。

许多大孔离子交换树脂，是先制成没有离子交换功能的树脂，再用高分子化学反应把功能团接上去，这在上一章已做介绍。于是自然而然地设想没有离子功能团的大孔骨架肯定也会有吸附功能，否则，为什么大孔型的离子交换树脂的交换能力会比凝胶孔的增强呢？进一步深入研究，发现没有离子交换功能基团的多孔高分子交联骨架的确也有吸附功能，这就是典型的吸附树脂，又叫“大孔吸附树脂”。大孔的“大”，是相对于凝胶型离子交换树脂的骨架而言，那种凝胶可以认为没有孔，只有当水浸入之后才有微孔。所以，至今人们还把吸附树脂简称大孔树脂。

吸附树脂的开发，主要是它的应用，随着研究的深入，发现各种树脂对物质的吸附有一定的选择性，既与孔的大小多少有关，也与高分子骨架上的侧基基团的种类、大小、极性有关。这就给吸附树脂提供了一个广阔的舞台。因为合成的高分子骨架，不一定非要考虑下一步能不能用“化学反应”的方式引进离子交换的功能团，这样，单体的选择余地可以大大增强。

近20年，吸附树脂得到了迅猛发展，品种增多，应用的领域不断扩大。应用的要求促进品种的发展，品种的发展为应用开拓空间。

二、品种和分类

吸附树脂不同于离子交换树脂之处，在于它没有可以进行离子交换的功能团，不进行化学反应，因此，它是中性的树脂，吸附的主要功能依赖于高分子骨架之间的孔洞。孔洞的大小及均匀程度与吸附物质和吸附能力有关，像无机物的分子筛。所不同的是，无机物的分子筛吸附只与被吸附物分子的大小有关；而吸附树脂不仅与被吸附的分子大小有关，还与分子的极性有关。

吸附树脂高分子骨架上侧基的性质决定了吸附树脂的“极性”。非极性的吸附树脂，大孔表面疏水性很强，吸附非极性分子的能力要强些，适合于从极性溶剂或液体中吸附分离掉非极性的分子。极性很强的吸附树脂，一般的是侧基诸如氰基、酰胺基和酚基等，孔表面具亲水性，极性强，适合于从非极性的溶剂中吸附分离掉极性的分子物质。而中等极性的吸附树脂，一般是含有诸如酯基的吸附树脂，既可用于从极性溶液中吸附非极性物质，又可以从非极性溶液中吸附极性分子。

现代技术的进展，使有的分支发展很快，人们将吸附水特别好的吸附树脂称为高吸水树脂，专门研究；又把某些特别的凝胶型的高分子吸附剂、不靠离子作用的高分子吸附剂称为凝胶分子筛，专门研究。所以，“吸附树脂”的内涵有广义、狭义之分，我们这里讲的基本上是狭义的，是区别于离子交换树脂，不包括高吸水树脂和凝胶分子筛的。

吸附树脂，按照上述极性之说，大体上分为三类：

非极性：吸附树脂侧基是烃基及中性基团；

中极性：吸附树脂侧基含有酯基类；

高极性：吸附树脂侧基一般含氰基、酚基及酰胺基等类。

有人把从非极性溶剂中吸附金属离子的配位型的离子交换树脂（螯合树脂）也混称为吸附树脂，认为没有严格区别。我们这里不取此说，只要螯合的是离子，就不称为狭义的吸附树脂。

如果按吸附树脂的网孔和孔结构来划分，则有微孔的、中孔的、大孔的和网络孔的，网络孔结构又有均匀孔径的和不均匀孔径的。一定交联度的凝胶型高分子，吸水后也有大小几乎均一的凝胶孔，常称作凝胶分子筛，但从定义上也可以算成是吸附树脂。因为吸附的形态是分子，不是离子。

从孔的角度分类如下：

- 吸附树脂
  - 凝胶孔（部分又被称为分子筛）
  - 微孔
  - 大孔
    - 中孔
    - 网络孔
      - 均孔
      - 不均孔

有时，吸附树脂又按大体用途来分类，此处不再罗列。

第二节　吸附树脂性能

一、一般物理性质

目前，国内外生产的吸附树脂，尚无统一标准。国外有些药用级的，对于二乙烯苯的含量有指标要求，例如小于50×10^{-9}，有机残留物<1%等。

1. 堆积密度ρ_V和表观密度ρ_b

堆积密度是固体粉粒物料的重要物性参数，测量方法简便，即用量筒量实一定体积的树脂，再准确称重。这个体积数包括树脂的真实体积，树脂内孔的体积和堆积空隙的体积。

$$\rho_V=\frac{W}{V_{孔}+V_{隙}+V_{真}}$$

式中　W——树脂的质量；

V——体积。

不同骨架、不同孔隙度的树脂，堆积密度不尽相同。

表观密度指包括孔体积在内的树脂的密度，相当于每一粒树脂的表观密度(W/V)的总平均值。表观密度测量时，关键问题是测出表观体积，即从堆积体积中扣除空隙体积的值。空隙体积的测量一般用表面张力大而不能进入树脂孔洞内的汞来测量，称压汞法。

$$\rho_b=\frac{W}{V_{孔}+V_{真}}$$

2. 密度ρ和孔度n

树脂的密度又有人称为真密度，是从堆积体积中扣除孔体积和空隙体积得到的密度。孔体积一般用惰性溶剂，渗入孔和空隙中的体积来测量。

$$\rho=\frac{W}{V_{真}}$$

树脂的孔洞占树脂粒子表观体积的百分数称为孔度，用n表示。

$$n=\frac{V_{孔}}{V_{真}+V_{孔}}=(1-\frac{\rho_b}{\rho})\times100\%$$

一般大孔树脂的孔度都在40%以上，有的达60%。

3. 孔容($V_{孔容}$)和比表面积(S)

孔容是指单位质量树脂内孔洞的体积，有时被称为孔体积，单位是mL/g。

$$V_{孔容}=\frac{V_{孔}}{W}=\frac{V_{孔}+V_{真}}{W}-\frac{V_{真}}{W}=\frac{1}{\rho_b}-\frac{1}{\rho}$$

一般大孔树脂的孔体积(孔容)都在1左右，小的可到0.7，大的可达1.2以上，特别大的有的达2.6或更大。

比表面积是测定多孔吸附剂的重要参数，是指单位质量的树脂所具有的内外孔隙表面的总和，单位m^2/g。

吸附树脂的比表面积有专门的仪器可以测出。其测量原理一般是基于应用测定表面积的布鲁瑙厄-埃梅特-泰勒法(BET)原理的低温氮吸附法。

$$\frac{p}{V(p_o-p)}=\frac{C-1}{V_m\cdot C}\cdot\frac{p}{p_o}+\frac{1}{V_m\cdot C}$$

式中 V——平衡吸附量，可以测定；

V_m——单分子层吸附量，无法测定；

p——吸附平衡时的气体压力，可测定；

p_o——吸附温度下吸附质的饱和蒸气压，有数据；

C——常数。

用低温氮吸附法，以 $p/V(p_o-p)$ 对 p/p_o 作图，画一直线。

斜率值为$\frac{C-1}{V_m \cdot C}=\frac{1}{V_m}-\frac{1}{V_m \cdot C}$，截距值为$\frac{1}{V_m C}$，可以方便地算出 V_m。

由下式估算出比表面积 S

$$S=\frac{4.36 \times V_m}{W}$$

吸附树脂的比表面积和孔容要求是要足够大，比离子交换树脂中的大孔型的还要大。一般大孔树脂的比表面积大于 $100m^2/g$，有的可至数百、上千，大的可至 $1200 \sim 1300m^2/g$，常见的一般在 $500 \sim 700m^2/g$。

4. 孔径和孔径分布

孔径指吸附树脂每个小孔的直径。这很难测定。但是现代许多先进的仪器也还是可以测出来的。虽然可以诸如用电镜观察的方法测出每个小孔的直径，但仍然要用统计的方法计算出全部小孔的平均直径。孔的平均直径是常用的数据，而不是每一个孔径。因此，过去有一种粗略的计算平均孔径的方法，即用“浸润周边”的概念计算。

$$\bar{d}=\frac{4 \times 10^4 V_{孔容}}{S}$$

这个公式显然不准确，因为孔洞不是圆形或圆柱形，而且这里的比表面积是内外面积的总和，但计算简单，常用来估算。不过这个公式却给出了一个简单的结论，即孔径大则比表面积小。

吸附树脂的孔径一般要比离子交换树脂中的大孔树脂的孔还要大一些，但特殊用途的可能不见得大。不同牌号有不同的平均孔径。一般小的可到 3~4nm，大的可至 25~30nm，常见的都在 7~12nm 左右。孔径的大小，影响到吸附物质的大小。

孔径分布是经常用来描述大孔吸附树脂的特征的参数。这个参数直接影响到吸附的选择性。即把孔的直径分为许多半连续的等级，测定每一个档次上孔所占的比例，以横轴为孔径，以纵轴为比例百分数，可以作一曲线，这种曲线常称微分曲线。可以一眼看出，孔的直径大多数集中在某个范围，也可以看出，最大最小的孔径分布的范围或说宽度大不大。也有用积分线表达的，但以微分曲线常见。

现代用来测定平均孔径和孔径分布有压汞法的 Autopore 压汞仪、扫描孔率计、X 射线衍射仪、小角度散射装置等。

二、吸附性能

1. 平衡吸附量

平衡吸附量又称吸附容量。俗称的“平衡”，并不同于离子交换树脂的那种“平衡”，但也可以认为是“吸附”和“解吸”达到平衡。多数人用惯了平衡吸附这个概念，实际上它的含义接近于“饱和”之义。即树脂对某一个或某一类物质，在一定条件下，能够吸附的最大容量。测定的方法常常是在试验的温度压力条件下，浸入被吸附液 24h，测定被吸附的物质质量。显然，这同孔容有关。

2. 吸附速度

在实际应用中，不可能只研究“平衡吸附量”，还要考虑分子吸附的速度。不同的树脂对不同的分子，由于极性大小、孔洞大小有不同的吸附速度。吸附速度也与被吸附液的浓度和流速有关，应用的设计参数要经过试验。现在许多吸附树脂做成专用树脂，可以提供一些现成的试验数据供选择。

3. 吸附选择性

吸附的选择性与树脂的孔径、孔径分布、孔骨架结构、树脂侧基的极性有关，与被吸附的分子大小、极性大小有关，与分子间团聚力、被吸附分子在溶剂中的溶剂化程度有关，还与环境如溶液的浓度有关。但与无机盐的存在和浓度关系不大。

通常认为，极性的大孔吸附树脂吸附极性的分子，反之亦然，但并不是一定与极性大小成比例。总的来说，孔径的大小和孔径尺寸分布关系更重要一些。有些极性分子有溶剂化作用，被溶剂化的分子的极性大小都会改变。所以吸附树脂的选择性影响因素较多，要综合研究。选用什么树脂吸附什么物质，目前尚无定规可循，只有一些经验报道，一切还要经过试验研究。

4. 脱附功能

脱附是吸附的反作用，又叫“再生”。吸附树脂除了吸附废弃物、有毒有害物之外，在大多数的情况下是吸附有用的物质，即吸附我们需要的目的物，因此，要求洗脱容易。一般洗脱方法，是用小分子物质像小分子惰性溶剂如甲醇之类洗脱，然后再将溶剂分离，得到目的产物。所以我们选用和考察吸附树脂的功能，还要研究其脱附能力，只有吸附选择性好，而脱附容易的树脂才是好的选择。

吸附-脱附作用，有时称为一个周期。使用的周期次数称为吸附树脂的寿命。一般大孔吸附材料使用寿命较长，这与树脂母体结构组成和脱附条件等有一定关系。

第三节　吸附树脂合成

一、树脂的高分子骨架

作为吸附树脂的高分子骨架，同离子交换树脂没有太大的区别，通常有两类合成方法。一种方法用缩聚反应，形成交联度比较高的高分子粒子。例如常见的酚醛树脂。但由于酚和醛单体是水溶性的，要在预聚合之后，用分散剂把预聚物分散在油性溶剂中，形成类似于“反相悬浮聚合”的过程，才能得到粒状、球状树脂。另一种常用的方法是用乙烯基单体，加上双烯烃的共聚单体，用自由基悬浮聚合的方法合成交联型的高分子球粒状树脂。

大孔吸附树脂的交联度要相当高，才有大量的孔。因此，加入的交联剂二烯烃单体要足够多。正因为交联度高，高分子凝胶化现象必然出现较早，因此在悬浮聚合中，要有比较好的悬浮剂和稳定剂，通常使用的是高分子的悬浮分散剂，如聚乙烯醇，或聚苯乙烯和马来酸酐的交替共聚物等。

吸附树脂的高分子骨架常常使用的是苯乙烯-二乙烯苯交联骨架、聚乙烯基吡啶-二乙烯苯交联骨架、混合丙烯酸酯交联骨架或酚醛树脂交联骨架等。为了获得中极性或强极性的吸附树脂，还要用含极性的单体共聚或以极性的单体交联。极性单体的多寡可以变化多端。所以，吸附树脂的骨架也是异彩纷呈的。

二、添加致孔剂形成大孔树脂

可溶于单体的致孔剂与单体混合，加上用作交联剂的单体，再加上可溶于单体的引发剂，水作为分散介质，水相中加有表面活性剂、悬浮稳定剂等，这是典型的悬浮聚合反应。

致孔剂的要求是它应能与单体混容，能够比较容易地从交联聚合物中除去。

1. *用惰性溶剂作致孔剂*

所谓惰性溶剂是指它可与单体混容，但对生成的交联性聚合物不能发生溶胀作用。例如，对于苯乙烯-二乙烯苯体系来说，惰性溶剂如庚烷、汽油、异戊醇、异辛烷等。

由于溶剂和单体包括共聚单体和引发剂相互混容，在悬浮聚合体系中，它们被表面活性剂分隔成一个一个小的“反应釜”，当聚合温度达到时，在这些小“反应釜”中进行本体聚合并交联，反应速度快，惰性溶剂就被交联架桥的聚合物分隔包裹在聚合体中，一起从水相中沉析。这些含有惰性溶剂的共聚体，用水蒸气汽提就可以把溶剂和少数未参与反应的单体赶出。更简单的可以用加热的方法，把低沸点溶剂蒸出来，树脂共聚体会适当收缩形成稳定坚固的骨架。骨架中原先溶剂的位置留下了大孔，这种大孔一般孔径较大，因而比表面积较小。

惰性溶剂的用量与大孔树脂的比表面积有关。可以想像，溶剂太少，孔就少，比表面积小，随着溶剂量增大，孔的数目增多，比表面积增大。如果多得太多，以致形成孔太大，也许比表面积会减小。

当然，大孔树脂的比表面积与交联单体的用量也有关系。交联度越大，高分子骨架自身形成的空间网格增多，空间夹杂的溶剂就会被多分散，当溶剂脱除后，留下的孔数量较多。因此，比表面积会随交联度的增大而增大。交联度增大，当然可以增加许多高分子骨架孔隙，但如果溶剂并不足够多，并不能占据那个天然的空间，大孔的效果也是不理想的，因此，比表面积是溶剂和交联度共同的影响结果。

有人做过试验，测定苯乙烯-二乙烯苯体系比表面积，数据举例如表 3-1 所示。

表 3-1　苯乙烯-二乙烯苯体系的比表面积 m^2/g

二乙烯苯用量/%	正庚烷用量				
	30%	50%	60%	70%	100%
8	1.0	6.0	5.0	12	32
15	0.4	3.7	43	58	56
20	1.8	8.5	94	105	87
30	1.7	123	148	256	167
40	1.3	208	252	278	264
60	1.5	295	343	378	389

2. *以良溶剂为致孔剂*

所谓良溶剂，就是可以溶解聚合物骨架组成体的线型聚合物，但不能溶解交联聚合物，可以溶胀或充分溶胀交联聚合物。例如，对于苯乙烯-二乙烯体系来说，苯、甲苯、二甲苯之类就是良溶剂。

当良溶剂作致孔剂时，如果聚合物交联度太小，也会被溶剂溶解，不能形成大孔树脂。因此，用良溶剂作致孔剂时，交联单体用量要比用惰性溶剂作致孔剂时多得多。不过工业上还是用惰性溶剂的为多，因为似乎更易于除去。

3. 用其他致孔剂

有人研究用良溶剂和惰性溶剂混合作致孔剂，认为两种溶剂取适当配比，可以使平均孔径变小，比表面积增大。不过，怎么混合都需要有相当高的交联度，也许交联程度影响会更大些。但混合溶剂的方法，已被越来越多的人采用。

用线型低聚物作致孔剂，就是使线型低聚物溶于单体中，因为它惰性，与共聚体系无关，只形成包络，最终用溶剂提取脱除，而留下大孔。不难想像，这样产生的孔洞其孔径比较大，适用于制造特大孔径的大孔树脂母体。

三、附加交联形成网络均孔树脂

用交联剂单体参与共聚合，交联的程度当然与交联剂用量有关，但交联的“桥”结构分布，往往是随机的。也就是说，不能保证“桥”的架设是均匀的。因而，高分子交联骨架本身形成的孔洞就是不均匀的结果，孔的大小不匀，孔径的分布变宽。

如果用化学反应，使线型高分子或低交联的高分子在特定的点上或固定的点上进行“架桥”交联，则形成的高聚物天生的网孔就会比较均匀。这种后架桥交联的方法称后交联，或称附加交联。形成的交联高分子，称网络均孔树脂。

具体实施方法就是将线型高分子溶胀，用费立特-克拉夫茨反应引入烃基作为桥键。适用于低交联的苯乙烯-二乙烯苯体系和苯乙烯线型聚合物溶胀剂如氯苯、邻二氯苯，费-克试剂如二氯化对苯二甲撑，4，4′-双氯甲基联苯等，常用催化剂是 $ZnCl_2$ 等。高度交联的网络均孔树脂，比表面积甚至可达到 $1000m^2/g$ 以上，是良好的吸附树脂骨架。

四、某些骨架树脂的修饰

有时为了改进或改变极性，对高分子骨架的侧链，尤其是苯环吡啶环可以方便地进行修饰。

第四节　吸附树脂应用

大孔吸附树脂有选择性地吸收吸附，吸附容量大，速度快，表现为吸附能力强，不发生化学反应，操作方便，干扰因素较少；而且解吸附比较容易，使用寿命较长，可以反复使用。这些特点对于分离有效成分、富集有用物质、去除某些杂质，起到很便利的作用。因此，吸附树脂的应用范围日益扩大，随着树脂品种的增多，可供选用的余地更大，吸附树脂的优越性已经越来越明显，其应用略举如下。

一、水质净化和废水处理

1. 生活水质净化

生活水质中的无机物一般可用凝聚法沉淀处理，但某些有机物不易除去，当用氯原子消毒时，可能还与水中一些有机物如苯酚产生氯酚，毒性更大。因此，在凝聚处理之后用吸附树脂去除生活水中的有机物是十分必要的。这些有机物可能是有机酸、碱和一些酚、酯、噻吩、酚类等。

2. 含酚废水处理

工业废水中含苯酚(包括氯代苯酚)等的废水一般较难处理，含酚废水中酚含量有时达数千 μg/g，用活性炭吸附可以达到一定程度，但活性炭再生时要高温加热，不仅消耗能量，而且酚被氧化破坏；用活性污泥生物化学方法处理，可以深度净化，但资源不能回收，治理污水的费用提高；而用吸附树脂处理含酚废水时，不仅可以使废水中的酚类达到“零漏出”，或 10μg/g 以下漏出，而且可以在用低分子试剂如丙酮、甲醇或 NaOH 低浓溶液再生时，回收纯度较高的苯酚，既回收了资源，又节省了费用。

有报道称，用吸附树脂处理浓度为 3000～6700μg/g 的含酚废水时，pH 为 3，温度为 25℃，酚的吸附量为 72～87g/L，用丙酮或甲醇再生，可回收纯度为 99% 的苯酚。处理双酚 A废水时，酚的吸附量为 34g/L，用 4% 的 NaOH 再生，脱附率 95%～100%。现代常用聚乙烯基吡啶类树脂处理含酚废水，效果甚佳。还可以吸附其他有机酚类物质。

3. 农药、染料工业废水处理

农药和染料生产中废水成分复杂，毒性也大。成分不同所用的吸附树脂也不相同。例如用极性树脂处理有机磷农药废水，农药的去除率可达 80%～100%，再洗脱解吸附，可以回收 90% 左右。用极性树脂吸附 β-萘磺酸浓度为 10000mg/L 的废水，去除率达 75%，用 75% 乙醇再生，回收的萘磺酸碱熔可得到 β-萘酚原料。除草剂农药生产排放的废水中的二氯吡啶酸，用生化方法亦难降解，用大孔吸附树脂吸附，并回收其中的有用成分，可以较好地处理废水。

4. 其他工业废水

例如，活性炭对三硝基甲苯废水中的 TNT 有很强的吸附能力，但高温下再生困难，而用吸附树脂处理，可以很容易用甲苯或丙酮再生，回收 TNT。造纸过程的纸浆脱色，用吸附树脂能吸附大分子色素，并且不受溶液中盐含量的干扰。造纸废水也用吸附树脂处理。

用吸附树脂还可从生产水杨酸的废水中除去 95% 的水杨酸。处理苯胺废水，效果也很好。用于处理已内酰胺生产中的废水，可有效回收单体。

含有表面活性剂的废水，用离子交换树脂处理时，离子交换树脂易被污染毒化，必须用吸附树脂除去这些表面活性剂。

二、用于化工和制药工业中的产物分离

1. 抗生素和维生素生产中用于分离纯化

大孔吸附树脂可以吸附无离子化基团的脂溶性抗生素，在弱酸性条件下，对于含有羧基的抗生素也有很强的吸附能力。吸附之后，用甲醇、乙醇或丙酮等可以很方便地脱附。也可以用水溶性抗生素的碱水溶液或水溶液洗脱。吸附树脂对水溶性抗生素的提取分离水平，是其他萃取法很难达到的。

大孔吸附树脂已广泛应用于现在已知的许多抗生素生产中。用吸附树脂从发酵液中吸附维生素 B_{12}，同用离子交换树脂比较，吸附树脂更容易洗脱，而且不受发酵液中盐的影响。此外，吸附树脂还用于维生素 C 和 B_2 等的提取。

2. 在化工方面应用

化工废水的处理前面已经述及，比较有意义的是用吸附树脂不仅处理了废水，而且从废水中回收原料，浓缩并回收产品，对于降低物质消耗有着十分重要的意义。

吸附树脂在化工分析和分析化学中的作用已经十分明显，液相色谱柱和气相色谱柱的高聚物固定相已被广泛使用，并不断有人研究改进。

三、在生物工程和生化工程中应用

吸附树脂对胰岛素、细胞色素 C 以及血液中各类蛋白都有一定的选择吸附能力。

用于提纯酶，吸附树脂有其优越性。不涉及溶剂，不要冷却加热，提纯条件温和，容易保持酶的活性。所用的吸附树脂，要求有一定的极性或亲水性，并能抗微生物，有较好的稳定性。在酶法制取丙二醇生产中，可以有效分离产品。目前，用发酵法生产羧酸、乳酸、醇、酮等有机物，采用吸附树脂分离。用 PVP 树脂，还能自动调节发酵液中的 pH 值，并及时分离出乳酸产品。

大孔树脂用于分离生物碱、提纯和分离激素都有很好的效果。用大孔吸附树脂提取猪胆汁中胆红素，提取率达 85%以上，纯度 93%以上，工艺简单。

药物中毒的病人急救时，用吸附树脂可吸附血液中的安眠药、有机磷农药、镇静剂药物等，可起到血液净化的作用。

四、在食品轻工中的应用

制糖工业上糖的脱色，配合阴离子交换树脂，在其之前用吸附树脂除去中性色素。

吸附树脂可以除去啤酒中的吡啶、噻唑等碱性苦味物质，使其含量降到 1×10^{-9} 以下。吸附树脂可用甲醇而生，洗脱率 90%以上。

白酒中微量的酯类会使酒色略显浑浊，用吸附树脂可以除去微量杂质，保持酒的醇清。

吸附树脂可以提取分离水果汁中的香味成分，还可以去除其中的苦味成分等。

五、在中药制剂和成分的分离上应用

现代中药制剂常常喜欢提取其中的“有效成分”，尽管这个“有效成分”的说法并不准确。因为有效成分不代表处方的综合作用。从中药浸取物中提取某些成分，有时很复杂，而用吸附树脂能很好地解决。现在这方面研究很热门，屡见各种杂志报道。

用大孔树脂富集纯化人参总皂苷等，吸附量大，洗脱率高。固物中人参总皂苷纯度可达 60%。用来提取桔梗、远志、款冬花、甘草等的“有效成分”，可制成滴丸，服用方便，剂量小，见效快。

中药的“有效成分”，目前从西药的角度上认识，主要有生物碱、黄酮苷类、酚类、甾醇、蒽酮、有机酸、木质素衍生物、氨基酸、酯类、酶类、多糖多肽、萜类、蛋白质和挥发油等。许多大孔树脂经筛选，主要应用于对中药的黄酮类、生物碱类、酯类、多糖、皂苷类的富集、提取、分离，大多数已应用于生产，有较好的效果。

第四章　水溶性高分子

第一节　概　　述

一、水溶性高分子的概念和内涵

顾名思义，水溶性高分子就是可以用水溶解的高分子。高分子一般在微观形态上分为无定形高分子和结晶高分子，无定形高分子又叫无规高分子，常称为无规线团。其溶解过程分为两个阶段，第一阶段叫溶胀，就是溶剂渗入到高分子无规线团的间隙中，使之部分溶剂化，把一些可以“松动”的部位向溶剂中扩散。从外形上看，无规线团膨胀，这个过程叫溶胀。第二阶段叫溶解，有人说可以叫无限溶胀，也就是说，“溶胀”过程无限制地进行下去，终于各个链段都被溶剂化了，成为均一的溶液。对于结晶高分子，一般先有能量破坏晶格，然后再实现溶胀、溶解。这种外加能量最方便的是加热。所以有许多高分子要加热才溶解。而高分子的溶解性能又与溶剂有关，溶剂化程度高的叫良溶剂，否则叫不良溶剂。溶剂的选择，有一定的理论指导，也有经验可循，许多专著多有论及。

一般线型高分子都可能找到它的良溶剂。而交联的高分子，尤其是交联度较高的高分子，通常只能溶胀，有的溶胀程度很大，成了凝胶状，但仍不能溶解，叫有限溶胀。

水溶性高分子，就是以水作为溶剂时，它可以无限溶胀而溶解于水中。当然，不同的高分子可能有不同的溶解度。

根据溶解的溶剂化原则，水溶性高分子一定有较多的可以被水亲和的或溶剂化的基团，这些基团通常称为亲水基团，常见的亲水基团如羧酸基、羧酸盐基、羟基、氨基、酰胺基等。高分子的线型骨架上带有多少亲水基团，以及分布的均匀情况，大体决定了高分子的水溶性能。

许多专家喜欢称呼水溶性高分子为水性高分子，或叫水性材料。水性和水溶性是有区别的。“水性”常指材料的形态，一般以涂料和黏合剂等行业称呼较多。假如上述材料中，“溶剂”是水，就叫水性材料。成膜物质如果是水溶性的，则成为水溶液，外观是澄清、透明的液体。也有成膜物质并不溶于水，借助于高分子材料上多少一些亲水的基团，或并没有多少亲水基团而借助于良好的表面活性剂，把高分子材料分散在水中形成稳定的乳液，叫水乳液。外观是乳白色的或蓝白色、黄白色、不透明的水分散体系。水乳液中的高分子材料有几种情况，一种是它的线型高聚物本来可以溶于水的，但适当交联成有限溶胀的交联状高分子了；一种是基本是线型的，但亲水基团很少，诸如只有端羧基、端羟基的；还有一种是线型的或低交联的，有一些似是而非的亲水基团；此外，不亲水的线型或低交联高分子也可以利用溶剂中介而制成水分散体系。

水分散体系可以像加“溶剂”一样向体系中加水，这些可以加水稀释的乳液也叫水性材料。

所以，我们把水性高分子做如下区分：

- 水性高分子
  - 水溶性——溶液
  - 水分散性
    - 接近于溶液或说是胶体溶液，透明半透明
    - 高度分散形成稳定的半透明乳液，蓝白色
    - 乳液
      - 一级分散液——不透明乳液
      - 二级分散液——乳白色分散液

显然，我们这里讲的水性高分子是指水溶性，而不是指水分散性。但是有一些具有亲水基团的高分子，由于适当交联或低度交联，需借助于表面活性剂而制成的“溶液”，如某些涂料，这里也适当述及，说成是水溶性高分子。

二、水溶性高分子的发展历史

其实人类早就使用着天然的水溶性高分子，如淀粉、藻类蛋白酸质、一些动物和植物的胶等，用来当食物和粘接剂，有的用于制作家具和其他用品，有的用于造纸，有的用于制革等，直到现代还在沿用着。

随着人类用量的增大，资源日见短缺，加上高分子学科的产生和发展。历经几代人的探索和试验，在 20 世纪 20 年代就研究改造纤维素，千方百计使它溶解，溶于溶剂或溶于水。随后也合成了像聚乙烯醇、聚乙二醇这样的水溶性高分子，但并没有引起太大的重视，应用领域也有限，水溶性高分子并没有形成领域。聚乙烯醇在 30 年代用作合成纤维，不是研究和利用它的水溶性，而是改进其水溶性为水不溶性，用甲醛等缩合掉它的羟基。德国人想把环氧乙烷聚合成醚，可是，聚合周期差不多是一两年。

直到 20 世纪 40 年代、50 年代之后，人类才有计划地利用高分子的水溶性作水性粘接剂、造纸上光剂、制革的柔软剂、光亮剂以及化妆品、食品饮料等的分散剂。主要着眼于改性天然高分子物，研究可溶于水的天然高分子淀粉，又研究与淀粉结构类似的纤维素的改性，纷纷实现了工业化，形成了产业。到 50 年代之后，才把水溶性高分子的开发研究，有目的地提到日程上来，直到 80 年代，合成的水溶性高分子和改性天然的高分子的水溶性，双管齐下，取得了长足的进步，聚丙烯酰胺、聚丙烯酸、聚乙烯基吡咯烷酮等的合成都得以工业化，并不断开发其应用领域。

20 世纪 70 年代之后，水性涂料和水性材料被人们重视。以水溶性高分子或以水溶性高分子的结构理论改性已有的材料，出现了新的发展。水溶性高分子已经作为一种功能高分子被人们重视，开发研究不断深入，各种“水溶性单体”或叫“亲水性单体”纷纷地被合成出来，并引入到已经形成产业的那些油溶性的高分子材料的链上，开拓新的水溶性或亲水聚合物。所以，人工合成的水溶性或亲水高分子在 20 世纪七八十年代之后得到迅速发展，品种增多，规模扩大，几乎应用到国民经济和日常生活的各个部门。

三、水溶性高分子分类

按来源方向可分类如下：

- 水溶性高分子
  - 天然水溶性高分子
    - 淀粉
    - 藻类（如琼脂）
    - 动植物胶
    - 微生物胶
  - 天然高分子的改性产物
    - 改性淀粉
    - 改性纤维素
  - 人工合成的高分子
    - 水溶性高分子合成物
    - 改性的亲水型高分子合成物

还可以按亲水功能团分类等。

我们讲的水溶性高分子，与其他功能高分子一样，是指人工合成的和改性的高分子。

第二节　水溶性高分子的性能

一、水溶性

大多数的水溶性高分子可以在水中以任何比例混合都可以溶解，但仍有相当的高分子有一定的溶解度。

水溶性的程度通常与高分子链结构和相对分子质量大小有关。同一种水溶性聚合物，当相对分子质量较小时，可以任意溶解，而当相对分子质量很大时，可能就有溶解度。线型高分子要比同种类的支链型的高分子易于溶解，有时轻度交联的也能溶解，但条件要苛严一些，诸如加热、添加稳定剂等。当然，结晶的高分子溶于水一般要加热，而且溶解速度往往慢些。

水溶性还与高分子骨架上的亲水基团种类和数量有关。通常的说法是，在水中可以"电离"的极性基团溶解得快，且水溶性好，例如羧酸基团如果引入 Na^+，成羧酸钠，则后者的溶解速度和溶于水的能力要大得多。氨基的水溶性也要高于羟基。至于一条高分子链上要有多少亲水基团就具有了水溶性，似乎至今尚无规律可循，也没有经验数据。不同的品种有不同的说法，往往需经过试验。亲水基团的数量，在改性已往的油溶性高分子材料时，起着关键作用。例如，在聚氨酯链上，或在环氧树脂链上，除了具有羟基之外，还要引入多少另外带入的亲水的何种基团就具有了水溶性，实在没有公式。何种基团更好，多少数量适宜，使新的高分子链既不影响原有的材料特性又具有水溶性，这些都需经过试验。

通常水溶性高分子的溶解度随温度升高而增大。

二、增黏和增稠性能

水溶性高分子的水溶液有一定的黏度，这毋庸置疑。黏度与溶液的浓度有关，通常不是线性关系，而是随着溶质的增量、黏度的增大更为显著。达到一定浓度的水溶性高分子溶液，就显得很黏稠。

某些水溶性高分子，在水中如果发生电离作用，高分子链上的基团会带同一种电荷。由于同性相斥，高分子几乎以碳-碳键无限伸展，体系黏度很大，这种叫聚电解质的水溶性高分子，只要加进少许，水溶液的黏度就会很大。

水溶性高分子具有的极性基团和可成氢键的基团，与水溶液中其他的分散相缔合，分子间力的作用，使水相的黏度大大增加，这种功能叫增稠功能。

三、成膜性能

水溶性高分子一般都具有可以反应的基团，如氨基、羟基、羧基等，当水溶液的水分干燥后，这些线型高分子由于极性基团的氢键力作用，形成表面干燥成膜的性能，如果添加适当的交联剂或催化剂，就可以形成不再溶于水的交联的高分子膜，这是很有意义的。

四、表面活性剂功能

高分子的主链通常是碳链，这是一个亲油的或疏水的链，而在碳链上接有许多亲水的侧基，当亲水基团达到一定数量之后，水溶性高分子就具有了亲油-亲水的功能，相当于一种高分子表面活性剂。当然，并不是所有的水溶性高分子都适合作表面活性剂，但几乎所有的水溶性高分子都有这种类似的功能。高分子表面活性剂另有论述。

五、吸附、分散和絮凝功能

水溶性高分子都含有一定的极性基团，都有吸附极性物质尤其是具有吸附极性无机物的能力。这种功能一般指吸附水中悬浮的极细的带电粒子、离子或浑浊物，使悬浮的粒子不稳定而发生沉降，同时高分子骨架的包裹可吸附更多的粒子，聚集成较大的絮团沉降出来。

除了絮凝之外，有时吸附作用对粒子会起保护和稳定作用，一般指粒子较大的如填料、颜料等颗粒，又称为保护胶体，既有吸附作用又有表面活性作用。

六、粘接作用

黏合剂的粘接理论尚无定论，一般有溶解说、渗透说和中介说。两种物质利用粘接剂粘起来，有人认为是被粘物质的表面有微量的溶解，使分子之间互相穿插起到粘接作用；有人解释说粘接剂或其溶剂渗透到被粘物质的表面；最简单的解释就是粘接剂起一个中介作用，凭它的分子间作用力，将两个被粘物质结合到一起。分子间作用力与分子的大小有关，分子间力是可以叠加的，因此，高分子就有比较大的分子间作用力。几乎所有的高分子都适合作粘接剂，但水溶性高分子更方便而且表观黏度比较大。用作高分子黏合剂的树脂，相对分子质量并不能太大，黏合作用还要依赖于高分子自己成膜，这反过来可以说明黏合理论的缺陷。

七、减摩擦作用

在一些水性流体中，加入少量的水溶性高分子，可以使湍流时压降比原先的液体输送压降有所降低，称为减摩擦作用，也叫减阻作用。

有的水溶性高分子减阻效应很明显，有明显的应用价值。

八、相容性和可反应性

许多水溶性高分子的油性链，比较“温和”，因此与许多油溶性的高分子有较好的相容性，可以在很大程度上利用它来共混和作为共混的增容剂，获得许多性能令人满意的高分子材料。

水溶性高分子的亲水基团都是活性的，可以利用它进行高分子链的化学反应获得新的材料。

第三节 重要品种的合成和主要用途

一、改性淀粉

天然淀粉是水溶性高分子，但不溶于冷水，要加热到一定温度后，与水生成淀粉糊，这个过程叫糊化。不同淀粉品种，糊化温度亦不同。淀粉糊是胶体，还不是真正的水溶液，在高压喷射下加热才能变成溶液。天然淀粉已经被使用很久，主要用于造纸的制浆、纺织的上浆、家用烹调的增稠和作粘接剂使用，但这些特征不适应现代工业的要求。

1. 降解淀粉(氧化淀粉)

最常见的是氧化法使它降解，氧化剂不同就可能产生不同牌号的氧化淀粉。

例如用过氧化氢、次氯酸钠以及高锰酸钾等可以方便地得到普通型的氧化淀粉，增加了淀粉糊的稳定性和粘接性。

淀粉分散于水中，浓度为18~20波美度浆液，加2%的NaOH调整pH值到8~10，不断通入次氯酸钠反应，用量为淀粉的10%，温度控制在30~50℃，反应中可以补充NaOH以保证pH值，反应结束后，用HCl中和，使pH值达6~6.5，再加入Na_2SO_3，除去游离氯，洗涤，过滤，干燥得产品。在中性和低碱性条件下，淀粉链降解，生成较多的羧基或少量酮基，这样，氧化淀粉的糊化温度下降，且糊化液清晰、稳定，用于食品时口味改善，而且粘接性能、成膜性能较好。

氧化淀粉主要用于造纸工业上，作为施胶剂和涂布粘接剂；作为纺织工业上浆剂，应用方便，冷水也能溶解；用于织物整理，可使印花色彩鲜艳、柔软、手感好；在建筑材料行业上，可作墙板、纸板等的粘接剂，初始黏性可以较大，干燥快；食品工业上，除了增稠之外，可以用来制作软糖等。

2. 磷酸单酯淀粉

最简单的方法是将淀粉悬浮在正磷酸盐NaH_2PO_4和Na_2HPO_4混合物的溶液中，pH值为5.5~6，在160℃下，搅拌半小时至数小时，过滤，干燥。反应时间与使用的磷酸盐有关，例如使用$NaH_2PO_4 \cdot H_2O$，反应时间可以半小时，如使用$Na_2HPO_4 \cdot 7H_2O$，反应时间可能延长至2~3h。时间加长，磷化程度加大，Na_2HPO_4比例加大，磷化程度也加大。

淀粉还可以与三聚磷酸钠反应，例如把三聚磷酸钠液喷雾到干燥淀粉上，混合均匀，初步干燥到含水量5%~10%在120~150℃加热1~2h，将产物冷却，洗涤，干燥。

有些磷酸酯淀粉在磷酸化过程中，加入含氮组分如尿素，可得到含氮的磷酸酯淀粉。

如果用有机的磷酸试剂，如水杨酸基磷酸酯、*N*-苯酰磷酸胺，可得到复杂的淀粉改性产物。

磷酸酯淀粉是阴离子淀粉，糊液的黏度大、透明，稳定性好，主要用于造纸工业，作为加有明矾的酸性造纸的湿部添加剂，磷酸酯与明矾中铝离子结合，起增强作用，在加有填料的造纸中，可作为填料的助留剂，有很好的效果。

磷酸酯化的淀粉，用于涂布黏合剂，可以代替干酪素的作用，降低成本。作为瓦楞纸等纸质制品的黏合剂，可以改进储藏稳定性。

在食品工业上，某些含磷3%~4%的磷酸酯淀粉可在冷水中迅速膨胀，与干燥的糖和调味剂混合后，加到冷牛奶中，迅速凝成“布丁”。此外在食品工业中充当增稠剂、乳化剂、稳定剂、分散剂，能延长储存时间，改善食品的风味，增加营养价值。

磷酸酯淀粉在纺织工业用于上浆、印染和后整理。用于浆纱，用量只有原使用淀粉的一半，退浆只要在 pH 值 7~10 的热水中即可完成，废水处理也比较方便，用石灰水即可沉淀、分离。磷酸酯淀粉与聚丙烯酸酯或聚乙烯醇的相容性好，可以用于合成纤维上浆。

此外，在处理工业废水中，如处理含有金属离子、粒子的废水，处理食品工业中的废水等起到絮凝作用，效果显著。在农业上可提高土壤保水能力，还可以作药物填充剂等。

3. 羧甲基淀粉(CMS)

羟甲基淀粉是由淀粉上的羟基与氯代乙酸在碱性条件下起醚化反应而得，随着取代度增大，可使 CMS 溶于冷水，工业上主要合成低取代产品，最常用的是溶剂法。淀粉加 NaOH 制成碱化淀粉，在异丙醇中，通入氯代乙酸，40~45℃反应 2~4h，过滤、洗涤、干燥。

羧甲基化主要发生在淀粉的活性羟基上，衡量其程度用“取代度”来表示，简写为 DS，即每摩尔葡萄糖环基上活性羟基被取代的摩尔数。可见，理论上取代度最大为 3。但 CMS 工业上常用取代度 0.09 以下，一般取代度大于 0.01 已使淀粉大大改性，如果取代度大于 0.1，就可溶于冷水，与淀粉相比，溶液黏度大，稳定性好，黏度随取代度增大而增大，适用于作增稠剂和稳定剂。

一般广泛用于食品工业作增稠剂以及医药工业作药片的黏合剂和崩解剂，也可以用于纺织工业上毛、丝、化纤的上浆剂，石油钻采的降失水剂，用于洗涤剂的添加剂增强洗涤效果，还可作絮凝剂等。

4. 阳离子淀粉

阳离子淀粉是淀粉与阳离子试剂反应而得，阳离子试剂种类很多，有氯代的各类叔胺盐、季铵基盐等。因此，阳离子淀粉品种繁多，一般可按形成醚键的胺的性质分为下列四种。

阳离子淀粉
- 伯胺、仲胺类烷基醚淀粉
- 叔胺烷基醚淀粉
- 季铵和•类醚淀粉
- 其他淀粉醚

目前阳离子淀粉主要用于造纸行业。就是因它对带阴电荷物质的亲和性，改善耐破度、耐折度，提高纸质的拉伸力，提高造纸工艺上的施胶、滤水等效果，提高抄造速度。还能提高对颜料、填料的保留率，是良好的助留剂，可大大降低成本。

此外，可用作上浆剂、絮凝剂，DS 为 0.05 的季铵型阳离子淀粉，在 10~75μg/g 浓度内是 O/W 和 W/O 的有效乳化剂。

二、水溶性纤维素醚

与淀粉不同，纤维素是不溶于水的，不是天然的水溶性高分子。但在碱存在下，纤维素链上的羟基和醚化剂反应，可得到纤维素醚，工业上大多数纤维素醚是水溶性的。

纤维素醚
- 水溶性
  - 离子型
    - 羧甲基纤维素
    - 磺酸乙基纤维素
  - 非离子型
    - 甲基纤维素
    - 羟丙基甲基纤维素
    - 羟乙基纤维素
    - 乙基羟乙基纤维素
- 油溶性

1. 羧甲基纤维素(CMC)

一般当DS在0.2以上就可溶于水，工业上产品DS常在0.7~1.2之间。

CMC的分类没有统一的规定，通常按一定浓度溶液的黏度分类。我国即以2%水溶液的黏度分为超高、高、中、低和超低5个等级。工业上粗分只有三种，1%溶液黏度在5Pa·s以上，叫高黏度型；2%溶液黏度5Pa·s以下到1Pa·s或0.5Pa·s，叫中黏度型；2%溶液黏度0.05Pa·s以上到0.5Pa·s，叫低黏度型。特殊的有超高和超低，有的商家以取代度来分，通常有0.4、0.7、0.9和1.2四种等；有的以纯度来分级：高纯度>99.5%，工业级>96%，粗品>65%。

羟甲基纤维素醚合成方法简便，用碱纤维素与氯乙酸反应。

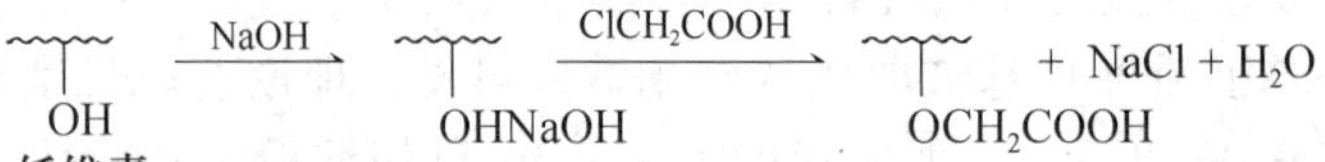

纤维素

原料纤维素，商品叫浆粕，适用的是棉浆粕和木浆粕，我国以棉浆粕为主。一般纤维在除尘之后，加碱蒸煮，再洗涤，除砂、打浆、漂白、脱水、干燥，最后得纤维素99.5%以上的精制棉。

合成纤维素醚要求含α-纤维素较高，一般要高于88%。要使产品黏度中高以上，α-纤维素要求大于97%。此外，纤维素的聚合度也直接影响到产品的黏度。聚合度在500~700的，只能制得低黏度产品；而聚合度大于1800，可制得超高黏度产品。

碱纤维素一般都以α-纤维素含量高的精制浆粕，经大量18%NaOH水溶液在18~20℃浸渍，再压榨除去多余的碱，纤维素粉碎即成。或者将浆粕细碎后分散于有机溶剂中，再与碱作用，形成碱纤维素有机悬浮液。

碱纤维素与氯乙酸的反应，有水媒法和溶剂法两种。

水媒法生产简单，只要把碱纤维素和氯乙酸在捏合机中，35~45℃反应2h，就使反应程度达60%~70%，再放入转鼓式熟化器，加入$NaHCO_3$，保持温度，反应4~6h，用70%甲醇洗涤，用酸中和，可得纯度高的产品。水媒法示意如下：

浆粕→碱化→压榨→粉碎→捏合反应→熟化→洗涤→中和→干燥→粉碎

↑（氯乙酸）　↑（$NaHCO_3$）

溶剂法是把浆粕粉碎之后，与10~20倍的溶剂异丙醇形成分散液，加入45%NaOH水溶液，20~30℃碱化半小时，再移入醚化釜，与计量的75%氯乙酸异丙醇溶液55~65℃反应，后期升至80℃，反应1h，产物中和，甲醇溶液洗涤，干燥，粉碎，得到纯度98%以上的产品。溶剂法流程示意如下：

浆粕→粉碎→溶剂分散→碱化→醚化反应→中和→洗涤→干燥→粉碎

↑（氯乙酸溶液）

CMC不同品种有不同的质量指标，一般表观密度0.5~0.75g/cm^{3}左右，变色温度227℃，炭化温度250℃。

现在CMC主要应用于石油钻井，作为泥浆的降失水剂；用于造纸行业；用于纺织工业作上浆剂；在合成洗涤剂和日用化学品，如洗发香波、雪花膏、美容剂、洗面奶、牙膏中，用作乳液稳定剂和增稠剂；在制药行业用作凝胶药品、膏药、软膏的成膜剂和稳定剂，片剂、乳剂的辅料。精制的CMC，纯度大于99.5%，2%的水溶液在25℃时黏度为0.025Pa·s

的，认为是安全的，可添加于食品，如奶油、果酱、皮冻、罐头、糖浆饮料作增稠剂、稳定剂和凝胶剂。

2. 甲基纤维素和羟烷基改性的衍生物

甲基纤维素(简称 MC)是非离子型的水溶性纤维素醚。其改性的几种羟烷基衍生物，主要是羟丙基甲基纤维素(HPMC)，此外还有羟乙基甲基纤维素(HEMC)、羟丁基甲基纤维素(HBMC)。它们的特点是溶于冷水而不溶于热水，在广泛的 pH 范围内(3~12)溶液稳定，而加热到一定温度则变成凝胶析出，可是冷却下来，凝胶又消失，还原成溶液状态。

甲基纤维素的反应示意为：

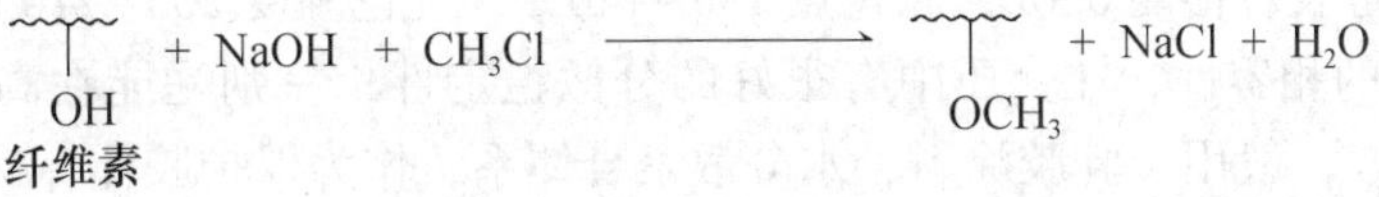

羟烷基纤维素的反应示意为：

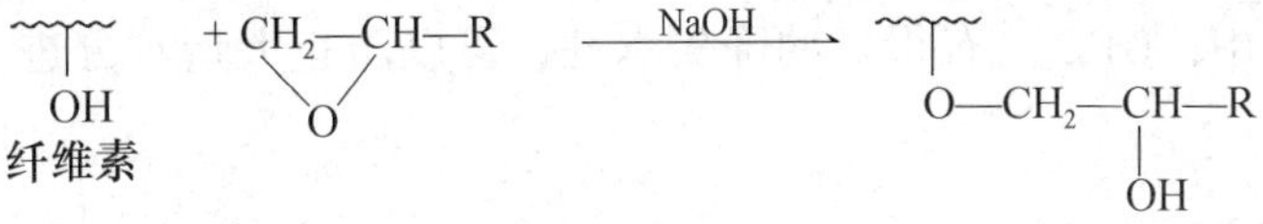

如羟乙基 R=H；羟丙基 R=CH_3；羟丁基 R=C_2H_5

合成工艺与 CMC 类似，因为 CH_3Cl 沸点低，工业上合成 MC 时要用高压釜压力为1.2~2.5MPa。如果只是生产 MC，压力偏高，有环氧丙烷时，压力偏低，在 1.2~1.4MPa。高压下使碱纤维素悬浮在液体的 CH_3Cl 中，用40%~50%浓度的碱液，如果生产 HPMC，还要加入一定比例的环氧丙烷。反应温度一般控制在 70~85℃。羟丙基反应温度可低至 50℃。而在 50℃时，甲基化反应几乎不能进行。因此，工业上生产 HPMC 时常分两步，即加料后，先以低的压力 1.2~1.4MPa，50℃左右反应 1~2h，完成羟丙基化，再升温至 70℃以上完成甲基化。

反应结束后，充分回收未反应的醚化剂原料，再在 90℃以上的热水中精制。加入适量的氯乙酸，去除未反应的纤维素，再用盐酸中和，如产品有颜色，可用 $NaHSO_3$ 和草酸漂白、除色，趁热在离心机中脱水，再在离心机中用热水充分洗涤，最后干燥、粉碎。

MC 及其衍生物的表观密度 0.25~0.70g/cm^3，变色温度 190~200℃，炭化温度 225~230℃，凝胶温度一般在 50℃以上，根据品种不同而有差别。

MC 及其 HPMC 等的应用，与 CMC 的应用有似乎约定俗成的分工，CMC 适用于一般性的增稠、乳化、稳定、分散、粘接和成膜，价格低廉。而 MC 及 HPMC 等属于非离子型，具有很好的稳定性和表面活性、热凝特性等，用在高分子的悬浮聚合、作建筑施工等方面的优良助剂，起到很好的效果。

例如在聚氯乙烯悬浮聚合生产中，要添加分散剂和稳定剂，早期使用的明胶分散剂，PVC 粒子大小不等且表面光滑，称为“乒乓球”型。在后期加工时，不容易与增塑剂捏合，内涵增塑剂量少，加工仍然困难。后来使用聚乙烯醇，得到较大改进。20 世纪六七十年代，人们用 MC 和 HPMC 作为悬浮聚合的分散助剂，取得前所未有的效果，颗粒分散度好，表面像“棉花球”，有利于浸润增塑剂。

建筑工程上在水泥砂浆中掺有 MC 或 HPMC，有很好的流变性和保水性，成为混凝土泵送添加剂。添加 MC 的灰浆，可以直接压粘，进行陶瓷贴面材料施工，用于喷涂抹灰的灰浆，加入 MC 之后才可以与涂料和添加剂配混。分散型建筑涂料加入 MC 或 HPMC 后增稠稳定，便于施工，展涂性能大为改善。

MC 和 HPMC 只有优质品才适合于食品、医药和化妆品领域，作增稠、分散、乳化和成膜剂等。

3. 羟乙基纤维素(HEC)

HEC 是非离子型的，可溶于冷水和热水，但当取代度很低时(DS 在 0.5 以下)，只能溶于碱水。

HEC 由碱纤维素与环氧乙烷反应得到。

典型的物性是表观密度 0.62，软化点 130~140℃，变色温度 205~210℃。

HEC 有较好的相容性，在介质中有很好的分散稳定性，特别是能在高浓度盐的介质中有很好的稳定性。一般用于乳胶涂料，水分散聚合体系，作为保护胶体，例如在醋酸乙烯酯乳液聚合中，用 HEC 作添加剂，可以使体系在很宽的 pH 范围内稳定。在石油钻井、固井和压裂操作中，有各种各样的泥浆，用 HEC 作为增稠剂，使泥浆有良好的稳定性和流动性，在低固相固井泥浆中，HEC 具有很好的降失水性，可以防止大量水分进入油层，使采油能力大为提高。

三、聚乙烯醇(PVA)

外观为白色粉末状树脂，这是广为人知的水溶性高分子，但早期人们认识它，是因为它是合成纤维维尼纶的主要原料，后来广泛用作胶黏剂。

聚乙烯醇不能用单体乙烯醇聚合，因为乙烯醇极不稳定。而是用醋酸乙烯酯聚合以后在甲醇溶液中水解制得。醋酸乙烯酯聚合是典型的溶液聚合，引发剂常用偶氮二异丁腈或偶氮二异庚腈，在甲醇溶液中进行聚合，温度 65℃，在聚合釜中进行。

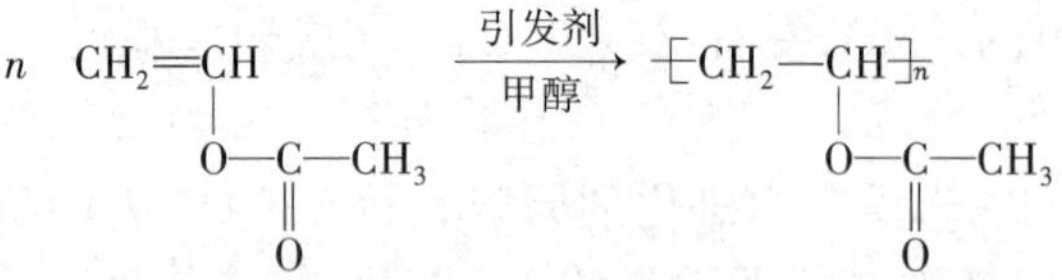

聚合液用甲醇蒸气将未反应的单体吹出，回收单体和溶剂，随后用甲醇调节浓度至 33%，加入 NaOH 甲醇溶液在 50℃进行醇解。

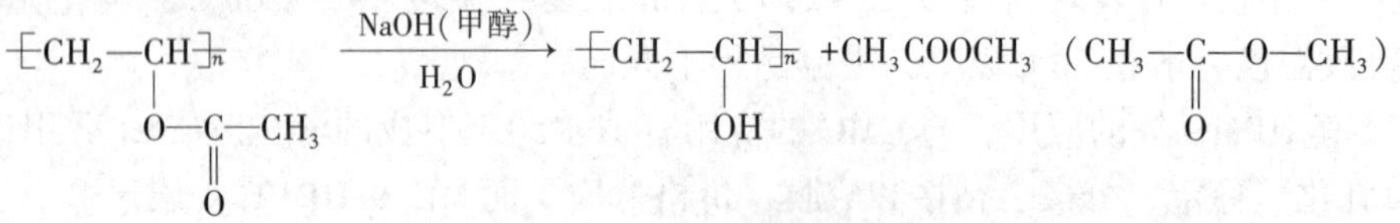

醇解产物为固体，经粉碎、压榨、干燥，脱溶剂后得到成品。

聚乙烯醇的聚合度不完全与聚醋酸乙烯酯相同，低聚合度的相对分子质量在 2.5 万~3.5 万左右，中聚合度的相对分子质量为 12 万~15 万，高聚合度的相对分子质量为 17 万~22 万，现在有一种超高聚合度的相对分子质量可达 30 万，相对分子质量越大，PVA 在水中的溶解性越小，而黏度越大，生成的膜强度和耐溶剂性都随相对分子质量的增大而增大。

醇解度常有 78%、88%、98%三种，完全醇解的聚乙烯醇其醇解度达到 98%~100%，高醇解度的作化纤原料，其他用途均不追求高醇解度。醇解度越增大，在冷水中的溶解性变小，但在热水中溶解性变好。醇解度增大，溶液黏度稍有增大，但皮膜强度和耐溶剂性要增大。

工业上为了表达方便，常将聚合度的前两位数字和醇解度的百分数字连在一起表达，如2588表示聚合度2500(相对分子质量约10万)，醇解度88%的树脂。

PVA作为黏合剂，广泛应用于日常生活和许多工业部门。用于纸张的颜料黏合剂，有时与聚醋酸乙烯酯乳液(乳胶)配用。在纸板加工上成了最常用的工业黏合剂。在纺织工业上除了用于上浆，另外，还可以用作为无纺布的黏着剂。还可以作铸造型芯黏合剂、陶瓷暂时黏合剂等。

用作高分子悬浮聚合和乳液聚合的添加剂，形成保护胶体，现在仍然是PVA很重要的用途。一般使用中低聚合度和低醇解度的产品。作为分散剂在化工中应用已很普遍。

在采油工业上，作为增稠剂、增黏剂，在高温下(地下高温)仍然稳定。

PVA在高分子材料中，利用它的可反应性，可以制成许多特种黏合剂，具耐光、高韧、耐温等性能，用于生产汽车安全玻璃和用在国防军工、木材加工、混凝土粘接等部门。

四、聚丙烯酰胺(PAM)

PAM的商品形式有水溶液、胶乳和固体粉末状。它可以任何比例浓度溶于水，并不受pH值、电解质的影响，有甚好的相容性。经常用作絮凝剂、增稠剂和液体减阻剂等。

聚丙烯酰胺的单体丙烯酰胺，目前都不是直接合成，仍由丙烯腈水解获得。

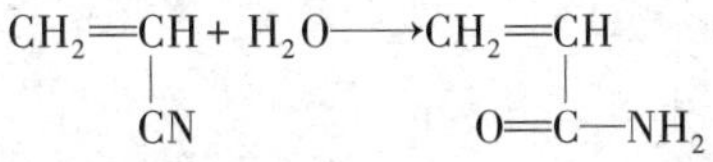

早期用硫酸作催化剂，产生副产物Na_2SO_4或$(NH_4)_2SO_4$，20世纪70年代改用Cu催化获得成功，称催化水合法。80年代日本又研制用生物作催化剂的酶催化法，目前绝大多数生产厂以催化水合法生产单体。

骨架Cu催化剂有Cu-Cr、Cu-Ni和Cu-Al-Zn等，反应器是固定床或悬浮床，悬浮床更先进一些，易于连续化，产量较大。反应温度70~120℃，压力0.2~0.3MPa。反应产物用蒸发法浓缩至50%，再用活性炭吸附去除有机物，用离子交换树脂去除无机杂质。

50%浓度的单体，以过硫酸钾或氧化还原引发剂引发，自由基聚合得到PAM的水溶液胶体状产物。

要得到粉状聚合物，则以低浓度单体聚合，聚合物溶液流延到加热滚筒干燥、粉碎。有的将低浓度单体溶液与共聚单体在传送带上聚合得到产物，干燥、粉碎得到粉状产品。

丙烯酰胺与许多单体共聚，只要AM大于50%的，人们习惯上还叫它PAM。因此根据共聚单体性质，又把PAM分为阳离子型、阴离子型和非离子型。请读者注意这里的PAM已经不是纯的聚丙烯酰胺。

聚丙烯酰胺本身无毒，但丙烯酰胺单体和夹带的催化剂重金属是有毒的，这大大限制了PAM的使用。因此，世界各国都在研究使残余单体小于0.05%。有些国家在聚合产物中，使用多种方法捏合进亚硫酸钠、亚硫酸氢钠、偏亚硫酸氢盐或者碳酸钠、二乙醇胺等，以除去残留的丙烯酰胺单体，可使AM含量下降至0.047%。有人主张用可溶单体而不溶PAM的溶剂洗提。大多数主张改善聚合工艺如用复合引发剂，改善引发剂的活性半衰期，或水性和油性引发剂混用，延长聚合反应后期的保温时间等。

PAM产品有国家标准，我国目前大量应用在油田开采，欧美国家主要应用于水处理。

在油田开采上，用作“驱油剂”，在油田的注入水中，加入一定量的PAM，以增加水的黏度，改善油-水流度比，将水驱时未动用的原油驱替出来。PAM驱油已成为我国东部油田稳定高产的重大技术措施之一。此外，在油田作业中，用作堵水剂，PAM 对油和水的渗透能力具有选择性，还可以封堵大孔道。

在水处理上，PAM 是目前效能最高的聚合物絮凝剂。PAM 及其共聚物能适应多种絮凝对象，在处理工业用水时，PAM 还可作冷却水的阻垢剂，在市政污水和工业废水处理上都需要用 PAM 絮凝澄清，用于污水处理厂的活性污泥脱水，减少废物污泥的体积和质量，提高焚化和肥化的效率。

在造纸工业上，作长纤维纸浆的悬浮分散液，使浆液稳定。使用 PAM 可以提高小纤维和填料的留存率，还可以改进纸的印刷性能。PAM 在造纸工业中还有许多用途，如可以改善纸的表层性质，提高拉伸强度，提高耐破耐折的干湿强度，还可改善纸页的均匀度等。

在纺织行业用作上浆剂、织物整理剂，还可以在织物表面形成抗霉菌的保护层。用来处理细纱、减少断纱，提高合成纤维的亲水性，还可以作为匀染剂和涂料印花的助剂，色牢度大，鲜艳度高。

PAM 水凝胶用作保持生物活性物质和一些医用材料。

在建筑行业上，用作墙纸胶粘接剂，还用于填缝、堵漏，与水泥有很好的黏着性。

PAM 用来减小湍流时的水力学阻力很有意义，这种减阻作用，在流体输送中，可降低管道阻力，用于消防水枪，可增大其覆盖面积。还可用于降低船航阻力等。也可用来改良土壤，提高土壤抗风蚀和水浸性能。

五、聚氧化乙烯(PEO)

聚氧化乙烯又叫聚环氧乙烷，是一种易流动的白色粉末，熔点 50~60℃，极限熔点 67℃，相对分子质量大于数万。相对分子质量小于 2 万的，习惯上叫聚乙二醇。几百几千的叫聚醚二元醇。

工业上用离子配位聚合，在溶液中实现淤浆聚合，经过脱溶剂，洗涤，干燥，粉碎得到产品。

PEO 被认为无毒，粉末堆积密度 0.2~0.5g/cm^3，水溶液中性至弱碱性。PEO 完全溶于水，同时可溶于某些有机溶剂，水溶液黏度较大，但在水的沸点附近，反而会从溶液中析出。高分子链具有高柔性，与其他树脂相容性好，在水溶液中有絮凝作用。但在热、紫外光和氧化剂作用下易降解。水溶液只有在中性或碱性中比较稳定，受光或激烈搅拌都可能降解。

在造纸工业上 PEO 用量较大，主要用作长纤维纸浆分散剂、纸张粘接剂、填料和细纤维存留剂，以及作为专用纸的特殊纤维(如玻纤、化纤)的分散剂和黏合剂。用作纸的涂层，不仅光泽好、光滑，而且纸质好。

作为黏合剂与其他树脂配合，可作木材胶、水溶性快干胶以及压敏胶等。也可以作为陶瓷的水溶性润滑剂、成型暂时黏合剂，作为防止开裂的黏合剂加于陶瓷的坯板中。

在建筑行业中，应用 PEO 作水泥分散剂、混凝土添加剂、泵送剂，在制造石棉-水泥混合料和作为玻璃纤维混凝土中，用 PEO 作良好的分散剂，得到理想的材料。

在采矿工业中，作为絮凝剂处理洗煤废水，用相对分子质量大约 10 万的 PEO，在 25℃和 95℃有选择性地絮凝烟煤的水悬浮物，可以有效地把煤从煤与高岭土的混悬浮物中分离絮凝出来。高相对分子质量的 PEO 对黏土、酸滤二氧化硅、蒙脱土、活性白土等都是很好的絮凝剂，用于净化冶金废水。

在日用品和洗涤剂工业上，作为增稠剂、分散剂，用作牙膏、剃须膏、洗发膏、化妆品的添加剂，质感均匀、细腻，有湿润的效果而无黏腻感。用作液体洗涤剂和固体洗涤皂时，分散均匀，有润滑厚实的泡沫。

在石油化工工业上的应用也很普遍。石油采油行业用作驱油剂，还可以用于提高膨润黏土钻井泥浆的产量，作为增量剂。化学工业中作为合成高分子的分散剂，涂料行业中作乳胶涂料的添加剂，用作去漆剂的增稠剂。在化工清洗行业中，PEO 也作为清洗剂的增稠剂使用，可以提高效能。

在印刷行业中，油性的印刷油墨可用 PEO 和聚丙烯酸络合微胶囊化，可制成一种干燥的、有流动性的粉末，生产无碳复写纸，当施压时微胶囊破裂，释放出油墨。此外，PEO 在印刷行业中还用作平版印刷的缓冲液。把 PEO 树脂制成单丝，在织物编织中，这些单丝作为周期性的纬线，处于织物要割断的位置上，织物通过水浴如染色浴时，这些纬线就溶解了，很容易从预定的位置上割断编织物。另外少量的 PEO 加到聚酰胺聚酯中熔融纺丝，可明显改善染色性和抗静电性。

此外 PEO 还可以作土壤改良剂、稳定剂，在城市污水管中加入少量低浓度的 PEO，可使污水流速增大 50%~100%，用于消防中可减少消防软管的压降提高流速等。

六、聚丙烯酸类及其共聚物

聚丙烯酸 $\left[\!-CH_2-\underset{\displaystyle COOH}{\underset{|}{CH}}-\!\right]_n$ 和聚甲基丙烯酸 $\left[\!-CH_2-\overset{\displaystyle CH_3}{\overset{|}{\underset{\displaystyle COOH}{\underset{|}{C}}}}-\!\right]_n$ 有不同的相对分子质量，其亲水性、附着力等性能有差别，而丙烯酸和甲基丙烯酸又很容易与其他单体共聚，尤其是与丙烯酸酯类、甲基丙烯酸酯类共聚，可以得到许多人们需要的性能。

聚丙烯酸(PAA)和聚甲基丙烯酸(PMA)都适合于自由基聚合，PAA 常常以单体在水相中聚合，引发剂为水溶性的过硫酸铵，温度 70℃左右，反应产物是 25%的聚丙烯酸溶液，要得到粉末状的，可用喷雾干燥去获得。

聚甲基丙烯酸(PMA)同 PAA，但在较高的聚合温度时，聚合物会从溶液中析出，到较低温时又重新溶解。

丙烯酸单体和甲基丙烯酸单体，都可溶于有机溶剂，如苯、甲苯，而聚合物则不能溶解，可以用溶液淤浆聚合，经过滤、洗涤、干燥，可得粉末状聚合物。

PAA 还可用聚丙烯酸甲酯水解的方法获得。

PAA 和它的许多共聚物在石油开采行业中广泛应用。作为泥浆的分散剂，使泥浆有很好的润滑性，防止卡钻，并可以提高钻速。而用作堵水剂、悬浮压裂液的分散剂、絮凝驱油剂等，已经为油田的持续高产所共识。

在化学工业上，尤其涂料行业，用作颜料分散剂、稳定剂及水性涂料的增稠剂。在造纸行业中，用同样的原理改善颜料的涂布性。在工业用水的方面，主要作阻垢剂、分散剂、缓蚀剂、杀菌灭藻剂等。在高分子聚合中，作悬浮聚合和乳液聚合的添加剂。在制革、纺织上可以作为皮革增柔剂、织物上浆剂、织物整理剂。在食品工业中，作为处理废水的絮凝剂有独到之处。作为絮凝剂，用于处理冶金和化工的废水，可以从水中回收矿物，去除悬浮物等。PAA 如果在食品表面形成一层薄膜，可以保鲜。把 PAA 的钠盐加入土壤中，使土壤团粒结构增强，减少土壤流失。

聚丙烯酸及其共聚物，在凝聚、分散、成膜、增稠和粘接等性能方面，更加丰富，有着广阔的应用前景。

七、聚乙烯吡咯烷酮(PVP)

PVP 既溶于水，又溶于大部分有机溶剂，生理相容性好，毒性低，虽然价格较贵，但仍然受到重视。

单体叫 *N*-乙烯基吡咯烷酮：

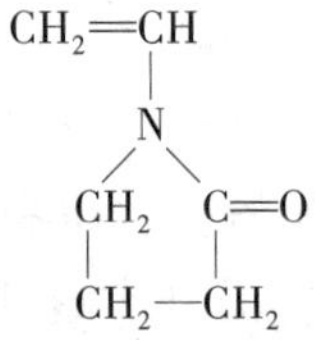

单体在 140℃可以直接热引发聚合，也可以与过氧化物在 110℃很快聚合，温度上升至 120~190℃，生成熔融态的聚合物，冷却后粉碎就得到本体聚合的粉末。但这种聚合物不纯净，要精制提纯。

常用的聚合方法是溶液聚合，溶剂中最简便的是水，所以水溶液聚合是经常被采用的，过氧化氢作引发剂，得到的聚合物相对分子质量较低，而要获得高相对分子质量，一般用偶氮二异丁腈，辅以紫外光活化。也有采用反相悬浮聚合获得高相对分子质量的 PVP。

PVP 问世以来，以药物辅料而闻名。相对分子质量 2.5 万~3 万的 PVP，作为血浆的扩容剂使用，使血清有明显的增容作用。PVP 还作为药物片剂和颗粒的粘接剂，注射剂的助溶剂、稳定剂，液体制剂的分散剂，药物包衣的成膜剂，色素分散剂和难溶药物的共沉淀剂等。

PVP 在化妆品产业中，主要是对乳液、悬浮液分散体系起分散稳定剂作用，对悬浮液有增黏和保护胶作用，对护发剂等有成膜作用，发胶、发乳、定型胶含有 PVP 能形成富弹性的具光泽的膜，并且不沾灰尘，不易剥落但很容易洗净。而在护肤产品中润滑保湿，并且不黏腻。

乙烯吡咯烷酮单体与丙烯酸酯共聚物季铵盐是阳离子衍生物，其形成的薄膜对头发有更持久的结合力，干、湿梳理性更好。牙膏中添加 PVP 可增加其去污能力。

PVP 在高分子的悬浮聚合、乳液聚合中，作为增稠剂、稳定剂。高相对分子质量的 PVP，可以有效阻止较大粒子的聚集，使其稳定，而低相对分子质量的更适合于作分散剂。

PVP 有良好的成膜性，不溶于某些有机溶剂而溶于水，膜质透明。作为有机颜料的表面包覆剂，提高颜色的分散性和光泽，阻断了有机颜料中的偶氮基被紫外光破坏的可能，提高了颜色的光牢度，低分子 PVP 对颜料有良好的亲和性，用于喷印、涂料、油墨等工业中。

由于 PVP 与染料有很好的亲和力和结合能力，用作纺织印染的匀染剂，分散剂。在洗涤剂中添加适量的 PVP，可以大大减轻纤维织物的玷污程度。

PVP 对玻璃、金属和塑料有较好的黏合力，工业上应用于固体胶水棒、压敏胶和再湿性胶等。

彩色显像管黑底制作用的水溶性感光胶，使用 PVP 替代 PVA，是一个重大技术进步，对光敏性、粘接性、流平性能的提高，起了很大作用。此外，在激光视盘、光导纤维、减阻涂料等领域的应用，也令人侧目。

近年来，不断发现 PVP 的许多新的应用。

八、聚乙二醇(PEG)

相对分子质量小于 2 万的聚环氧乙烷，习惯上叫聚乙二醇。实际上二者合成方法并不同。相对分子质量小于 700 的是一种白色黏稠液体，相对分子质量 1000～2000 是蜡质半固体，相对分子质量 3000 以上是蜡质坚硬固体。PEG 完全溶于水，与许多物质都有相容性，溶液润滑、稳定、低毒，无刺激性。

聚乙二醇是阴离子聚合，以 NaOH 或 KOH 为离子引发剂，先与醇形成活性中心。

引发：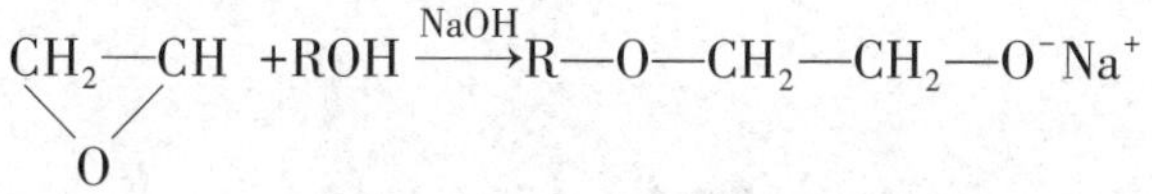

增长：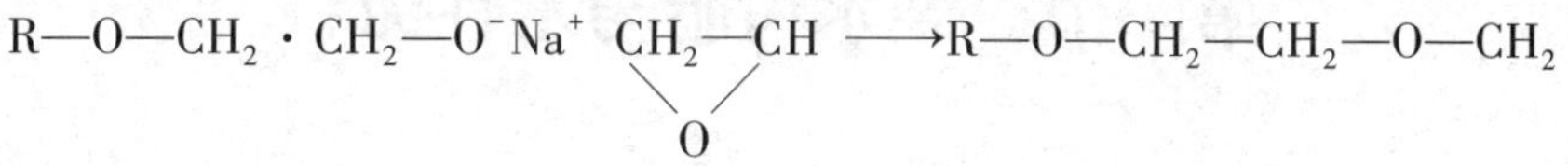

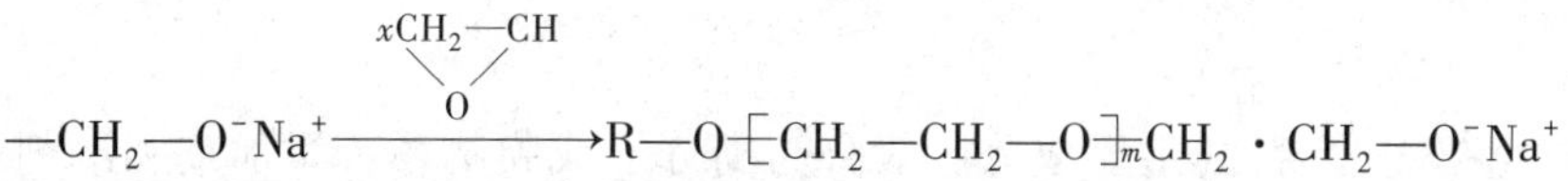

终止时，用酸破坏引发剂，得终止链 $R—O\left[CH_2—CH_2—O\right]_nH$。

液体的聚乙二醇可以与水以任何比例混溶，固体的则有一定的溶解度，温度升高，溶解度增大。聚乙二醇可溶于乙腈、苯甲醚、氯仿、二氯乙烷、低级醛、胺、有机酸和二甲基甲酰胺等，但不溶于脂肪烃、油类、乙二醇、二乙二醇和甘油，不溶于室温下的苯、甲苯，加热可溶。

PEG 作为一种配料，将其水溶性、润滑性、增稠性结合起来，用于医药的油膏、软膏、洗液、片剂和非肠道溶液。用于日用品和化妆品中的牙膏、洗发剂、剃须膏、香波、发乳、除臭剂等。在造纸工业上用于压光纸。作塑料、橡胶的添加剂，有增塑、润滑和脱模作用，用于涂料，可作增柔剂和增进颜料粘接的粘接剂。用作皮革的柔软剂。作为助剂应用在焊剂、洗涤剂等行业，提供稳定分散和润滑性。还用作金属成形、轮胎制造、纺织纤维的润滑剂。

九、聚马来酸及其共聚物

聚马来酸被引起重视，并不完全是它的水溶特性，而是在许多油性聚合物要改性为亲水聚合物时，常常用到马来酸酐。但长期以来一直认为它不能实现均聚合，这当然引起很多人的兴趣。20 世纪 60 年代是 Co^{60} 辐射实现了马来酸酐的聚合，随后，又研究了较大剂量(5%～8%)的引发剂(BPO)在甲苯溶液中引发聚合，合成了聚马来酸酐。

聚马来酸酐水解得到聚马来酸，这是常用的方法。80 年代，许多外国公司研究马来酸直接聚合，但相对分子质量不容易很高，不能算很成功。但似乎应用起来，与聚马来酸酐的水解物效果差不多。

聚马来酸主要用于阻垢剂。有人做过试验，用聚丙烯酸作阻垢剂其阻垢率为 70%左右，而聚马来酸可达 90%以上。不仅如此，聚马来酸更耐高温，差不多 350℃以上才发生分解，而且聚马来酸形似双螯的羧基，除了对碳酸钙有效之外，对磷酸钙、硫酸钙亦有分散能力，可以有效阻缓结垢速度，几乎是目前找到的阻垢剂中结垢速率最低的一种，而且生成的垢也很疏松，易于冲走。

用次磷酸钠与过氧化氢或过硫酸铵组成的引发体系，可使马来酸聚合，得到的“含磷聚马来酸”，其阻垢效力更好。

马来酸酐大多数是用来与其他单体共聚，生成亲水聚合物，如与乙烯或其他乙烯基单体共聚，最有名的是马来酸酐-苯乙烯共聚物，根据共聚单体的“竞聚率”观察，这个共聚接近于典型的交替共聚，即每个单体形成的结构单元相邻的都是另一个单体的结构单元。

马来酸酐与苯乙烯在甲苯溶液中实现共聚，投料摩尔比 1 :1，聚合结束之后，用 NaOH 水溶液水解，并从甲苯溶液中分层分离出来。这种共聚物是典型的表面活性剂，用于高聚物的悬浮聚合和乳液聚合的稳定剂。还可作极性涂层的中介剂，可以直接处理纤维、皮革，形成结合甚牢的膜层。

第四节　亲水树脂与水性涂料

一、概述

涂料的使用历史悠久。涂料的主要成分一般分为高分子成膜物质、添加剂和溶剂三部分。溶剂在涂料中的作用是可溶解成膜物质，改善颜料的湿润性，使组分黏度得到调节，使组分均匀分散，延长储存时间，在施工时便于与被涂表面浸润，具有流平性等。但有机溶剂在涂料的生产和施工过程中向大气扩散，造成严重污染。所有的有机溶剂对人体来说都是毒性物质。大多数溶剂进入土壤，可能被微生物缓慢分解，但溶剂直接污染水源就十分有害了。因此，人们对用水作“溶剂”的涂料研究投入了一定的精力。20 世纪末至今，以水为基本溶剂的“水性涂料”，已经等同或超过了含溶剂涂料的份额，并以 5%~6%速度增长。

水基涂料本质上包括水溶性涂料和水分散涂料，水溶性涂料是水溶性的高分子或高分子预聚物，水分散的涂料包括水溶胶分散体系和水乳化分散体系。

涂料的成膜物质在成膜之后，一般要形成网状的交联的膜。所以，作为涂料用树脂，通常是含有可继续反应交联的基团。大多数水溶性高分子的亲水基团可以继续反应，但一般说这些基团反应需要一定的条件，而且成膜性能不一定是人们所理想的。所以极大多数水基涂料的树脂，仍然着眼于改造原有的油溶性树脂为亲水性树脂。除了增大其亲水功能之外，其他的特点基本未变，这种树脂有的可能制成水性溶液或添加稳定剂制成水性溶液，有的乳化成水乳液，由于树脂有亲水性，这种乳液也很稳定。

二、亲水树脂合成举例

1. 醇酸树脂

醇酸树脂是多元醇与有机酸的缩聚物，预聚树脂中含有一定的羟基，一般都可以在乳化剂作用下制成乳液，但干燥及光泽方面存在问题，应用范围有限。

改性的方法是在分子链中引入聚乙二醇亲水链，大大改善了乳化效果，也可以在侧链上引入羧基。

2. 水性环氧树脂

环氧树脂基本上为线型的，端基为羟基和环氧基。要得到水溶性的环氧树脂，同醇酸树脂一样，可以用羟基来改性。

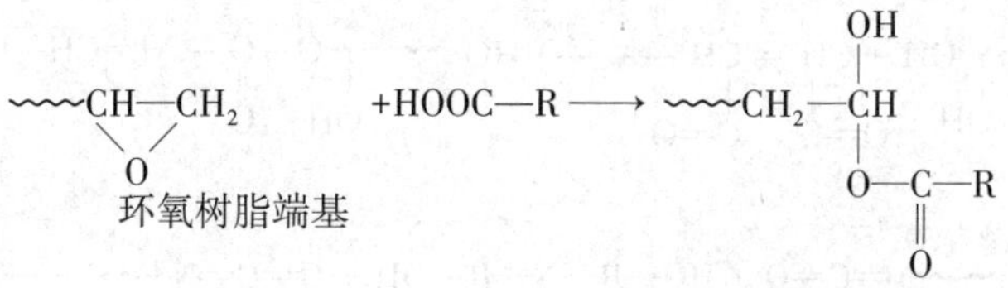

如果用马来酸改性，上式 R 是一个带双键的羧基，水溶性大大改善。

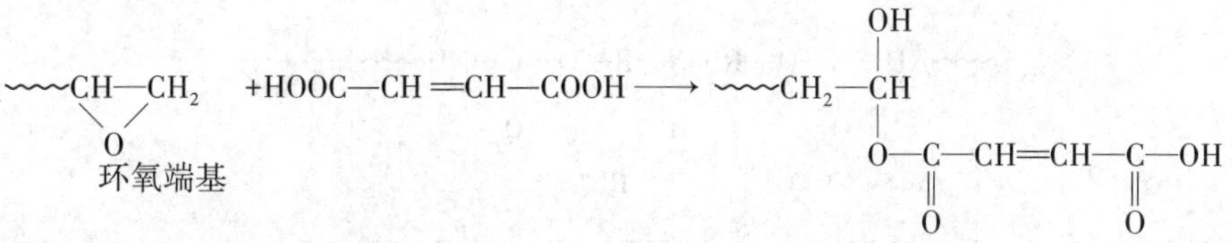

3. 水性聚氨酯

聚氨酯中的活性基团是—NCO 和存在的—OH，脱溶剂后，—NCO 与活泼 H 交联成膜。—NCO 是不能与水接触的，与水反应失去反应功能。

$$\sim\sim N{=}C{=}O + H_2O \longrightarrow \sim\sim NH\sim\sim CO_2\uparrow$$

所以，水性聚氨酯一般要把—NCO 基团加以封锁。

最常见的封锁剂是甲醇、苯酚、己内酰胺、亚硫酸盐和 HCN、甲基苯胺等。如：

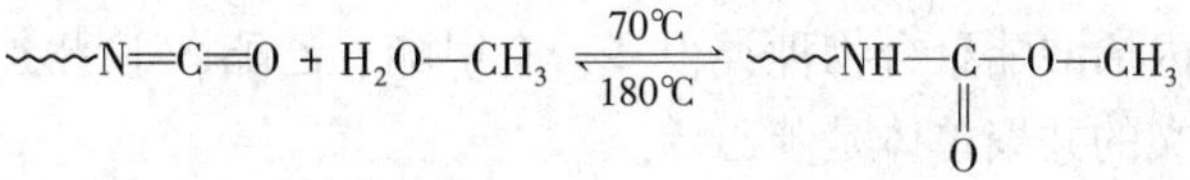

溶剂去除以后在一定温度下，封锁剂会解封，又变成—NCO 基团，具有反应和交联活性。不同的封锁剂有不同的解封温度，具体如表 4-1 所示。

表 4-1　封锁剂的解封温度

封锁剂	解封温度	封锁剂	解封温度
甲醇、乙醇	>180℃	亚硫酸盐	50~55℃
苯酚	180℃	HCN	120~130℃
己内酰胺	160℃	甲基苯胺	170~180℃

仅封锁了—NCO 基团，理论上就可以被水分散。但要分散均匀或成为水溶胶形分散，则还要把聚氨酯链改造为具有亲水能力的链。由于聚氨酯反应过程中是由二异氰酸酯与二元醇或胺的活泼氢反应的，后者又称聚脲基团。

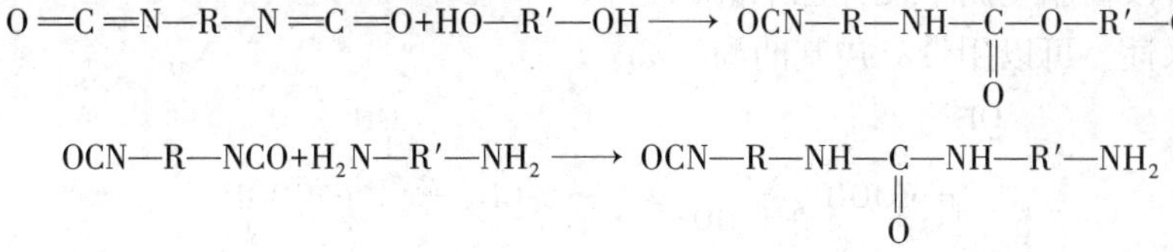

二元醇和胺的使用，就给我们留下了许多可以引进亲水基团的天地。如：

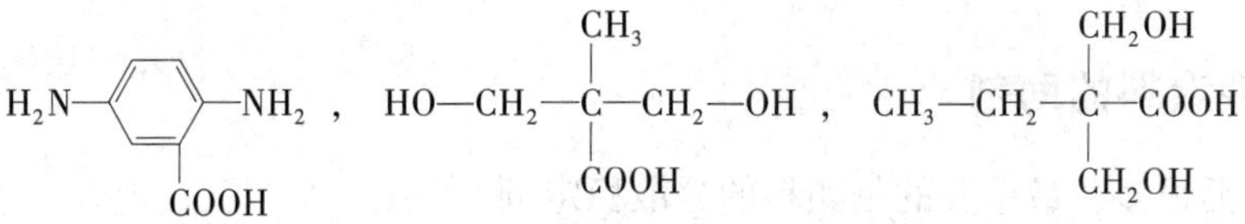

又如，聚氧化乙烯、聚氧化丙烯、聚乙二醇等，或用多元醇先行改性，增强亲水性。

还可以用叔胺基的聚氨酯链再季铵化，如：

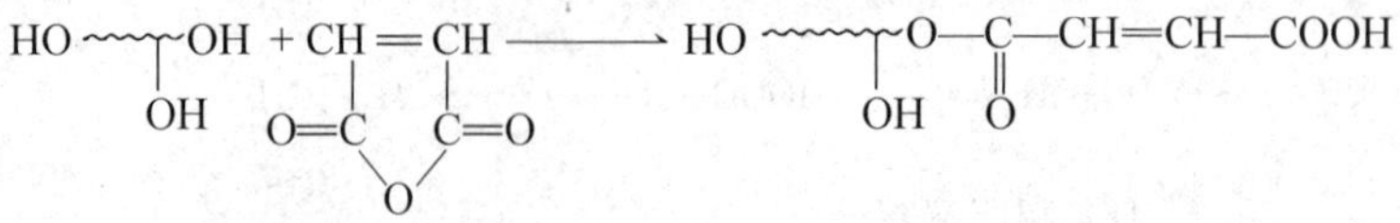

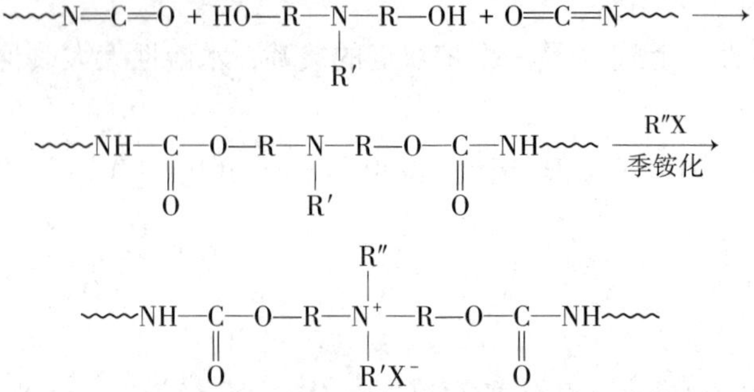

或者用含羟基的季铵盐，如 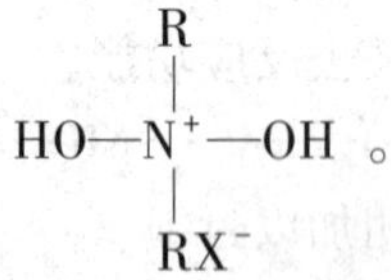 。

4. 亲水聚丙烯酸酯

丙烯酸酯和甲基丙烯酸酯聚合物种类很多，有甲酯、乙酯、丁酯之类，而且还可以与许多单体共聚，最有意义的共聚单体是苯乙烯。

亲水性的单体有丙烯酸或甲基丙烯酸以及它们的羟乙酯、羟丙酯等：

$$CH_2{=}CH{-}\underset{\underset{\displaystyle O}{\|}}{C}{-}O{-}CH_2{-}CH_2OH \;,\quad CH_2{=}CH{-}\underset{\underset{\displaystyle O}{\|}}{C}{-}O{-}CH_2{-}CH_2{-}CH_2{-}OH$$

有时有丙烯酰胺参与共聚，或者用酸性单体聚合，再用胺，碱中和形成亲水性树脂。

5. 亲水酚醛树脂

低相对分子质量的线型酚醛树脂就会溶于水：

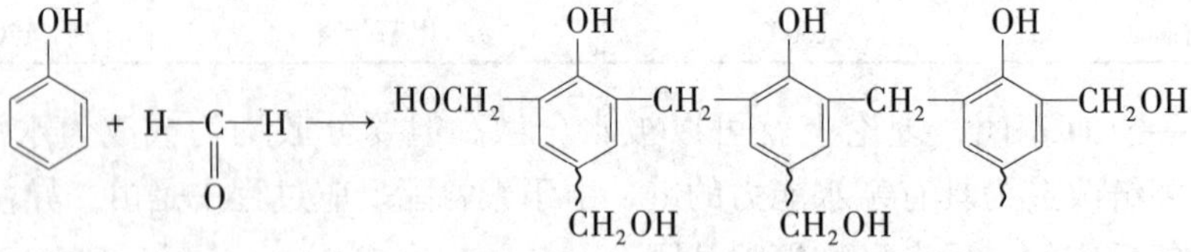

但这种甲阶段树脂使用不便，也不甚稳定。

要获得亲水性，可以用带有羧基的酚，如：

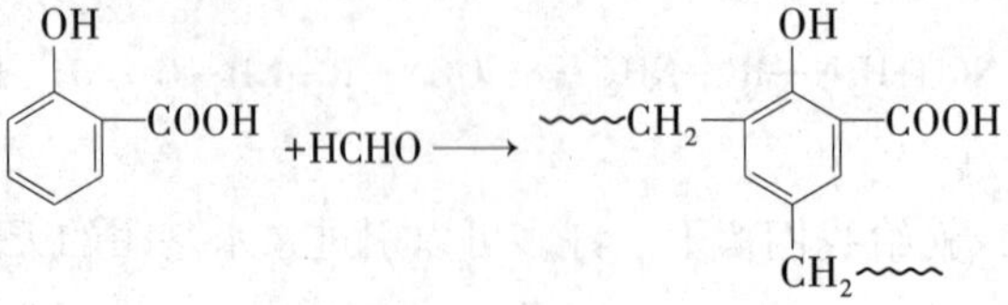

三、水性涂料的助剂

助剂的种类很多，最重要的是颜料的分散稳定剂。

填料和颜料一般都是亲水的，经过适当处理，它们一般都有良好的浸润性，不必加浸润剂。有机颜料可能要有浸润剂，一般浸润剂是用氨基醇。不论有无浸润剂，要保证填料和颜料的均匀分散，需要用分散稳定剂。这些分散稳定剂是一类水溶性高分子，如多聚磷酸酯、丙烯酸酯与马来酸的共聚物，是最常用的分散稳定剂。

其他助剂有些是无机盐，如催干剂、催化剂，有些可制成乳液。

四、亲水树脂和水性涂料应用

许多亲水性单体已经制成各式各样的水性黏合剂，在国民经济和日常生活许多部门得到应用。

水性聚氨酯是亲水树脂中品种最多的。用作织物整理剂、印染助剂，发挥了聚氨酯的色牢度好、耐湿性能好、耐磨、耐候等许多优点。用作皮革整理剂，消除了溶剂对环境的危害。

水性聚氨酯涂料在汽车工业装涂上取得良好效果。

水性聚氨酯在人造革合成中，用于基料浸润。可制成含水或亲水的泡沫材料，用于空气过滤、医药和三废治理等方面。

水性聚氨酯的原装液(不加水的)，可用于建筑施工的堵漏、嵌缝、高层建筑物的加固、坑道堵水，加固以及水库水坝的防渗防缝处理等。

水性涂料的环保价值要远远高于它的性能特色。在汽车工业上用于车辆涂装，包括预处理、底漆、隙缝填充、色底漆、亮漆等数道工序，溶剂释放总量达到 120 ~ 130g/m^2，如果改用水性涂料，可以大大降低有机溶剂的释放量。

在金属的涂层、木材涂料以及塑料涂料中都有许多水性涂料问世。在建筑行业的内外墙涂料、地板和混凝土涂料、水性的防火涂料、各种修复涂料以及特种涂料、道路标志涂料，都已经或正在实现水性涂料化。

水性彩色油墨应用于纸张和纸板上的凹版和凸版印刷。早先的无溶剂油墨不是不含溶剂，主要是含亲水溶剂，现在已经发展到基本上全用水作溶剂，乙醇用量不到 5%。

粘接剂使用水性的材料也已经逐步普及。

第五章　高吸水树脂

第一节　概　　述

一、发展简述

高吸水树脂，又称超强吸水剂、高吸水聚合物，简写为SAP，吸水量大，保水性好，又有一定的强度和可塑性，是一种很重要的功能高分子。

人类对吸水材料的认识和使用可以追溯到很早。“水来土没”不仅是指土壤的阻水作用，还包括土壤可以吸水。发现了许多特殊的土壤，如膨润土可以吸收本身重量数倍数十倍的水。大豆、大米、面粉、米粉、淀粉具有的吸水性能，并且吸水后膨胀成凝胶，都为人们所感兴趣。纤维素和制成的纸、布因为具有吸水功能，已成为人们日常用品。这些天然物质，要么吸水能力不太大，要么吸水后轻轻一挤压又会脱水。当然，能够很轻易吸水又能很轻易脱水，也是一种功能，只是司空见惯、不大稀罕而已。

所谓高吸水物质或高吸水树脂的“高”，是吸水能力强，为自身质量的几十倍至上千倍，而且具有足够高的保水能力。

高吸水树脂的发展历史较短，最远可以到20世纪50年代，人们才有计划有目的地开发吸水的和高吸水的物质，用交联的聚丙烯酸作为增黏剂使用，60年代交联聚乙烯醇、交联的聚丙烯酸羟乙酯等开发作为土壤保水剂。这个时代，高吸水树脂属于刚刚起步，其吸水能力只是树脂本身质量的10~30倍。

60年代，美国人为了改良土壤，保水保墒，育种育苗，迫切要求研究一种东西，既能吸水，又有很好的保水能力，还能在一定条件下又把水分释放出来。他们从淀粉接枝丙烯腈着手，深入研究了淀粉改性的材料，并于1966年由亨克尔公司实现了工业化。其后，日本研究者又对淀粉改性系列的制造工艺进行了许多改进，申请了专利。高吸水树脂在美、日两国成了热门课题。到70年代，法、德等国也进行了大量的研究工作，取得了工艺进展。到70年代后期，日本开发出了不是接枝丙烯腈的，而是接枝丙烯酰胺、乙酸乙烯、丙烯酸酯类和交联性单体共聚的淀粉改性树脂。

70年代中后期，日本开展以纤维素为原料的高吸水树脂研究，并得到了片状、粉状和海丝状产品。

1978年，日本、美国的数家公司利用水溶性的聚丙烯酸，采取不同的交联方法，制造出了高吸水树脂。其性能相当好，吸水能力达到400倍至1000倍。从此，纯人工合成的离子型高吸水树脂走上了历史舞台。美国UCC公司用辐射聚合的方法，使许多氧化烯烃聚合物交联，合成了非离子型高吸水树脂，据称吸水能力达2000倍。随后，日本又以聚乙烯醇交联的方式，制造了高吸水树脂，吸水能力为100倍。

高吸水树脂合成工艺的开发与进展，促进了应用领域的研究。从最初的农业应用，到用于沙漠贮水、改造沙漠。日美等国尤其是日本，在此期间开发了在生理卫生方面的应用，并得到了迅速发展。以后又开拓了许多应用领域，本章有简略介绍。

到80年代，有人意图独辟蹊径，研究以另外一些天然物质为原料如壳聚糖、藻酸盐等制造高吸水树脂。

80年代后，是高吸水树脂飞速发展的时期。合成的工艺在进步，应用领域在拓展，高吸水树脂复合材料和高吸水树脂的共混改进研究进一步深入，为发展高吸水树脂提供了广阔的空间和前景。

1985年高吸水树脂生产公司只有13家，产量约万吨。而十年后就有了50多家，产量约85万吨。而到2005年，仅中国的生产厂家就有20多个。中国的高吸水树脂研究较晚，80年代初才起步，现在已有40多个单位在研究，有几十项专利，主要研究淀粉接枝系列产物和以聚丙烯酸盐为主的高吸水树脂合成，并已有单位开展了复合材料和高吸水树脂共混的研究。但我国的应用研究还没有很好展开，工厂不少，规模不大，产量小到只有中试水平，有的厂家日产不到1吨。因此树脂的生产能力还不够大，相信今后会有长足的发展。

二、高吸水树脂的结构特征

当高分子链上带有亲水性的基团，如—NH_2、—COOH、—COONa、—SO_3H、—$CONH_2$、—OH等基团，线型高分子就可能会溶于水，有些极性的线型高分子，在水中充分电离，成为聚电解质，聚电解质的高分子链在水中充分伸展，黏度增大，但仍是水溶性的。

当带有—NH_2，—COOH等亲水基团的高分子，充分交联形成较为紧密的高分子凝胶时，高分子网络结构不能在水中伸展，只能极有限度地溶胀。这些亲水的基团，水合作用受到高分子链的影响，关在某些笼子里，只有小的离子可能水合移动，这就是离子交换树脂。离子交换树脂的交联度高，一般在20%以上。

过去很少有人注意到这两种极端之间的情形。当交联度和交联密度很低时，高分子链可以在相当长的一段范围之内，类似于聚电解质，可以充分水化、伸展，但又不能绝对伸展和自由，仍然不能溶于水，这就形成水凝胶。如果交联度过低，低到对高分子链来说可以忽略的程度，则轻度交联的高分子仍然可溶于水。所以当亲水高分子交联到刚刚能不溶于水的情况之下，就可能成为高吸水树脂。当然，吸水形成凝胶的能力，还受到高分子链的影响，这种影响也称为高分子效应。

有时，部分结晶的具有亲水基团的线型高分子，当结晶度达到一定程度时，也不溶于水。实际上也可以成为高吸水树脂，吸水能力当然和结晶度有关。结晶度太高，吸水能力下降。

概言之，高吸水树脂的结构特征，一是具有大量的亲水基因，二是部分交联，交联度很低，低到刚刚不溶于水，并有一定的强度；或结晶度较高，高到刚刚不溶于水，并有一定强度。这些高分子树脂有极高的亲水水合的功能但不溶解于水，宏观上表现为很强的吸水、保水功能。

三、高吸水树脂的品种分类

1. 天然高分子材料改性的高吸水树脂

由于历史原因，经常被首先想到的往往是天然的吸水性物质，淀粉和纤维素就是典型的例子。淀粉是D-葡萄糖的高聚物，聚合度成百上千，品种繁多，似乎也容易得到。纤维素同淀粉类似，也是D-葡萄糖的多聚物，与淀粉聚合方式不同，而且聚合度大得多，纤维素部分结晶，本身就是一种吸水树脂，只是吸水倍数只有一二十倍而已。

改性它们的目的，一是引入亲水性的人工合成的单体，以提高吸水性能；二是在引入亲水性单体的同时，可以把改性的线型聚合物适度交联，形成“标准”的吸水性树脂。

(1) 淀粉接枝改性树脂

淀粉及其衍生物，在接枝过程中，被外加能量把糖环破坏，环上产生一个自由基或形成断环的双键，然后与具有双键的亲水单体聚合。这种激发出自由基的能量常用辐射射线，或者用金属铈的离子能量。

被接枝的单体多种多样，可以是丙烯腈、丙烯酰胺、丙烯酸、丙烯酸酯等。所用的交联剂通常是多反应基团的单体。

当然，也有利用淀粉链上的羟基直接反应改造为长链羧基的，称为羧甲基化反应。这类改造的淀粉，适度交联，也可成为高吸水树脂。

(2) 纤维素接枝改性树脂

纤维素接枝改性树脂品种和淀粉类似。淀粉和纤维素都来自天然产物，看起来，似乎价格便宜，但它们大批量收集、储存以及原料处理起来也较费事，原料处理的费用较高，质量亦不能稳定。有些产品吸水能力并不高，追求吸水能力高的，成本也较高。使用淀粉还与人类争夺粮食，在世界人口膨胀、粮食危机的情况下，这种产品的发展前景并不乐观。在目前情况下，尽管研究者的兴趣长盛不衰，但大规模生产还未能实现。

2. 合成高分子骨架的高吸水树脂

目前使用的亲水单体不外乎丙烯酸酯、丙烯酸、丙烯酰胺、醋酸乙烯、马来酸酐之类，或共聚或均聚，并适度交联，形成多种牌号。不过性能较好的仍以聚丙烯酸为主，大规模生产主要靠这类品种。

3. 其他天然高分子物

例如果胶、壳聚糖、海藻酸、大豆蛋白之类，包括某些无机高分子材料，适度改性交联。

4. 高吸水树脂的共混复合体系

高吸水树脂之间互穿网络，以及与其他材料共混，可以改善加工性能，便于应用，便于储存，可以从多方面改善其性能。目前正在开发，成熟的品种并不多。

高吸水树脂以来源分类示意如下：

- 高吸水树脂
  - 天然产物
    - 天然高分子
      - 有机高分子或适度加工
      - 无机高分子或适度加工
    - 天然高分子改性
      - 淀粉改性
        - 羧基化
        - 亲水性单体接枝
      - 纤维素改性
        - 羧基化
        - 亲水性单体接枝
  - 人工合成
    - 材料的复合共混
    - 合成高分子树脂
      - 无机物(如硅胶)
      - 有机高分子材料
        - 均聚物交联
        - 共聚物交联

按高吸水树脂吸水功能团分类如下：

按功能团分类 { 阳离子(胺类)
阴离子(羧酸类)
非离子(羟基类)
多种基团类(包括两性基团等) }

按照使用制品的形态分类有粉末状、小球状、细粒子状、片状和纤状几种。

四、高吸水树脂存在的问题和展望

当前，高吸水树脂工业化生产主要仍然是人工合成的功能高分子。但合成的工艺步骤繁琐，物质和能量消耗较高，因此产品价格较高。这势必影响到产品的市场推广和应用、加工。高吸水树脂的应用研究还很薄弱，目前的产品有80%~90%被用于卫生产品，而且接触人体和皮肤的产品的毒副作用，还缺乏研究成果，许多品种还没有找到实际用途。已有的产品加工方法的研究也未引起足够重视。

因此，高吸水树脂面临着艰巨的任务。除了理论上、性能上深入研究之外，亟待在应用领域获得突破性进展，以应用市场推进生产的发展，促进高分子分子设计和新产品新工艺的问世。

第二节　高吸水树脂的特性

一、吸液性能

1. 吸收倍率(吸收能力)

吸收倍率指1g高吸水树脂所吸液体的量，单位是g/g或倍。也可以用被吸液体的体积来测量，用mL/g表示。高吸水树脂的吸液能力因树脂的种类、相对分子质量、交联度和分子的形态不同而不同，也与所吸溶液的组成、浓度、pH值、离子强度等不同而有区别。

用于测定的吸收液体有下列数种标准液体：①无离子水；② 0.9%~1%的NaCl水溶液；③血液；④尿液。血液可以直接用人血、羊血，也可以用人工血液。模仿人工血液组成是水88.14%，NaCl1.0%，$Na_2CO_3$0.4%，丙三醇10%，羧甲基纤维素钠0.46%。尿液则因为因人而异，不适合用人尿，而是采用人工配制的标准尿液，标准尿液组成为：水97.09%，尿素1.94%，NaCl 0.80%，$MgSO_4 \cdot 7H_2O$ 0.11%，$CaCl_2$ 0.06%。

也有用自来水、猪血等测量的。

测定的方法并不统一，最常用的方法是自然过滤法。

(1) 自然过滤法

即把称量过的吸水树脂放入大量的液体中，待胀至胞和，将剩余的溶液过滤称重。

还有其他一些方法，如：

(2) 流动法

将称重的树脂放于烧杯中，逐滴加入测定液体，直到溶胀后的树脂出现“流动”为终点。

(3) 纸袋法

将树脂称重放入纸袋，浸于大量液体中，饱和后取出纸袋，即可测出吸收的液体量。

(4) 量筒法

高吸水树脂放入量筒内，待吸饱液体后，放一片纸，沉至一定刻度不再下沉，就是膨胀的体积。

(5) 薄片法

将高吸水树脂加工成薄片称重，再浸入液体，膨胀后称量薄片吸液后的质量。

(6) 毛细管法

对于纤维状多孔状的吸水树脂，可用毛细管法测定，测定的原理是将树脂放在微孔玻璃片上，测定通过毛细管吸引液体的能力。

以上这些测定方法是粗糙的，误差不小，但所谓吸水倍数也只是个约数，不必追求精确。

吸收倍率，一般用吸水倍率和吸盐水倍率表达。

几种高吸水树脂的吸水性能如表 5-1 所示。

表 5-1 几种高吸水树脂的吸水性能

树 脂 类 型	吸水倍率	吸盐水倍率
丙烯酸-醋酸乙烯共聚物	500~700	40~60
聚丙烯酸盐	800~1000	60~70
交联聚丙烯酸	1000~1400	90~170
纤维素接枝丙烯酸盐	1400~2000	120~160
羧基纤维素接枝丙烯酸	1600~2100	140~180

高吸水树脂的吸液能力，以去离子水计一般在 400~2000g/g，以盐水计在 45~180g/g。

高吸水树脂对有机溶剂的吸收能力很小。如一种丙烯酸—醋酸乙烯共聚物，吸水能力大约是 500~700，而吸有机溶剂，则分别是：

甲醇	0.7	二甲基甲酰胺	0.9
乙醇	1.1	氯仿	0.2
异丙醇	1.0	苯	0.5
乙二醇	3.0	正己烷	0.5
丙三醇	3.4	汽油	0.5
丙酮	1.9		

高吸水树脂对重金属离子溶液有较高的吸附量，尤其是淀粉和纤维素接枝的树脂。

2. 吸液速度

吸液速度指单位质量的高吸水树脂，在单位时间里所吸收液体的体积或质量。单位常用 mL/g · min 或 mL/g · s。

吸液速度一般是测定时间段内的平均吸液速度。同吸收倍率一样，树脂对去离子水、0.9%NaCl 盐水、血液和人工尿液有不同的吸液速度，从应用角度上看，常常用 1% 的食盐水吸收速度表示为主，也有用去离子水的吸收速度来表示的。

吸液速度的测定，常用测定不同时间段吸水树脂质量增加的方法。

(1) 自然过滤法

称取数份样品，分别放在液体中浸泡，依次按照不同时间过滤称重，得到不同时间的吸液量。

(2) 纸袋法

原理类似自然过滤法。

(3) 量筒法

在量筒中放吸水树脂上盖一小片牛皮纸加入液体，记录不同时间纸面上升的高度(体积数)。

(4) 袋滤法

将一定量的树脂放入布袋中置量筒内定时取出，观测剩余液体体积。

(5) 毛细管法

利用上述测量吸水能力的毛细管法，可以很好地测出吸液速度。

(6) 搅拌停止法测平均吸水速度

在烧杯中放50mL1%NaCl盐水，开动搅拌，从投放2g吸水树脂开始计时，直至形成凝胶搅拌停止的时间，可以算出平均吸液速度。

(7) 水不流动法

和搅拌停止法原理一样，在烧杯中加50mL去离子水，一边搅拌，一边加入0.5g吸水树脂，开始计时，至水不流动为止，算出平均吸收速度。

二、保水能力

保水能力指吸水后的树脂能保持其水溶液不离析状态的能力。保水能力的测量是测定树脂吸水后吸水倍率的变化。

(1) 自然条件下的保水能力

室温、60%湿度下，按时间或天数测定吸水后凝胶的质量变化。

(2) 压力下的保水能力

一般是在离心机中，施加不同的压力，测出保水能力。

三、吸湿性

高吸水树脂有极强的吸湿性。离子型的吸水树脂，如聚丙烯酸钠，吸湿性强；而非离子性的树脂，如聚乙烯醇，吸湿性稍低。在低蒸气压范围内，高吸水树脂的吸湿量低于硅胶，但在高湿度范围内，高吸水树脂的吸湿性大于硅胶。

高吸水树脂的吸湿速度，初期最快，随吸湿量的增加而逐步降低。

吸湿速度与相对湿度有关。湿度越大，树脂的平衡吸湿量越大，达到平衡需要的时间越长。如某吸水树脂，在相对湿度50%时，达平衡时间要24h，吸湿率20%，而当相对湿度71%时，达平衡需50h以上，吸湿率为40%以上。

四、其他主要性能

1. 凝胶含水在土壤中的移动性

这项指标在作土壤改良剂时很重要，移动速度与树脂结构、基团的功能和大小等参数有关，还与树脂的含水率有关，含水越多，水移动速度越快，而且达到的距离更远。

2. 强度

要考虑干基强度和吸水后凝胶的强度，以便于加工。根据使用场合，对强度有不同的要求。强度与树脂的结构单元、交联密度有关，还与加工形态或制成的复合材料以及制成的共混物有关。

3. 热稳定性和光稳定性

热稳定性就是在不同温度下，尤其在加热情况下，树脂吸水率的变化。一般高吸水树脂在较低温度下，吸水能力稳定，所以通常在90℃以下使用。

大多数高吸水树脂在日光和灯光照射下，性能几乎不变。个别的品种如淀粉接枝聚合物，在0~100h内接受照射时，吸水性下降较大，但之后就不再降低了。

4. 耐寒性

高吸水树脂凝胶，在-10℃下吸水性能不变，有很好的耐寒性。

5. 储存稳定性

高吸水树脂放于密闭容器内，储存8~18年，其吸水能力不变。如交联剂交联的聚丙烯酸盐，新品种吸水能力1100g/g，储存15年后，保持在1050g/g。

6. 溶解性和相容性

由于树脂交联链可能分布不匀，有些线型高分子未被很好交联，某些低分子被包络在树脂中，而使产品有一定的溶解性，因此合成时要尽量脱除低分子物，并使交联均匀。

高吸水树脂可与水溶性高分子共混，相容性好；也可与非极性的油性高分子共混，仍有很好的相容性。

7. 蓄热性

高吸水树脂水合形成凝胶后，具有很好的保湿和蓄热功能。

8. 卫生要求和安全性

许多研究者做了毒性和安全性试验，认为是安全的。但还应当进一步观察和试验，包括接触人体和皮肤的不适感，都应加以克服。

第三节 高吸水树脂合成

一、淀粉改性系列的高吸水树脂

1. 改性原理

以淀粉为第一种原料，以亲水性单体一般是乙烯基单体为接枝单体。接枝的同时，加上具有交联作用的单体一般是二乙烯单体，参与聚合，形成低交联度的不溶聚合物。聚合是自由基聚合机理，通常是使淀粉产生初级自由基，引发乙烯基单体接枝。

使淀粉产生初级自由基的方法通常有两个途径，一是利用辐射射线（α、β、γ射线），氧化还原引发剂或偶氮引发剂，使淀粉的六元环上的羟基失去H，变成初级自由基；二是利用稀土金属铈离子的强力配位作用，使淀粉环断裂，产生初级自由基。目前以Ce^{4+}引发的为常用。

反应示意如下：

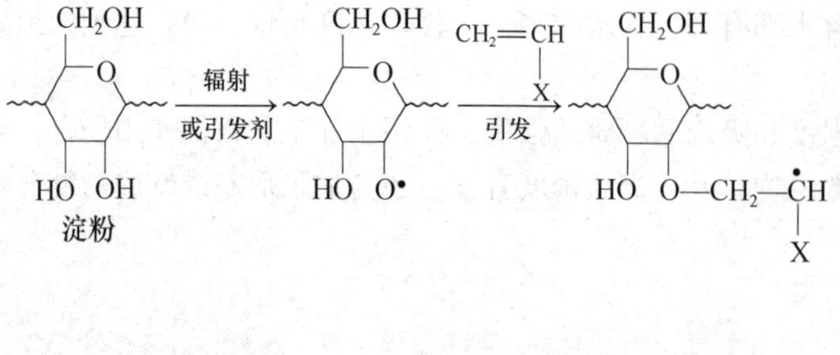

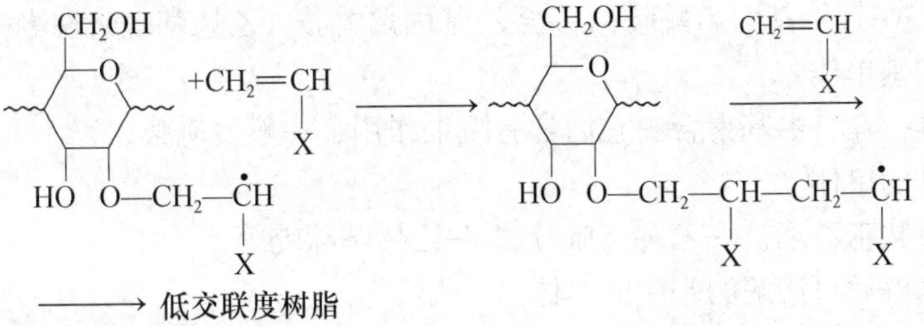

(1) 淀粉形成初级自由基

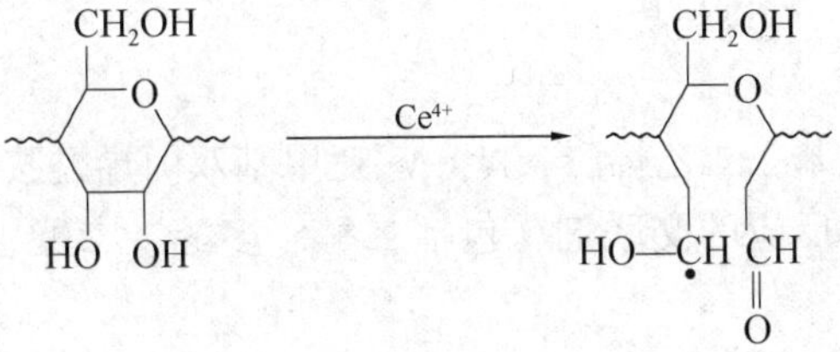

(2) 初级自由基引发单体，完成引发作用

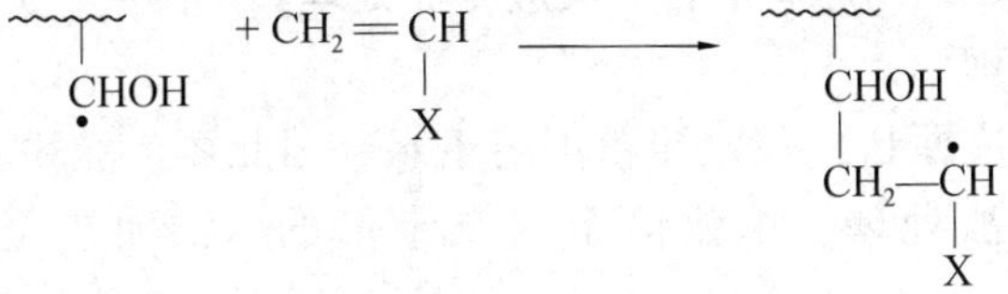

(3) 链增长

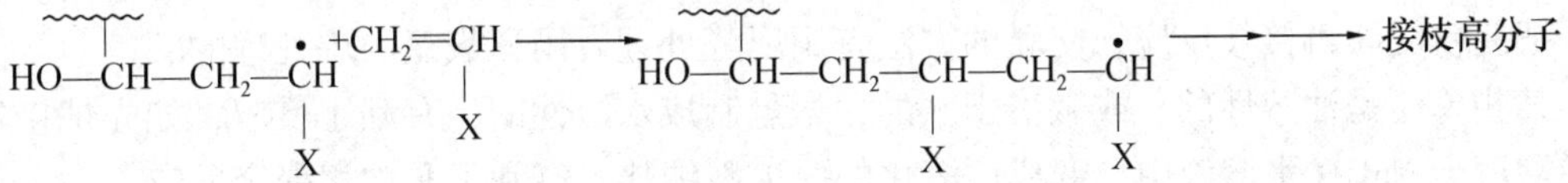

(4) 交联作用，正在增长的链交联

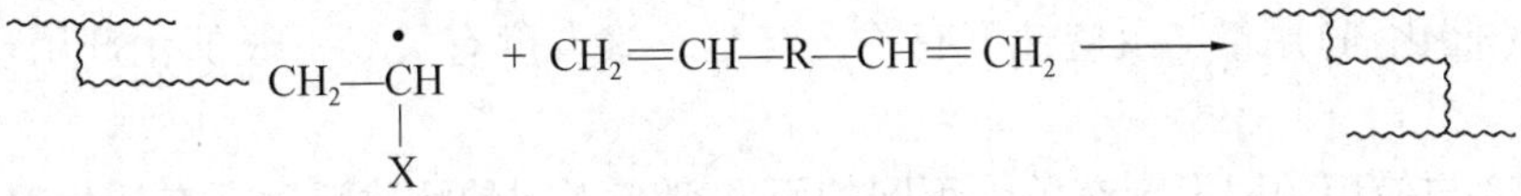

(5) 链聚合终止

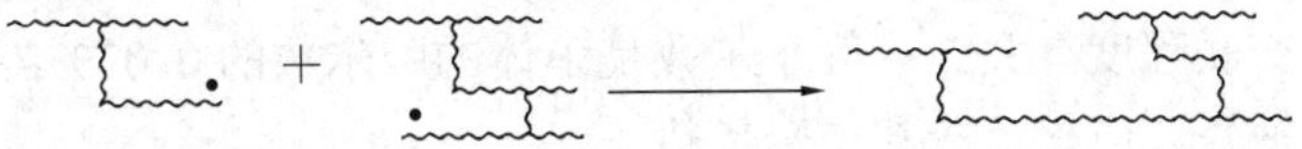

或自由基歧化或自动终止，使高分子链失去活性，不再增长。

用于接枝的淀粉，除了天然淀粉之外，包括可以用淀粉的分解物，如白色糊精、黄色糊精、氧化淀粉之类，或者淀粉衍生物，如淀粉酯、淀粉醛之类，以及分离淀粉、接枝淀粉、α-淀粉等。

2. 接枝的亲水性乙烯基单体

这类单体现在很多，归纳有下列几类。

(1) 以羧基为亲水基团的(包括盐)

丙烯酸，甲基丙烯酸，顺丁烯二酸，顺丁烯二酸酐，丙烯酸钠，丙烯酸三乙醇胺盐，甲基丙烯酸钠，马来酸钠(顺丁烯二酸钠)，甲基丙烯酸三乙醇胺盐等。

(2) 含酰胺基的单体

丙烯酰胺，甲基丙烯酰胺，*N*-甲基丙烯酰胺，*N*，*N*-二甲基甲基丙烯酰胺，*N*，*N*-二丙基丙烯酰胺，*N*-羟甲基丙烯酰胺，*N*-羟乙基丙烯酰胺，乙烯基吡咯烷酮等。

(3) 含磺酸基单体

乙烯磺酸等，在自由基聚合中它们常有阻聚作用，一般要掩蔽。

(4) 含氨基的单体

丙烯酸二甲胺基乙酯，4-乙烯基吡啶，*N*-乙烯基咪唑等。

(5) 具有水解后可溶解的基团的单体

甲基丙烯酸甲酯，丙烯酸乙酯，丙烯酸二乙基丙酯，醋酸乙烯酯，醋酸丙烯酯，丙烯腈，甲基丙烯腈等。

3. 接枝反应交联剂

二乙烯苯，二乙烯甲苯，二乙烯醚，*N*，*N*-亚甲基双丙烯酰胺。

与淀粉环上活性基团反应的交联剂，包括二醇、多醇、二酯、二异氰酸酯、*N*-羟甲基丙烯酰胺等。

4. 接枝聚合工艺一般问题

一般高分子聚合可以划为原料准备—反应—后处理三个模块，分别加以研究。

(1) 反应原料预处理

由于淀粉是主要反应原料，一般淀粉不溶于水，因此要使淀粉有效地分散在反应体系中，常用“糊化”的方法处理。用数倍至一二十倍的水，加热至 60~95℃，糊化时间 0.5~2h。

有些淀粉不糊化，那就必须高速有效地悬浮分散在反应体系中，再进行接枝反应。有时是先把淀粉交联再接枝反应，交联的方法有用甲醛处理有用环氧氯丙烷处理的。

某些单体是油溶性的，或微溶于水的，尽量制成水溶性的，有利于反应，如先把接枝的丙烯酸溶于 NaOH 水溶液中，变成可溶化的丙烯酸钠盐，有利于非均相聚合反应。

(2) 反应过程

引发剂(催化剂)用量与反应速度有关，与分子聚合度有关，一般催化剂用量为 0.5%~0.7%左右。

反应温度与使用的引发剂有关，不同的引发剂有不同的活化温度。在活化温度下开始反应，反应是放热的，根据放热情况及时带走反应热，一般温度升高不能超过活化温度 30℃。

交联剂用量与交联程度有关，一般摩尔数是单体的摩尔数的 0.02%~0.1%。

反应器通常是搪瓷反应釜，冷却夹套传热。

(3) 后处理过程

淀粉接枝聚合生成高吸水树脂的后处理，一般包括中和—过滤分离—洗涤—干燥—粉碎。如若用丙烯腈接枝的话，还要先进行水解反应。

流程示意如下：

淀粉—糊化—冷却—接枝—(水解)—冷却—中和—过滤分离—洗涤—干燥—粉碎。

5. 淀粉接枝聚合生产高吸水树脂工艺举例

(1) 淀粉接枝丙烯腈

淀粉糊化：淀粉 20g，水 200g，加热 85℃，糊化 1h，冷至 30℃。

接枝反应：上述淀粉液 220g，丙烯腈 22g，硝酸铈铵 6g，在 N_2 下 40℃反应 2h。

水解：6%NaOH 甲醇水溶液 400mL，90℃水解 4h。

中和：盐酸中和至 pH=7。

过滤：离心过滤机。

洗涤：在离心机中洗净。

干燥：100℃热风烘干成块。

粉碎：块状物粉碎筛分。

(2) 淀粉接枝丙烯酸

淀粉 85g，水 800g，在 N_2 保护下加热至 80℃，搅拌 1h，冷至 30℃，接枝反应加入丙烯酸 120g 和 *N*，*N*–亚甲基双丙烯酰胺交联单体，引发剂为氧化还原引发剂，30%过氧化氢和 *L*–抗坏血酸，40℃下搅拌 5h，反应产物变成凝胶，加入 30%的 NaOH 溶液中和至 pH = 7，在 60℃下真空干燥 5h，粉碎得白色粉末。

(3) 淀粉接枝丙烯酸钠

丙烯酸 60g，加 25%NaOH 溶液 80g，制成丙烯酸钠，冷却至室温加入淀粉 10g，过硫酸钾 0.2g，在 N_2 下升温 40℃聚合反应，当生成物初见透明时，停止搅拌，继续升温至 50℃聚合 2h，成透明凝胶，真空滚筒干燥后粉碎，得树脂 85g。

二、纤维素系列的高吸水树脂

1. 纤维素和纤维素衍生物

纤维素与淀粉在结构上有许多相似之处，六元环在 Ce^{4+} 和引发剂作用下，也易于形成自由基，从而为接枝聚合提供了条件。因此，纤维素接枝聚合所接枝的单体，交联剂以及基元反应，链引发—增长—交联—终止，都与淀粉接枝类似。

但纤维素与淀粉不尽相同，首先表现在纤维素是直链重复结构，结晶能力强，结晶度高，与水一起加热至 100℃亦不溶于水，不会糊化，也不膨胀，在水中仍然有很好的强度，在水中只能以悬浮状态分散。

纤维素纯化之后，利用糖环上羟基的反应，可以得到水溶性的纤维素衍生物，如羧甲基纤维素、羧乙基纤维素等。

2. 纤维素接枝制造高吸水树脂举例

甲醇、NaCl、水和纤维素 50 份，制成碱性的纤维素悬浮浆液，在 N_2 气氛中加热至 50℃，搅拌，提高分散性能，也可以加一些稳定剂、表面活性剂，使悬浮液稳定。

悬浮液冷却至 30℃，加入丙烯酸 30 份、丙烯酸钠 80 份、交联剂 *N*，*N*–亚甲基双丙烯酰胺 1 份、硝酸铈铵(0.1mol/L)40 份，60℃下聚合 6h，得白色粒状悬浮液，过滤，洗涤干燥粉碎，得到高吸水树脂。

除了用铈盐离子打开纤维素环之外，人们还在研究五价钒离子的引发作用，据称活性高于铈盐，而且易于获得，钒不算稀有金属。

3. 纤维素衍生物高吸水树脂

羧甲基纤维素可溶于水，在水中链段伸展，黏度增大很多，早就作为食品增黏剂在使用了。吸水后在低温下可以形成冻胶，但它是线型的，不能作为高吸水树脂，要作为高吸水树脂还得交联或接枝交联。

(1) 羧甲基纤维素交联制吸水树脂

将醚化程度 55%的羧甲基纤维素 125g、NaOH 36.5g、水 1292g 制成溶液，加入环氧氯丙烷 37.5g，40℃下反应 20 小时，用 90%的甲醇溶液脱盐、脱水，得到白色粒状交联的羧甲基纤维素钠盐树脂，吸盐水率达 97%，吸血液率达 63g/g。

也有将纤维素先交联后羧甲基化得到吸水树脂。先交联的交联剂诸如环氧氯丙烷、二羟甲基亚甲基双丙烯酰胺等。

(2) 纤维素衍生物接枝交联制高吸水树脂

将羟乙基纤维素 10g、丙烯酸 60g 加入 NaOH 水溶液中，用过硫酸钾 40℃引发聚合，成为半透明的浆料，继续加热至 50℃，反应 2h 将产物分离，干燥粉碎得粉末产品。吸水倍率 450，吸盐水倍率 71。

羧甲基纤维素可以看成一种水溶性单体，与丙烯酸钠盐在油包水相中共聚，引发剂为水溶性的铈盐、过硫酸盐，交联剂为 *N*，*N*-亚甲基双丙烯酰胺。其合成机理与人工合成高分子的高吸水树脂相同。

三、聚丙烯酸系的高吸水树脂合成

1. 单体和聚合工艺

单体丙烯酸，水溶性，但溶解度不大，一般是用 NaOH 中和成盐，有的是全部中和，有时是中和 75%左右，可以在水溶液相中实现聚合。有时为了提高树脂的强度，也可以与甲基丙烯酸、甲基丙烯酰胺、甲基丙烯酸甲酯等单体共聚。

交联剂的种类很多，由于丙烯酸既有双键，又有羧基，可交联的物质可以是多元醇、二酰胺、二异氰酸酯、脲酯、二烯烃、二乙烯苯以及上述官能团的复合物质如烯丙酸、不饱和聚酯等。

聚合通常在水相中进行。引发剂如果是水相的，如氧化还原引发剂过硫酸钾-亚硫酸钠体系，相当于水溶液聚合；如果是油相的引发剂，如偶氮二异丁腈，则要将单体分散，称分散聚合。

反应温度由引发剂决定，为了降低反应温度以控制反应速度，常用氧化还原引发剂。

聚合物聚丙烯酸在水中溶胀伸展，使溶液的黏度迅速增大，反应很难在水溶液中继续进行，因此，人们研究了很多聚合方法。

(1) 溶液预聚合法

先将单体、交联剂、引发剂在溶液中反应一定时间，实现自由基聚合，但反应到一定程度，一般不到 20%~30%时，黏度变得很大，采用有机玻璃的聚合方法，这时将预聚物取出，摊刮在平板盘中，在 N_2 保护下，在反应温度下，继续进行“后聚合”和“后交联”，产物洗涤、干燥、粉碎，就成为高吸水树脂。又称为“盘式聚合”。

(2) 反相悬浮聚合法

悬浮聚合是油溶性的单体与油溶性引发剂混合均匀，在水相中借助于表面活性剂、分散稳定剂等把单体和引发剂分散成微小的“油”滴，反应在油滴中以本体聚合的方式进行。反应温度决定于引发剂的活化温度，反应热由水相导出，产物悬浮在水相中，脱水、过滤、洗涤，可以得到聚合物粒状树脂。

由于丙烯酸单体是水溶性的，再用水作分散介质不适合，因此可以反过来，用油相的溶剂把水相的单体分散成微小的液滴，这些溶剂必须是惰性的，不与单体反应，而且有一定的导热功能，并不至于在反应温度允许范围内很快挥发。丙烯酸聚合体系中，常用油相物质是有机溶剂。为了在反应结束后有效地脱除溶剂，最好是能与水形成共沸物的溶剂，如正庚烷、正己烷、环己烷、苯等。也要借助于表面活性剂、分散稳定剂等，引发剂是水溶性的，就与单体均匀地分布在“水”滴中，这种悬浮聚合方法同上面常规的不尽相同，常规的体系是 O/W，称为“水包油”体系，后者是 W/O，称油包水体系，所以人们为了区分两种体系，把 W/O 称为“反相”悬浮聚合。其实叫法是人为的，它本质上就是悬浮聚合。

现代使用悬浮聚合的表面活性剂和稳定剂已与实现乳液聚合的表面活性剂和稳定剂的性能类似，悬浮聚合时，悬浮液的稳定性大大提高，与乳液聚合并无太大区别。乳液聚合与悬浮聚合主要区别在于乳液聚合的引发剂和单体不在同一个相体系中，引发剂从一个相中扩散到另一个相的胶束中引发反应。

鉴于此，如果聚丙烯树脂采用油溶性引发剂，就相当于“反相”乳液聚合。

正相悬浮聚合和反相悬浮聚合，选用的表面活性剂不同，前者为亲水性的，形成水包油，后者为亲油性的，形成油包水。衡量表面活性剂这种性能的叫“亲油亲水平衡值”（HLB），一般适用于油包水体系的 HLB 值在 3~6 左右，而适用于水包油体系的 HLB 在 8~18 左右，前者如司般-60(Span 60)，后者如烷基芳基磺酸钠等，读者可以查阅表面活性剂手册或高分子合成的著作。

2. 聚合举例

(1) 悬浮聚合

单体处理：将浓度 32%左右的 NaOH 溶液 18.25kg 滴加进 80%的丙烯酸水溶液 16.25kg 中，搅拌充分反应，冷至室温。

为了提高强度，用甲基丙烯酸乙酯 8 份、甲基丙烯酸异丙酯 5 份、甲基丙烯酸 13 份、丙烯酸异丙酯的乙烯丙烯二烯共聚物 74 份，溶于正己烷溶液中，配成浓度 10%的液体，简称 EPDM。

单体聚合液配制：上述部分“中和”的丙烯酸钠-丙烯酸单体溶液，加引发剂过硫酸钾 9.75kg，交联剂 *N*，*N*-亚甲基双丙烯酰胺 1.95g 溶于 1kg 水中，制成聚合液。

悬浮聚合：正己烷 100L 加入具有回流冷凝的聚合釜中，为了提高强度，加入 EPDM6.5kg，搅拌下，40℃开始反应，滴加单体聚合液，升温，回流温度下聚合 1h，聚合成浆料。

聚合物浆料后处理：将聚合物浆料取出，共沸脱水，除去水和剩余溶剂。再用泌析器分离固液相，凝胶在真空耙式搅拌下 80℃进行干燥，得到 220μm 的细粒子。吸水倍率约 550。

(2) 反相悬浮聚合例 1

将 13.4g NaOH 溶解在 40g 无离子水中，慢慢加入 30g 丙烯酸中，使单体在水相中浓度为 40%左右，加入引发剂过硫酸钾 0.1g，溶解，搅拌，形成聚合液。

另将正己烷 228mL，山梨糖醇单硬脂酸酯(Span 60) 1.8g 加入聚合釜中，溶解后通 N_2 除去 O_2，在搅拌下将聚合液加到正己烷溶液中，充分搅拌，分散成 W/O 体系，升温 60~65℃反应 6h，减压蒸出正己烷，30~80℃真空干燥，凝胶粉碎后得产品，吸水倍率 500。

(3) 反相悬浮例 2

悬浮液中成分为正己烷 250mL、吐温 1.0g，再加入防粘剂淀粉醋酸酯 0.5g，搅拌均匀。加入 10g 丙烯酸中和度 70%的溶液，加入过硫酸钾 0.1g，搅拌均匀至乳化状，升温至 55~65℃，反应 2~6h，产物细粒子经过滤，用甲醇洗净，在 60~80℃下真空干燥，得粉末状产品，吸水倍率为 1000。防粘剂一般用淀粉衍生物、纤维素衍生物、聚乙烯醇、烃类油以及 HLB 在 2.5~0.8 的非离子表面活性剂等。

(4) 溶液聚合法

把 20g NaOH 溶于 260mL 无离子水中，再加入 45g 丙烯酸，加过硫酸铵约 0.02g，60℃

下聚合 6h，倒到平盘中 106℃继续加热反应，得白色固体，粉碎后得产品，吸水率 650。

四、聚乙烯醇类高吸水树脂

1. 聚乙烯醇交联制高吸水树脂

聚乙烯醇的交联剂分两种，一种是具有多个可与羟基反应的基团的有机物，主要有多元酸或酐，如顺丁烯二酸酐、戊二酐、均苯四酸、二元酰氯如苯二甲酰氯，还有环氧氯丙烷、甲醛等。另一种是无机低分子物，与聚乙烯醇形成络合物交联。无机物常用硼砂、硼酸、铬酸盐、酞酸酯等。

一般是将交联剂溶解在某溶剂中，将聚乙烯醇(PVA)粉末分散于其中加热反应，交联形成不溶的高吸水交联聚乙烯醇。

2. 聚乙烯醇交联合成举例

100g PVA 溶于丙酮，加顺丁烯二酸酐 30g，110℃下反应 1h 后，用 1.2 倍(摩尔比)的 NaOH 甲醇水溶液洗涤处理，干燥得到透明水凝胶，吸水率 110。

或者将顺丁烯二酸酐溶解在环已烷中，加入 PVA，110~130℃反应，产物用碱中和，再干燥可得粉状或纤状产品，吸水率 120~200。

聚乙烯醇对硼砂敏感，使完全醇解的 PVA 5%的水溶液完全凝胶，只需要在溶液中加入溶液质量 0.1%的硼砂。

3. 乙酸乙烯酯交联物进行水解，得到高吸水 PVA

聚乙烯醇是由聚乙酸乙烯酯醇(水)解而得到的，如果将乙酸乙烯酯单体在聚合时即加入交联剂二乙烯苯，可制得交联的聚乙酸乙烯酯，然后再醇(水)解。

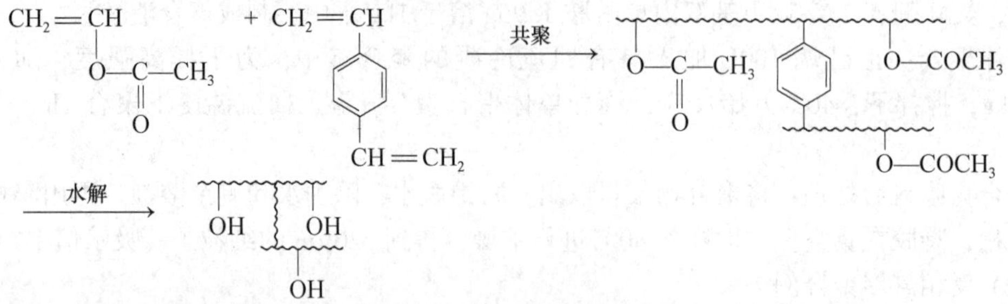

第四节　高吸水树脂制品加工和应用

一、高吸水树脂的应用形态加工简介

为了便于使用和在不同的使用场合得到适用的制品，要把高吸水树脂加工成各种形状或特殊的器件。

1. 吸水树脂均匀分散体加工

这种分散体，多数用于涂膜，相当于涂料的制造。

一般组成是有机树脂，高吸水树脂，颜料，各类添加剂如分散剂、防腐剂、抗氧化剂、紫外线吸收剂、增塑剂、表面活性剂等，在溶剂中均匀地悬浮分散。

通常将有机树脂溶于溶剂，再加入高吸水树脂，搅拌，放入球磨机中，加入颜料膏、添加剂一起研磨，使高吸水树脂粒子达到 20~40μm 时，就是稳定的均匀分散液。

根据使用场合，决定用不用颜料和使用什么颜料，使用何种添加剂。

2. 片状吸水材料加工

(1) 夹层法

经常是将高吸水树脂夹在布、纸、长纤维、无纺布或各种复合纤维之间，辊筒夹层，纹压加工成片状制品。

有的加入离子交换树脂和高吸水树脂一起做夹层。夹套可以像做口袋一样，周边可以粘接，也可以缝合。

(2) 涂饰法

将高吸水树脂配在某些涂料中，刷涂或喷涂在布、纸、纤维和某种膜上。

(3) 粘布法

利用液体态的高沸点多羟基有机物与高吸水树脂一起喷涂粘贴在片基材料上。

(4) 混炼挤出机法

采用高分子弹性体或热塑性弹性体与高吸水树脂混炼，像加工橡胶一样，挤出或压制成片状。

(5) 溶剂流延法

将高分子材料在溶剂中分散成乳液，加入高吸水树脂，在盘片上流延，除去溶剂即得片材。

(6) 熔融喷射法

将高分子材料熔融，从喷嘴中喷成纤状物，再与另外喷出的高吸水树脂分散液结合，高吸水树脂分散在纤状高分子上，冷却成片状物。

3. 膜状吸水材料加工

(1) 流延法

将高吸水树脂分散液加入增稠剂等成黏稠溶液，除去杂质并脱气泡后，流于旋转的平板金属体上，并干燥。

(2) 涂饰法

先制成高吸水树脂的涂料分散液，而后喷刷涂在薄膜或无纺布上成为贴合膜。

(3) 熔融挤出法

可以熔融挤出成膜的树脂，与高吸水树脂、添加剂包括颜料等，用螺杆挤出机，通过T型模挤出成膜。

(4) 类似造纸法

造纸是纸浆分散液，用抄纸网帘抄起，然后烘干。用纤维或合成树脂纤维制成纤维浆，加入高吸水树脂粉末，搅拌均匀像造纸一样抄纸，压榨烘干。

(5) 浸渍法

用纸、无纺布等浸渍于高吸水树脂分散液中，连续浸出干燥卷筒。

也可以将网状无纺布之类先浸于一般有机树脂中浸渍后，再通过有高吸水树脂粉末的流槽，使网的两面都粘上高吸水树脂粉，再加热干燥。

4. 纤状吸水材料加工

将成纤高分子的单体与吸水功能基单体共聚合，用合成纤维纺丝的方法，进行纺丝，后处理，成纤。

还可以将一般的化纤处理成有吸水功能的纤维，最简单的是混纺或者浸渍。化学处理也可以，但较费事，不如共聚纺丝。

5. 泡沫体吸水材料加工

用热塑性树脂、高吸水树脂、发泡剂（发泡剂一般是一些低沸物如丙烷、石油醚和加热能放出气体，如放出 CO_2、NH_3、N_2 等的物质，如碳酸铵、偶氮二羧酸、偶氮腈等）再加上必要的添加剂如润滑剂、脱模剂、填充剂等，或者硫化剂、防老剂、增强剂等。将配好的料混炼，压成开片，放于钢模中加热加压制成发泡体。

此外，还有许多报道的加工方法，有的繁琐，有的不一定可靠。但上述写到的加工方法也不是完善的，还有待于在实践中改进，以应用推动加工技术的进步。

二、在生理卫生方面的应用

目前有 80%~90%的高吸水树脂用于卫生材料。

1. 纸尿布

包括婴儿襁褓、小儿尿布和成人病人尿失禁片等。

常以高吸水树脂为内衬，以无纺布为表面层，既柔软又利于尿液从表面层透过到吸水层去。底层是一层不透水层。

吸水树脂层是多种物质多种方式组成的结构层，例如表面是大粒子吸水树脂，里层可以是高吸水树脂的微泡薄片，许多生产厂家还在不断发明新的结构层和结构形状。

使用的树脂，要考虑吸尿液的能力和速度。

2. 卫生巾和止血栓

约有 30%的树脂用于生产卫生巾。

消费者对卫生巾的要求是吸水（血）能力强，保水性能高，还要求吸水速度快，不发黏，不泄漏，并且要求活动方便的超薄制品（3g）。因此要有相适应的超强的吸水树脂，最好是几种材料组合在一起，才能满足生理要求。

一般的加工方法是吸水树脂压制加工成片，重叠到薄纱层压片上。美日等国还研究用纸质基材和吸水树脂复合，制成圆柱状卫生止血栓塞。

3. 纸巾抹布等物

包括餐巾、餐纸、纸毛巾、抹布等，这是餐饮大量使用的材料。加入高吸水树脂后，使用性能大大提高。制造方法也比较简单，只要把高吸水树脂与纸、布纤维复合加工成膜或片状材料即可使用。

4. 汗衫、内衣、运动服等物

床单、被单、鞋垫等物品，主要是可以有效吸汗，尤其是运动员的用品。这些片状物品可以用无纺布、纸纤维等与高吸水树脂加工成片材和膜材，裁剪加工成制品。至于汗衫、内衣、运动服、内裤等，当然也可以用膜材加工，但一般是利用高吸水纤维，正常纺织成运动衫等物品。

三、在医药医疗方面的应用

1. 用作某些药物的辅助材料

（1）药物缓释材料

利用吸水性凝胶含有药物，最简便的如用吸水材料浸入眼药，可以使眼药作用延长好几个小时。还可以把某些药物粉末与吸水树脂凝胶压缩成片，可控制缓释速度。

(2) 湿布药用基材

这种材料相当于洋膏药，不仅要求吸水材料有良好的保水性，而且要求增黏效果好，在高温、高湿、出汗时也不至于脱落。交联的聚丙烯酸盐与一些其他材料混合之后，适合做这种基材。

(3) 某些医药代用品

例如外伤性休克，由于失血过多，引起血液循环量少，血容量减少，造成休克。抢救措施是输血或输入血浆增量剂，可以提高血容量。人工血浆就是血液增量剂。PVA 以及 *N*-(2-羟基丙基)丙烯酰胺的聚合物等高吸水高分子已试用于人工血浆，临床还在深入研究。

2. 用作某些人工器官的辅助材料

例如人工皮肤是一种多孔的吸水树脂层与硅橡胶复合组成。某些吸水性凝胶具有组织复合性，排异少，作为人工皮肤和软组织的辅料是很理想的。

人工玻璃体要求形状维持并有一定的流动性，用天然材料、有机硅液态橡胶和亲水性凝胶组成。作为亲水性凝胶的是如聚乙烯醇、聚乙烯醇-甲基丙烯酸、聚氧化乙烯-乙烯基吡啶等高吸水材料。

人工血管用合成纤维编织管，但不能制造小于 8mm 的血管，而用聚酯增强丙烯酰胺-丙烯酸酯共聚的高吸水高分子，可以制成直径 4mm 的人工血管，已成功使用在动物的动脉上。

在吸附型血液净化装置中，用吸水材料涂覆活性炭表面，对清除血液中毒性物质起到有效作用。

在人工肾的透析装置上，许多部件都用吸水性的高分子，对降低血液中尿素、肌酐都起到重要作用。

3. 固定化酶

用合成的吸水性高分子，诸如变性的聚乙烯醇(PVA)、聚丙烯酰胺、聚丙烯酸等以及它们的共聚物，可以将蛋白酶的非活性基团形成不可逆联接。

固相酶在医药工业上广泛应用。生产一些重要药物如新青霉素、合成干扰素诱导剂等，可以提高生产效率。

4. 医疗用品

高吸水材料在医疗器械用品方面的应用、开发较早，有的比较成熟。

(1) 接触眼镜

用于制造软接触眼镜的聚甲基丙烯酸羟乙酯的成果在 1960 年就有发表，现在用聚 *N*-乙烯基吡咯烷酮(PNVA)和 PVA 等亲水材料，都已逐步开发。

接触眼镜有硬软两种，硬片一般用 PMMA(有机玻璃)制，许多人有不适感，而用亲水树脂制造的软接触眼镜得到迅速发展，软接触眼镜一般先用干的树脂块加工研磨成眼镜，再水合成软接触眼镜。

(2) 检测器材部件

医学检测器材，如超声波音响连接器、断层视屏诊断指示器、网膜电图的电极、酶电极等，其中一些部件必须用吸水性或亲水性材料，这些都有临床应用。

(3) 热敷、冷敷材料

热敷材料用高吸水树脂，不仅柔软、舒适，而且可以较长时间保温，降温速度小，加压也不出水，有很好的保水功能。用作怀炉，也有同样效果。而作冷敷材料，将吸水树脂吸足水，预先冷冻之后，可以代替冰枕冰袋，保温保水要比冰枕冰袋优越。

(4) 手术衣、床单和卫生绷带等

用无纺布制成的高吸水树脂的外科手术衣或医生的围裙、罩衣、手术床单，一次性使用，吸收体液、血液、药液有特殊的功能，吸液快，而且使用方便。

此外，外用纱布、卫生棉、绷带等材料，过去是用天然棉纤维制造，吸收液体的速度不很快，耗量也大，改用高吸水树脂布，不仅可以节省棉资源，而且方便。

四、在农林园艺方面应用

这是高吸水树脂最早应用的领域。高吸水树脂的问世，在土壤保水、促进种子发芽、提高发芽率等方面进行开发研究。

1. 改良土壤和沙漠

法国已经制造出一种“吸水土”，研究用于改造沙漠。埃及、印度等国，正拟用高吸水树脂实现绿化沙漠。

(1) 改良土壤

最简单的方法是把高吸水树脂粒子撒在土中，下雨或浇水时大量吸水，保存起来，缺水时就可以逐步将水释放出来，可以抗旱。

除了吸水保水之外，同样的原理可以吸肥保肥。

由于土壤中有吸水树脂，可以抗旱保湿，提高土壤的吸湿能力，同时还可以改变土壤的孔隙分布，有利于形成团粒结构，这样必然改善土壤的透气性和透水性。因为孔隙率的改善，使土壤中的热传导率降低，在昼夜温差变化的条件下，影响甚小，改善了土壤温度。吸水树脂含水量高，使土壤中水分移动速度加快，给植物生长造成良好环境。

(2) 改造沙漠

沙漠的主要原因是缺水，而且不能保水，很快流失，即使下层有水，由于沙粒子太粗，无毛细现象，不能使水渗透到表层。

沙土中混有高吸水树脂，可以吸收自然降水和人工降水，夜间能吸收沙漠中蒸发出来的水分，渗吸地层深处的水。凡改造土壤的优越性，在改造沙漠中都体现出来。

2. 促进植物发芽和生长

(1) 促进种子发芽，提高发芽率

可以将高吸水树脂、肥料、杀菌剂、农药、土壤等混合，加少量的水，把种子混入其中，或者把高吸水树脂与种子拌在一起，撒于土壤中等混合方法，可以促进和保证种子发芽。如果把混有高吸水树脂的草种籽，加上一定的肥料土壤等，用飞机撒播到沙漠中，种子的发芽率也大大提高。

用于促进发芽的高吸水树脂，粒子不能太细，否则影响发芽，添加量一般是土壤的0.2%~2%。

除了用混合的方法之外，也可以把高吸水树脂涂布在种子上，还可以制成薄型复合材料，种子撒播其上等，不过混合法最省事。

(2) 促进植物生长

与改良土壤的效果类似，混合有高吸水树脂的土壤，将会促进植物生长。用于花卉和蔬菜、水果等的栽培生长，既节约用水，又降低劳动强度，促进植物生长，抗旱保水。不同的植物在土壤中对水分有不同的要求，大面积混合高吸水树脂，对园艺栽培也不适用，通常都是有重点的埋入高吸水树脂，如在植物周围，离根系的距离太近，易于烂根，还要考虑水在土中的移动距离和速度，具体问题具体分析。

3. 农用薄膜和无土栽培

用高吸水剂共混树脂制成的农用薄膜，因为能吸水保水，在下雨或洒水以及膜内植物呼吸出水蒸气时，不至于在薄膜形成液滴，它们都被高吸水树脂吸含去了，有良好的防气雾性。因此，不影响透光和照明。由于高吸水树脂的吸水保水功能，因而薄膜的保温效果较好，防止昼夜温差和天气变化过大的影响。

高吸水树脂用于无土栽培、蘑菇的培育、花卉保鲜、保水、蔬菜保鲜储存等。

4. 苗木移植

树木果苗移植常常连根部大量土壤一起移植，费时费事，如果在新出土的树木、苗木根部敷上高吸水树脂进行保水处理，有利于运输，成活率也高，还可以把果苗的根部保放在有保水功能的树脂口袋中加以包扎。

5. 农药农肥保持和缓释

最简单的方法是由高吸水树脂浸渍吸收农药或农肥，混入土壤中有重点或均匀地分撒。还可以把高吸水树脂混在农药或农肥中，按原先农药农肥的施用方法操作。也可以用其他的方式如包裹、成膜等形式。

五、在建筑建材方面的应用

1. 止水防漏材料

用高吸水树脂，配合加入橡胶材料和橡胶的各种添加剂，混炼加工而成嵌缝止水材料。

也可以将橡胶溶解分散，再将高吸水树脂和各种助剂、填充剂、硫化剂、硫化促进剂、改质剂等加入，使混合均匀，除去溶剂即可成型。或者可将这种混合溶液倾注入缝，加热就可以成型。

2. 防结露和调湿材料

现代建筑气密性好，但家用电器、器具产生湿气的地方较多，空气中湿度大，容易结露。高吸水树脂可以解决结露和调湿的问题。

把高吸水树脂制成防结露壁纸，最简单的做法就是在造纸的浆料中把高吸水树脂加入，也可做成涂料的，都能很好地防结露和调湿。

3. 建筑物防火

高吸水树脂可以制成建筑物的表面保护层、中间的传热层和填充层，当火灾发生时，不流水而慢慢放出水汽，可较长时间防止建筑物温度上升。

4. 其他

如加少许高吸水树脂可使混凝土快速凝胶化，减少养护时间。在松软地基中加入聚丙烯酰胺等，起到止水作用，并形成不透水的凝胶层。用高吸水树脂给河堤、水坝、水库的裂隙漏洞堵水，可以减少和缓冲灾害。

六、在食品行业上的应用

1. 食品保鲜材料

作为食品保鲜剂的添加剂，高吸水树脂应用广泛。

食品保鲜剂由气体置换剂（吸收氧并放出 CO_2）和酒精发生剂组成，气体置换剂在反应中产生自由水，自由水与酒精发生剂作用，吸收水，放出酒精，酒精通过透气性包装袋挥发出。酒精发生剂由含酒精的高吸水树脂组成。

保鲜剂常见的组成如表 5-2 所示。

表 5-2 保鲜剂常见组成

组 成	含量/质量份	组 成	含量/质量份
$FeSO_4 \cdot 7H_2O$	0.06	结晶纤维	0.5
Na_2CO_3	0.6	L-抗坏血液	0.6
活性炭	0.5	含酒精的淀粉丙烯酸接枝物	3.0
沸石	1.0		

保鲜剂用来保鲜蛋糕，30 天不霉变，若不用保鲜剂，10 天即已霉败。

为了保证保鲜剂的正常使用，往往用无酒精的高吸水树脂作为助剂使用。有利于储存，防止反应前发生变化。水果蔬菜保鲜，常用聚丙烯酸钠型高吸水树脂。有时，将吸水树脂分散于液体中，喷涂在食品表面，防止水分蒸发变干。鱼类肉类等浸渍后，就形成冰衣，在冷库中保持新鲜风味 6 个月以上。用这个喷涂层可保鲜水果、鸡蛋等。

另外高吸水树脂可以与塑料制成保鲜口袋，或加工成保鲜纸，用来包装食品，起到保鲜作用。

2. 增稠作用

例如在啤酒、冰淇淋中添加少许交联聚丙烯酸钠或其他高吸水剂，可使泡沫稳定。在一些鱼肉制品中添加高吸水树脂，可以增加黏弹性、成型性。

3. 脱水剂、澄清剂等

食品脱水保鲜一般用水煮、盐腌、干燥等方法，会改变风味。有人研究可以用高吸水树脂脱水的方法做无盐的干鱼腊肉。

在鱼、肉、豆制品加工厂和淀粉加工厂中有许多含蛋白质的废水排出，腐败发臭，如用高吸水树脂作为脱水材料处理，可以回收大量蛋白质，可作饲料或食品的原料。

制糖厂的糖汁中常悬浮一些石灰吸附粒子，糖汁混浊，添加少量高吸水树脂，可加速沉淀，使糖汁很快澄清。

七、在日常用品和生活中应用

1. 用于美容化妆品

高吸水树脂用于美容化妆品中，稳定，不变质，且无色无味，可以使化妆品具有很好的保水性和保湿功能，因而有很好的滑润感。同时使用了高吸水树脂后，有增稠作用，又有很好的触变性能，涂抹时感到很舒适。

粉末型化妆品成分与高吸水树脂结合作用，扩展了化妆品的应用场合。化妆品中有高吸水剂形成凝胶，易于在皮肤上成膜，而且容易剥离、洗净。

2. 作芳香剂的释放基材

香料固型化，是使油溶性的香料固化而成固态型，可以使香气持续保持。用高吸水树脂与一定量的醇，主要是多元醇和低级醇，高吸水树脂与多元醇二者比例 1∶1～20 左右。醇类太多，不易固型。低级醇为多元醇的 1/16，水为多元醇的 1/8，香料、颜料根据需要配比，直接搅拌调配成固型香料。

3. 简易取暖怀炉

主要组成是铁粉、铝粉等金属粉末，KCl、Na_2SO_3、NaCl、KI 等盐类为反应促进剂，水和其他填充物。以前使用的水源是纸、海绵、橡胶等，保水能力差，现在改用高吸水树脂，可以大大延长使用寿命。高吸水树脂用量为水的 2%~50%，用量随高吸水树脂的吸水保水能力而异。水量为金属的 10%~50%，用量随金属而不同，也与需要的发热速度有关。反应促进剂为金属用量的 10%~50%。填充剂有木粉、木棉、腈纶、尼龙等纤维和 $BaSO_4$、TiO_2 等无机物，填充剂为发热物质的 9 倍。

4. 泥浆、污液、粪便等固化剂

添加少量高吸水树脂就可使其凝固，变成城市固体垃圾进行运输。

八、在油田化工和其他工业上应用

1. 油田泥浆处理剂等油田化学品

高吸水树脂的问世，为油田各种处理剂的应用开辟了新的途径，其中主要是絮凝剂、增黏剂、堵水剂、堵漏剂，是合成高吸水树脂应用最为广泛的领域。

目前，油田的地面化学品的应用正在研究开发，根据高吸水树脂只吸水不吸油的特点，可用作地面化学品的破乳驱油剂、水处理剂等。

2. 工业上油水分离

工业上用于脱水的高吸水树脂，不适宜单独使用。因为高吸水树脂吸水后膨胀，阻力变大，流量逐渐降低，容易堵塞。所以工业上的脱水剂常常以水不溶性材料为基材，复合高吸水树脂、复合材料有一定的空隙，可以减小阻力。

例如有人将高吸水树脂、合成纸浆在甲醇中混合，用 80 目筛网造纸，干燥后得到油水分离材料，放入含水 2.5%的甲苯溶液 1000mL 中，搅拌一定时间，提起分离材料后，测定甲苯中含水为 10^{-4}(100ppm)，用于处理含水的轻质汽油溶液，效果类似。

这样处理工业中的废油、乳化油等，可以回收各种油品。

3. 其他分离方案的应用

(1) 油-亲水有机物分离

高吸水树脂不吸油，可以吸亲水的有机物，但吸收力有限，随其浓度而变化，但可以合成某种带离子基团的高吸水树脂，提高对亲水有机溶剂的吸收能力。如聚丙烯酸与二乙二醇二丙烯酸酯共聚的高吸水树脂，用三丁胺中和，降低吸水能力而提高了吸收亲水有机物的能力。

(2) 水-亲水有机物的分离

水和亲水有机物如果用精馏的方法分离，既耗能而且有时体系温差小，分离更难。利用高吸水树脂对水的吸收能力，与对亲水溶剂如乙醇、丙酮等的吸收能力相差较大的原理，可制成各种高吸水膜，采用渗透汽化法(称为 PV)实现水和溶剂的分离。

甲醇、乙醇、丙醇溶液的 PV 分离研究甚多，许多高吸水脂膜都取得很好的效果。有些高吸水树脂对分离水-丙酮体系，有较好的选择性。

(3) 有机物-有机物分离

高吸水树脂膜对不同的有机物的亲和性也不相同，有可能分离各种亲水性有机物。

4. 固体脱水

高吸水树脂安全，易于分离剥离，可应用于食品的脱水，作无盐干食品。固体脱水研究还在深入。

5. 吸附重金属离子

阴离子型聚合物高吸水树脂，如羧甲基化纤维素-2-羟基丙基三甲基氯化铵交联聚丙烯酸盐、交联聚羧甲基苯乙烯、淀粉黄原酸盐等，对重金属离子的去除率很高。如淀粉接枝丙烯腈的水解物，脱除 Cu^{2+} 的效率可达 98.6%，而脱除 Cd^{2+} 的能力可达 99.9%。

6. 灭火剂

高吸水树脂与低黏度有机溶剂配成浆料，配比是使有机溶剂能包裹高吸水树脂表面。

火灾时，灭火的水喷出的同时，吸带高吸水树脂浆料，一般浆料是水的 0.01%~0.1% 左右。吸水树脂喷出后，吸水形成水凝胶块，逐渐堆积成凝胶膜，起隔绝和绝热的作用，提高灭火效果。

7. 吸水树脂改性涂料

（1）易剥离涂料

高吸水树脂加入涂料中，占成膜树脂的 0.1%~40%，按涂料的一般加工方法加工，可以增加涂料的易剥离性。具体添加多少，要经过试验。加得太多，涂料膜不牢，易脱离，太少了又不见效果。

（2）低摩擦系数船底防污涂料

防污涂料中加入高吸水树脂，在水(海水)中形成一层水凝胶黏膜表面，摩擦系数减小，而且保水性好，可以耐久。

（3）防结露和调湿涂料

添加高吸水树脂，可以成为防结露涂料以及调湿涂料，在不同场合下应用。添加量一般是成膜树脂的 5%~65%，按不同性能使用于不同场合。

九、在其他方面的应用

高吸水树脂制成止水带，用于电缆接头的止水包覆，效果良好。可以使电缆等长期在含水环境中工作的防水问题得到较好的解决。

此外，高吸水树脂有些凝胶有电刺激伸缩性能，有的可成为光变形凝胶。高吸水树脂还有许多应用场合，如铸造粘接剂、煤的成型剂、杀菌剂、静电防止剂等。

高吸水树脂目前的应用研究还要有待进一步深化，要加以完善。作为一种新型功能材料有着广阔的应用前景。

第六章　感光性高分子

第一节　概　　述

一、研究感光性高分子的意义

随着现代科学技术的发展，感光性高分子在各种领域中得到广泛应用，已经成为功能高分子中用途最广的材料之一。特别是近年来信息科学和信息工业的发展，有力地促进了光物理和光化学科学研究的进步，而信息科学所涉及的印刷图像术、复制技术和微细加工及光刻技术等不断对感光材料提出新的要求，有力地推动了感光性高分子的发展。最近不但在成像材料，如照相、复印、印刷、集成电路中获得重要应用，在塑料、纤维、医疗、生物化学、涂料和胶黏剂等方面也都取得了重要地位。

感光性高分子的发展历史虽然不长，但近几十年却发展得非常迅速。目前不仅有光聚合型、光交联型，还有光分解型；其受照的范围也由仅对紫外光感光，发展到能感受能量较高的光如远紫外光、X 射线、电子束、激光等。

感光性高分子是指具有感光性质的高分子材料。当这类材料吸收了光能后可导致体系的分子内或分子间产生化学、物理变化，使曝光和未曝光部分的物理或化学性质产生强烈的反差，从而引起图像的出现。在印刷工业中已获得广泛应用的 PS 印刷版就是一种感光性高分子产品，它可分为阳图 PS 版和阴图 PS 版两大类。由于印刷业对于板材在质量上的严格要求和巨大需要，必然给感光高分子带来巨大的发展前景。在影像技术中，用于微细加工光刻用的光致抗蚀剂，是一类非常重要的感光高分子材料，是制造大规模集成电路必不可少的原料。它的出现是第二次世界大战后由 Eastman Kodak 的 Mink 等在研究聚乙烯醇肉桂酸酯的光二聚合反应基础上提出的，以后这种技术不仅应用于照相制版上，而且广泛应用于电子工业和精密机械加工等方面，并随着技术的不断进步，蚀刻的精度不断提高，由制作毫米级的印刷线路板发展到 21 世纪初期的微米级、亚微米级，甚至更高分辨率的大规模集成电路的制作。现代计算机技术的蓬勃发展是和这种微细加工技术的高灵敏度、高反差光致抗蚀剂的出现分不开的。

二、感光性高分子分类

感光性高分子经过几十年的发展，品种日益繁多，应用很广，迄今为止没有公认的分类方法，目前常用的分类方法有：

① 根据光反应的类型分为光交联型、光聚合型、光氧化还原型、光分解型、光二聚型等；

② 根据感光基团的种类分为重氮型、叠氮型、肉桂酰型、丙烯酸酯型等；

③ 根据物性变化分为光致不溶型、光致溶解型、光降解型等；

④ 根据骨架聚合物种类分为聚乙烯醇型、聚酯型、尼龙型、丙烯酸酯型、环氧型、氨基甲酸酯型等；

⑤ 根据聚合物组分可分为感光性化合物和聚合物混合型、具有感光基团的聚合物型、光聚合物组成型等；

⑥ 根据其在光参量作用下表现出的功能和性质，又可分为光敏涂料、高分子光致抗蚀剂、高分子光稳定剂、高分子荧光(磷光)材料、高分子光催化剂、高分子光导材料、光致变色高分子材料、高分子非线性光学材料以及高分子光力学材料等。

三、感光性高分子的功能

1. 光固化(光交联)功能

感光高分子体系在光化学反应作用下，从液态转变成固态，以及线型可溶可熔的固态感光性高分子在光作用下转变为体型不溶性的功能，可统称为光固化或光交联。光固化功能在光敏黏合剂、光敏涂料、光敏油墨以及负性光刻胶等方面有重要的用途。光固化有以下优点：

① 可在常温或略高于室温下进行，对于高温下易变质材料(如木制品、纸制品及电子元件等)的包装或涂饰，以及大型部件、无法烘烤的器件的涂饰等是有效而不可替代的；

② 固化速度快，生产效率高，占地面积少；

③ 固化装置简单，节能；

④ 对于无溶剂的光固化涂层几乎接近100%转化成膜，减少对大气的污染。

2. 光降解功能

高分子产品特别是农用薄膜之类，一旦不再需要而扔弃后会造成白色污染，因而人们对高分子的光降解抱以很大希望。某些环保型高分子制品用毕，在户外阳光下，由于光降解最终变成粉末，减少白色污染。此外，在正性光刻胶中，也需要光降解功能。

3. 光成像功能

在基板上覆盖感光性高分子液体涂层或固体膜片，然后于其上放置具有图像的底片(掩膜)，曝光后，透光与不透光的部分其对应的涂层或膜片的溶解性能产生差别，俗称反差。对于光固化感光性高分子体系，感光处在溶剂中不溶，不感光部分可用溶剂洗掉，显影后得到的是负像。光成像功能已广泛用在印刷板、印刷电路、半导体及集成电路制造中的光刻工艺等方面。

4. 光致变色功能

在高分子主链或侧链上，通过共价键连接光致可逆的变色基团，便可得到光致变色的高分子。这类高分子在图像显示、光信息存储元件、可变光密度的滤光元件、摄影模板和光控开关元件等诸方面有良好的应用前景。还可以制成光变色纤维、防伪标志及日用品等。

有些感光高分子能吸收、透过或反射某种波长的光线，在外界光刺激下，能够发出特定光，用于光学仪器、电子器材以及建筑、交通、包装装饰等领域。

5. 光能的化学转换功能

这类功能高分子的设计思路之一是预先设计好能吸收光能并使之沿链迁移的高分子链，如含大量萘基的聚甲基丙烯酸酯链，然后键接或包埋具有可逆的光敏催化氧化还原性质的基团或化合物，如萘醌。上述高分子链起到引导光能输入的“天线效应”，而具氧化还原功能的基团或化合物作为具有光催化功能的活性中心，该中心与水或含活泼氢物质作用，有望产生氢、氧或过氧化氢等可燃性物质，它们便作为能源的一种形式储存下来。太阳能辐射到地球上的总能量约 3×10^{24} J/a，目前人类只消耗其中万分之一左右。在太阳能光谱中，可见光区域占光谱约一半，因此，作为“天线”的高分子链若能吸收并迁移可见光能的话，如大环、稠环或共轭多烯，就更有利于实现太阳能的化学转换。

6. 光导电功能

光导电高分子是一种有机光导电体，它在暗的条件下是绝缘体，光照时导电性可以增加几个数量级。具有这种功能的感光性高分子大体上有三类：第一类是高分子主链中有较高程度的共轭双烯；第二类是高分子链的侧基为多环的芳香基，如萘基、蒽基、芘基等；第三类是高分子链的侧基为芳香族含氮基团，如咔唑基。光导电体目前主要用于静电复印(静电照相)中。

第二节　光聚合型感光性高分子的组成

光聚合是指高分子预聚物和已经生成的大分子进一步的光交联，某些光引发的嵌段共聚和接枝共聚等过程。根据反应机理，光聚合反应可分为光自由基聚合、光离子型聚合和光固相聚合三类。光引发自由基聚合可以由不同途径发生：一是由光直接激发单体到激发态产生自由基引发聚合，或者首先激发光敏分子，进而发生能量转移产生活性种引发聚合反应；二是由吸收光能引起引发剂分子发生断裂，生成自由基再引发聚合反应；三是由光引发产生分子复合物，由受激分子复合物解离产生自由基引发聚合。

光固化树脂在未经特定光源照射情况下是能够长期储存的液体，可以像涂布涂料那样进行施工。实际上，光固化树脂在很多的场合都是用作涂料的，称为光固化涂料。光固化涂料在工业和民用等方面都有广泛的应用。常规涂料是涂层材料溶解在溶剂中(通常为有机溶剂)使用，溶剂挥发后形成致密涂层。由于所使用的溶剂多为芳香烃，因此不仅会损害操作人员的健康，而且还会造成环境污染。而光固化涂料理论上可以做到100%固含量，在这方面光敏性涂料具有传统涂料不可比拟的优势。此外光化学反应可以在瞬间完成，相较于热激发的化学反应过程，可以大大提高固化效率，节省时间和能耗。

当然，光固化树脂不仅仅只有涂料这一种应用，它还在光纤通信、数字光盘制造、快速成型、印刷制版、复印材料、电子工业、油墨和黏合剂等高新技术领域都发挥了重要的作用。

目前广泛研究和应用的光聚合是通过光的作用，使得光敏性小分子(光引发剂)生成活性中心，并进而引发单体(包括烯烃或环氧类化合物)的链式聚合。

光聚合的一般反应可以表示如下：

$$\underset{\text{(光引发剂)}}{\mathrm{PI}} \xrightarrow{h\nu} \underset{\text{(活性物种)}}{\mathrm{I}^*}$$

$$\mathrm{I}^* + \underset{\text{(单体)}}{\mathrm{M}} \longrightarrow \mathrm{IM}^*$$

$$\mathrm{IM}^* \xrightarrow{n\mathrm{M}} \text{聚合物}$$

当反应物含有多官能基团时，光化学反应的结果，除了使相对分子质量增加以外，还会使得高分子链之间发生交联，生成网状聚合物。目前，应用最多的光固化成型技术，例如光固化涂料、快速成型技术等，都是应用这一原理。

从理论上来说，体系只要存在含有不饱和功能基团的单体就可以满足光聚合的要求，但是在实际应用中，为了得到优良的加工、使用性能，光固化体系常常由多种不同结构的多官能组分优化配方组成。因此，一个优良的光固化体系一般由三个主要组分构成：一是光引发剂；二是齐聚物和稀释剂等活性组分；三是加工助剂。同其他成型过程类似，助剂在光固化技术的应用中一直扮演着非常重要的角色，为加工工艺的顺利实现以及得到性能优异的目标产品提供了重要的保障。

1. 光引发剂

虽然许多单体在光照作用下能进行直接光聚合，但直接光聚合往往要求较短波长的光(较高的光能)，聚合速度较低。而使用了光敏剂以后，可大大降低引发的活化能，即可使聚合在较长波长的光照作用下进行。这就是光敏剂被普遍采用而常常被称为光引发剂的原因。用于光聚合的重要的光敏剂如表 6-1 所示。

表 6-1　重要的光聚合体系的光引发剂

类　别	感光波长/nm	光引发剂
羰基化合物	360~420	安息香及其醚类、稠环醌类
偶氮化合物	340~400	偶氮二异丁腈、重氮化合物
有机硫化物	280~400	硫醇、烷基二硫化物
氧化还原体系	—	铁(Ⅱ)/过氧化氢
卤化物	300~400	卤化银、溴化汞、四氯化碳
色素类	400~700	四溴荧光素/胺、核黄素、花青色素
有机金属化合物	300~450	烷基金属类
金属羰基类	360~400	羰基锰
金属氧化物	300~380	氧化锌

自由基光引发剂一般分为四类，一类是光分裂型，如苯偶姻(俗名安息香)。

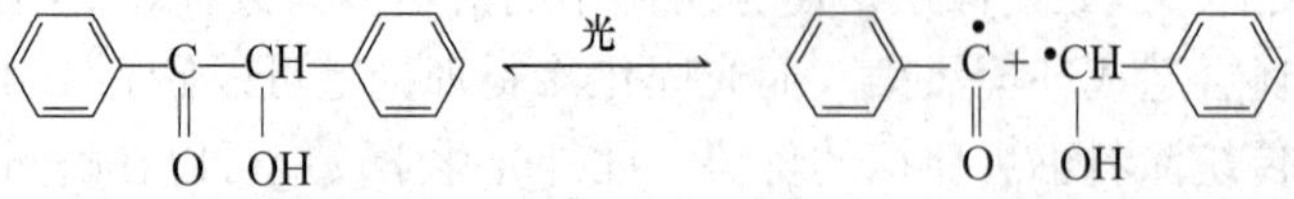

一类是夺取氢型，如二苄基二酮。

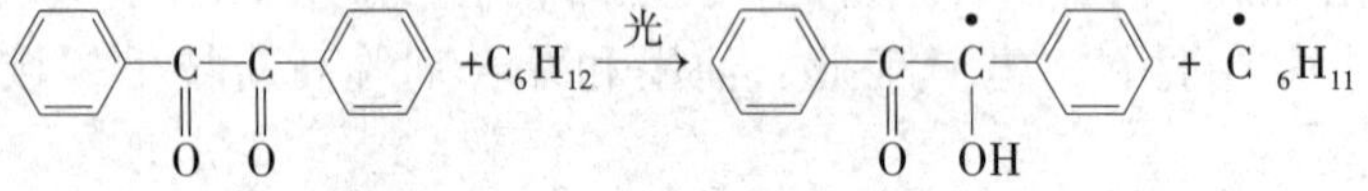

一类是染料敏化型，许多染料是萘或蒽醌类化合物衍变而来。

一类是过渡金属羰基化合物。

还有光敏剂是离子聚合的光引发剂，如重氮四氟硼酸盐、芳基碘• 盐、二茂铁衍生物(如二环或二烯基合铁)等。

联乙酰、安息香及其醚类是羰基化合物中最重要的光引发剂，它们的光分裂机理如下：

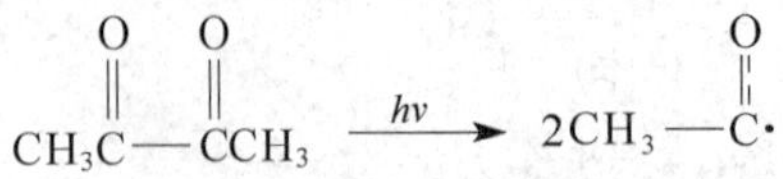

联乙酰

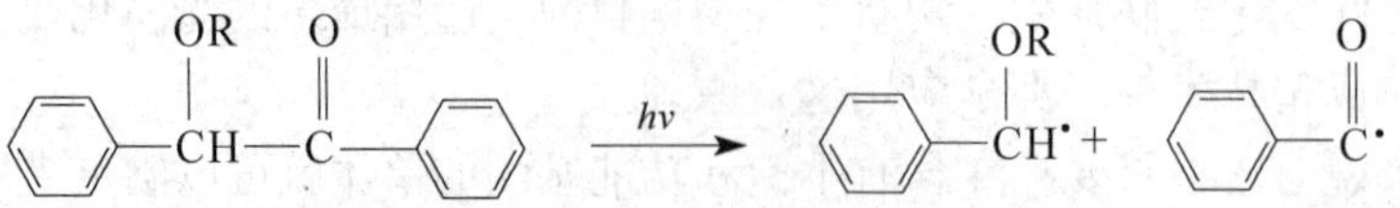

所产生的两种自由基都有引发单体聚合的活性。安息香醚类分子中的取代基 R 一般为

不同长度的烷基、羟烷基等，例如安息香甲醚、安息香乙醚都是常用的光引发剂。

偶氮二异丁腈(AIBN)通常用作热聚合引发剂，但它吸收光能后也可分解产生自由基。

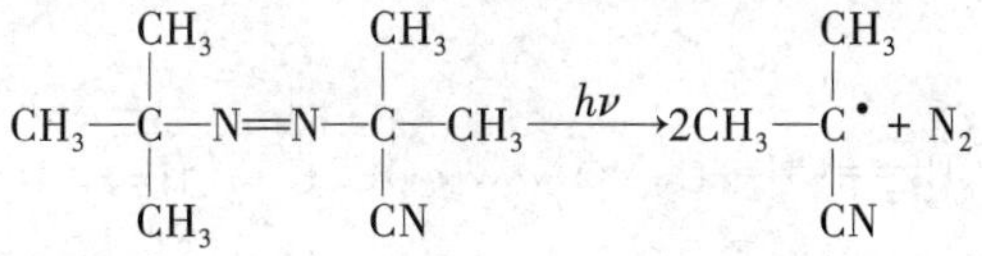

硫醇和二硫化物类光引发剂按下列机理进行光分解：

$$\mathrm{R{-}SH} \xrightarrow{h\nu} \mathrm{R{-}S^{\bullet} + H}$$

$$\mathrm{R{-}S{-}S{-}R'} \xrightarrow{h\nu} \mathrm{R{-}S^{\bullet} + R'{-}S^{\bullet}}$$

溴化银等卤化物的分解产物为卤素自由基和金属离子。

$$\mathrm{AgBr} \xrightarrow{h\nu} \mathrm{Br^{\bullet} + Ag^{+} + e}$$

在光固化涂料应用方面，二苯甲酮类光引发剂也是较重要的光引发剂。但二苯甲酮单独作用往往是无效的，必须与含有活泼氢的化合物并用，如与脂肪胺并用，固化速度随胺的烷基碳原子数增大而增大。研究认为，这种光固化机理是由于形成 α-氨基自由基引起的。

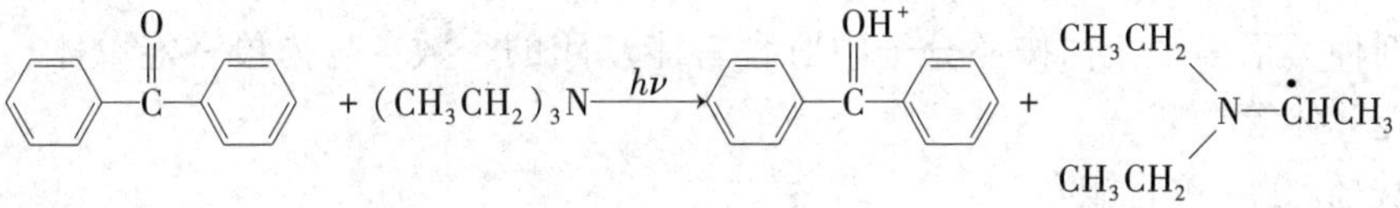

米蚩酮是二苯甲酮的衍生物，它在 365nm 和 254nm 波长处有非常高的光吸收率(为二苯甲酮的 400 倍)，因此，常作为二苯甲酮类化合物的代表。米蚩酮的结构式如下：

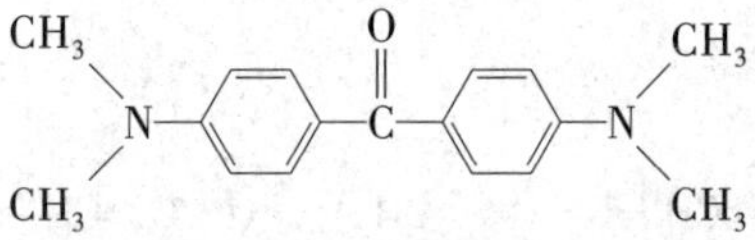

具有光聚合引发能力的光引发剂很多，光分解机理各不相同，因此，在光聚合实际应用中，光引发剂的选择十分重要。其中最重要的条件是对热要稳定。不会发生暗反应，其次是量子效率要高，否则，不易形成高相对分子质量产物。

2. 活性组分

(1) 齐聚物

齐聚物是具有较高相对分子质量、能够进一步发生化学反应的聚合物，又叫预聚物或低聚物。从化学反应角度来看，齐聚物与活性稀释剂的性质是一样的，都要在光聚合的过程中进一步实现化学反应，乃至交联。

之所以要使用齐聚物，最重要的原因是希望光固化材料能够具有良好的加工性能和优异的使用性能。齐聚物一般具有一定的相对分子质量和黏度，不容易挥发。因此相对于小分子活性稀释剂而言，容易保持较好的触变性、流变性、成膜性等涂覆工艺要求的特质。通过对齐聚物结构进行筛选、设计，可以对固化材料最终的品质进行调控。例如，聚氨酯类的齐聚物会有利于提高最终产物的耐磨性等。

齐聚物一般都含有两个甚至两个以上的可以发生化学反应的活性基团，由此最终聚合得到的往往是一种三维交联的体型结构。

光固化常用的齐聚物一般由多羟基的聚酯、聚氨酯、环氧树脂、丙烯酸树脂和丙烯酸(甲基丙烯酸)反应制备。它们的通式可以简单表示如下：

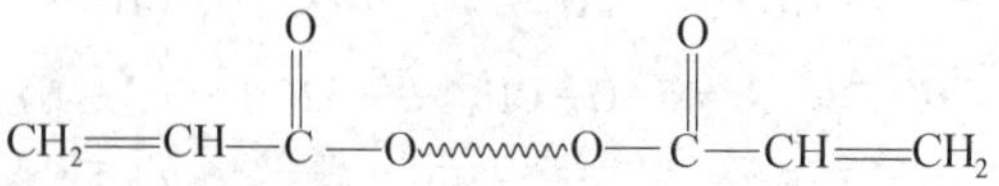

其中，～～～是低相对分子质量的环氧树脂、聚氨酯、聚酯等不同的结构。

不同的主链可以赋予光固化产物不同的性质。基于丙烯酸酯化的环氧树脂齐聚物的固化产品，一般硬度大，比较脆，但它价格便宜，固化速度快；丙烯酸酯化的聚氨酯齐聚物的光固化产品韧度好、耐磨，但价格较贵，聚合速度慢。

(2) 活性稀释剂

光固化体系中一个重要组分就是活性稀释剂。活性稀释剂通常是具有反应性基团的单体的统称。特点是相对分子质量小，具有反应活性。相对分子质量小可以使得体系的黏度有所降低，起溶剂的作用。故活性稀释剂又称为活性溶剂。这样，体系内不使用惰性溶剂，全部组分都参与化学反应，从而不会产生有机挥发组分，这也是光固化技术被称为绿色环保技术的原因。

由于目前光固化体系仍然以自由基型固化为主，因此活性稀释剂也以丙烯酸酯类为多。活性稀释剂种类很多，往往按照分子中所含官能基团的个数，分为单官能单体、双官能单体、多官能单体等类型。

丙烯酸羟乙酯(单官能)：

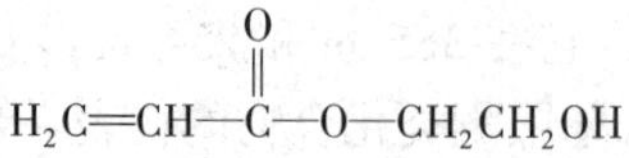

己二醇二丙烯酸酯(双官能)：

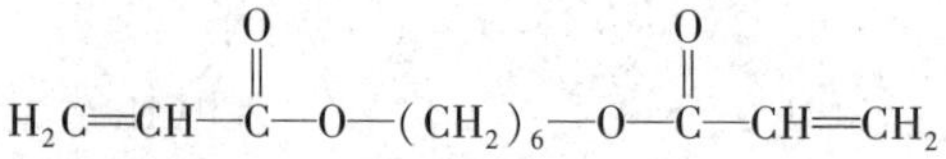

三羟甲基丙烷三丙烯酸酯(三官能)：

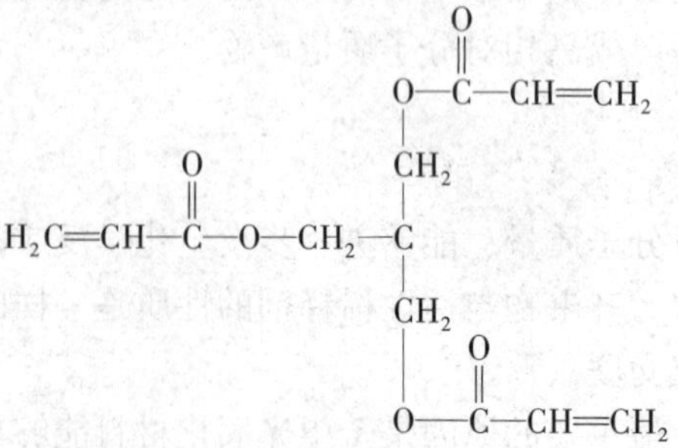

单体的官能度会对最终材料的使用性能产生深刻影响。官能度的增加必定导致交联密度的增加，使得材料的耐热、尺寸稳定性等性能有所改善。此外，官能度的增加还会增加聚合速率，有助于提高生产效率。但与此同时也会导致固化材料内部容易产生应力集中，对涂层的附着力以及固化材料的力学性能起到破坏作用。因此，一个优良的固化体系配方应该是诸多因素的协调统一的结果，实际应用中往往是多种多官能活性稀释剂的配合使用。

第三节　重要的感光性高分子的制备

感光性高分子引入感光基团或引入感光化合物的方法可以示意如下：

感光性基团或化合物
- 与单体或预聚体组成可反应体系 —— 光聚合、光交联、光固化等
- 接枝进入高分子主链或侧链 —— 重氮感光树脂，特殊功能树脂
- 与高分子拼混 —— 高分子材料作为载体，固定或包络感光基团

光聚合、光交联、光固化反应体系前节已有述及。

一、感光性化合物与高分子拼混

这类感光性高分子是由感光性化合物与高分子化合物混合而成。它们的组分除了感光性化合物、高分子化合物外，还包括溶剂和添加剂(如增塑剂、颜料等)。

1. 重铬酸盐+亲水性高分子

重铬酸盐导致高分子化合物光固化的反应机理尚不十分清楚，但一般认为是经过两步反应进行的。首先，在供氢体(如聚乙烯醇)的存在下，六价铬吸收光后还原成三价铬，而供氢体放出氢气生成酮结构。

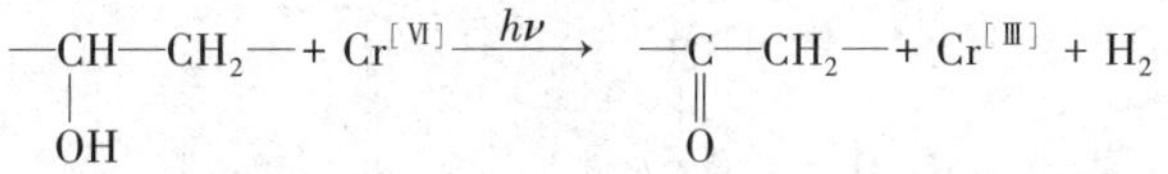

然后，三价铬与具有酮结构的 PVA 配位形成交联固化结构，完成第二阶段反应。

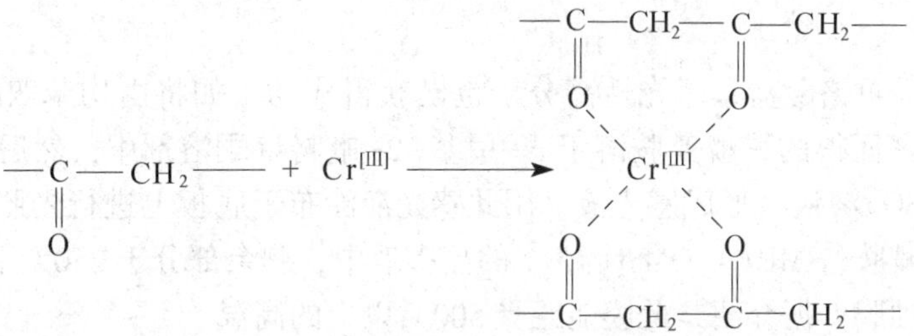

在重铬酸盐水溶液中，Cr[Ⅲ]能以重铬酸离子($Cr_2O_4^{2-}$)、酸性铬酸离子($HCrO_4^-$)以及铬酸离子(CrO_4^{2-})等形式存在。研究表明，在这些离子中，只有 $HCrO_4^-$ 是光致活化的。它吸收 250nm、350nm 和 400nm 附近的光而被激发。使用的高分子化合物必须是供氢体，否则，不可能形成 $HCrO_4^-$。此外，重铬酸盐系感光高分子的感光度在很大程度上依赖于 pH 值。当 pH>8 时，$HCrO_4^-$ 不存在，则体系不会发生光化学反应。利用这一特性，在配制感光液时，加入氨水使之成碱性，可长期保存，不会反应。需要成膜时，氨挥发而使体系变为酸性，光化学反应能正常进行。从表 6-2 可见，重铬酸铵是最理想的增感剂，也是因为上述原因。

Cr[Ⅲ]的配位数为 6，能与其形成配位键的官能团有：—OH、—NH_2、—COOH、—$COONH_2$、—SO_2H、—C ═O 等具有非共价键电子对的基团。因此，几乎所有的水溶性高分子都可与它进行固化反应，如蛋白朊、酪朊、鱼胶、明胶、阿拉伯树胶、虫胶、聚乙烯醇、聚丙烯酰胺、聚醋酸乙烯酯、纤维素衍生物等。亲水性较强的聚酯、聚酰胺等高分子也可用它固化。如明胶用 Cr[Ⅲ]固化的结构如下所示。

表 6-2 铬系感光剂的相对感度

感光剂 \ 高分子	蛋白朊	阿拉伯树胶	鱼 胶
重铬酸铵	100	100	100
铬酸铵	100	72	100
重铬酸钾	20	46	65
铬酸钾	0	0	12
重铬酸钠	28	100	100
铬酸钠	0	0	12

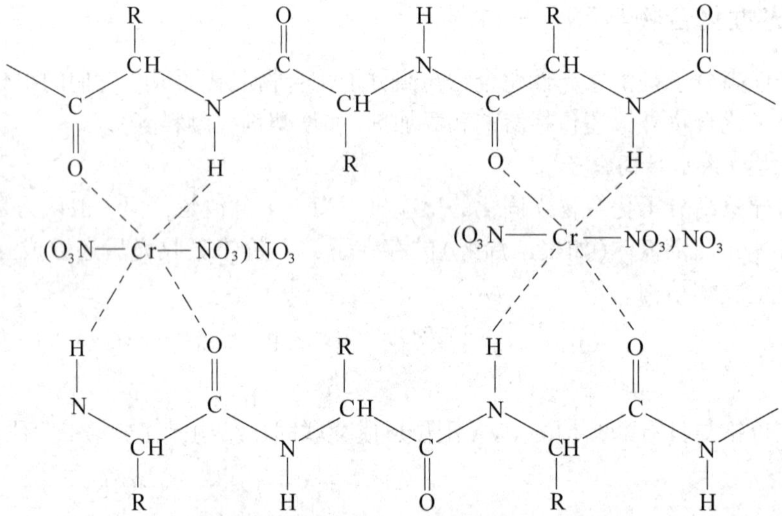

此外，非水性重铬酸盐系感光性高分子也已获得成功。如将由均苯四酸二酐和 4，4′-二氨基二苯醚缩聚而得的聚酰亚胺溶于 *N*-甲基-2-吡咯烷酮溶剂中，然后加入重铬酸盐的二甲基亚砜(DMSO)溶液，形成感光液。用此感光液涂布于底板上进行光照射，则未曝光部分溶于六甲基磷酰胺(HMPA)∶DMSO=5∶1 的显影液中，剩余部分于 250℃下固化 20min，即得不溶不熔的抗蚀膜。据介绍，此膜能经受 500℃以上的高温。

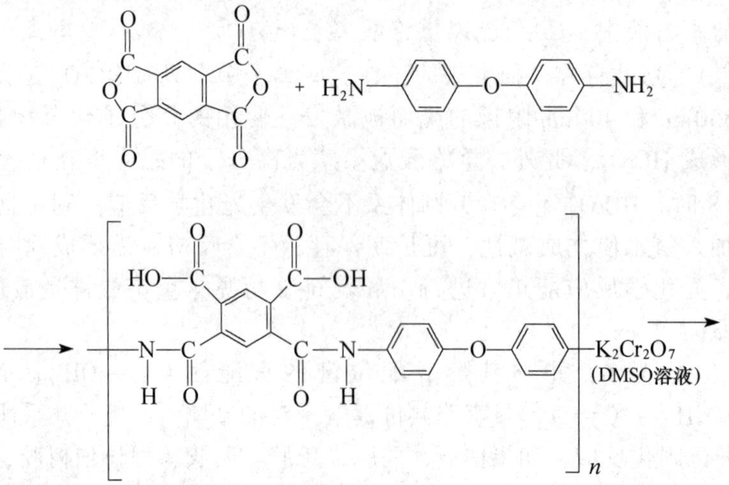

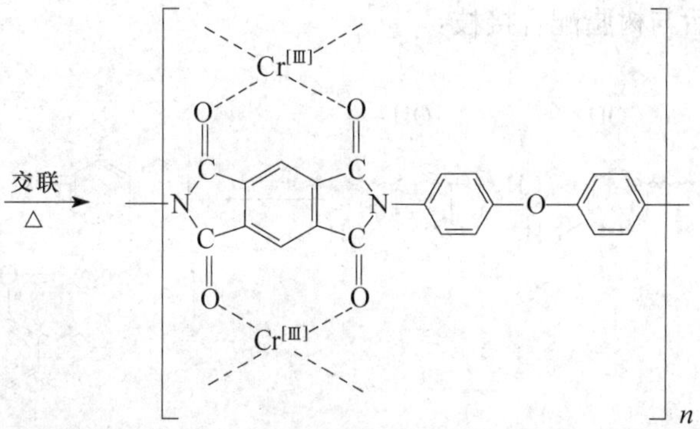

2. 芳香族重氮化合物+高分子

芳香族重氮化合物是有机化学中用来合成偶氮类染料的重要中间体，它们对于光有敏感性这一特性早已为人们所注意，并且有不少应用成果，如用作复印感光材料等。芳香族重氮化合物与高分子配合或接枝反应生成的感光高分子，已在电子工业和印刷工业中广泛使用。

芳香族重氮化合物在光照作用下发生光分解反应。实验发现，分解产物含自由基和离子两种形式。

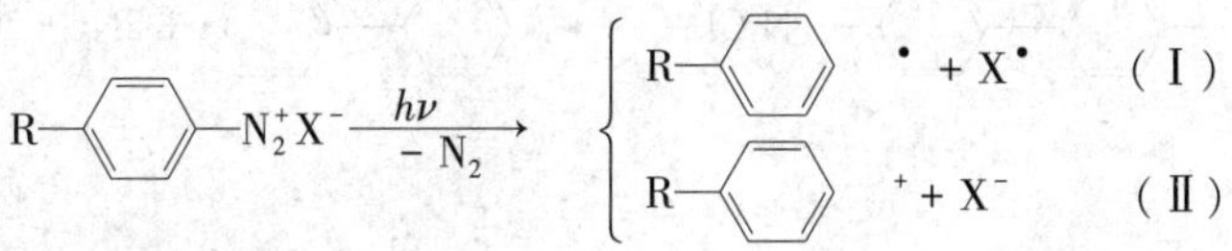

Horner 等人对上述反应研究后发现，(Ⅰ)是光分解反应，而(Ⅱ)是热分解反应。这两者的比例取决于取代基的效应。取代基的吸电子能力越大，则(Ⅰ)的反应越容易发生。但从感光高分子的实用角度看，无论反应(Ⅰ)还是反应(Ⅱ)均可引起光固化作用，因此，并不需要加以区别。

下面介绍一些已实用的芳香族重氮化合物。

(1) 邻重氮萘醌类-酚醛感光树脂

感光物质是：

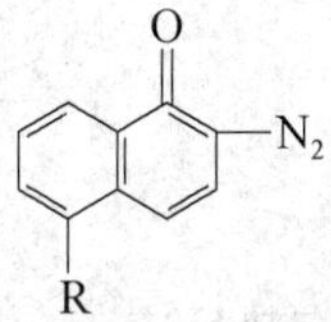

其中磺酸酯应用较为广泛。

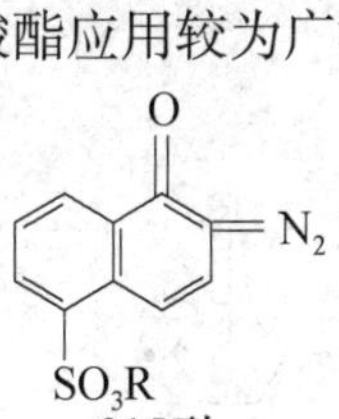

215型

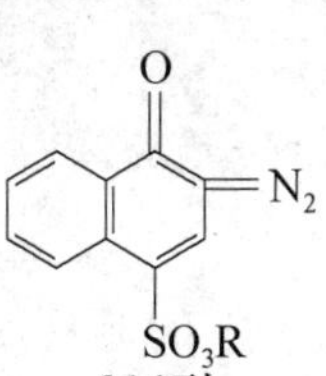

214型

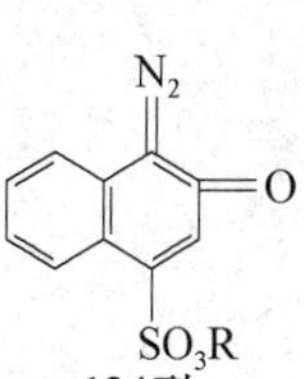

124型

配合间甲酚醛树脂：

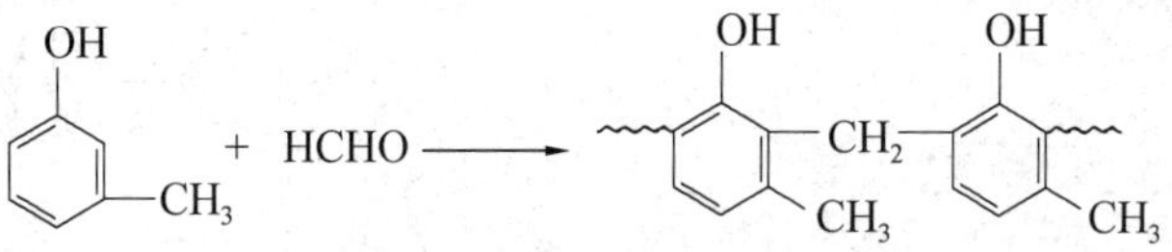

磺酸酯酰氯化之后与树脂配合接枝：

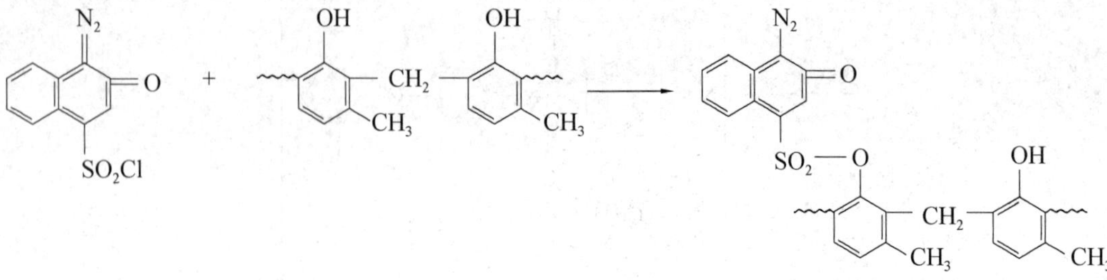

（2）双重氮盐-聚乙烯醇感光树脂

这种感光树脂在光照射下其重氮盐分解成自由基，同时分解出的自由基残基从聚乙烯醇上的羟基夺氢形成聚乙烯醇自由基。最后自由基偶合，形成在溶剂中不溶的交联结构。

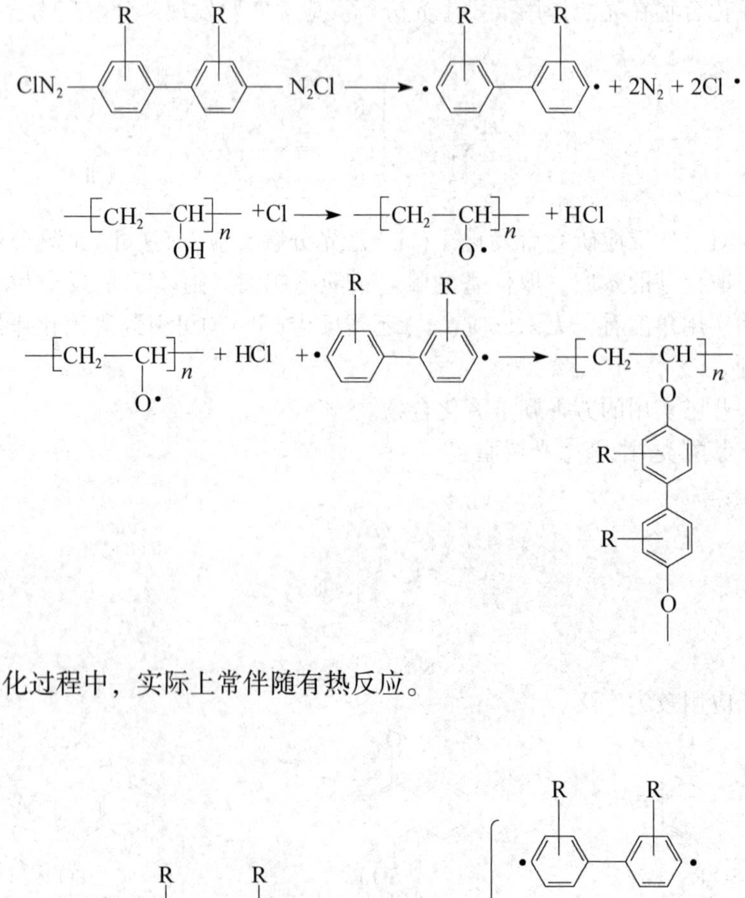

上述光固化过程中，实际上常伴随有热反应。

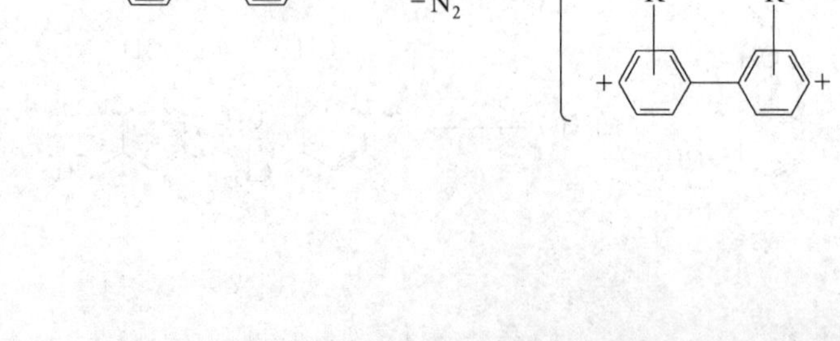

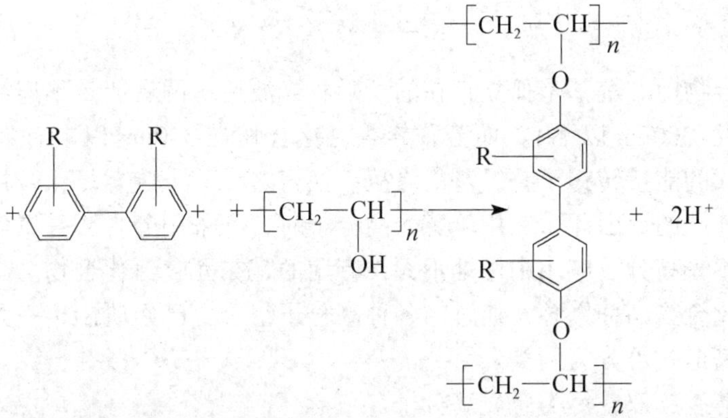

在这一热反应过程中，起交联作用的是正碳离子与羟基的反应，而不是自由基的夺氢反应。可见光化学反应与热化学反应机理不同。

(3) 对重氮二苯胺-甲醛缩合物类感光树脂

将氨基二苯胺溶于5%盐酸溶液中，并于0℃下滴加亚硝酸钠水溶液，然后向此溶液加入较理论量略为过量的氯化锌晶体，充分振荡后即可析出对重氮二苯胺的氯化锌复盐结晶。

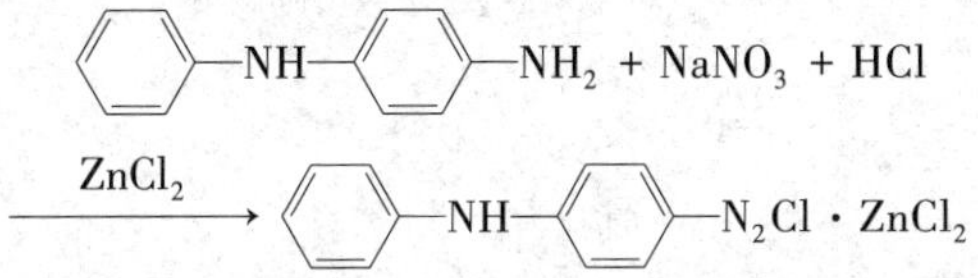

用浓硫酸作催化剂，对重氮二苯胺盐与多聚甲醛缩聚，可得黄绿色粉末状的重氮树脂。

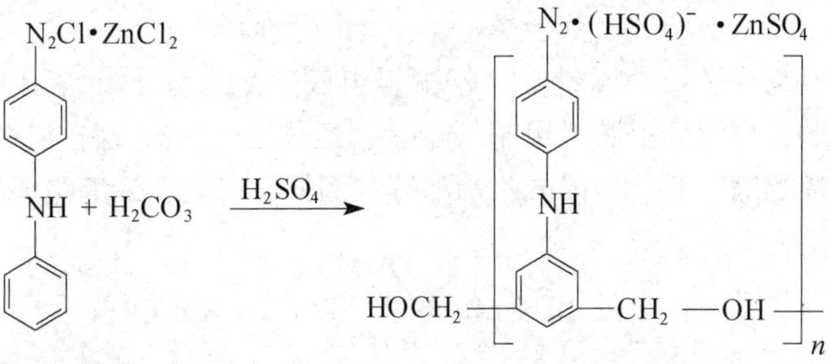

这种所谓的重氮树脂实际上是一种低分子缩合物，通常聚合度 $n=2\sim3$（相对分子质量400~600），能溶于水。研究表明，各种结构的重氮树脂都在 $\lambda=350\sim400$nm 处有最大的吸收峰。

重氮树脂与聚乙烯醇混合后，光照下可形成不溶性的交联产物。其机理被认为是重氮树脂在光照作用下分解放出游离酸，催化聚乙烯醇脱水缩合。

重氮树脂亦可单独使用，光照后脱去 N_2 而变成水不溶性物质。

由于曝光后变成非水溶性树脂，同时又具有亲油性，因此适合制作平版印刷的感光层。

3. 芳香族叠氮化合物+高分子

在有机化合物中，叠氮基是极具光学活性的。即使是最简单的叠氮化合物——叠氮氢也能直接吸收光而分解为亚氮化合物和氮。

$$N_3H \xrightarrow{h\nu} NH{:} + N_2$$

同样，烷基叠氮化合物和芳香叠氮化合物都可直接吸收光而分解为中间态的亚氮化合物与氮。

$$RH_3 \xrightarrow{h\nu} RN{:} + N_2$$

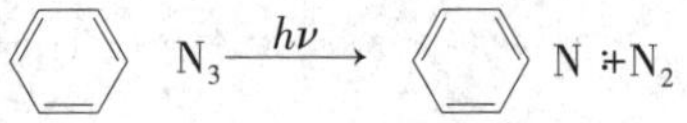

烷基叠氮化合物中的烷基是孤立存在的，吸收光波后，两者能量不连续，因此需吸收较短的波长才能激发(300nm 以下)，而芳香族叠氮化合物在 300nm 以上有大的吸收，这认为是被芳香环所吸收的能量转移至叠氮基的缘故。换言之，芳香族叠氮化合物中的芳香环和叠氮基在能量上是连续的。因此，在用于感光高分子时，都采用芳香族叠氮化合物。此外，一元叠氮化合物在感光高分子应用中用处不大，有用的是二元叠氮化合物。

芳香族叠氮化合物品种繁多，通过与各种高分子组合，已经研制出一大批芳香族叠氮类感光高分子。按其形式可分为两类。

(1) 水溶性芳香族双叠氮类感光高分子

这是一类较早研究成功的叠氮类感光高分子，如 1930 年 Kalle 公司生产的 4，4′-二叠氮芪-2，2′-二磺酸钠和 1，5-二叠氮萘-3，7-二磺酸钠就是这一类的典型例子。

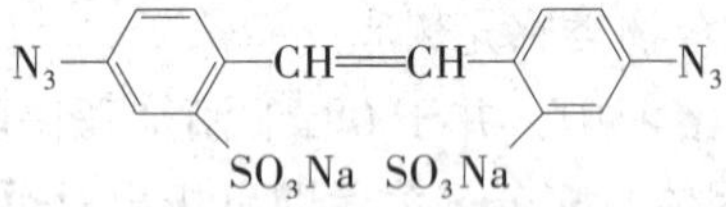

4，4′-二叠氮芪-2，2′-二磺酸钠

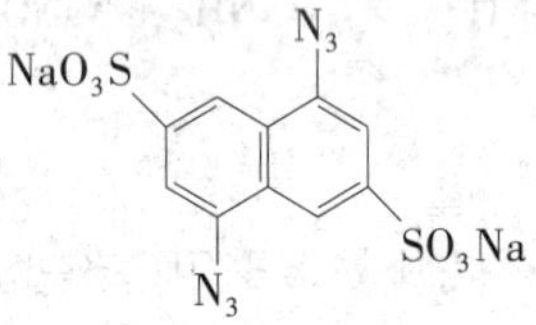

1，5′-二叠氮萘-3，7′-二磺酸钠

它们可与水溶性高分子或亲水性高分子配合组成感光高分子。常用的高分子有聚乙烯醇、聚乙烯吡咯烷酮、聚丙烯酰胺、甲基纤维素、乙烯醇-马来酸酐共聚物、乙烯醇-丙烯酰胺共聚物、聚乙烯醇缩丁醛、聚醋酸乙烯酯等。例如，与聚乙烯醇组成的感光高分子，光照下可发生下列反应：

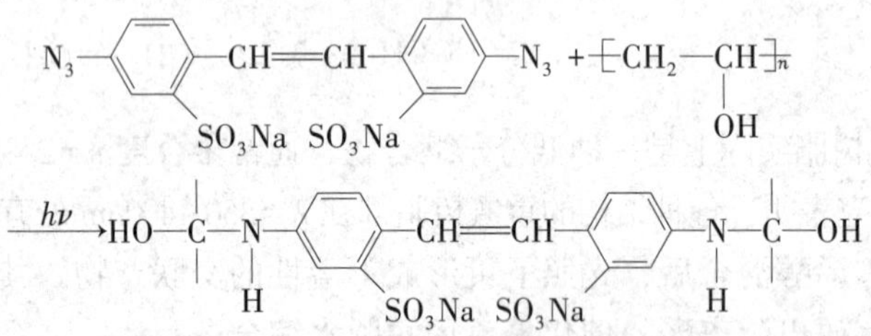

(2) 溶剂型芳香族双叠氮类感光高分子

这类双叠氮化合物以柯达公司推出的下列品种为代表。

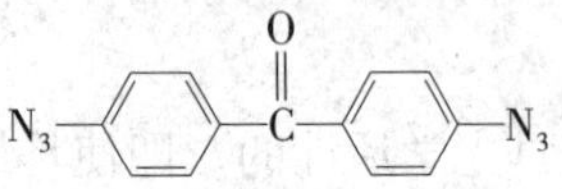

4，4′-二叠氮二苯甲酮

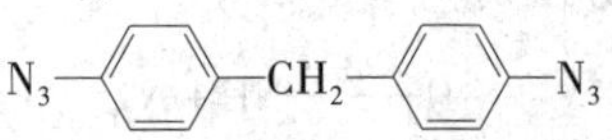

4，4′-二叠氮二苯基甲烷

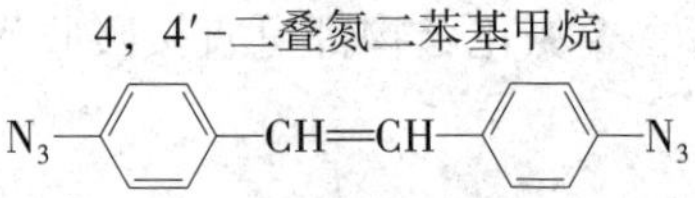

4，4′-二叠氮芪

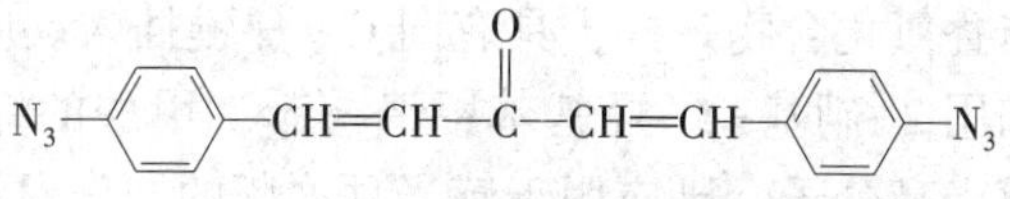

4，4′-二叠氮苄叉丙酮

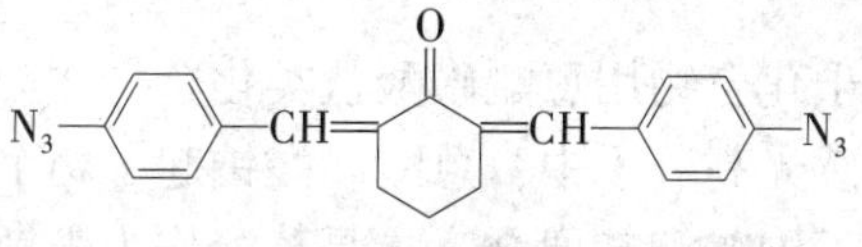

4，4′-二(4′-叠氮苄叉)环己烷

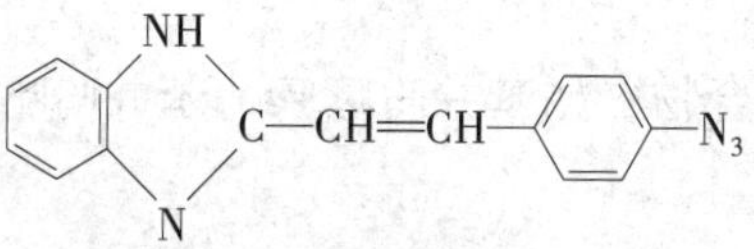

6-叠氮-2-(4′-叠氮苯乙烯基)苯并咪唑

将这些叠氮化合物与天然橡胶、合成橡胶或将它们环化的环化橡胶配合，可得到性能优良的感光性高分子。其光固化反应主要是亚氮化合物向双键的加成。

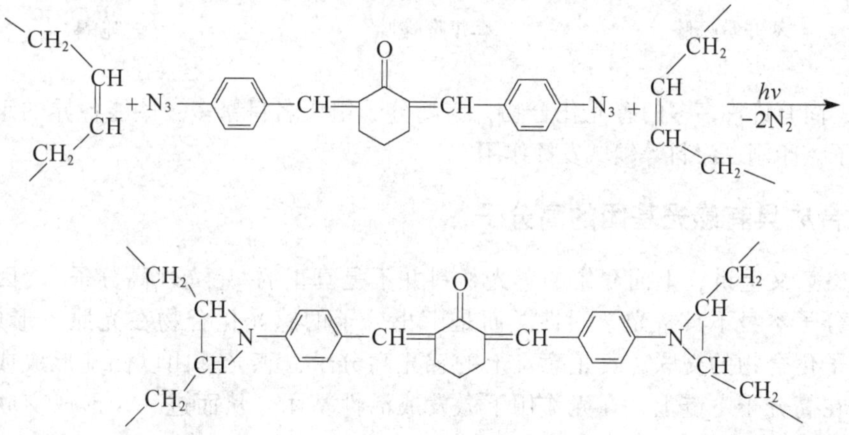

从前面的讨论可知，亚氮化合物向双键加成只是其光固化的一种反应，它还可发生向C—H 键等的插入反应。因此，聚合物中的双键并不是必须的。许多饱和高分子与叠氮化合物配合后，同样具有很高的感度。如由6-叠氮-2-(4′-叠氮苯乙烯基)苯并咪唑和尼龙类聚合物组成的感光高分子，同样具有极好的光固化性。

4. 其他感光性化合物+高分子

(1) 有机卤化物

有机卤化物遇光容易形成自由基，因此，经常用作光化学反应的引发剂。当有机卤化物与芳香胺共存时，光照下光分解出卤素自由基，然后夺取芳香胺对位上被氨基供电子性活化的氢，形成苯自由基。该自由基随即与有机卤化物的碳自由基偶合。

应用这一原理，可制得感光性高分子。如在高分子侧链上引入对位上无取代基的芳香胺，再混入有机卤化物，经光照即可形成交联结构。

(2) 芳香族硝基化合物

邻硝基苯甲醛在光照射下转变为邻亚硝基安息香酸。

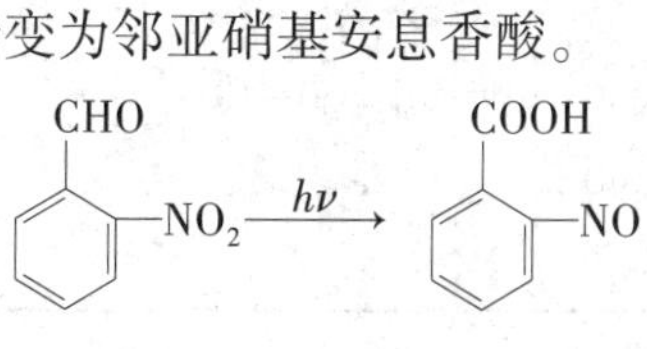

这种亚硝基化合物与叠氮化合物一样，具有向 C—H 键插入反应的能力，因此可用于高分子的光固化反应。例如用2-硝基-5-羟基苯甲醛与苯二甲酸的缩合物混入线型酚醛树脂中，可制得性能良好的感光高分子，已应用于感光预涂版的制作。

(3) 其他化合物

具有不饱和侧基的高分子化合物用蒽醌磺酸盐类化合物作为增感剂，能进行有实际应用价值的光固化反应。在这种感光高分子中，蒽醌磺酸钠起了两个作用：一是蒽醌脱氢产生的自由基导致自由基反应，使不饱和侧基偶合；二是蒽醌作为光敏剂导致的增感加成反应，使不饱和侧基加成而交联。

还有许多具有感光性的化合物，如苯并吩噻嗪、苯并吩噁嗪、噻吨酮等均能使橡胶类高聚物固化。

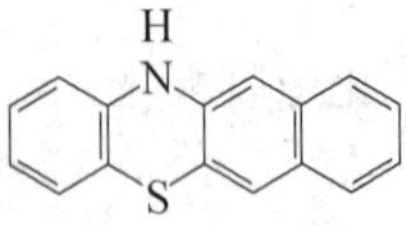

苯并吩噻嗪

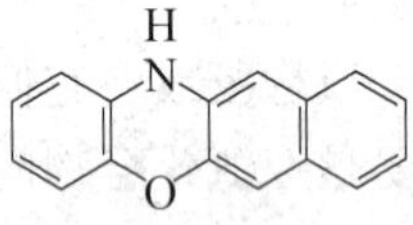

苯并吩噁嗪

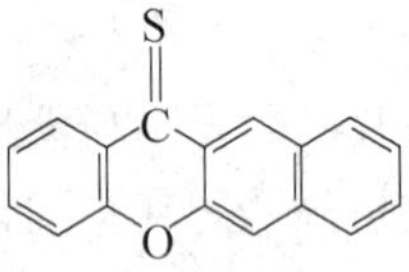

噻吨酮

此外，尚有许许多多的感光化合物，与高分子组成名目繁多、性能各异的感光性高分子，在电子、印刷、涂料等领域发挥作用。

二、合成具有感光基团的高分子

从严格意义上讲，上面介绍的感光材料并不是真正的“感光性高分子”。因为在这些材料中高分子本身不具备光学活性，而是由小分子的感光化合物在光照下形成活性种，引起高分子化合物的交联。真正意义上的感光高分子，感光基团以侧基形成或接枝方式直接连接在高分子主链上，在光作用下激发成活性基团，从而进一步形成交联结构的聚合物。

1. 感光基团的种类

在有机化学中，许多基团具有光学活性，其中以肉桂酰基最为著名。此外，重氮基、叠氮基都可引入高分子主链，形成感光性高分子。一些有代表性的感光基团列于表6-3中。

表 6-3 重要的感光基团

基团名称	结构式	吸收波长/nm
烯基	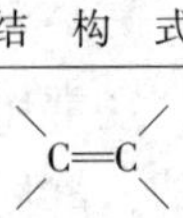	<200
肉桂酰基	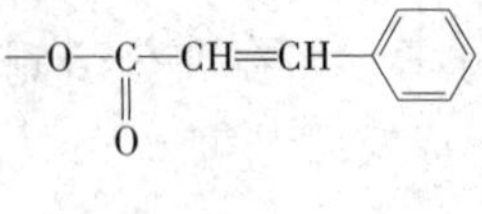	300
肉桂叉乙酰基	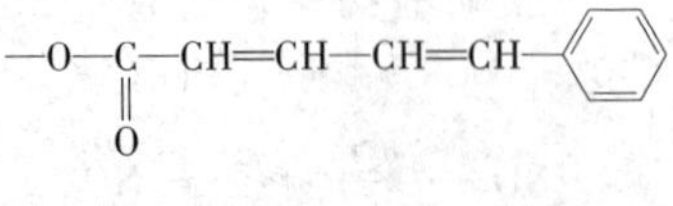	300~400

续表

基团名称	结 构 式	吸收波长/nm
苄叉苯乙酮基	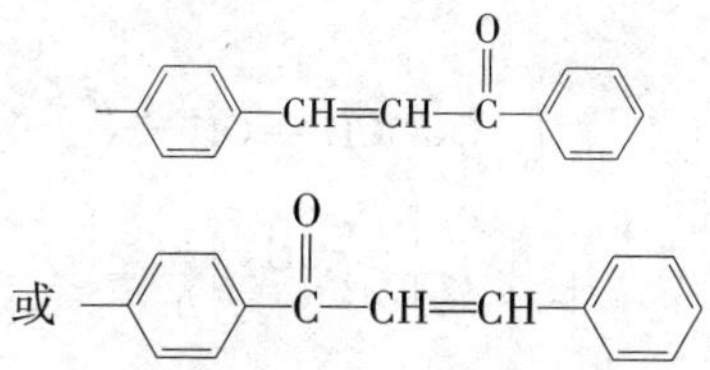	250～400
苯乙烯基吡啶基	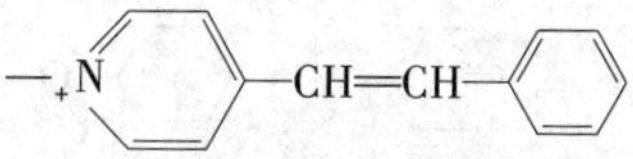	视取代基而定
α-苯基马来酰亚胺基	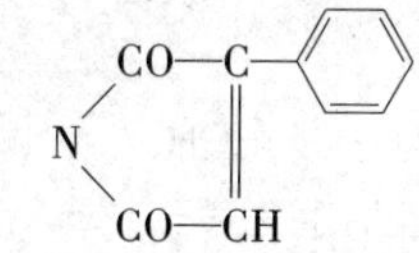	200～400
叠氮基	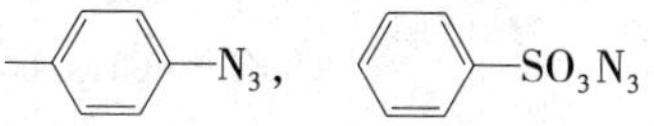	260～470
重氮基	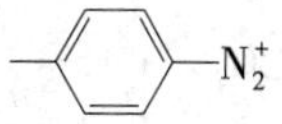	30～4000

2. 具有感光基团的高分子的合成方法

这类本身带有感光基团的感光性高分子有两种合成方法。一种是通过高分子反应，在聚合物主链上接上感光基团；另一种是通过带有感光基团的单体进行聚合反应形成。用这两种方法制备感光性高分子各有优缺点。

(1) 高分子反应法

通过高分子的化学反应在普通的高分子上连接上感光基团，就可得到感光性高分子。这种方法的典型实例是 1954 年由美国 Kodak 公司开发的聚乙烯醇肉桂酸酯，它是将聚乙烯醇用肉桂酰氯酯化而成的。

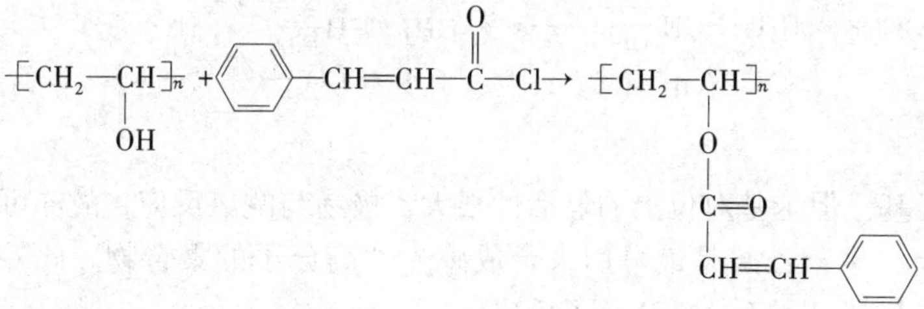

该聚合物在受到光照时形成丁烷环而交联。

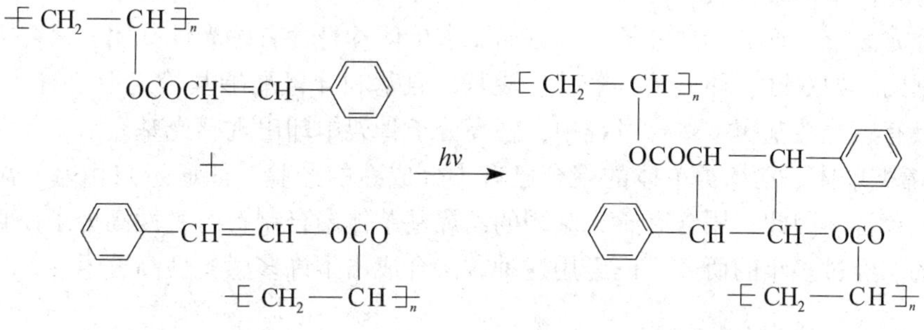

如果将肉桂酰氯与其他含羟基的高分子化合物反应，则可得到各种各样的感光性高分子。

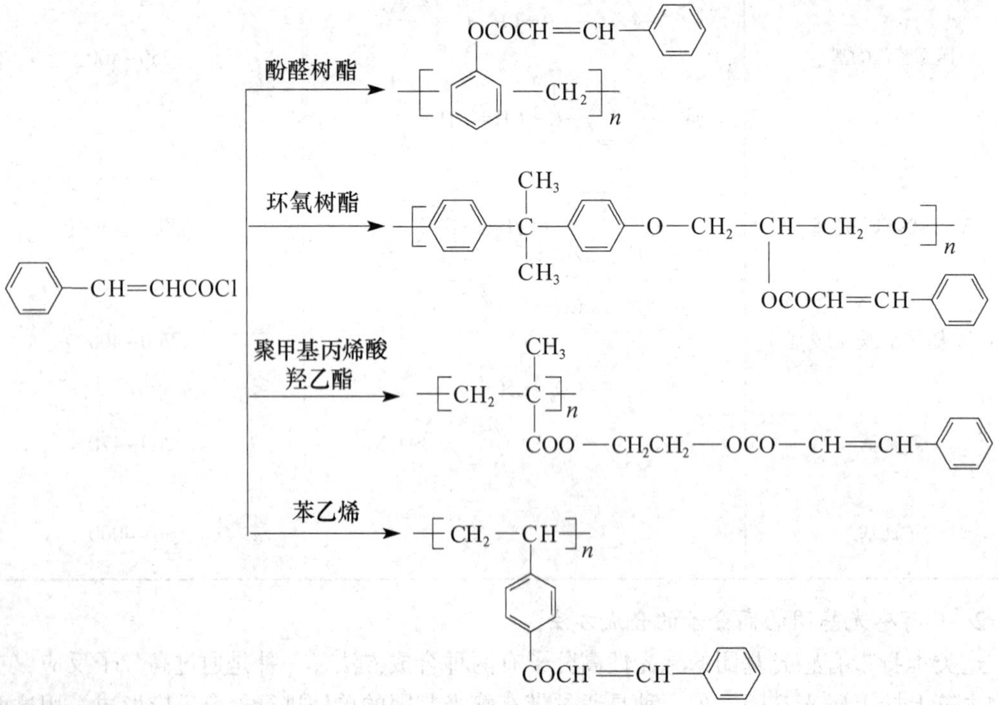

同样，如果将其他感光基化合物也作成酰氯，通过与含羟基高分子酯化也可获得各种感光性高分子。例如将聚乙烯醇用对叠氮苯甲酰氯酯化，得到感光性的聚乙烯醇-对叠氮苯甲酸酯。

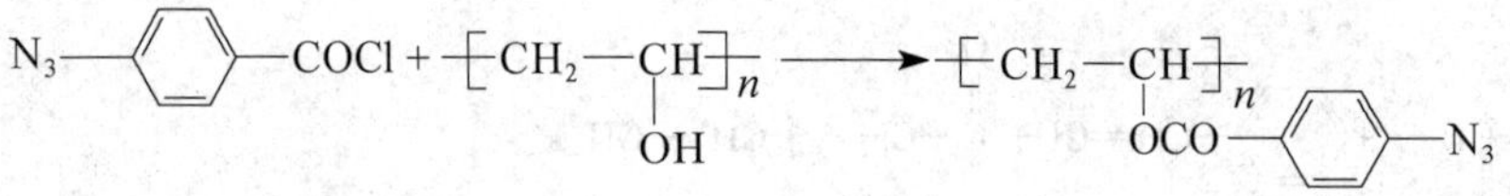

聚苯乙烯分子中虽无羟基，但苯基对位上的氢活性很大，极易与酰氯反应，故亦可用于制备感光性高分子。事实上，聚苯乙烯是最早用来合成感光性高分子的聚合物。此外，羧基、酯基、氨基、异氰酸酯基都可用于这类高分子反应。

(2) 感光性单体聚合法

用这种方法合成感光性高分子，一方面要求单体本身含有感光性基团，另一方面又具有可聚合的基团，如双键、环氧基、羟基、羧基、氨基和异氰酸酯基等。但也有一些情况下，单体并不具有感光性基团，聚合过程中，在高分子骨架中却出现感光基。

① 乙烯类单体。乙烯类单体的聚合已有十分成熟的经验，如通过自由基、离子、配位络合等方法聚合。因此，用含有感光基团的乙烯基单体聚合制备感光性高分子一直是人们十分感兴趣的。经过多年的研究，已经用这种方法合成出了许多感光性高分子。

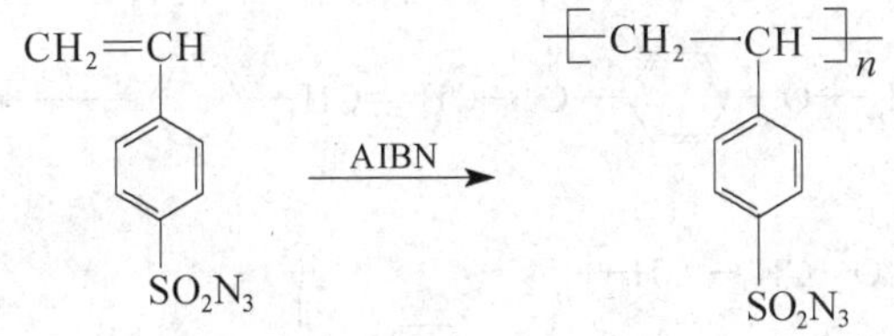

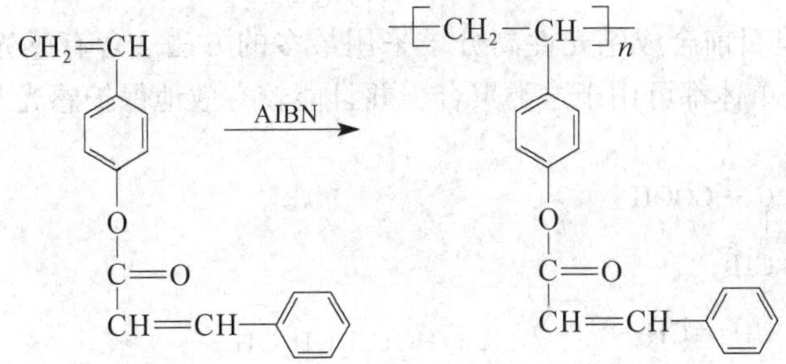

除了用感光性单体单独聚合外，也可与其他单体进行共聚，以制备具有所需性能的感光性高分子。

在实际聚合时，由于肉桂酰基或重氮基也有一定反应活性，所以感光基团的保护存在许多困难。例如，肉桂酸乙烯基单体中由于两个不饱和基团过分靠近，结果容易发生环化反应而失去感光基团。

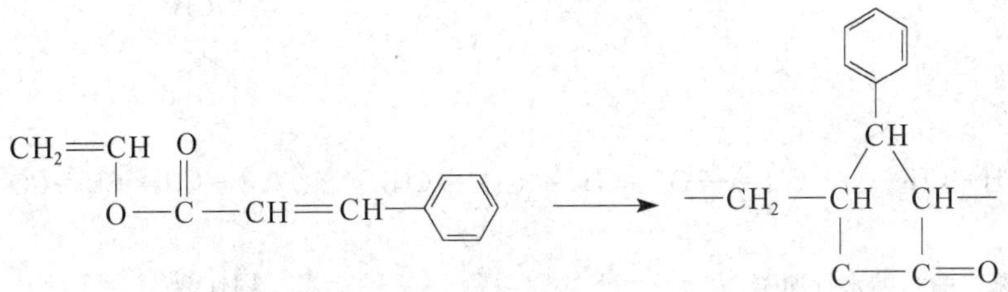

一般来说，自由基聚合易发生这种环化反应，而离子型聚合则不易发生环化反应，但难以得到高相对分子质量聚合物。因而在这种感光性乙烯基单体的聚合技术方面，还有许多问题有待解决。

② 开环聚合单体。在这类单体中，作为聚合功能基的是环氧基，可以通过离子型开环聚合制备高分子，同时又能有效地保护感光基团，因此是合成感光性高分子较有效的途径。例如肉桂酸缩水甘油酯和氧化查耳酮环氧衍生物的开环聚合都属此类，这类聚合同样可以通过共聚来控制和调节高分子的性质。

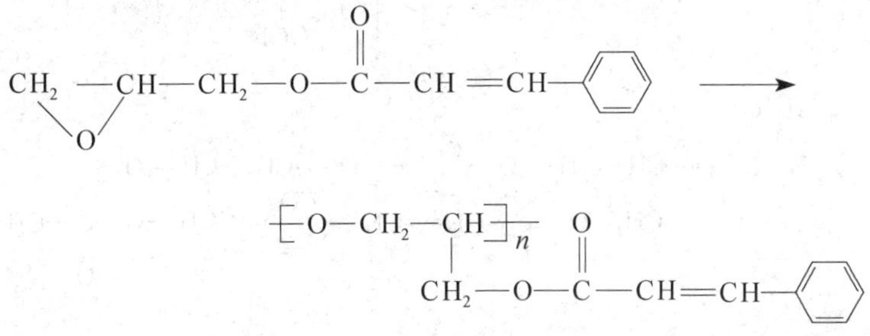

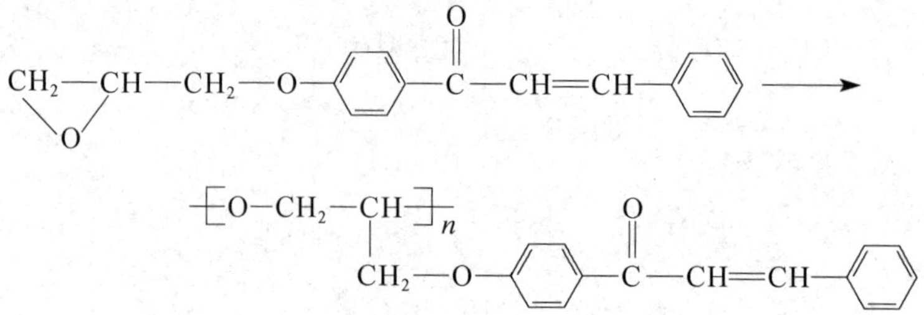

③ 缩聚法。这是目前合成感光性高分子采用最多的方法。含有感光基团的二元酸、二元醇、二异氰酸酯等单体都可用于这类聚合，并且能较有效地保护感光基团。下面是这类聚合的典型例子。

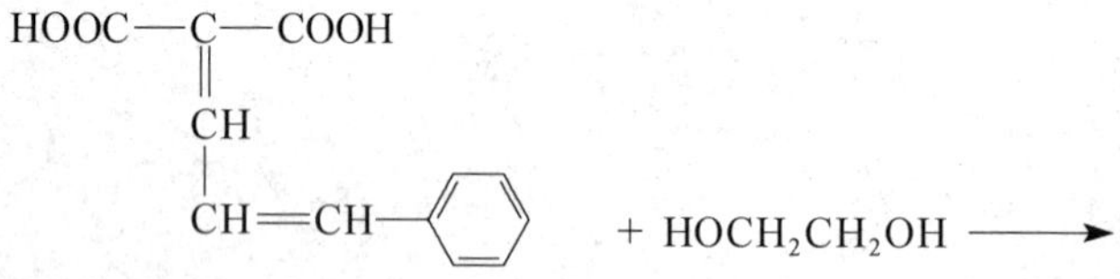

肉桂叉丙二酸　　乙二醇

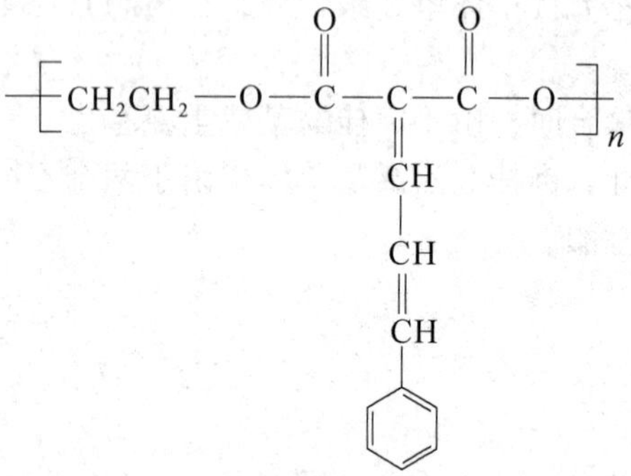

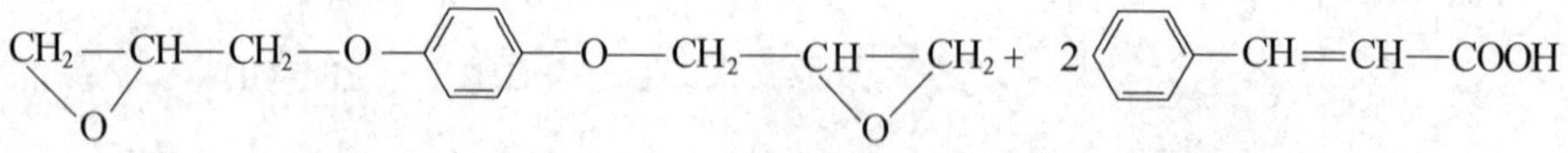

对苯二酚二缩水甘油醚　　肉桂酸

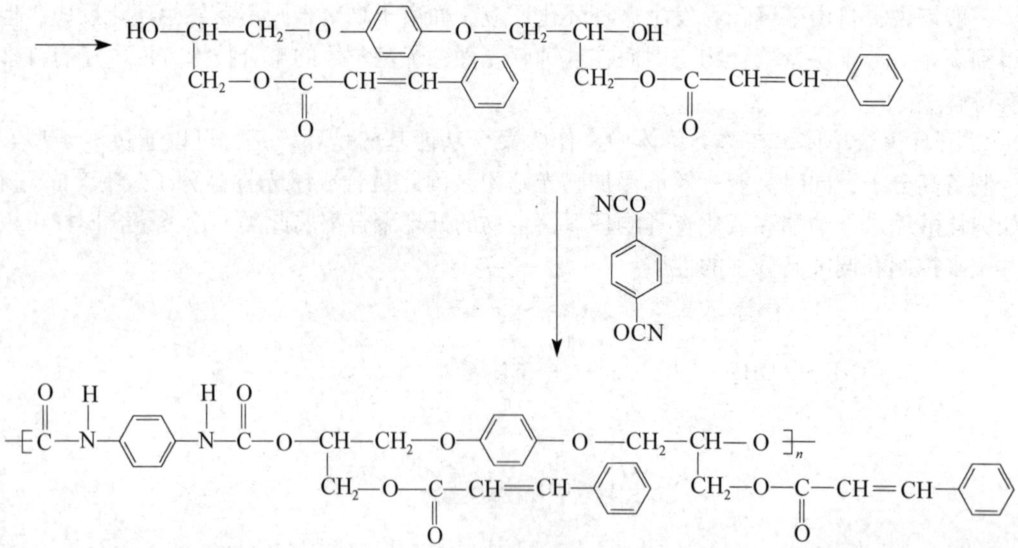

有些单体经过聚合，能将感光基团引入高分子主链。例如二羟基查耳酮与芳香族二磺酰氯缩聚得到的即为这类主链型感光性高分子。

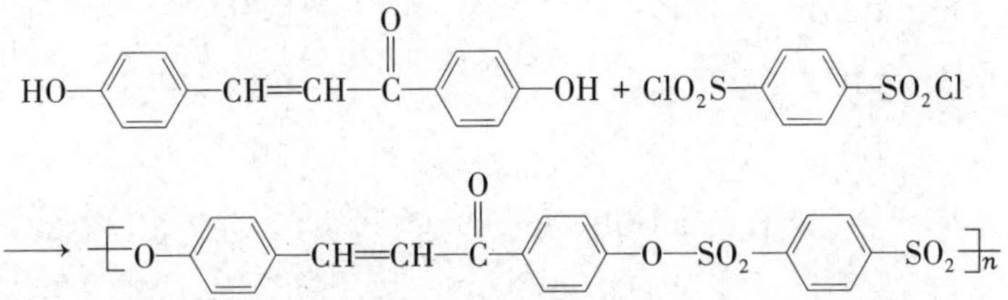

3. 重要的带感光基团的高分子

(1) 聚乙烯醇肉桂酸酯及其类似高分子

孤立的丙烯只有吸收短波长(180~210nm)的光才能进行反应，这是因为它只发生 π→π * 跃迁的缘故。而当它与具有孤对电子的某些基团结合时，则会表现出长波长的 n→π * 吸收，使光化学反应变得容易。肉桂酸中的羧基可提供孤对电子，并且双键与苯环有共轭作用，因此能以更长的波长吸收，引起光化学反应。肉桂酸的光二聚反应如下式表示。

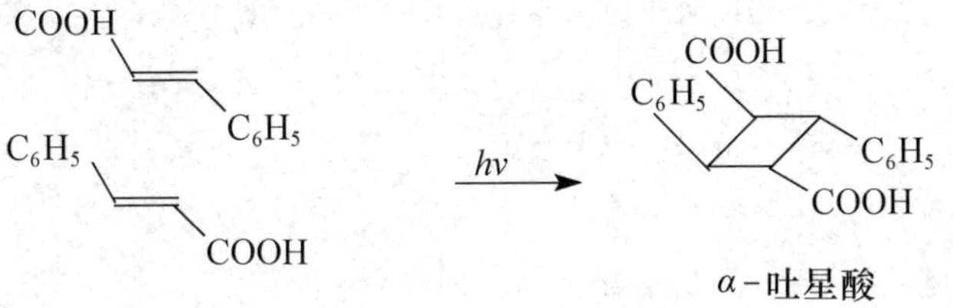

α-吐星酸

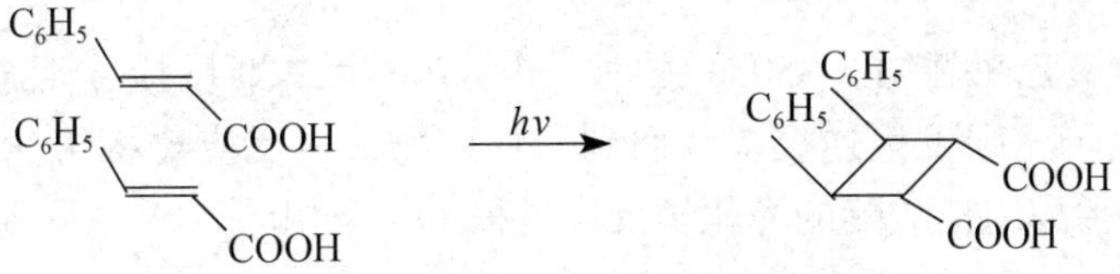

β-吐星酸

反应的结果是形成四元的环丁烷而交联。

将肉桂酸与聚乙烯醇连接，就得到迄今为止广泛使用的聚乙烯醇肉桂酸酯。正如前面曾介绍过的，它是由 Kodak 公司的 Minsk 等人首先发明的。它是一种十分出色的抗蚀剂，用吡啶作催化剂，由聚乙烯醇与肉桂酰氯酯化而成的。

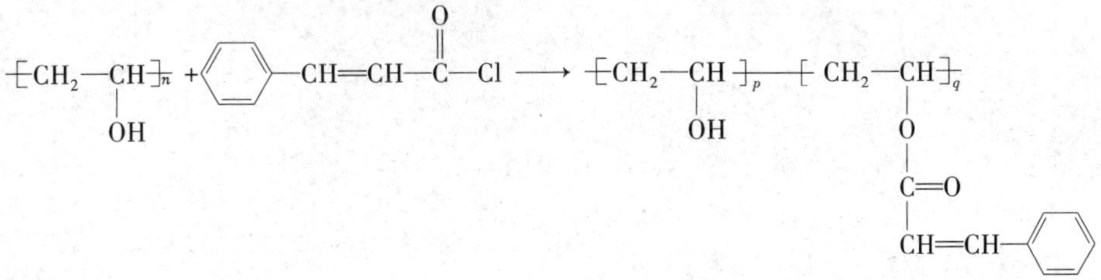

聚乙烯醇肉桂酸酯虽是一种性能优良的光致抗蚀剂，但它的显影剂是有机溶剂，故在操作环境方面和经济方面都存在问题。因此，开发研究了聚乙烯醇的肉桂酸-二元酸混合酯。这种混合酯是将聚乙烯醇中的一部分羟基用肉桂酸酯化，剩余的羟基则用丁二酸、苯二甲酸等二元酸酯化。

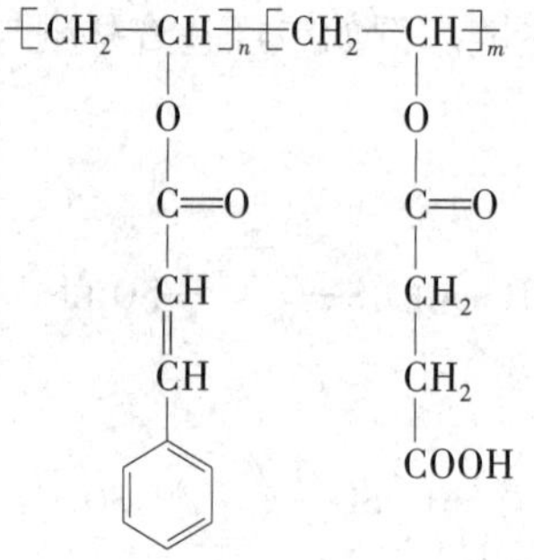

聚乙烯醇丁二酸肉桂酸酯

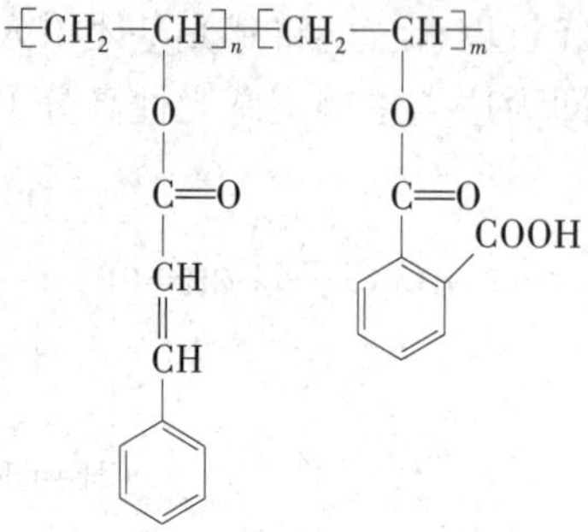

聚乙烯醇苯二甲酸肉桂酸酯

分子链中的肉桂酰基赋予感光性，羧基则提供碱可溶性，从而可用碱水显影。

（2）其他光二聚型感光高分子

① 聚乙烯醇肉桂叉乙酸酯。将聚乙烯醇用肉桂叉乙酰氯酯化就得到聚乙烯醇肉桂叉乙酸酯。

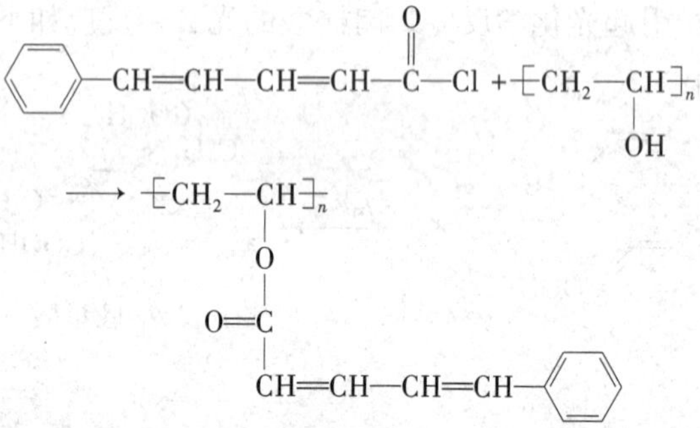

聚乙烯醇肉桂叉乙酸酯在>350nm 的波长区域发生二聚反应，形成交联结构。但在<253nm的波长照射下，则发生逆反应，回到原反应物。逆反应比率可达 30%～55%。这一事实表明它与聚乙烯醇肉桂酸酯的光化学反应过程不完全相同。

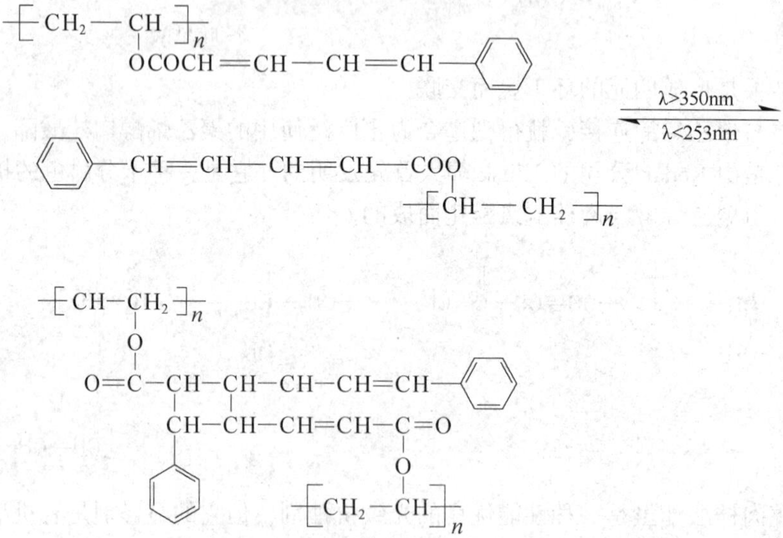

② 聚乙烯苄叉苯乙酮。苄叉苯乙酮由光照进行的二聚反应早已被人们所认识。将它与聚苯乙烯结合，就得到聚乙烯苄叉苯乙酮，这类感光性高分子的吸收波长为 250～400nm。反应过程如下：

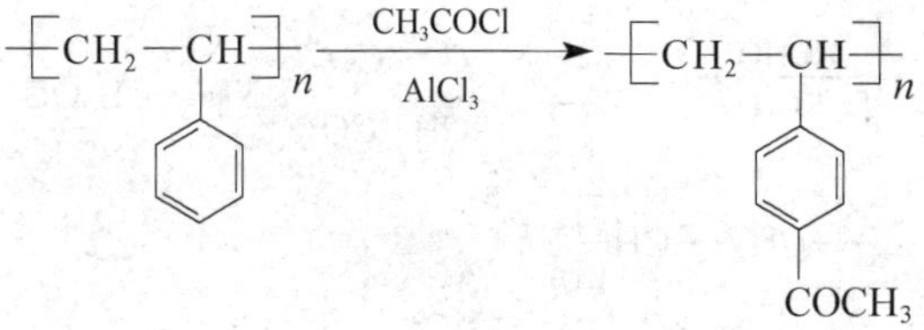

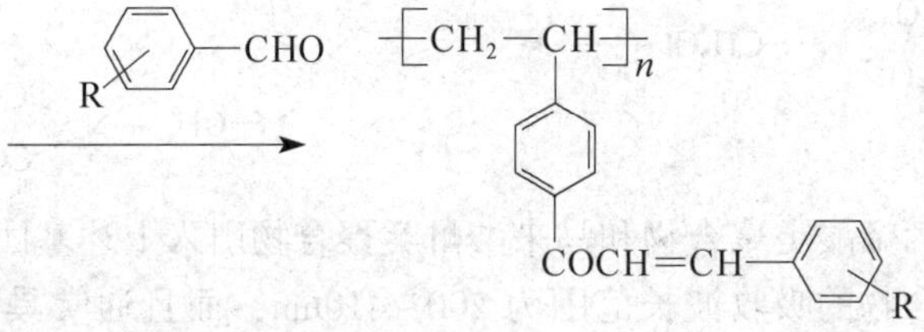

③ 聚乙烯基苯乙烯基吡啶盐。苯乙烯基吡啶类化合物的光二聚反应也是人们所熟悉的。将这种基团引入高分子，就得到感光性高分子。制备方法是：将聚乙烯醇用对甲苯磺酰氯进行酯化，然后与4-甲基吡啶反应，再与醛缩合。

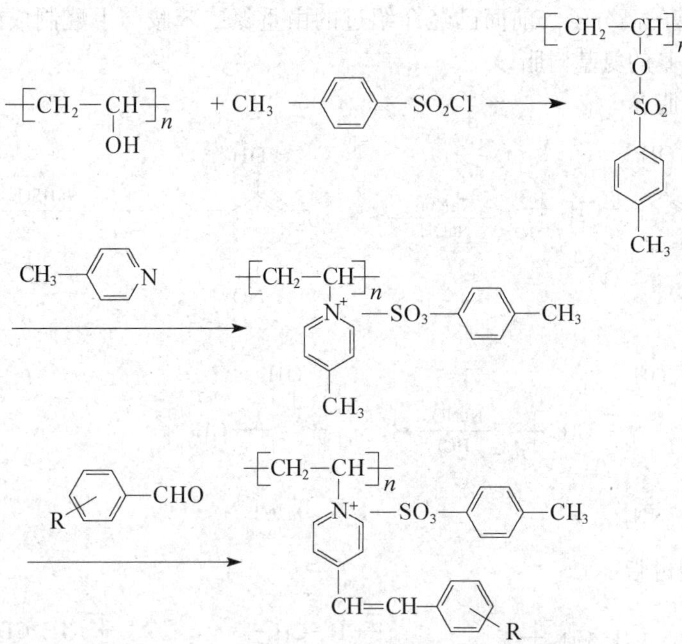

聚乙烯基苯乙烯基吡啶盐的吸收波长为270~630nm，范围很宽，因此有较大的实用性。

④ 含 α-苯基马来酰亚胺的高分子。马来酰亚胺在固相时用光照射，发生下列二聚化反应。

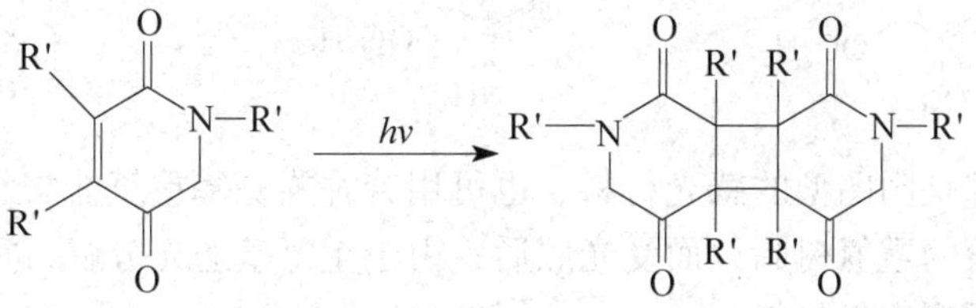

将上述基团引入高分子，就得到含 α-苯基马来酰亚胺基的感光性高分子。

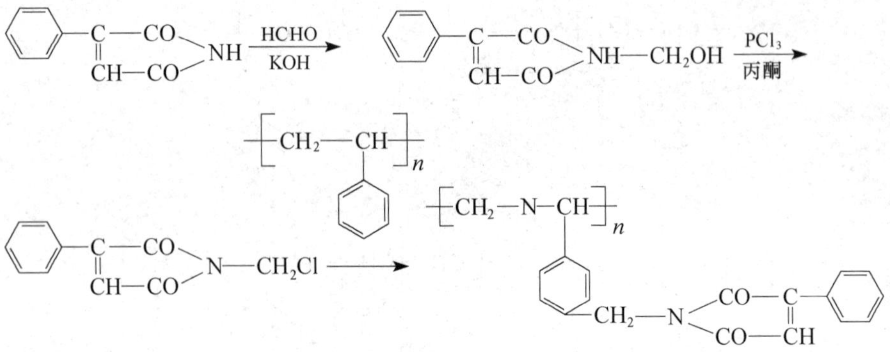

类似的还可向聚丙烯酸类聚合物和马来酸酐类聚合物引入上述基团，得到性能各异的感光性高分子。这些聚合物的吸收波长范围为 200～410nm，而且通常具有良好的耐热性和耐化学药品性。

(3) 具有重氮基和叠氮基的高分子

前面已经介绍过，芳香族的重氮化合物和叠氮化合物具有感光性。将它们引入高分子链，就成为氮基树脂和叠氮树脂。这是两类应用广泛的感光高分子。

① 具合重氮基的高分子。前面已经介绍过的由重氮二苯胺与甲醛制成的聚合物，实际上就是一种含重氮基的氮基树脂。

酚醛型氮基树脂：

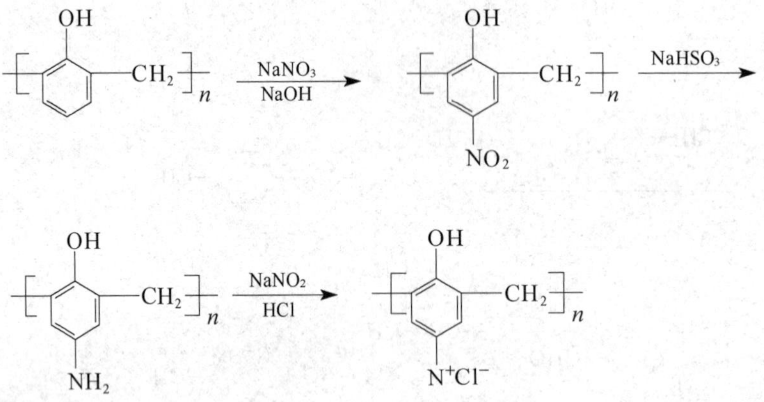

聚丙烯酰胺型树脂：

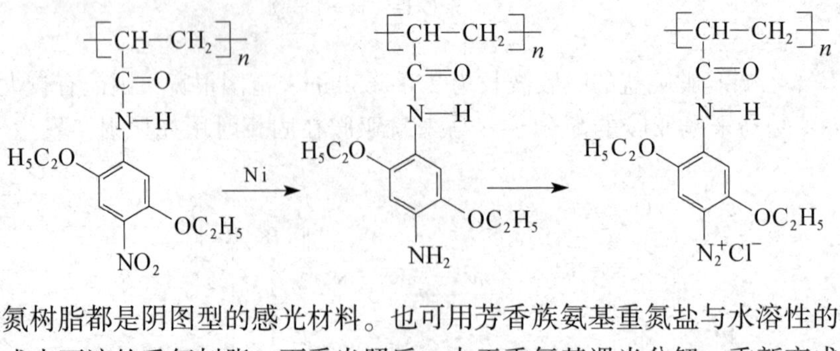

这些重氮树脂都是阴图型的感光材料。也可用芳香族氨基重氮盐与水溶性的磺化酚醛树脂反应，生成水不溶的重氮树脂，而受光照后，由于重氮基遇光分解，重新变成水溶性的产物，因此可制成阳图型感光材料。

② 具有叠氮基的高分子。在聚合物中引入叠氮基团（苯基叠氮 ph—N_3；苯磺基叠氮

ph—SO_2—N_3；苯甲酰叠氮)后，叠氮基光分解成为亚氮基，亚氮基进一步反应则形成交联产物。例如亚氮基的偶合反应。

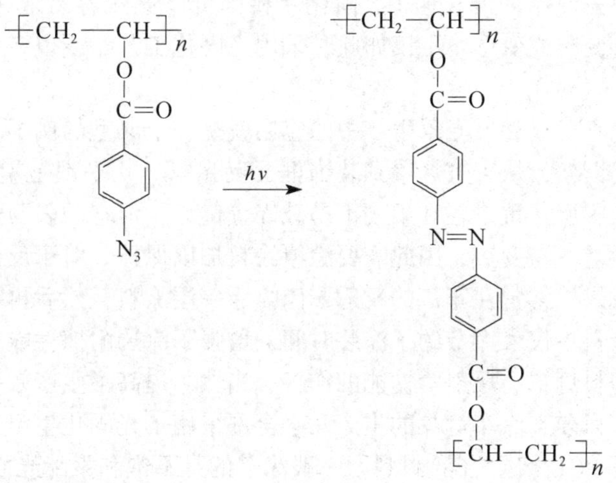

第一个叠氮树脂是1963年由Merrill等人将部分皂化的PVAc用叠氮苯二甲酸酐酯化而成的。

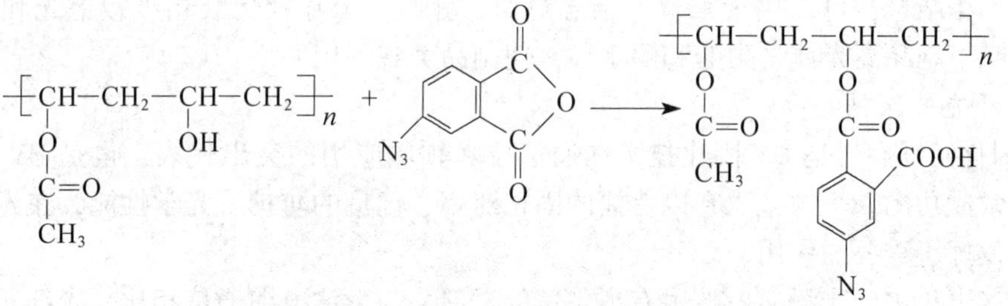

第四节　感光性高分子的应用

一、光固化涂料(UV固化涂料)

合成涂料一般都含有大量有机溶剂以及颜料、填料与助剂等物质，在涂料生产与使用中产生大量“三废”，造成对环境的污染，影响人类健康。因此倡导保护环境、提高涂料性能成为21世纪初涂料工业的主旋律。“绿色”涂料的生产、应用和开发成为涂料领域的重要课题。UV固化涂料就是这种“绿色”涂料的一个典型代表。与传统涂料固化技术相比，UV固化具有节能、无污染、高效、适用于热敏基材、性能优异、采用设备小等优点。

1. 用于木制品

UV固化涂料中用量最大的是木器制品，包括封底漆和面漆等多种品种，约占总用量的50%多，在所有木器涂料中UV固化涂料所占比例约为3%~4%。木制品的承受温度一般不超过80℃，否则水、树脂、蜡、萜烯烃等挥发物就会被蒸发，导致涂膜带有气泡或砂眼，这对固化涂层的稳定性、力学性能和表面光泽度都非常不利。UV固化涂料没有这些问题，不仅使家具显得富丽堂皇，更加耐磨经用，而且使得生产周期大为缩短，提高了生产效率。

2. 用于塑料制品

普通热固化涂料在涂饰热塑性制品时，往往会受到固化温度不能太高的限制，否则塑料制品就会变形甚至失去使用功能。但 UV 固化涂料则可以比较容易地在较低温度下实现固化，而不会导致塑料变质或变形。不仅如此，采用光固化工艺路线也在很大程度上提高了生产效率。

光固化涂料在汽车灯罩和反光罩生产中的应用就是一个典型的例子。

各式车辆的灯具框架，从车灯灯罩到装饰框、反光罩，几乎都是塑料注塑或压制制品。这类灯具具有易加工成型、重量轻和柔韧不易破碎等优点，但它的表面强度不够，不耐刻画和刮擦，而且耐候性差，易变黄，因此需要涂覆涂料加以保护。对于反光罩而言，为了使车灯具有很好的反光效果，常常在车灯的反射罩内喷涂一层涂料，然后再镀一层铝。在这些情况下，选用光固化涂料不仅大大节约了涂装时间，增强了涂层耐擦性能、耐候性能，而且还避免了高温固化对塑料灯罩、反射罩性能的伤害。当然，提高了生产效率也是选择光固化工艺的一个重要因素。目前，汽车灯具的生产几乎全部采用了光固化生产工艺。

塑料光盘一般是 PC(聚碳酸酯)材料，一般涂覆的是不饱和聚酯光固化涂料。

3. 用于纸类基材

这是一种发展很快的 UV 固化粉末涂料，一般称为光固化上光油，将 UV 粉末涂料技术与印刷技术相结合，可以用于书籍、杂志封面、标签、卡片及包装箱纸板上光和壁纸的涂饰，它将赋予制品高光泽、耐磨和耐水性，使制品美观耐用。

4. 用于光纤涂料

UV 固化光纤涂料是 UV 固化技术在通信技术领域应用的突出代表，也是 UV 固化涂料应用得非常成功的一个领域。它以快捷的固化速率、优良的防护及光学性能，在光纤的生产和使用中发挥了重要的作用。

近二三十年来，光纤通信技术有了飞速的发展。与微波电缆通信相比，光纤通信具有通信容量大、传输距离远、抗电磁干扰、保密性强、体积小、重量轻、通话清晰、不怕雷(电)击、不易短路、节省贵金属等优点，因而得到了广泛的应用。

最初的光纤被覆材料是溶剂型的，如硅氧烷、纤维素、聚丁二烯橡胶和聚四氟乙烯涂料等均使用过。此时，决定整个光纤生产效率的“瓶颈”是固化速率。采用了 UV 固化工艺以后，固化速率大大增加，至 20 世纪 70 年代末即达 0.5~1m/s，现在的实际光纤生产线效率就更高了。快速固化不仅能满足光纤销量的增长，还大大降低了生产成本。

从光纤涂料的化学组成看，除聚合物涂料外，还有涂碳或金属等特殊用途的涂料。但聚合物涂料始终是光纤占优势的被覆材料。当前，按照涂料的主体——齐聚物的不同，UV 固化光纤涂料大体有三大系列：聚氨酯丙烯酸酯类、聚硅氧烷丙烯酸酯类和改性环氧丙烯酸酯类。三类涂料各具特点：聚氨酯韧性和弹性好，但固化速度较低，黏度大；有机硅弹性及低温性能好，但强度低；而环氧系列强度高，固化快，但低温性能较差。可见多数涂料的柔韧性、低温性能、固化速度及强度等性能是相互矛盾的。一种涂料很难将良好的柔韧性、低温性能、固化速率、耐化学品性及强度等性能集于一身，这也是各种光纤涂料长期以来取长补短、相互促进、能共同发展的根本原因。

二、光固化胶黏剂

作为 UV 固化技术的应用领域之一，UV 固化黏合剂如光固化压敏胶、光敏密封胶、光敏阻燃胶等引起了人们极大的兴趣。它以独特的优势获得了迅速发展，在特殊应用领域可取代传统黏合剂，如热固化胶、热溶胶、溶剂胶等。UV 固化黏合剂主要用于粘接，其应用对象是多方面的。不仅可以是透明材料，也可以是非透明材料。

① 用于粘接。一般适用于玻璃、薄膜、塑料等透明材料的粘接，如玻璃以及相应工业品的黏合、透镜装配、光纤通信相关部件的融合、光盘等塑料制品的黏合等。

② 用于密封。一般应用于开关、仪表、继电器等端头与壳体的密封等。

③ 用于灌封。一般应用于液晶显示器等开口部位的填充。

④ 用于固定。一般应用于电子元件对电路板的固定(表面安装)。

UV 固化黏合剂的发展，一方面要解决基本原料问题，有些原料带有一定的颜色，影响 UV 固化黏合剂的固化速度和粘接性能；有些原料带有一定的气味甚至带有一定的毒性，影响 UV 固化黏合剂的应用；同时应研究开发齐聚体、活性单体和光引发剂的新品种，提高 UV 固化黏合剂的粘接性能。另一方面开拓 UV 固化黏合剂新的应用领域，使 UV 固化黏合剂不仅能应用于透明材料的粘接，也可以应用于非透明材料的粘接，不仅能应用于刚性也可以应用于弹性材料的粘接，使 UV 固化黏合剂的应用范围不断扩大，真正让 UV 固化这种绿色产业技术造福人类。

三、感光性油墨

用感光性树脂制成的油墨能用紫外光和电子束快速地使之干燥，而且整个过程是在室温和低温下进行，不会造成印刷品的挠曲、变形，因此受到了普遍的欢迎。

1. 纸张印刷用感光油墨

感光性油墨根据其用途分成厚纸印刷用油墨、金属印刷用油墨、胶印用油墨、丝网印刷用油墨、平版印刷用油墨、转移印刷用油墨。由于上述各种油墨的承印材料、印刷方法都有所不同，因此各种油墨的界面、流变、包皮特性都是不同的，仅是它们的主要成分基本相同。

厚纸印刷用 UV 油墨是以厚纸和铝箔为承印材料。由于这类印刷品主要是作为包装材料，后道工序往往有上光、复合薄膜、打孔、裁切、折缝等。厚纸及铝箔表面吸油墨性差，普通的油墨印刷后干燥性很差，为了防止印品上的油墨蹭脏粘污到另一张印品的背面，和防止成堆的印品粘连在一起，印刷施工大多采用喷雾法：将粉末般的淀粉、沉淀碳酸钙喷到印品上。它的缺点是污染环境和机器，使操作者感到不适，对一些高级有光纸和薄膜也不适应，因为这样会使印品的光泽下降。使用 UV 油墨后，上述印品蹭脏粘污的毛病就被根治了。主要是 UV 油墨通过紫外光辐射后能迅速固化，固化后的油墨又不会因空气中的潮气而泛黏。所以 UV 油墨干燥后立即可进行后道加工。

2. 金属印刷用 UV 油墨

通常被承印的金属材料主要有镀锡薄钢板(俗称马口铁)、镀铬薄钢板、镀锌薄钢板、铝合金薄板及覆铜箔板。目前 UV 油墨在马口铁和铝罐印刷上，除了极少量经卫生许可才用于食品包装容器的内壁涂层外，绝大多数用于糖果、饼干、茶叶包装盒、罐的外壁印刷、皇冠盖、四旋盖、气溶胶罐(摩丝等头发固定剂)、饮料罐头的外壁印刷。

3. 电子工业用感光油墨

近几十年来，电子工业专用油墨从单纯的印刷标记性能，发展出具有导电、导热、绝缘及多种抗性的功能材料。印刷方法也不再局限于丝网漏印法，干式平版印刷、转轮印刷技术正在普及。紫外线电子束固化新技术的崛起最令人注目。电子工业中油墨用量最多的是印制电路板、厚膜集成电路、液晶显示器及太阳能电池。特种油墨的产生使这些产品的制造工艺和性能起了巨大变化。

电子工业专用油墨大致可分为导电、抗性、导热、绝缘油墨等四大类。由于其组成、固化方法、性能特点不同，又可分成：

(1) 电子束固化型导电油墨

从线源加速器中放出的热电子，用数百千伏的电压进行加速，得到拥有数百千伏运动能的电子束，其穿透性比光强得多。它撞击具有特殊结构的树脂后产生连锁反应，使树脂达到瞬间固化。由特种树脂等组分构成的导电、阻抗、绝缘接点、板孔，油墨可以直接用于纸质酚醛、玻璃布环氧覆铜板上。

(2) 印制电路板用油墨

由覆铜板制成印制电路板的工艺过程中需要用多种油墨。这些油墨除了要有成像功能外，还必须具有各种耐腐蚀、耐热性和良好的机械强度和去膜性能，因此称作抗性油墨。

印刷电路板制造时有以下情况需要进行电镀：化学沉铜、图形、插头镀金、孔化、全添加法电气电镀。要求抗电镀油墨和基材有良好的附着力，油墨又要有足够的绝缘强度，这种油墨目前大多采用有机溶剂去膜。

一般情况下热固性或紫外线固化型抗电镀油墨都是采用丝网印刷后形成永久性的抗电镀油墨膜。要求达到高精度印刷性、墨层表面平整光滑。如需在无电解铜电镀液中承受高温，也不允许油墨中渗出胶黏剂。

阻焊油墨通过印刷被覆在印制电路板表面，形成永久性涂膜，其作用是防止线路受腐蚀，在元器件组装时可防止因焊锡桥接而造成短路，能调节焊锡的附着量，不仅能节约金属锡，而且提高焊接强度；防止机械摩擦而损伤印制电路板；防止水、潮气、尘埃等侵蚀而使电绝缘性下降。

4. 标记油墨

标记油墨用于元器件、印制电路板上印刷文字、品名、规格、等级、生产厂名等。由于电子元器件的小型和异型化，以及印制电路板密集度的提高，印刷的清晰度和快干性要求越来越高。

近年来除了传统的烘干型油墨外，紫外线固化标记油墨的品种发展很快，除了丝网印刷的以外，还有转移印刷专用的，色泽也很丰富，有白、黄、黑、绿、红等。

5. 绝缘油墨

上述很多印制电路板上用的油墨都具有一定的绝缘性，但这不是主要性能，也不完全能作为绝缘材料用。绝缘油墨则可作柔性电路板重叠层间的绝缘用，在应用日益广泛的膜式按钮开关的衬垫上印刷后作为电极薄片的绝缘。这种开关在电子计算器、全自动洗衣机、复印机上被广泛采用。

6. 罩面油墨

目前各种电子产品的电气线路都是由印刷电路板、薄膜、厚膜混合集成电路的陶瓷板等构成的，随后将分立器件、芯片等元件焊接在其上面。为提高使用可靠性，特别是防潮绝缘性、机械强度、热冲击性，采用整体被覆。用罩面油墨将整个表面全部罩上一层涂层。罩面油墨涂覆方法采用喷涂、浸渍、毛刷刷涂、滚涂均可。

四、PS 版和光致抗蚀剂

感光高分子材料最早用于印刷制版，在印刷工业中，PS 版叫预涂感光版，是用于平版印刷的一种优质印刷。

平版印刷又称胶印，在版基上预涂感光树脂，有光聚合型、光分解型、光交联型和光致剥离型，有阳图版和阴图版，版基材有金属、纸板和高分子膜片材料。感光涂层除了感光物质之外，还有成膜物质，有的是感光树脂本身接枝的高分子，有些则是拼混的，如间甲酚醛树脂、环氧树脂、聚乙烯醇及其衍生物、丙烯酸酯、不饱和聚酯等等。感光物质可以在溶剂作用下，用现在成熟的涂布方法涂布。目前许多感光高分子都用在 PS 版上，工艺简单，可实现自动化操作。

在电子工业中广泛应用的一类感光材料是光致抗蚀剂。光致抗蚀剂的应用促使电子工业向高集成化、微型化、高可靠性方向发展，在半导体器件、集成电路制作中，光致抗蚀剂具有十分重要的意义。

集成电路工业和激光照排制版等光加工工艺的发展，对光致抗蚀剂的需要越来越大，对其性能也提出了更高要求。光加工工艺是指在被加工材料表面涂覆保护用光刻胶，根据加工要求，对保护性光刻胶进行光选择性化学处理，使部分区域的保护胶发生溶解性变化，并用适当溶剂溶解脱除，再用腐蚀加工方法对脱保护处进行加工。如制造半导体电子器件或集成电路时，需要在硅晶体或金属表面进行选择性腐蚀。为了使需要保留的地方不受影响，需要用抗腐蚀的材料把它保护起来。通过对所加工的图形进行曝光，由于受光和未受光部分产生溶解度的差别，曝光后用适当溶剂显影，就形成了所需要的图形。

光致抗蚀剂也称为光敏胶、光刻胶，根据光照后溶解度变化的不同分为正胶和负胶。光刻工艺中光致抗蚀剂的作用原理如图 6-1 所示。

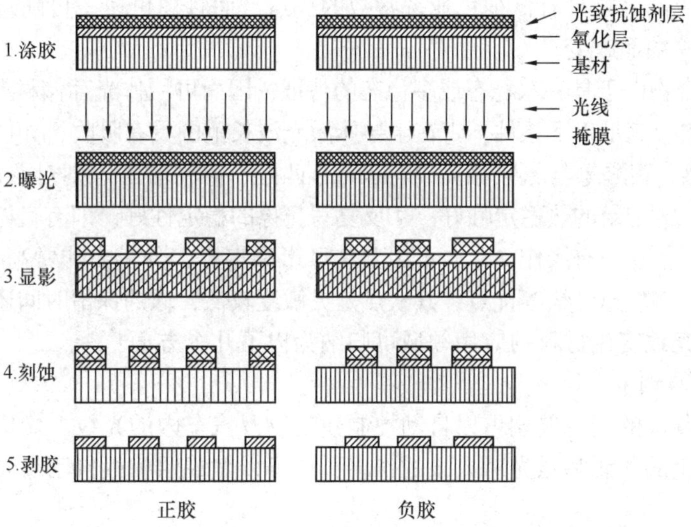

图 6-1　光刻工艺中光致抗蚀剂的作用原理

光致抗蚀剂按其化学反应可分为光交联型和光分解型；根据聚合物的形态或组成又可分为感光性化合物与聚合物的混合型及具有感光基团的聚合物型；按光的波长和种类不同，还可以进一步分成可见光刻胶、紫外光刻胶、放射线光刻胶、电子束光刻胶和离子束光刻胶等；按成像作用的不同也可分为负性光致抗蚀剂和正性光致抗蚀剂。

光致抗蚀剂在印刷电路板方面有干膜光刻胶、液态光刻胶、感光绿漆及增层法工艺中的感光绝缘层；在 IC 工艺中有 G-line 光刻胶、I-line 光刻胶、化学增幅的 248nm 光刻胶、193nm 光刻胶、157nm 光刻胶、EUV 光刻胶、电子束(E-beam)及 X 射线光刻胶等；在平面显示器工艺上，有颜料分散型的 LCD 用有色填料、黑色矩阵、间隔材、等离子体显示器的感光银电极、阻隔壁、荧光体浆料，有场发射显示器的阻隔壁及感光厚膜在微机电中的应用等。印刷电路板光刻胶已走向高密度互连的基板技术，其线路分辨率已要求至 $50\mu m^{-1}$以下，感光绿漆及增层法工艺中的感光绝缘层已具有耐热性。在 IC 工艺技术上的 DRAM 主要仍是 256Mbits 至 1Gbits 之间的设计规格，电路线幅设计规格 $0.18\mu m$ 工艺部分，主要以 KrF 激光的 248nm 微影工艺为主，如果再加上相位移光罩技术或其他光学修正技术，可以达到 $0.15\mu m^{-1}$的水准，当 DRAM 设计规格在 1Gbits 以后，则以 $0.13\mu m^{-1}$或 $0.1\mu m^{-1}$的工艺为主，技术上则用 ArF 激光的 193nm 微影工艺。当线路分辨率在 $0.07\sim0.1\mu m^{-1}$之间时，就必须用到真空紫外线的波长，目前主要以 F_2 激发 157nm 微影为主，$0.05\sim0.07\mu m^{-1}$的技术则以利用极紫外线(EUV)或其他可能达到 $0.1\mu m^{-1}$以下的微影方法，包括电子束、X 射线及离子束等不同的方法。以目前电子及光电产品的技术发展趋势来看，感光高分子及其相关的微影工艺技术在未来材料的需求及运用上将占有极为重要的地位。

五、光致变色树脂

光致变色现象最早是在生物体内发现的，距今已有 100 多年的历史。随后，20 世纪 40 年代又发现了无机化合物和有机化合物的光致变色现象。无机材料的光发色与消色速率显然都很慢，但优良的抗疲劳性使之在防护材料上得到了应用。光致变色眼镜和玻璃已成为普通的商品。有机光致变色化合物虽有希望用作非银感光材料，但必须克服低感度和热褪色的两大难题。光致变色高聚物具有低褪色速率常数的优点，而且褪色速率可随化学组成、制备方法和成膜工艺的不同而改变。

光致变色化合物由于具有双稳态或多稳态的特征，因而可用作光存储材料。用于信息记录时，光致变色材料应满足以下条件：①在半导体激光波长范围具有吸收，如偶氮类对亚离子激光器(488nm)敏感、萘醌等与氮氖激光器(688nm)匹配、俘精酸酐等则对二极管激光器敏感；②非破坏性读出；③记录的热稳定性好；④反复写、擦的稳定性好，即有良好的抗疲劳性。用光致变色材料记录信息，有操作简单、不用湿法显影和定影、分辨力非常高、成像后可消除、能多次反复使用、响应速度快等优点，其缺点是灵敏度较低，像的保留时间还不长。

总结起来，光致变色材料的应用领域可归纳为以下几个方面：

1. 光的控制与调节

用这种材料制成的光色玻璃可以自动控制建筑物及汽车内的光线，做成防护眼镜可以防止原子弹爆炸产生的射线和强光对人眼的伤害，还可以做成照相机自动曝光的滤光片、军用机械的伪装等。

2. 信号显示系统

在光致变色过程中，材料至少有一方在可见区具有吸收特性，这就使我们很容易看出材料的变化，可以用作光显示材料。正在研究的化合物很多，但还存在着耐久性、感应速率和稳定性等问题。光致变色材料用作宇航指挥控制的动态显示屏、计算机终端输出的大屏幕显示，有着广阔的前景，同时它还是军事指挥中心的一项重要设备，一系列聚双吡啶锡高分子材料已用于电子显示板的多彩显示。涂于氧化锡载体上的这种聚合物膜，从橙色到鲜红色有七种颜色变化，变化的次数可达 10^6 次。

3. 记录介质

例如 3M 公司制备了一系列含有氰基的高分子染料。用于光盘记录材料，其吸收波长为 300~1000nm。适用于各种激光器，光盘的信噪比达 55dB。日本 TDK 公司也研究了一系列侧链带有碱性染料的有色聚合物，应用于激光记录材料，表现出优良的性能。它比无机光盘的信息容量大、成本低、制造容易，因而在这一领域的应用日益受到人们的重视。

4. 计算机记忆元件

光致变色材料的显色和消色的循环变换可用来建立计算机的随机记忆元件，能记录相当大量的信息，可用于分子电子学的光存储器上。光可逆反应并不局限于可见光的变色上，只要能进行光谱识别，就可用于信息记录。例如光异构化反应就可用于进行光化学烧孔(PHB)，制作超高密度的存储器。

所谓光化学烧孔是指光反应性分子以分子状态分散在低温固体基质中，在激光诱导下发生具有位置选择性的光化学反应，从而引起吸收光谱带上有选择性地产生光谱孔的一种现象。随着激光技术的发展，利用连续波泵浦的可调谐染料激光器已能产生线宽小于 1MHz 的辐射，它可分辨出含 10^2 甚至 10^3 个分子组合的能量状态，而目前 1bit 所占空间大约有 10^6 个分子，故利用 PHB 技术可在通常记录 1bit 信息的光斑内，又可增加一个频率维，存储容量大大提高，存储密度可达 10^{11}~10^{13}bit/cm^2，是超高密度频域光学存储。

光化学烧孔需要超低温(4K 左右)、可调谐激光和高分辨力的光谱带为条件。例如卟吩中央两个氢原子的位置在常温下是无法识别的，但在超低温基质(包括高聚物、极性有机溶剂等)中则可区分。由于光敏性分子周围的微环境呈现非均一性，故其吸收频率也不一样，构成一个非均匀吸收谱。当用一个具有窄带光谱特性的激光束 $h\nu$ 照射基质中的光敏物质时，与此频率相应的分子吸收光量子发生化学变化(如发生氢转移反应而变为其异构体)，在所用激光频率处产生光吸收率的永久性降低，在相当于吸收光谱振动频率的位置上即可制成光谱的切口。以这种空的有无作为存储器的 1bit 来计算，若用不同频率的激光选择性地照射，则可在不同波长处获得不同的光谱孔。由于在极狭窄的光谱中能将许多孔用光可逆地写入、读出或消除，所以，也称为多波长光存储方式。

用于光化学烧孔的光敏分子必须具有较大的摩尔消光系数(通常要求 $\log\varepsilon>4$)，且应具有高的光响应速度。这就要求激发态分子的构型不能有大的改变。

5. 辐射计量计

光色材料可用来测定电离辐射、紫外线、X 射线和 γ 射线的辐射剂量。

6. 感光材料

主要用于印刷工业方面，如制版等。但由于光色材料感光度低，并且有些化合物只对紫外光敏感，所以，这方面应用较少。

7. 模拟生物过程、生化反应

因为光感应性是在生物体的光合成系统或视觉系统中发现的，因而通过人工再现可模拟生物材料。

8. 太阳能存贮材料

常温下使稳定的构型吸收阳光转换成高能构型，在添加催化剂后，可使之回复而放热。例如，偶氮化合物的反式与顺式间的转化就可用于太阳能的存贮和释放。

六、光降解材料

随着高分子材料工业的迅速发展，其应用范围日益扩大，用量也不断增多，因而废弃的高分子材料制品也大大增加。由于合成高分子具有优良的耐化学腐蚀性、耐水性、耐候性，极难在自然条件下分解，因而高分子废弃物的大量堆集严重污染了环境，回收利用高分子废料的研究工作早已开展，如通过化学降解高分子材料使其回收利用，或将废塑料作为燃料焚烧，而后者因有些分解物有毒，往往造成二次污染。因此，研究开发利用阳光降解处理高分子材料的问题日益受到人们的重视。当然，要使废弃的高分子材料迅速地光降解是一件相当困难的事情，所以，阳光处理高分子废弃物的实用化需花费相当长的时间。

光降解材料主要可应用于两个方面，一是包装材料，二是农业用薄膜。现有的包装材料中大约80%是聚烯烃，如聚乙烯、聚丙烯、聚苯乙烯，此外还有聚酯等。聚烯烃薄膜还被广泛作为农业用覆盖薄膜以保墒、提高土壤温度及抑制杂草生长，但使用后很难从地里清除掉，所以可用光降解聚烯烃作包装材料和农用地膜，废弃后即可被日光降解成碎片。当聚烯烃的相对分子质量降到500以下时，就容易受微生物破坏，从而进入自然界的生物循环。

目前，西方国家光降解塑料技术比较成熟，已广泛应用。我国从20世纪80年代初开始进行降解塑料研究，主要偏重于降解地膜的研制开发，发展速度较快，目前在技术上也比较成熟。但由于其对应用条件的要求较高，价格较贵，其应用受到限制。其制品一定要在光作用下才发生降解，如农膜在泥土中的遮盖部分不降解，这种残留及降解产生的碎片对土壤结构存在负面影响，对地力会造成一定的破坏，同时其完全降解性也受到质疑。光降解膜一般比普通膜价格高11%~20%，其降解过程也不易控制。因此其开发和研究的步伐在20世纪90年代放缓，转而开发生物降解塑料。

表6-4 典型的光降解高分子材料及其应用

分类	商品名	化学组成	应用
共聚合型	E/CO E/COlytr(加拿大) PS2005(美国) Plastigone Polygrade	乙烯-一氧化碳共聚物 乙烯基酮与乙烯、丙烯、苯乙烯的共聚物 乙烯基酮与乙烯、丙烯、苯乙烯的共聚物 硫醇铁盐与PE的混合物 铁盐	饮料瓶的拉环、农膜等 杯、盘、垃圾袋、杂物包装等 杯、盘、垃圾袋、杂物包装等
添加型	Litterless E/Cowhite Icarite	铁化合物 二氧化钛与低密度聚乙烯的共混物 硬脂酸盐及二苯基酮	

七、其他应用

有些发光功能材料，在外界刺激下，引起吸收透过或反射光的变化，放射出特别的光，有的发出单色光，有的发出荧光等，用于光学仪器、路标、警示牌、报警器等，都有很好的前景。

感光高分子中有一类称为光导电材料，在光的作用下，收集和释放电荷，通过静电作用，吸附相反电荷的油墨，用于静电复印、彩色复印等。

感光高分子中的特例，是光屏蔽高分子，又称高分子光稳定剂。本来，光稳定剂是一些低分子物，但它们与高分子相容性不好，因此把这些小分子光稳定剂接到高分子长链或高分子骨架上，变成高分子光稳定剂，可以添加拼混到其他高分子中，成为耐光的或叫光稳定的高分子。

第七章　导电高分子

第一节　概　　述

20 世纪 70 年代初，日本的白川英树等在高催化剂浓度下合成了具有金属光泽的高顺式聚乙炔薄膜。几年后通过 Heeger、MacDiamid 和白川英树等众多物理学家和化学家的共同努力，发现这种聚乙炔薄膜经 AsF_5 或 I_2 掺杂后呈现明显的金属特性，电导率可达 $10^3 S \cdot cm^{-1}$，比未掺杂前提高了十几个数量级。苏武沛、Schrieffer 和 Heeger 详细研究了聚乙炔的导电行为。这种实验和理论的相互推动，产生了导电高分子这门新兴科学。

导电高分子的出现不仅打破了高分子仅为绝缘体的传统观念，而且它的发现和发展为低维固体电子学，乃至分子电子学的建立和完善做出了重要贡献，进而为分子电子学的建立打下基础。导电高分子具有特殊的结构和优异的物理、化学性能，使它在能源、光电子器件、信息、传感器、分子导线和分子器件，以及电磁屏蔽、金属防腐和隐身技术上有着广泛、诱人的前景。因而导电高分子不仅具有重大的理论价值，而且具有巨大的应用价值。

一、材料的导电性能

材料在电场作用下能产生电流是由于介质中存在能自由迁移的带电质点，这种带电质点被称为载流子。载流子在电场作用下沿着电场方向定向迁移构成电流。在不同的材料中，产生的载流子是不同的。在大多数材料中，常见的载流子包括自由电子、空穴、正负离子以及其他类型的荷电微粒。载流子是物质在电场作用下产生电流的物质基础，同时，载流子的密度是衡量材料导电能力的主要参数之一，通常材料的电导率与载流子的密度成正比。

假定长方体材料的截面积为 S，载流子的浓度(单位体积中载流子数目)为 N，每个载流子所带的电荷量为 q，载流子在外加电场 E 作用下，沿电场方向运动速度为 v，则单位时间流过长方体的电流 I 的表达式为：

$$I = NqvS$$

而载流子的迁移速度 v 通常与外加电场强度 E 成正比。

$$v = \mu E$$

式中比例常数 μ 为载流子的迁移率，是单位场强下载流子的迁移速度，$cm^2/V \cdot s$。

电导率 σ(S/cm)可表达为：

$$\sigma = Nq\mu$$

当材料中存在 n 种载流子时，电导率 σ 可表示为：

$$\sigma = \sum_{i=1}^{n} N_i q_i \mu_i$$

由此可见，载流子浓度和迁移率是表征材料导电性的微观物理量。

材料的电导率是一个跨度很大的指标，从最好的绝缘体到导电性非常好的超导体，电导率可相差 40 个数量级以上。根据材料的电导率大小，通常可分为绝缘体、半导体、导体和超导体四类。

二、高分子材料的导电特点

在高聚物中，载流子可以是电子、空穴，也可以是正、负离子。一般来说，大多数高聚物都存在离子电导，首先是那些带有强极性原子或基团的聚合物，由于本征解离，可以产生导电离子。此外，在合成、加工和使用过程中，进入高聚物材料的催化剂、各种添加剂、填料及水分和其他杂质的解离，都可以提供导电离子，特别是在没有共轭双键的电导率很低的那些非极性高聚物中，这种外来离子成了导电的主要载流子，因此这些高聚物的主要导电机理是离子电导。而许多共轭聚合物、聚合物的电荷转移络合物、聚合物的离子自由基盐络合物和金属有机聚合物等则具有很强的电子电导。例如在共轭聚合物中，分子内存在空间上一维或二维的共轭 π 键体系，π 电子轨道互相交迭使 π 电子具有类似于金属中自由电子的特征，可以在共轭体系内自由运动。分子间的电子迁移则通过跳跃机理来实现。

在一般高聚物中，特别是那些主要由杂质解离提供载流子的高聚物中，载流子的浓度是很低的。尽管离子杂质浓度低到对于其他性质完全可以忽略的等级，但它对高绝缘材料电导率的影响却仍然是不可忽视的。

离子电导与电子电导各有自己的许多特点。从理论上讲区别两者最好的办法是直接测出载流子是何物，但是在大多数高聚物中，由于导电性很小，直接测定是有困难的，这时可用间接的方法来区分。离子传导与电子传导的大致区别列于表 7-1。

表 7-1　离子传导与电子传导

	离子传导	电子传导		离子传导	电子传导
载流子	离子	电子或空穴	分子聚集的规则性增大	减少	增加
活化能	大(正)	小(正)	物质的输送	有	无
压力系数	负	正			

三、导电高分子材料的种类

按照材料的结构和组成可将导电高分子分成结构型导电高分子材料和复合型导电高分子材料两大类。

1. 复合型导电高分子材料

复合型导电高分子材料是指高分子材料本身不具有导电性，但在加工成型阶段可以加入导电性填料如炭黑、石墨、碳纤维、金属粉末、金属箔等经改性后掺混于树脂中，使制品具有导电性，即是通常所见的导电橡胶、导电塑料、导电涂料、导电胶黏剂和导电薄膜等。此类高分子材料是靠填充在其中的导电粒子或纤维的紧密接触形成导电通路。由于制备方便，其中很多产品已经实用化，在防静电、消除静电、电磁屏蔽、微波吸收、电器元件中的电极、按键开关、电子照相、记录材料、面状发热体、净化室墙体材料、管道等各方面获得广泛应用。

2. 结构导电高分子材料

结构型(又称本征型)导电高分子材料是利用高分子本身所“固有”的导电性，通过聚合物结构提供的离子或电子等载流子而导电。通常这类聚合物经掺杂后，电导率大幅度提高，有的可以达到金属的导电水平。目前经掺杂后而具有导电功能的聚合物也归于此类。

结构型导电高分子材料主要有：

① π 共轭系高分子，如线型共轭的聚乙炔、线型聚苯、面型共轭的焦化聚合物等；

② 金属螯合物型高分子，如聚酞菁铜等；

③ 电荷转移高分子络合物，如聚阳离子、TCNQ(tetracyanoquinodimethamide，四氰代二甲基对苯醌)金属络合物等。

结构型导电高分子虽有数百种，但由于结构的特殊性及制备及提纯的困难，所以获得实际应用的为数极少，而且大多为半导体材料。目前，结构型导电高分子存在的主要问题是可加工性差，导电性不稳定。因此，开发既具有高导电性又易于成型加工，且导电性稳定，可代替金属作为电线、电缆、结构材料等的结构型导电高分子是这一领域的主要研究方向。再者，结构型导电高分子的高成本也在一定程度上限制了其应用。

3. 超导高分子材料

超导体是导体在一定条件下处于无电阻状态的一种形式。超导现象早在 1911 年就被发现。从现象上看，超导态有以下四个特征：①电阻值为零；②超导体内部磁场为零；③超导现象只有在临界温度以下才会出现；④超导现象存在临界磁场，磁场强度超越临界值，则超导现象消失。

由于超导态时没有电阻，电流流经导体时不发生热能损耗，因此在电力远距离输送、制造超导磁体等高精尖技术应用方面有重要的意义。目前已经发现的许多具有超导性的金属和合金，都只有在超低温度下或超高压力下才能转变为超导体。显然这种材料作为电力、电器工业材料来应用，在技术上、经济上都是不利的。因此，研制具有较高临界超导温度的超导体是人们关切的研究课题。目前，超导金属中，超导临界温度最高的是铌(Nb)，$T_c = 9.2K$。超导合金中以铌铝锗合金(Nb/Al/Ge)具有最高的超导临界温度，$T_c = 23.2K$。在高分子材料中已发现聚氮硫$(—SN—)_n$在 0.26K 时具有超导性。

第二节　复合型导电高分子

一、复合型导电高分子材料的结构

复合型导电高分子材料是采用各种复合技术将导电性物质与树脂复合而成的。按照复合技术分类有导电填料分散复合法、导电填料层压复合法和导电表面膜形成法或梯度复合法。

1. 分散复合结构

分散复合型导电高分子通常选用物理性能适宜的高分子材料作为基体材料。导电性粉末、纤维等材料采用化学或物理方法均匀分散在基体材料中。当分散相浓度达到一定数值后，导电粒子或纤维之间相互接近构成导电通路。当材料两端施加电压时，载流子在导电粒子或纤维之间定向运动，形成电流。这种导电高分子材料其导电性能与导电填加材料的性质、粒度、分散情况，与聚合物基体的状态有关。

在一般情况下复合导电材料的电导率会随着导电材料的填充量的增加、导电粒子粒度的减小以及分散度的增加而增加。此外，材料的导电性能还与导电材料的形状有关，比如，采用导电纤维作为填充料，由于其具有较大的长径比和接触面积，因此在同样的填充量下更容易形成导电通路，因此导电能力更强。分散复合的导电高分子材料一般情况下是非各向异性的，即导电率在各个取向基本一致。

2. 层状复合结构

在这种复合体中导电层独立存在，并与同样独立存在的聚合物基体复合。其中导电层可以是金属箔或金属网，两面覆盖聚合物基体材料。这种材料的导电介质直接构成导电通路，因此其导电性能不受聚合物基体材料性质的影响，但是这种材料的导电性能具有各向异性，即仅在特定取向上具有导电性能，通常作为电磁屏蔽材料使用。

3. 表面复合结构

广义上的表面复合既可以将高分子材料复合到导电体的表面，也可以将导电材料复合在高分子材料表面。由于使用方面的要求，表面复合导电高分子材料仅指后者，即将导电材料复合到高分子材料表面。使用的方法包括金属熔射、塑料电镀、真空蒸镀、金属箔贴面等。其导电能力一般也仅与表面导电层的性质有关。

4. 梯度复合结构

指两种材料，如金属和高分子材料各自构成连续相，两个连续相之间有一个浓度渐变的过渡层。这是一种特殊的复合导电材料。

二、复合型导电高分子材料的组成

复合导电高分子材料主要由高分子基体材料、导电填充材料和助剂等构成，其中前两项是主要部分。

1. 高分子基体材料

高分子材料作为复合导电材料的连续相和粘结体起两方面的作用，即发挥基体材料的物理化学性质和赖以固定导电分散材料。一般来说，绝大多数的常见高分子材料都能作为复合型导电材料的基体。高分子材料与导电材料的相容性和目标复合材料的使用性能，是选择基体材料经常考虑的主要因素。如聚乙烯等塑性材料可以作为导电塑料的基材，环氧树脂等可以作为导电涂料和导电胶黏剂的基材，氯丁橡胶、硅橡胶等可以作为导电橡胶的基材。此外，高分子材料的结晶度、聚合度、交联度等性质也对导电性能或者加工性能产生影响。一般认为，结晶度高有利于电导率提高，交联度高导电稳定性增加。基体的热学性能则影响复合型导电高分子材料的特殊性能，如温度敏感和压力敏感等性质。

2. 导电填充材料

目前常用的导电填充材料主要有碳系材料、金属材料、金属氧化物材料、结构型导电高分子。其中碳系材料包括炭黑、石墨、碳纤维等。炭黑是目前分散复合法制备导电材料中最常用的导电填料；石墨由于常含有杂质，使用前需要进行处理；碳纤维不仅导电性能好，而且机械强度高，抗腐蚀。由于自身的聚集效应，提高碳系填充材料在聚合物中的分散性是经常需要考虑的工艺问题。

常用金属系填充材料包括银、金、镍、铜、不锈钢等。其中银和金的电导率高，性能稳定，从性能上看是理想的导电填料，价格高是其明显的缺点。有人将其包覆在其他填充材料表面构成颗粒状复合型填料，可以在不影响导电和稳定性的同时，降低成本。镍的导电率和稳定性居中，铜的电导率高，但是容易氧化，因此影响其稳定性和使用寿命。不锈钢纤维作为导电填料目前正处在实验阶段。

金属氧化物作为导电填充物目前常用的主要有氧化锡、氧化钴、氧化钒、氧化锌等。这类填料颜色浅，稳定性较好，但是要解决其导电率低的问题。密度轻、相容性好可能是其主要优点。常见的导电填加材料及其性能列于表 7-2 中。

表 7-2　常用复合型导电高分子材料的导电添加材料

项　目	填充物种类	复合物电阻率/(Ω·cm)	性 质 特 点
碳系填料	炭黑	$10^2 \sim 10^6$	成本低、密度小，呈黑色，影响产品外观颜色
	处理石墨	$10^2 \sim 10^4$	成本低，但杂质多，电阻率高，呈黑色
	碳纤维	$\geqslant 10^2$	高强、高模、抗腐蚀，填加量少
金属填料	金	10^{-4}	耐腐蚀、导电性好，但成本昂贵、密度大
	银	10^{-5}	耐腐蚀、导电性优异，但成本高、密度大
	镍	10^{-3}	稳定性、成本和导电性能居中
	铜	10^{-4}	导电性能较好，成本较低，但易氧化
	不锈钢	$10^{-2} \sim 10^2$	主要使用不锈钢丝，成本较低
金属氧化物	氧化锌	10	稳定性好，颜色浅，电阻率较高
	氧化锡	10	稳定性好，颜色浅、电阻率较高
导电聚合物	聚吡咯	1～10	密度轻、相容性好、电阻率较高
	聚噻吩	1～10	密度轻、相容性好、电阻率较高

三、复合型导电高分子材料的导电机理

实验发现，将各种金属粉末或炭黑颗粒混入绝缘性高分子材料中后，材料的导电性随导电填料浓度的变化规律大致相同。在导电填料浓度较低时，材料的电导率随浓度增加很小；而当导电填料达到某一值时，电导率急剧上升，变化值可达 10 个数量级以上。超过这一临界值以后，电导率随浓度的变化又趋缓慢，如图 7-1 所示。

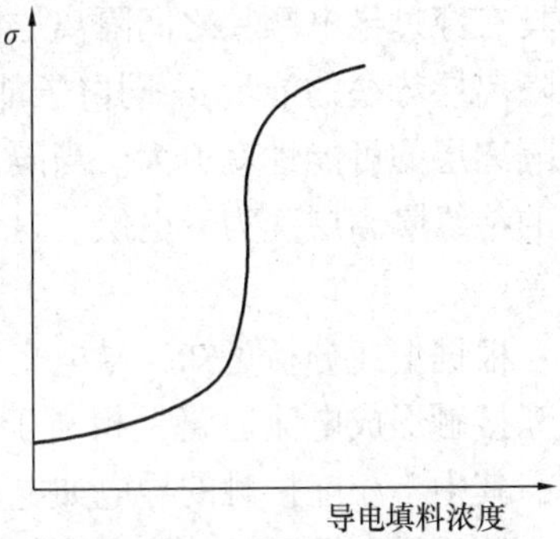

图 7-1　电导率与导电填料浓度的关系

用电子显微镜技术观察导电材料的结构发现，当导电填料浓度较低时，填料颗粒分散在聚合物中，互相接触很少，故导电性很低。随着填料浓度增加，填料颗粒相互接触机会增多，电导率逐步上升。当填料浓度达到某一临界值时，体系内的填料颗粒相互接触，形成无限网链。这个网链就像金属网贯穿于聚合物中，形成导电通道，故电导率急剧上升，使聚合物变成了导体。显然，此时若再增加导电填料的浓度，对聚合物的导电性并不会再有更多的贡献了，故电导率变化趋于平缓。在此，电导率发生突变的导电填料浓度称为“渗滤阈值”。

对一个聚合物来说，需要加入多少导电填料才能形成无限网链，换句话说，渗滤阈值如何估算，这一问题具有十分重要的现实意义。

Gurland 在大量研究的基础上，提出了平均接触数的概念。所谓平均接触数，是指一个导电颗粒与其他导电颗粒接触的数目。如果假定颗粒都是圆球，通过对电镜照片的分析，可得如下的公式：

$$\overline{m} = \frac{8}{\pi^2}\left(\frac{M_s}{N_s}\right)^2 \frac{N_{AB} + 2N_{BB}}{N_{BB}}$$

式中，$\overline{m}$ 为平均接触数；M_s 为单位面积中颗粒与颗粒的接触数；N_s 为单位面积中的颗粒

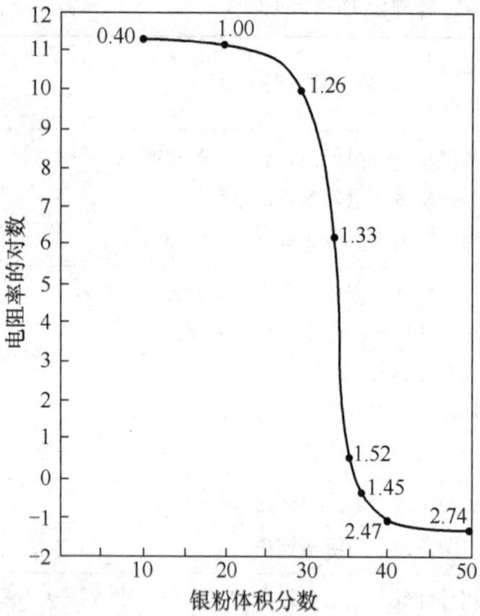

图 7-2　电阻与银粉浓度的关系

（图中数据为 $\overline{m}$）

数；N_{AB} 为任意单位长度的直线上颗粒与基质（高分子材料）的接触数；N_{BB} 为上述单位长度直线上颗粒与颗粒的接触数。

Gurland 研究了酚醛树脂-银粉体系电阻与填料体积分数的关系，并用上式计算了平均接触数 $\overline{m}$。结果表明，在 $\overline{m}=1.3\sim1.5$ 之间，电阻发生突变，$\overline{m}$ 在 2 以上时电阻保持恒定。见图 7-2 所示。

从直观考虑，$\overline{m}=2$ 是形成无限网链的条件，故似乎应该在 $\overline{m}=2$ 时电阻发生突变，然而实际上，$\overline{m}$ 小于 2 时就发生电阻的突变，这表明导电填料颗粒并不需要完全接触就能形成导电通道。

当导电颗粒间不相互接触时，颗粒间存在聚合物隔离层，使导电颗粒中自由电子的定向运动受到阻碍，这种阻碍可看作一种具有一定势能的势垒。根据量子力学的概念可知，对于一种微观粒子来说，即使其能量小于势垒的能量时，它除了有被反弹的可能性外，也有穿过势垒的可能性。微观粒子穿过势垒的现象称为贯穿效应，也称“隧道效应”。电子是一种微观粒子，因此，它具有穿过导电颗粒之间隔离层阻碍的可能性。这种可能性的大小与隔离层的厚度 α 有关，与隔离层势垒的能量 μ_0 同电子能量 E 的差值（μ_0-E）有关，α 值与（μ_0-E）值愈小，电子穿过隔离层的可能性就愈大。当隔离层的厚度小到一定值时，电子就能容易穿过，使导电颗粒间的绝缘隔离层变为导电层。这种由隧道效应而产生的导电层可用一个电阻和一个电容并联来等效。

根据上述分析可知，导电高分子内部的结构有三种情况：①一部分导电颗粒完全连续地相互接触形成电流通路，相当于电流流过一只电阻；②一部分导电颗粒不全连续地相互接触，其中不相互接触的导电如电容电阻并联后再与电阻串联的情况；③一部分导电颗粒完全不连续，导电颗粒间的聚合物隔离层较厚，是电的绝缘层，相当于电容器的效应。

F. Buche 借助于 Flory 的网状缩聚凝胶化理论，成功地估算了复合型导电高分子中无限网链形成时的导电填料质量分数和体积分数。

Flory 理论认为，对官能度为 f 的单体来说，如果每个单体的支化率（反应程度）为 α，当每个单体有 αf 个官能团起反应时，体系产生了凝胶，则此时其凝胶部分的质量分数 W_g 的表达式为：

$$W_g = 1 - \frac{(1-\alpha)^2\alpha'}{(1-\alpha')^2\alpha}$$

其中 α' 是方程 $\alpha(1-\alpha)^{f-2}=(1-\alpha')^{f-2}$ 的最小根植。对于每一个 α 值，都可得到相应的 α' 值，然后根据上式求出 W_g 值。

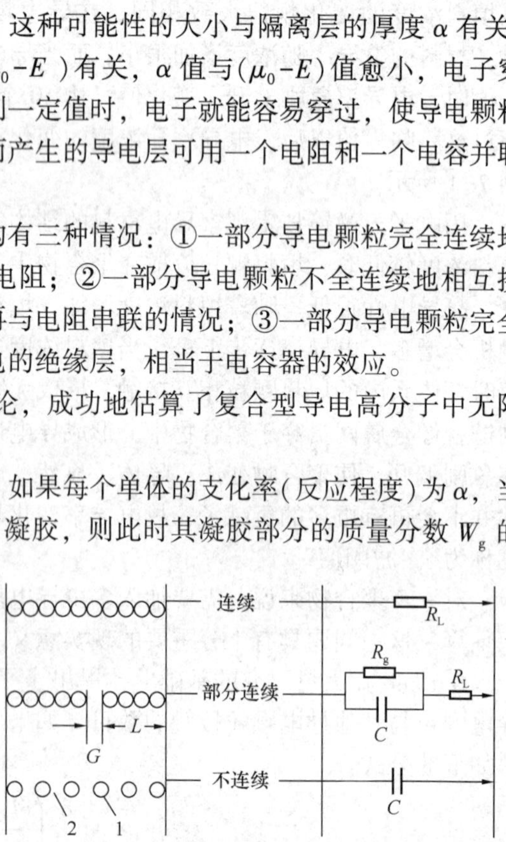

图 7-3　复合型导电高分子的导电机理模型

1—导电颗粒；2—导电颗粒间隔离层

如果将导电颗粒看作缩聚反应中的单体，则在形成无限网链时，相当于网状缩聚中的凝胶化。导电颗粒的最大可能配位数相当于

单体的官能度 f，与颗粒的形状有关。在导电高分子中，导电颗粒不可能密集堆砌，它的周围有可能被聚合物部分所占据。因此，每个导电颗粒周围被其他颗粒堆积的几率 α 可表示为：

$$\alpha=\frac{V_{\mathrm{p}}}{V_{0}}=\frac{\text{体系中实际占据空间的填料体积分数}}{\text{体系中最大可能占据空间填料体积分数}}$$

式中分母 V_0 的数值，对不同堆积形式取不同值。当配位数相等的颗粒将一个颗粒完全包围时，V_0 为 1；但当颗粒与颗粒之间存在空隙并有聚合物嵌入其中时，就不可能为 1。

由 Flory 凝胶化理论可知，当发生凝胶时，亦即形成无限网链时，可得表达式：

$$\alpha=\frac{1}{f-1}$$

$$V_{\mathrm{p}}=\alpha V_0=\frac{V_0}{f-1}$$

从而可求出当体系电导率发生突变时导电填料的质量分数和体积分数。

实验结果表明，导电填料的填充量与导电高分子的电导率之间存在以下的关系：

$$\sigma=\sigma_{\mathrm{m}}V_{\mathrm{m}}+\sigma_{\mathrm{p}}V_{\mathrm{p}}W_{\mathrm{g}}$$

式中，α 为导电高分子的电导率；σ_{m} 为高分子的电导率；σ_{p} 为导电填料的电导率；V_{m} 为高分子基质的体积分数；V_{p} 为导电填料的体积分数；W_{g} 为导电填料无限网链的质量分数。

在实际应用中，为了使导电填料用量接近理论用量，必须使导电颗粒充分分散。若颗粒分散不均匀，或在加工中发生颗粒凝聚，则即使达到临界值(渗滤阈值)，无限网链也不会形成。

四、复合型导电高分子材料的制造方法

复合型导电高分子材料的加工关键是如何将连续相聚合物和导电填加材料均匀分散并结合在一起。在制造方法研究上，主要有高分子基体材料和导电填充材料的选择与处理、复合方法与工艺研究、复合材料的成型与加工研究等。

1. 导电填料的选择

目前可供选择的导电填加材料主要有金属材料、炭黑、金属氧化物和本征型导电聚合物四类。从填加材料本身的导电性质而言，采用金属导电填料对于提高复合物的导电性能是有利的，特别是采用银或者金粉时可以获得电阻率仅为 $10^4\Omega\cdot\mathrm{cm}$ 的高导电复合材料。铜虽然也具有低电阻率，由于易于氧化等原因使用不多。但金属填加材料的临界浓度比较高，一般在 50%左右，因此需要量比较大，往往对形成的复合材料的机械性能产生不利影响，并增加制成材料的密度。另外，金属填加材料与高分子材料的相容性较差，密度的差距也大，往往影响复合材料的稳定性。此外，采用银和金等贵金属时对成本增加较大。目前克服上述缺点的主要方法是填加金属粉料改为金属纤维，这样更容易在较低浓度下形成导电网络，大大降低金属用量。或者在其他材料颗粒表面涂覆金属，构成薄壳型填加剂，可以在保证较低电阻率的情况下减少金属用量。

炭黑是目前导电聚合物制备过程中使用最多的填料，主要原因是炭黑的价格低廉、规格品种多、化学稳定性好、加工工艺简单。聚合物/炭黑复合体系的电阻率稍低于金属/聚合物复合体系，一般可以达到 $10\Omega\cdot\mathrm{cm}$ 左右。其主要缺点是产品颜色受到填加材料本色的影响，不能制备浅色产品。作为分散体系的填加材料，主要是使用炭黑粉体，而且粉体的粒度越小，比表面积越大，越容易分散，形成导电网络的能力越强，导电能力就越高。实验结果表

明，当炭黑平均粒度从 30nm 增加到 500nm 时，电导率提高的同时，PTC 效应(positive temperature coefficient 正温度系数)也增加 1.5 倍。炭黑表面的化学结构对其导电性能影响较大，表面碳原子与氧作用，会生成多种含氧官能团，增大接触电阻，降低其导电能力。因此，在混合前需要对其进行适当处理，其中保护气氛下的高温处理是常用方法之一。石墨由于含有杂质，电导率相对较低，直接作为导电复合物填料的情况比较少见，一般需要经过加工处理之后使用。碳纤维是另外一种常用的碳系导电填料，特点是填加量少，同时可以对形成的复合材料有机械增强作用。

多种金属氧化物都具有一定导电能力，也是一种理想的导电填充材料，如氧化钒、氧化锌和氧化钛等。硼酸铝晶须也有作为导电填料的。金属氧化物的突出特点是无色或浅色，能够制备无色或浅色导电复合材料。以氧化物晶须作为导电填料还可以大大减少填料的用量，降低成本。金属氧化物填料的主要缺点是电阻率相对较高。

本征型导电高分子材料是近 20 年来迅速发展起来的新型导电高分子材料，高分子本身具有导电性质。采用本征导电聚合物作为导电填料是目前一个新的研究趋势，例如：导电聚吡咯与聚丙烯酸复合物的制备；导电聚吡咯与聚丙烯复合物的制备；导电聚苯胺复合物的制备等。

2. 聚合物基体材料的选择

聚合物基体作为复合材料的连续相和粘结体，对于导电复合材料性能的影响是非常显著的。聚合物基体的选择主要依靠导电材料的用途进行，考虑的因素包括机械强度、物理性能、化学稳定性、温度稳定性和溶解性能等。例如：制备导电弹性体可以选择天然橡胶、丁基橡胶、硅橡胶等作为连续相；制备导电塑料可以选择聚乙烯和聚丙烯作为基体材料；选择聚酯或聚酰胺等工程塑料作为基体材料可以增强材料的机械性能；导电胶黏剂的制备需要选择环氧树脂、丙烯酸树脂、酚醛树脂类高分子材料；导电涂料的制备常选择环氧树脂、有机硅树脂、醇酸树脂、聚氨酯树脂等；采用聚酰胺、聚酯和腈纶等可以制备复合型导电纤维。除了聚合物的种类选择之外，聚合物的相对分子质量、结晶度、支化度和交联度都对复合材料的机械和电学性质产生影响。结晶度高有利于导电网络的形成，降低临界浓度，节约导电填料的使用量。聚合物基体的热学性质也是重要考虑因素之一，因为复合材料的 PTC 效应、压敏效应等均与复合材料的转化温度相关。

3. 复合型导电高分子的制造工艺

目前主要有三种方法：即反应法、混合法和压片法。

(1)反应法

反应法是将导电填料均匀分散在聚合物单体或者预聚物溶液体系中，通过加入引发剂进行聚合反应，直接生产与导电填料混合均匀的高分子复合材料。根据引发剂的不同可以采用光化学聚合或热化学聚合等。采用反应法制得的导电复合物，其中导电填料的分散情况比较好，其原因是单体溶液的强度小，混合过程比较容易进行。此外，对于那些不易加工成型的聚合物，可以将聚合与材料混合成型一步完成，简化工艺。

(2)混合法

混合法是目前使用最多的复合型高分子导电材料制造方法，其基本过程是利用各种高分子的混合工艺，将导电填料粉体与处在熔融或溶液状态的聚合物本体混合均匀，然后用注射、流延、拉伸等方法成型。采用大宗工业化高分子产品直接作为原料使用，是该方法的主要优势。

(3)压片法

压片法是将高分子基体材料与导电填料充分混合后，先压成片，再在模具内加压成型制备具有一定形状的导电复合材料。

五、复合型导电高分子材料的性质与应用

1. 复合型导电高分子材料的性质

(1)导电性

导电性是复合型导电高分子的主要性质，与导电能力相关的因素包括导电填料的性质和粒度，以及填料在连续相中的分布情况。还包括聚合物连续相的结晶状态等性质。一般来说，导电填料的电阻率越低，制备的导电复合物的导电能力越强。减小粒度有利于导电能力的提高，适度提高聚合物基体的结晶度有利于导电性能的提高。

(2)压敏性

压敏效应是指材料受到外力作用时，材料的电学性能发生明显变化。对于复合型导电高分子而言，主要是电阻发生明显变化。从复合导电材料的导电机理分析，我们知道，其导电作用主要依靠导电填料在连续相中形成导电网络来完成。如果外力的施加能够导致材料发生形变或密度发生变化，必然会造成导电网络的变化，从而引起电阻率的变化。用导电复合材料制作压敏器件，采用形变能力大的橡胶类高分子材料作为连续相是有利的。

(3)热敏性

当温度发生变化、材料的电学性质发生变化时，称其具有热敏性质。对于复合型导电高分子来讲，当温度发生变化时，其电阻率会发生一定程度的改变。当温度升高、电阻率增大时，称为正温度系数效应(PTC)；当温度上升、电阻率下降时，称其具有负温度系数效应(NTC)。对于大多数复合型导电高分子，在加热的过程中的不同阶段会呈现不同的热敏效应。在温度远远小于软化温度时，多呈正温度系数效应，但热敏特性不明显；当温度接近软化点时热敏特性加强。但是当温度超过软化温度之后，多会发生性能反转，变成负温度系数效应。

2. 复合型导电高分子的应用

(1)导电性能的应用

以金属/环氧树脂复合构成的导电胶黏剂可以用于电子器件的连接，如电子管的真空导电密封、波导元件和印刷电路的制造、半导体收音机的安装和电子计算机中插件的黏合等，相对于其他连接方法可以提高器件的抗震性能，如在人造卫星、宇宙飞船上，几千个硅太阳能电池的安装、印刷电路与微元件的黏合就是使用导电性胶黏剂完成的。以炭黑/聚氨酯复合构成的导电涂料可以用于设备防静电处理、电磁波吸收和金属材料的防腐等。炭黑/硅橡胶体系构成的导电橡胶用于动态电接触器件的制备，如计算机和计算器键盘的电接触件，导电橡胶不仅导电性好，而且具有弹性，手感好。利用其导电性能还可以制备全塑电池的电极材料。

(2)温敏效应的利用

利用复合型导电高分子的 PTC 效应，可以制造自控温加热器件，如加热带、加热管。这些加热材料广泛用于液体输送管道的保温、取暖、发动机低温启动等场合。由于其优异的自控温性能，自控温材料在日常生活、工业生产、农业、军事、航天等领域有着广泛的应用。此外复合型导电高分子还是制备热敏电阻、限流器件等的基本材料。

(3)压敏效应的应用

利用复合型导电高分子的压敏特性可以制造各种压力传感器和自动控制装置。除了上述应用领域以外，导电高分子还具有吸收电磁波，将波能耗散的特性，目前在隐形材料方面的研究开发也取得了一定成果。

第三节　结构型导电高分子

结构型(本征型)导电高分子是其化学结构中含有导电基团的聚合物，虽然同为导电体，导电聚合物与常规的金属导电体不同，它属于分子导电物质，而后者是金属晶体导电物质，结构和导电方式都不同。导电高分子中的载流子有电子和离子，对不同的高分子，导电机理也不同。在许多情况下，这两种导电形式同时存在。纯粹的结构型导电高分子材料至今只有聚氮化硫—$(SN)_x$—类，其他许多导电聚合物几乎均采用氧化还原、离子化或电化学等手段进行掺杂后，才能有较高的导电性。研究较多的结构型导电高分子是以 π 共轭二聚或三聚为骨架的高分子材料。

根据导电载流子的不同，结构型导电高分子材料有电子传导和离子传导两种导电形式。有时，两种导电形式会共同作用。按高分子材料的结构特征和导电机理还可以进一步分成四类：共轭体系聚合物、高分子电解质、电荷转移络合物和金属有机螯合物。其中高分子电解质以离子传导为主，其余三类以电子传导为主。

一、电子导电聚合物

目前对于电子导电聚合物、共轭体系聚合物的研究最为广泛和深入。关于这一类导电材料的导电机理和结构特征已经有了比较成熟的理论。

1. 共轭聚合物

一般情况下，将整个分子是共轭的体系称为共轭聚合物。共轭聚合物中碳碳单键和碳碳双键交替排列，也可以是碳-氮、碳-硫、氮-硫等共轭体系。具有结构型共轭体系必须第一是分子轨道能够强烈离域；第二是分子轨道能够相互重叠。满足这样条件的共轭聚合物可通过自身的载流子产生和输送电流。电子导电聚合物的分子结构见表 7-3。

表 7-3　电子导电聚合物的分子结构

名称	缩写	结 构 式	$\sigma_{max}/(S\cdot cm^{-1})$	发现年代
聚乙炔	PA	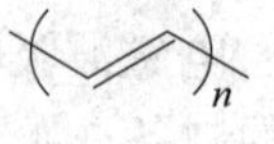	10^3	1977
聚吡咯	PPY	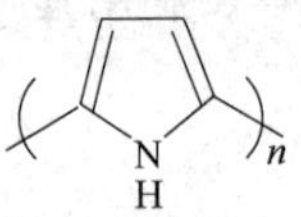	10^3	1978
聚噻吩	PTH	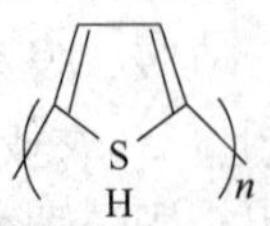	10^3	1981

续表

名称	缩写	结构式	$\sigma_{max}/(S \cdot cm^{-1})$	发现年代
聚对亚苯	PPP		10^3	1979
聚苯乙炔	PPV	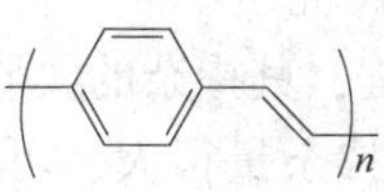	10^3	1979
聚苯胺	PAN	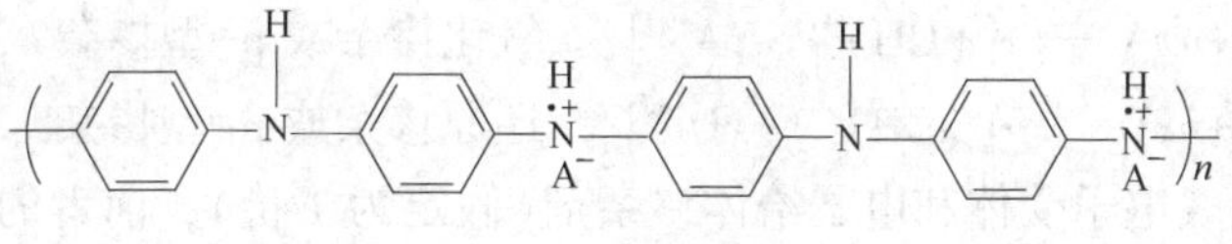	10^2	1985

(1)共轭聚合物的导电机理

在电子导电聚合物的导电过程中，载流子是聚合物的自由电子或空穴，导电过程需要载流子在电场作用下能够在聚合物内作定向迁移形成电流。因此，在聚合物内部具有定向迁移能力的自由电子或空穴是聚合物导电的关键。

在共轭聚合物中，π电子数与分子构造密切有关。电子离域的难易程度取决于共轭链中π电子数和电子活化能的关系。理论与实践都表明，共轭聚合物的分子链越长，π电子数越多，则电子活化能越低，亦即电子越易离域，则其导电性越好。

但随着共轭高分子链的延长，也会对材料的力学性能和加工性能带来不利的影响。除了分子链的长度和π电子数目外，共轭链的结构也将影响到导电性。从结构上看，共轭链可分为“受阻共轭”和“无阻共轭”。受阻共轭是指共轭分子轨道上存在缺陷，当共轭链中存在庞大的侧基或极性基团时，会引起共轭链的扭曲、折叠等，使π电子离域受到限制。π电子离域受阻程度越大，分子链的导电性能越差。如聚烷基乙炔和脱氯化氢聚氯乙烯，都属受阻共轭高分子，其主链上连有烷基等支链结构，影响了π电子的离域。

无阻共轭是指共轭链分子轨道上不存在“缺陷”，整个共轭链的π电子离域不受阻碍。这类聚合物是较好的导电材料或半导体材料，如反式聚乙炔、聚对亚苯、聚并苯、聚多省醌、热解聚丙烯等。顺式聚乙炔的分子链发生扭曲，π电子离域受到限制，其电导率低于反式聚乙炔。所以说，受阻共轭的聚合物没有半导性，无阻共轭的聚合物具有半导性。

(2)共轭聚合物的掺杂与掺杂剂

研究发现，真正纯正的导电聚合物，或者说真正无缺陷的共轭结构高分子，其实是不导电的，它们只是表现绝缘体的行为。完全不含杂质的聚乙炔其电导率很小。然而共轭聚合物的能隙很小，电子亲和力较大，容易与适当的电子受体或电子给体发生电荷转移，因此他们经过掺杂后可以得到好的导电性。如在聚乙炔中填加碘或五氟化砷等电子受体，聚乙炔的π电子向电子受体转移，电导率可增至10^4S/cm，达到金属导电的水平。聚乙炔的电子亲和力很大，也可以从作为电子给体的碱金属接受电子而使电导率上升。这种因填加电子受体或电子给体来提高导电性能的方法称为“掺杂”。

“掺杂”是最常用的产生缺陷和激发的化学方法。实际上，掺杂就是在共轭结构高分子上发生的电荷转移或氧化还原反应。共轭结构高分子中的π电子有较高的离域程度，既表现出足够高的亲和力，又表现出低的电子离解能，因而视反应条件，高分子链本身可能被氧化(失去或部分失去电子)，也可能被还原(得到或部分得到电子)，相应地，借用半导体科学的术语，称为发生了“p-型掺杂”或“n-型掺杂”。从能带理论来解释掺杂，其目的都是为了在聚合物空轨道中加入电子，或从占有轨道中拉出电子，进而改变现有π电子能带的能级，出现能量居中的半充满能带，减少能带间的能量差，使自由电子或空穴迁移时的阻碍减少。

导电高分子的掺杂和无机半导体的概念完全不同。首先无机半导体的掺杂是原子的替代，但导电高分子的掺杂却是氧化还原过程，其掺杂的实质是电荷转移；其次无机半导体的掺杂量极低(万分之几)，而导电高分子的掺杂量很大，可高达50%；第三，在无机半导体中没有脱掺杂过程，而导电高分子不仅有脱掺杂过程，而且掺杂/脱掺杂过程是完全可逆的。

$$(CN)_n+nxA \longrightarrow [(CH)^{+x}\cdot xA^{-1}]_n \quad \text{氧化掺杂或 p-型掺杂}$$

$$(CH)_n+nxD \longrightarrow [(CH)^{-x}\cdot xD^{+1}]_n \quad \text{还原掺杂或 n-型掺杂}$$

其中A和D分别代表电子受体和电子给体掺杂剂(假定为1价)，前者的典型代表物如I_2、AsF_5等，后者的典型代表物如Na、K等，x表示参与反应的掺杂剂的用量，也是高分子被氧化还原的程度，对聚乙炔来说，可以在0~0.1之间变化，相应地，聚乙炔表现出半导体(x较小时)、导体(x较大时)的特性。

掺杂的方法有物理掺杂和化学掺杂两大类。

化学掺杂包括质子酸掺杂、气相掺杂、液相掺杂、电化学掺杂等。气相掺杂与液相掺杂是掺杂剂直接与聚合物接触完成氧化还原过程。电化学掺杂是将聚合物涂覆在电极表面上，或者使单体在电极表面上直接聚合，形成薄膜。改变电极的电位，表面的聚合膜与电极之间发生电荷的传递，聚合物失去或得到电子，变成氧化还原状态，而电解液中的离子扩散到聚合物膜中，保持聚合物膜的电中性。质子酸掺杂是向绝缘的共轭聚合物链上引入一个质子，聚合物链上的电荷分布状态发生改变，质子本来携带的电荷转移和分散到分子链上，相当于聚合物链失去了一个电子而发生氧化掺杂。这种掺杂现象在聚乙炔中首先观察到，聚苯胺表现得尤为突出。由于聚苯胺特殊的化学结构，在一定条件下，它的成盐反应就是掺杂反应。

物理方法也可以实现导电聚合物的掺杂，如对导电聚合物进行离子注入的离子注入式，如注入K^+，聚合物则被n-型掺杂。又如导电聚合物进行“光激发”，当聚合物吸收一定波长的光之后表现出某些导体或半导体性能，如导电、热电动势、发光等。

常用的作为电子受体的掺杂剂主要有：卤素，如Cl_2、Br_2、I_2、IBr等；路易斯酸，如PF_5、AsF_5、BF_3、SbF_5等；质子酸，如HF、HCl、HNO_3、$ClSO_3H$等；卤化物，如NbF_5、TaF_5、MoF_5、$ZrCl_4$、TeI_4等；过渡金属化合物，如$AgClO_4$、$AgBF_4$、H_2IrCl_6等；有机化合物，如四氰基乙烯(TCNE)、四氰代二甲基对苯醌(TCNQ)、四氯对苯醌、二氯二氰代苯醌(DDQ)等。

常用的电子给体掺杂剂为碱金属，如Li、Na、K等；电化学掺杂常用R_4N^+、R_4P^+(R=CH_3、C_6H_5等)等。

共轭聚合物经掺杂后，其电导率均有很大的提高，如表7-4所示为经掺杂的导电高分子材料的电导率。

必须指出，在共轭聚合物的掺杂反应中，掺杂剂的作用并不止于前述的电荷转移。用AsF_5掺杂聚苯硫醚时，可得到高导电率的络合物。但当掺杂程度提高后，由元素分析和红外光谱结果可知，链上相邻的两个苯环邻位C—C原子间发生交联反应，形成了噻吩环，见表7-5。

表 7-4　经掺杂的高分子材料的电导率

导电高分子材料	掺杂剂	电导率/(S/cm)	导电高分子材料	掺杂剂	电导率/(S/cm)
顺式聚乙炔	无	1.7×10^{-9}	聚苯基乙炔	AsF_5	2.8×10^{3}
反式聚乙炔	无	4.4×10^{-9}	聚苯硫醚	AsF_5	2×10^{2}
聚乙炔	AsF_5	3.5×10^{3}	聚吡咯	C	10^{3}
顺式聚乙炔	AsF_5	3.5×10^{3}	聚噻吩	C	10^{2}
反式聚乙炔	Na	8.0×10	聚吡啶	C	10
聚对亚苯	AsF_5	5×10^{2}			

表 7-5　共轭高聚物中掺杂剂的作用

反　应		实　例	特　征
可逆	电子转移	$3AsF_5+2e^- \longrightarrow 2AsF_6+AsF_3$	电导率增加
不可逆	分子间交联	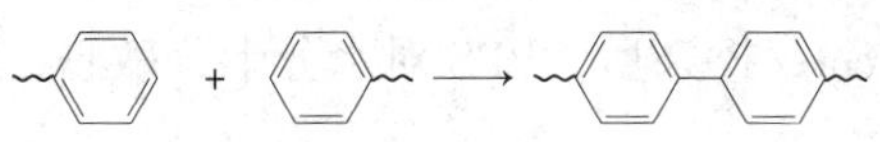	聚合度增加，电导率增加
	分子内交联	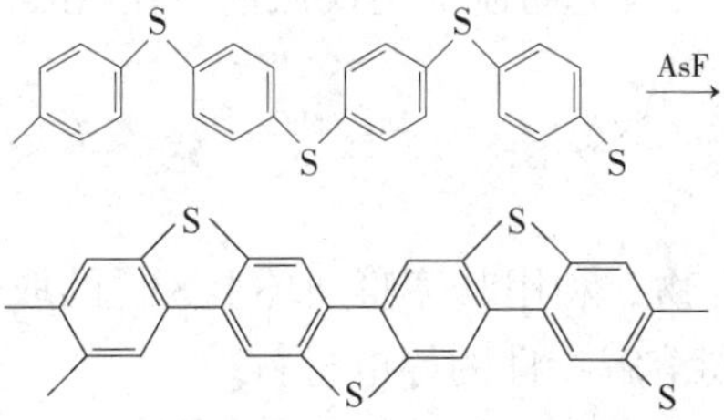	共振稳定效应增加，电导率增加
	亲电加成	$-CH{=}CH- + X_2 \longrightarrow -\underset{H}{\overset{X}{\underset{\vert}{\overset{\vert}{C}}}}-\underset{X}{\overset{H}{\underset{\vert}{\overset{\vert}{C}}}}-$	共轭体系消失，呈绝缘体
	亲电取代	$-CH{=}CH- + X_2 \longrightarrow -CH{=}CX-$	电导率降低

用氯或溴对聚乙炔掺杂，在掺杂剂浓度较小时优先进行电荷转移反应，而在高浓度条件下，在掺杂的同时，容易发生亲电取代和亲电加成等不可逆反应，这对提高电导率是不利的。

(3)共轭聚合物的制备

加成聚合和缩合聚合都可以制备共轭聚合物。缩聚反应包括偶联反应、脱水缩合、成烯缩聚等方法。根据反应方式和步序，又可分为直接法(一步合成)和间接法(二步合成)。间接法得到的预聚物需通过消除、加成、异构化等方法转变为共轭结构的聚合物。

聚乙炔(PAc)可以从单体直接聚合得到，也可以从适当的高分子转变得到，用 Ziegler-Natta 催化剂在-100～80℃下，可以将乙炔转变为聚合物。当催化剂浓度较低时，聚乙炔呈凝胶或粉末状，用高浓度的催化剂可以得到聚乙炔膜。聚合温度为-78℃时，得到的聚乙炔为顺式结构，150℃下聚合则得到反式结构。顺式结构的聚乙炔经高温处理也可转化为反式结构。

聚乙炔对空气中的氧很敏感，易自动氧化。采用稀土催化剂可以提高聚乙炔的稳定性。

通常，聚乙炔的导电性与其取向程度有关。高度取向的聚乙炔经掺杂后，电导率可提高至 10^7S/cm。为了改善聚乙炔的加工性能，可以在聚乙炔链上引入取代基，以牺牲电导率为代价换取加工性。

聚对苯(PPP)通常可以采用氧化偶联法来制备。在苯溶剂中，以 $AlCl_3$、$CuCl_2$为催化剂实施苯的偶联聚合：

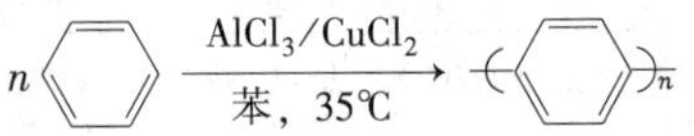

也可以采用 1，3-环己二烯为单体，在 $Al(t-Bu)_3/TiCl_4$催化下先生成聚环己二烯，然后催化脱氢，制得聚对苯。如果聚合发生在苯的间位，则生成聚间苯。它可以溶解，但导电率要低于聚对苯。

聚对苯硫醚(PPS)是一种用途广泛的耐高温聚合物，工业上是以 *N*-甲基吡咯烷酮为溶剂，将硫化钠与二卤代苯进行偶联缩合来制备的。纯净的 PPS 是优良的绝缘体，电导率为 10^{-14}S/cm。它可以溶于高沸点溶剂，可进行模塑加工，可制成纤维和薄膜。它用 AsF_5掺杂后，电导率可达 10^2~10^3S/cm。掺杂后，PPS 对水分十分敏感，电导率会迅速降低，同时使 PPS 薄膜从韧性变为脆性。

聚噻吩(PTh)采用 2，5-二溴噻吩制成格氏试剂后在 $NiCl_2$作用下进行缩聚制得：

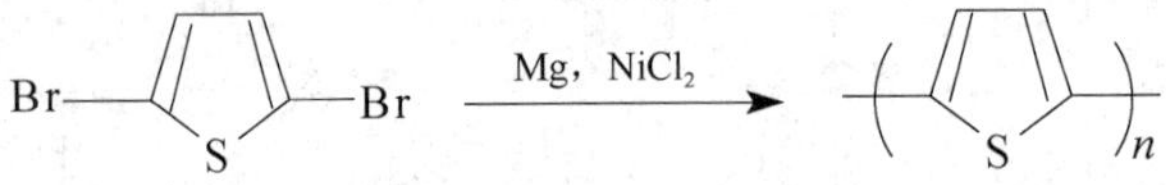

PTh 是一种很稳定的聚合物。利用其噻吩杂环上 3 位的取代反应，可以制成一系列聚取代噻吩，得到一系列具有不同溶解特性的导电材料。

用电化学方法可以在电极上直接制备共轭聚合物膜。如聚砒咯(PPy)的合成和掺杂就是通过电化学过程同时进行的，以含有 0.06mol/L 吡咯、0.1mol/L、Et/BF_4、0.1%水的乙腈作为电解液，当 0.5~1.5mA/cm^2的电流通过时，电极上就可以沉积出蓝黑色的不溶性聚合物 PPy。

PP 也很稳定，R 取代基不同、掺杂剂不同，产物电导率也不相同。对聚 *N*-烷基取代吡咯，其电导率的顺序为：H>—CH_3>—C_2H_5>—C_3H_7>—C_4H_9。

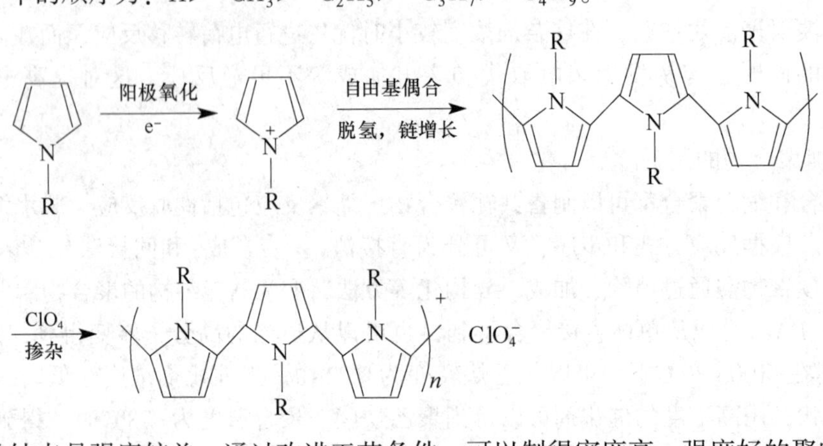

PPy 的缺点是强度较差。通过改进工艺条件，可以制得密度高、强度好的聚吡咯膜。

聚苯胺(PAn)可以通过化学氧化或电化学氧化两种方法来制备。所用的聚合方法、反应条件及反应介质不同，得到的聚合物在结构、形态和性能等方面有很大的差异。苯胺单体只有按“头-尾”方式键接才具有导电性。聚苯胺在空气中很稳定，甚至加热到300℃以上也不变化，是一种很有前途的导电高分子。用它制成的锂-聚苯胺二次电池已经商品化。

制备导电聚合物的电化学方法，一般认为属于氧化偶合反应。溶剂、电解质、反应温度和压力以及电极材料等反应条件对聚合有重要影响。水、乙腈和二甲基甲酰胺等常用作电化学聚合的首选溶剂，一些季铵的高氯酸盐、六氟化磷盐和四氟化硼盐为常用电解质。工作电压应稍高于单体氧化电位。

此外，还有一些共轭聚合物是通过高分子前聚体经过大分子反应而制得的。如聚苯乙炔(PPV)主要采用下列路线来制备：

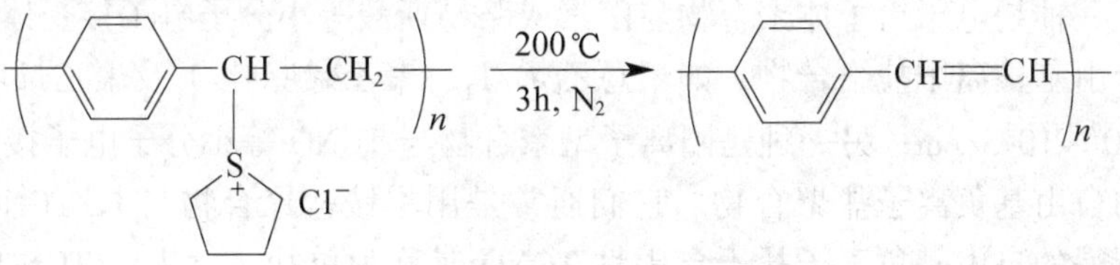

电化学聚合法也是制备导电聚合物的重要方法，吡咯在酸性水溶液中即可电化学聚合：

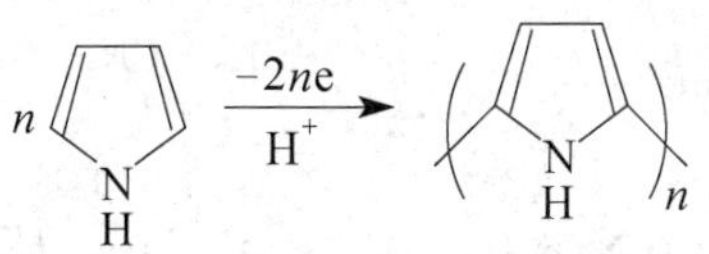

其中酸可以是盐酸、硫酸、硝酸、高氯酸等无机酸，也可以是对甲基苯磺酸、十二烷基苯磺酸等有机酸，聚合电极可以是Pt、Pd等贵金属，也可是不锈钢、热解炭等，聚合溶液中的支持电解质是KCl等。

聚苯胺也可采用电化学聚合法制备：

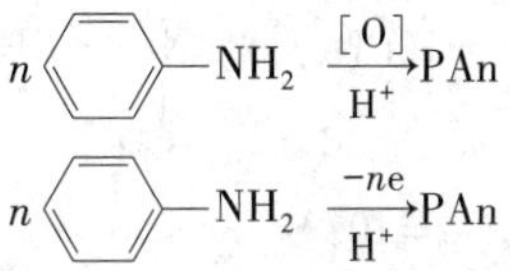

热裂解也是一种制备共轭聚合物的方法，如聚丙烯腈在200℃下可以进行热环化，在400～600℃下脱氢得到黑色梯形共轭结构，称之为奥纶，如果发生分子链间的交联，还可生成共轭网状分子。它进一步热处理就可获得高抗张的碳纤维。

由萘嵌苯四酸二酐在530℃高温下脱羧可得聚萘嵌苯，它进一步在600～1200℃的高温下脱氢可获得类石墨结构的聚萘。

2. *电荷转移络合物*

电荷转移络合物是由容易给出电子的电子给体D和容易接受质子的电子受体A之间形成的复合体(CTC)。

$$\underset{\text{I}}{D+A} \rightleftharpoons \underset{\text{II}}{D^{\delta+}\cdots A^{\delta-}} \rightleftharpoons \underset{\text{III}}{D^{+}\cdots A^{-}}$$

当电子不完全转移时，形成络合物Ⅱ，而完全转移时，则形成Ⅲ。电子的非定域化使电子更容易沿着D—A分子叠层移动，$A^{\delta-}$的孤对电子在A分子间跃迁传导，加之在CTC中由于D—A键长的动态变化促进电子跃迁，因而CTC具有较高的电导率。

高分子电荷转移络合物可分为π体系聚合物和离子盐系聚合物两大类。

π体系聚合物是主链或侧链含有π电子体系的聚合物与小分子电子给体或受体所组成

的非离子型或离子型电荷转移络合物。如共轭型聚合物与掺杂剂形成的体系就是一类 π 系聚合物。除此之外，还有一类是由带有芳香性侧基的聚烯烃与电子受体组成的体系，如聚苯乙烯/TCNQ、聚蒽乙烯/TCNB(1，2，5-三氰基苯)、聚乙烯基吡咯/四氰基乙烯等。这类体系的电导率通常都很低，而且比相应的小分子络合物的导电性差。这可能是由于侧基的 π 体系聚合物中的电子给予体取代基的间距较小，不利于络合物的形成，或电子给予体取代基与电子接受体难以形成交替分子柱，不利于载流子的迁移而造成的。

离子盐系聚合物由主链或侧链含有正离子自由基或正离子的聚合物与小分子电子受体所组成的高分子离子自由基盐型络合物。这是电荷转移型聚合物中具有较好导电性的一类。它有两种类型：一种是电子给予体聚合物与卤素或路易斯酸等小分子电子接受体之间发生电荷转移而形成自由基正离子盐络合物。如聚蒽乙烯/I_2、聚乙烯咔唑/I_2及聚乙烯吡啶/I_2等。通常导电率为 $10^2 \sim 10^3$S/cm；另一种是阳离子型聚合物与 TCNQ 等小分子电子接受体自由基负离子所形成的自由基负离子盐聚合物。它们通常是用季铵盐聚合物与 Li/TCNQ 进行交换反应制备的。所得的自由基负离子盐不含中性 TCNQ 时称为单盐，含中性 TCNQ 时称为复盐，具有较高的电导率。如：

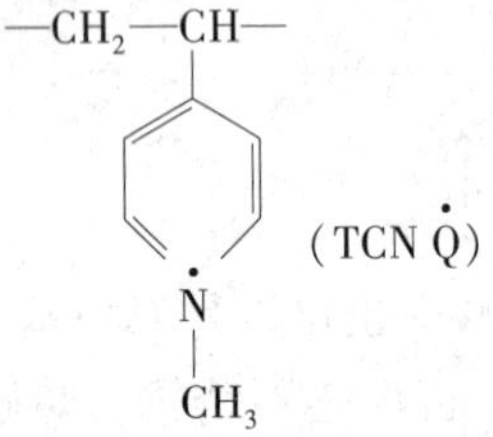

$\sigma = 10^{-2}$S/cm

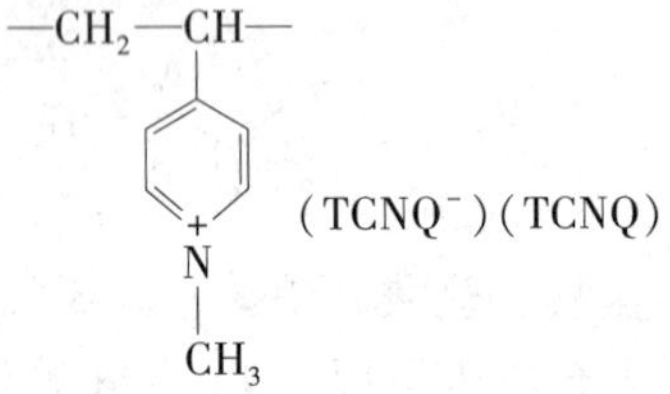

$\sigma = 10$S/cm

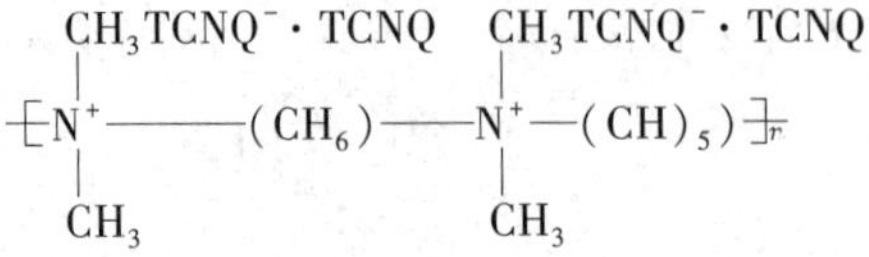

$\sigma = 10^{-1}$S/cm

它们的导电率与 TCNQ 含量有关，其含量越高，聚合物的电导率越大。

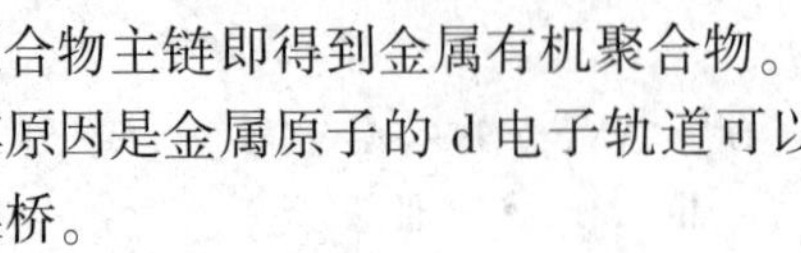

$m=2$，$\sigma = 3\times10^{-5}$S/cm

$m=3$，$\sigma = 5\times10^{-1}$S/cm

另外，复合盐的电导率比相应的单盐要大得多，通常可达 $10^4 \sim 10^7$数量级，且随加入的中性 TCNQ 量及 $TCNQ^0/TCNQ^-$比值的改变而明显变化。

3. 金属有机聚合物

将金属引入聚合物主链即得到金属有机聚合物。由于有机金属基团的存在，使聚合物的电子电导增加。其原因是金属原子的 d 电子轨道可以和有机结构的 π 电子轨道重叠，在结晶的紧邻层片间架桥。

(1) 主链型高分子金属络合物

由含共轭体系的高分子配位体与金属构成的主链型络合物，是导电性较好的一类金属有机聚合物，它们是通过金属自由电子的传导性导电的。

这类主链型高分子金属络合物都是梯型结构，其分子链十分僵硬，成型困难。

(2) 二茂铁型金属有机聚合物

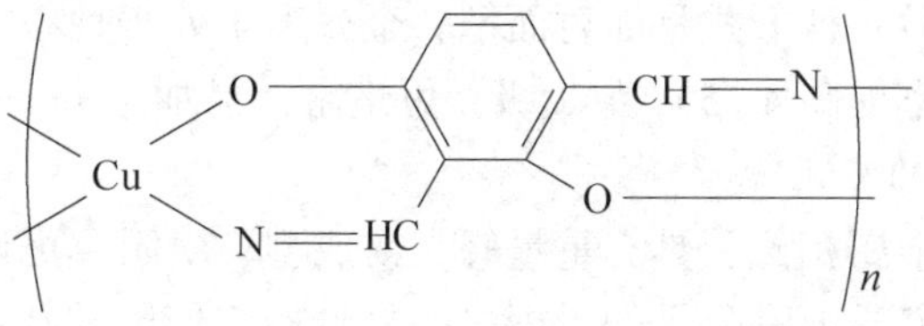

$\sigma = 10^{-5}/\Omega\cdot cm$

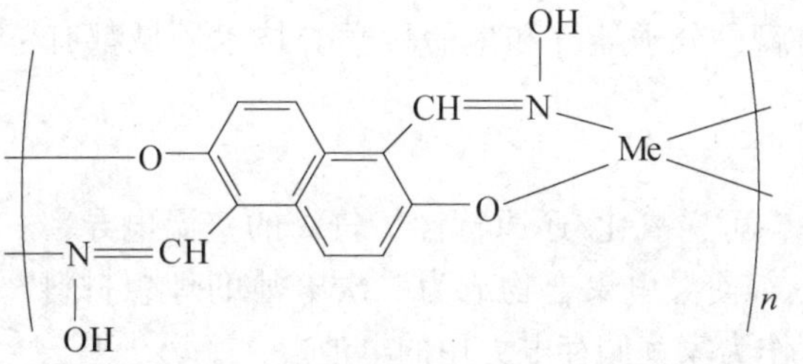

Me = Cu，$\sigma = 4\times10^{-3}$S/m

Me = Ni，$\sigma = 4\times10^{-3}$ S/m

Me = Pd，$\sigma = 4\times10^{-4}$ S/m

二茂铁是环戊二烯与亚铁的络合物。把它引入各种聚合物链中，就得到一系列二茂铁型金属有机聚合物。虽然其导电性并不高，电导率仅 $10^{-12}\sim10^{-8}$ S/cm，但若用 Ag、苯醌、IK、HBF_4、二氯二氧基对苯醌(DDQ)等温和的氧化剂部分氧化后，电子由一个二茂铁基转移到另一个二茂铁基上，形成在聚合物结构中同时存在二茂铁基和正铁离子的混合价聚合物，这样电子可直接在不同氧化态的金属原子间传递，电导率可增加 5~7 个数量级。如聚乙炔基二茂铁的电导率为 10^{-8}S/cm，经部分氧化后，电导率可增至 4×10^{-3}S/cm。通常氧化程度为70%时，电导率达到最高。主链的共轭可以使电导率大大增加，如聚乙烯基二茂铁电导率仅为 10^{-2}S/cm，部分氧化的聚乙烯基二茂铁电导率为 10^{-6}S/cm，低于聚乙烯基二茂铁。

(3)金属酞菁聚合物

金属酞菁聚合物的导电性是 1958 年 Woft 等人发现的。其分子结构中含有庞大的酞菁基团，具有平面状 π 体系结构。它与中心金属的 d 轨道相互重叠，使整个体系形成一个大共轭系统。这种大共轭体系的相互重叠导致了电子的流通，因而具有较高的导电性。如四氰基苯酞菁聚合物(M=0.5 万~1.0 万)的电导率可达 0.1~10S/cm。

金属酞菁聚合物由于基团庞大，柔性很小，故溶解性和加工性都很差，见下图，将芳香基和烷基引入聚合物后，可以制得柔性和溶解性均较好的聚合物，有可能发展为具有实用价值的导电聚合物材料。

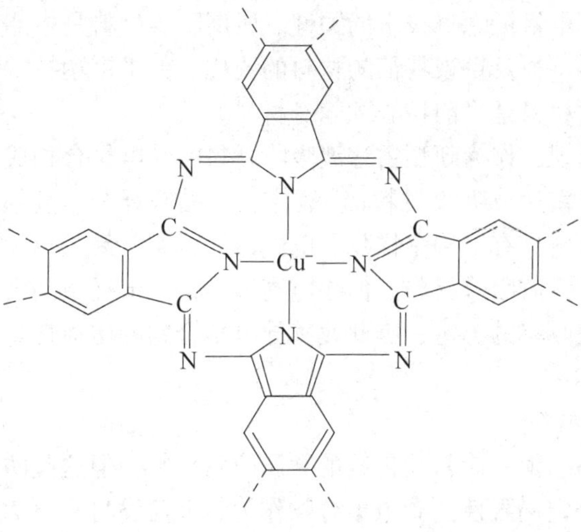

金属酞菁聚合物的另一种形式是面对面型，金属离子处于轴心。经用卤素等电子受体部分氧化后，可以使电导率提高4~5个数量级，可熔融，易加工。

4. 电子导电聚合物的应用

导电高分子材料与金属相比，具有重量轻、易成型、电阻率可调节等诸多优点，早已引起人们的普遍关注。研究导电高分子的目标之一是希望它们能够代替Cu、Au、Al等金属材料以节省资源和能源。目前，导电高分子材料在一次电池、二次电池、光电子器件、电磁波屏蔽、隐身材料、传感器、金属防腐、分子器件和生命科学等技术领域都有广泛的应用前景，有些正向实用化方向发展。

(1)二次电池

由于导电聚合物具有高导电率、可逆氧化/还原特性、较高的室温电导率、较大的比表面积(微纤维结构)和密度小等特点，使导电聚合物成为二次电池的理想材料。这类电池体积小，能量密度高，加工方便，可作为家庭储存电力用的电池。

由于聚合物电池储存容量为铅蓄电池的4倍，能量密度为其2倍以上，最大功率为其30倍，而且质量轻、容量大，可做成市场需要的任何形状，使用方便。在节能方面潜力更大，目前汽车上一般采用的蓄电池质量在15kg以上，采用聚合物电池仅有2kg，因此在交通工具上具有广泛的应用。

(2) 传感器

实践证明气体(N_2、O_2、Cl_2等)都可以看成导电聚合物的掺杂剂。同时它的掺杂具有可逆性。因此，原则上利用环境介质(气体)对导电聚合物电导率的影响和可逆掺杂/脱掺杂性能可以开发导电高聚物传感器。

(3) 电磁波屏蔽

电磁波屏蔽是防止军事秘密和电子讯号泄露的有效手段。所谓的电磁波屏蔽材料是由炭粉或金属颗粒、纤维与聚合物共混构成。虽然金属或炭粉具有高的电导率而屏蔽效率高，但是兼顾力学和电学性能却有局限性。为此，研制轻型、高屏蔽率和高力学性能的电磁屏蔽材料是军事必需的。由于高掺杂度的导电聚合物的电导率在金属范围($10 \sim 10^5 S/m$)对电磁波具有全反射的特性，即电磁屏蔽效应。尤其可溶性导电高分子的出现，使导电高聚物与高力学性能的高聚物复合或在绝缘的高聚物表面上涂层已成为可能。

(4)隐身材料

隐身材料是实现军事目标隐身技术的关键。所谓隐身材料是指能够减少军事目标的雷达特征、红外特征、光电特征及目视特征的材料的统称。由于雷达技术是军事目标侦破的主要手段，因而雷达波吸收材料是当前核心的隐身材料。

自从导电聚合物出现，作为新型雷达波吸收材料的导电聚合物成为该领域的研究热点和实用化突破点。与无机雷达波吸收材料(铁氧体、多晶铁纤维、金属纳米材料等)相比，导电聚合物雷达波吸收材料具有结构多样化、电磁参量可调、易复合加工和密度小等特点，是一种新型的、轻质的雷达波吸收材料。但导电高聚物是电损耗型的雷达波吸收材料，而磁损耗是展宽频带和提高吸收率的关键，因此改善导电聚合物的磁损耗是解决导电聚合物雷达波吸收材料实用化的关键。

(5)新型金属防腐材料

通常富锌和金属铬、铜的涂料是传统的金属防腐材料，但这些防腐材料在环境保护、资源及成本等方面都有一定局限性。导电聚合物作为新型防腐材料自20世纪90年代以来，已成为它在技术应用上的新方向。美国和德国已将导电聚合物成功应用到火箭发射支架上，更刺激了导电聚合物作为新型金属防腐材料的研制和开发。

(6)发光二极管

全塑发光二极管一直是科学家们奋斗的目标。近几年国内外研究取得了实质性进展。这种发光二极管与通常的发光二极管所不同的是可重复卷曲和不损坏。

二、离子导电聚合物

以正、负离子为载流子的导电聚合物被称为离子导电聚合物，是一类重要的导电材料。离子导电与电子导电不同。首先，离子的体积比电子大得多，因此不能在固体的晶格间自由移动。所以我们日常见到的大多数离子导电介质是液态的，离子在液态中比较容易以扩散的方式定向移动。其次，离子可以带正电荷，也可以带负电荷，在电场作用下正、负电荷的移动方向是相反的。而且各种离子的体积、化学性质各不相同，表现出的物理化学性能也千差万别。正是由于离子的特殊性，我们需要采用不同的理论和方法分析处理它们。为了帮助理解，首先简单介绍与离子导电有关的概念。

1. 离子导电和离子导电聚合物

除了我们上一节讨论提到的电子导电聚合物之外，自然界还存在另外一种导电现象，即离子导电。顾名思义，离子导电过程是在外加电场驱动力作用下，由离子的定向移动来实现的导电过程。离子是一种带有电荷的化学物质，根据其化学结构，可以分成有机离子和无机离子；根据所带电荷的不同，可以分成正离子和负离子；根据所带单位电荷的数量，还可以分成单电荷离子和多电荷离子。离子是一种化学性质非常活泼的微粒。内具有这种可以在外力驱动下相对移动的离子的物体，称为离子导电体，有这种性质的聚合物称为离子导电聚合物。

2. 离子导电过程和离子导电体的特征

与电子导电过程相比，离子导电的最大不同在于离子的体积比电子要大得多。当我们讨论电子导电过程时完全不必考虑因电子体积造成的影响，然而，对于离子导电过程，体积因素却是影响导电能力的主要因素之一。与电子相比，离子的“巨大”体积使其在固体的晶格间相对移动几乎是不可能的(也有某些例外现象)。所以，以往研究和使用的绝大部分离子导体是液态的。物体在液态时，允许其间的离子和分子在其中相对自由移动，这种运动称扩散运动。如果在外力(如液体两端外加电压)作用下，溶液中带有正、负电荷的离子能够定向移动，就会在液体中产生电流，这一过程就是液体离子导电过程，具有这种能力的液体称为离子导电液体。构成离子导电必须具备两个条件：首先是具有独立存在的正、负离子，而不是离子对，其次是离子可以自由移动。由极性分子溶剂构成的液体，因为其分子可以自由运动和旋转，易于构成溶剂合离子。溶剂合离子可以阻止正、负离子由于静电引力而复合成离子对或化合物。以水为溶剂的称为水合离子。液体的流动性是保证离子自由移动的重要条件。常见的离子导体往往是指含有独立正负离子的电解质溶液。

3. 离子导电聚合物的组成

这种材料有时叫固体电解质。高分子聚电解质种类很多，但并不都具有导电性。在固体聚电解质中，黏度相当高，离子迁移很困难，如果没有水存在，它们只能与普通塑料一样作为绝缘体使用。而在 PEO 和 PPO 交联体聚醚中，在室温下即有较高的载流子迁移率。聚醚-碱金属盐组成的络合物体系中，高密度的醚键环境促进盐的离解，保留材料的柔性。基于与盐的相互作用，高分子内聚能的减少有利于离子的运动，这种电解质叫高分子离子导体，它是由高分子母体和作为载流子源的金属盐类化合物组成。

离子导电聚合物主要有以下几类：聚醚、聚酯和聚酰亚胺。见表 7-6。

表 7-6　常见离子导电聚合物及其使用范围

名　称	缩写符号	作用基团	可溶解盐类
聚环氧乙烷	PEO	醚基	几乎所有的阳离子和一价阴离子
聚环氧丙烷	PPO	醚基	几乎所有的阳离子和一价阴离子
聚丁二酸乙二醇酯	PES	酯基	$LiBF_4$
聚癸二酸二乙醇酯	PEA	酯基	$LiCF_3SO_3$
聚乙烯亚胺	PEI	氨基	NaI

4. 聚合物离子导电的机理

对于聚合物离子导电机理，主要有以下两种说法：非晶区扩散传导离子导电和自由体积导电。

(1) 非晶区扩散传导离子导电

非晶区扩散传导离子导电是指聚合物在玻璃化温度以上，类似于高黏度的液体。当有小分子离子时，在电场作用下该离子受到一个定向力，可以在聚合物内发生一定程度的定向扩散运动，因此具有导电性，呈现出电解质的性质。随着温度的提高，聚合物流变性等性质愈显突出，离子导电能力也得到提高，但其机械强度有所下降。在玻璃化温度以下，聚合物的流变性质类似于普通固体，离子不能在其中作扩散运动，因而电导率很低，且基本不随温度变化，不能作为电解质使用。

(2) 自由体积导电说

根据自由体积理论，在一定温度下聚合物分子要发生一定幅度的振动，其振动能量足以抗衡来自周围的静压力，在分子周围建立起一个小的空间来满足分子振动的需要。这个来源于每个聚合分子热振动形成的小空间被称为自由体积。当振动能量足够大，自由体积可能会超过离子本身体积。在这种情况下，聚合物中的离子可能发生位置互换而发生移动。如果施加电场力，离子的运动将是定向的。利用自由体积进行扩散运动，产生的自由体积需要超过离子自身的有效体积才能完成。因此自由体积越大，越有利于离子的扩散运动，从而增加离子导电能力。离子自由体积理论成功解释了聚合物中离子导电的机理和导电能力与温度的关系。

5. 离子导电聚合物的制备

(1) 聚环氧类聚合物

是最常用的聚醚型离子导电聚合物，制备主要以环氧乙烷和环氧丙烷为原料。在环氧化合物开环聚合过程中，由于起始试剂的酸性和引发剂的活性不同，引发、增长、交换(导致短链产物)反应的相对速率不同，对聚合速率、合成产品相对分子质量的分布造成比较复杂的影响。比如，环氧丙烷的阴离子聚合反应存在着向单体链转移现象，导致生成的聚合物相对分子质量下降。对此常采用阴离子配位聚合反应制备聚环丙烷，引发剂可以使用 $ZnEt_2$ 与甲醇体系。

(2) 聚酯和聚酰胺

聚酯和聚酰胺是除了聚醚之外的常见离子导电聚合物，其中乙二醇的聚酯性能比较好。

一般由缩聚反应制备。采用脂肪二元酸和二元醇进行聚合得到的是线型聚合物，生成的聚合物柔性较大，玻璃化温度较低。同样，二元酸衍生物与二元胺反应得到的聚酰胺也有类似的性质。

除了上面提到的几种类型的离子导电聚合物之外，最近还报道了聚叠氮磷型聚合物，也有较好的导电性。

6. 离子导电聚合物的应用

离子导电聚合物最主要的应用领域是在各种电化学器件中替代液体电解质使用，虽然目前生产的多数聚合电解质的电导率还达不到液体电解质的水平，但是由于聚合电解质的机械强度较好，可以制成厚度小、面积很大的薄膜；因此由这种材料制成的电化学装置的结构常数可以达到很大数值，使两电极间的绝对电导值可以与液体电解质相比，完全满足实际需要。例如，按照目前的研制水平，聚合电解质薄膜的厚度一般为10~100μm，其电导率可以达到100S/cm。目前固体电解质主要在以下领域获得应用。

(1) 在全固态和全塑电池中的应用

全固态电池由于彻底消除了腐蚀性液体，因此其质量轻、体积小、寿命长的特点得以体现。全塑电池是将电池的阴极、阳极、电解质和外封装材料全部塑料化(高分子化)，大大减小质量和降低对环境的污染。在上述两类电池中，都可以利用高分子材料的良好机械性能和易于加工性能，将电极和电解质全部加工成膜状，然后，一次叠合组装成目标形状。膜状的聚合物电解质具有电导高(厚度小)、承载电流大(面积大)、单位能量体积小(用量小)等特点。还可以很容易地制成诸如超薄、超小电池。目前离子导电聚合物已经在锂离子电池等高容量、小体积电池制造中获得应用。

(2) 在高性能电解电容器中的应用

电解电容器是大容量、小体积的电子器件。将其中的液体电解质换成高分子电解质，可以大大提高器件的使用寿命(没有挥发性物质)和增大电容容量(可以大大缩小电极间距离)。此外，还可以提高器件的稳定性，从而达到提高整个电子设备稳定性的目的。

(3) 在化学敏感器研究方面的应用

很多化学敏感器的工作原理是电化学反应，在这类器件制备过程中，采用聚合物电解质有利于器件的微型化和可靠性的提高。采用离子导电聚合物作为固体电解质已经在二氧化碳、湿度等敏感器制备中获得应用。

与其他类型的电解质相比较，由这些离子导电聚合物作为固态电解质构成的电化学装置有下列优点。

① 容易加工成型，机械性能好，坚固耐用。

② 防漏、防溅，对其他器件无腐蚀之忧。

③ 电解质无挥发性，构成的器件使用寿命长。

④ 容易制成结构常数大，因而能量密度高的电化学器件。

由固态电解质制成的电池特别适用于像植入式心脏起搏器、计算机存储器支持电源、自供电大规模集成电路等应用场合。由固态聚合电解质和聚合物电极构成的全固态电池也已经进入实用化阶段。

当然，出于技术方面的限制，目前已经开发出的离子导电聚合物作为电解质使用也有其不利的一面。主要表现如下：在固体电解质中几乎没有对流作用，因此物质传导作用很差，不适用于电解和电化学合成等需要传质的电化学装置。

如何解决固体电解质与电极良好接触问题要比液态电解质困难得多。由于电极和电解质两固体之间表面的不平整性，导致实际接触面积仅有电极表面积的1%左右。给使用和研究带来不便。特别是当电极或者电解质在充放电过程中有体积变化时，问题更加严重，经常会导致电解质与电极之间的接触失效。

目前开发的固态电解质其常温离子导电能力一般相对比较低，并要求在较高的使用温度下使用。低温聚合固体电解质目前还是空白。

第八章　磁性高分子材料

第一节　概　　述

一、磁性材料的发展史

几千年前，我们的祖先发现磁石可以吸引铁的现象，并在世界上最先发明用磁石指示方向和校正时间，这一发明对航海业的发展起着重要的推动作用。随着社会发展和科技进步，磁性材料已经形成了一个庞大的家族。

磁性材料是当前仅次于半导体材料的在高新技术与传统技术中都具有广泛应用的一类功能材料。其应用已经从传统的技术领域发展到高新技术领域，从社会生产扩大到百姓家庭，从单纯的磁学范围扩展到与磁学相关的交叉学科领域。磁性材料可用于制作变压器、马达、扬声器、磁致伸缩振子、磁记录介质、各类传感器、阻尼器、磁场发生器、电磁吸收体等各种各样的磁性器件。各种器件广泛应用于制造汽车、微机、音响设备、电视机、录像机、电话、洗衣机、吸尘器、电子钟表、电冰箱、空调、电饭锅、电表等产品。

在磁性材料的发展史上，长期为含铁族或稀土金属元素的合金和氧化物等无机磁性材料所独占。20 世纪 50 年代以前为金属磁体一统天下；50~80 年代为铁氧体的兴盛时代，除电力工业以外，各应用领域中以铁氧体为主要磁性材料；90 年代以来，纳米结构的金属磁性材料崛起。

但是，由于传统的磁性材料必须经过高温冶炼的过程，而且密度大、韧性差、硬度高、加工成型困难、磁损耗大等原因使传统的无机磁性材料在高新技术和尖端科技的一些方面受到了很大限制，如电子工业的微型化，空间动力系统、宇宙航行控制系统的轻型化，以及一些复杂形状的磁性器件的制备等。为了克服加工性能上的困难，人们设想把磁性粉末混炼或填充到合成橡胶和塑料树脂中，制成复合型高分子磁性材料。有机磁性材料结构种类多样，可用化学方法合成，可得到磁性能与机械、光、电等方面结合的综合性能，具有磁损耗小、质轻、柔韧性好、加工性能优越等优点，在超高频装置、高密度存储材料、吸波材料、微电子工业和宇航等需要轻质磁性材料的领域有很大的应用前景。

一般的有机化合物，其组成原子之间以电子对形成共价键，因此不显示磁性(即反磁性)。常见的高分子和磁性材料虽然有很多重要的关系，例如，磁带、磁盘、橡胶磁石等，但在这些材料中，高分子化合物只是作为磁性金属的分散基材而被利用。

与有机化合物不显示磁性的固有概念相反，有机磁性材料作为一种全新的磁石诞生，其研究设计的范围很广，既有以过渡金属离子为自旋源的络合物，也有金属离子与以有机自由基为配基的复合体，以及纯有机自由基分子。例如，Miller、Epstein 等开发的十甲基二茂铁 · 四氰乙烯在居里温度 $T_c=4.8K$ 以下是强磁性体。还有一些关于低分子有机自由基结晶的报道，但由于其分子间的相互作用是以分子间空间为介导的，T_c 一般都很低，在 2K 以下。

- 无机磁性材料
  - 合金磁性材料
    - 合金软磁材料
      - 坡莫合金
      - 硅铁合金
      - 磁介质
    - 合金永磁材料
      - MnAlC 合金永磁
      - Co 钢
      - AlNiCo 磁钢
      - 稀土永磁材料
      - 黏结(塑性)稀土永磁材料
    - 合金半永磁材料
      - 磁带电机转子、存储器
      - 电子开关
    - 合金矩磁材料
      - 金属磁性薄膜
      - 合金磁矩
    - 合金磁致伸缩材料
  - 铁氧体磁性材料
    - 铁氧体软磁
    - 铁氧体永磁
    - 铁氧体旋磁
    - 铁氧体矩磁
    - 铁氧体压磁
    - 塑性(黏结)铁氧体永磁
    - 塑性(黏结)铁氧体软磁
    - 铁氧体吸波材料

二、物质的磁性

1. 磁性来源

物质的磁性是指其在外磁场 H 中能够感应出磁矩的性能。物质磁性的强弱可由磁化强度 M 来表示。M 的定义为单位体积中的磁矩矢量总和。物质内的磁感应强度 B 定义为：

$$B=\mu_0 H+M$$

式中，μ_0为真空磁导率，其值为 $4\pi\times10^{-7}$H/m，磁场强度和磁化强度单位是 A/m，磁感应强度单位为 T(Tesla)。

另外，磁化率$\chi=M/H$，反映了物质磁化的难易程度。

磁导率为：$\mu=B/\mu_0 H$ 根据χ 的大小，物质可分为抗磁性、顺磁性、反磁性、铁磁性、亚铁磁性五大类。其中顺磁性物质的磁性很弱，其磁化率χ 在 $10^{-6}\sim10^{-3}$数量级；铁磁性和亚铁磁性的磁化率χ 在 $10^{-6}\sim10$ 数量级，一般统称为强磁性。

物质所呈现的磁性，一般来源于电子自旋磁矩、原子轨道磁矩、原子核自旋磁矩和分子转动磁矩。其中原子核自旋磁矩只有电子自旋磁矩的几千分之一，而固体分子的转动磁矩也非常小，所以起主要作用的是电子自旋磁矩和原子轨道磁矩。顺磁性和铁磁性物质的磁性，主要来源于电子自旋磁矩。凡是过渡族元素，自由基和三线态中的未成对电子均具有顺磁性。未成对电子的交换作用可产生强磁性；若未成对电子自旋同向排列，可形成磁畴，从而产生铁磁性。通常实用的磁性材料属于强磁性物质。

2. 聚合物的电子磁性

无论分子是否具有永久磁矩，在磁场中都要产生一些与磁场方向相反的诱导磁矩，这是材料表现逆磁性的原因，为物质的本征性质，其磁化率为负值，且数值较小。而自旋顺磁性则与未成对电子的存在有关。电子自身是一个小磁石，有一个磁偶极，具有玻尔磁子β，没有构成电子对的分子即为一永久磁偶极，即顺磁性分子，其磁化率χ_{para}为正值。当未成对子属于定域态或较少离域(不饱和键、自由基等)，无相互作用时，则顺磁磁化率服从下列居里定律：

$$\chi_{para}=\frac{N \cdot g\mu_B^2}{3\kappa T}$$

式中，N是观测自旋数；g是平均朗德因子；μ_B是玻尔磁子；k是 Boltzmann 常数；T是绝对温度。

当未成对电子在导带中离域时，其磁化率χ_p则服从 Pauli 定律：

$$\chi_p=\mu_B^2 n(\varepsilon_F)$$

其中$n(\varepsilon_F)$是 Fermi 能级ε_F的态密度。

在掺杂半导体中，由于轨道顺磁性大于电子顺磁性，其磁化率便服从朗道定律：

$$\chi \approx -\frac{1}{3}\chi_p$$

顺磁性分子的磁偶极在磁场中的定向是服从 Boltzmann 分布的，其平均分子数N与磁化强度J的关系是：

$$J=\frac{N}{3kT}S(S+1)g^2 \cdot \mu_2^B H$$

而磁化率χ和N的关系是：

$$\chi=\frac{NS(S+1)g^2 \cdot \mu_B}{kT}=\frac{C}{T}$$

χ和T的倒数的关系就是 Curie 定律。

设磁偶极S_i、S_j间的相互作用为 I，当它大于热能时，磁偶极可定向排列形成磁畴。若 I 为负值，则使磁偶极排列平行一致，形成强磁性，如图 8-1(b)所示。其χ值与顺磁性相比，有较大差别，强磁性随温度的变化服从居里-外斯定则：

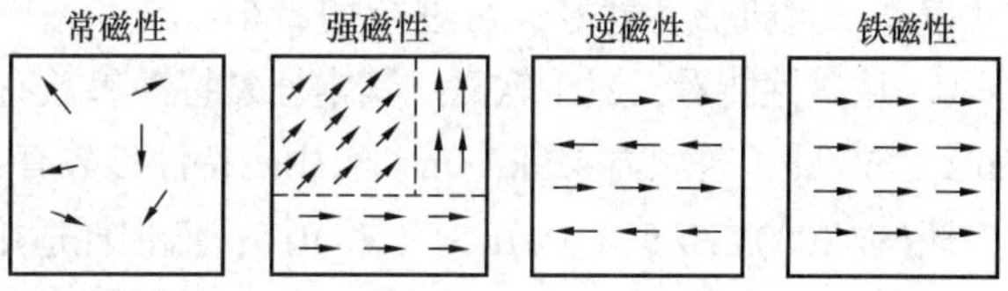

图 8-1　物质磁性和自旋状态的关系

$$\chi=\frac{1}{T-T_c}$$

式中，T是绝对温度，K；T_c是转变温度，即居里点，K。

当$T<T_c$时属强磁性；当$T>T_c$时，属顺磁性。

当I为正值时，磁偶极为反平行方向排列，则呈现逆磁性，如图 8-1(c)所示；当磁偶极具有不同定向小区时，其排列如图 8-1(d)所示，此为铁磁性。

三、磁性高分子材料分类

磁性高分子材料通常可分为结构型磁性高分子材料和复合型磁性高分子材料。

1. 结构型磁性高分子

结构型磁性高分子是指不用加入无机磁性物，高分子结构自身具有强磁性的材料。结构型磁性高分子材料按基本组成可分为纯有机磁性高分子和金属有机磁性高分子。由于此类材料密度小、电阻率高，其强磁性与传统无机磁性材料很不相同，具有重要的理论意义和广阔的应用前景。结构型的磁性高分子还处于探索阶段。

2. 复合型磁性高分子材料

复合型磁性高分子材料是指以高分子材料与各种无机磁性物质通过混合黏结、填充复合、表面复合、层积复合等方式加工制得的磁性体，可分为粘接磁铁、磁性高分子微球和磁性离子交换树脂等。复合型磁性高分子制造工艺如图 8-2 所示。

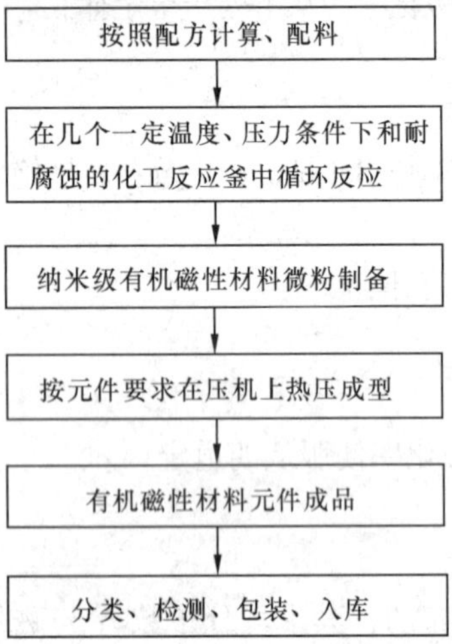

图 8-2　复合型磁性高分子制备工艺

四、磁性高分子材料的性能特点

由于高分子有机磁性材料既属于高分子有机材料，又属于磁性材料，对这类材料的研究属于交叉科学，人们对这类新型材料的研究和认识尚处于起步阶段，因此尽管专家们已对其进行了多方面的测量、试验和分析、研究，但对其特性的认识仍很不系统、很不准确、很不全面。从现已了解到的一些测试数据和分析情况可以初步看出其主要的性能特点。

① 该材料是采用高分子化工工艺制成的，如高分子再加上二茂铁的络合物，相对分子质量高达数千。

有机物的主要构成元素是碳、氢、氮，结构和化学性能十分稳定。将磁粉加工制成磁性元件，不需烧结，只需热压成型，加工方便，元件属塑性软磁产品，不产生因高温烧结而导致的尺寸偏差，且机械特性好，可进行切、车、铣、钻等机械加工，机械的抗振动、抗冲击性好。

② 从磁性能看，属于软磁。其本征磁特性参数有：比磁化强度为 20~27A · m^2/kg，剩磁为 2.91A · m^2/kg，矫顽力 4.9kA/m。应用磁特性参数有：初始磁导率 μ_i（在 1000MHz 时）为3~6，比磁损耗（在 1000MHz 时）$tg\delta/\mu_i$ 为 2.7×10^{-3}；低损耗适用频率范围为200~3500MHz。

③ 介电特性较好。电阻率≥$10^{10}\Omega$ · cm，在 1~1000MHz 下，复数介电常数的实部 ε' 为 8.2~8.3，虚部 ε'' 为 0.21~0.22。

④ 其他物理特性有：密度低，磁粉（为纳米级微粉）密度为 0.33g/cm^3，磁片或磁环密度为 1.05~2.05g/cm^3；适应温度宽，为 1.5~450K；温度变化率低，$\Delta\mu/\mu_i$ 在-55~15℃间为 -0.4%，在 55~125℃间为 1.4%；耐热冲击好，在-45℃、20℃及 125℃间循环升降温及从-45℃到 100℃剧烈温度冲击下磁棒无异常；抗辐射；抗老化等。

⑤ 目前对高分子有机磁性材料的分子结构和产生磁性的机理尚不清楚。随着材料温度的升高，磁性能变化很小，直到 220℃该种高分子有机材料分解时，磁性能才消失，研究者暂时将此温度称作此种材料的居里温度。有关专家估计，二茂金属高分子有机磁性材料的磁性，可能是源于磁性金属离子的有序排列，由于高分子有机材料的结构非常稳定，所以磁性能随温度的变化很小，直到高分子有机材料分解破坏时磁性才立即消失，几乎无渐变过程。

第二节 结构型磁性高分子的分子设计

含有自由基的有机化合物属于非封闭型电子结构，带有不成对电子，这是构建磁性分子的基本出发点。一般情况下，自由基是不稳定的，但如果有立体位阻高的置换基来保护它，或使它处于共振系统，则能延长自由基寿命。典型的自由基分子如：

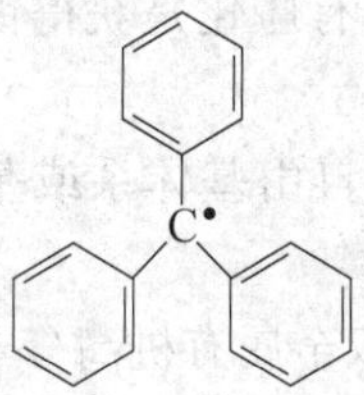
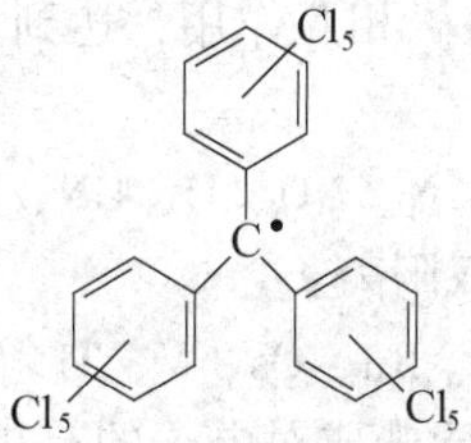
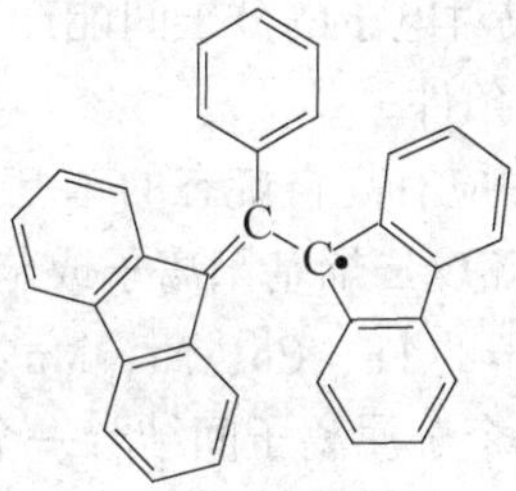

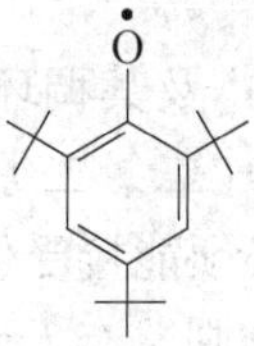
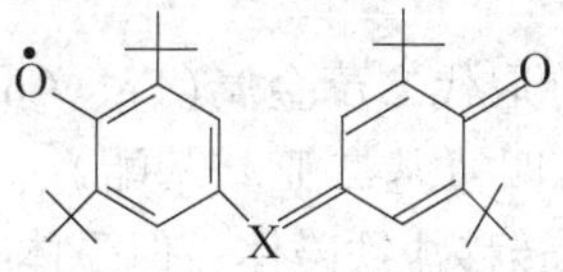

X=CH, N, C—C_6H_5

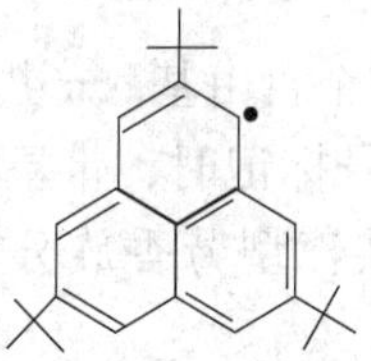
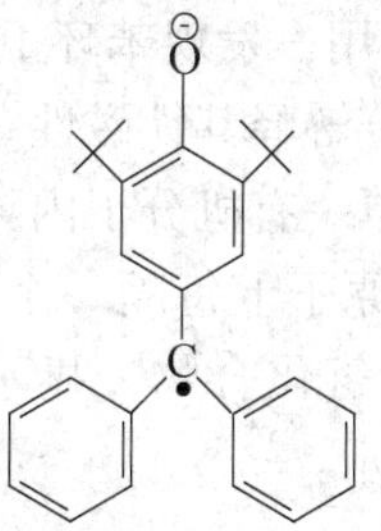
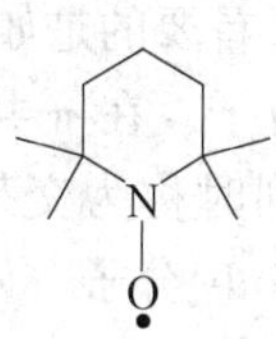

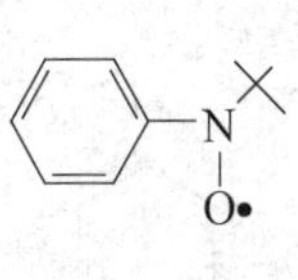
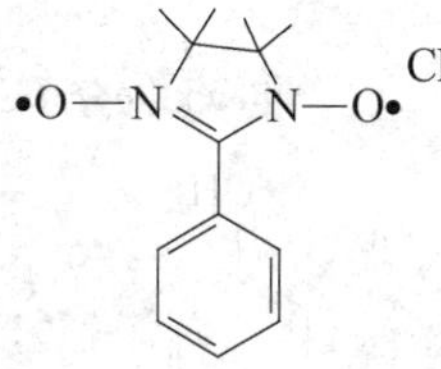
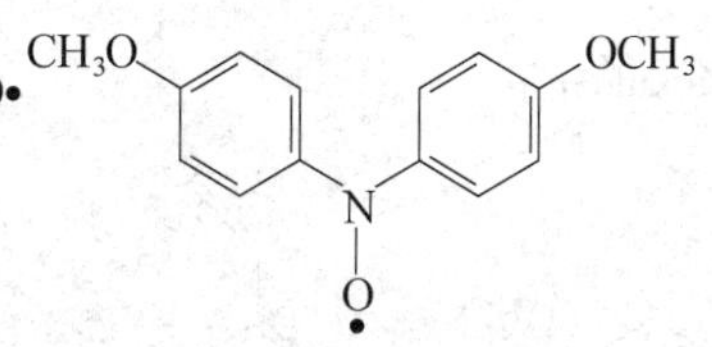

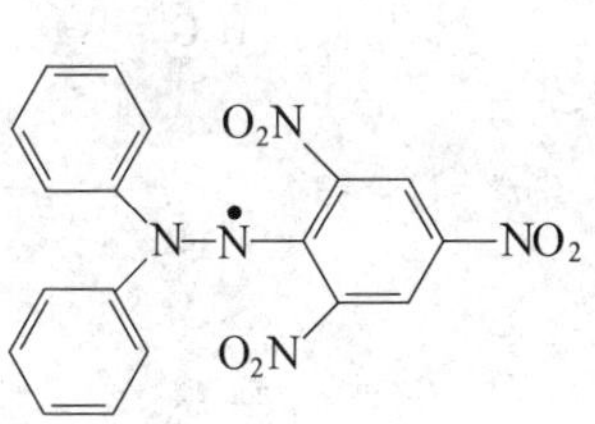
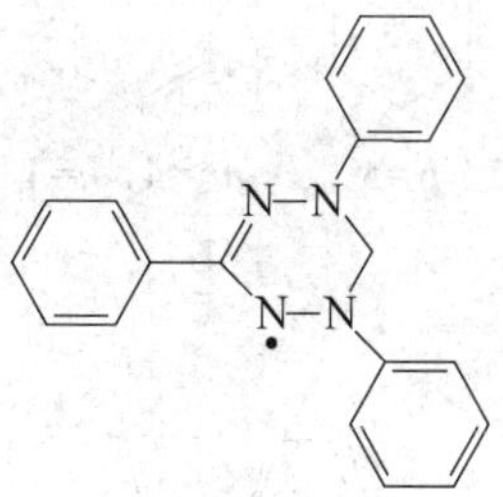

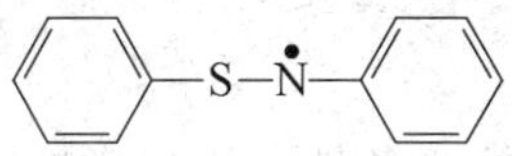
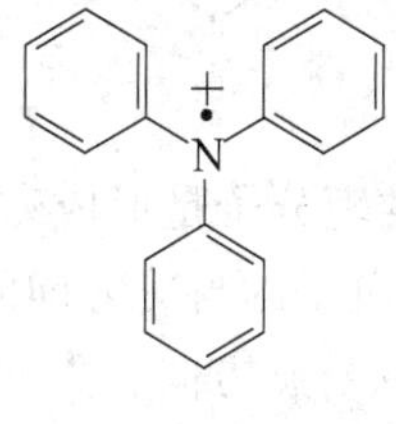

一、磁性高分子的设计原则

磁性材料的磁性主要来自于电子自旋。但有机分子中，电子往往成对出现，每对电子自旋方向相反，因而不显示静磁性，表现为抗磁性效应。这样以碳为主的有机化合物虽然约有500万种，但其中呈顺磁性的却很少。要想制备分子的(而不是原子的)高分子磁性体，必须遵循以下设计准则。

① 含未成对电子的分子间能产生铁磁相互作用，达到自旋有序化是获得铁磁性高分子的充分和必要条件。

② 分子中应有高自旋态的苯基，含N、NO、O、CN、S等自由基体系或基态为三线态的4π电子的环戊二烯基阳离子或苯基双阳离子。

③ 3d电子的Fe、Co、Ni、Mn、Cr、Ru、Os、V、Ti等含双金属有机高分子络合物是顺磁体，若使两个金属离子间结合一个不含未成对电子的有机基团，则可引起磁性离子 M_1M_2 间的超交换作用而获得铁磁体。

④ 按电荷转移模式设计的对称取代二茂金属(Fe、Co、Ni)及其稠环高分子化合物，与受体TCNE(四氰基乙烯)、TCNQ(四氰基二亚基苯醌)、DDQ(二氯二氰基苯醌)、$TCNQF_4$(四氟代TCNQ)等作用可生成电荷转移盐铁磁体，但受体A必须能接受供体D的一个电子，并形成 $D^+A^-D^+A^-$ 交替排列的有序结构。但要达到上述设计准则，有人研究了聚双(二茂金属)苯的中心金属原子间电子的相互作用，发现苯环上间位取代比对位取代的二茂金属化合物更有利于自旋交换，这一发现可充分解释其铁磁性。

设计磁性高分子首要的是如何在单一有机分子内导入多个自由基。π共轭分子分为交替型和非交替型共轭分子。在π共轭碳原子上每隔一个作星号标记时，带星号和不带星号的碳原子正好交替排列时称为交替型碳氢化合物，显示π共轭型芳香族分子的特征，分为Kekulé分子和非Kekulé分子，如下所示：

交替型：

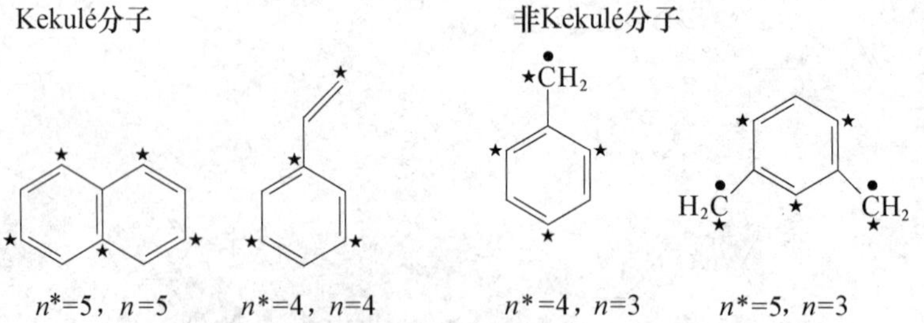

非交替型：

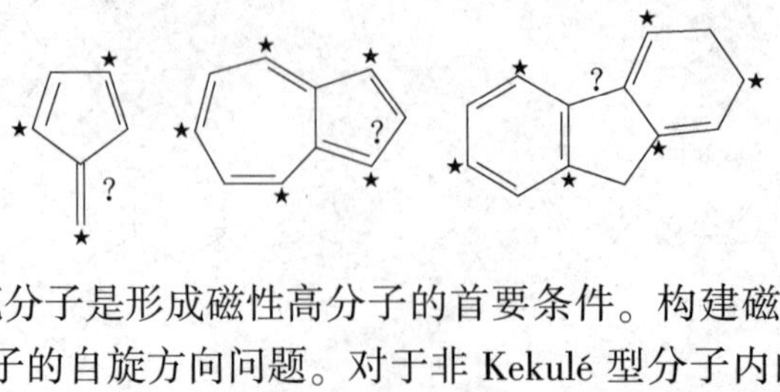

非Kekulé型π共轭分子是形成磁性高分子的首要条件。构建磁性高分子的第二个前提是，分子内的不成对电子的自旋方向问题。对于非Kekulé型分子内的不成对电子数(NBMO数)及其不成对电子的自旋方向，人们提出了以原子价键法和分子轨道理论为基础的计算设想。有人应用古典的 Heisenberg 模型，提出带星号的碳原子数 n^* 与不带星号的碳原于数 n 之差($n^*>n$)为非 Kekulé 型分子的自旋量子数 S。

$$S=(n^*-n)/2$$

用 π 电子间的交换积分为负时的自旋极化原则也能说明上述设想。π 共轭分子内的自由基或多或少地非定域化，在 π 共轭系统内产生自旋密度分布。也就是说，根据自旋极化原则，自由基的不成对电子的自旋(如 α-自旋，用朝上箭头表示)，在与其共轭的相邻的碳原子 p 电子上诱导出较弱的反向自旋密度(β-自旋，用朝下小箭头表示)。而在更相邻的碳原子上诱导出更弱的 α-自旋。如此类推，自旋密度在 π 共轭系统中上下传递。自旋信息经过在 π 共轭系统中上下传递后，右下方的自由基不成对电子的自旋方向也朝上。

p, p′-二取代物

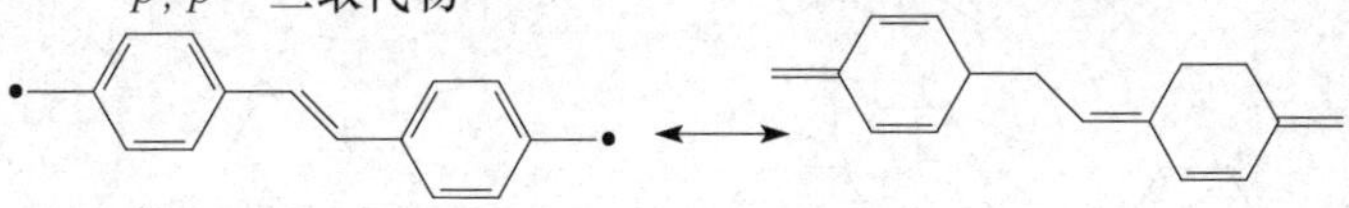

o, p′-二取代物

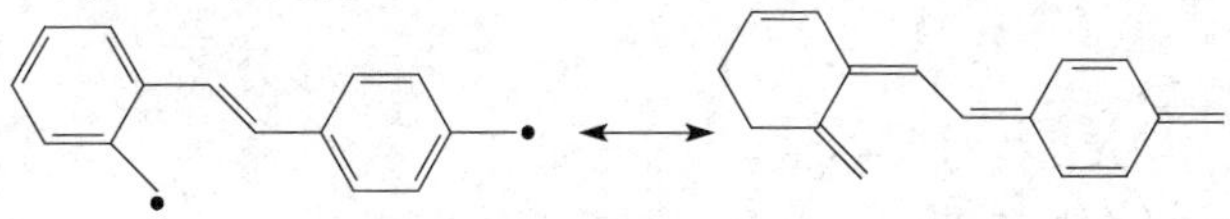

m, o′-二取代物

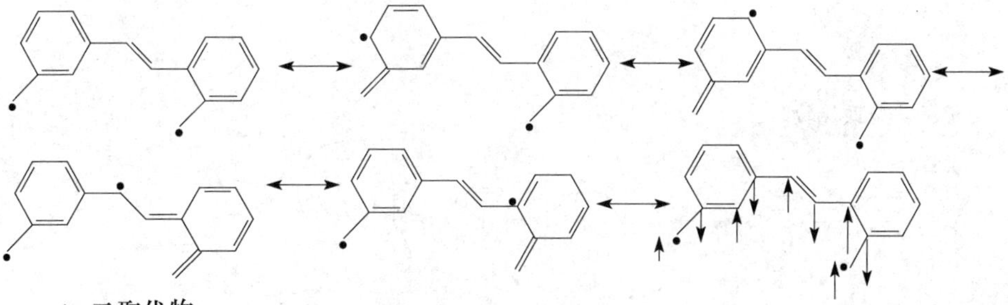

m, m′-二取代物

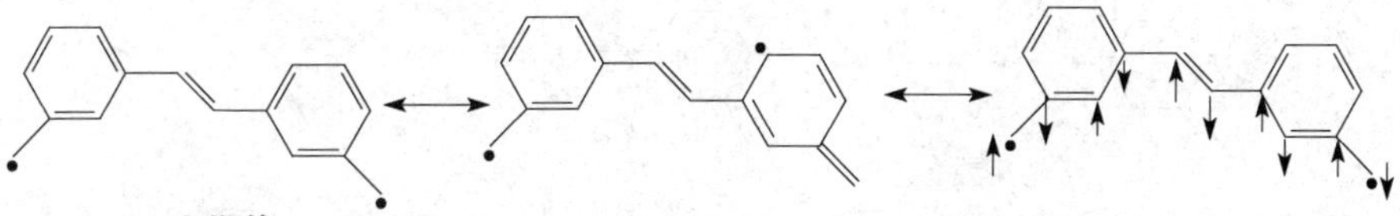

m, p′-二取代物

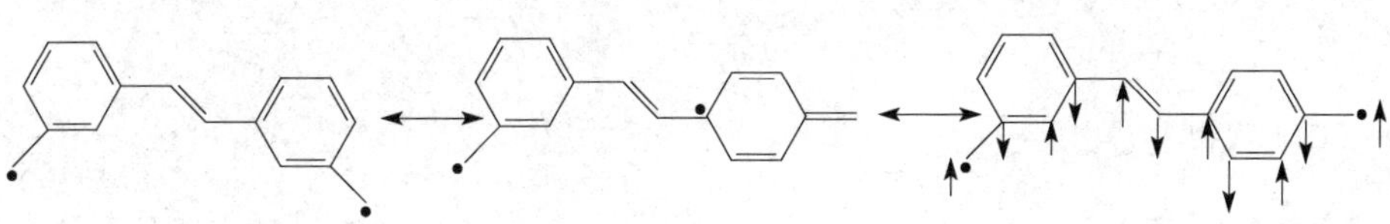

用分子轨道理论也可定性地预测自旋是否定向排列。从带有 1 个不成对电子的分子轨道的结合方式，用 Borden 法则能有效地预测基态(在此为自旋定向排列的高自旋状态)和其上面的激发态之间的能量差(ΔE)。用 Borden 法则对二苯乙烯加以解说。用各个自由基的共振势能描绘的移动范围，简单地显示了 NBMO 的扩展。非 Kekulé 型苯乙烯双自由基 m，m'-二取代物中，两个 NBMO 在分子内各自处于孤立状态(称为 disjoint)，由于不成对电子间不存在相互作用，三线态和单线态基本上退缩($\Delta E_{T\text{-}S}\sim 0$)。而 m，o'-和 m，o'-二取代物属于 Kekulé 型异构体，在这两个异构体中，NBMO 相互重叠(称为 non-disjoint)，两个不成对电子之间产生有效的交换相互作用，产生库仑斥力。因此，不成对电子根据 Hund 法则进入不同的轨道，自旋定向排列的三线态呈稳定状态($\Delta E_{T-S}>0$)。

m, m′ – 二取代物

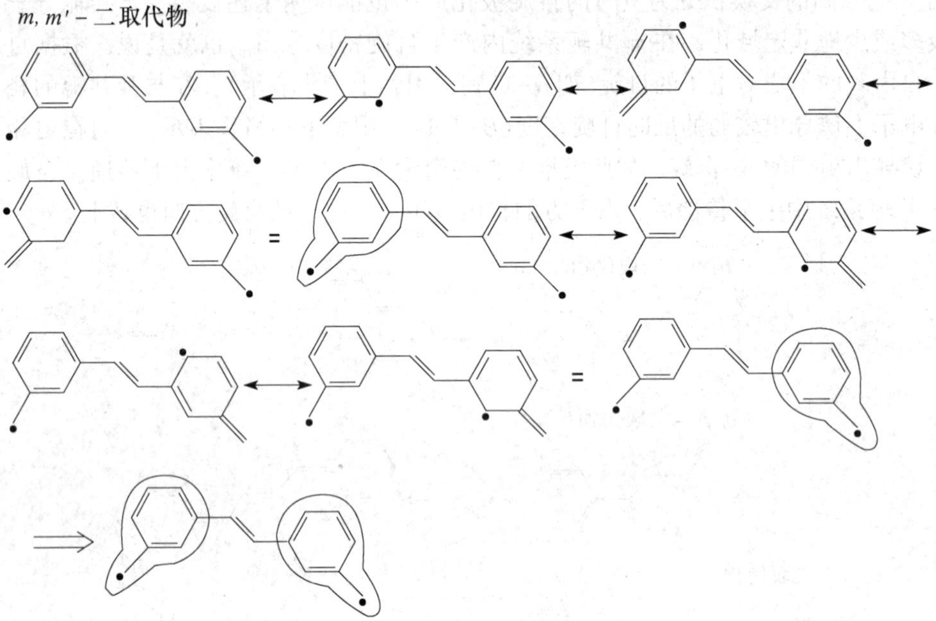

m, o′ – 二取代物

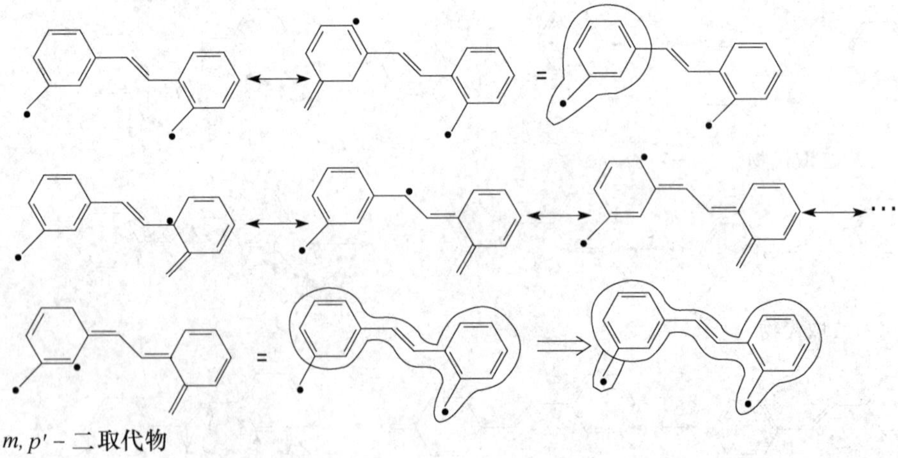

m, p′ – 二取代物

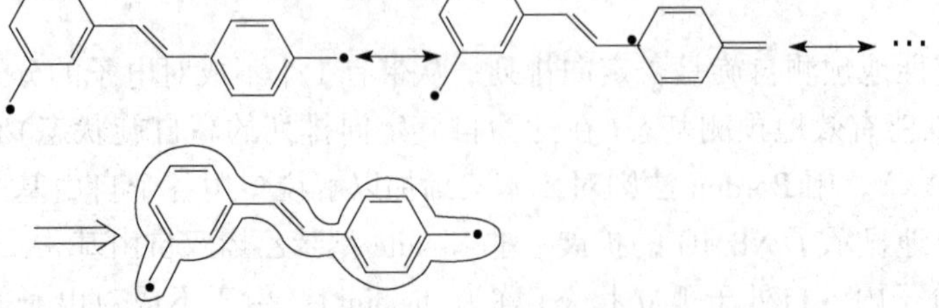

如上所述，合成非 Kekulé 型同时自由基取代位置满足 non-disjoint 要求的 π 共轭型聚自由基，可实现与高分子内的自由基数(聚合度×自由基产生率)相等的自旋定向排列数，也就

是说能实现大的 S。非 Kekulé 型同时满足 non-disjoint 的三线态($S=1$)分子以及从此派生的高自旋高分子的骨架结构如图 8-3 所示。

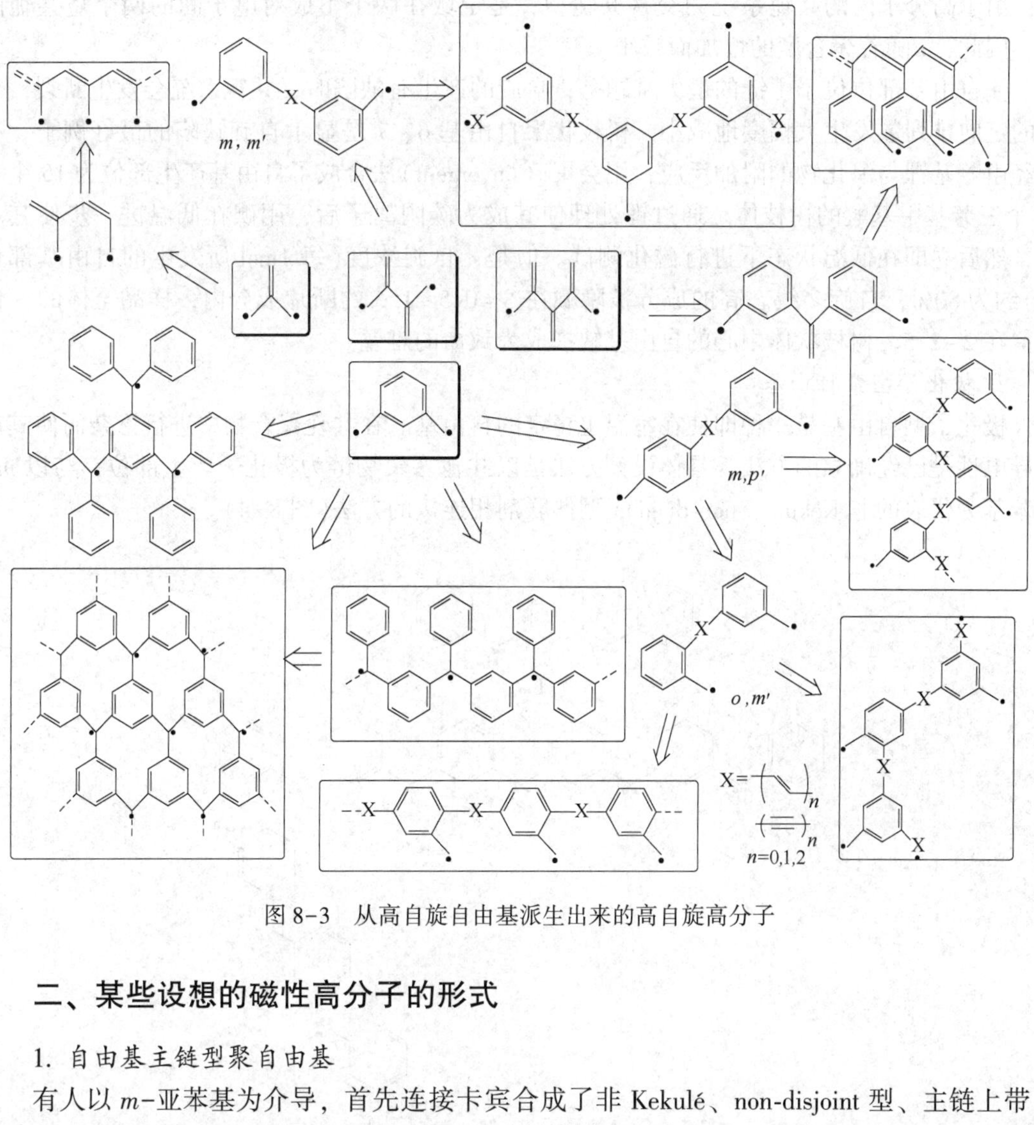

图 8-3　从高自旋自由基派生出来的高自旋高分子

二、某些设想的磁性高分子的形式

1. 自由基主链型聚自由基

有人以 m-亚苯基为介导，首先连接卡宾合成了非 Kekulé、non-disjoint 型、主链上带自旋的强磁性聚自由基。卡宾带有两个不成对电子退缩的垂直轨道，其自身就已经处于三线态($S=1$)。将处于基底五线态状态($S=2$)的 m-亚苯基双卡宾 1 扩张为直线状的寡聚卡宾 2 后，经 SQUID 磁化测试得知，$S=5$(实际测试值与图 8-3 的磁化曲线 $S=5$ 一致)。在 5 个卡宾单位之间实现了 10 个自旋强磁性排列。而对于向 3 个方向延伸的九卡宾 3，确认到有 18 个自旋定向排列(基底 19 线态、$S=9$)。人们首次制备出了 3d 过渡金属离子或 4f 镧的自旋多线态，例如具有 Fe^{3+} 的 $S=2.5$、Gd^{3+} 的 $S=3.5$ 以上的自旋多线态的强磁性有机分子，$S=3.5$ 以上的自旋多线态的强磁性有机分子，但是卡宾的稳定性非常差，必须在极低温才能使固相样品的一部分产生磁性。

有人以三芳甲基自由基为目标，进行了自由基主链型聚自由基的合成。三芳甲基自由基和卡宾的自旋源一样，属于碳自由基。虽然化学稳定性比卡宾差，但在溶液中也能产生自由基，进一步合成了三芳甲基自由基经 *m*-位连接的星型十二自由基 4，其 $S=5$。

以刚性而且短的 *m*-亚苯基为非 Kekulé、non-disjoint 型偶联剂，使两个不成对电子(卡宾除外，是不成对电子)连接，可使分子内产生强磁性作用，交换相互作用系数 *J* 场强。但是，由于高分子内的共轭系统为交替共轭型，是定域在两个不成对电子间的两个短共轭的和，因此，*J* 随着聚合度的增加而减小。

使自由基部位位于主链的最大难题是，自旋的产生有缺陷时，共轭系统会发生断裂，自旋的定向排列数发生大幅度地减小。树枝状聚自由基 6、7 是显示自旋缺陷的最好例子。有人经由芳基锂与溴化物的附加反应，用会聚(Convergent)法合成了自由基产生部位为 15 个和 31 个三芳基甲基醚的树枝体。通过锂处理使其成为碳阴离子后，用碘在低温进一步使其氧化，然后立即在低温状态下进行磁化测试。但是，自旋浓度(每 1mol 所发生的自由基部位数)约为 80%，自旋多线态高的成分被隐藏在 $S=0.5\sim1.5$ 的断片成分内，样品全体的 *S* 值停留在 2~2.5。树枝状体中心的自由基缺损成为致命的难题。

2. 极化子型聚自由基

极化子型自由基是一种即使在室温也稳定的自由基。在共轭聚合物中进行掺杂而使其产生导电性是已经确立的方法，具体设计方法是以共轭寡聚物链为极化子产生部位，与以 *m*-亚苯基为代表的非 Kekulé、non-disjoint 型偶联剂相连接的方法(图 8-4)。

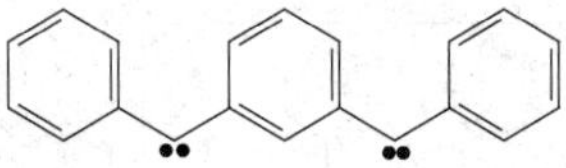

1

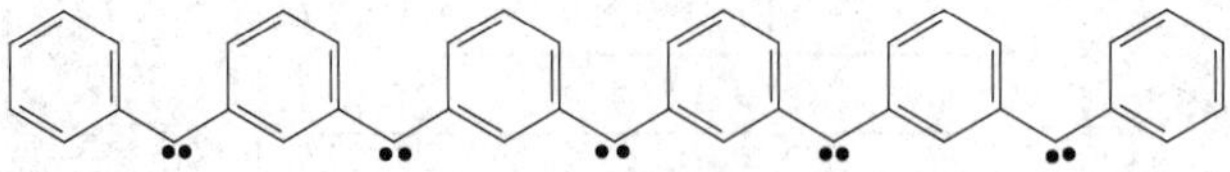

2

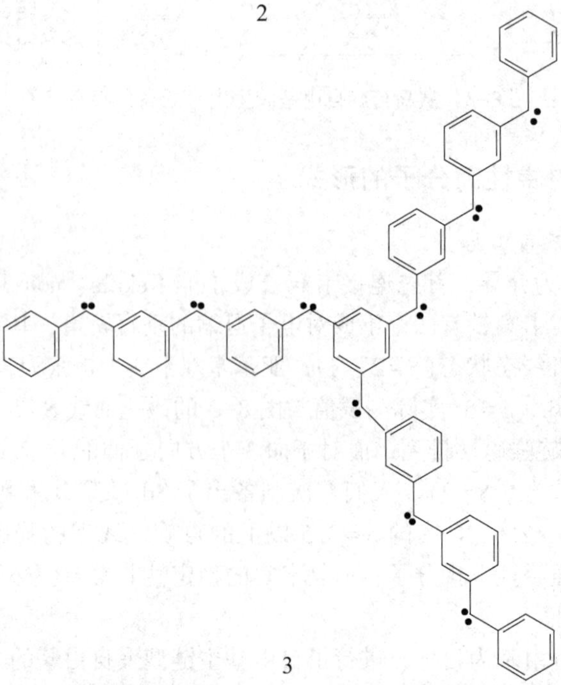

3

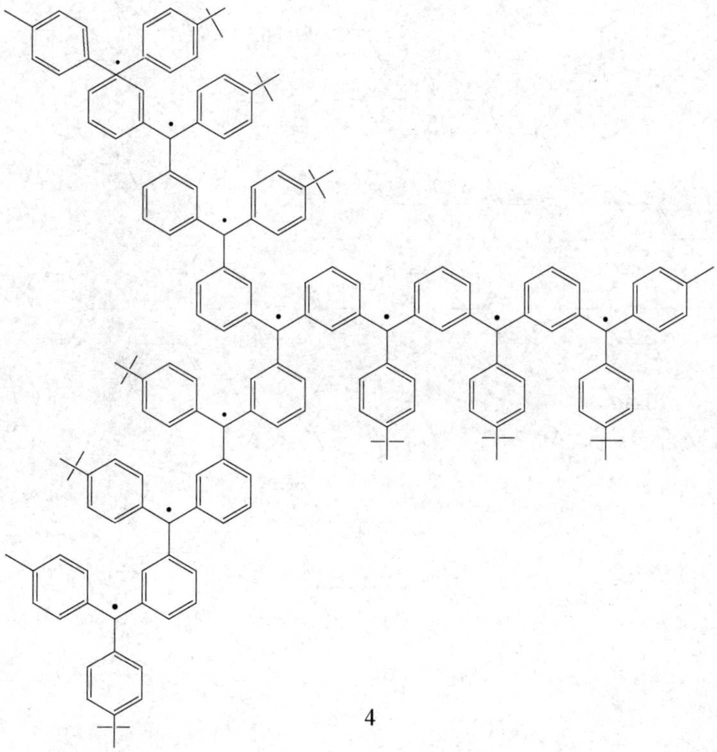

4

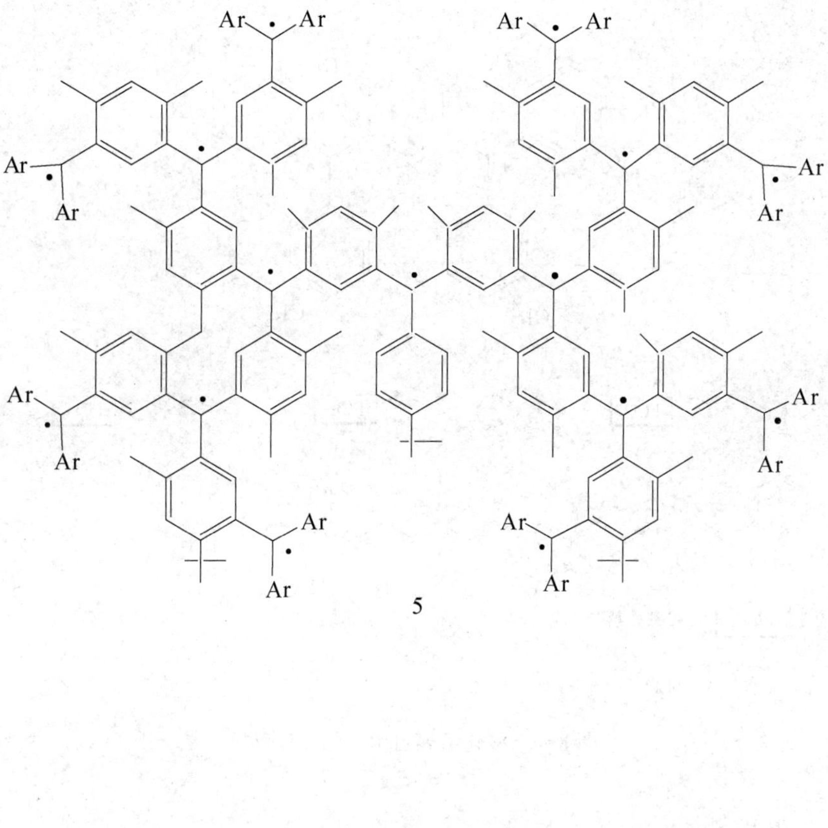

5

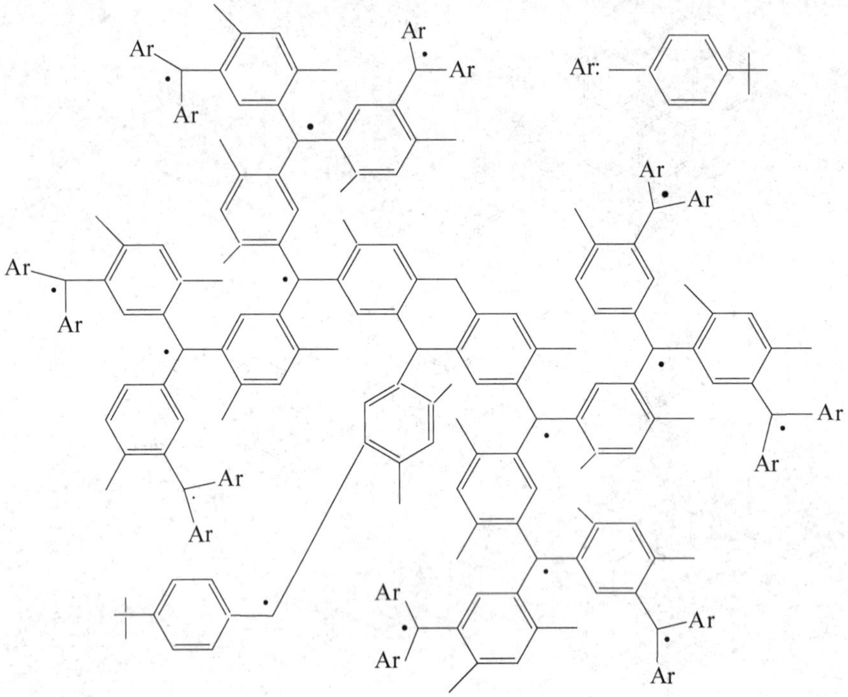

6

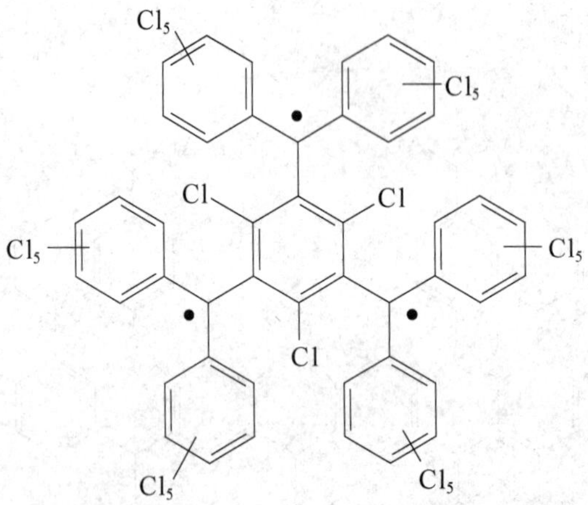

7

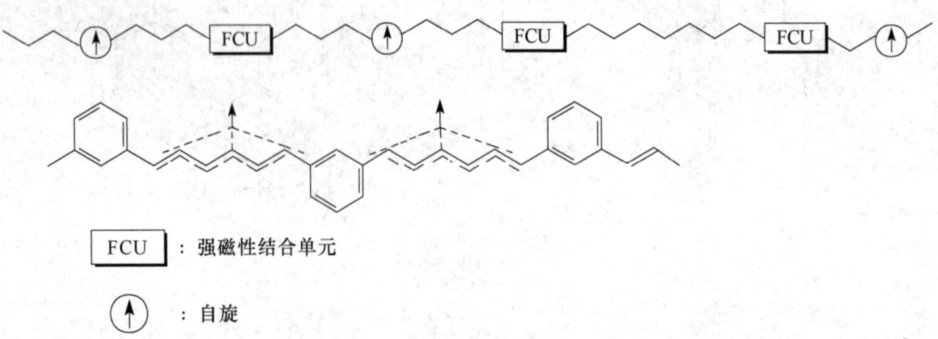

图 8-4 极化型聚自由基的设计思想

与自由基主链型聚自由基不同，即使不发生极化(不成对电子)，该部位事先就具有共轭结构，保障了自旋的传输途径。缺点是，过剩的掺杂会导致非磁性活性的双极化(二阳离子)的生成。

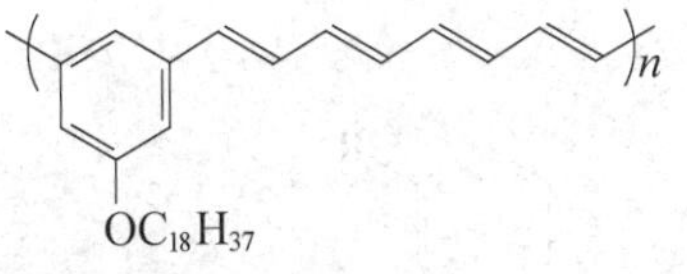

8

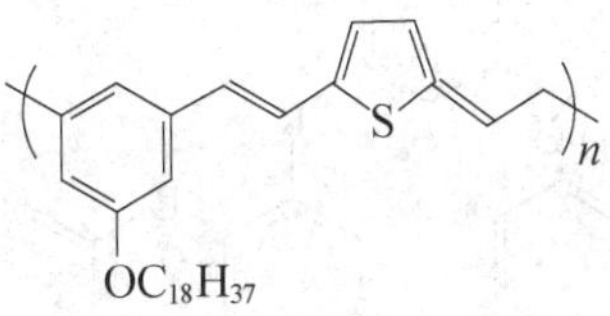

9

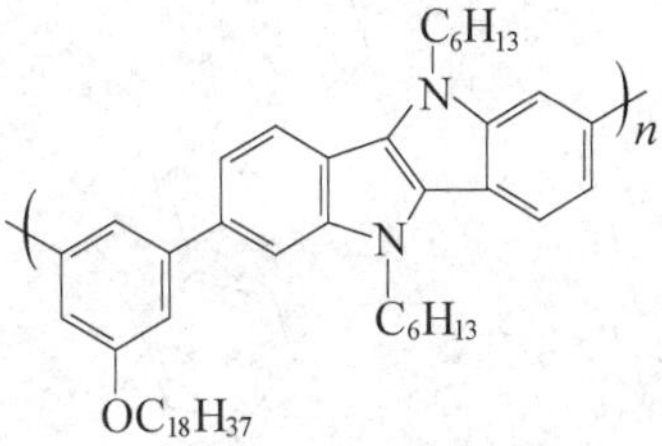

10

有人利用 Wittig 反应、Suzuki 反应合成了相对分子质量为 1 万、溶于溶剂的共轭聚合物 8~10。选择 8~10 作为极化发生部位的理由是，这些共轭聚合物是能进行掺杂的最短共轭结构。共轭系统过长的话，会导致双极化，从而造成自由基消失，或者自旋密度变薄，强磁性交换相互作用变弱。虽然是用碘或 AsF_5进行的掺杂，由于处理后的聚合物变为不溶，S 值因而变得较为复杂。自旋浓度为 0.5%的 8，$S=2.2$ 为最高值，而自旋浓度为 0.2%的 9，S 的最高值为 1.25。从相对分子质量也可以看出，如果自旋浓度非常低，而却能获得较高的 S 值的话，则说明产生了不均一的极化子。掺杂过剩时，虽然自旋浓度增加了，但 S 值却降低，接近 0.5。除了双极化子的生成以外，聚合物链间的相互作用、交联以及掺杂试剂的常磁性 $S=0.5$ 都是造成样品整体的 S 下降的原因。

苯胺、噻嗪等因共轭杂原子的存在而使自由基阳离子稳定的现象受到重视，带 Indoloindole 单元的 10 达到 30%多的高自旋浓度。但是，S 却不与其相对应，仅约为 1。该结果说明选择了能产生稳定自由基的单元时，自旋密度定域在自由基部位，相互作用最多只能到达相邻单位。

用化学稳定的离子自由基合成自由基主链型的磁性分子的研究也得到了重视。有人以 2，6-二-t-丁基品红酮阴离子自由基为自旋源，采用 Suzuki 反应合成了用 m-亚苯基连接的聚(m-亚苯基品红酮)11，然后用电化学还原法使其产生阴离子自由基，得到了 $S=2$ 的聚合物。

三苯基铝阳离子自由基也是稳定的自旋源。有人对自由基为铝自由基(其电子结构与甲基自由基相同)、用 m-亚苯基连接的一维链的强磁性进行了理论计算，并用 Ullmann 偶联技术进行了缩聚反应合成了聚阴离子 12。将其用 $NOBF_4$氧化后，得到 $S=1$ 的聚合物；所制得

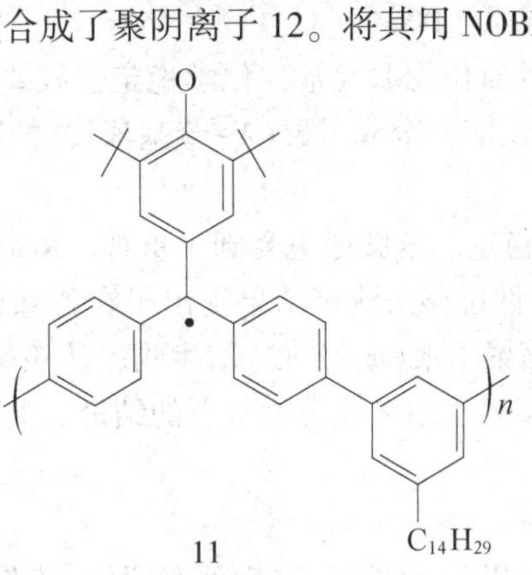

11

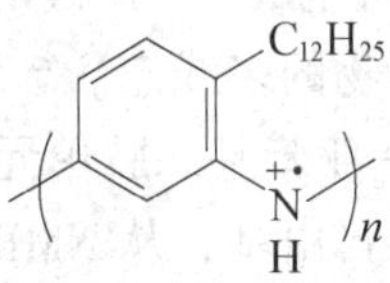

12

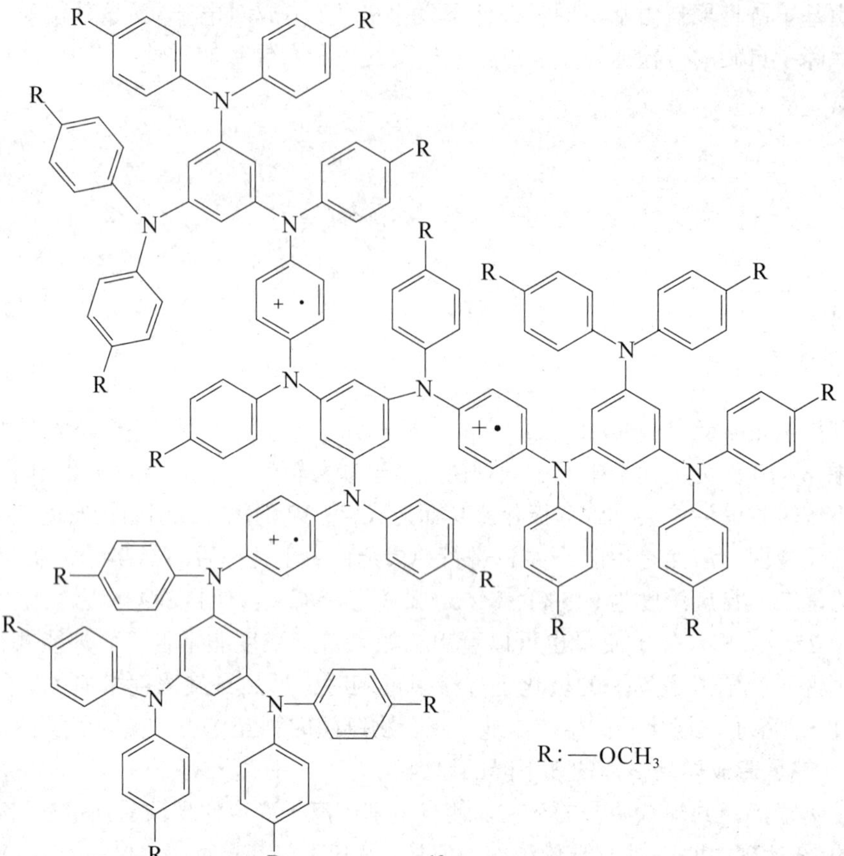

13

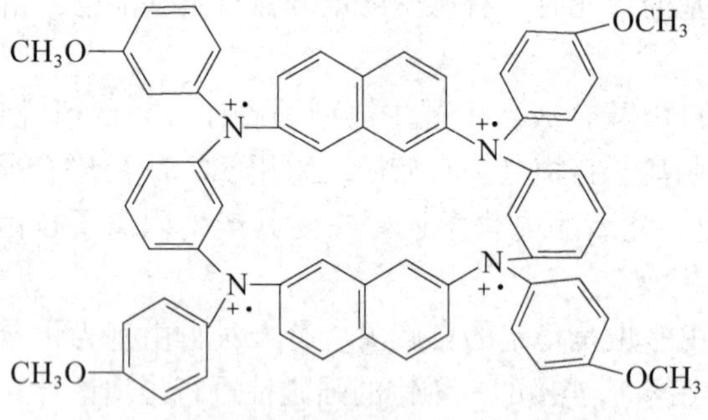

14

的阳离子自由基为 2 级胺，由于苯环上的对位无取代基，化学稳定性较差，*S* 值也很低。有人利用 Pd 催化剂可生成 C—N 键的缩聚反应，合成了聚(*N*-芳基苯胺)的阳离子自由基，并开始报道了该聚合物的多线态。

自旋定域在 *p*-亚苯基二胺单元内而稳定的苯胺绿也受到了重视。Blackmock 等合成了分枝型、环状型寡聚自由基，从 NMR 常磁性位移法测试结果提出了在各寡聚阳离子中多线态为基态的结论。有人采用 Ullmann 反应缩聚了聚(*m*-苯胺)衍生物，从该聚合物的 ESR 强度随温度而变化的结果，也提出了各寡聚阳离子中多线态为基态的结论。上述两项研究的目的均是为了在室温实现磁性。

3. 自由基侧链型聚自由基

设计磁性高分子的第三个途径是，以发达的 π 共轭系统为主链骨架，在侧链的非

Kekulé、non-disjoint 位置上共轭连接化学稳定的自由基的方法。这种设计方法的益处是，以共轭主链为介导的自旋间的相互作用能波及到长距离，自旋缺陷并不是致命的。另外，在侧链部能选择寿命较长的自由基种类，在室温状态下也能操作使用。如选择适当的溶剂，可进行单罐聚合，有利于得到相对分子质量高的磁性高分子并保证样品的数量。

另一方面，从自旋极化原则可知，聚合物重复单元内的自由基取代位置，即合成物头-尾结合结构控制在 100%的聚合物是绝对必要的前提。以二苯乙烯双自由基为例，$S=1$ 的 m，o-二取代物聚自由基是聚(2-自由基代-1，4-亚苯基亚乙烯)，而将 m，p-二取代物进行高分子化，则可得到聚(4-自由基代-1，2、亚苯基亚乙烯)。合成时必须使间隔碳原子数为奇数，并且严格控制头-尾连接。如头-尾结合有缺陷，好不容易实现的自旋定向排列会被抵消。

人们最初的研究对象是以聚乙炔为主链的聚自由基。人们合成了结构明确、溶于溶剂、易纯化的聚苯基乙炔的衍生物(15~17)。15 是聚乙炔骨架侧链自由基的最初例子，相对分子质量为 2 万、自旋浓度为 2.6×10^{20} 自旋/g(10%)。侧链上的不成对电子虽然能扩展到主链，S 仅约为 0.5。16 的自旋浓度虽然达到了 90%以上，但 S 也仅为 0.5。而 17 只在 Nitroxide 之间观察到以空间为介导的较弱的反强磁性相互作用。

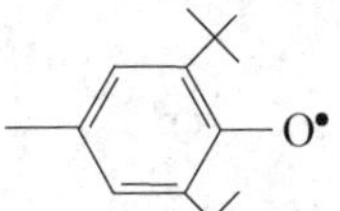
15

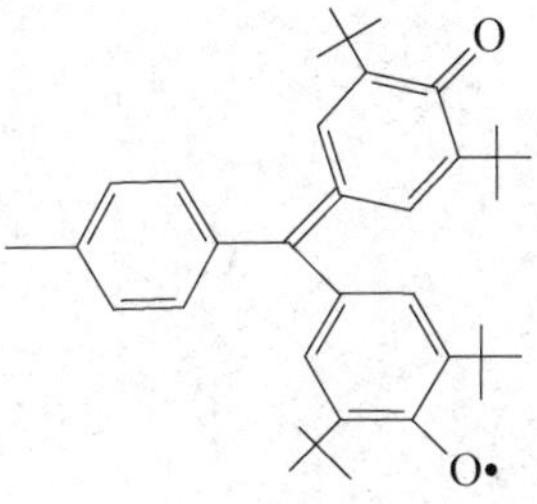
16

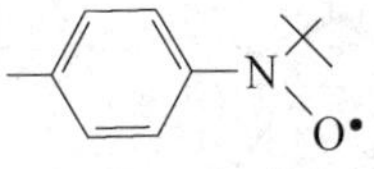
17

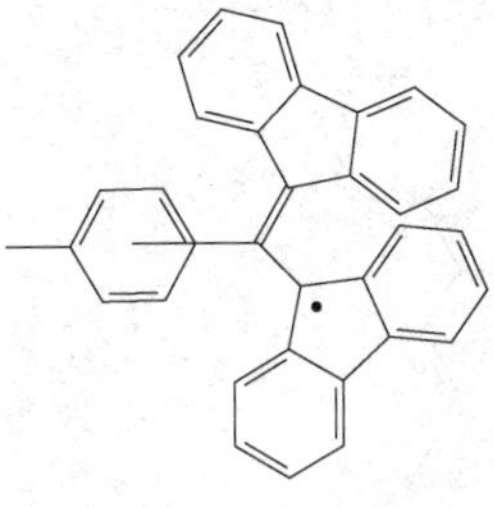
18

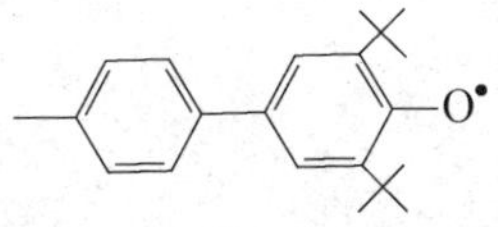
19

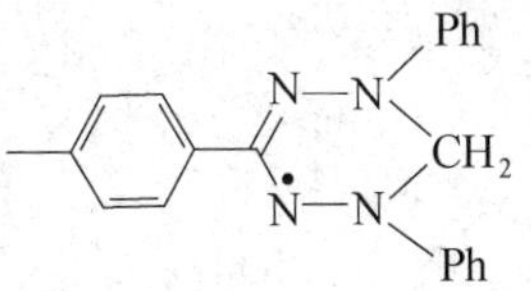
20

多线态的理论预测与带不成对自旋的实际分子之间的不一致的原因是，在复杂的立体结构中，共轭主链内和主链-共轭侧链之间发生扭转。共轭结构的扭转导致基态-激发态之间的能最差(相当于 ΔE)减小，或导致向分子全体扩展的自旋密度分布的大幅度降低，因此实际的磁性相互作用大大地减小。

有人进行了以聚乙炔为骨架的聚自由基 19~22 的研究。与预期相同，没有观察到强磁性。

在非共轭型的、饱和碳原子的聚丙烯酸主链上导入 nitroxy(23，24)或 pheltadyl 自由基(25)后，侧链自由基之间存在着以空间为介导的较弱的反强磁性相互作用，即使在螺旋结构的、刚性的主链聚氰化物上导入 nitroxy 的聚自由基 26，自旋浓度虽然很高，达到$(1.3\sim2.4)\times10^{21}$ 自旋/g(73%)，但没有观察到磁性相互作用。以上的结果告诉我们仔细选择共轭主链是非常重要的。

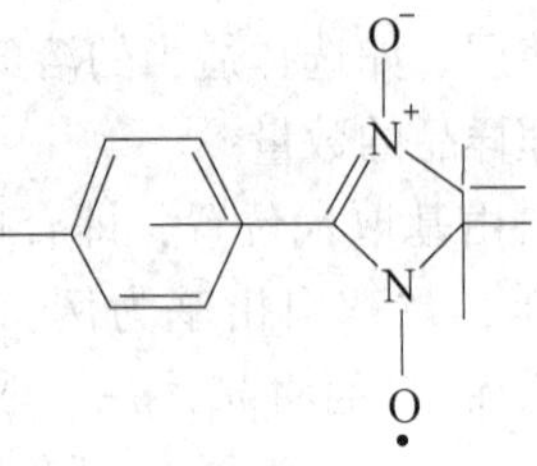

21

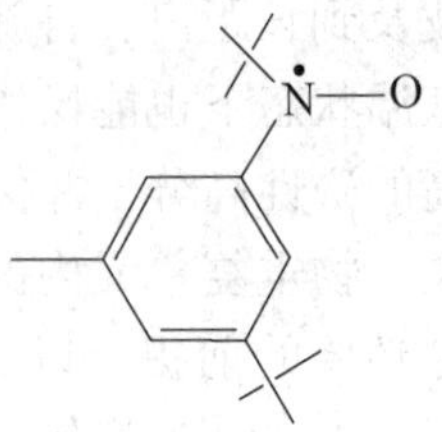

22

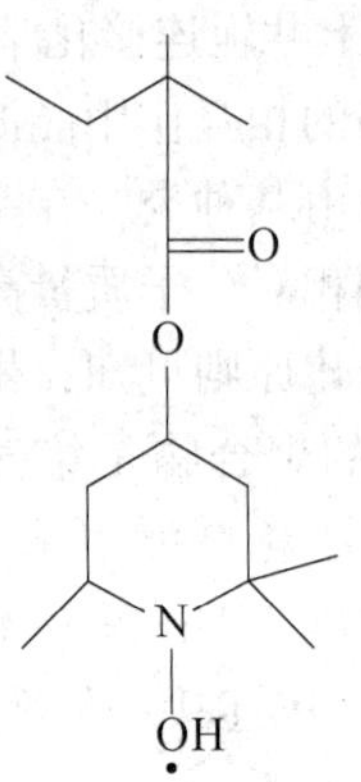

23

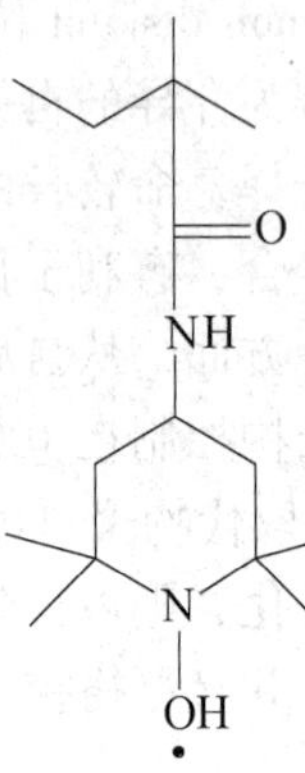

24

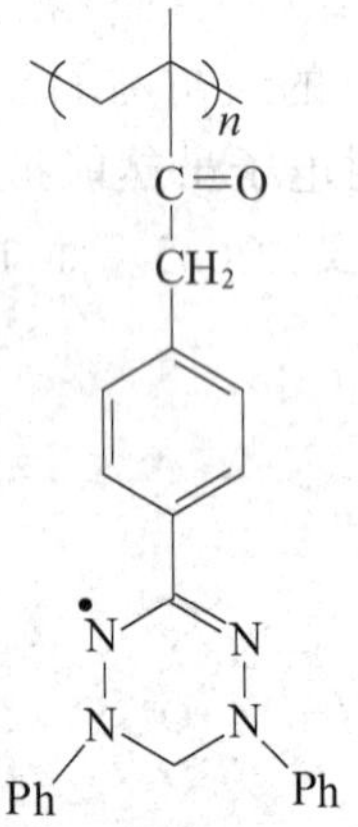

25

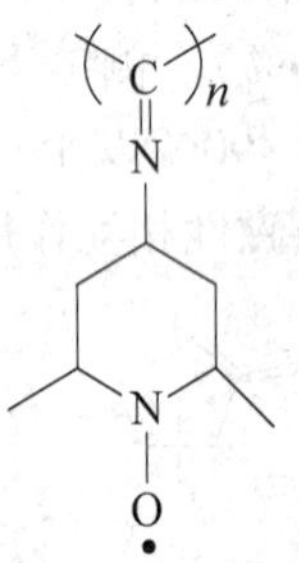

26

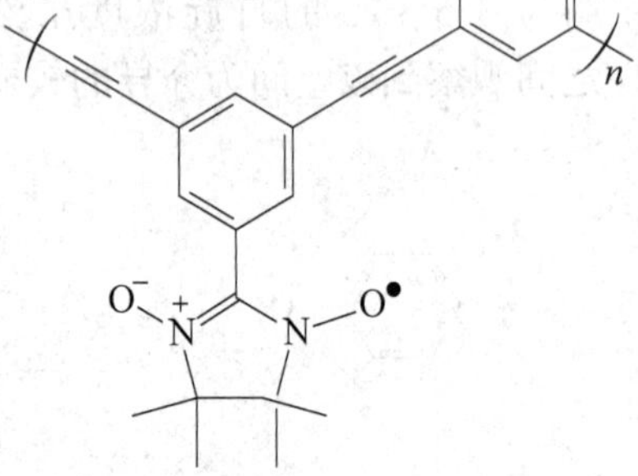

27

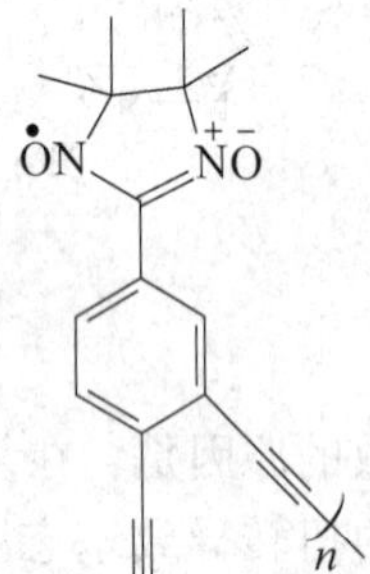

28

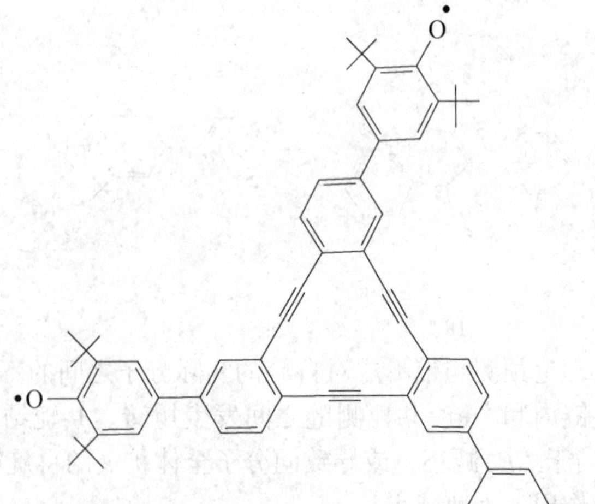

29

对于自由基侧链型聚自由基的实际分子，为了避免发生扭转，人们进行了使用聚次芳基-乙炔或聚次芳基-亚乙烯为共轭骨架的研究。首先，以聚亚苯基-亚乙烯为骨架，以 nitronylnitroxide 自由基为侧链自由基的聚自由基 27、28 得到了合成。由于两者均为定域型 nitroxide 自由基，均是用 disjoint 连接来将四亚甲基乙烷向中央上方扩张的，*S* 仅为 0.5 或只观察到很弱的分子间反强磁性。要获得强磁性相互作用，应该将非 Kekulé、disjoint 型双自由

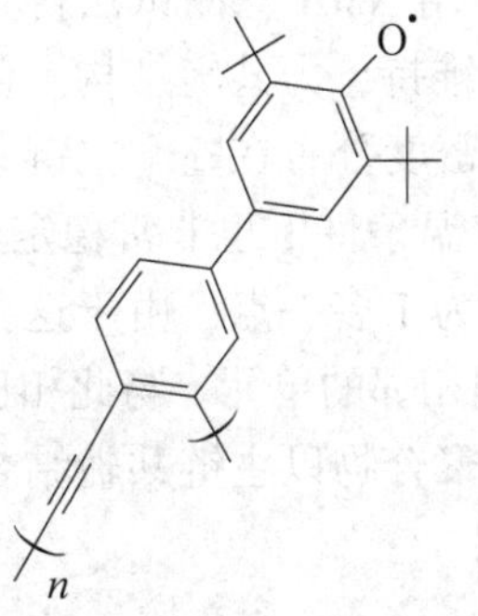

30

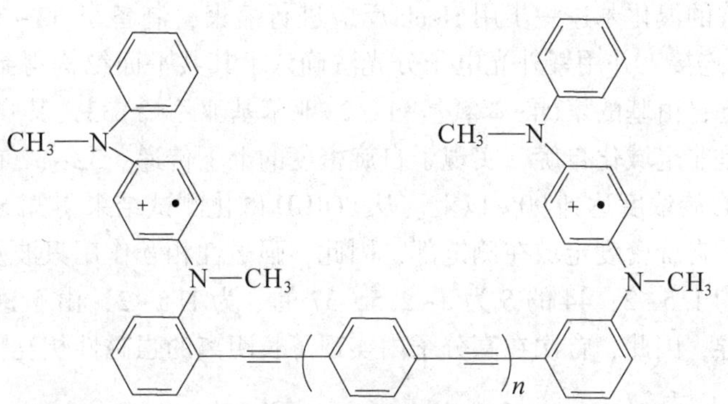

31

基向右下方扩张。学者们将稳定的自出基3，5-二-t-丁基苯氧基作为侧链，导入轮环(Annulene)上的2、8、14位而得到的环状体29和直链聚(4-苯氧基-1，2-亚苯基亚乙烯)30，经SQUID磁化测试得知，S分别为1.5或约2。有人用同样的方法，对侧链带氮原子核中心的p-亚苯基二胺阳离子自由基的寡聚亚苯基亚乙烯31进行了ESR测试，从其强度随温度而变化的结果，对强磁性相互作用进行了讨论。

聚亚苯基亚乙烯具有刚性的共轭平面，适当选择取代基位置，能够避免立体障碍。图8-5所示的自由基侧链代聚亚苯基亚乙烯便是一个成功的例子。学者们对用自由基前驱部共

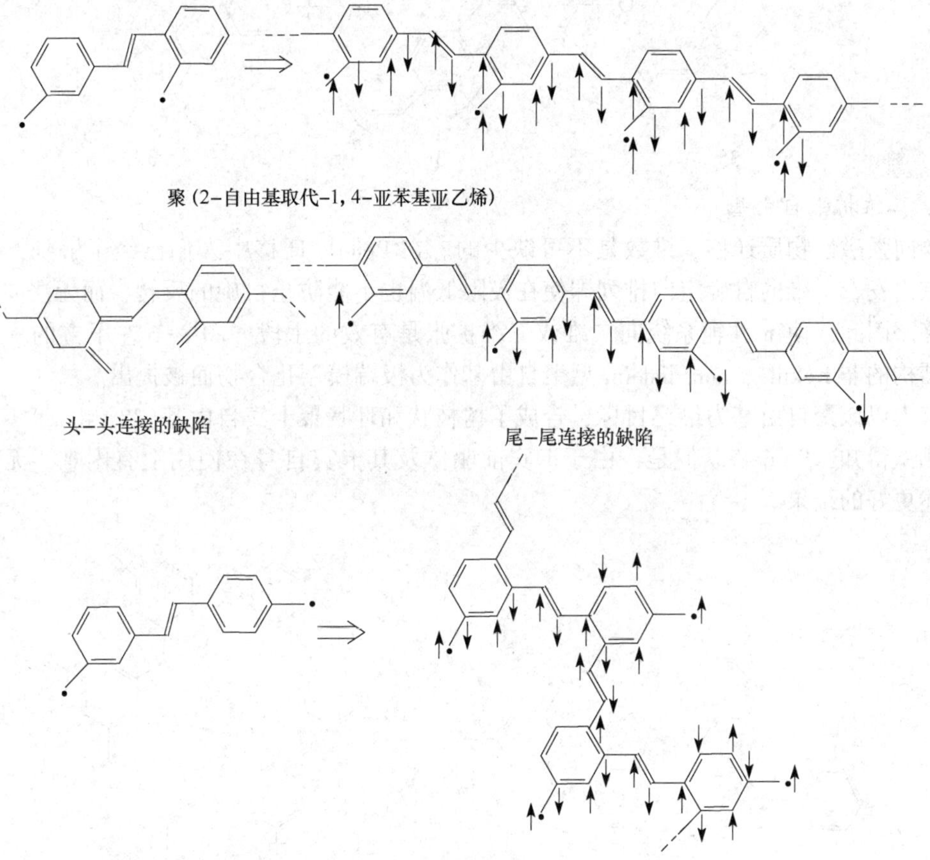

图8-5　自由基侧链型聚自由基中的自旋排列

轭取代的溴化苯进一步用 Heck 反应进行缩聚，制备了 32～37。用 NMR 等测试法得知其为头-尾连接，并用紫外光电子分光法确认了其共平面结构得到了维持，为共轭结构。侧链为苯氧基自由基的聚(4-苯氧基-1，2-亚苯基亚乙烯)33，其自旋密度分布在整个主链共轭系统，是非定域化自旋，实现了自旋密度的上下传递。32～37 在室温条件下也非常稳定，34～36 的自旋浓度达到 90%以上。从 SQIUD 磁化测试结果得知 S 仅为 1 多一点，由于这些自由基中的自旋密度定域在侧链部，因此，强磁性相互作用只波及到相邻的单元。与此相反，34 的 S 为 1.5～2，44 的 S 为 2～2.5，37 的 S 为 1.5～2，由于这些聚合物以主链共轭结合部分为介导，因此，首次在高分子内实现了长距离的强磁性相互作用。

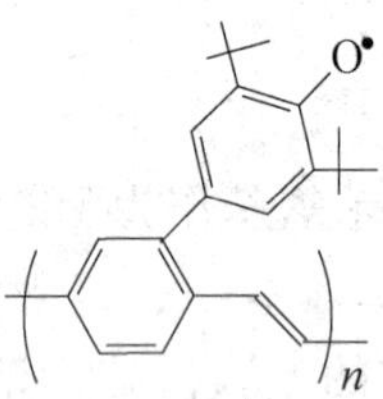

32

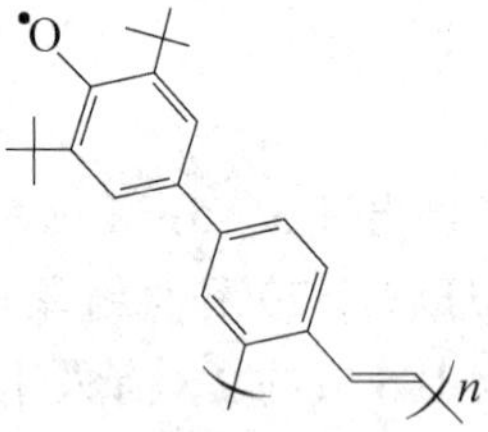

33

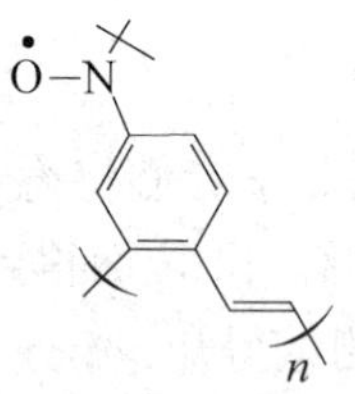

34

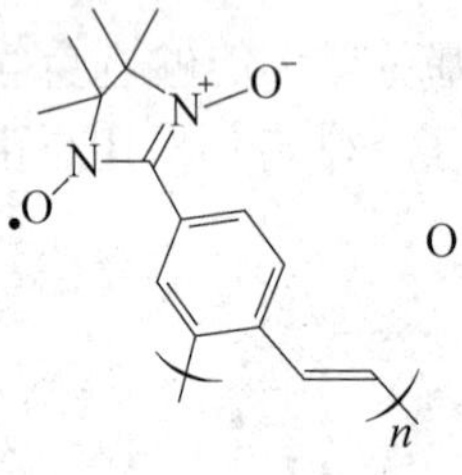

35

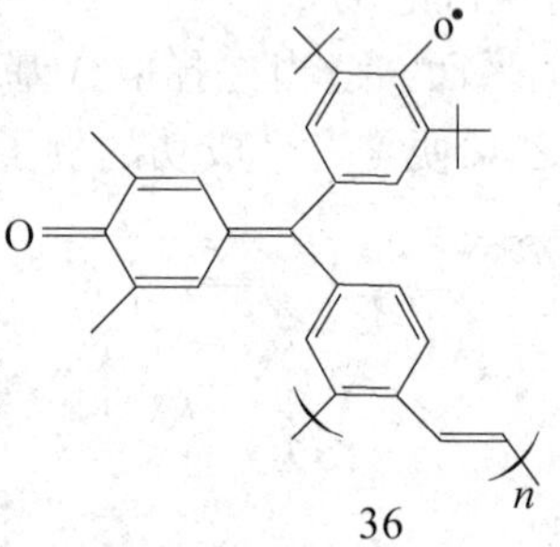

36

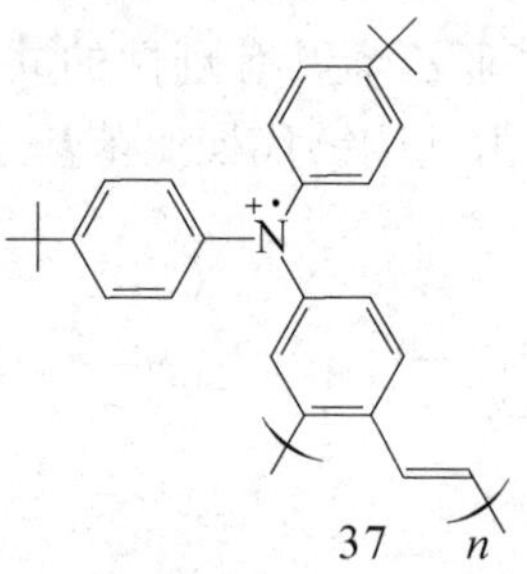

37

4. 二维扩张自由基

要向强磁性物质迁移，维数是不可缺少的。在 Peierls 迁移中人们已经了解到，从热力学观点出发，一维的自旋定向排列即使在极限低温也不能防止自旋的反转，而无法向强磁性体迁移。因此，使 π 共轭系统向二维或三维扩张是有效的手段。图 8-6 左下方的一维共轭网状结构的非 Kekulé、non-disjoint 型聚自由基作为极端模型化合物而被提出。

有人以该聚自由基为最终目标，合成了树枝状和环状聚卡宾自由基(38～40)等零件。从磁化测试得知，$S=6\sim7$。但是，由于卡宾前驱体及其卡宾自身在使用上有困难，无法得到比上述更好的结果。

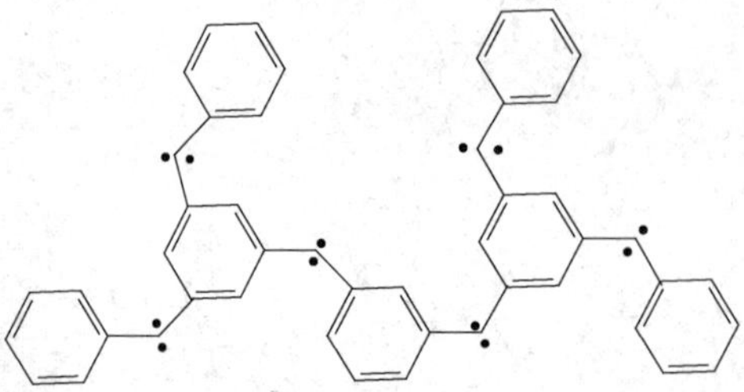

38

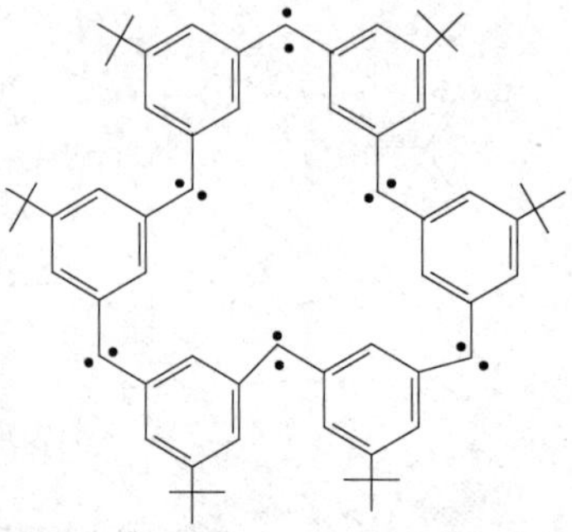

39

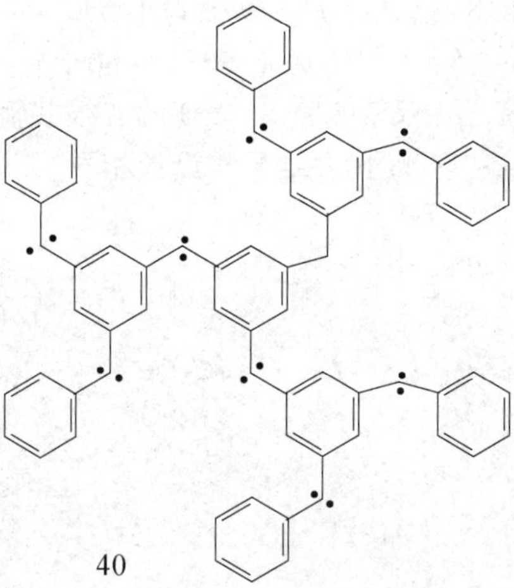

40

有人为了避免因分子尺寸(聚合度)的增大而导致自由基缺损，由此造成 S 值的大幅度减小(特别对于自由基主链型尤其显著)，首先开始了二维扩张研究。他们合成了 calix arene 结构为主要结构的化合物。由于是连接在环状结构上，即使发生自旋缺损，共轭系统可以用其中某种途径得到保持。他们通过磁化测试比较了中心部的环员数、构象异构体以及自旋缺陷的影响，发现因共轭系统的切断，5、6 的 S 值显示单线态-多线态的混合值。而其中几乎不存在 $S=0.5$ 的断片，实现了 $S=3.8$ 的自旋定向排列。

接着他们又合成了 3 个 calix arene 环缩聚后的梯状聚自由基 42。即使发生自旋缺陷，也能从任何一个相邻位置传递自旋信息。平均 12 个以上($S=6.2$)的自旋在分子内实现了定向

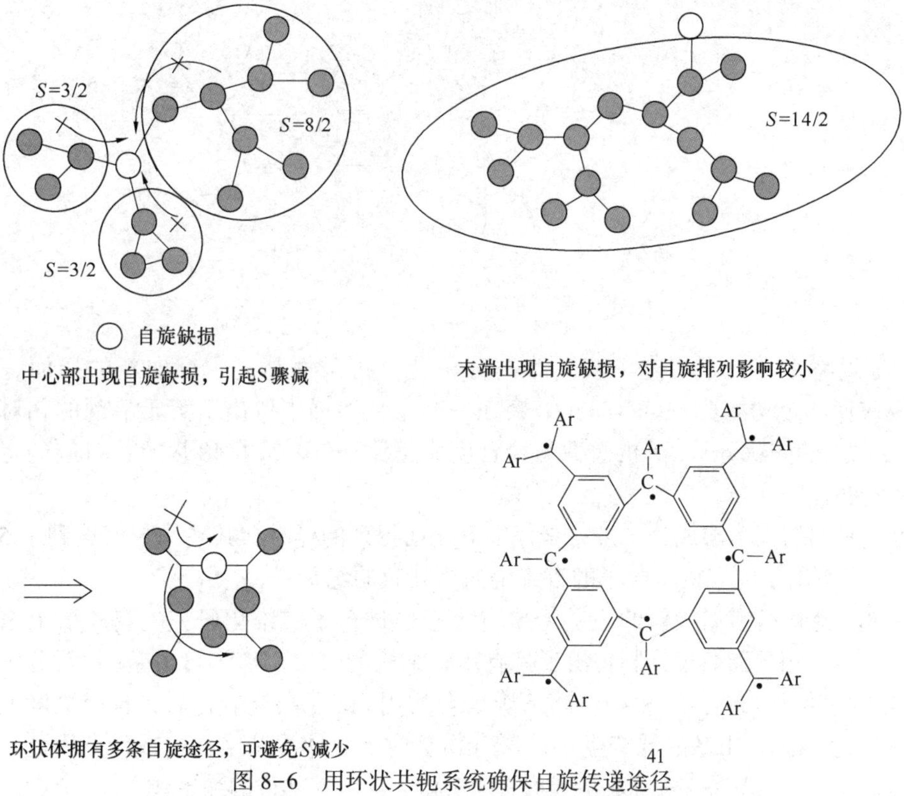

41

图 8-6　用环状共轭系统确保自旋传递途径

排列。以后，有人等用相互作用较弱的(J约减小到1/6)、非Kekule，non-disjoint型的m，p-双苯基将具有较强的强磁性、$S=2$的环状亚零件(Subpart)一个个地连接起来。他们以环状$S=2$的亚零件为核部，用m，p-双苯基将$S=2.5$的4根共轭枝连接在核部上，得到了环状-树枝状的全共轭型聚自由基，S为10，结果与设计相同。

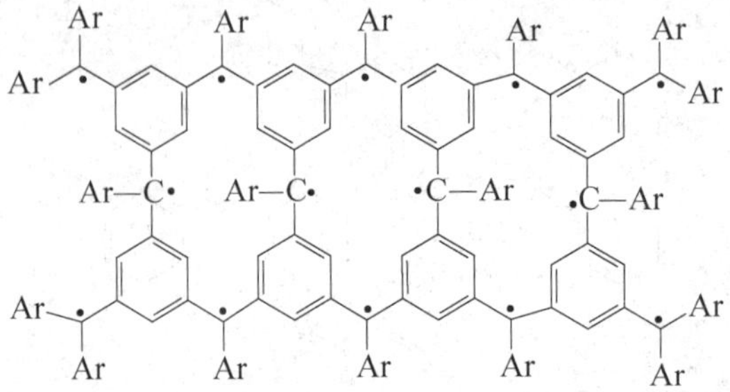

42

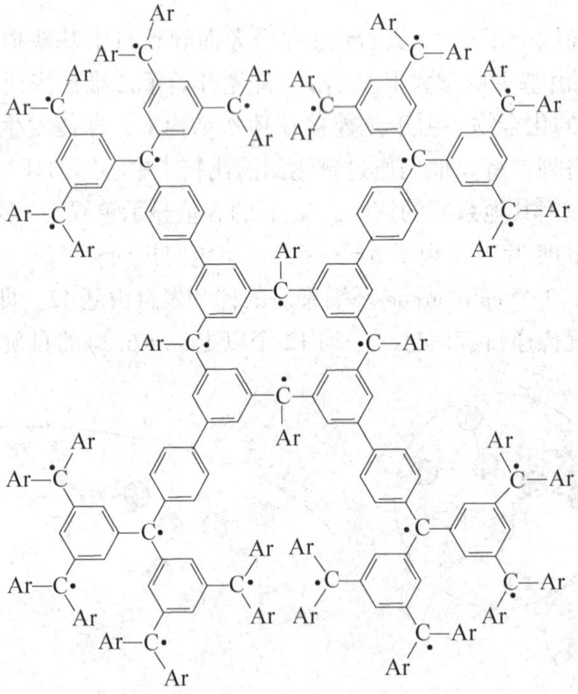

43

有人通过将上述分子更进一步二维高分子化，将磁性高分子推向新的局面。他们用Negishi反应使2个功能性calikusaren缩聚在一起，从溶剂中取出了溶于溶剂的相对分子质量为10万以上的网状分子，S的总数与聚合度成正比，S达到了40以上，自旋的定向排列有了飞跃发展。

对合成时的缩聚不溶成分，进一步仔细氧化而得到的样品，其平均S值达到了5400(最高为7000)，更新了纯有机单分子的自旋定向排列数的纪录。

对于带有能进行室温操作的主链型聚自由基也进行了二维化研究。有人采用Suzuki反应将二溴体和三硼酸酯缩聚，制备出了具有网状结构的聚铝阳离子自由基(相对分子质量为3万)。自旋浓度为15%，$S=1\sim3$。将薄膜聚合物用$SbCl_5$蒸气氧化后，自旋浓度上升到近40%，S增长到4。自由基的低产生率是聚合物链内的立体混杂结构造成的。因此，以后的目标是制备2，7-二溴萘、m-双(p-溴苯基)苯和铝自由基部位的缩聚体。

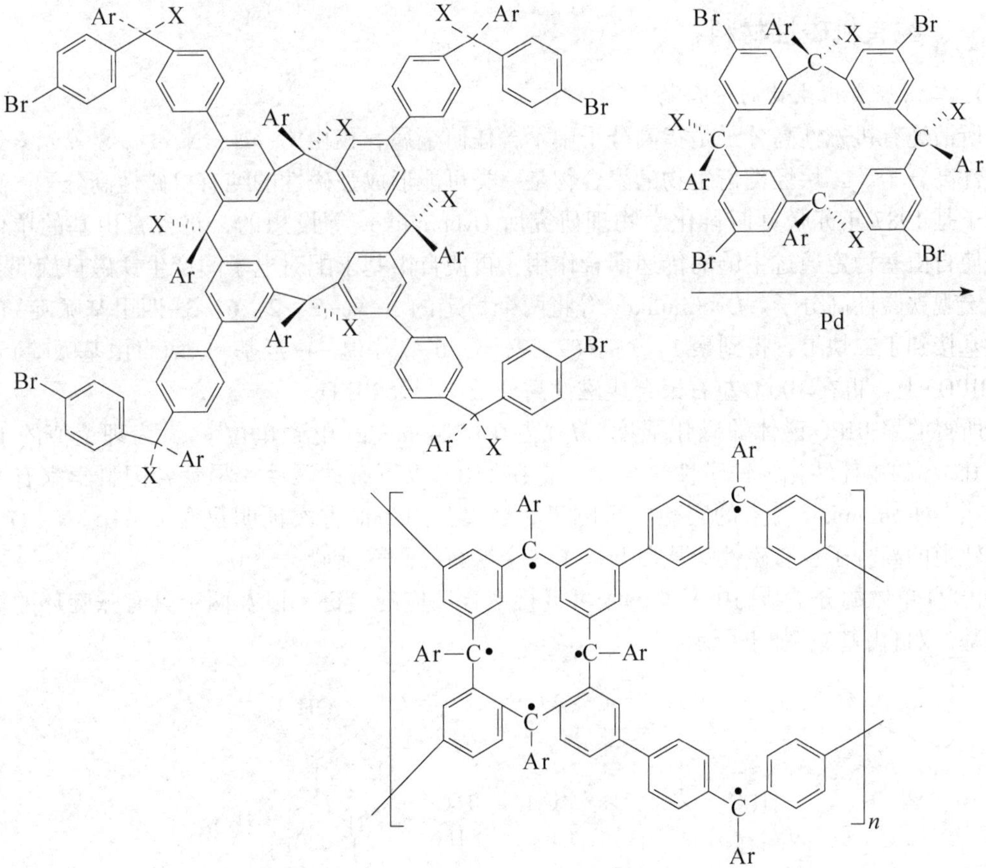

44

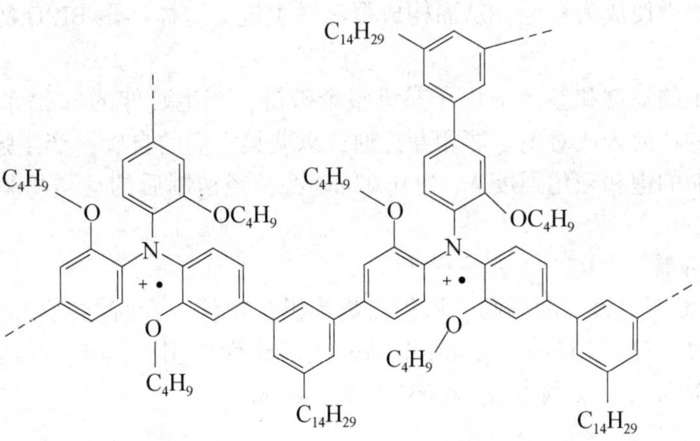

45

第三节　结构型磁性高分子材料

一、纯有机磁性材料

1. 二炔烃类衍生物的聚合物

所谓纯有机磁性高分子是指高分子中不含任何金属，仅由 C、H、N、O、S 等元素组成的磁性高分子。二炔烃类衍生物的聚合物是一类可能形成强磁性的纯有机磁性高分子。典型的例子是 1987 年苏联莫斯科化学物理研究所 Ovchinnikov 等设想的，将含自由基的单体聚合，使自由基稳定通过主链的传递偶合作用，再使自由基未配对电子间产生铁磁自旋偶合而获得宏观铁磁性高分子。Ovchinnikov 等将两个稳定的 3-氧-2，2，6，3-四甲基哌啶-1-氧自由基接到丁二炔上，得到聚 1，3-双(2，2，6，6-四甲基-4-羟基-1-氧自由基哌啶)丁二炔(BIPO)上，再在 100℃左右聚合成磁性高分子——聚 BIPO。

所得的聚 BIPO 磁体的磁化强度(M_g)为 0.0224emu/g(电磁单位 g)，为理论值的 1‰，即仅 0.1%的单体转化为铁磁性聚合物，它在 150℃以下有铁磁性。尽管各国科学家有不同的看法，Ovchinnikov 等人的实验的影响仍相当大，因为他首次证明仅含 C、H、N、O 等 s 和 p 轨道的高分子也有磁性，从而开辟了一个崭新的研究领域。

BIPO 单体的分子结构中具有两个可进行聚合反应的叁键，以及两个具有哌啶环的氮氧自由基(双自由基)，如下所示。

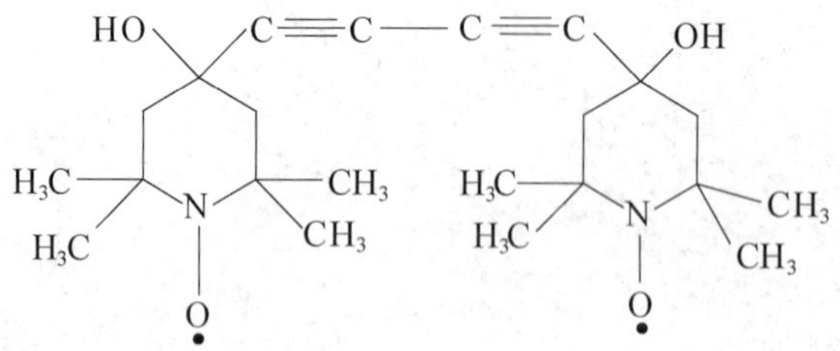

聚合后这个叁键便成为双键，从而构成聚乙烯主链。这样在聚 BIPO 的分子结构中既有叁键，又有双键。

聚合物分子中的双键和叁键 π 电子布满整个碳链，产生延伸的 π 键系统。延伸的 π 键意味着沿链引入的任何未成对电子能相互连通，以调整它们的自旋，产生强磁体。该材料未经磁分离的粗制品的饱和磁化强度 M_s 为 0.02emu/g，经精制后的这类材料的饱和磁化强度 M_s 为 2.1emu/g。

2. 热解聚丙烯腈

在 900~1100℃下热解聚丙烯腈，所得产物为黑色粉体，含有结晶相和无定形相，具有中等饱和磁化强度，M_s 为 15emu/g。其中结晶相起磁性作用，其 M_s 可达 150~200emu/g，剩磁 M_r 为 15~20emu/g，矫顽力 H_c 为 636~795.8A/m。

3. 三氨基苯

均三氨基苯与碘反应，生成一种黑色难溶物，具有铁磁性能。碘反应生成的不成对电子使这种化合物很活泼，反应条件偶然的细微变化才使反应向着生成分子自旋方向一致的材料方向移动，但产率最高只有 2%，有时甚至接近于零。该材料在高温下也仍具有铁磁性，一直保持到 400℃分解为止。可能的结构如图 8-7 所示。

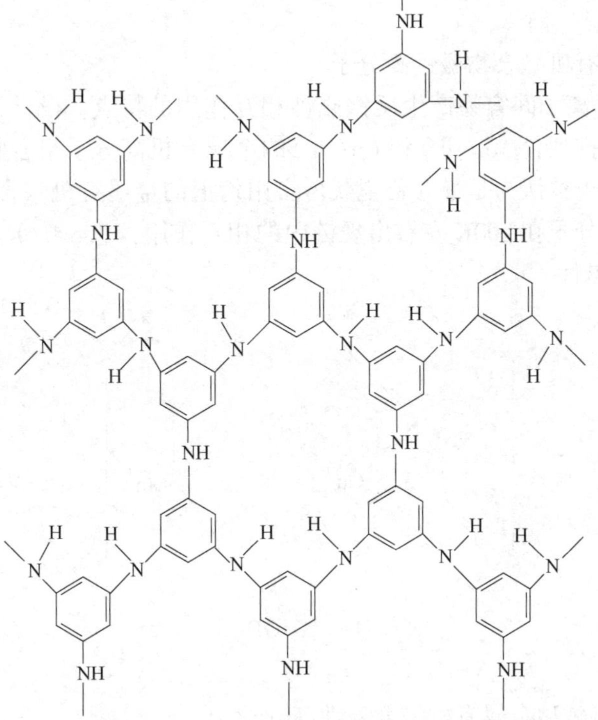

图 8-7　三氨基苯未氧化聚合物可能的结构式

4. 电荷转移络合物

属于这类化合物的有 2，3，6，7，10，11-六甲氧基均三苯（HMT）和 $TCNQF_4$ 生成的电荷转移络合物。它们的结构式分别为 46 和 47。

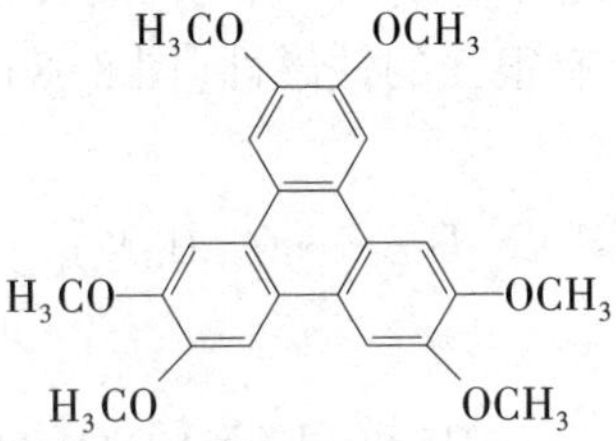

HMT
46

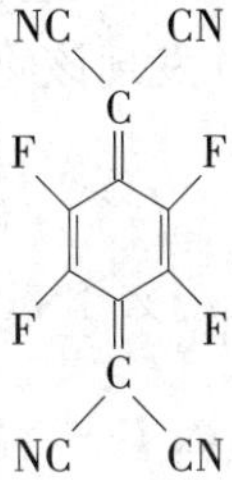

$TCNQF_4$
47

具有双阳离子三线态的 HMT 在-80℃以上不稳定，但在 $TCNQF_4$ 形成的络合物中在室温下也是稳定的。掺杂剂可为 AsF_5、AsF_6 等，所制得的$(HMT)_2$—$TCNQF_4$—$(AsF_{5.5})_y$（$y=2.0\sim8.4$）具有高度的自旋密度，每个分子单元为 1.6 个 1/2 自旋。

二、含金属原子的有机高分子磁性体

1. 金属有机络合型磁性高分子

众所周知，金属有机高分子络合物中有多种顺磁基团，且容易合成，因此多年来人们对其磁性能进行了许多研究。然而金属有机络合物中由于过渡金属离子被体积较大的配体所包围，金属离子间的相互作用减小，即使排列有序的金属有机络合物，在磁场中的自旋定向排列也较困难，故仅能得到顺磁性。因此，金属有机络合物的有序排列及聚合是设计实用有机络合物铁磁体的关键。

(1) 桥联型金属有机络合物磁性高分子

Kahn 等人用金属离子间容易产生反铁磁性相互作用的特点，设计了络合物，其有不同多重态金属离子交替排列含 Mn(Ⅱ)和 Cu(Ⅱ)的金属有机高分子络合物，并得到三维高分子化合物，这类高分子被认为是最有希望获得实用价值的金属有机络合物磁性高分子之一。研究表明，该磁性高分子在 100K 左右出现链内的相互作用，$T_C = 4.6K$ 时，结构(1)为反铁磁性，结构(2)为铁磁性。

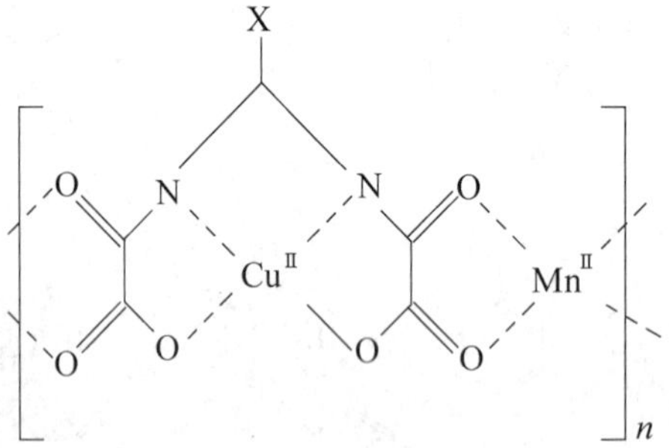

X=H(1)　X=OH(2)

48

(2) Schiff(席夫)碱型金属有机络合磁性高分子

20 世纪 50 年代以来，虽然对 Schiff 碱的光、电、磁性已进行了广泛的研究，但直到最近，人们才对 Schiff 碱金属有机高分子络合物独特的磁性产生特别浓厚的兴趣。在众多的 Schiff 碱型金属有机高分子络合物磁体中，最引人注目的是 PPH/$FeSO_4$ 型高分子铁磁体。1957 年美国 Lions 和 Martin 将 2，6-哌啶二甲醛与二胺的反应物用硫酸亚铁络合，得到分子式为$\{[Fe(C_{13}H_{17}N_3)_2]SO_4 \cdot 6H_2O\}_n$ 黑色铁磁性物质——聚双-2，6-(哌啶辛二胺)硫酸亚铁(即 PPH/$FeSO_4$)，并发现该物质在常温下有很强的铁磁性(图 8-8)。

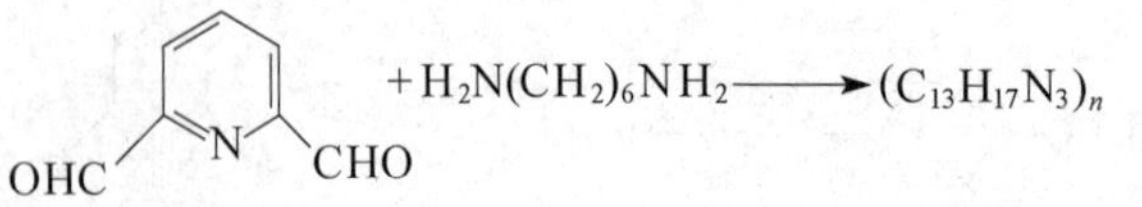

$$(C_{13}H_{17}N_3)_n + FeSO_4 \cdot 7H_2O \longrightarrow \{[Fe(C_{13}H_{17}N_3)_2]SO_4 \cdot 6H_2O\}_n$$

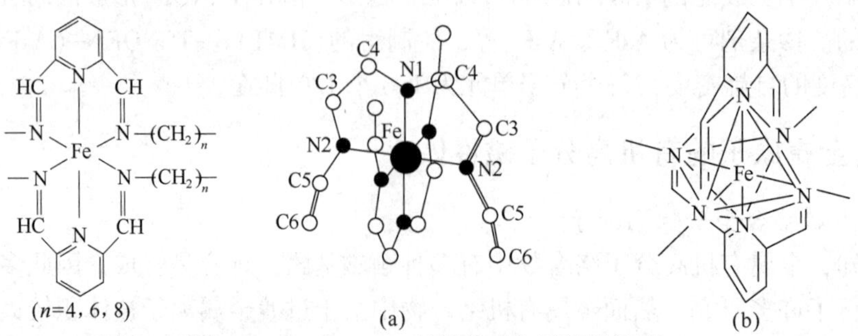

图 8-8　PPH/$FeSO_4$ 的结构式与局部结构图

80年代，Sugano、Palacio等改进了Lions的方法，合成出可与磁铁相匹敌的PPH/$FeSO_4$型高分子铁磁体。PPH/$FeSO_4$性能优良，其相对密度为1.2～1.3g/cm^3，耐热性好，在空气中300℃不分解，不溶于有机溶剂，剩磁仅为普通铁磁的1/500，矫顽力为795.77A/m(27.3～37℃)、401.19A/m(266.4℃)。此络合物磁体加工困难，人们正致力于开发新的产品。

2. 常温稳定的二茂铁型金属有机磁性高分子

近年来，Miller等合成了一系列十甲基二茂铁/TCNE(四氰基乙烯)类的电荷转移金属有机铁磁体，并深入研究了它们的导磁机理。在这种十甲基二茂铁阳离子和四氰基乙烯阴离子所组成的有机金属盐$[Fe(C_5Me_5)_2]^+[TCNE]^-$中，十甲基二茂铁分子很容易把一个电子转移给四氰基乙烯分子，形成电荷转移络合物。它在阳离子和阴离子上都有一个不成对的电子，这是这种物质具有顺磁性和铁磁性的主要原因。

1979年，Vernois等合成了4种二茂铁共聚物，它在常温时饱和磁化强度为M_S=4.5emu/g，相当于2.5%的铁引起的磁性值，其他许多二茂铁型聚合物磁体也有报道，但因其常温时M_S较低，基本上没有什么实用价值。1993年，日本发表了制备有实用价值的常温稳定二茂铁型有机磁性高分子的专利，其结构为聚二茂铁烯烃/二氯二氰基苯酚(DDQ)的电荷转移复合物，常温下M_s=0.01～0.9emu/g，但离商品化尚有一定距离。最近，日本的Ota等以二茂铁甲醛为原料合成常温铁磁性的三芳基甲烷二茂铁磁性高分子，但对其磁性能及磁性起因的描述十分模糊。

第四节　复合型磁性高分子材料

复合型高分子磁性材料是由高分子材料和磁性材料按不同方法复合而成的磁性树脂基复合材料，可分为粘接磁铁、磁性高分子微球和磁性离子交换树脂等。本节主要介绍粘接磁铁和磁性高分子微球。

一、粘接磁铁

所谓粘接磁铁，是指以塑料或橡胶为胶黏剂，将磁粉混入其中而成的所需形状的磁铁。按所用胶黏剂的不同，分为橡胶型和合成树脂型两种，前者为磁性橡胶，后者为磁性材料。

1. 磁性橡胶

磁性橡胶是由磁粉、橡胶和少量配合剂经过精细制造而成的弹性磁性材料，其具体配方因对材料物理性能及磁性能的要求不同而有所不同。磁性橡胶用的磁粉主要为铁氧体磁粉，采用$SmCo_5$稀土合金磁粉可以获得较高磁性能的磁性橡胶。磁性橡胶具有与橡胶相似的物理力学性能，可挠性好，容易加工，适合于连续化生产，有广泛的用途，如磁性密封、办公用品、精密仪器、精密衬垫等。

磁性橡胶的磁性能主要取决于所用磁粉的质量和用量。磁粉的磁性能取决于其结晶特性，即结晶形状和粒子的大小及均匀性等。磁粉的矫顽力取决于结晶的各向异性、形状和磁致伸缩的各向异性。但是对于粒子是针状的磁粉，常温下其矫顽力的67%取决于形状的各向异性，33%取决于结晶的各向异性。磁粉经过热处理之后再填入橡胶中，可以消除大部分晶格缺陷，从而提高磁性橡胶的磁性能。磁粉用量对磁性橡胶性能的影响见表8-1。

表 8-1 磁粉用量对磁性橡胶性能的影响

钡铁氧体磁粉用量/质量份	400	600	700	800	900	1000
扯断强度/MPa	4.3	2.6	2.8	2.8	2.9	3.0
伸长率/%	355	160	145	75	35	25
永久变形/%	23	10	10	6	4	4
硬度(邵氏 A 型)	72	81	83	87	88	92
相对剩磁	0.46	0.62	0.75	0.87	0.93	1.0
基本配方/质量份	NR 100；S 2；ZnO 5；促进剂 1.4；防老剂 1；硬脂酸 1.5；软化剂适量					

磁性橡胶用的黏合剂包括有天然橡胶、氯丁橡胶、丁腈橡胶和氯磺化聚乙烯橡胶等。黏合剂中可含增塑剂，如邻苯二甲酸二辛酯。所用橡胶的类型与磁性橡胶的介电常数和机械性能有很大关系。实验发现，在大填充量时，使用天然橡胶其综合性能比其他橡胶优越，天然橡胶由于结构规整，结晶性、自补性和加工性均较好，因此适宜用来制作高磁通量的磁性橡胶。

为了提高 Fe_3O_4 磁粉与橡胶之间亲和性，常需加入偶联剂如钛酸酯对磁粉进行表面处理，从而降低高填充体系的黏度，并起到塑化作用，改善填料的分散效果、加工性能和力学性能。采用化学共混的方法可以将铁氧体粒子和聚合物基体制备成具有优良性能的磁性纳米复合材料。Anantharaman 等采用陶瓷成型技术制备了镍锌铁氧体(NiZnFeO)，进而与丁基橡胶混合制备出具有良好介电性和磁性能的磁性橡胶。

随着科技和经济的发展，特别是电子技术的飞速发展，磁性橡胶的应用前景十分广阔。软磁磁性橡胶主要用于无线电技术、电视音像、通信技术、电子计算机的记忆装置等。硬磁磁性橡胶主要用于磁性较强的工业产品中，如电冰箱门用密封条等，还有教具、绘图板、玩具、文具及医疗器械等。

2. *磁性塑料*

由于结构型高分子磁性材料尚处于探索阶段，目前的磁性塑料就是指复合型高分子材料中以塑料为黏结剂的磁性体，国外于 20 世纪 70 年代首先研制成功的新型复合塑料兼具塑料和磁性材料的特性，尽管磁性不如传统的烧结磁铁或铸造永磁强，但其机械加工性能好，能充分利用塑料易成型、生产效率高的特点，可成型形状复杂的制品，且尺寸比较精确。

磁性塑料是已经实现商品化生产的重要高分子磁性材料。它由合成树脂与磁粉构成，合成树脂起黏结剂作用，磁性塑料所填充的磁粉主要是铁氧体类和稀土类两大类，即铁氧体类磁性塑料和稀土类磁性塑料。磁性塑料组成及分类如下。

- 磁性塑料组成
  - 合成树脂
    - 热塑性树脂 PE、PP、EVA、PPS、PBT、PVC、尼龙 6、尼龙 12、尼龙 66（采用注塑、挤出和压延法成型）
    - 热固性树脂 环氧树脂和酚醛树脂等（采用压制和挤出成型）
  - 磁粉材料
    - 铁氧体类 $Ba \cdot 6Fe_2O_3$ 类、$SrO \cdot 6Fe_2O_3$ 类
    - 稀土类 $SmCo_5$ 类、$Sm_2(Co、Fe、Cu、M)_{17}$

- 磁性塑料
  - 铁氧体类
    - 各向同性磁性塑料
    - 各向异性磁性塑料
  - 稀土类
    - 热塑性树脂制各向异性磁性塑料——挤出、注塑成型
    - 热固性树脂制各向异性磁性塑料——压制成型

磁性塑料的性能主要取决于磁粉材料，并与所用的合成树脂、磁粉的填充率及其成型方法有密切的关系。

磁性塑料的连续最高使用温度虽然低于金属磁铁，但热稳定性较好，在150℃空气中加热1000h磁性无变化，外观无异常现象；在较高温度下，只要无瞬间负荷的动态应力作用，则不影响其使用。磁性塑料的化学稳定性好，在酸、碱、有机溶剂、油类和水中，于常温下浸渍10天后，一般仅增加质量0.2%~0.5%，磁性和外观无异常变化；经低温(-40℃)、高温(130℃)、热循环、浸渍、耐湿、风化和盐雾等试验后，质量、外观和磁性变化很小，力学性能虽有所下降，但拉伸强度仍能保持在30MPa，不影响使用。

磁性塑料的主要优点是：密度小、耐冲击强度大，制品可进行切割、钻孔、切削、焊接、层压和压花纹等后加工，且使用时不会发生碎裂；其尺寸变化小，易加工成尺寸精度要求高、或薄壁的、或复杂形状的制品，且可与元件整体成型。总之，磁性塑料制品脆性小，磁性稳定，易于装配，对电磁设备实现小型化、轻量化、精密化和高性能化的目标起着关键的作用。

二、磁性高分子微球

磁性高分子微球的研究始于20世纪70年代，它除具有高分子微粒子的特性，可通过共聚、表面改性，赋予其表面多种反应性功能基(如：—OH、—COOH、—COH、—NH_2等)，还具有磁性，可在外加磁场的作用下方便地分离，如图8-9所示。

国外有学者将其形象地称为动力粒子。磁性高分子微球作为新型的功能高分子材料在生物医学(临床诊断、酶标、靶向药物)、细胞学(细胞标记、细胞分离等)和生物工程(酶的固定化)等领域有着广泛的应用前景。

从目前研究的情况看，磁性高分子微球一般为核壳式结构。由金属氧化物(如铁、钴、镍等氧化物)组成核，高分子材料组成壳层。或者将高分子材料作为核，磁性材料作为壳层。除此之外，也可做成夹心结构，即外层、内层为高分子材料，中间层为磁性材料。就其制备方法而言，主要有包埋法和单体聚合法。

包埋法是将磁性粒子分散于高分子溶液中，通过雾化、絮凝、沉积、蒸发等手段得到磁性高分子微球。有人将磁性粒子悬浮于聚乙烯亚胺(PEI)溶液中，通过过滤、干燥处理得到外包PEI的磁性微球；还有人用磷脂处理纳米级的磁性粒子，制得磁性脂质体微球；有报道称将磁性粒子与牛血清蛋白和棉籽油进行超声处理，然后加热至105~150℃，得到外包牛血清蛋白的磁性微球；利用类似的方法可制得纤维素-Fe_3O_4、尼龙-Fe_3O_4、聚酰胺-Fe_3O_4聚丙烯酰胺-Fe_3O_4等磁性微球；此外，利用含羟基的硅烷聚合物与表面含羟基的磁性粒子进

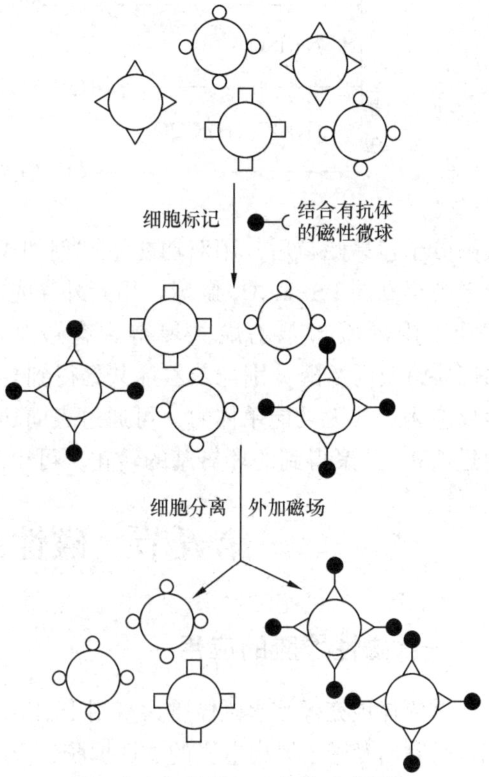

图8-9　细胞标记、细胞分离原理

行加热脱水得到硅烷化的磁性微球。

单体聚合法是在磁性粒子和单体存在下加入引发剂、稳定剂等聚合而成的核壳式磁性高分子微球。迄今为止，单体聚合法合成磁性球的方法主要有：悬浮聚合、分散聚合、乳液聚合(包括无皂乳液聚合、种子聚合)等。单体聚合法成功的关键在于确保单体的聚合反应在磁表面顺利进行。一般而言，磁性粒子为亲水性，对于亲水性单体，如戊二醛，单体易接近磁性粒子，聚合容易在磁性粒子表面进行。而对于大多数油性单体如苯乙烯、甲基丙烯酸甲酯等，聚合反应则难以在磁粒表面顺利进行。适当改进悬浮聚合的有机相组成，或对磁性粒子进行表面处理，可使单体在磁粒表面顺利聚合。有人将 Fe_3O_4($d=0.01\mu m$)用烃油处理，在乳化剂、引发剂存在下进行乳液聚合，得到粒径小于 1μm 的聚苯乙烯磁性微球。还有人将粒径 20μm 的磁粒同 St-DVB-BPO 超声处理，用改进的悬浮聚合法聚合得到 104～295μm 的磁性微球；还有报道用磁性流体作为磁核，采用改进的乳液聚合法和分散聚合法，合成得到粒径范围分别在 0.06～10μm 及 100～1000μm 的聚苯乙烯微球；同时，也有直接利用 Fe_3O_4 磁粉作为磁核，加入 PEG 进行超声处理，采用分散聚合法，制得 50～600μm 分布均匀、磁感应强的聚苯乙烯微球；有报道称将磁粒沉积到带功能基的高分子胶乳粒子上，然后，再用种子聚合法，得到夹心式结构的磁性微球。

研究表明，载体基材带有—OH、$—NH_2$、—COOH、$CONH_2$ 等功能基团时，易与酶等物质结合。磁性高分子微球的表面功能化可通过单体共聚反应及表面处理得到。用带有氨基的硅烷(如 *N*-2-氨基乙基-3-氨基丙基硅烷、*P*-氨基苯基硅烷、3-氨丙基硅烷等)与金属氧化物脱水反应，得到带有$—NH_2$ 的磁性微球，同时，如果用戊二酸酐与氨基反应，进而得到带有羧基的磁性微球；有人将聚乙烯亚胺磁性微球用戊二醛溶液活化处理，得含醛基的微球；也有用蛋白质、多熔素、多氨基葡萄糖等天然高分子包裹磁粒后，用双功能基试剂如戊二醛等处理得到不同功能基的微球；Iman 用悬浮聚合得到的 PS-Fe_3O_4 微球，用紫外光光解，得到具有羧基的聚苯乙烯-Fe_3O_4 微球；有人试验用丙烯酸与苯乙烯共聚得到含羧基的 PS-Fe_3O_4 微球；此外用甲基丙烯酸羟乙酯(HEMA)及丙烯醛分别与苯乙烯共聚得到含羟基(—OH)和醛基(—COH)的微球。而对于共聚反应困难或无功能单体时，可通过表面功能基的转化得到所希望的功能基，如下图所示，通过 GMA 共聚得到的环氧基的转化，可得到系列其他功能基。

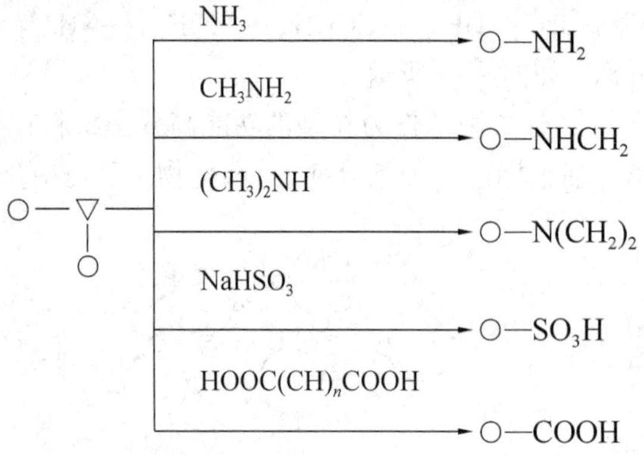

第五节　磁性高分子材料的应用

一、磁性橡胶的应用

铁氧体填充橡胶永磁体曾大量用于制造冷藏车、电冰箱、电冰柜门的垫圈。北京化工研究院曾研制出专用于风扇电机的磁性橡胶，应用于计算机散热风扇。日本铁道综合技术研究所开发出利用磁性橡胶的磁性复合型减振材料。德国大陆轮胎公司将磁粉混入轮胎侧胶料形成磁性胶条，再通过轮胎胎侧扭力测量装置采用传感器从旋转轮胎胎侧的磁性胶条上采集信号，以获取大量有关汽车和路面之间力的有用数据，有利于驾驶员在不同路况下对车的控制。

二、磁性塑料的应用

磁性塑料又称塑料磁铁，兼有磁性材料和塑料的特性。根据填充磁粉类型可分为铁氧体类磁性塑料和稀土类磁性塑料。由于磁性塑料机械加工性能好、易成型，且尺寸精度高、韧性好、重量轻、价格便宜、易批量生产，因此对电磁设备的小型化、轻量化、精密化和高性能化有重大意义。它可以记录声、光、电信息，因而广泛用于电子电气、仪器仪表、通信、日用品等诸多领域，如制造彩色显像管会聚组件、微电机磁钢、汽车仪器仪表、分电器垫片和气动元件磁环等。

铁氧体类磁性塑料质轻、柔韧，成型后收缩小，可制成形状复杂的制品，可连续成型、批量生产，可通过控制磁粉含量来控制磁性，并且化学稳定性良好。不足之处是如果想通过大量填充磁粉来提高磁性能，则制品的加工性和强度就会受损，因此其磁性不仅比烧结磁铁的差，也比稀土类磁性塑料的差。目前主要用于家电、日用品。

稀土类磁性塑料的机械强度、耐热性优于铁氧体类磁性塑料，磁性甚至强于铁氧体类烧结磁铁。其优越的加工性能可满足电子工业对电子元件小型、轻质、高精密度、低成本的要求，因而可应用于小型电机、通信设备、传感器、继电器、仪器仪表等，是目前磁性塑料的发展方向。

三、磁性高分子微球的应用

磁性高分子微球是将高分子与磁性无机物通过包埋、单体聚合等方法结合形成的具有磁性、粒径为几纳米到几百微米不等的特殊结构微球，是近年来研究极其活跃的新型磁性功能材料，在生物医学、细胞学、生物工程及环境保护等领域有广阔的应用前景。另外，磁性高分子微球具有表面积大、流动性好、易加工的特性，在催化研究、磁记录、磁共振显像、化妆品、油漆、磁流变体等领域亦有应用。

磁性高分子微球按结构分为 A、B、C 三型，其中 C 型(核为磁性无机物，壳为聚合物)由于制备相对容易，且可通过共聚、表面改性等手段在聚合物表面接上多种反应性功能基团，因此研究报道较多。

通过单体共聚和表面处理等手段使聚合物壳层带上—OH、—NH_2、—COH、—COOH 等功能基团以与酶等蛋白质结合，在外磁场的作用下可方便地与周围介质分离，在酶的固定化、细胞分离、靶向药物、免疫分析等领域有非常独特的应用。表面接羟基使得磁性高分子微球有两亲性，热敏性高分子包裹的磁性微球可用于吸附分离蛋白质；接有光导性功能基团的磁性高分子微球可用于临床检测诊断；壳聚糖包裹的生物磁性微球可吸附牛血清蛋白和溶菌酶；聚 2-羟乙基甲基丙烯酸甲酯磁性微球可用于固定 RNA；利用某些特殊功能基团与甲醛在微球表面生成电活性物质，结合微分-循环伏安法确定痕量甲醛的存在。

将磁性氧化铁纳米粒子超声分散在水中，然后用离心法以乙酸乙酯取代水，再加入羟乙基甲基丙烯酸和甲基丙烯酸单体沉淀聚合得到聚合物包裹纳米粒子磁性材料，可用作磁共振显像剂。采用原位生成法制备的酞菁钴/纳米铁微球，比饱和磁化强度为 76.3Am^3/kg，矫顽力为 4.15kA/m，热稳定性高于 150℃，与甲基硅油组成的磁流变液有良好的抗沉降性。

四、磁性聚合物膜(磁性来源于无机磁性物)的应用

事实上，大块磁性材料在应用时多以薄膜形式出现。磁性聚合物膜材料既具有磁记录、磁分离、吸波、缩波等磁特性，又具备质轻柔韧、加工性能优越等高分子特性，可将其用作高磁记录密度的高分子磁膜、分离膜、电磁屏蔽膜，从而在功能性记忆材料、膜分离材料、隐身材料、微波通信材料等多种军用、民用领域获得重要用途。

制造无机磁性填料-聚合物复合膜的比较成熟的物理方法有真空沉积、离子镀、溅射等，化学方法有共混、电镀、化学镀、液相外延等，近年来还发展了离子交换-化学沉积、仿生合成、模板合成等方法。早期的无机磁性填料-聚合物复合膜的应用，主要是将超细铁氧体磁粉和聚合物基体复合再涂覆在聚酯薄膜上形成记录用磁带。随着人们对尖端膜材料、先进成膜技术的发展，对膜结构的控制，以及对膜的物理、化学行为的深入研究，将膜作为提供特异的反应场、信息传递场、能量转化场等特异功能场的功能材料的研究和应用增多。利用无机磁性填料-聚合物膜特殊的机械、电子、光学、磁学特性，可将其应用于高新技术的方方面面。

将镍铁合金磁性材料通过电镀嵌入聚硅烷弹性薄膜，在外加磁场作用下，膜中磁性部分产生扭转力矩导致膜的变形。该磁性膜器可用作微流系统中的微泵装置、高分辨率轻小光学镜面及磁开关。利用电沉积技术结合模板合成法制备的磁性微米、纳米膜可用作高密度可擦写磁记录材料、微波基板材料。为了抗氧化和腐蚀，在多孔铝支撑膜上将金属纳米丝封入聚苯胺纳米管，形成的纳米材料可以作为磁性天线应用。在基体膜上涂覆压电磁性材料，当机械压力施加于膜，膜的压电磁特性能引起磁导率变化，与微型螺线圈构成磁心电感器，可用于远程传感。采用在水分散相中制备铁磁纳米粒子的技术，结合多分子层自组装技术，可制成有机-无机多层复合膜。它综合了磁性纳米粒子的特性及聚合物的可加工性，具有独特的机械、电、光、磁性质，可用于发光二极管、抗蚀保护层、膜传感器、导电膜、非线性光学器件以及气体分离膜。

根据磁性高分子特有的优异性能，预料它将广泛应用于以下几方面。

(1) 高储存信息的新一代记忆材料

利用磁性高分子有可能成膜等特点，在亚分子水平上形成均质的高分子磁膜，可大大提高磁记录密度，以开发高储存信息的光盘和磁带等功能性记忆材料。

(2) 轻质、宽带微波吸收剂

磁性高分子与导电材料复合可制成电、磁双损型的轻质、宽带微波吸波剂，将在航天、电磁屏蔽和隐身材料等方面获得重要用途。

(3) 磁控传感器的开发

利用磁场变化控制温度、溶剂和气体等的传感器件以及受光、热控制的新型电磁流体的开发是磁性高分子重要的应用方向。

(4) 生物体中的药物定向输送

低密度可任意加工的磁性高分子的诞生，可实现生物体中的药物定向输送和大大提高疗效，并有可能引起医疗事业的一场变革。

(5) 低磁损高频、微波通信器件的开发

近年来，低磁损的高频、微波通信电子器件的开发已为世人瞩目。目前，四川师范大学已用 OPM 铁磁性材料制作了多种军用和民用电子器件。

第九章 高分子液晶

第一节 概 述

一、高分子液晶的发展史

人们早已熟知液晶本身和液晶在电子显示器件方面、非线性光学方面的应用。液晶显示的手表、计算器、笔记本电脑和高清晰度彩色液晶电视都已经商品化，液晶的商业用途多达百余种，各类商品多达数千种，它使显示等技术领域发生重大的革命性变化。

1888 年奥地利植物学家 Reinitzer 发现，胆甾醇苯甲酯被加热时，在 145℃和 179℃时有两个敏锐的“熔点”。在 145℃时，晶体转变为混浊的各向异性的液体，继续加热至 179℃时，体系又进一步转变为透明的各向同性的液体，而处于 145℃和 179℃之间的液体部分保留了晶体物质分子的有序排列，因此被称为“动的晶体”或“结晶的液体”。1889 年，德国科学家正式将处于这种状态的物质命名为“液晶”。此后，很多人对液晶的研究和发展作出了重要贡献。Friedle 确立了液晶的定义及分类，即液晶是集液体和晶体二重性质为一体的物质。Wiener 等发展了液晶的双折射理论，Bose 提出了液晶的相态理论，Grandiean 等研究了液晶分子的取向机理及其结构。1908 年德国化学家 Vorlande 提出了第一个关于液晶化合物的经验法则：能产生液晶态的化合物，其分子应尽可能成直线状。Vorlander 法则成了当时设计和合成液晶化合物的依据。1923 年，Vorlander 认为：只要还能熔化，而又不发生分解，液晶分子不存在长度的限制。若干年后，直到 1937 年 Brawden 和 Pirie 在研究烟草花叶病毒的悬浮液时，发现其悬浮液具有液晶的特性，这是人们第一次发现生物高分子的液晶特性。其后，1950 年，Elliott 与 Ambrose 第一次合成了高分子液晶。1956 年，Flory 将其著名的格子理论用来处理溶致型高分子液晶体系，推导出了刚性或半刚性聚合物溶液的液晶相出现的临界浓度。

20 世纪 50 年代后期，由于合成液晶研究的进展和在显示器件上的广泛应用，出现了新的研究高潮，但这些研究对象多是小分子液晶。50 年代到 70 年代，美国 Dubont 公司投入大量人力财力进行高分子液晶的研究，取得了极大成就。1959 年推出芳香酰胺液晶，但相对分子质量较低。1963 年，用低温溶液缩聚法合成全芳香聚酰胺，并制成阻燃纤维 Nomex。1972 年研制出强度优于玻璃纤维的超高强度、高模量的 Kevlar 纤维并付诸于应用。1968 年，Schadt 和 Helfrich 发现了液晶的扭曲电光效应与集成电路相匹配，使液晶的研究得到了极为广泛的应用，为当代新兴的液晶工业体系奠定了基础。以后，高分子液晶的研究逐渐从溶致型转向热致型，并将高分子液晶的研究推向了高潮。

20 世纪 80 年代，高分子液晶已开始进入工业化生产时期。主要产品有美国 DuPond 公司的 Kevlar 系列液晶纤维，荷兰阿克苏公司的 Twaron 液晶纤维，美国 Dartco 及阿莫可公司的 Xydar 型液晶高分子，德国 Celanese 公司产 Vetra 型热致型液晶高分子，美国 Eastman 公司的 X7G，日本 Ekonol 的聚酯等。至今已有近 2000 种合成液晶聚合物。

进入 20 世纪 90 年代，高分子液晶以前所未有的惊人速度发展，美、日、欧等国家和地区竞相致力于液晶的开发与工业生产，新的品种和应用领域不断扩大。德国赫希斯特公司将新型 Vectra 液晶高分子作为工程热塑性塑料在世界范围推广，目前投放市场的有 30 多种商品级及专用级产品。美国杜邦公司开发了 Zeinte 型液晶高分子，生产能力达 3000t/a；此外，Eastman 化学公司也开始了研究开发。日本至少有十家公司参与市场开发研究，其中聚合塑料公司、住友化学公司和石油化学公司三家处于领先地位，聚合塑料公司于 1996 年 2 月开始运转年产 2800t 的装置，使该材料的生产能力翻了一番。与此同时，该公司还加强了对东南亚和中国市场的开拓。20 世纪末，高分子液晶产量超过 2 万吨，而且以 20%左右速度增长。我国在 20 世纪 70 年代展开研究，芳纶 1414、芳纶 14 等批量投产，开发研究工作方兴未艾。

作为结构材料，由于液晶高分子是强度和模量最高的高分子，它可用于防弹衣、航天飞机、宇宙飞船、人造卫星、飞机、轮船、火箭和导弹等。它对微波透明，具有极小的线膨胀系数、突出的耐热性、很高的尺寸精度和尺寸稳定性，优异的耐辐射、耐气候老化和阻燃性能，优异的电性能、机械性能和成型加工性能，并且耐化学腐蚀。它可用于微波炉具、纤维光缆的包覆，用于仪器、仪表、化工、汽车及机械行业的设备装置等；作为功能材料它具有光、电、磁以及分离等功能，可用于光电显示、记录、存储、调节和气-气、气-液分离材料等。

液晶高分子材料作为化学、物理学、生命科学、材料科学、信息科学和环境科学等多学科交叉的一门边缘学科正在成为一个十分活跃的研究领域，它对当代科学技术的发展，对工业、国防和人民生活的贡献将日益显示出其重要性。从科学意义上看，液晶高分子兼有液晶态、晶态、非晶态、稀溶液和浓溶液等各种凝聚态，对它的研究将有助于全面了解高分子凝聚态科学。

二、液晶和液晶态

一些物质的结晶结构受热熔融或被溶剂溶解之后，在一定的温度范围内表观上虽然失去了固体物质的刚性，变成了具有流动性的液体物质，但结构上仍然保持着一维或二维有序排列，呈现为有序的流动相，从而在物理性质上呈现出各向异性，形成一种兼有部分晶体和液体性质的过渡状态，这种中介状态称为液晶态，处在这种状态下的物质称为液晶。进一步升高温度，超过一定值时，液晶态转变为各向同性。

研究表明，形成液晶的物质通常具有刚性的分子结构，分子的长度和宽度的比例$R>1$，呈棒状或近似棒状的构象，这样的结构称为液晶原或介原，是实现液晶各向异性的重要结构因素。同时，还须具有在液态下维持分子的某种有序排列所必需的凝聚力。这样的结构特征常常是分子中含有对位苯撑、强极性基团、高度可极化基团或氢键。此外，液晶的流动性要求分子结构上必须含有一定的柔性部分，如烷烃链等。小分子液晶几乎无一例外地含有这类结构的“尾巴”，如 4，4′-二甲氧基氧化偶氮苯。

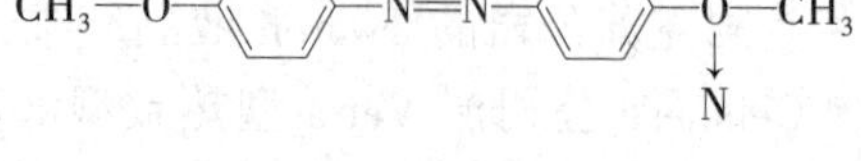

这种化合物的熔点为 116℃，加热熔融时，最初形成混浊的液体，流动性与水相近，但

又具有光学双折射。当温度继续升高到134℃时，才变为各向同性的透明液体。后面这个过程也是热力学一级转变过程，相应的转变温度称为清晰点(或叫清亮点)。相应温度称清亮温度，有时也称“熔点上限温度”。从熔点到清晰点之间的温度范围内，物质为各向异性的熔体，形成液晶。

当物质处于晶态时，其分子和原子只能在晶格位置上作微小的振动，包括位移和转动，分子间相对位置和取向变化受到限制，因而保持了结构的长程有序性。在液态时，由于温度升高，原子和分子有了很大的位移运动和转动运动的自由，分子间相对位置和取向变化非常容易，这就使物质在液态时呈现流动性，并不保持长程有序性。而在一定条件下，物质分子只获得部分的运动自由时，就有可能呈现出流动性而又保持一定的有序性，即表现出液晶行为。因此形成液晶的条件是：当晶体熔化时，分子获得各种位移或转动自由所需的条件(温度、压力等)有很大的差别。满足这种条件的分子的结构特点是：①分子应是刚性的，有明显的形状，各向异性，如棒状、碟状等；②分子间应有强的相互作用。这也是液晶性分子中通常具有芳环、不饱和键和极性基团的缘故。

三、液晶的分类

1. 按液晶形成条件分类

按液晶的形成条件，液晶可分为溶致型和热致型两类。

溶致型液晶是液晶高分子在溶解过程中达到一定浓度时形成的有序排列，产生各向异性特征的液晶。溶致型液晶又分为两类：一类是双亲分子(如脂肪盐、表面活性剂及类脂等)与极性溶剂组成的二元或多元体系，其液晶态可分为层状相、立方相和六方相等三种，它们主要是溶致型的侧链型液晶；另一类是非双亲刚棒状分子(如多肽、核酸及病毒等天然高分子和聚对苯二甲酰对苯二胺等合成高分子)的溶液，它们的液晶态可分为向列相、近晶相和胆甾相三种，它们主要是形成溶致型的主链型液晶。

热致型液晶是三维各向异性的晶体在加热过程中不完全失去晶体特征，保持一定的有序性形成的液晶。热致型液晶是通过加热而呈现液晶的物质，多数液晶是热致型液晶。在热致型液晶的形成过程中温度起了重要作用，随着温度的变化，会出现固体、各向异性的液晶态、各向同性的液体，其中重要的转变温度有熔点、玻璃化温度和清晰点温度。

此外，在外场(如压力、流场、电场、磁场和光场等)作用下进入液晶态的物质称为感应液晶。

2. 按液晶分子的特征分类

能形成液晶的物质分子通常由刚性和柔性两部分组成，刚性部分多由芳香和脂肪型环状结构构成，柔性部分多由可以自由旋转的σ键接起来的饱和链构成。

高分子液晶是将上述结构通过交联剂连接成大分子，或者将上述结构连接到聚合物骨架上实现高分子化得到的，根据刚性结构在分子中的相对位置和连接次序，可以将其粗分为主链型高分子液晶和侧链型高分子液晶，分别表示分子的刚性部分处于主链上和连接于主链的侧链上，后者也称为梳状液晶。如果再根据刚性部分的形状结合所处位置还可以分成如下几种类型(见表9-1)。

(1) α型液晶

也称为纵向型液晶，其特点是刚性部分位于分子的主链上，其长轴与分子主链平行。许多聚酯类聚合物液晶属于这一类。

表 9-1　液晶分子分类表

分类符号	结构型式	名　称	分类符号	结构型式	名　称
α	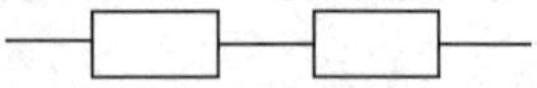	纵向型	κ	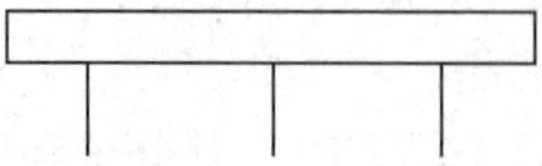	反梳型
β	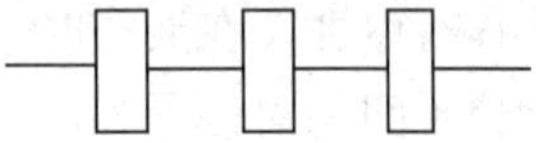	垂直型	θ_1	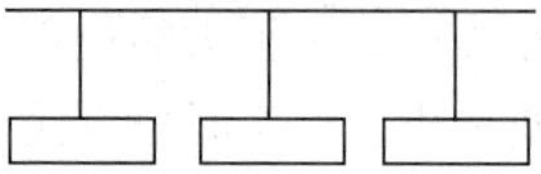	平行型
γ	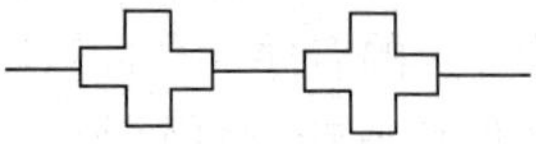	星型	θ_2	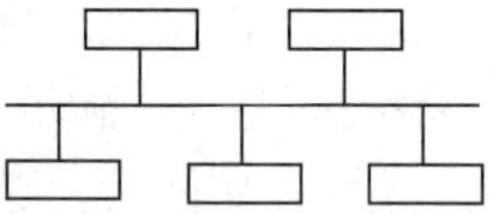	双平行型
ζ_s	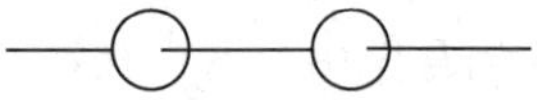	软盘型	λ_1	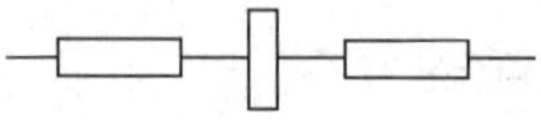	混合型
ζ_r	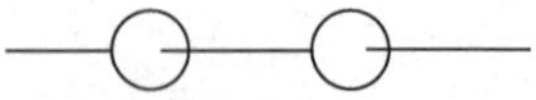	硬盘型	λ_2	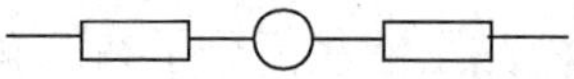	混合型
ζ_m	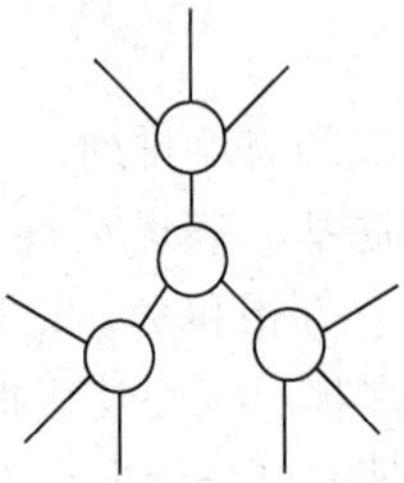	多盘型	λ_3	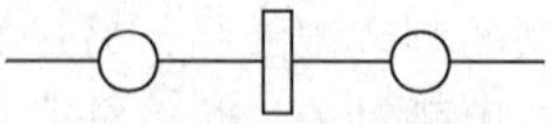	混合型
ε_0	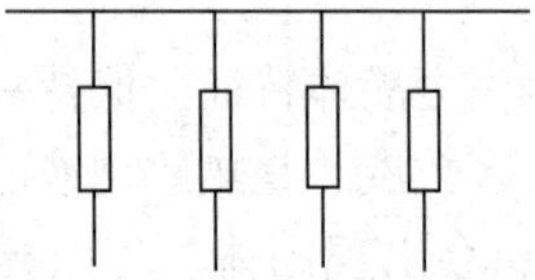	单梳型	φ_1	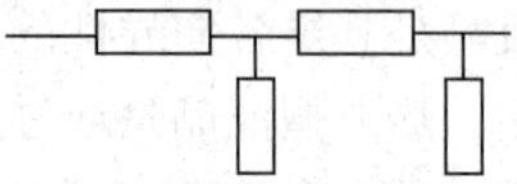	结合型
ε_p	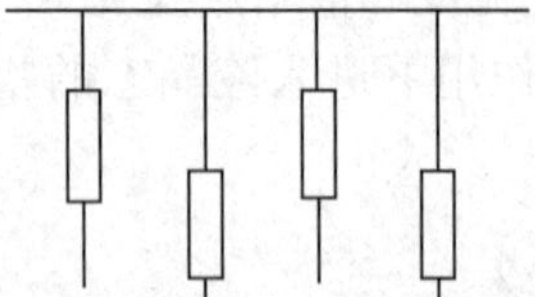	栅状梳型	φ_2	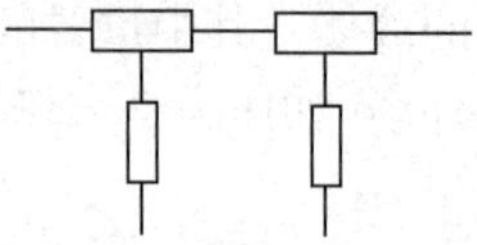	结合型
ε_d	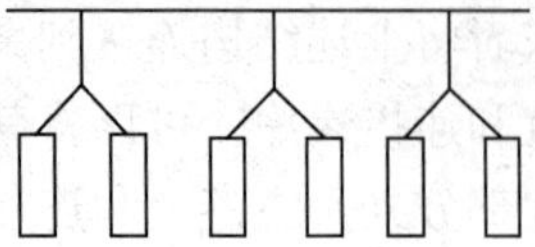	多重梳型	σ	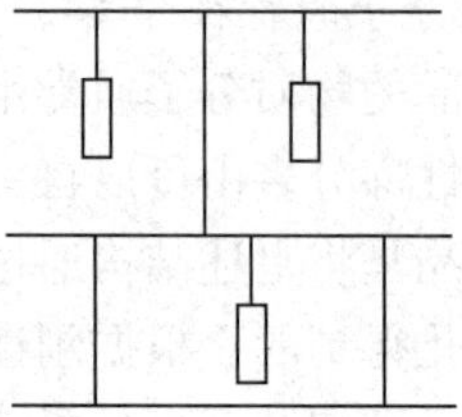	网型
φ	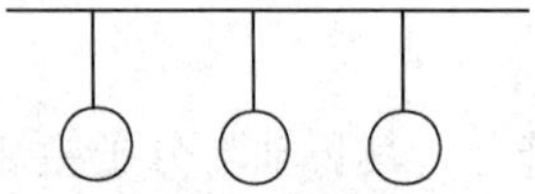	盘梳型	ω	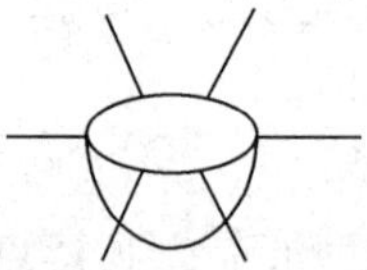	二次曲线型

(2) β 型液晶

也称为垂直型液晶，同 α 型液晶一样，其分子的刚性部分处于分子的主链上，不同的是其长轴与分子主链垂直，一些由硅氧烷链连接而成的聚酯属于这一类。

(3) γ 型液晶

也称为星型液晶，其特点是分子的刚性部分呈十字形，并处在分子的主链上。这种液晶分子经常带有旋光特性。

(4) ζ 型液晶

也可称为盘状液晶，其特点是分子的刚性部分呈圆盘状，并处在分子的主链上。根据圆盘部分的特征，还可以进一步分成软盘状液晶、硬盘状液晶和多盘型液晶等三类。它们之间的区别在于软盘状液晶分子中的刚性部分由柔性链连接，构成主链；硬盘状液晶分子中的盘状部分由一定刚性的链连接，构成主链；而多盘型液晶特点是盘与盘之间有多重连接。

(5) ε 型液晶

也称为梳状或 E 型液晶，液晶分子的刚性部分处在分子的侧链上，主链和刚性部分之间由柔性碳链相连。根据侧链的形状还可以进一步分成以下三类。

① 单梳型液晶(ε_0 型)。其特征为分子主链上连接有单排侧链，侧链上刚性部分通常在其末端接有一柔性碳链。

② 栅型梳状液晶(ε_p 型)。其特征为分子中的侧链在主链上呈 Z 字形排列。

③ 多重梳型液晶(ε_d 型)。其特征是一个侧链上往往连接有一对刚性部分。这种聚合物液晶常有一条柔性好的聚硅氧烷主链。

(6) φ 型液晶

也称为盘形梳状液晶，特点是侧链上的刚性部分呈盘状，如三苯基衍生物即可构成该类液晶的刚性盘。

(7) κ 型液晶

也称为反梳状液晶，因为虽然其形状和梳状液晶相同，但是与梳状液晶相反，其分子主链为刚性部分，而侧链由柔性链段构成。这种液晶分子可以构成近晶型液晶。

(8) θ 型液晶

或称为平行型液晶，在这类液晶分子中刚性部分处在分子的侧链上，刚性部分的长轴与分子的主链基本保持平行。根据刚性部分与主链所处的相对位置不同，该类高分子液晶还可以进一步分成以下两类。

① θ_1 型。称为单侧固定聚合物液晶，分子的刚性部分处在主链的一侧。

② θ_2 型。称为双平行液晶，有时也称为双轴液晶，其特点是分子的刚性部分处在主链的两侧。其中一类由聚硅氧烷为主链，苯酚的苯甲酸酯为刚性部分的聚合物液晶已经被合成。

(9) λ 型液晶

或称为混合型液晶，其分子中至少含有两种不同形状的刚性部分；其中 λ_1 型含有纵向型和垂直型两种刚性部分；λ_2 型含有纵向型和盘型两种刚性部分；λ_3 型含有垂直型和盘型两种刚性部分。

(10) φ 型液晶

因为其分子的刚性部分在主链和侧链上都存在，因此称为结合型液晶。根据侧链在主链骨架上的位置不同，可以进一步分成两类：φ_1 类的侧链连接到主链的柔性部分；φ_2 类其侧链连接到主链的刚性部分。这一类液晶最近也已经见报道。

(11) σ 型液晶

或称为网状液晶，通常为弹性体。以上介绍的 α 型液晶、ε_0 型液晶、φ 型液晶等经过 γ 射线照射，可以得到此类网状液晶。当分子主链中含有可聚合双键时，也可以通过交联反应得到网状液晶。

(12) ω 型液晶

或称为双曲线型液晶，也曾经叫做角锥型液晶或碗型液晶。这是一种纯三维聚合物液晶，1982 年科学家林磊提出了这类液晶的设想，后来这一设想经实验获得证实。据预测，这种液晶应具有某些特殊的电学性质。

(1)~(4)属主链型液晶；(5)~(8)属侧链型高分子液晶；(9)~(12)属组合型液晶，区分于主链和侧链高分子液晶。根据这种分类方法，不同类型的液晶其机械性能和物理化学性质往往不同。

3. 按液晶的形态分类

大多数热致型液晶和棒状溶致型液晶高分子按液晶分子的排列方式(即液晶相态有序性)可分为向列型、近晶型和胆甾型三种。上述三种晶相结构液晶的结构示意图见图 9-1。

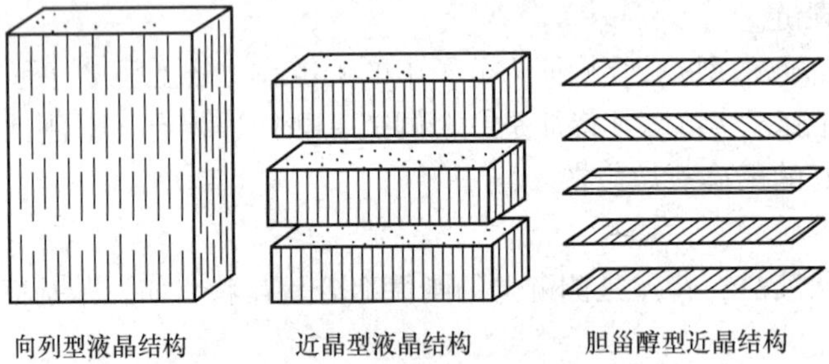

图 9-1　三种不同形态的液晶结构示意图

(1) 向列型晶相液晶(nematic liquid crystal)

用符号 N 表示。在向列型液晶中，液晶分子刚性部分之间相互平行排列，但是其重心排列无序，只保持着一维有序性。液晶分子在沿其长轴方向可以相对运动，而不影响晶相结构。因此在外力作用下可以非常容易沿此方向流动，是三种晶相中流动性最好的一种液晶，其高分子熔融体或高分子溶液的黏度最小。

(2) 近晶型晶相液晶(smectic liquid crystal)

用符号 S 来表示。近晶型液晶在所有液晶中最接近固体结晶结构，并因此而得名。在这类液晶中，分子刚性部分互相平行排列，并构成垂直于分子长轴方向的层状结构。在层内分子可以沿着层面相对运动，保持其流动性，这类液晶具有二维以上有序性。由于层与层之间允许有滑动发生，因此这种液晶在其黏度性质上仍存在着各向异性。分子可在本层运动，但不能来往于各层之间，因此层片之间可以相互滑移，但垂直于层片方向的流动却很困难，这导致近晶型液晶的黏度比向列型液晶的大。

这一类液晶还可以根据晶型的细微差别再进行分类，根据发现年代先后而命名为 A、B 等，至今排列到 Q 相，共 17 种亚相，记为 S_A、S_B、……、S_Q，另外还有九种具有铁电性的手征近晶型和反铁电型，约 27 种亚相，以 S_A 和 S_C 较为常见。

① S_A 型液晶。分子中刚性部分的长轴垂直于层面，与晶体的长轴平行，在平面内分子的分布无序，层的厚度一般小于计算得到的分子长度(按全反式计算)。

② S_B 型液晶。液晶分子与 S_A 型液晶相比，分子刚性部分的重心在层内的排列是有序的，成六角型排列，因此在一定程度上呈三维有序。

③ S_C 型液晶。这类液晶分子与 S_A 型液晶相比，分子刚性部分的长轴与层面没有垂直关系，而倾斜成一定角度；在 S_A 型液晶中有的有光学活性，标记为 S_C^*。

④ S_D 型液晶。与其他近晶型液晶不同，S_D 型液晶呈现出立方对称特性，与塑晶相似。

⑤ S_E 型液晶。与 S_B 型液晶相似，不同的是分子刚性部分的重心成正交型排列而不是呈正六边形。

⑥ S_F 型液晶。这类液晶从与层面垂直的方向看，与 S_B 型液晶相同，呈正六边形，不同的是分子的刚性部分不与层面垂直，而是朝正六边形的一个边倾斜成一定角度，为单斜晶型。

⑦ S_G 型液晶。该液晶从与层面垂直的方向看，与 S_B 型液晶相同，呈正六边形，不同的是分子的刚性部分不与层面垂直，而是朝正六边形的一个顶点倾斜成一定角度，为单斜晶型。

⑧ S_H 型液晶。该类液晶的层内结构与 S_E 型液晶相同，但是分子的刚性部分朝六边形的顶点方向倾斜一定角度，晶型与 S_F 同类。

⑨ S_I 型液晶。其层内结构与 S_E 型液晶相同，但是分子的刚性部分朝六边形的顶点方向倾斜一定角度，晶型相同。

上述晶体结构上的差别对于高分子液晶材料的非线性光学特性有一定影响。

(3) 胆甾醇型液晶(cholesteric liquid crystal)

由于属于这类液晶的物质中，许多是胆甾醇的衍生物，因此胆甾醇型液晶成了这类液晶的总称。当然，在胆甾醇型液晶中也有许多由与胆甾醇毫无关系的分子构成。其科学的定义应为：构成液晶的分子基本是扁平型的，依靠端基的相互作用，彼此平行排列成层状结构；与近晶型液晶不同，它们的长轴与层面平行，而不是垂直。在两相邻层之间，由于伸出平面外的化学基团的作用，分子的长轴取向依次规则地旋转一定角度，层层旋转，构成一个螺旋面结构；分子的长轴取向在旋转 360°以后复原，两个取向度相同的最近层间距离称为胆甾醇型液晶的螺距。由于这种螺旋结构具有光学活性，这类液晶可使被其反射的白光发生色散，透射光发生偏转，因而胆甾醇型液晶具有彩虹般的颜色和很高的簇光本领等独特的光学性质。

构成上面三种液晶的分子，其刚性部分均呈长棒形，除了长棒形结构的液晶分子外，还有一类液晶由刚性部分呈盘形的分子形成。热致型液晶高分子中有少数分子的形状呈盘状，盘状分子和盘状高分子液晶属于盘状液晶。

在形成的液晶中多个盘形结构叠在一起，形成柱状结构；这些柱状结构再进行一定有序排列形成类似于近晶型液晶。这一类液晶用大写的 D 加下标表示。其中 D_{hd}型液晶表示层平面内柱与柱之间呈六边形排列，分子的刚性部分在柱内排列无序。D_{ho}型液晶与 D_{hd}型类似，不同点在于分子的刚性部分在柱内的排列是有序的。D_{rd}表示的液晶其在层平面内呈正交型排列。D_t 表示的液晶，其形成的柱结构不与层平面垂直，倾斜成一定角度。盘状分子形成的柱状结构如果仅构成一维有序排列，也可以形成向列型液晶，通常用 N_d 来表示。

4. 按相对分子质量大小分类

按照相对分子质量的大小，可将液晶分为小分子液晶和高分子液晶。当然，高分子与小分子并没有十分确切的数值界限，如果按相对分子质量大小，更细致的次序应为：小分子、低聚物、低相对分子质量聚合物和高分子。

5. 按液晶物质的来源分类

在高分子液晶中，按照物质的来源可以分为天然高分子液晶和合成高分子液晶。天然高分子液晶主要有纤维素、多肽及蛋白质、核酸等生物大分子；合成高分子液晶有芳香族聚酰胺、芳香族聚酯、聚甲基丙烯酸类衍生物、有机硅衍生物等。

四、液晶高分子的结构与特性

1. 液晶高分子的结构形式

主链液晶高分子是指介晶元存在于高分子主链中的一种液晶类型。通常，主链液晶高分子的化学结构具有如下特点：

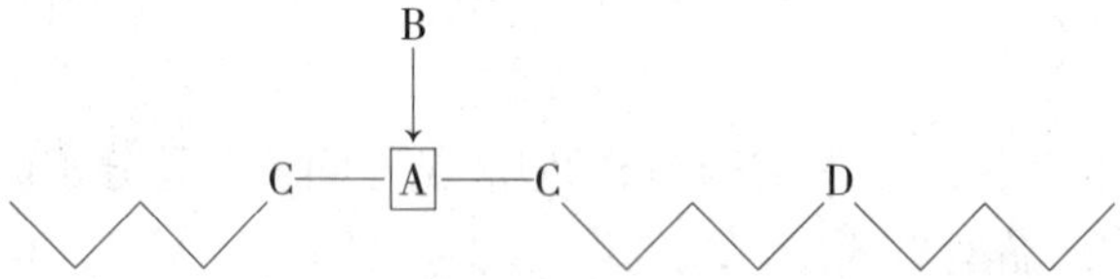

其中，A 为介晶基元，在多数热致型液晶高分子中，其为细长棒状或板状，联苯衍生物或环已基烯等；B 为取代基，这些基团能降低转换温度；C 为介晶元与柔性间隔基之间的连接基团；D 为柔性间隔基，由亚烷基、硅氧烷基等组成。

侧链液晶高分子是指刚性主链或柔性主链上接有液晶基元。

2. 液晶高分子的特性

(1) 自增强性

液晶高分子在熔融成型条件下，黏度急剧下降，刚直大分子极易沿流动方向高度取向，呈一个方向排列。冷却固化后，这种大分子排列被保持下来，形成高度取向的“棒状”高分子，具有高强度、高模量和自增强性能。即使不添加增强填料，就能达到甚至超过普通工程塑料加入百分之几十玻纤增强后的力学强度和刚性。

(2) 线膨胀系数低，成型收缩小

大多数液晶高分子的线膨胀系数是通用塑料的几分之一到十分之一，数值一般是 10^{-5}/℃，与金属差不多。如用碳纤维增强，可能更低，达到 10^{-6}/℃。

液晶高分子成型收缩率低，因此，制品的尺寸稳定。

(3) 耐热、耐化学药品性优异

大多数液晶高分子耐热性优异，能满足表面实装电子元件的焊接条件。几乎所有的液晶高分子都耐溶剂，有机溶剂几乎没有可以溶解它们的，几乎所有的酸碱都不能侵蚀它们。

(4) 阻燃性好

几乎所有的液晶高分子在不加阻燃剂的情况下即具有自熄性，极限氧指数约为 35%。

(5) 成型加工性能好

液晶高分子在熔融态下加工时，分子之间纠缠少，熔体黏度低，加工方便。

但液晶高分子也有缺点，就是因为取向作用产生的各向异性，但可以用增强纤维的方法加以补救。

第二节　主链型高分子液晶

一、主链型液晶高分子的分子设计

与小分子液晶一样，按形成液晶态的物理条件，主链型液晶高分子也可分溶致性液晶和热致性液晶两类。

1. 溶致性主链型液晶高分子的分子设计

主链型溶致液晶高分子又可分为天然的(如多肽、核酸、蛋白质、病毒和纤维素衍生物等)和人工合成的两类。前者的溶剂一般是水或极性溶剂；后者的主要代表是芳族聚酰胺和聚芳杂环，其溶剂是强质子酸或对质子惰性的酰胺类溶剂，并且添加少量氯化锂或氯化钙。这类溶液出现液晶态的条件是：聚合物的浓度高于临界值；聚合物的相对分子质量高于临界值；溶液的温度低于临界值。

溶致性主链型液晶高分子的介晶基元通常由环状结构和桥键两部分所组成。常见的环状结构如下：

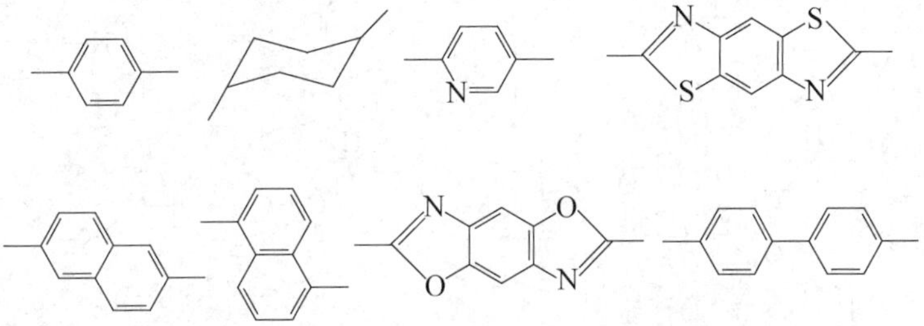

以这些环状结构单元的一类或几类为重复单元，彼此连接或是通过桥键连接成线型大分子，就得到完全刚性的主链高分子。常见的桥键如下：

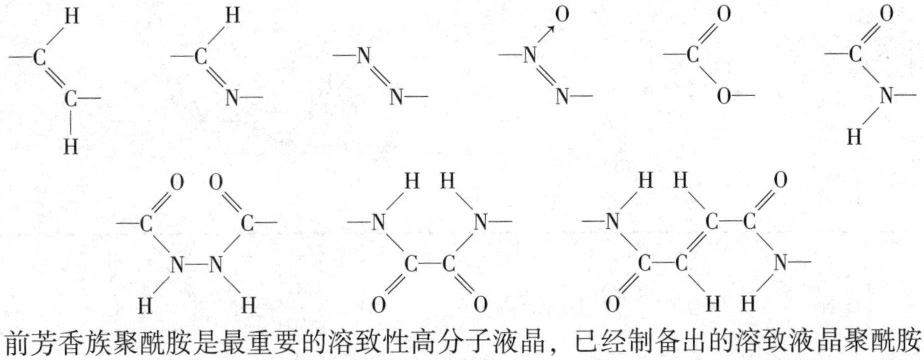

目前芳香族聚酰胺是最重要的溶致性高分子液晶，已经制备出的溶致液晶聚酰胺的重复单元如表 9-2 所示。芳香族聚酯也是一种重要的高分子液晶，尽管目前的重点是研究热致性液晶，但只要有合适的溶剂，也可以表现出溶致性液晶行为。

2. 溶致性主链液晶高分子的合成

溶致性主链型液晶高分子主要是由聚芳香酰胺形成的，这类液晶是通过酰胺键将单体连接成聚合物，因此能够形成酰胺的反应方法和试剂都可用于此类高分子液晶的合成。广泛采用的方法是胺和酰氯的缩合反应，如聚对氨基苯甲酰胺(PBA)的合成是以对氨基苯甲酸为原料，与过量的亚硫酰氯反应制备亚硫酰氨基苯甲酰氯，然后在四甲基脲(TMU)中进行溶液缩聚得到的。

表 9-2　形成溶致液晶聚酰胺的重复单元

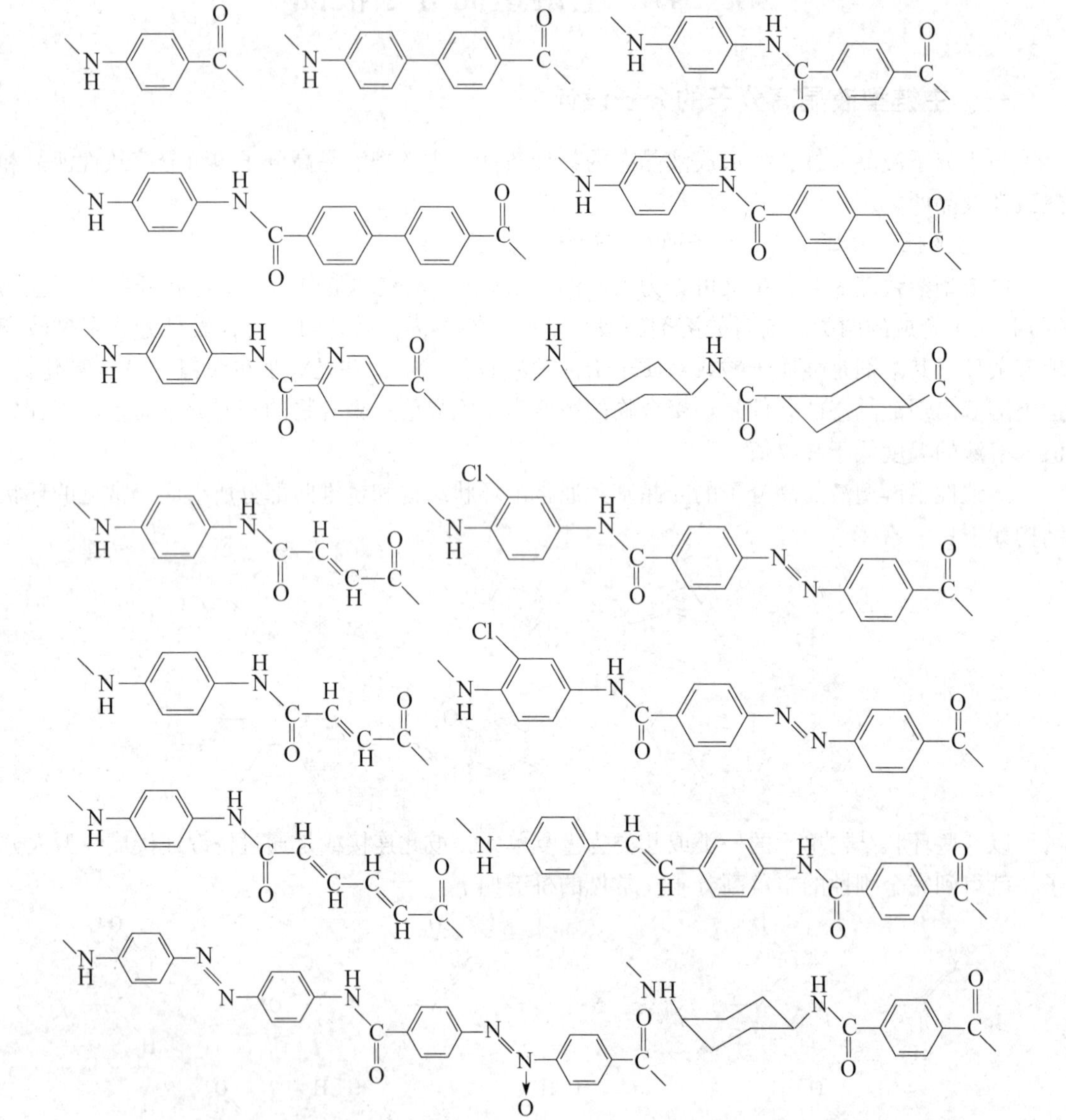

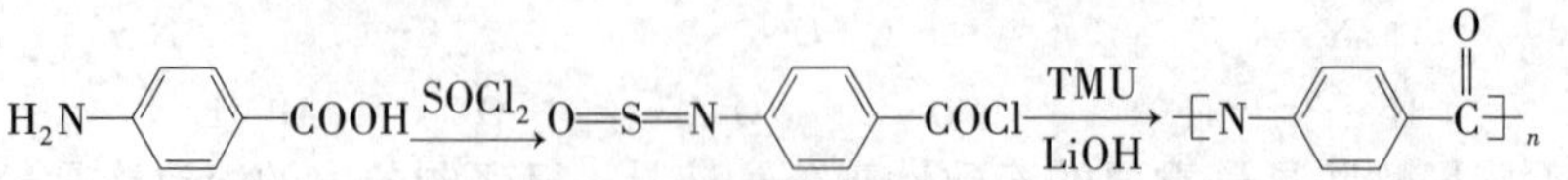

近年来又开发了用芳香族二元胺和二元酸的氧化反应，如：

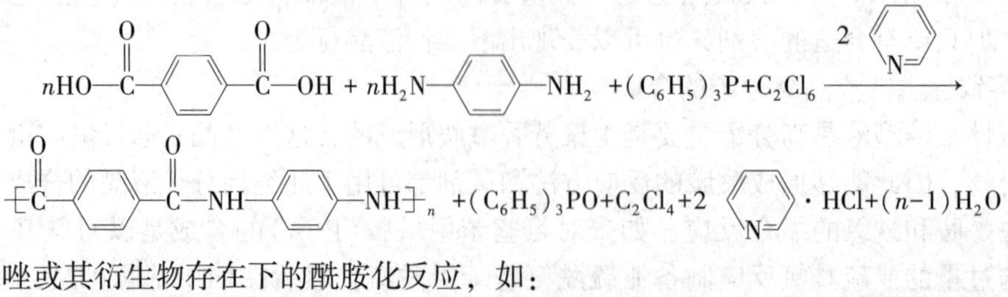

在咪唑或其衍生物存在下的酰胺化反应，如：

芳杂环液晶聚合物又称梯形聚合物，是一种高温稳定性材料，可以在液晶态纺丝，得到

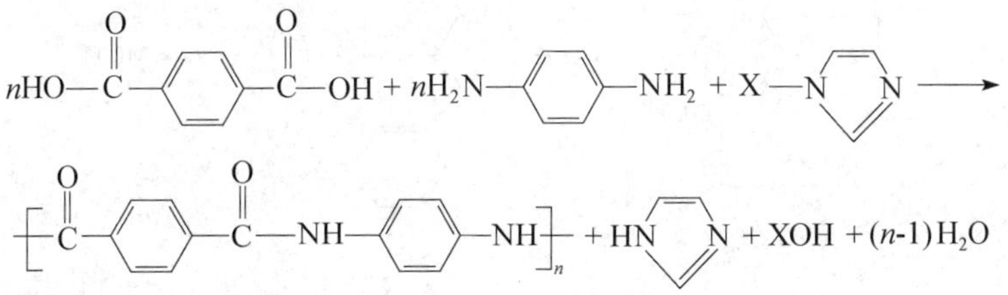

高性能纤维。例如，将单体 1 和对苯二甲酸进行缩聚反应，生成聚合物 2(2，5-二巯基-1，4-苯二胺)，称为反式-PBT。若用单体 3(3，5-二巯基-2，6-苯二胺)和对苯二甲酸进行缩聚反应，得到的产物称为顺式-PBT。

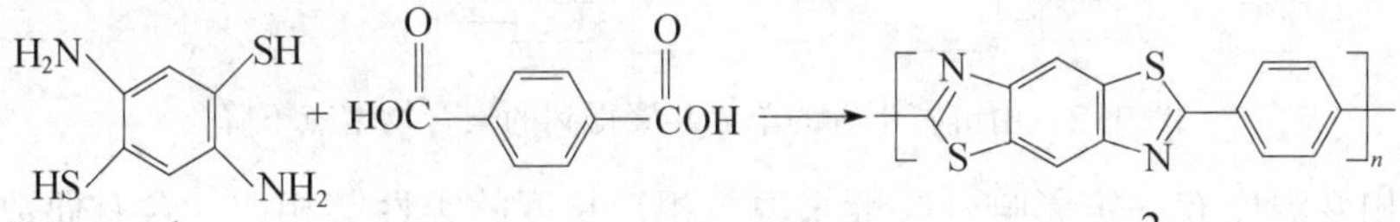

1　　　　　　　　　　2

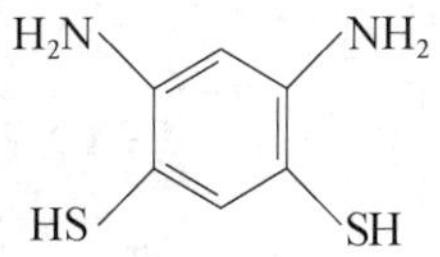

3

二、热致性主链液晶高分子

1. 热致性主链液晶高分子的设计

热致性液晶高分子的主要代表仍是主链含芳香环和酯基(或其他不含氢键的基团)的聚合物。这类液晶具有高结晶度和高熔点，不能在热分解温度以上生成液晶相，分子的设计目的就是通过共聚改性降低分子链的有序性，从而降低结晶度和熔点，以得到热稳定的液晶。目前常用方法有 3 种。

(1) 在聚合链中加入体积不等的聚合单元

在聚合物链中加入体积不等的聚合单元是基于在基本保持聚合物链的线性和刚性的同时，利用分子空间结构的影响，使其不能紧密规则排列，从而能够既减小分子间力，降低熔点，又不破坏液晶结构形成过程。利用体积不等的单体进行共聚可以明显地降低液晶分子间的作用力，使其相转变温度大大下降。一般是在苯环的侧面引入大体积取代基，或者采用多环芳烃替代苯环来增大单体的横向尺寸。比如，在对苯二甲酸与对苯二酚的缩聚物中，在 2 位引入苯基，聚合物的熔点下降到 340℃以下。实验结果表明，取代基的体积和取代位置是造成熔点下降的主要因素，而取代基的极性大小对结果的影响不大。如果用萘环代替聚合物中的部分苯环，聚合物的熔点可以下降到 260℃左右(苯∶萘=1∶1)，见图 9-2。

(2) 在聚合物刚性链段中引入柔性基团

通过共聚的方法在聚合物刚性链段中随机加入一些柔性基团，可以通过增加分子链的热运动能力降低聚合物的熔点(见图 9-3)。采用的柔性基团可以是饱和碳链—CH_2—，或者为醚链—CH_2CH_2O—等。柔性链和刚性结构部分的长度，以及刚性结构部分的长径比对形成的液晶晶相结构和相变温度有较大影响。刚性部分的长度和长径比增加，更容易形成向列型液晶，液晶的稳定性增加。减小柔性链段的长度有类似的影响。柔性链段中—CH_2—单元的

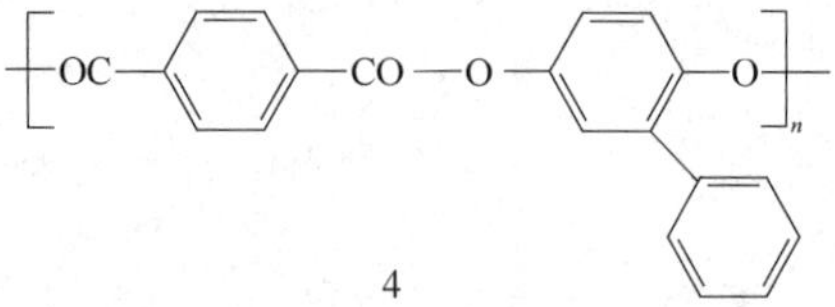

$T_m < 340$ ℃

4

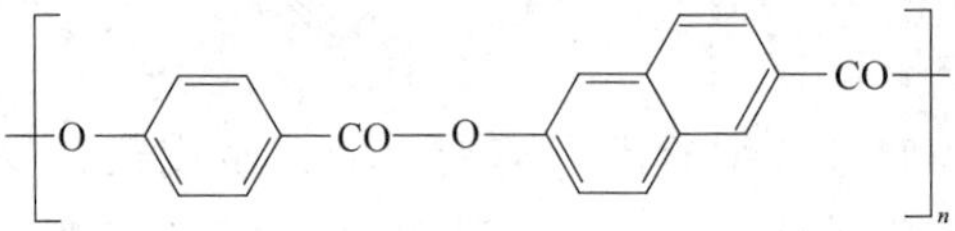

$T_m < 260$℃

5

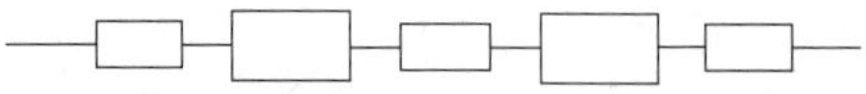

图 9-2　由链宽不等的单体共聚得到的聚合物熔点下降

奇偶性也对相变温度有一定影响。一般来说与相近长度的柔性链相比，含有偶数个亚甲基碳链的聚合物熔点偏高，奇数的偏低。增加链段的柔性，比如，以硅氧烷替代饱和碳链，相转变温度有所下降。

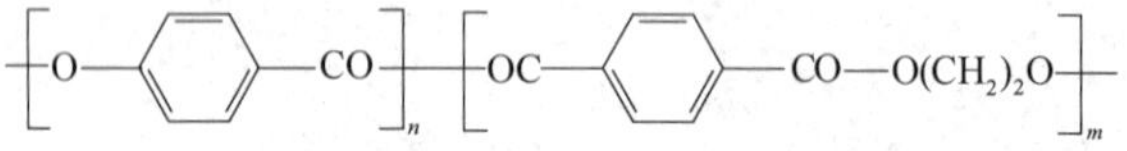

$T_m = 230$ ℃

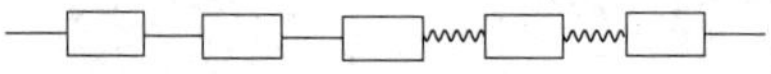

图 9-3　刚性链段引入柔性基团后熔点下降

（3）聚合单元之间进行非线型连接

降低聚合物熔点的第三种方法是在聚合物骨架中引入非线型聚合单元来减小聚合物链的规整度，减小分子间力。非线型单元可以利用邻位或间位取代的二官能团苯衍生物，部分替代对位取代苯的衍生物，使形成的聚合物链呈现一定的非线型（见图 9-4），使分子不易紧密堆积。采用这种方法对于降低聚合物的熔点非常有效。例如，只要加入百分之十几的间位取代苯二甲酸替代对位取代苯二甲酸，熔点即可降到 350℃ 以下，但是在聚合物骨架中引入大量的非线型单元，也会在一定程度上破坏液晶的形成能力。

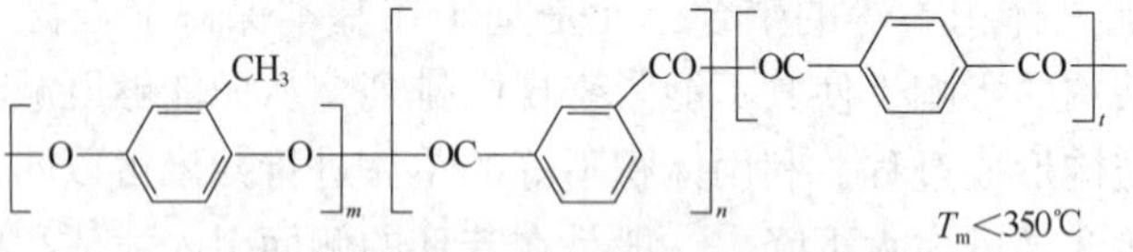

$T_m < 350$℃

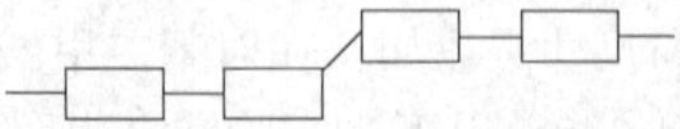

图 9-4　聚合单元的非线型连接使液晶高分子熔点下降

按照上述原则，可以确定出一些具有上述功能的结构单元，将这些结构单元嵌入刚性聚合物链中，可有效地降低聚合物熔点。

脂肪族

$—OCH_2CH_2O—$

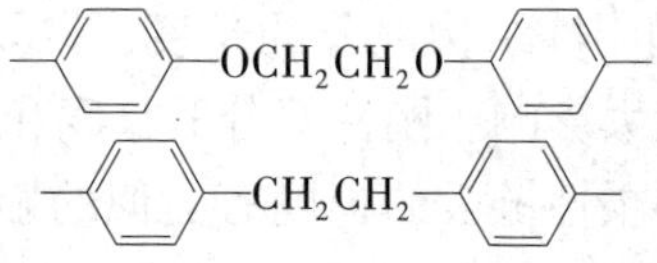

刚性转折 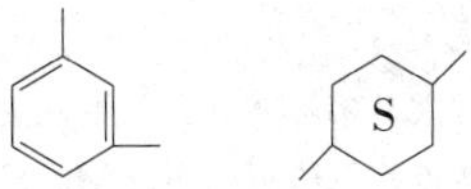

旋转 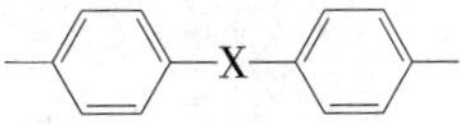 X=O，S，$C=O$

苯并曲轴 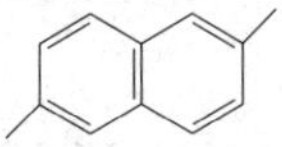 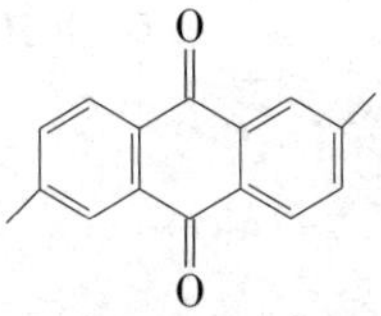

苯环取代 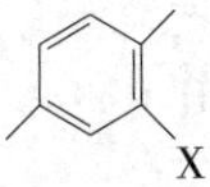 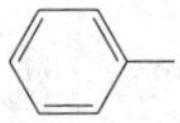

X = Cl，CH_3

除芳香族聚酯和共聚酯之外，其他还有偶氮苯、氧化偶氮苯、苄连氮等刚性单元的共聚酯，以及芳香族聚氨酯，都表现出热致液晶行为，见表 9-3。

表 9-3　含有偶氮苯、氧化偶氮苯等刚性单元的热致主链聚合物液晶

介晶单元	柔性间隔链
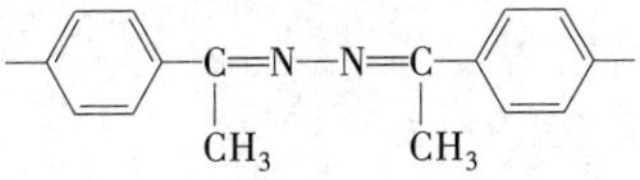	$-OC(=O)O-(CH_2)_n-OC(=O)O-$ n=6，8，10，12
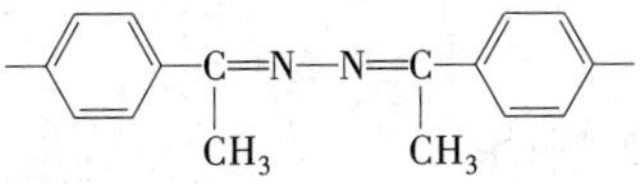	$-OC(=O)-(CH_2)_n-C(=O)O-$ n=8，10，12
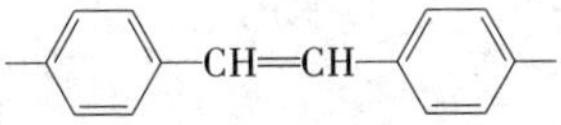	$-OC(=O)-(CH_2)_n-C(=O)O-$ n=5，6，10
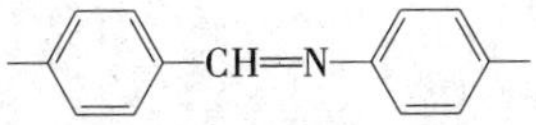	$-OC(=O)-(CH_2)_n-C(=O)O-$
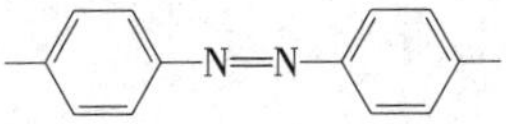	$-O-(CH_2CH_2O)_n$
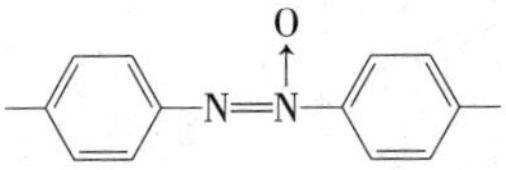	$-C(=O)O-(CH_2CH_2O)_n-C(=O)-$
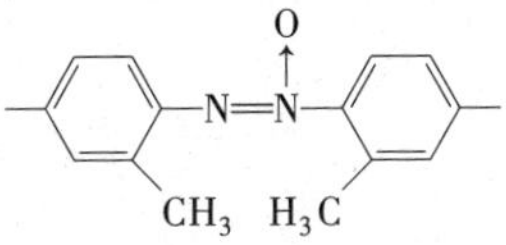	$-OC(=O)-(CH_2)_n-C(=O)O-$ n=10

2. 热致主链液晶高分子的合成

由于这种类型的高分子分子间作用力非常大，溶解度低，熔融温度高，必须采用特殊的聚合方法制备。一般先制备相对分子质量较小的中间体，然后在聚合物熔点附近进行固态聚合，合成方法大致分成下列四种。

（1）二酰氯与酚类的反应

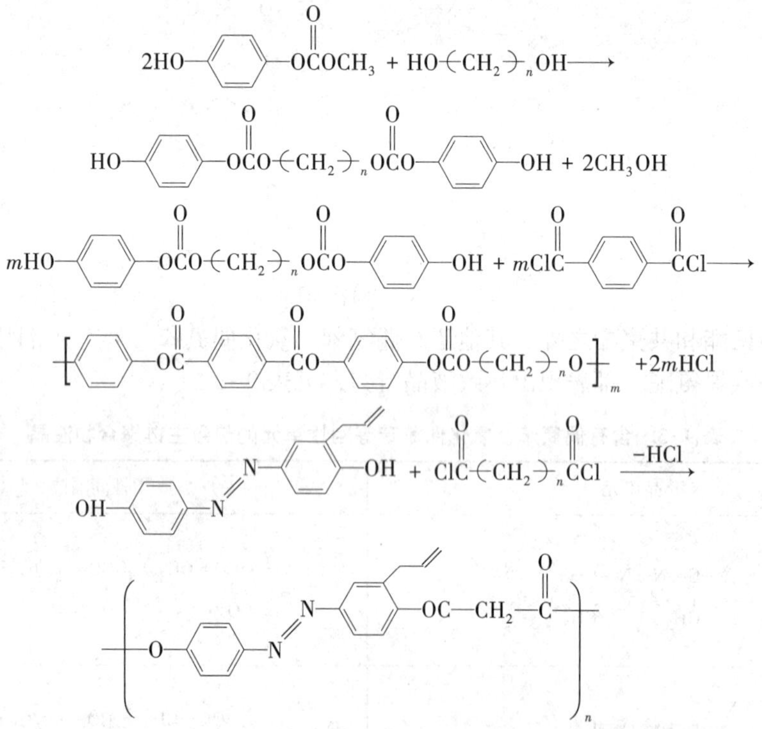

（2）二羧酸、芳香族羟基酸和双酚的乙酰衍生物熔融缩聚

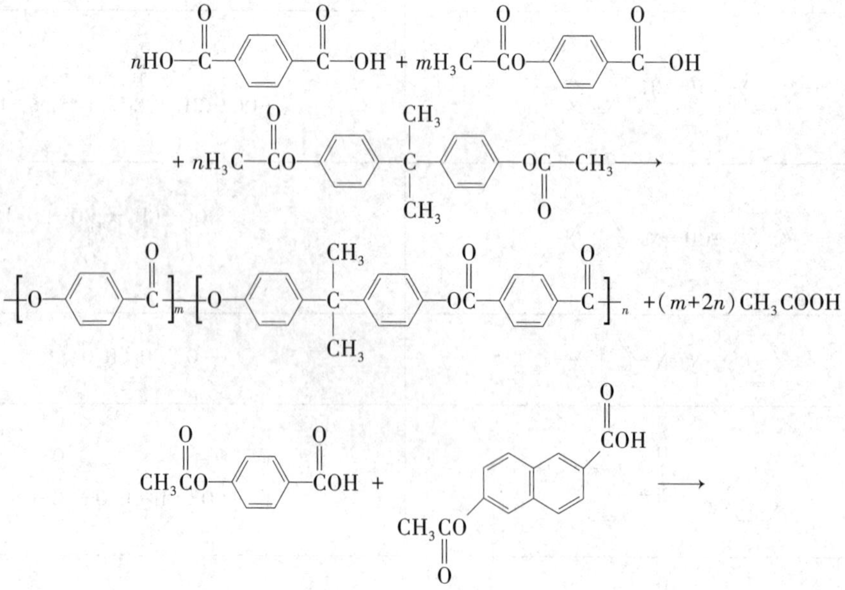

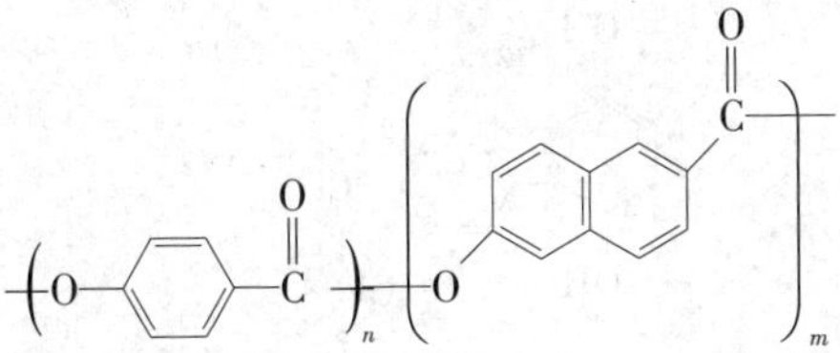

(3)芳香族羟基酸、芳香族二羧酸苯酯和双酚熔融缩聚

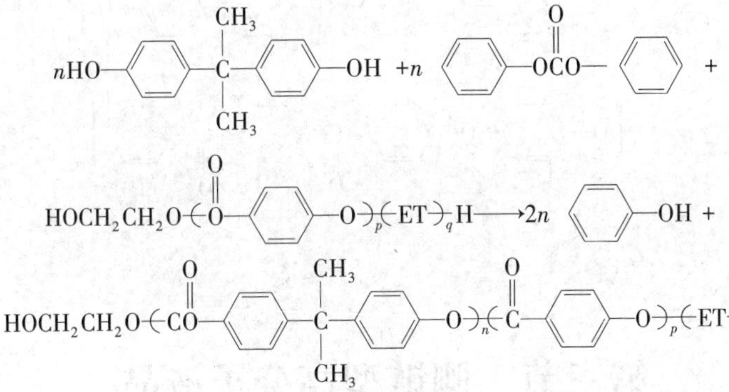

ET代表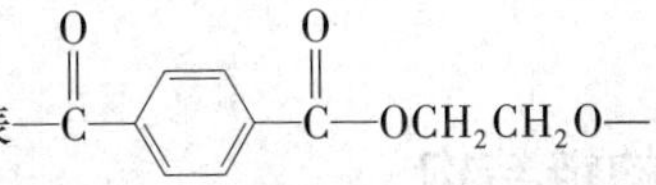

(4)二羧酸、双酚二醋酸酯和芳香族羟基酸酯与对苯二甲酸乙二醇酯熔融缩聚

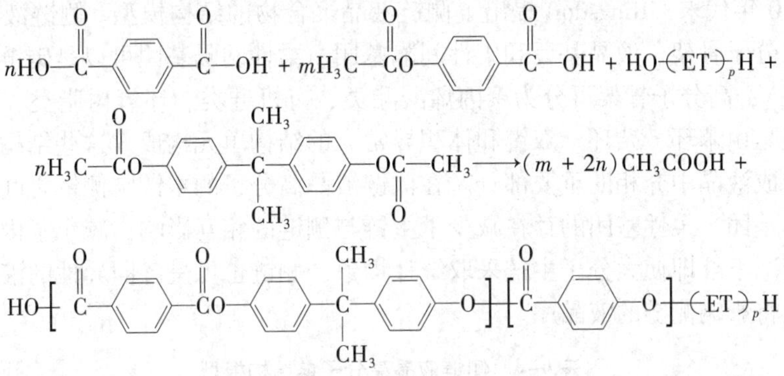

ET代表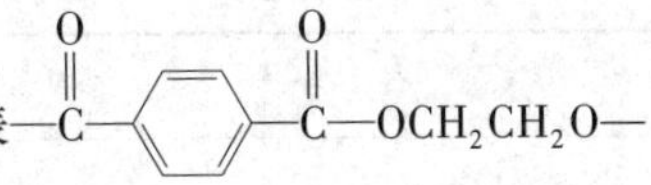

(5)除了上述主链型液晶，还有聚硅氧烷、聚酮和聚氨酯等主链液晶高分子

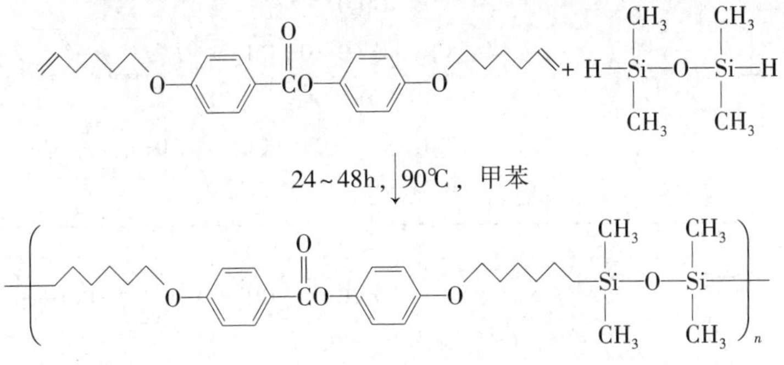

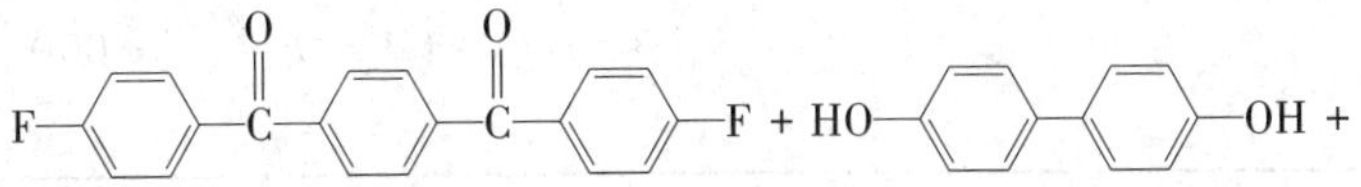

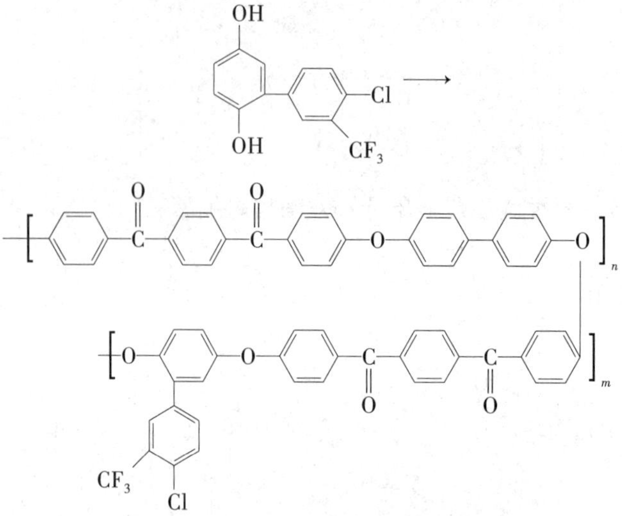

第三节　侧链型高分子液晶

一、侧链液晶高分子的链结构

20 世纪 70 年代末，Ringsdorf 提出了侧链液晶聚合物的结构模型。侧链液晶高分子由三部分组成：高分子骨架、液晶基元和柔性间隔基团。柔性间隔基团可以是碳链，也可以是杂链(—Si—O—)；高分子骨架可分为聚丙烯酸酯类、有机硅类、环氧树脂类、聚醚类、聚乙烯类等。侧链是由苯环、杂环、双键和体积异常大的结构单元构成。这些结构单元性质上是刚性的，是构成液晶中介相的重要部分。在侧链液晶高分子的主链与侧链之间常常有烷基组成的柔性间隔基团，柔性基团的存在减少了主链与侧链的相互影响，减小了内旋转的立体障碍。在极端情况下，即使大分子主链采取统计构象，侧链也可呈各向异性的液晶序。间隔基团的长度变化将影响侧链的液晶序。

表 9-4　侧链液晶高分子链结构模型

链结构单元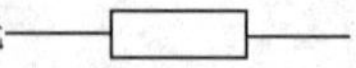	
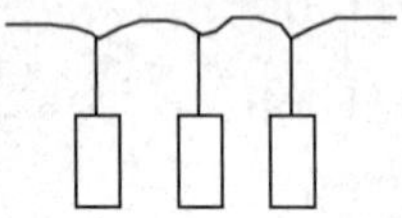	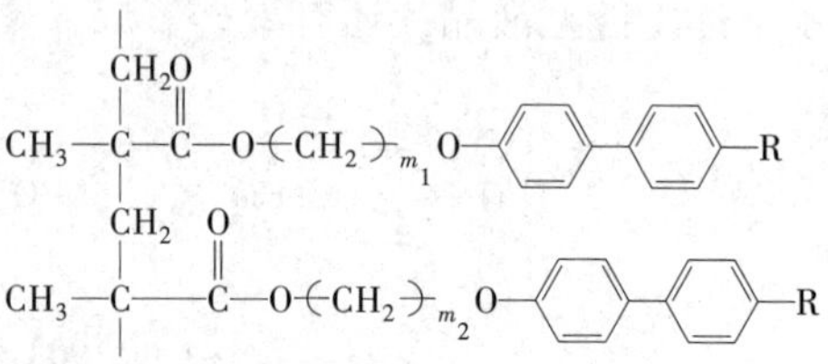
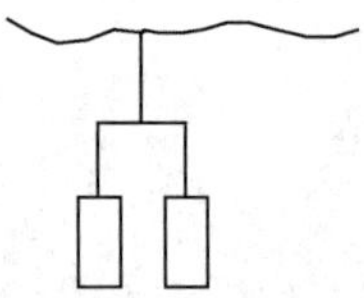	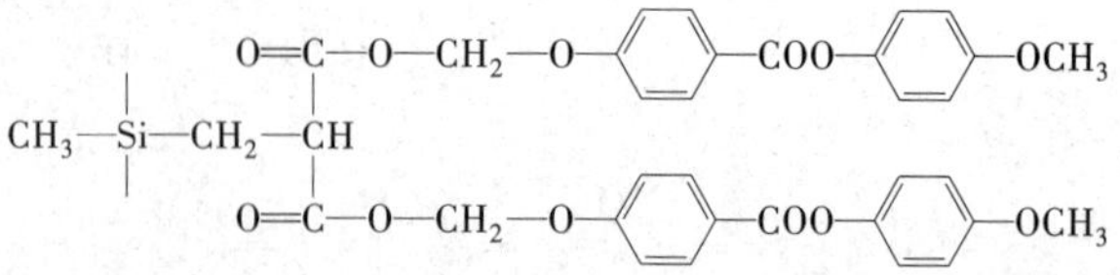

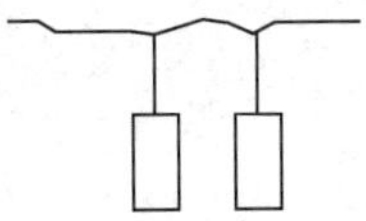	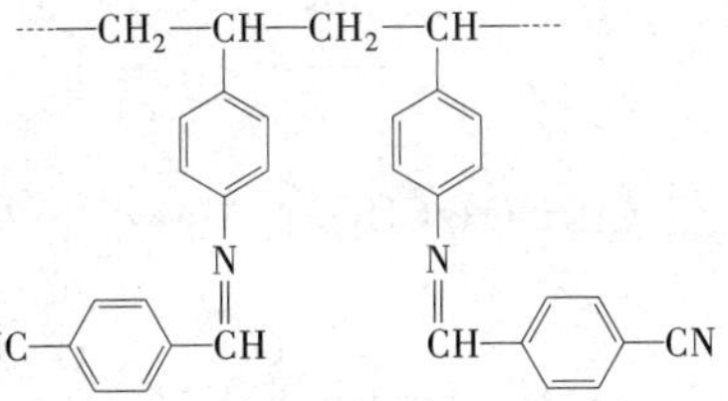
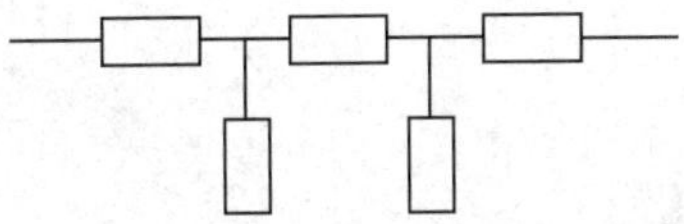	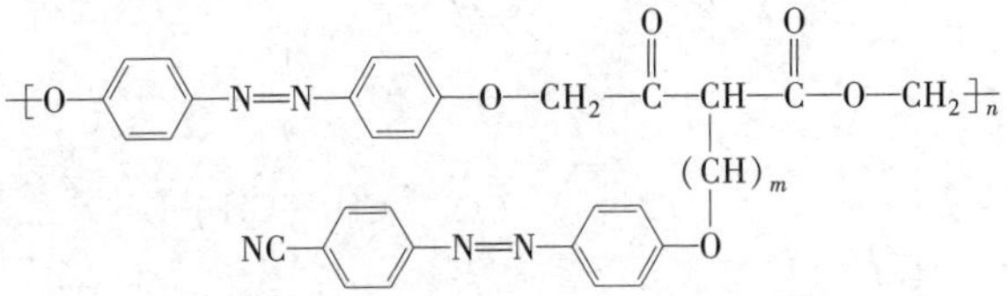

二、侧链液晶高分子的分子设计

通过分子设计，可以大大拓宽侧链液晶高分子的类型，丰富其结构。单体共聚法、化学改性法以及分子间氢键、离子间相互作用、电荷转移相互作用和 LB 技术等可以为分子设计提供新的思路和方法。

1. 单体共聚法

不同液晶单体共聚是分子设计中常用的方法。它可以弥补均聚物的缺陷，在改善聚合物的玻璃化温度 T_g、液晶相转变温区、液晶相结构及相对分子质量、相对分子质量分布等方面具有显著的优越性。另外，人们还可以通过含介晶基元的单体与一般单体共聚，以获得符合要求的侧链液晶高分子。

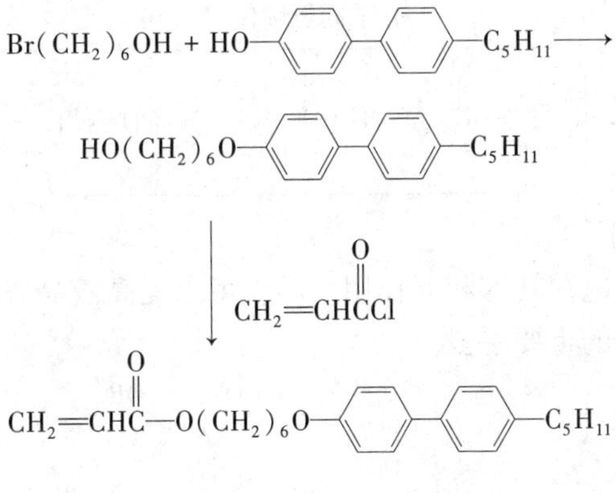

2. 化学改性法

化学改性法也称高分子反应法。通过在高分子链中引入具有反应活性的侧基，使之与同样具有反应基团的介晶性小分子进行化学反应，从而生产侧链高分子液晶。

3. 分子间氢键作用

将分子间氢键作用引入侧链液晶高分子体系，可以得到具有较高热稳定性的聚合物。通过调节质子给体与质子受体之间的配比，可以很方便地调节体系的相转变温度，以满足不同功能对材料性质的要求。通常作为质子给体的聚合物与作为质子受体的分子间氢键作用，可以形成具有液晶自组织特性的聚合物复合体系。

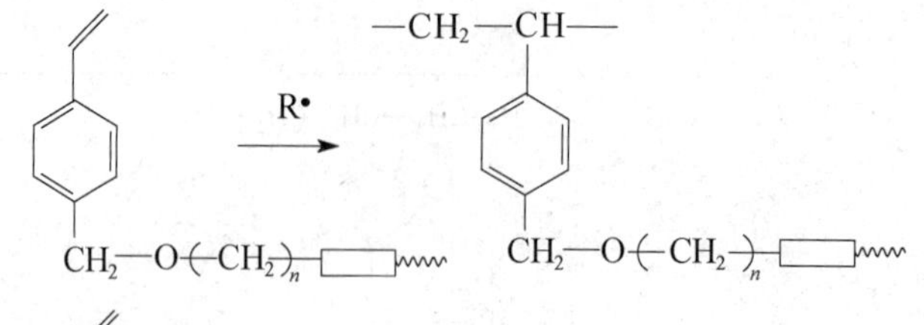

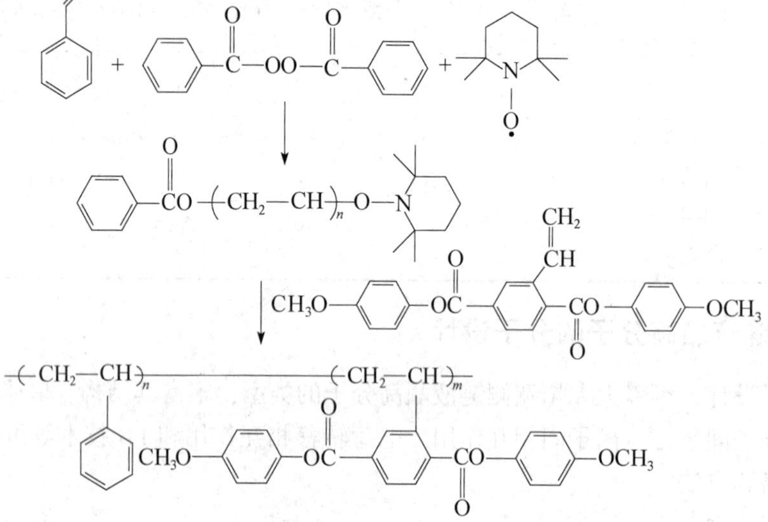

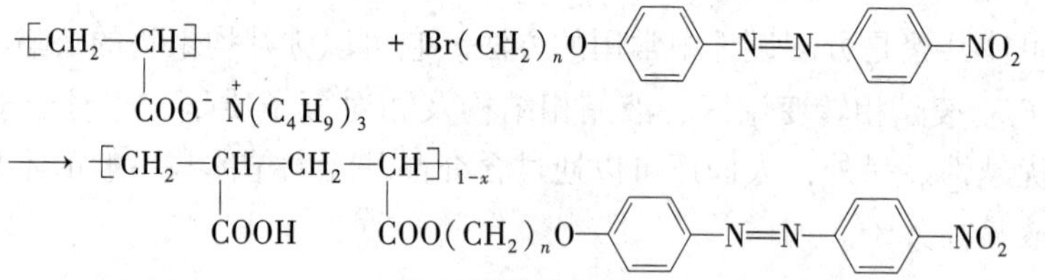

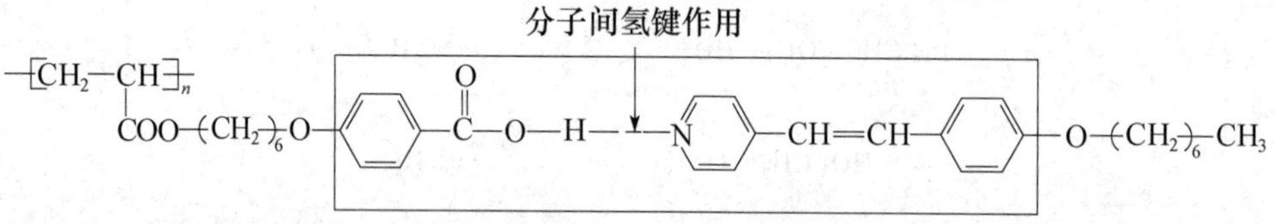

4. 电荷转移相互作用

在液晶聚合物中引入电荷转移相互作用，不仅可以提高液晶态的热稳定性，同时也是实现侧链液晶高分子功能化的重要手段。

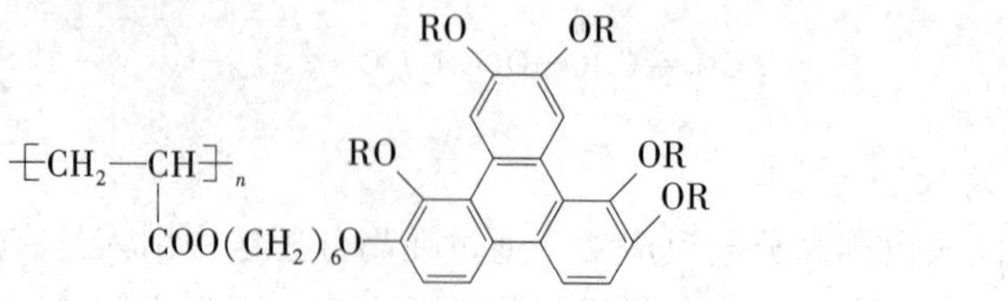

（Ⅰ）

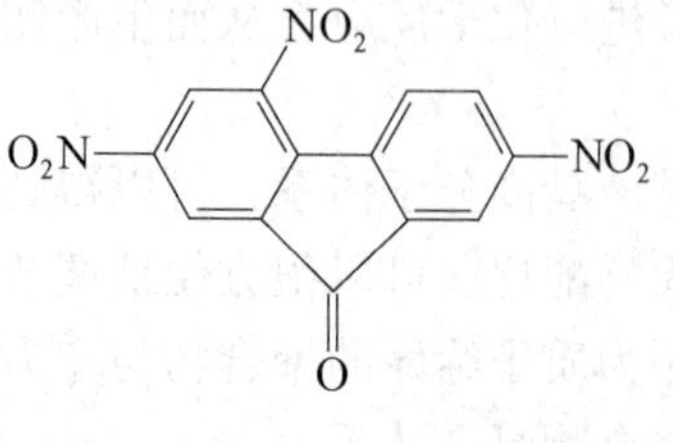

（Ⅱ）

作为电子给体的盘状侧链液晶高分子(Ⅰ)中，引入作为电子受体的非液晶组分(Ⅱ)得到复合络合物，在50~170℃温区内表现出盘状液晶性。这是由于体系中电荷转移相互作用使得盘状分子间排列更加有序，液晶态的稳定性提高。

三、侧链液晶高分子的合成

1. 丙烯酸酯类侧链液晶高分子

这类高分子通常由含刚性介晶基元的丙烯酸酯单体在引发剂的作用下通过自由基聚合或普通的丙烯酸酯进行自由基共聚反应制得。液晶单体由刚性的有机醇(或酚)与丙烯酰氯经氯化反应合成。

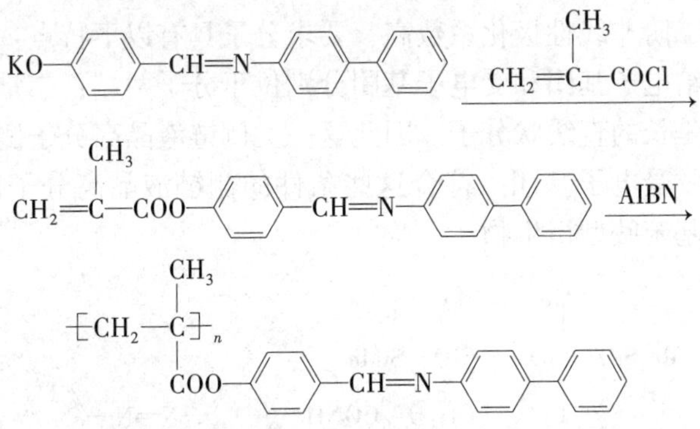

该类聚合物也可以通过基团转移聚合获得，基团转移作为一种新的加聚方式，为丙烯酸酯类极性单体在室温下的控制聚合制备侧链液晶高分子开辟了新途径。

2. 有机硅类侧链液晶高分子

这类液晶通过硅氢加成反应合成，在铂催化剂作用下，硅油中活泼氢与烯类液晶单体发生加成反应，得到侧链液晶高分子。

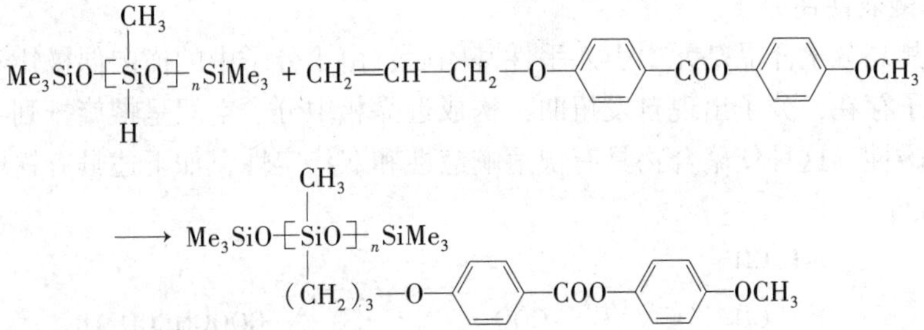

3. 环氧类侧链液晶高分子

这类液晶单体主要通过环氧氯丙烷与刚性有机醇(酚)类反应生成醚，再经开环聚合制得。

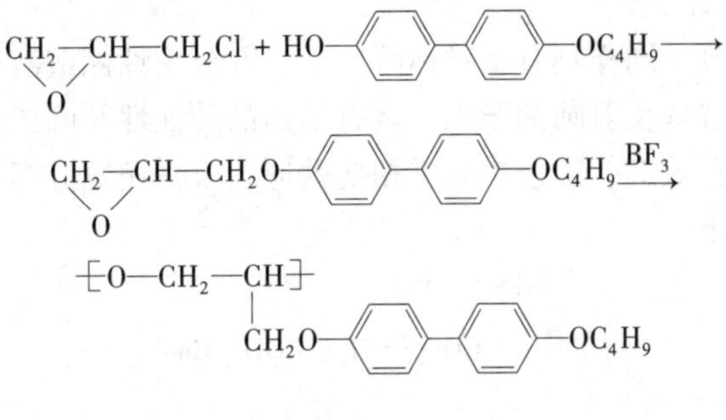

环状单体，在阳离子引发剂作用下，能进行开环聚合，得到液晶高分子。

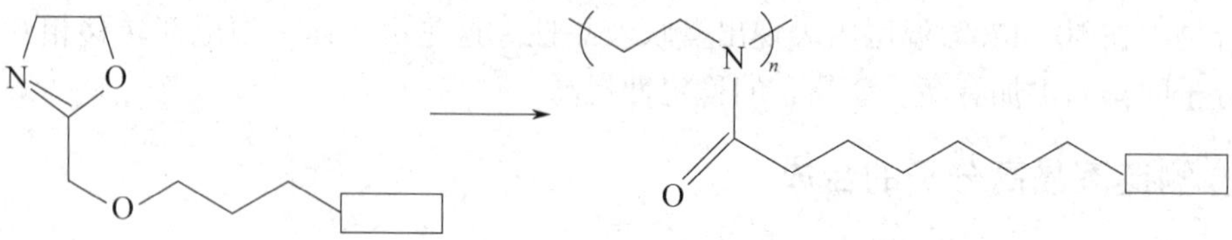

4. 含非线性光学基团的侧链液晶高分子

这类液晶是典型的光学非线性线型液晶高分子。在该领域它具有主链液晶高分子无法比拟的优越性。主链液晶高分子的非线性光学基团在主链上，而分子过长对电场极化不利，很难保持偶极矩取向持久一致，响应时间过长，因此不利产生合适的二阶非线性光学特性。

要使有机材料的二阶非线性极化系数高，要求分子具有以下特点：一是分子本身要求有较大的永久偶极矩，给电子基团和受电子基团分别位于分子两端；二是电子容易沿着分子轴方向运动；三是应该是长的直线状分子。因此这一类侧链液晶高分子侧基的结构模型为：给电子型/共轭电子体系/受电子基团。符合这些条件的侧链液晶高分子侧基主要有二苯乙烯型、偶氮苯型和亚苄基苯胺型衍生物。

偶氮型

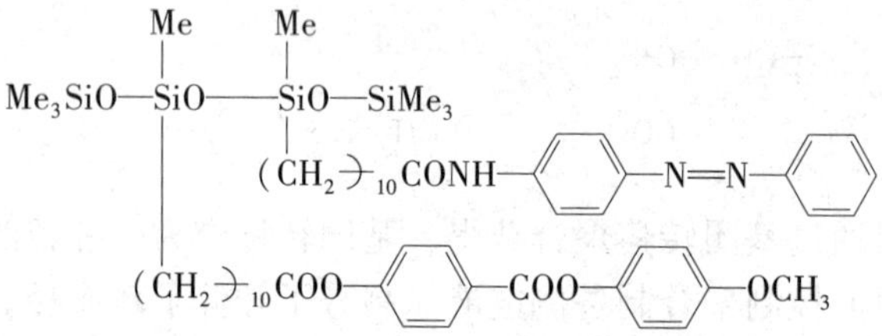

二苯乙烯型

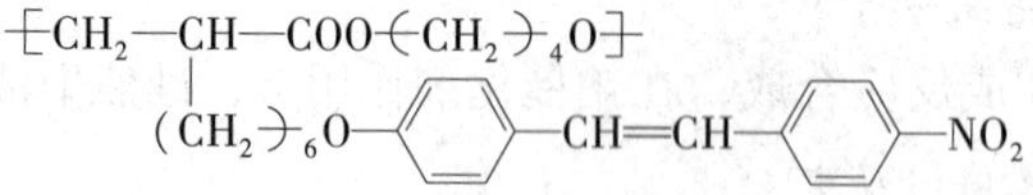

5. 手性侧链液晶高分子

在侧链液晶高分子介晶基元中引入手性基团后，由于分子中的横向偶极矩和末端基团中的不对称碳原子存在，分子出现自发扭曲，构成近晶相中分子空间呈螺旋排列，产生自发极化，而具有铁磁性。这种使聚合物具有快速响应性和双稳定性，如下述具有铁电性的手性侧链液晶高分子。

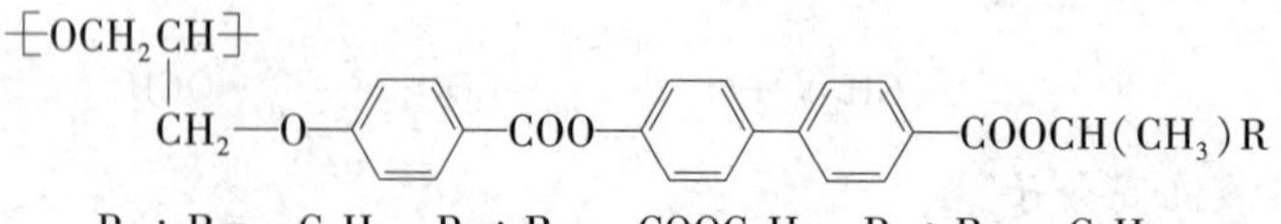

P_1：R=—C_3H_7；P_2：R=—$COOC_2H_5$；P_3：R=—C_6H_{13}

这个聚合物具有较宽的铁电液晶相温区，介于20~130℃之间，具有很好的应用前景。

6. 胆甾型侧链液晶高分子

胆甾型侧链液晶高分子同样具有不对称碳原子，部分手性侧链液晶高分子可以形成胆甾相，具有螺旋结构，能选择反射圆偏振光，具有强烈的旋光性及圆二色性等。另外胆甾型侧链液晶高分子还具有储存效应、彩色效应、相变效应、方格栅效应等电光效应。代表性的胆甾型侧链液晶高分子如下：

均聚物

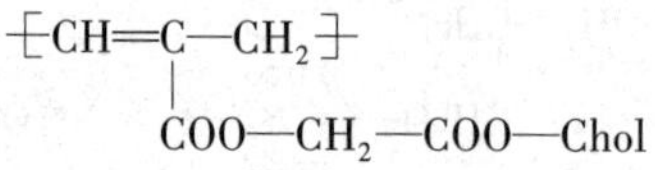

共聚物

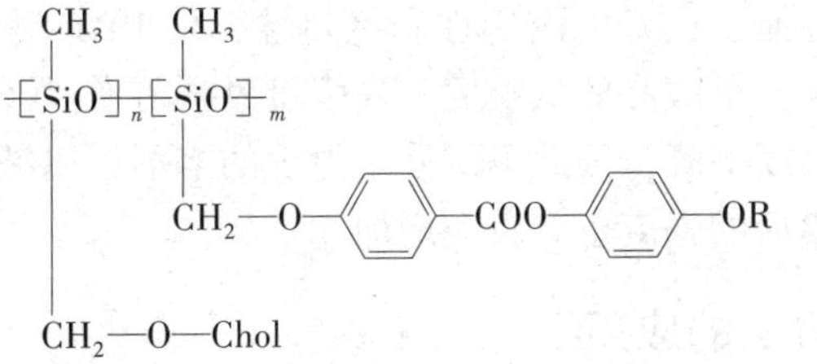

Chol 为

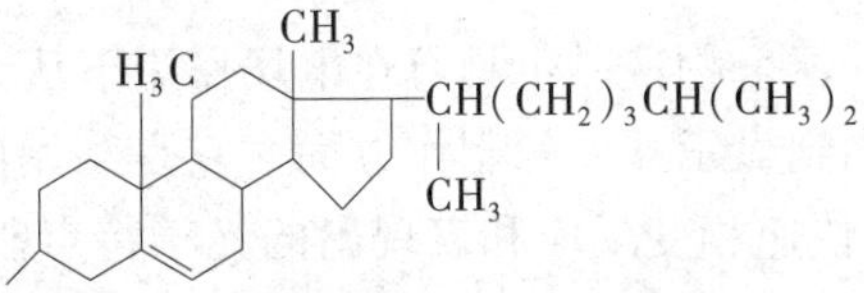

第四节　液晶高分子的应用

液晶有许多特殊的性能，因而在许多领域得到应用，其中最常见的是液晶显示技术。聚合物液晶还有良好的热稳定性，优异的介电、光学和机械性能，以及它的抗化学试剂能力、低燃烧性和极好的尺寸稳定性使其在科学研究和工业生产中获得了广泛应用。

一、作为高性能工程材料的应用

高分子液晶，特别是热熔型主链液晶具有高模、高强等优异机械性能，因此特别适合于作为高性能工程材料。在液晶状态下的低强度和长溶解松弛时间，又使其特别容易加工成型。极低的膨胀率和吸潮率可以满足制作高精密度的部件。例如，高分子液晶作为优异的表面连接材料应用到将电子元器件直接固定到印刷线路板表面，而不必像常见的工艺那样需打孔安装。采用高分子液晶甚至制成了需要极高精密度和可靠性的具有 768 个触点的微型平行接口。加入玻璃和碳纤维增强的高分子液晶还是极好的制作扬声器振动部件的材料。由于用于工程方面的高分子液晶其模量可高达 60GPa，拉伸强度为 700MPa，断裂伸长率低于 1.5%，因此大直径的高分子液晶棒还是替代建筑用钢筋的候选材料。与钢筋相比具有质量轻、柔韧性好、耐腐蚀等优点，更重要的是它极低的膨胀率可以大大减小由温度变化产生的内应力。

液晶聚合物的机械强度随材料取向度的提高而增加。而在拉制过程中，材料的横向尺寸越小，取向度越高。目前已经生产出几种高分子液晶膜和片材，其模量达到 50~60GPa，拉伸强度达到 400~500MPa。添加无机材料的高分子液晶板材已经作为热成型和电镀印刷电路板材料，加碳纤维的高分子液晶在航空航天工业中已经获得应用。

高分子液晶最重要的应用领域还包括高性能合成纤维的研究与制备。聚合物纤维的强度主要取决于分子的取向度，同时也与分子的刚性、分子间力、结晶度和密度密切相关。材料的化学组成决定纤维的使用温度。所有的液晶聚合物纤维都有非常高的取向度，一般高于 0.95，模量在 100~200GPa 之间，拉伸强度高于 2GPa。纤维的机械性能还随着牵伸比的增大而增高，牵伸后的热处理可以进一步增强其机械性能，同时改善化学和热稳定性。纤维的拉伸强度和耐蠕变性随着聚合度的增加而增加。由溶液型高分子液晶 PPT 制成的纤维被用来制作直升飞机的绞盘索和升降绳，采用 PPT 制作的降落伞绳其质量只有聚酰胺材料的一半，以高分子液晶纤维为主要材料制作的织物还作为军队用服装和钢盔内衬，这种钢盔可以抵御近距离射来的子弹，因此也成为防弹衣的组成材料之一。上面这些例子都是利用了液晶聚合物纤维的高强机械性能。良好的耐用性和绝热性，使 PPT 制作的手套和服装还用在恶劣条件下的劳动保护。高分子液晶的低黏度和高强度性质在作为涂料添加剂方面得到应用。加入高分子液晶的涂料黏度下降，因此可以使用更少的溶剂，以减少污染，降低成本。加入高分子液晶后，涂料成膜后的强度也有较大增加。

二、在图形显示方面的应用

与小分子液晶一样，聚合物液晶也具有在电场作用下从无序透明态到有序非透明态的转变能力，因此也可以应用到显示器件的制作方面。它是利用向列型液晶(主要包括侧链高分子液晶)在电场作用下的快速相变反应和表现出的光学特点制成的。把透明的各向同性液晶前体放在透明电极之间，当施加电压时，受电场作用的液晶前体迅速发生相变，分子发生有序排列成为液晶态(其中常排列成向列型晶相)。有序排列部分失去透明性而产生与电极形状相同的图像。根据这一原理可以制成数码显示器、电光学快门、电视屏幕和广告牌等显示器件。液晶显示器件的最大优点在于耗电极低，可以实现微型化和超薄型化。但是由于高分子液晶与小分子液晶相比具有较高的黏度，使显示转换的速度明显减慢，因此应用并不普遍，尽管它具有小分子液晶不具备的良好稳定性。采用高分子液晶制作显示器件的原理同小分子显示器件一样，但是高分子液晶的化学和尺寸稳定性更好，因此可靠性较高。同时可以自成型，需要的辅助材料较少。它的低热导率、低毒性和低成本也具有一定吸引力。用于图形显示方面的高分子液晶主要为侧链高分子液晶，其他类型的高分子液晶或者由于含有溶剂而缺乏聚合物液晶特点，或者由于液晶化温度太高而失去使用价值。与小分子液晶材料相比，聚合物液晶在图形显示方面的应用前景在于利用其优点，开发研究大面积、平面、超薄型、直接沉积在控制电极表面的显示器。但是要实现上述目标仍有许多技术问题需要解决。

以高分子液晶制作投影设备是一个重要应用领域。一种称为 NCAP 技术的高亮度多媒体投影仪采用高分子液晶作为核心材料，获得了光输出在 1000Lm 的结果。它是利用反射方式代替常见扭曲向列液晶 TN 的透射方式，克服了亮度不足和制作复杂的缺点。在 NCAP 显示器中，微米级的聚合物液晶滴涂覆在玻璃公共电极表面，生成的液晶膜上覆盖硅镜面矩阵反射电极，并由矩阵电极控制液晶的晶相结构，使入射光被有选择性反射形成图像。

三、高分子液晶在温度和化学敏感器件制作方面的应用

胆甾醇型聚合物液晶具有其外观颜色随温度的变化而变化的特征，因此可以用于温度的测量技术。0.1℃的温度变化都可以根据液晶的颜色变化来辨别。因此，可以制作精密的温度计。利用该性能还可以用于检查精密结构件的无损探伤，因为材料中的裂缝和空隙能够阻碍热传导过程，在材料表面造成温度的细微差别，将胆甾醇型液晶薄膜贴在材料表面，根据其颜色的差别可以探测到内部裂隙的位置和形状。同样道理，胆甾醇型液晶还可以用于诊断浅层肿瘤，因为肿瘤部位往往温度偏高，将涂有胆甾醇型液晶的黑底薄膜贴在病灶区皮肤上，能够显示肌体内彩色温度变化图，为肿瘤、动脉和静脉肿瘤的诊断、确定手术部位提供参考依据。根据上述原理，根据皮肤温度的变化，以及交感神经系统的堵塞情况，判断神经及血管系统是否开放等情况，胆甾醇型液晶在 0~250℃之间对温度的灵敏度都很高。

由于胆甾醇型液晶的螺距会因为某些微量杂质的存在而受到强烈影响，而螺距的微小变化将导致胆甾醇液晶颜色的变化。这一特性已经被用来作为测定某些化学物质的痕量蒸气的指示剂，在化学敏感器和环境监测仪器研究方面受到重视。

四、高分子液晶作为信息储存介质

以热熔型侧链高分子液晶为基材制作信息储存介质已经引起科学家和企业的重视。利用液晶作为信息存储介质有两种形式：一种是热感型，利用温度不同时液晶材料液晶态和非液晶态透光性的不同；另一种是光感型，利用光化学反应改变液晶材料的光学性质而存储信息。

1. 热感型液晶信息存储材料

这种储存介质的工作原理是首先利用电场将存储介质制成液晶垂直于平面的透光向列型晶体，这时如果测试光照射，光将完全透过，证实没有信息记录。当用一束激光照射存储介质时，局部温度升高，曝光区域的聚合物熔融成各向同性熔体，聚合物失去有序度。当激光消失后，聚合物凝结成取向不规则的不透光的固体，信号被记录。此时如果有测试光照射，将仅有部分光透过。记录的信息在室温下将被永久保存。因此，这种材料属于永久信息记录材料。只有将整个存储介质重新加热到熔融态，在电场作用下将分子重新排列有序，才能消除记录信息，等待新的信息录入。同目前常用的光盘相比，由于其存储信息依靠记忆材料内部特性的变化，因此液晶存储材料的可靠性更高，而且它不怕灰尘和表面划伤，更适合于重要数据的长期保存。采用胆甾醇型或向列型液晶材料与硅氧烷的共聚物也可以制备类似的信息存储材料，其原理是记录信息后材料表面可以选择性反射可见光。

2. 光成型液晶信息存储材料

具有这种性质的主要是含有偶氮结构的高分子液晶，这种结构的分子在光照射下会发生顺反异构化反应，使分子从稳定的反式构型转换成顺式构型。顺反异构化反应不仅能够使材料的吸收光谱发生变化，产生光致变色效应，而且，反式构型的分子平顺，有利于液晶相的形成，顺式构型连接的两个苯环形成一定角度而不易形成液晶相。换句话说，光照可以改变高分子液晶材料的晶相结构，利用晶相结构的改变存储信息。从光致变色原理上分析，这种光致变色现象是可逆的，即当消除光照后，偶氮分子会恢复原来的反式构型，存储的“信息”会消除。但是，实验结果表明，光照产生的顺式构型会被一些因素冻结，使信息得到保留。冻结后的偶氮液晶会产生明显的双折射现象作为信息检出信号。其双折射信号可以用热擦除或光擦除两种方法消除。热擦除法是将样品加热到其清亮点温度，消除偶氮结构部分的取向。光擦除方法是采用圆偏振光消除偶氮分子的取向，使双折射信号消除。消除取向后的材料可以再次写入信号，因此是可擦写信息记录材料。这种偶氮结构液晶的光致双折射性质是高分子液晶作为新型信息记录材料的基础。实验结果表明，侧链型偶氮苯高分子液晶是一种理想的光学信息记录材料。

五、高分子液晶作为色谱分离材料

有机硅聚合物以其良好的热稳定性和较宽的液态范围作为气液色谱的固定相应用已经有很长历史，如聚二甲基硅烷和聚甲基苯基硅烷分别为著名的 SE 和 OV 系列固定相。当在上述固定相的侧链上连接刚性结构，构成侧链型高分子液晶材料后，即成为分子有序排列的固定相。固定相中分子的有序排列对于分离沸点和极性相近而结构不同的混合物有较好的分离效果，原因是液晶材料的空间排布有序性参与分离过程。液晶固定相是色谱研究人员重点开发的固定相之一。采用硅氧烷作为骨架的侧链高分子液晶可以单独作为固定相使用，也可以与其他固定相混合使用。通过交联反应，侧链高分子液晶可以耐受 280℃ 以上的温度，因而适合作为气相毛细管色谱的固定相。小分子液晶的高分子化克服了在高温使用条件下小分子液晶的流失现象。高分子液晶作为色谱固定相需要解决的问题包括降低聚合物的玻璃化温度和拓宽液晶态的温度范围等内容。手性液晶的引入对光学异构体的分离提供了一种很好的分离、分析工具。随着交联、键合等手段的采用，聚合物液晶固定相正广泛应用于毛细管气相色谱、超临界色谱和高效液相色谱中。

第十章 高分子试剂和催化剂

第一节 概 述

一、反应型功能高分子

高分子试剂和高分子催化剂统称为反应型功能高分子材料，主要用于化学合成和化学反应，有时也利用其反应活性制备化学敏感器和生物敏感器。众所周知，化学反应试剂和催化剂是有机合成反应中的两种最重要的物质。从某种程度上讲，在合成反应中化学反应试剂和催化剂对反应的成功与否起着决定性的作用。在化学工业中，化学试剂和催化剂的功能强弱及质量的高低，决定着产品产量的多少和质量的高低。随着化学工业的发展和合成反应研究的深入，这些领域对新的化学反应试剂和催化剂提出了越来越高的要求。不仅要求有高的收率和反应活性，而且要具有高选择性，甚至专一性。同时，简化反应过程，提高材料的使用效率，节能降耗，也对化学试剂和催化剂提出了新的要求。而大量的高性能的试剂与催化剂的不断涌现，特别是具有特殊功能和性质的高分子试剂和催化剂的出现与大量使用，也大大推动了化学工业和合成反应的研究。

与小分子化学反应试剂和催化剂相比，高分子化的试剂和催化剂具有许多优良的性质，能够解决许多小分子试剂难以解决的合成问题，更加符合21世纪绿色化工的要求。目前已经开发出了多种不同类型的高分子反应试剂和高分子催化剂，这些高分子试剂和高分子催化剂以其独特的性质，在科研和生产实践中得到了广泛应用。

二、高分子试剂及其分类

1. 概念

高分子试剂是一类自身化学反应性很强，能和特定的化学物质发生特定化学反应的化学物质。它直接参与合成反应，并在反应中消耗掉自身。比如，常见的能形成碳-碳键的烷基化试剂——格氏试剂、能与化合物中羟基和氨基反应形成酯和酰胺的酰基化试剂等就属于高分子试剂。小分子试剂经过高分子化，在某些聚合物骨架上引入反应活性基团，得到的具有化学试剂功能的高分子化合物被称为高分子试剂。利用高分子试剂在反应体系中的不溶性、立体选择性和良好的稳定性，可以在多种化学反应中获得特殊应用，也可以作为化学反应载体，用于固相合成反应。

2. 高分子试剂的反应类型

利用高分子试剂进行化学合成，一般有三种类型：一种是高分子试剂本身参加了反应；另一种是高分子试剂仅起催化反应，即高分子催化剂；第三类是高分子试剂仅作负载低分子反应物的支持体。

(1) 高分子试剂本身参与反应

这类高分子试剂品种很多，在有机合成上有重要的作用，如高分子酰化剂、卤化剂、缩合剂等。如图10-1所示，在高分子试剂参与下，小分子有机物进行了化学反应，生成了产物。过滤后，滤液经纯化得到产物；因高分子参与反应，所以固体物需经再生而成高分子试剂后，才能继续使用。

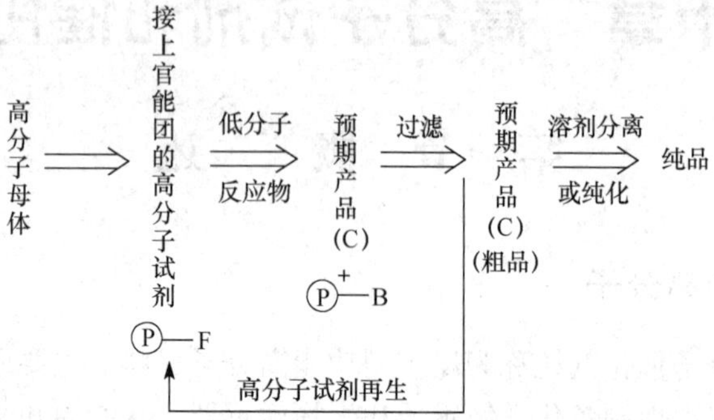

图 10-1　高分子试剂参与反应示意图

（2）高分子试剂仅起催化作用

早已使用的氢型和羟型离子交换树脂就属于这种类型，它们代替了低分子的水溶性酸碱催化剂。近年来像 Friedel-Crafts 催化剂 $AlCl_3$，以及一些过渡金属络合物都可以制成高分子催化剂来使用。

（3）高分子试剂仅作负载低分子反应物的支持体

从图 10-2 可见，反应生成的中间产品结合在高分子支持体上，经过反应后，生成了目标产物，再从高分子支持体上解离下来。过滤，分离掉溶剂，就可以得到纯产物。在反应过程中，高分子试剂没有参加反应。生成物从支持体上竭力解离后，不必经再生，可直接使用。过滤、回收，得到的是原来结构的高分子试剂，它没有基团转移到产物中。

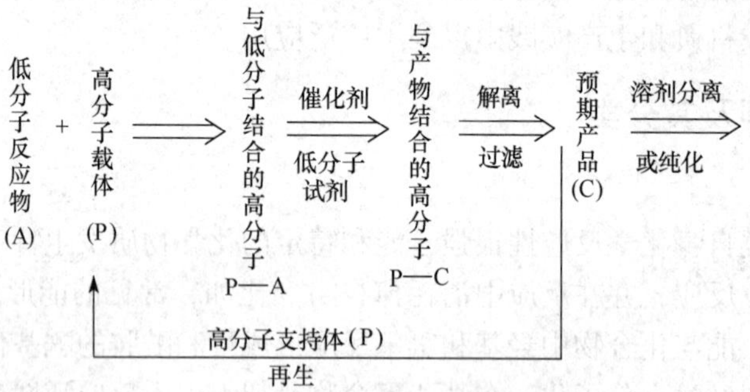

图 10-2　高分子试剂仅作支持体参与反应的示意图

3. 高分子试剂分类

广义上说，催化剂也是一种“试剂”，通常分为两类：

- 试剂
  - 催化剂
  - 反应剂
    - 高分子作载体和反应媒介
    - 高分子负载（接枝）着反应的低分子

从高分子反应剂承担的反应类型，又可以分为氧化试剂、还原试剂、酰化试剂、烷基化试剂等。有人归纳为氧化还原试剂、化学基团传递试剂、生物反应试剂和其他试剂，可以表达如下：

- 高分子反应试剂
  - 氧化还原试剂
    - 氧化剂
    - 还原剂
    - 氧化还原剂
  - 化学基团传递试剂
    - 卤化试剂
    - 烷基化试剂
    - 酰基化试剂
    - 亲核反应试剂
    - 其他反应
  - 生物反应试剂——固相合成试剂等
  - 其他试剂
    - 敏感基团保护试剂
    - 缩合试剂
    - 其他

也有人按起作用的原子分类，如高分子含氧、含卤、含氢、含硫、含磷、含硅、含氮、金属有机物过渡金属络合试剂等。

4. 高分子试剂的优缺点

将低分子的底物、试剂负载到不可溶的高分子上进行有机化学反应与常规的有机合成方法相比，具有相当的优越性。

① 高分子试剂在反应完成以后可以很容易地通过过滤的方法与非负载的反应组分分离，可以大大简化反应操作。

② 高分子试剂可以再生，重复使用，这样在经济上有一定的吸引力。

③ 反应过程有可能实现连续化、自动化。如果反应过程足够快，可用一根填有高分子试剂的反应柱，其他的反应物依次通过反应柱即可完成反应过程。

④ 由于聚合物一般不溶、不挥发、无毒无臭，因此，聚合物负载的硫醇、硒类试剂对环境是友好的。

⑤ 一些低分子试剂制成高分子试剂以后，其活性和选择性会提高。

尽管高分子试剂在有机合成中有其显著的优点，但是，由于它本身一些固有的缺点，使得高分子试剂不能广泛应用。

① 由于高分子试剂的制备需要经过多个步骤的处理过程，其成本比低分子试剂高得多。一般来说，普通聚合物经过一次处理后的成本要增加30%左右。高分子试剂的再生和重复使用能否弥补制备成本增加是决定高分子试剂能否实用化的关键因素。

② 低分子试剂经过负载化后，聚合物骨架的位阻作用会引起反应试剂的扩散问题。

③ 一些在聚合物上反应生成的副产物难于分离，有时鉴定也很困难。

④ 有机高分子载体的耐热性较差，在高温下的反应不适。

三、高分子催化剂及其分类

1. 概念

高分子催化剂是一类特殊物质，它虽然参与化学反应，但是其自身在反应前后并没有发生变化(虽然在反应过程中有变化发生)。它的功能在于能几十倍、几百倍地增加化学反应速度，在化学反应中起促进反应进行的作用。常用催化剂多为酸或碱性物质(用于酸碱催化)，或为金属或金属络合物。通过聚合、接枝等方法将小分子催化剂高分子化，使具有催化活性的化学结构与高分子骨架相结合，得到具有催化活性的高分子材料称为高分子催化剂。同高分子试剂一样，高分子催化剂可以用于多相催化反应，同时具有许多同类小分子催化剂所不具备的性质。作为一种特殊催化剂，酶通过固化过程可以得到固化酶，成为一类专一性多相催化剂。

2. 高分子催化剂的反应类型

很久以前科学家就发现，有些物质可以大大加快某些化学反应的速度，而自身在反应前后却并未发生变化，这些物质就是我们常说的催化剂。在化学反应中催化剂不能改变反应的趋势，而是通过降低反应的活化能提供一条快速反应通道。有催化剂参与的反应称为催化反应。催化反应可以按照反应体系的外观特征划分为两大类。

(1) 均相催化反应

催化剂完全溶解在反应介质中，反应体系成为均匀的单相。在均相反应中反应物分子可以相互充分接触，有利于反应的快速进行。但是反应完成之后一般需要较复杂的分离纯化等后处理步骤将产品与催化剂分开。而在处理过程中常常会造成催化剂失活或损失。

(2) 多相催化反应

与均相催化反应相反，在多相催化中催化剂自成一相，反应过后通过简单过滤即可将催化剂分离回收。这种催化剂最初大多由过渡金属和它们的氧化物组成，不溶于反应介质是由于它们的物理化学性质所决定而非人为。

由于多相反应后处理简单，催化剂与反应体系分离容易(简单过滤)，回收的催化剂可以反复多次使用，因此近年来受到普遍关注和欢迎。特别是对于那些制造困难、价格昂贵、又没有理想替代物的催化剂，如稀有金属络合物等，实现多相催化是非常有吸引力的，对工业化大生产更是如此。为此人们开始研究将均相催化转变成多相催化反应，其主要手段之一就是将可溶性催化剂高分子化，使其在反应体系中的溶解度降低，而催化活性又得到保持。在这方面最成功的例证是用于酸碱催化反应的离子交换树脂催化剂、聚合物相转移催化剂和用于加氢和氧化等催化反应的高分子过渡金属络合物催化剂。生物催化剂——固化酶从原理上讲也属于这一类。

3. 高分子催化剂分类

从高分子催化剂的载体催化形式划分，如下所示：

- 高分子催化剂
  - 高分子酸碱催化剂
    - 离子交换树脂催化剂
    - 路易斯酸催化剂
  - 高分子金属络合物催化剂
    - 具有配位原子的络合催化剂
    - 具有 π 电子的配位体催化剂
  - 高分子生物催化剂
  - 高分子三相催化剂(相转移催化剂)
  - 其他类型催化剂(如高分子引发剂等)

从高分子载体本身结构又可以分为：

高分子催化剂——高分子聚电解质
　　　　　　　　高分子金属络合物
　　　　　　　　高分子固定化酶
　　　　　　　　其他

4. 高分子催化剂的特点

高分子负载催化剂由于其特殊的大分子结构，表现出小分子催化剂无法比拟的特点。

① 基位隔离效应。基位隔离效应是指当催化活性物种或功能基被负载在高分子载体上以后，由于聚合物链具有一定的刚性，从而避免或减少了活性功能基间的相互作用。聚合物载体上基位隔离效应的最直接证据是高度活泼、不能游离存在的苯炔中间体被负载于聚合物上时，其存在寿命高达 60s。

② 经特定设计、制备的高分子负载催化剂往往较其小分子对应体有更高的催化选择性，这在精细有机合成中格外有用。对于交联聚合物载体孔结构的认真裁制，可赋予高分子负载金属催化剂以明显的尺寸选择性。

③ 活性提高效应。已经有研究实例证明，当均相催化活性物种被负载到经仔细裁制的聚合物载体上时，可保持原均相物种催化活性或得到活性更高于均相物种的催化剂。高度不稳定的催化活性物种被负载于聚合物载体上可因明显提高了其稳定性而使催化活性和选择性同时得到提高。

④ 协同效应。如高分子负载金属催化剂，高分子链上除催化功能基外尚存在另一个功能基，它能以不同方式(如静电引力、配价键力等)吸引反应物分子使其快速接近催化功能基，使催化反应更容易进行，这种作用被称为协同效应。这是以催化功能基为主、协同作用功能基为辅同时进行的一个催化过程。

当然，催化剂在引入高分子骨架以后，在带来上述优点的同时，也会带来下列不利之处。

① 增加试剂生产的成本。在试剂生产中高分子骨架的引入和高分子化过程都会使高分子试剂和催化剂的生产成本提高。比较复杂的制备工艺也是成本增加的因素之一。

② 降低化学反应速度。由于高分子骨架的立体阻碍和多相反应的特点，与相应的小分子试剂相比，由高分子试剂进行的化学反应，其反应速度一般比较慢。

第二节　高分子试剂的制备及应用

高分子试剂根据所具有的化学活性有高分子氧化还原试剂、高分子磷试剂、高分子卤代试剂、高分子烷基化试剂、高分子酰基化试剂等。除此之外，用于多肽和多糖等合成的固相合成试剂也是重要的一类高分子试剂，择要介绍如下。

一、高分子氧化还原试剂

1. 氧化还原试剂

高分子氧化还原试剂是一类既有氧化作用，又有还原功能，自身具有可逆氧化还原特性的一类高分子试剂。特点是能够在不同情况下表现出不同的反应活性。经过氧化或还原反应后，试剂易于根据其氧化还原反应的可逆性将试剂再生使用。根据这一类高分子反应试剂分子结构中活性中心的结构特征，最常见的该类高分子氧化还原试剂可以分成 5 种结构类型，分别是醌型、硫醇型、吡啶型、二茂铁型、多核芳杂环型等。

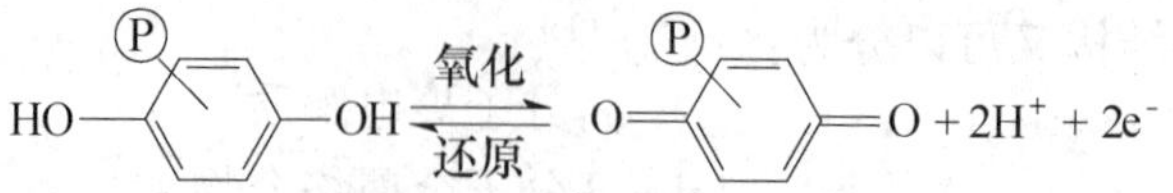

醌型高分子试剂

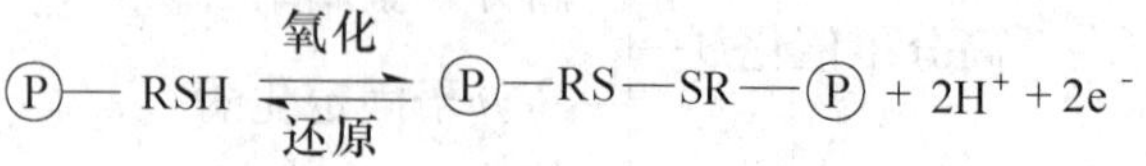

硫醇型高分子试剂

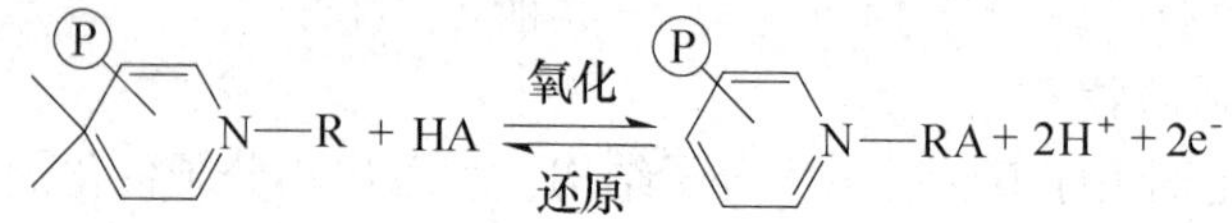

吡啶型高分子试剂

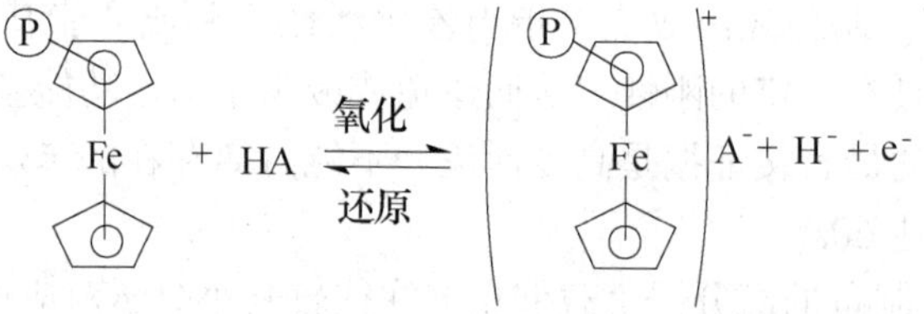

二茂铁型高分子试剂

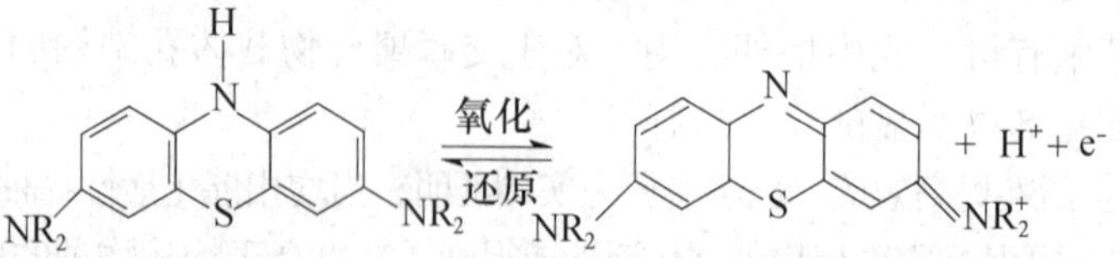

多核芳香杂环型高分子试剂

这5类试剂在结构上都有多个可逆氧化还原中心与高分子骨架相连，都是比较温和的氧化还原试剂，常用于有机化学反应中的选择性氧化反应或还原反应。在化学反应中氧化还原活性中心与起始物发生反应，是试剂的主要活性部分，而聚合物骨架在试剂中一般只起对活性中心的担载作用。

2. 氧化剂

（1）过氧酸

有机过氧酸已广泛用于有机化合物的合成中，但它不稳定，易分解。将过氧酸合成在高分子上，生成高分子过氧酸，可以克服上述缺点。典型的高分子过氧酸合成路线如下：

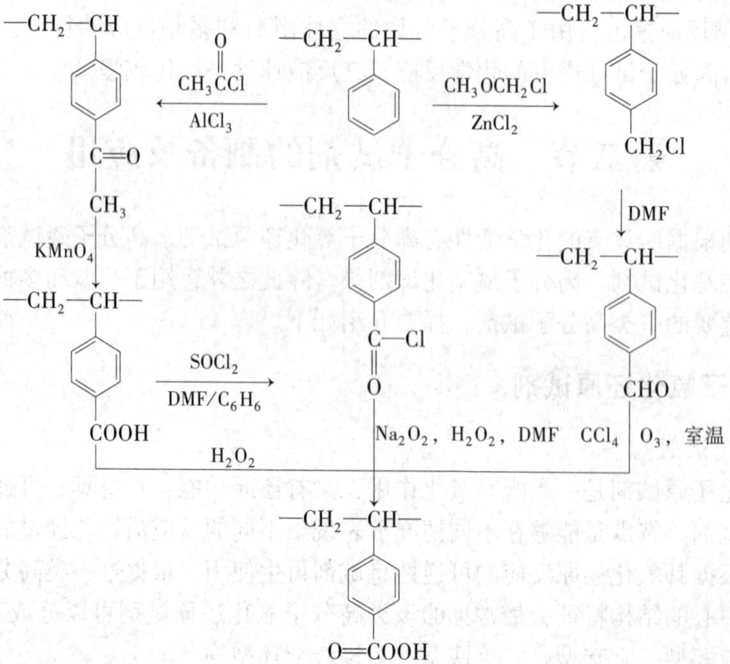

从高分子交联聚苯乙烯出发，合成过氧酸树脂可有三条不同路线。与低分子过氧酸相比，高分子过氧酸的稳定性好，在-20℃下可放置数月，活性不下降。

它可氧化各种烯烃，生成环氧化物。例如，氧化环己烯，生成环氧化合物，收率达86%。得到的羧酸树脂，用过氧化氢氧化，再生，成为过氧酸树脂，可以反复使用。

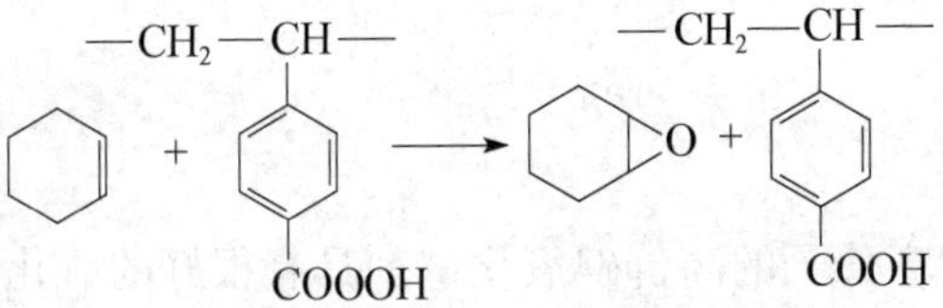

(2) 硒氧化物

低分子有机硒氧化物能氧化烯烃生成二元醇，但是有恶臭和毒性，给操作带来麻烦。将硒化合物合成在高分子上，生成高分子硒试剂，可避免这一缺点。高分子硒试剂的合成，可以从对苯乙烯出发，在四氢呋喃溶剂中与镁反应，生成格氏试剂。与硒反应后，经酸水解，生成含硒的苯乙烯。由 AIBN 引发聚合得到聚合物与溴苯反应后，生成还原型高分子有机硒试剂，再经氧化得到高分子硒氧化试剂。

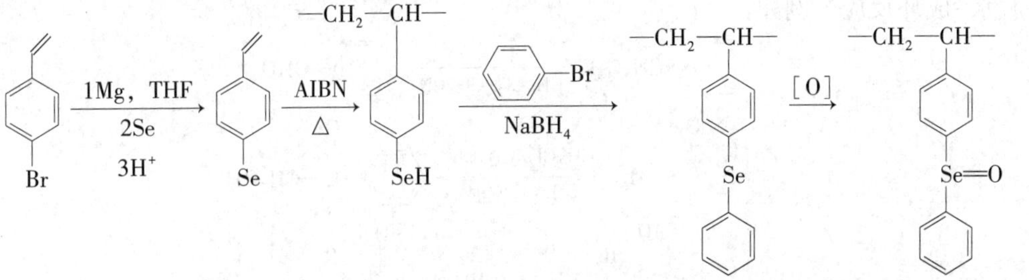

也可以交联聚苯乙烯先溴化，再与苯硒化钠反应制得高分子硒氧化试剂。它具有良好的选择氧化性。例如，异辛烯氧化生成二元醇；甲基萘氧化成萘甲醛。生成的硒化合物再经氧化处理后，可反复使用。

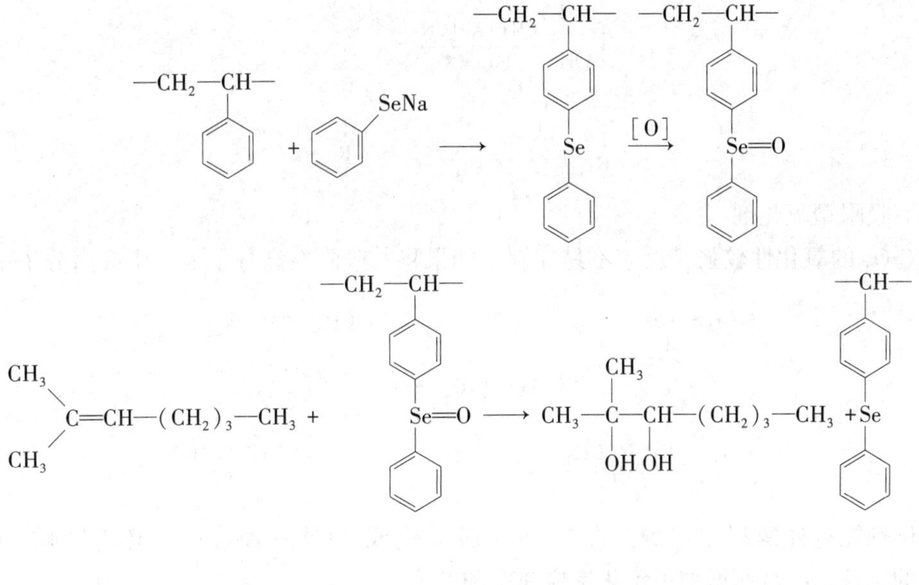

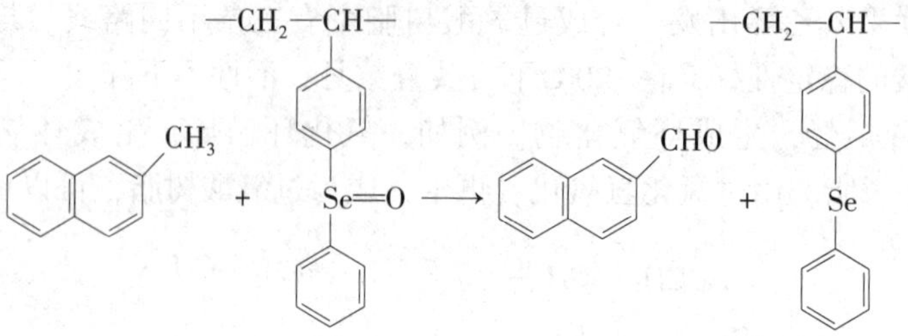

(3) 高价碘氧化剂

与小分子试剂一样，高分子的高价碘氧化试剂具有很好的氧化性和选择性。从交联聚苯乙烯出发，合成高价碘氧化剂高分子试剂。

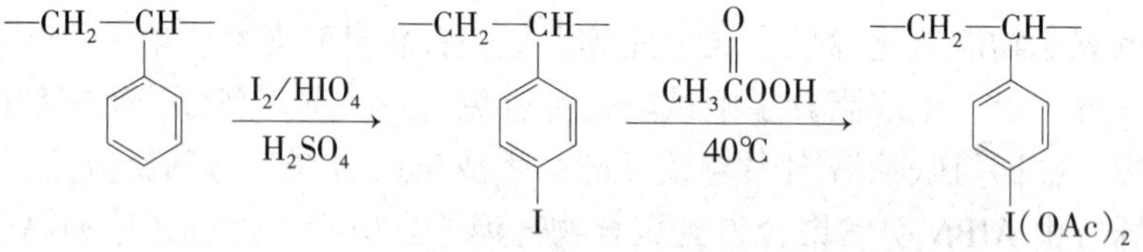

(Ⅰ)

在温和条件下，它可以使醇氧化成醛，苯乙酮氧化成醇、苯酚氧化成醌，还可以氧化-脱水-成环反应。例如：

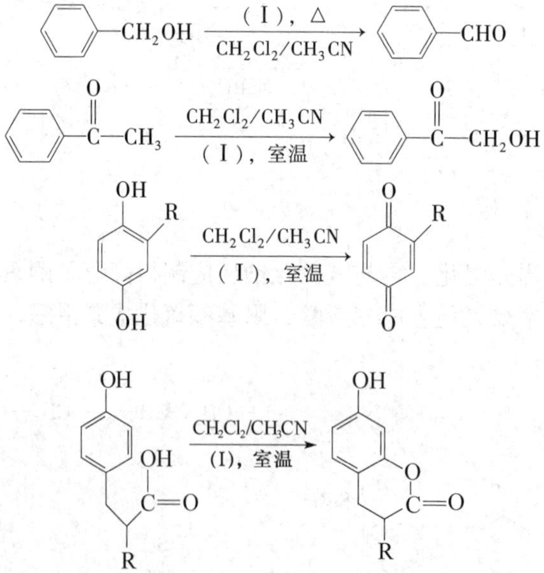

(4) 吸附型氧化剂

H_2CrO_4 的氧化性较强，反应不易控制。如果将其吸附在高分子上，生成高分子试剂。

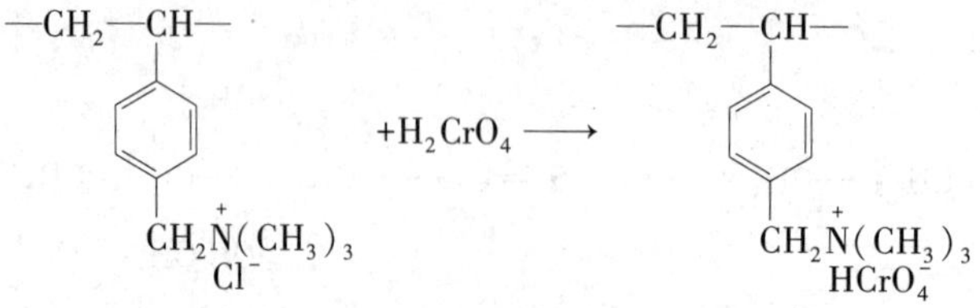

该试剂能将仲醇氧化成酮，将 2-十一醇氧化成 2-十一酮。由于环境影响，提高了 $HCrO_4^-$ 的亲核性，从而增加了氧化反应速率和产率。

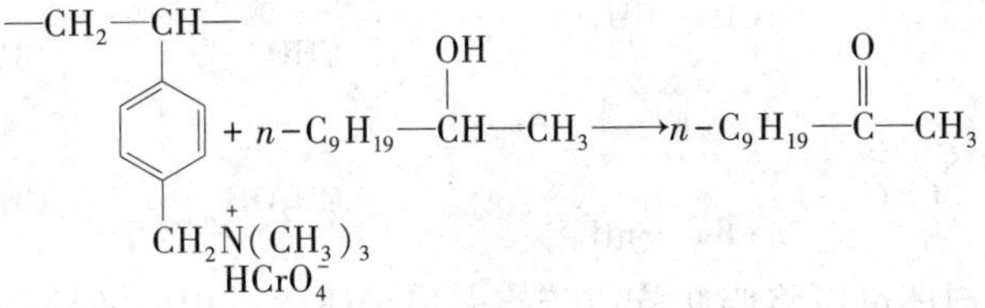

它还可以氧化卤代烃生成醛和酮，将苯基苄基溴氧化成二苯酮。

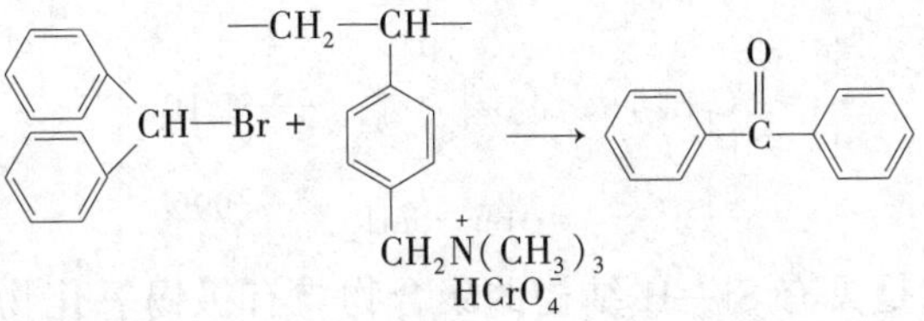

3. 还原剂

(1) 高分子有机锡氢化物和有机硅氢还原剂

有机锡氢化物是我们熟知的羰基还原剂。双氢化合物通常比相应的单氢化合物活泼，但是不稳定。如果将低分子双氢锡化合物借助格氏试剂接到高分子上，制成高分子还原剂，则稳定性会大大提高。

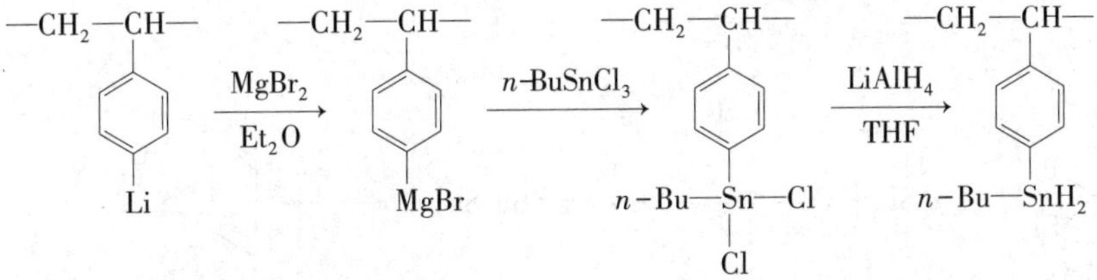

这样得到的试剂，活泼氢的含量为2.0～2.5mmol H_2/g。比起相应的小分子锡氢化物，该高分子试剂比较稳定，在20℃下保存约2个月，活性减少一半；无气味，低毒性；易与产物分离。它们是很好的还原试剂。

高分子锡氢化试剂易将苯甲醛、苯甲酮和叔丁基甲基酮还原成相应的醇，收率可达91%～92%。一般情况下，用该试剂还原醛和酮时，需要较长的反应时间。

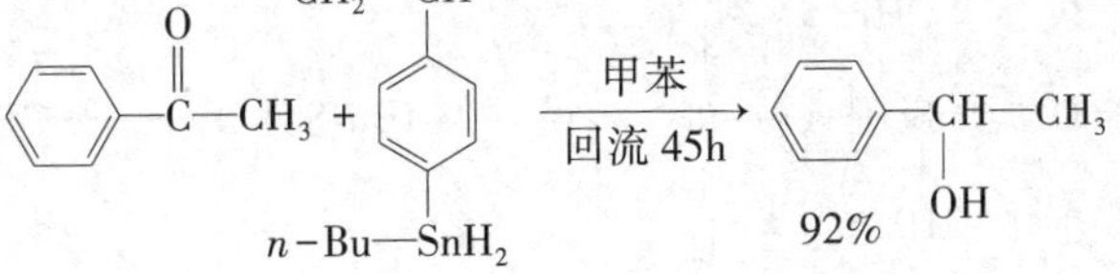

高分子锡还原剂具有较大的选择性。如还原对苯二甲醛时，可以选择性地还原成单醛，生成单元醇和二元醇的比例为6∶1。如此高的选择性是因为分子上第一个醛基与聚合物中活性基接近反应时，第二个醛基不易接近高分子上的活性基Sn—H。

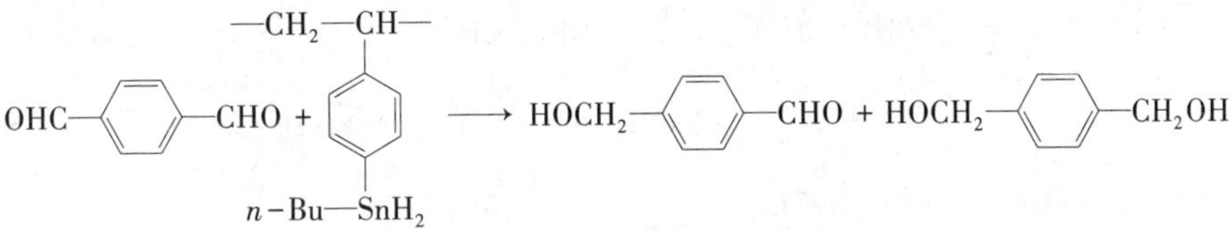

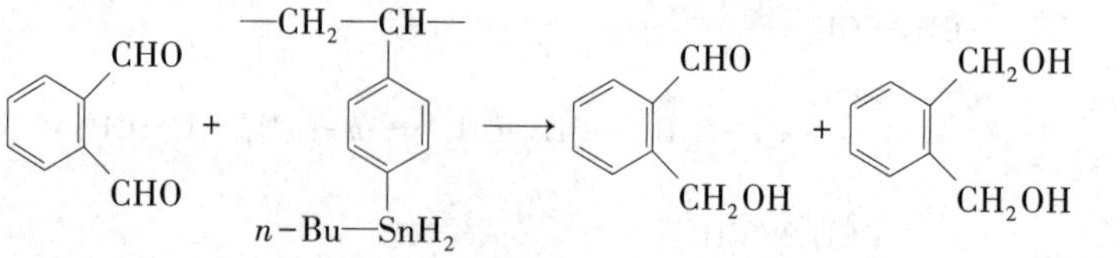

高分子锡还原试剂还可以将脂肪族或芳族卤代烃还原成相应的烷烃和芳烃。一般用过量的 $C_8H_{17}I$ 与高分子还原试剂反应，以测定树脂中活泼氢的量。

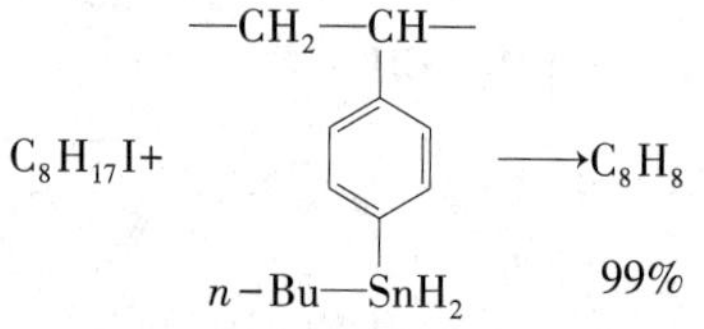

另一种还原剂方式是具有 Si—H 结构的聚合物与有机锡氧化物，如 $(Bu_3Sn)_2O$ 配合使用。二者发生反应，反应结束后，有机硅发生了交联，不溶于反应溶液。这对分离是十分有利的，但难于再生和重复使用。但含氢聚硅氧烷比较稳定，容易保存。反应中生成的锡氢化物，能还原羰基和卤化物。

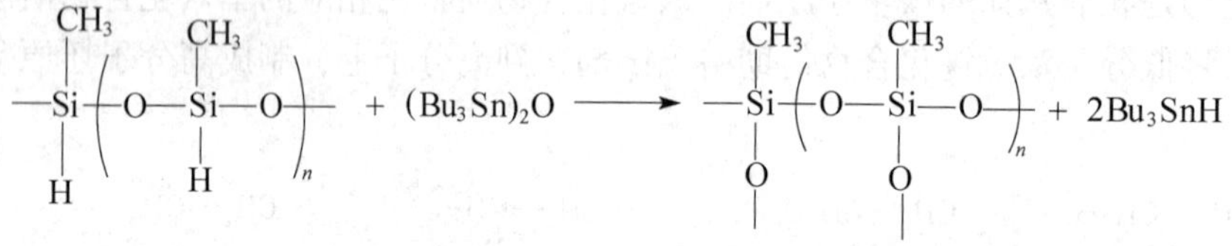

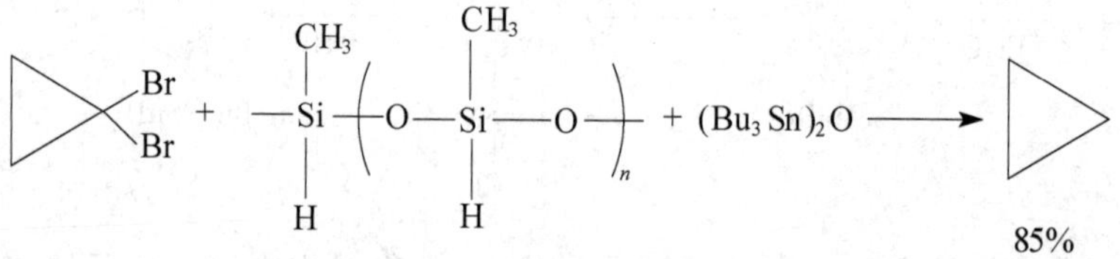

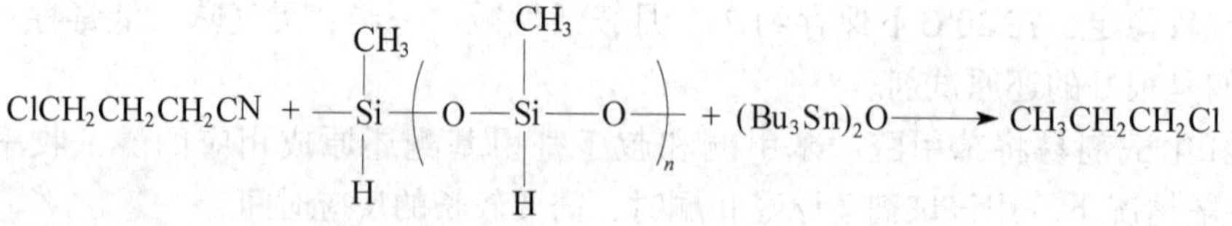

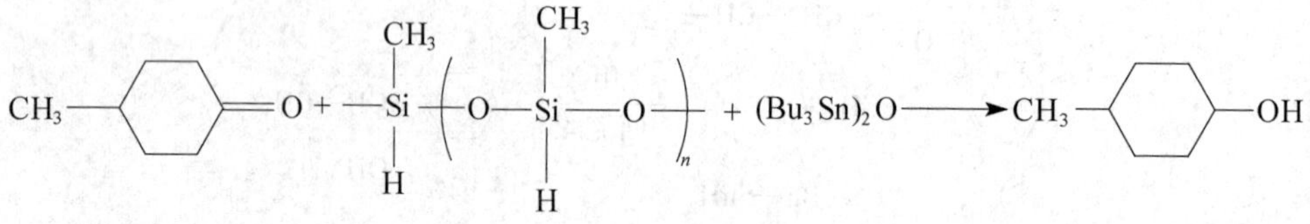

（2）硼氢化合物

硼氢化合物是优良的还原剂，可将它负载在高分子载体上，制成高分子试剂。它主要采用吸附方法制备，如交联乙烯基吡啶吸附硼氢化钠时，生成 BH_3 基。

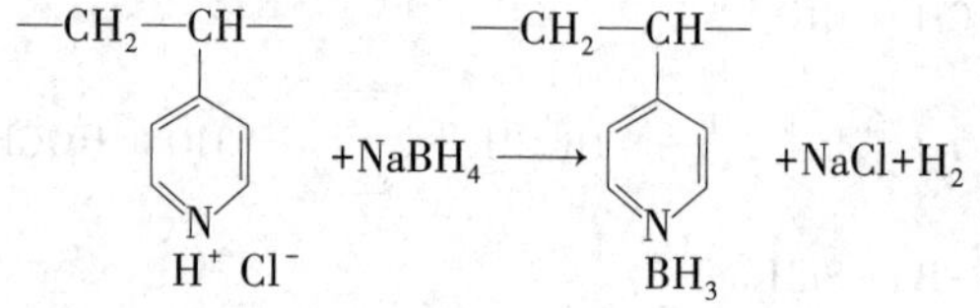

该试剂可还原醛和酮，其反应过程如下所示。先生成硼酸酯，待反应结束后，用酸分解硼酸酯，生成产物醇。

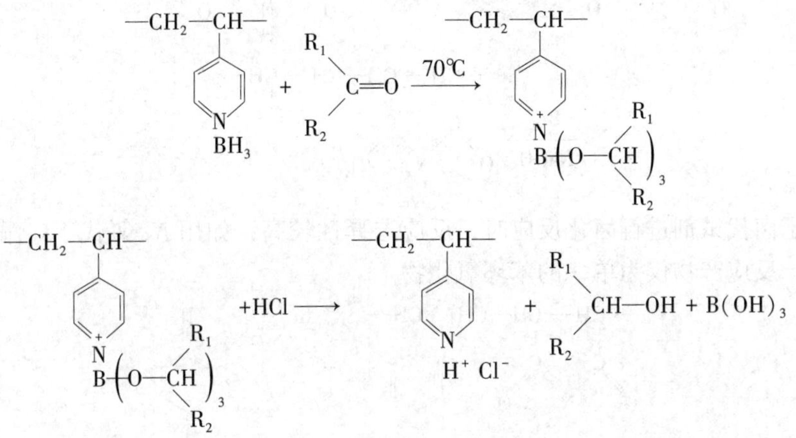

也可用交联聚(α-乙烯基吡啶)吸附 BH_3 制备还原试剂，它还原苯乙酮、环己酮和正辛醛成相应的醇时，产率为93%~100%。

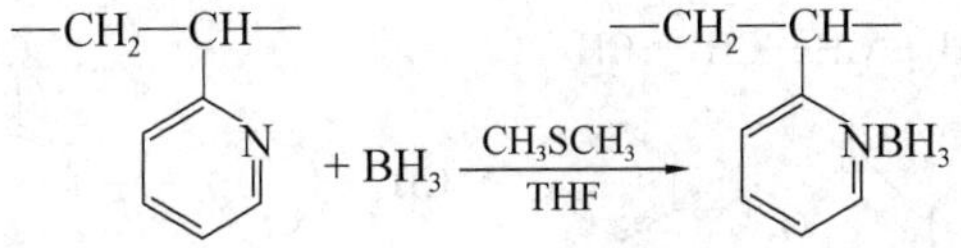

含硫的高分子也可用以作吸附 BH_3 的载体。该试剂可以定量地将酮还原成醇。

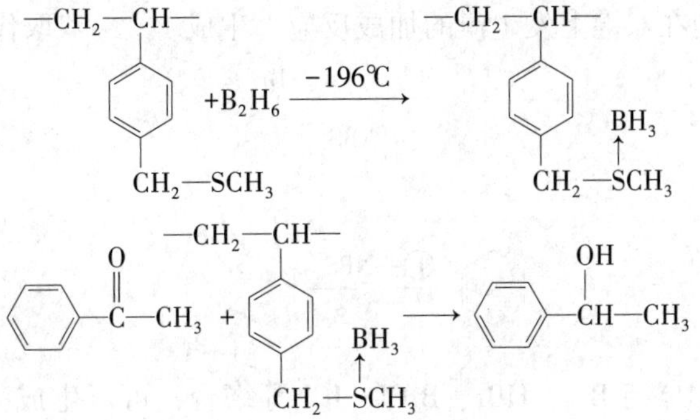

二、高分子卤代试剂

在卤代试剂中经常使用的试剂为 *N*-卤代酰亚胺，如 *N*-卤代丁二酰亚胺、*N*-卤代磺酰胺、氯胺 T 等。

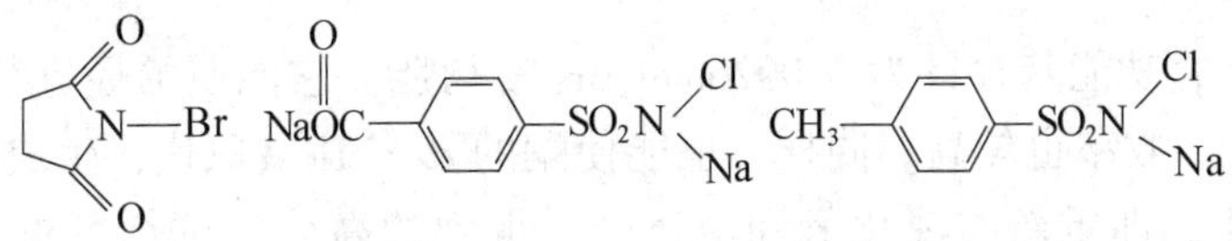

相应的高分子试剂中也含有这些卤代试剂。其中 *N*-溴代丁二酰亚胺型高分子和聚乙烯基吡啶与溴的络合物研究得较多。

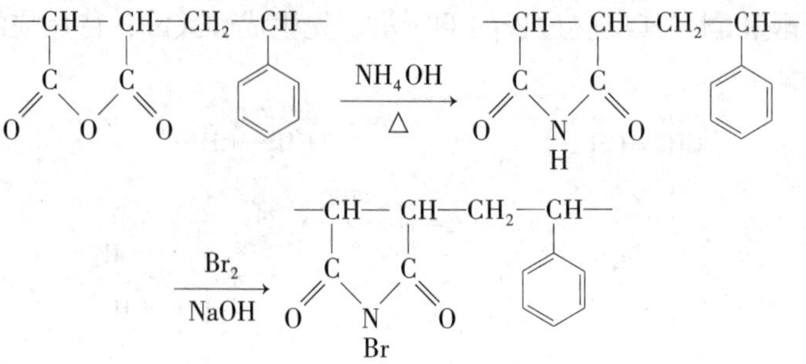

用高分子卤代试剂进行卤化反应时，反应选择性较高，如用 *N*-氯代丁二酰亚胺聚合物作氯化试剂，反应产物仅为单一的苯环氯化物。

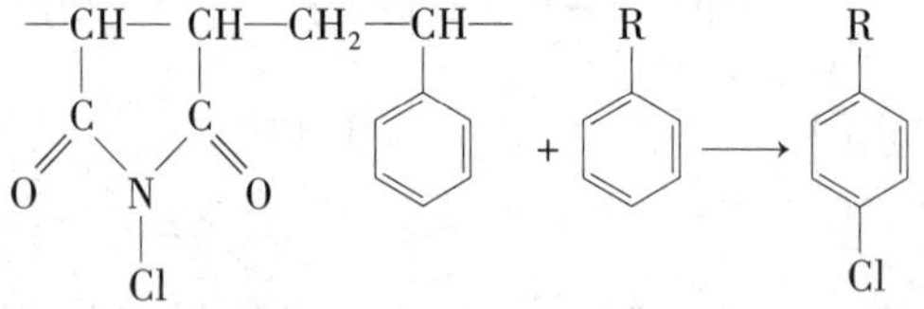

对 *N*-溴代丁二酰亚胺聚合物作溴化试剂，得到的产物就比较复杂，如甲苯溴化，主要得到侧链溴化产物。

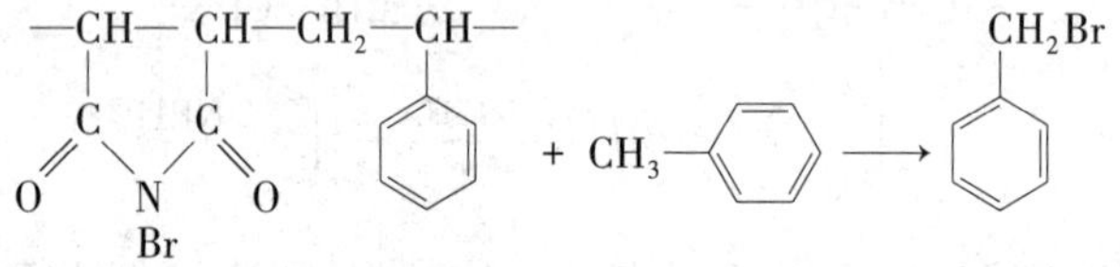

小分子试剂 NBS(*N*-溴代丁二酰亚胺)，主要在 C═C 双键上的 α 位上发生溴化反应。而高分子溴化试剂，则在双键上发生溴的加成反应，生成 1，2-双取代溴化物。

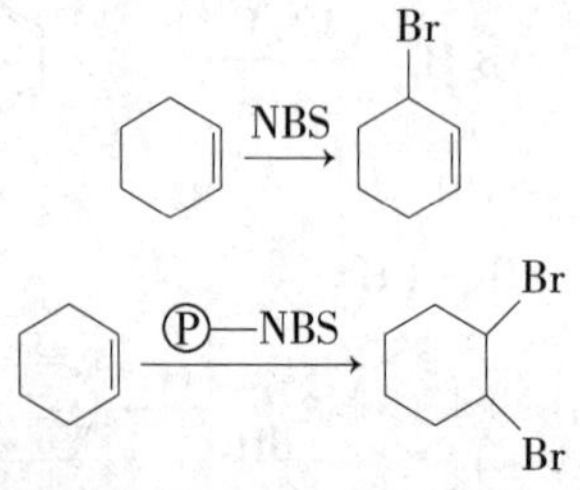

聚乙烯基吡咯(PVP)与 Br_2、HBr、BrCl、ICl 等络合，可以生成高效高分子卤化试剂。如将苯乙烯、二乙烯基苯和乙烯基吡啶共聚，生成交联共聚物。用二氧六环溶胀共聚物，放在 48%HBr 水溶液中，反应成盐。再在 0℃下，与溴反应，制得溴化试剂。

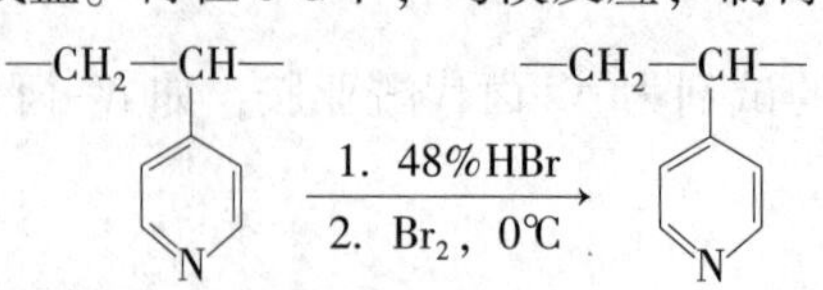

含溴量为 63%，功能基含量为 0.0026mol Br_3^-/g 树脂。它能使烯烃进行溴的加成反应。反应条件十分温和，收率也较高。同样，也能使酮的 α — H 被取代，生成溴代产物。反应后的树脂可以再生，即重新与溴化氢和溴络合，得到的高分子试剂可重复使用，活性不降低。

高分子氟代试剂能在双键上进行加成反应，产率极高。在加成过程中分子内发生了重排反应，得到不对称产物。

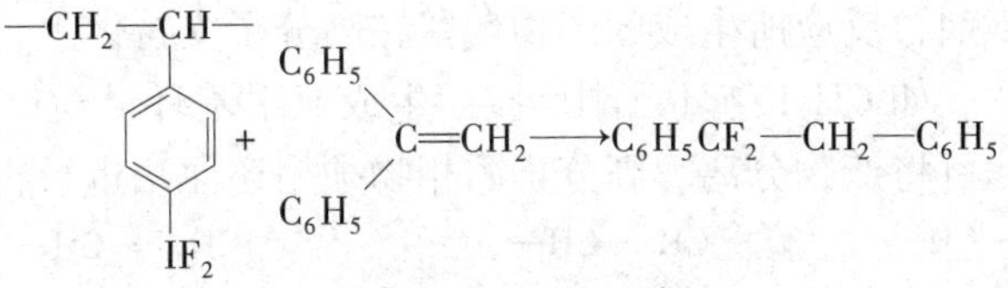

对于不同的烯烃，包括苯乙烯，在高分子氟试剂存在下，均生成不对称的氟取代产物，这是与高分子溴化试剂不同的地方。

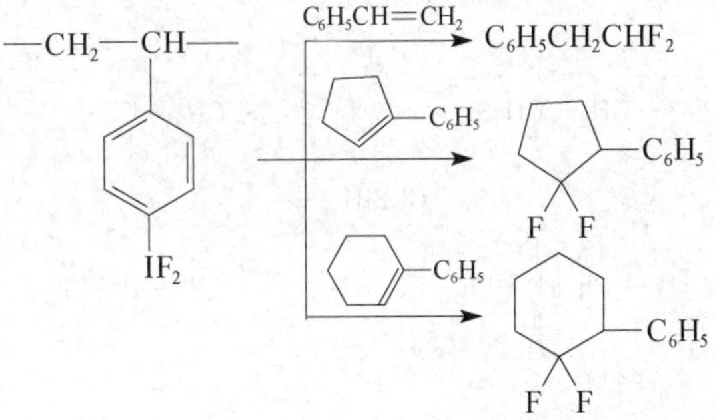

对于氯化试剂，它与双键进行加成反应时，得到的是1，2-双取代产物。

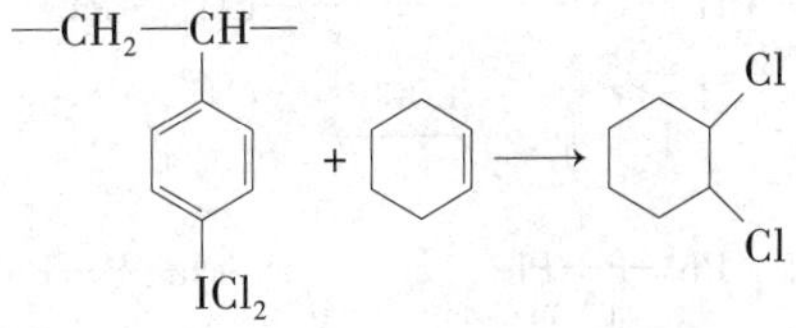

三、含膦高分子试剂

含膦高分子试剂可以通过三苯基膦或三苯基氯化膦接到高分子的侧基上得到的含膦化合物的聚合物，可以作多种反应的高分子试剂。

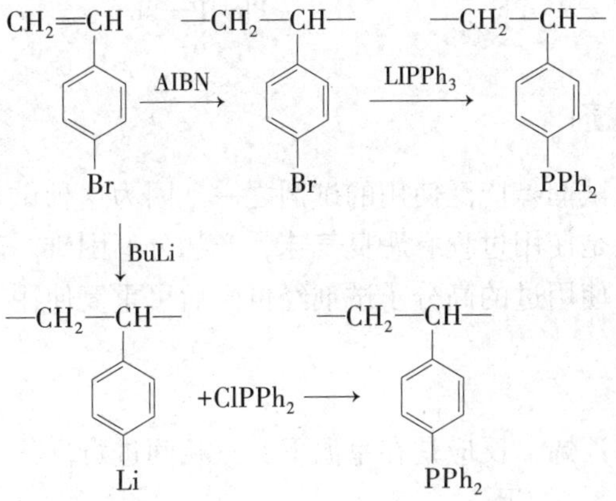

1. Wittig 反应（维蒂希反应）

Wittig 反应是研究较多的有机反应，它是从卤化物和醛或酮合成烯烃的反应。通常该反应的产率很高。存在的问题是分离困难和试剂成本高。

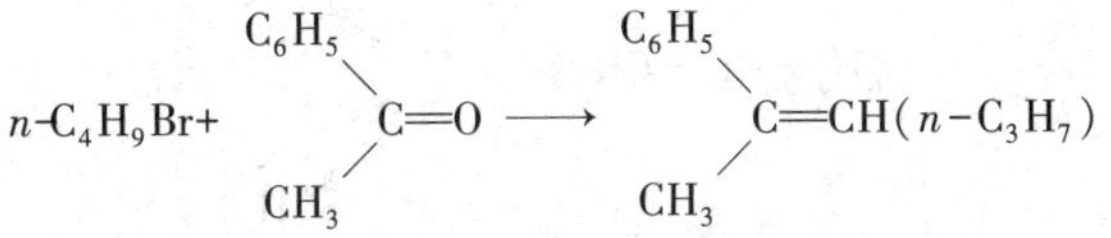

若用含膦高分子试剂，反应所生成的产物残留在高分子支持体上，经过过滤，可以得到纯度和产率很高的烯烃。如 CH_3I 与环已酮反应，生成亚甲基环已烷。副产物三苯基氧膦接在高分子主链上，过滤可将产物分离。高分子固相物须用还原法进行再生。

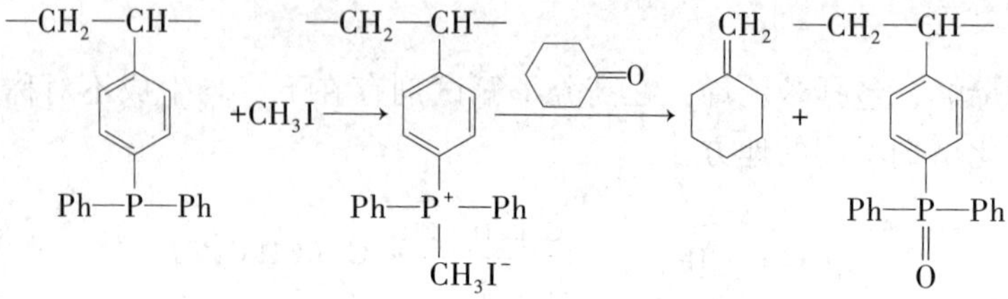

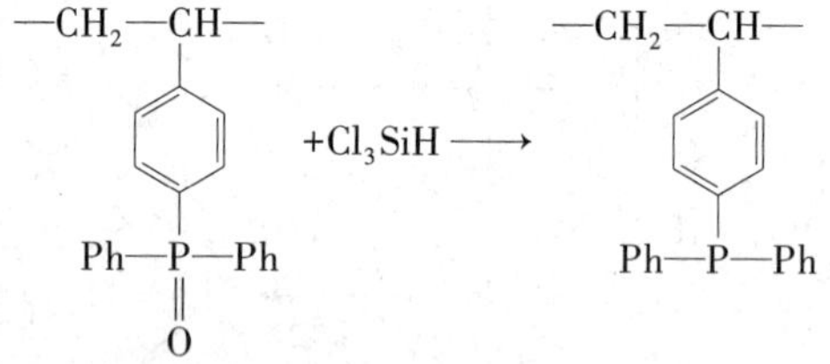

2. 卤化反应

含三苯基膦的高分子试剂，可以进一步反应生成卤化试剂，制备方法如下。

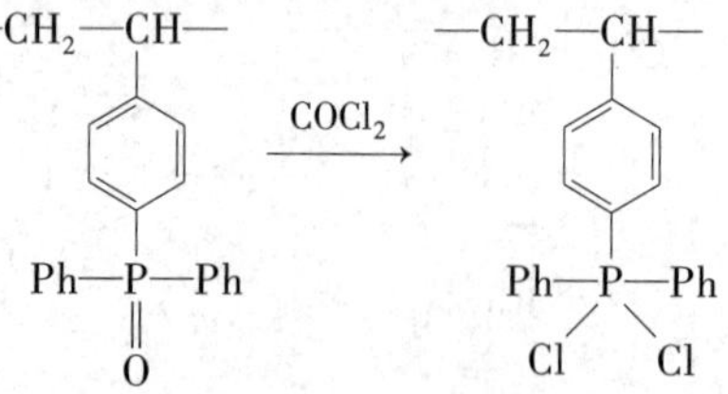

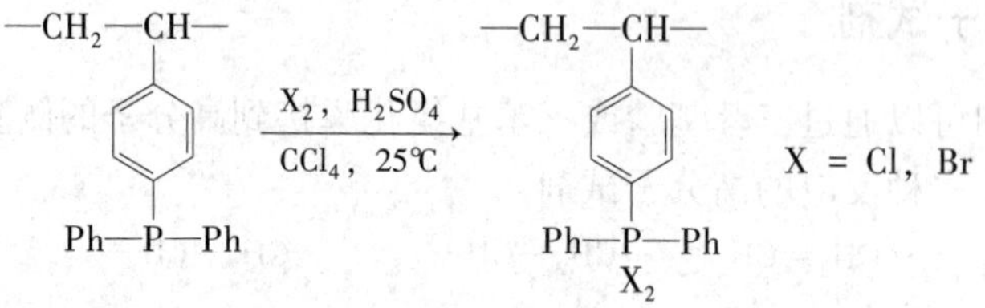

四、含硫高分子试剂

在有机合成中，含硫试剂是广泛使用的试剂之一，因为这种试剂操作方便，反应条件温和，试剂成本低；但缺点是使用过程有恶臭气味，产物分离困难。若将含硫试剂接到高分子上，可以克服上述缺点，使用过的高分子试剂经再生后可重复使用。含硫高分子试剂可用于下述反应。

1. 制备氧化烯烃

由苯甲醛生成氧化苯乙烯，反应是在室温下、三相间进行。

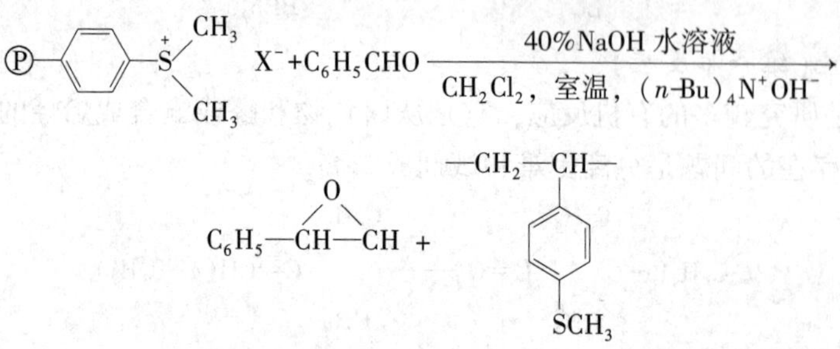

2. 氧化试剂

含对苯硫甲基的聚合物，在-10℃下，用氯气处理可得到氧化试剂，它与低分子试剂比较，高分子试剂活性高，选择性好。

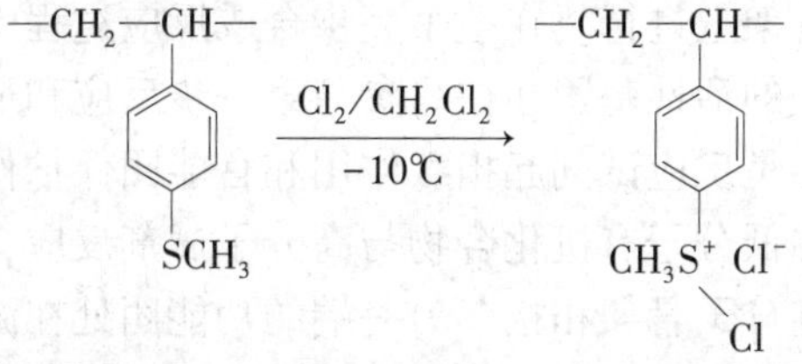

可以选择性地将二元醇中的一个羟基氧化成醛，可以将伯醇氧化成醛，仲醇氧化成酮。

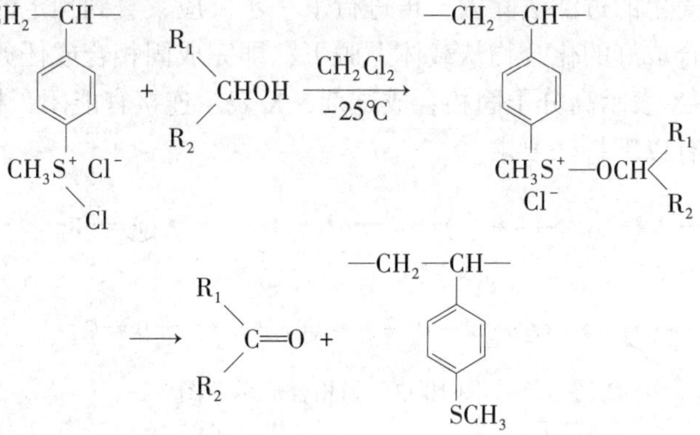

3. 烷基化试剂

将试剂上的硫甲基用丁基锂处理，得到硫甲基锂型高分子烷基化试剂。它与碘代烷或二碘代烷同系列化合物反应，将生成物从载体上脱下来，得到碘化物。

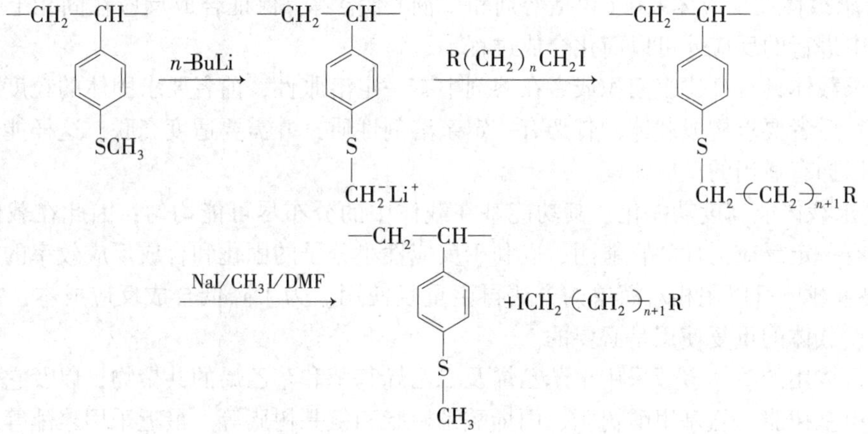

五、固相合成

1. 概述

1963 年，Merrifield 报道了在高分子载体上利用高分子反应合成肽的固相合成法，不仅使复杂的有机合成简单化，也为合成的自动化操作打下基础。为了合成舒缓激肽，Merrifield 用固相合成法合成，用了 8 天的时间。如以过去的方法合成，差不多要一年。因此固相合成法引起了人们的极大兴趣和关注。

固相合成是指在合成过程中，采用在反应体系中不溶的高分子材料作为载体进行的合成反应。固相合成采用在反应体系中不会溶解的高分子反应试剂作为载体，这种载体也是一种特殊的高分子试剂。常规的高分子反应试剂是由试剂提供参与反应的原子或原子团，而固相合成的高分子试剂则不同，它是一种载体，利用它连接的原子团结构参与反应，整个固相反应过程自始至终在高分子骨架上进行。在整个多步合成反应过程中，中间产物始终与高分子载体相连接。高分子载体上的活性基团往往只参与第一步反应和最后一步反应。在其余反应过程中只对中间产物，而不是反应试剂起担载作用和官能团保护作用。在固相合成中，首先含有双功能团或多功能团的低分子有机化合物与高分子试剂反应，以共价键的形式与高分子骨架相结合。这种一端与高分子骨架相接，另一端的功能团处在游离状态的中间产物，能与其他小分子试剂在高分子骨架上进行单步或多步反应。反应过程中，过量使用的小分子试剂和低分子副产物用简单的过滤法除去，再进行下一步反应，直到预定的产物在高分子载体上完全形成。最后将合成好的化合物从载体上脱下，即完成固相合成任务。

图 10-3 中Ⓟ—X 表示高分子固相合成试剂，X 表示连接官能团。根据固相合成的特点，对这两部分结构具有以下特殊要求。

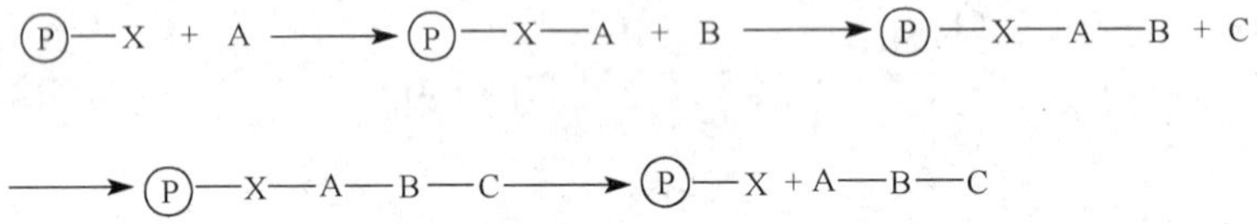

图 10-3　固相合成示意图

(1) 载体

载体在固相合成中如同对高分子化学反应试剂制备中的要求一样，作为固相合成中的载体需要具备下列条件。

① 要求载体在反应体系中(包括溶剂和试剂)不溶解，保证合成反应在固相上进行。只有在固相中进行的反应才可以简化合成过程。

②要求载体具有高比表面积或者在溶剂中有一定溶胀性，前者要求固体的粒度要小或者为多孔性；后者要求构成载体的骨架有一定亲溶剂性质，并需要适度交联。这样能够保证固相反应可以拥有适当的反应速度。

③ 要求载体能高度功能化，其功能基在载体中的分布尽可能均匀；因此在载体的骨架上应该具有一定反应活性的官能团，以利于反应性小分子的固化和合成反应效率的提高。

④ 要求载体可以用相对简单的方法再生重复使用。为了降低合成反应成本，提高材料的利用率，载体的重复使用是必要的。

固相合成用的载体多数采用聚苯乙烯及二乙烯基苯和苯乙烯的共聚物，以及它们的衍生物，如氯甲基树脂、氨基甲酸树脂、丙烯酸系树脂和氨基树脂等。最近采用聚酯等其他类型聚合物作为载体也呈现增长趋势。近年来还发展了功能化纤维载体，如纸片和棉花等。提高载体的稳定性、增加功能团活性和扩大适用化学反应范围是新型载体开发的重点。从基本原理上来讲，前面章节中介绍过的高分子化方法也适用于固相合成中高分子载体的制备过程。

(2) 连接结构

连接结构的主要功能，首先，是能够与参与反应的小分子发生化学反应，并在两者间生成具有一定稳定性的化学键。并要保证在随后的合成反应中该键不断裂，在整个合成过程中十分稳定。其次，生成的连接键要有一定的化学活性，能够采用特定的方法使其断裂，又不破坏反应产物的结构，并保证固相合成反应后可以定量地切割下反应产物。

连接结构需要根据固相合成的对象进行选择。即应该根据合成对象中官能团的种类选择连接官能团的种类。由于目前固相合成主要用于多肽、寡核苷酸和寡糖的合成，因此连接用官能团主要为活性酯、酸酐、酰卤、羟基、氨基等。此外用于其他有机合成反应的连接分子还有一些双官能团化合物。含有的官能团有氨基、羟基、巯基、溴、羧基、醛基等。双功能团连接分子通常可以分为对称和不对称两种。常用的对称双官能团化合物有1,10-癸二醇、1,8-辛二胺、邻或对苯二甲醛、癸二酸及钾盐或其酰氯、对苯二酚和对苯二胺等。不对称双官能团化合物有溴乙酰溴、溴乙酸、甘氨酸和其他氨基酸等。某些多官能团化合物，如甘油等也曾被用作连接分子。连接结构中除了官能团起比较重要的作用之外，其长短和链结构也对固相合成有一定影响，特别是对反应速度和反应的选择性影响较大。一般来说，链比较长有利于反应的进行。当连接官能团附近具有特定官能团时常会发生邻位效应。

(3) 固相合成的应用领域

固相合成的最早应用是用来合成天然大分子多肽。肽是由多种氨基酸相互之间进行缩合反应形成酰胺键(肽键)。肽的合成采用的反应类型不多，但是由于官能团之间相互影响，加上中间产物和试剂结构类似，选择反应和分离条件困难，产率不高。应用固相合成，由于简化了分离过程(过滤)，并可以使用大大过量的小分子试剂，合成过程大幅度简化，合成产率相应提高。与多肽有类似结构的天然大分子，如寡糖和寡核苷酸也适合采用固相合成制备。此外，非天然的类似化合物，如类肽、聚脲、聚砜等采用固相合成也有一定优势。最近，有些采用通常合成方法难以得到的化合物也通过固相合成获得成功。

2. 高分子载体的保护基团作用

欲使对称的双官能团化合物中只有一个官能团反应，利用低分子保护试剂是比较困难的，采用高分子试剂则较容易。例如，欲使ω，ω′-二元醇中的一个羟基反应，而另一个羟基要保护起来，可用高分子载体与二元醇反应。

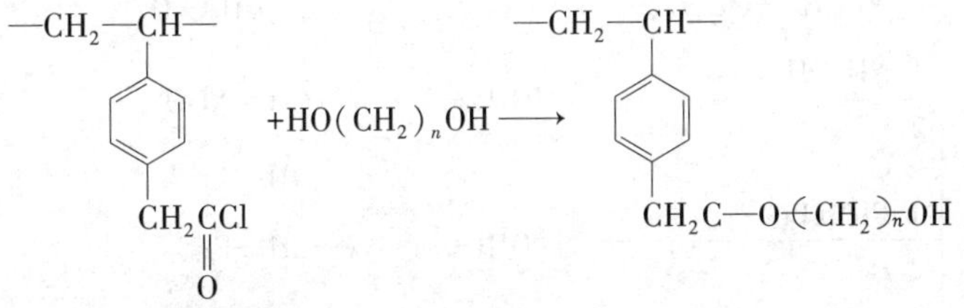

只要增大二元醇和高分子试剂的用量比，就可避免二元醇的二个端羟基同时发生酯化反应。即保护一个羟基，另一个羟基可以进一步反应。例如，高分子试剂与三苯基氯反应，待反应结束后，进行水解，就可生成一端为三苯基甲烷，另一端为羟基的化合物。

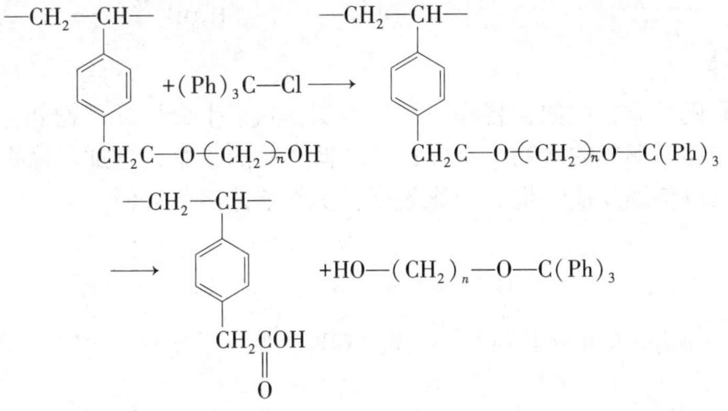

高分子载体的选择要考虑其溶胀性、不为副产物所污染、能重复使用，还要考虑用什么样的保护基团，通常这由另一基团进行的反应来决定。例如，醛基的保护基团为1,2-或1,3-二羟基，它们与醛结合，生成缩醛基团。在酸性条件下，该基团易分解，恢复成原来的二羟基和醛基。如果欲使 ω，ω'-二元醛中的一个醛基反应，可以利用含有这一基团的高分子保护试剂。通过缩醛反应，保护其中的一个醛基，另一个醛基待反应。

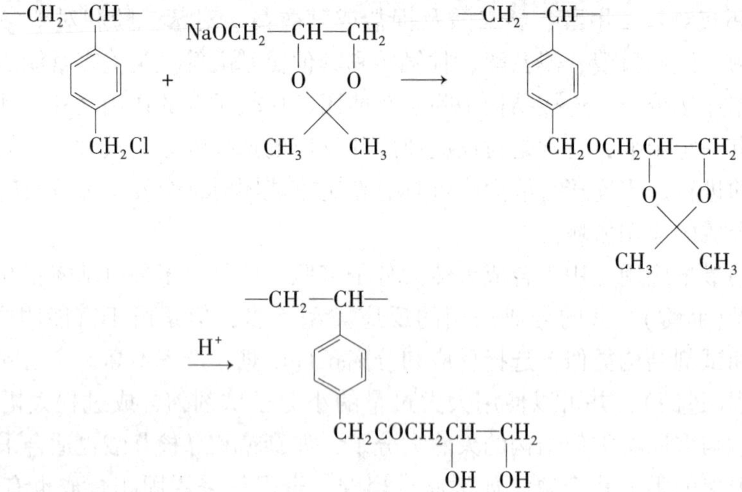

醛基保护基团高分子试剂：

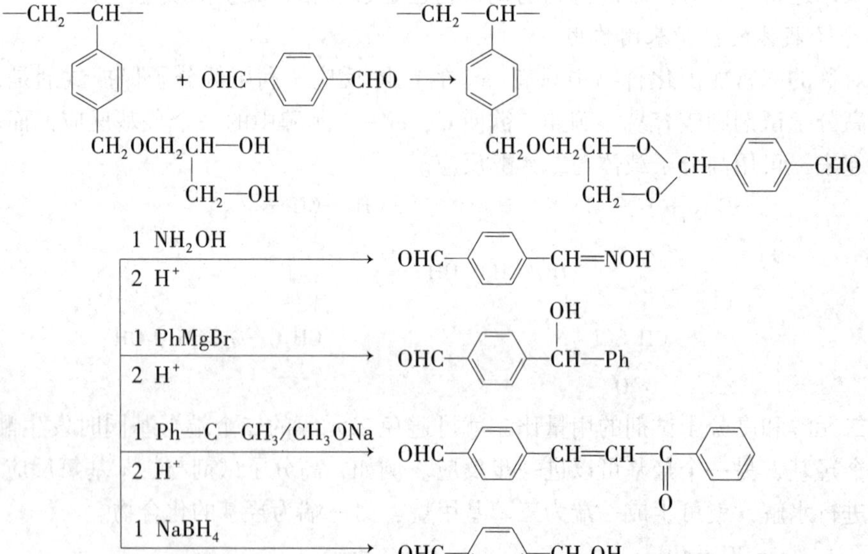

3. 烷基化反应

采用传统的有机反应，例如，将酯烷基化为酮，除了生成目标产物外，还会生成多个副产物，如酯的自身缩合形成的产物。这样，会降低产物的收率，增加产品提纯的困难。若用高分子试剂，可以避免副反应，提高产物收率，操作工艺简单方便。

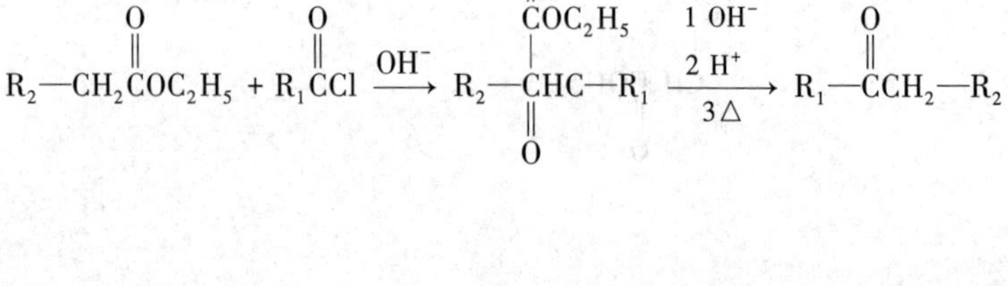

高分子试剂含有苯乙酸酯基，在碱性条件下，对硝基苯甲酰氯(或正溴丁烷)会在苯乙酸酯基的 α 位发生取代反应，生成化合物。

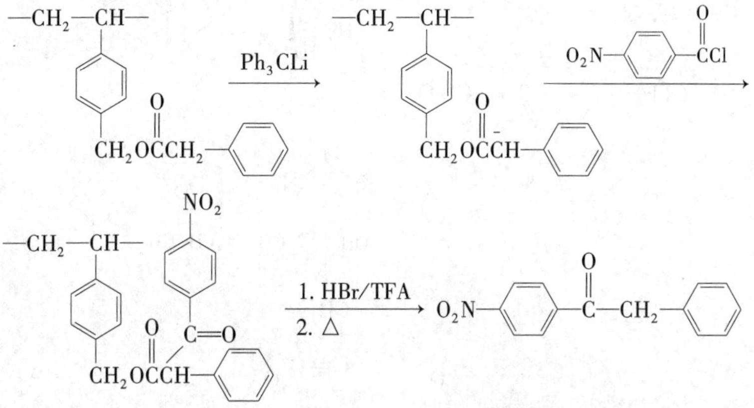

如果是普通的有机反应，在碱性条件下，苯乙酸酯会自身缩合，缩合产物又会与对硝基苯甲酰氯反应，得到多种副产物。由于位阻效应，在中间产物上的苯乙酸酯相互之间的反应可以避免，收率提高，分离简化。

4. Michael 反应(迈克尔反应)

Michael 反应是在碱催化下，活性亚甲基与活性双键三键发生加成反应，

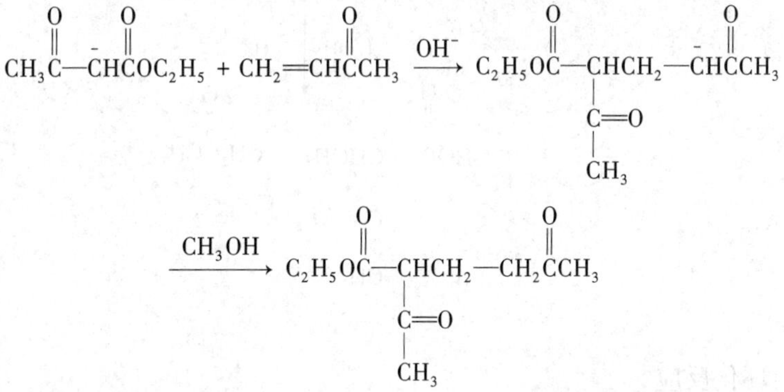

除了生成目标产物以外，在碱性条件下，乙酰乙酸乙酯也会自身缩合，生成副产物。利用高分子的孤立效应，在高分子的载体上进行这一反应，可以避免酯的自身缩合。

首先将乙酰乙酸乙酯缩合在高分子载体上，然后在碱性条件下与烯酮化合物进行缩合反应，得到的水解产物水解后，即得目标产物。由于载体上的基团具有光活性，甲基乙烯酮在加成反应中有方向性，得到的产物也具有光活性。

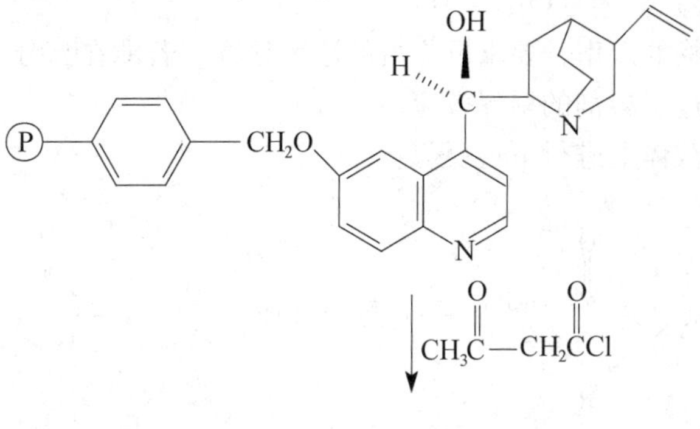

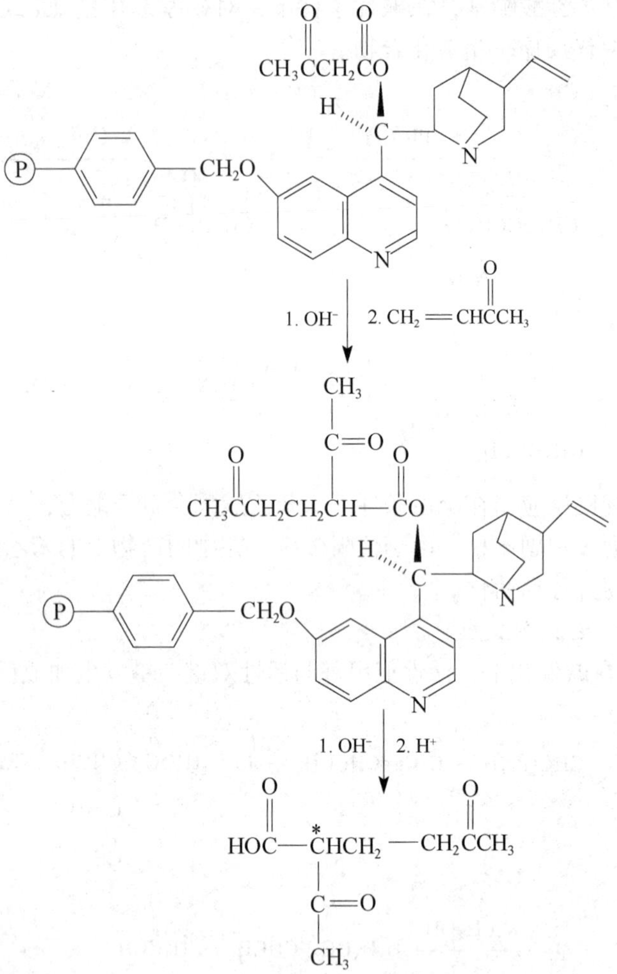

5. 环化反应

(1) 分子内环化反应

通常在稀溶液中进行分子内的环化反应，以制备环状化合物。如在高分子载体上进行的环化反应，不仅利用了高分子载体的稀释效应，而且简化了分离步骤。

例如，在 ω，ω′-羟基羧酸的缩合反应中，存在着缩合和环化反应。

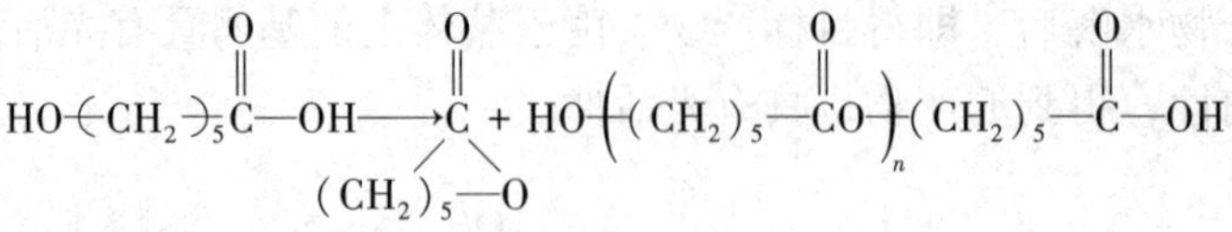

为了提高环状化合物的产率，要求反应液的浓度很稀。若能在高分子载体上进行这一反应，其稀释效应远远超过了溶剂的稀释效应。

又如在高分子反应载体上进行下述反应：

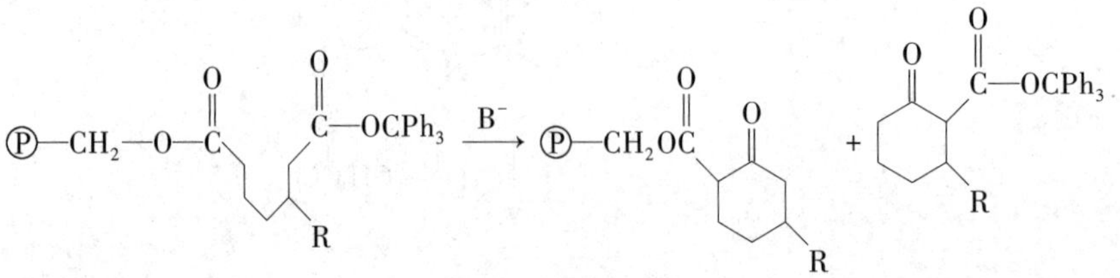

生成了两种酯，一种酯在树脂上，另一种酯在溶液中，通过过滤就可将两种酯分离，得到纯净产物。

(2) 分子间的环化反应

分子间的环化反应如：

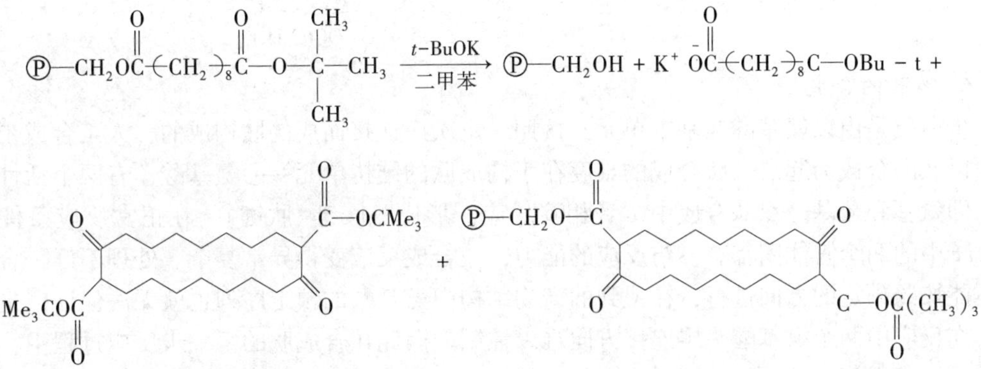

将癸二酸单特丁酯接到对羟甲基聚苯乙烯载体上，在特丁醇钾作用下，发生反应。在该反应中除了有水解下来的癸二酸单特丁酯，还生成了两种大环化合物，一种在载体上，另一种在溶液中，所以很容易将两种大环化合物分开。

(3) 特殊结构化合物的合成

所谓的 threaded(螺纹烃、索烃)化合物就是在环状化合物中间串进一长链化合物。用经典有机合成方法制备该化合物时，由于分离困难，很难得到纯净物。若用高分子试剂，则分离较为简单，易得到纯净物。

将环状化合物接到高分子上，在溶胀条件下，使癸二醇和三苯基氯甲烷反应。反应结束后，用溶剂充分洗涤树脂，以除去没有形成的 threaded 化合物，然后水解，得到纯的索烃。

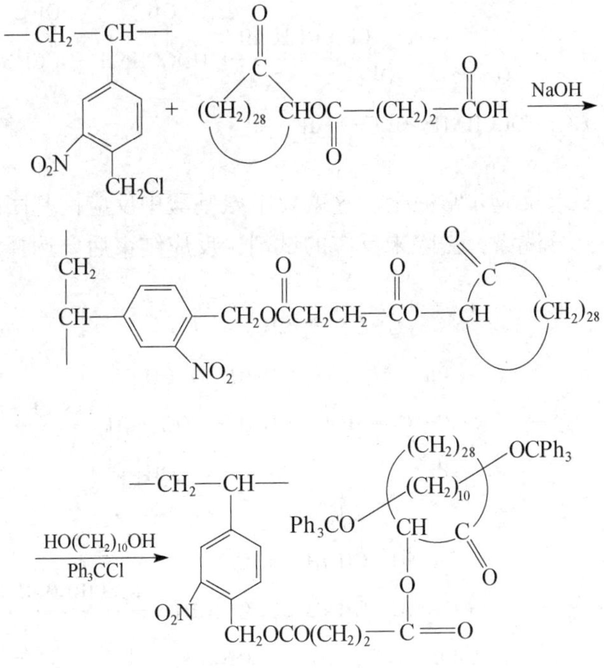

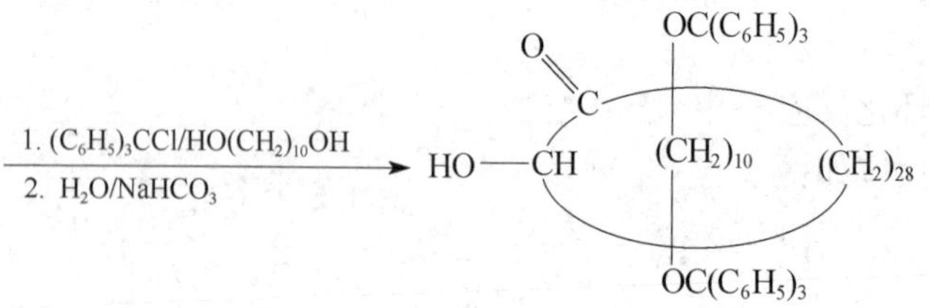

6. 多肽的合成

蛋白质是由以氨基酸为基本单元，按照一定次序连接而成的肽构成的，人工合成蛋白质必须以肽的合成为起点。肽合成的难度在于构成肽的结构单元——氨基酸，有两个活性官能团，即氨基和羧基。在肽合成中二者相互反应，形成酰胺键(肽键)。在正常反应条件下同一分子中的两个官能团都有参与反应的能力，使合成反应变得异常复杂。处理不好，合成反应不能按照预定的方向进行，在得到的产物结构中氨基酸的预定序列也就无法保证，也就是说，在反应中两个氨基酸头尾连接方向难以控制。因此在合成肽的每一步反应过程中，对氨基酸或合成中间体的肽链中不希望参与反应的一端都要进行保护，使反应只在另一端的官能团上进行。这样保护、反应、脱保护，不断重复上述反应，以加长肽链。再加上产物与原料繁琐的分离过程，使肽的合成变得非常复杂。固相合成基本解决了上述问题。例如，以交联的聚氯甲基苯乙烯作载体合成肽，首先使氨基保护的氨基酸与氯苄反应，脱保护基 R，再与另一种氨基酸反应。如此反复进行，就可得到预定结构的多肽。

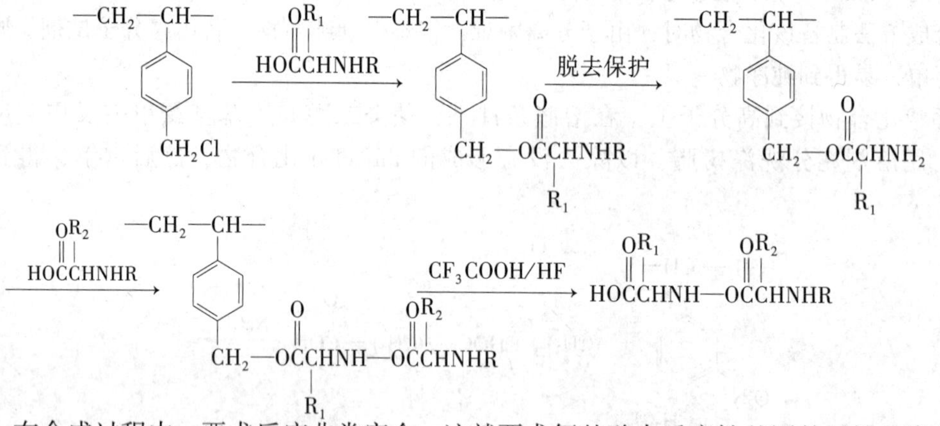

在合成过程中，要求反应非常完全，这就要求氨基酸中反应性基团的活性非常高。每次反应完成后，用溶剂充分洗涤，去除未反应的试剂，反应结束后要选择温和条件，把产物分离下来。

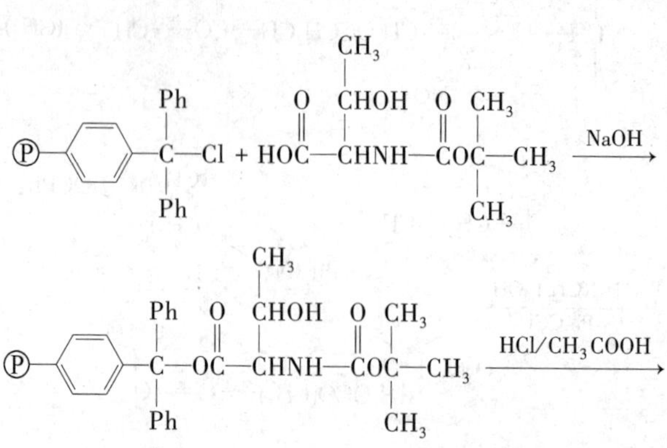

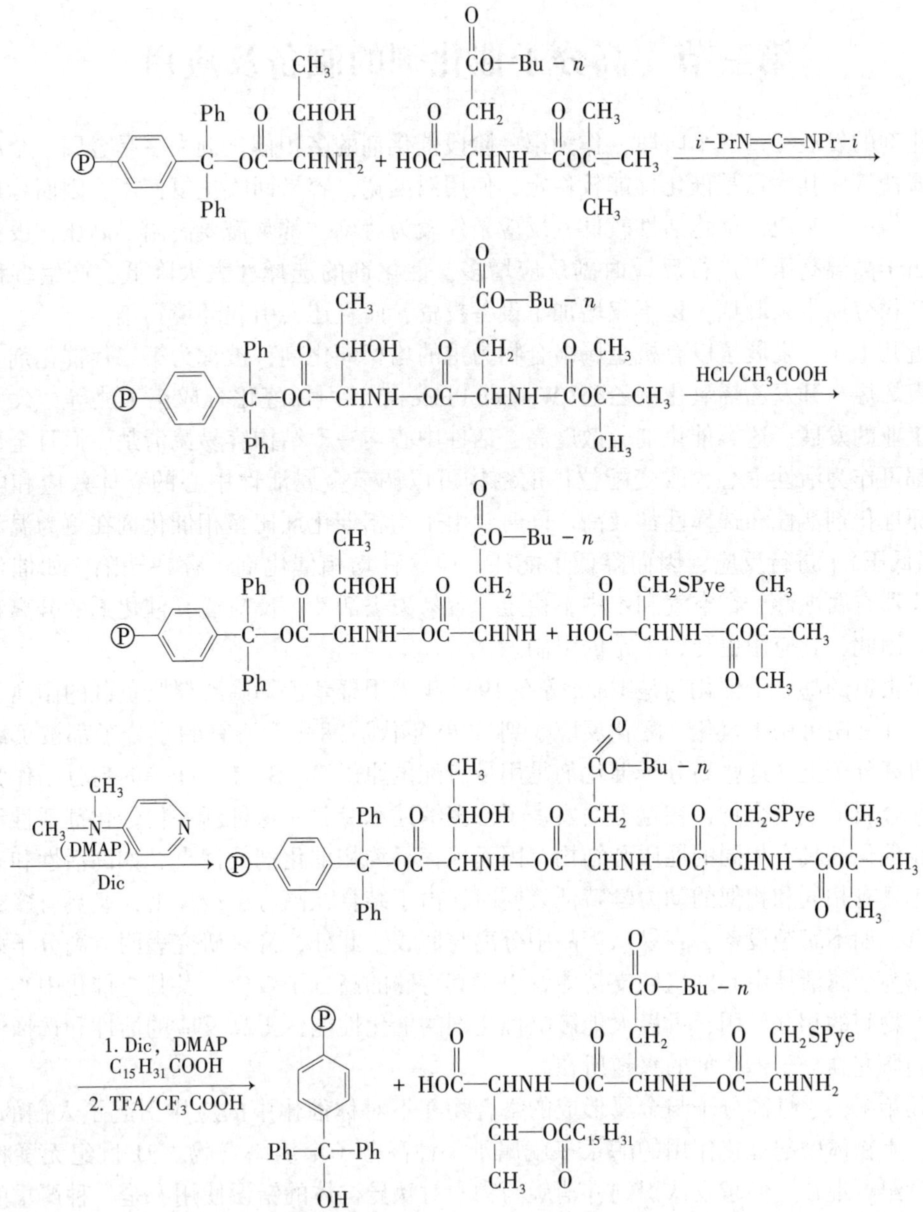

式中：Dic 为二异丙基二硫代氨基甲酸二异丙胺。

7. 不对称合成

利用含手性功能基的高分子载体，使反应物在进行有机反应时，在某一特定方向形成立体位阻而产生的立体选择性。如在高分子载体上，含有手性功能基团 2-氨基苯丙醇，它使碘代烷与环已酮反应时，有较高的立体选择性。

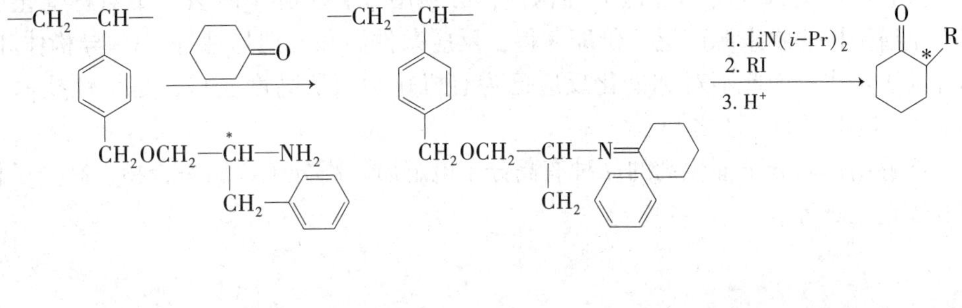

第三节　高分子催化剂的制备及应用

催化剂的发展经过三个阶段，作为第一阶段催化剂的多相催化剂大多是金属、金属氧化物、金属盐等。其优点是催化性能较稳定，使用温度宽，容易回收重复使用，因而容易实现工业化。但一般来说，催化活性较低，反应条件较为苛刻，常常需要高温、高压，设备费用较高。由于高温高压下进行反应时副反应增多，催化剂的选择性大大降低，产生多种副产物，给产物分离带来麻烦，这不仅增加了设备投资，而且还会引起环境污染。

最近几十年，发展了以有机金属络合物为主的均相催化剂，被称为第二代催化剂。如开发合成聚烯烃、开发乙烯氧化制乙醛(Wacker Process)、丙烯醛化合成正丁醛等，大大推动了化学工业的发展。这类催化剂分散度高，活性中心均一，结构容易搞清楚，而且全部的中心原子都可作为活性中心，改变配位体的结构可以调节金属活性中心的立体效应和电子环境，因而催化剂活性和选择性都较高。同时，由于均相催化剂比多相催化剂在更为温和的条件(低温低压)下进行反应，因而降低了能耗。但这种均相催化剂也存在缺陷，如催化剂对金属反应器有腐蚀性，在空气和水中不稳定，容易失去活性，反应后，催化剂的分离和回收困难等，因此，其应用也受到一定的限制。

最早报道的高分子催化剂是 Haag 等在 1969 年采用聚苯乙烯磺酸树脂负载的阳离子金属络合物，并证明可用于氢化、醛化反应。到了 70 年代后期几乎所有的小分子都被负载在有机和无机高分子上。这些高分子催化剂是用带有配位原子 N、S、P、O 等的高分子作为配位体与过渡金属形成络合物，在这方面发表了许多综述和专著。这种新一代催化剂活性组分往往与均相催化剂具有相同的性质和结构，因而保存了均相催化剂的优点，如高活性和高选择性等，也具有相同和相似的动力学特征。同时，由于结合在高分子载体上，又具有多相催化剂的特点，如不腐蚀设备，容易从产品中分离与回收。此外，许多研究表明，高分子载体不仅仅是作为金属活性中心的惰性支持体，由于其特殊的高分子效应，及其与催化中心、反应底物和产物间的相互作用，可极大地影响催化剂的催化性能，提高反应的活性和选择性，这正是人们研究高分子催化剂的兴趣所在。

近几年来，手性高分子与金属形成的络合物在不对称催化中的应用引起了人们的注意。实际上，生物体中起催化作用的酶很多就属于手性高分子金属络合物。21 世纪无疑将是手征性的世纪。现在人们越发认识到外消旋药物中对映异构体的错误使用，是一种严重的药物污染。外消旋体拆分、化学计量不对称合成和不对称催化反应，是以化学手段获得光学活性物质的三种方法。其中，不对称催化提供的最强有力而独特的优势就是手征性的增量，即通过使用催化剂量级的手性原始物质来选择性地生成大量手征特性的产物。它不需要像化学计量不对称合成那样使用大量的手性试剂，也和发酵法不同，工艺不限于生物类型的底物，也避免了发酵过程中产生的大量失效媒介物的处理问题。和光学拆分相比，光学拆分的劳动强度很高，且必然产生 50%的不合适的异构体，必须用分离步骤来除去。不对称催化反应的普遍特点是潜手性底物来源广泛，价廉易得，反应条件温和，选择性好，R-异构体和 S-异构体同样易于生成。因此不对称催化反应已为有机化学家所高度注目，是手性技术(Chirotechnology)中最重要的方法之一。

目前能够用作高分子催化剂的品种有高分子电解质、高分子金属络合物、高分子相转移催化剂和固定化酶等。

一、高分子聚电解质

高分子电解质是在高分子的主链或侧链上含有催化功能的杂原子或杂环有机基团的一类高分子。它可以催化有机化合物的水解反应、重排反应、氧化还原反应，也可用来催化不对称有机合成。

1. 聚电解质的合成

通常有两种方法合成聚电解质，一种是合成具有催化基团的单体，经连锁或逐步聚合反应制得；另一种是利用现有的合成高分子或天然高分子改性，引入具有催化功能的基团。

(1) 聚合反应

① 连锁均聚合。根据单体的不同特点，可以用自由基、阳离子和阴离子作引发剂进行聚合反应。例如，4-乙烯基吡啶可以在自由基引发剂 AIBN 存在下，进行本体、溶液或悬浮聚合。聚合物的软化点随聚合条件不同，在 190~200℃ 间变化。均聚 4-乙烯基吡啶溶于稀盐酸，但不溶于 $CHCl_3$、DMF。4-乙烯基吡啶也可以用 BuLi 作引发剂，在烷基溶剂中进行阴离子聚合反应。得到的聚 4-乙烯基吡啶能与 CH_3I 或 CH_3Cl 反应，生成水溶性的聚 4-乙烯基吡啶季铵盐。这种电解质的水溶液黏度较大，加入无机盐后，溶液的黏度会大大降低，是酯水解反应的催化剂。

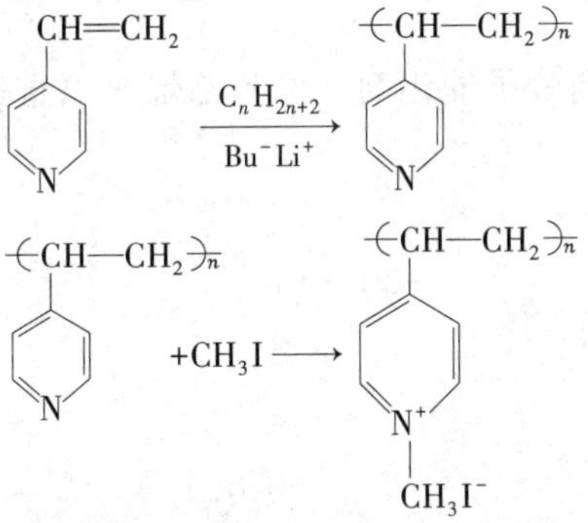

② 连锁共聚合。为了利用官能团之间的协同效应，提高催化剂的活性，可以将具有催化功能的单体与其他单体共聚，得到含两个或两个以上功能基团的催化剂，以满足不同催化反应的需要。例如，4(5)-乙烯基咪唑[4(5)-vinylimidazole]可与马来酸酐、碳酸乙烯酯、丙烯醛、乙酸乙烯酯、丙烯酸和丙烯酰胺进行共聚，得到一系列共聚物。4(5)-乙烯基咪唑与乙酸乙烯酯的共聚反应式如下所示。得到的共聚物再进行水解，生成了含有羟基和咪唑基的高分子催化剂，其中咪唑基团是酚酯水解的有效催化剂，羟基有协同作用，以提高催化活性。

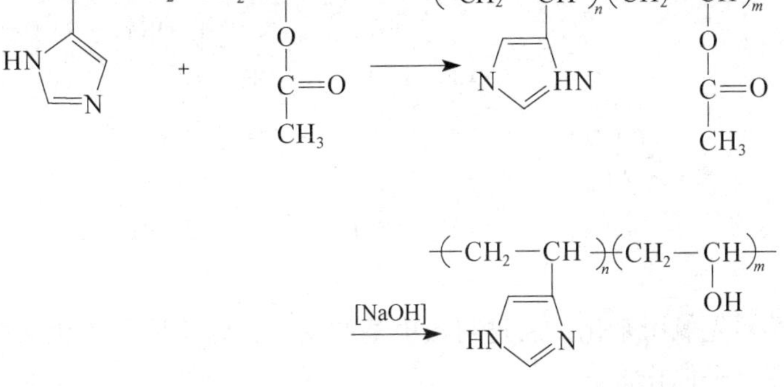

③ 缩聚反应。将含催化官能团的单体缩聚，制成高分子催化剂。醌和氢醌(HQ)组成一氧化还原体系。如果将对苯二酚引入高分子骨架上，就可以得到氧化还原反应高分子催化剂。

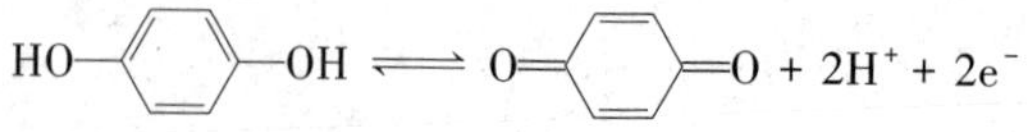

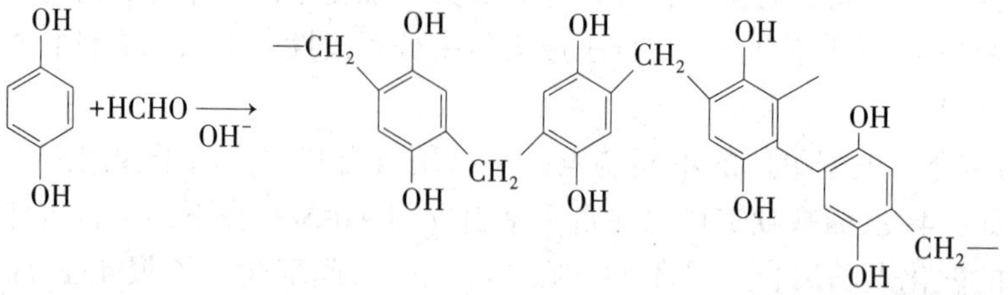

(2) 将功能基团引入高分子主链上

高分子主链可以是聚苯乙烯、聚丙烯酸甲酯、聚乙烯醇和聚氯乙烯等，为了易将其与产物分离，通常制备成有一定交联度的聚合物。根据聚合物的不同性质，通过合理的反应步骤，制得高分子催化剂。

① 以聚苯乙烯为主链的高分子催化剂。聚苯乙烯可以直接进行高分子反应，合成具有催化功能的高分子催化剂。

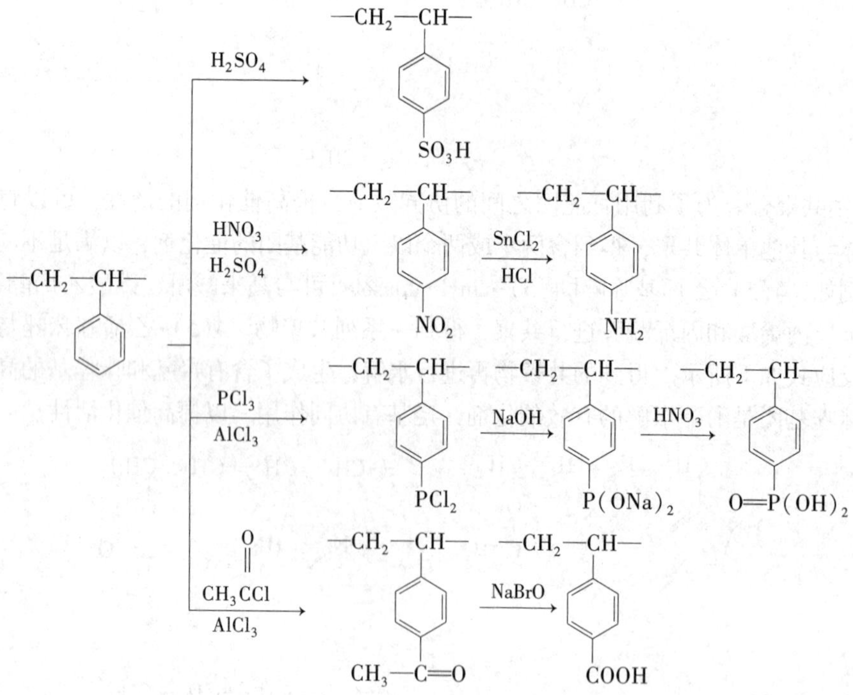

也可将聚苯乙烯先氯甲基化，通过与氯甲基的反应，将不同的催化活性基团接到高分子上，制得另一类高分子催化剂。

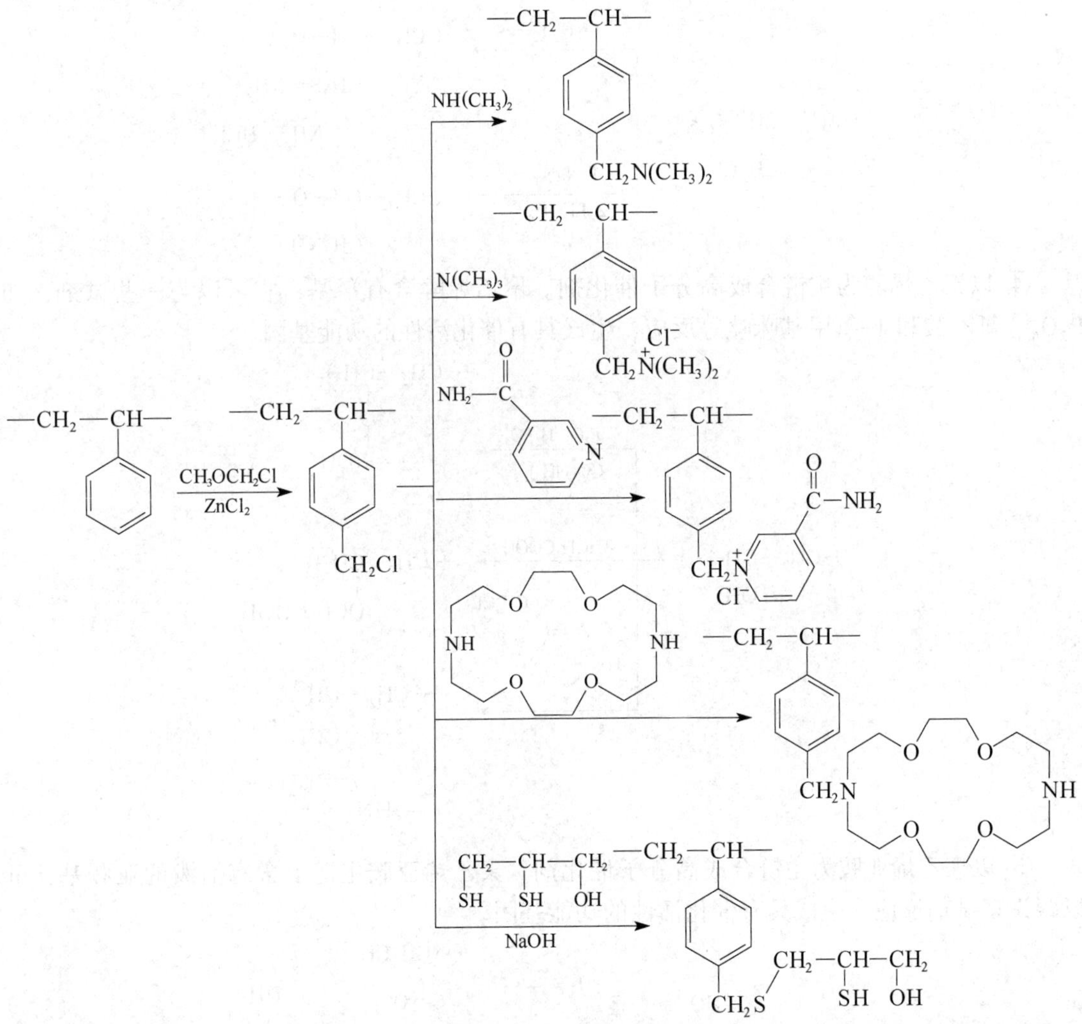

② 以聚氯乙烯为主链合成高分子催化剂。利用聚氯乙烯链上的氯与具有催化功能的小分子试剂反应，制得一系列高分子催化剂。

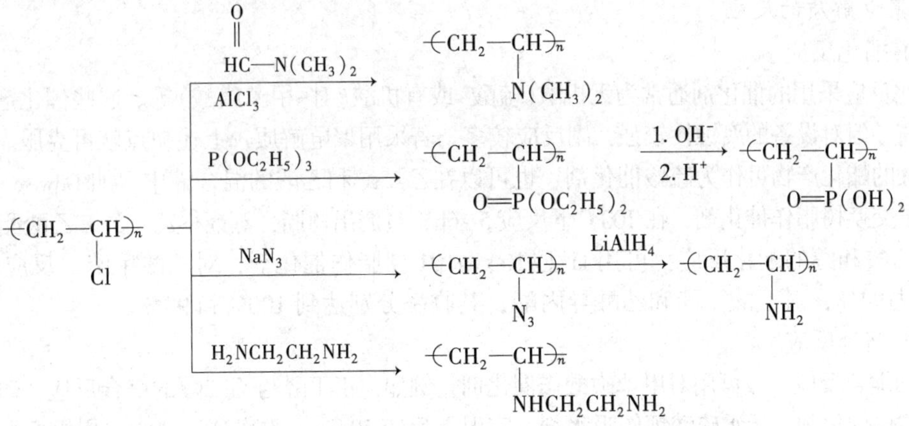

③ 以聚环氧氯丙烷为主链合成高分子催化剂。该类聚合物的侧链上有亚甲基氯，在一定条件下，可以与一些试剂反应，将功能基团接到高分子主链上。

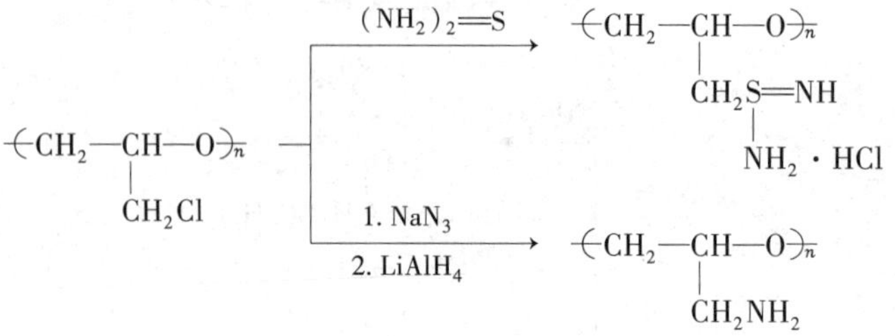

④ 以聚乙烯醇为主链合成高分子催化剂。聚乙烯醇含有羟基，它可以与一些试剂，如P_2O_5、氯乙酸和4-氯甲基咪唑等反应，生成具有催化活性的功能基团。

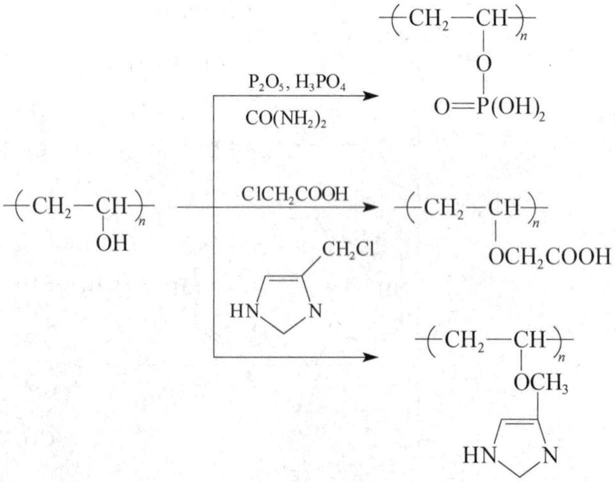

⑤ 以聚乙烯亚胺为主链合成高分子催化剂。聚乙烯亚胺主链上含有活泼的亚胺基，可以跟许多试剂反应，生成具有催化活性的功能基团。

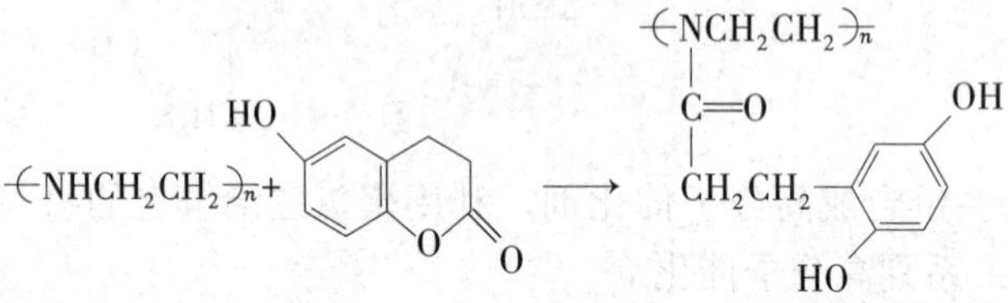

2. 聚电解质的反应

(1) 酯化反应

酯化反应采用的催化剂通常为无机酸(硫酸)或有机酸(对-甲苯磺酸)等。这些催化剂的催化活性较高，但对设备的腐蚀性较强，副反应较多。若采用聚电解质，上述缺点就可克服。如乙二醇与乙酸的酯化产物可作为硫酸催化剂，也可以在乙二醇和乙酸的混合液中，加Dowex-50强酸性阳离子交换树脂作催化剂，在100℃下反应5~6h，过滤出树脂，蒸馏得乙二醇二乙酸酯。

对乙酸和醇的酯化反应，可用H^+型Rexyn101树脂作催化剂，对乙酸甲酯，反应10min，收率可达94%；对乙酸丁酯和乙酸异丙酯，其收率分别达到100%和93%。

(2) 缩合反应

醛的缩合反应一般可用对甲苯磺酸作催化剂，例如，正丁醛与乙二醇的缩合反应，若用聚苯乙烯磺酸作催化剂、无水硫酸钙作吸水剂，室温下反应30min，收率高达99%。甲缩醛可用甲醛和甲醇在732强酸性阳离子交换树脂催化下反应，当甲醛和甲醇的摩尔比为3，树脂732用量为1.8mmol H^+/g甲醛时，甲缩醛的收率为95%以上。树脂重复使用多次，催化活性不减。

（3）水解反应

用离子交换树脂催化酯进行水解反应是研究的最为深入的课题。树脂交联度增加，酯的相对分子质量增大，催化活性降低；树脂细粒度较粗的催化活性较高；树脂的疏水性有利于酯的吸附，可加速酯的水解；由于支链酯在树脂中的扩散速率慢，其水解速度慢。酯的水解速率还受树脂的微环境影响。

（4）氧化还原反应

氧化还原树脂按氧化还原的活性部分来看，可分为醌类、硫醇类、吡啶类、二茂铁类和多核类五种。树脂的稳定性直接影响树脂的氧化还原可逆性。低交联度的树脂或高孔隙度的大孔树脂有利于底物扩散，氧化还原活性提高，避免相邻氧化还原功能基团之间的相互作用，可提高催化活性。树脂的溶胀性可很好地催化反应体系。

二、高分子金属络合物

许多金属、金属氧化物、金属络合物在有机合成和化学工业中均可作为催化剂。金属相金属氧化物在多数溶剂中不溶解，一般为天然多相催化剂。而金属络合物催化剂由于其易溶性常常与反应体系成为一相，多数只能作为均相反应的催化剂。金属络合物催化剂经过高分子化后溶解度会大大下降，可以改造成为多相催化剂。

由于众所周知的优越性，目前使用高分子金属络合催化剂越来越普遍，高分子络合催化剂的制备也成为热点之一。制备高分子金属络合物催化剂最关键的步骤是在高分子骨架上引入配位基团和在金属离子之间进行络合反应。最常见的方法是通过共价键使金属络合物中的配位体与高分子骨架相连接，构成的高分子配位体再与金属离子进行络合反应形成高分子金属络合物。根据分子轨道理论和配位化学规则，作为金属络合物的配位体，在分子中应具有以下两类结构之一，一类是分子结构中含有 P、S、O、N 等可以提供未成键电子的所谓配位原子，含有这类结构的化合物种类繁多，比较常见的如 EDTA、胺类、醚类及杂环类化合物等；另一类是分子结构中具有离域性强的 π 电子体系，如芳香族化合物和环戊二烯等均是常见配位体。

1. 高分子金属络合物的制备

小分子配位体的高分子化是制备高分子金属络合物催化剂的主要工作。如同高分子反应试剂的高分子化过程一样，高分子配位体的合成方法主要分成以下几类。

（1）利用聚合物和配位基上的某些基团反应，将配位体直接镶合到聚合物载体上，制备高分子配位体。

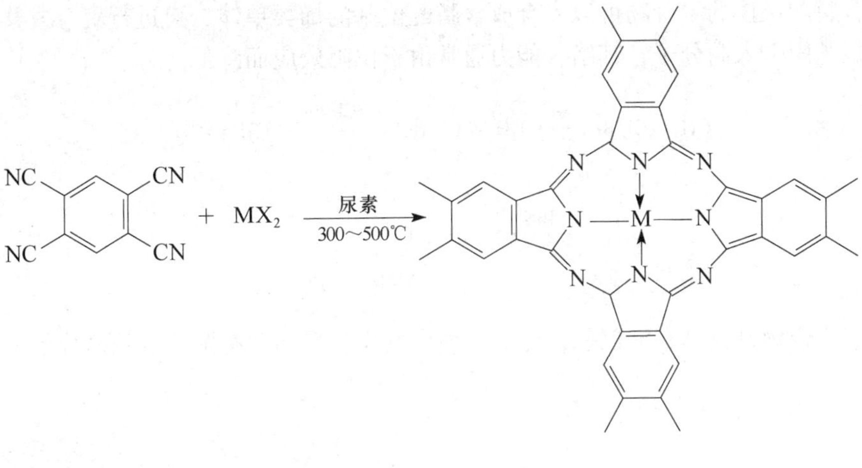

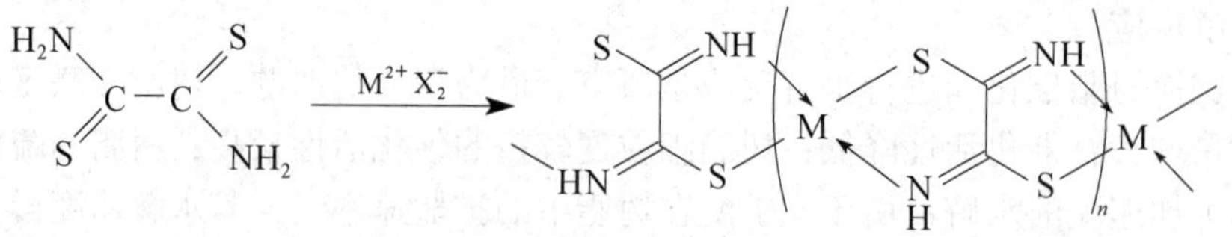

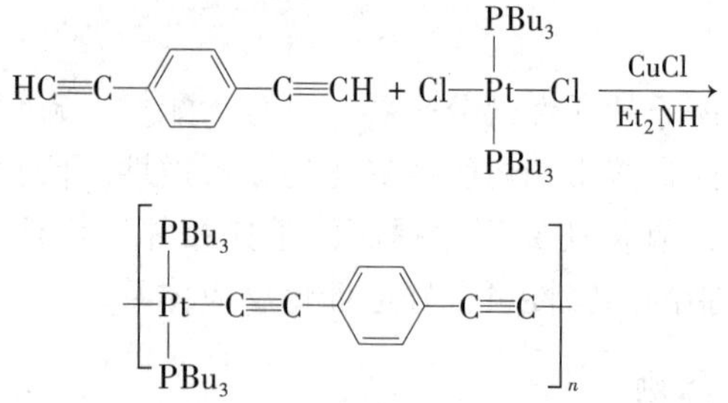

（2）首先合成具有可聚合官能团的配位体单体（功能性单体），然后在适当条件下完成聚合反应，例如，将甲基丙烯酸甲酯在碱性条件下与丙酮缩合，得到含1，3-丁二酮配体的烯类单体，再进行聚合反应。

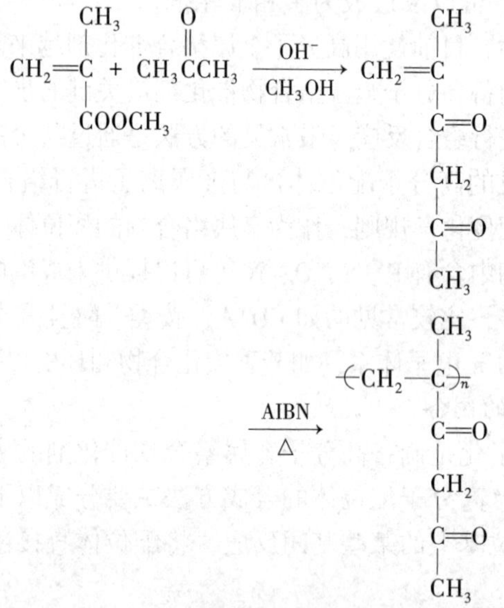

合成含膦配位体的聚合物可以先合成含膦配位基的烯类单体，再进行聚合或共聚合，该法可将配位基团引入高分子，其络合能力通常由于位阻效应而降低。

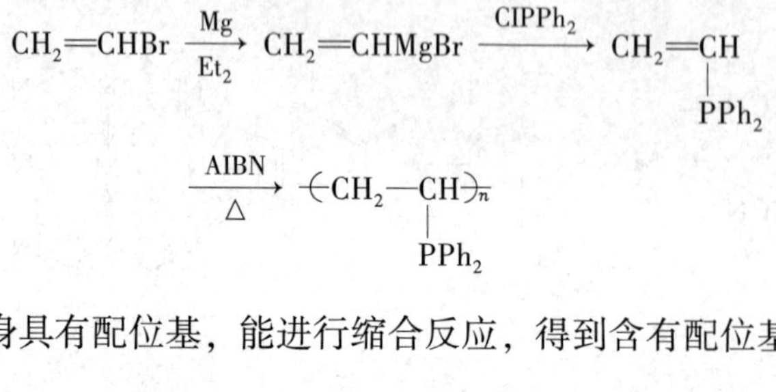

有一些化合物自身具有配位基，能进行缩合反应，得到含有配位基的高分子。

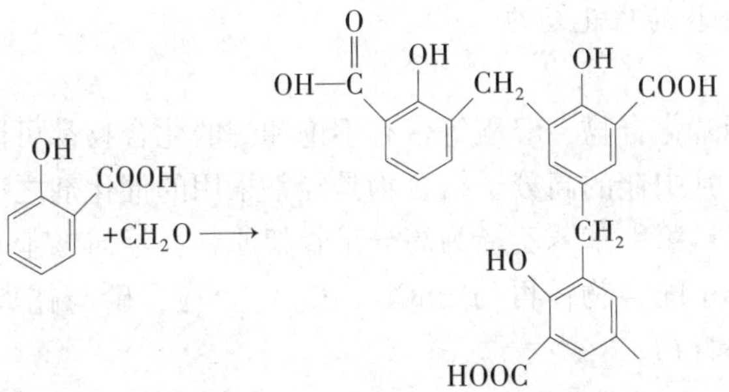

通过高分子反应，将配位基接到高分子上，这是目前采用最多的方法。如在交联聚苯乙烯小球上接上各种配位基团。

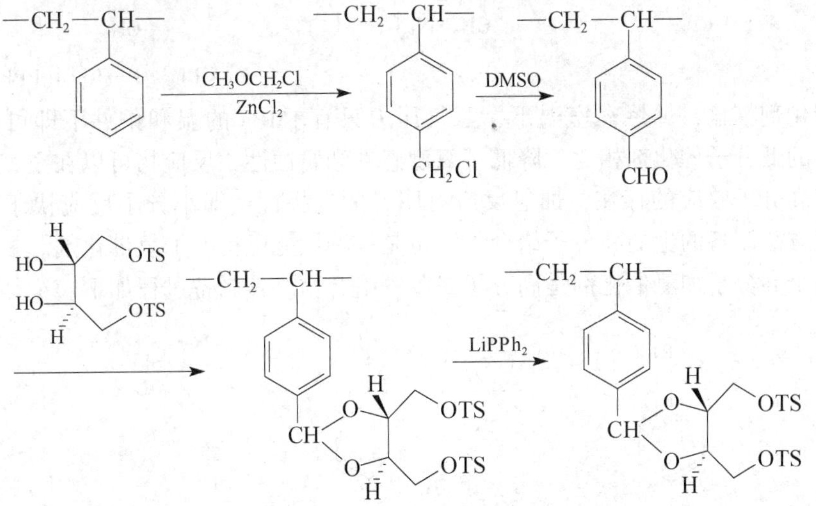

（3）合成得到的配位体单体也可以先与金属离子络合，生成络合物型单体后再进行聚合反应，完成高分子化过程。

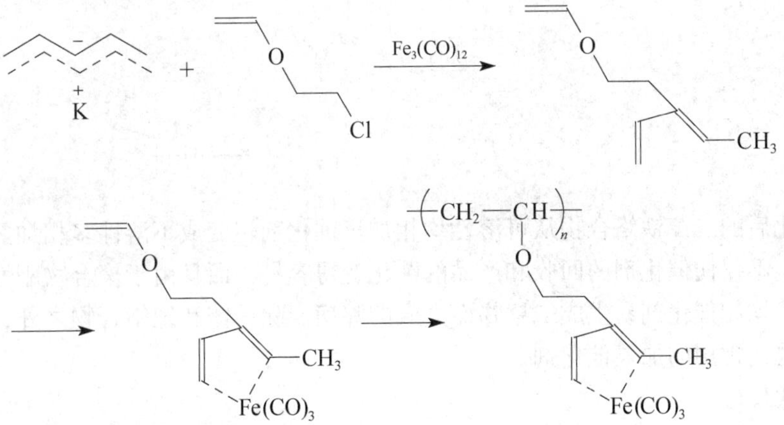

一般后一种方法较少使用，因为形成的络合单体常会影响聚合反应，甚至发生严重副反应，使聚合过程失败。此外，某些无机材料，如硅胶，也可以作为固化催化剂的载体。作为多相催化剂，高分子化的金属络合物催化剂可用于烯烃的加氢、氧化、环氧化、不对称加成、异构化、羰基化、烷基化、聚合等反应中。

2. 高分子金属络合物的催化反应

(1) 加氢反应

烯烃、芳香烃、硝基化合物、醛酮等带有不饱和键的化合物都可以在金属络合物催化剂存在下进行加氢反应。其中铑的高分子络合物是经常采用的催化剂之一。这一催化剂可以由下述方法制备，即以聚对氯甲基苯乙烯为高分子骨架原料，经与二苯基磷锂反应得到有络合能力的二苯基磷型高分子配合物；再与 $RhCl(PPh_3)_3$ 反应，磷与铑离子络合即得到有催化活性的铑离子高分子络合物。

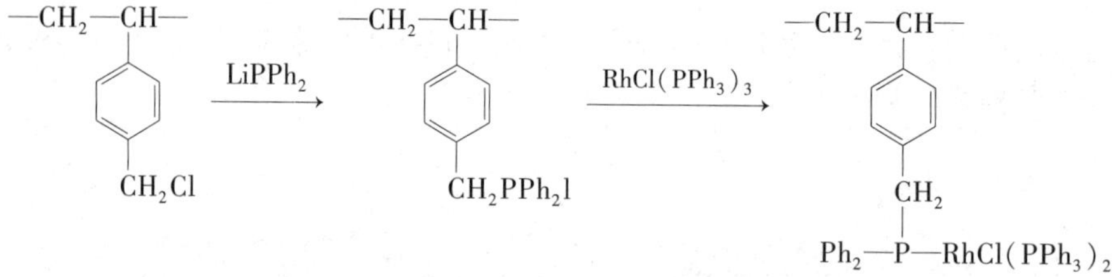

经此催化剂催化，烯烃在室温下，氢气压力只有 1MPa 的温和条件下即可进行加氢反应，与相应的低分子催化剂相比，降低了氧敏感性和腐蚀性，反应物可以在空气中储存和处理。由于有高分子效应的存在，加氢反应有明显的选择性，即小分子反应快于大分子。此外，用类似方法制备的钯的高分子络合物，也是一种性能优良的加氢催化剂。

另外一个高分子加氢催化剂是高分子二茂铁络合物。其制备过程如下：

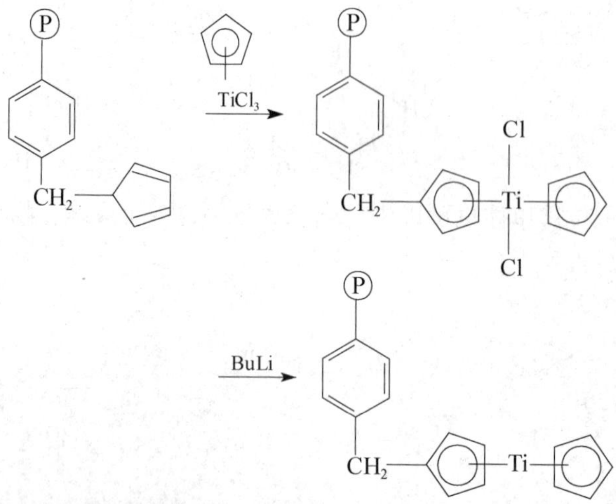

高分子化后的二茂铁络合物从可溶性均相加氢催化剂转变成不溶性多相加氢催化剂，性能大为改进。不仅使催化剂的回收和产品的纯化变得容易，而且由于聚合物刚性骨架的分隔作用，克服了均相催化剂易生成二聚物而失效的弊病。除了铑和钯络合物之外，钛和铂的高分子络合物也是常用的加氢催化剂。

(2) 氧化反应

与相应的低分子金属络合物比较，用高分子金属络合物作有机氧化反应的催化剂，具有反应平稳、安全、提供了特殊的反应环境、提高了催化反应的活性和选择性好等优点。例如，重铬酸本身是一个很好的氧化反应催化剂，如将 $Na_2Cr_2O_7$ 制成高分子催化剂，则能催化伯醇氧化成醛、仲醇氧化为酮，且氧化产物产率很高，这说明该催化剂具有很高的催化活性，也不会把醛继续氧化成酸，具有较高的选择性。

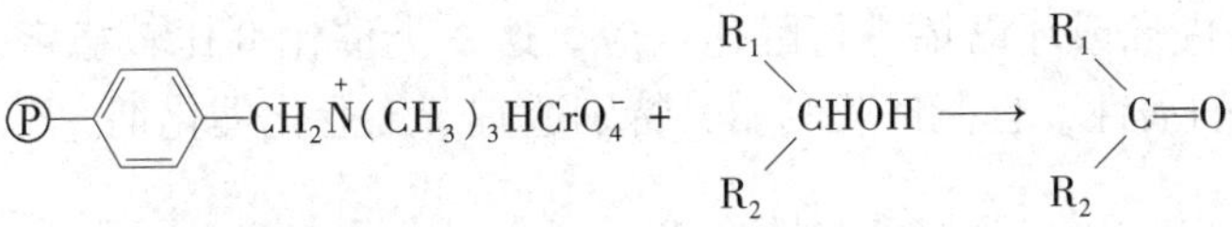

由乙苯氧化制取苯乙酮可以使用多种高分子金属络合物。如将聚丙烯腈包覆在二氧化硅的表面，然后经热处理得到如下式所示的结构。

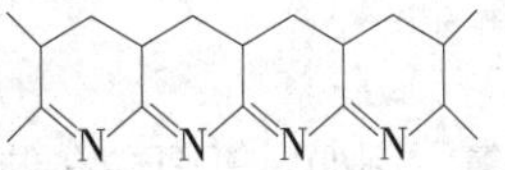

它能与 Cu^+、Cu^{2+}、Co^{2+} 和 Mn^{2+} 等金属离子络合形成高分子络合物。

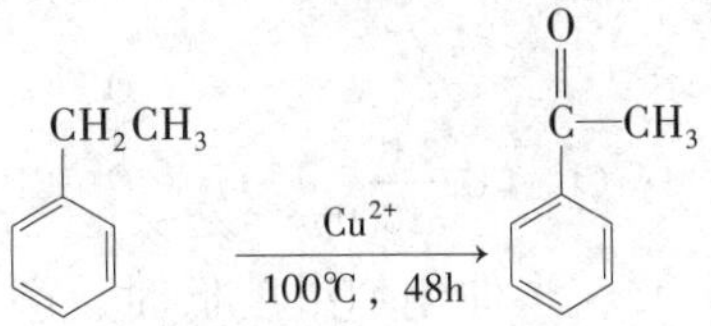

87%

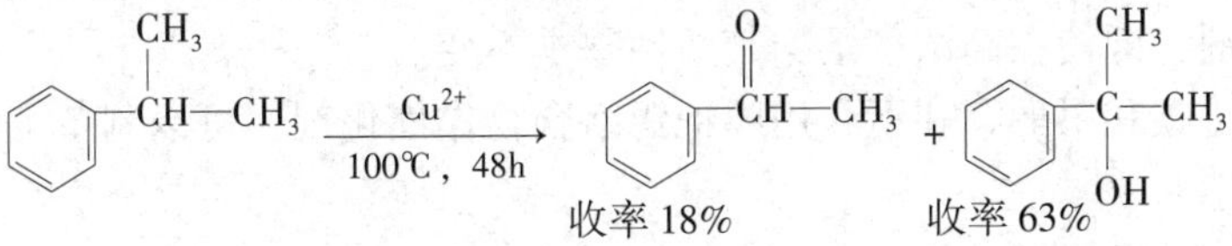

（3）烯烃的羰基化反应

烯烃是石油化工的重要工业产品，通过羰基化反应可以合成脂肪醛、脂肪酸、脂肪酯及许多化工原料。

膦铑络合物是最常用的醛化反应催化剂，可以将其接到高分子上制成高分子催化剂。

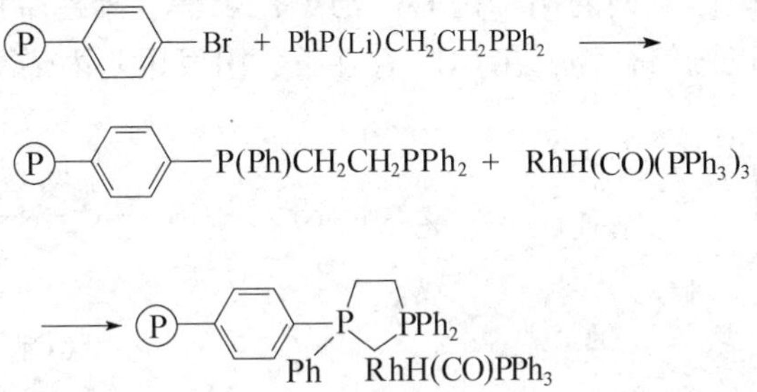

在 CO_2、H_2 存在下，该络合物可以催化烯烃进行醛化反应。如 1-戊二烯的醛化反应，得到正构(n)和异构(i)两种醛。

$$C_3H_7CH{=}CH_2 \xrightarrow{CO/H_2} C_3H_7\underset{}{\overset{CHO}{\overset{|}{C}}}HCH_3 + C_5H_{11}CHO$$

用 $Rh(CO)(PPh_3)_3$ 作催化剂时，当 P/Rh = 19 时，$n/i\approx 3.3$。研究发现，在均相溶液中，存在平衡反应。双膦配位的铑络合物催化烯烃进行醛化反应时，主要生成物为正构醛。单膦配位的铑络合物，催化烯烃进行醛化反应时，主要生成异构醛。可见，在体系中加入 PPh_3 配体有利于正构醛生成。

$$RhH(CO)(PPh_3)_3 \underset{+PPh_3}{\overset{-PPh_3}{\rightleftharpoons}} RhH(CO)(PPh_3)_2 \underset{+PPh_3}{\overset{-PPh_3}{\rightleftharpoons}} RhH(CO)(PPh_3)$$

除了高分子膦、铑络合物外，高分子钴络合物，也是烯烃醛化反应的催化剂，能在温和的条件下，催化1-戊烯或环己烯进行醛化反应。这一类催化剂比较稳定，即使暴露在空气中，仍能保持一定的活性，且能回收利用，特别适宜于工业化催化剂。

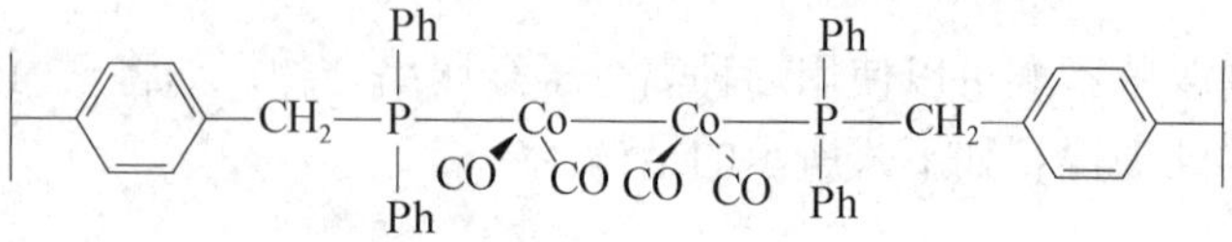

卤代烃经羰基化反应可以合成酰氯，例如，氯丙烯在催化剂 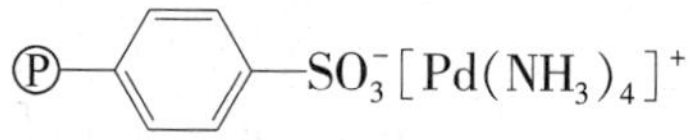 作用下，与一氧化碳反应，生成丁烯酰氯。

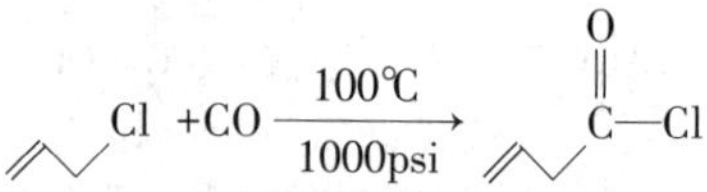

若用均相催化剂$[Pd(NH_3)_4]^+$，当催化剂浓度低时，产率和反应的选择性较好；在催化浓度较高时，由于金属靶聚集，就会生成活性低且结构未知的复合物，催化活性亦较低。若用高分子催化剂，即使在高浓度下，其活性基本不变。

丙烯在一氧化碳和甲醇存在下，用膦钯锡络合物作催化剂，可以制备丁酸甲酯。生成正构酯的选择性可达85%。

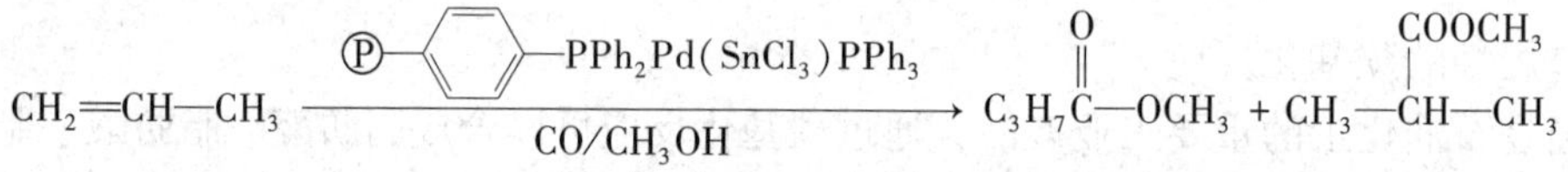

（4）自由基聚合反应

有些高分子金属络合物能引发烯类单体进行自由基聚合反应。通常情况下，其活性比相应的低分子金属络合物高。典型的例子是Cu^{2+}与聚乙烯醇、聚乙烯胺、纤维素和淀粉等的络合物。如尼龙6与Cu^{2+}的络合物，在CCl_4存在下，引发甲基丙烯酸甲酯发生聚合反应。

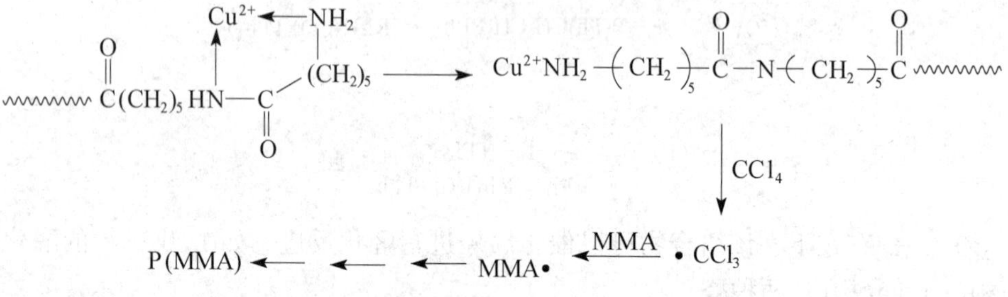

三、不对称合成

举例来说，氢氰酸与苯甲醛的加成反应，可以得到两种旋光性异构体。如果反应过程中不存在一种特殊的力场，氢氰酸从两个方向进攻概率是相等的，得到外消旋化合物。通过不对称外消旋合成试剂与反应物作用，增加氢氰酸从一个方向进攻醛的概率，得到光学活性的产物，这就是不对称合成。

1. 旋光性高分子作催化剂

有些光活性高分子可作催化剂，例如，聚S-异丁基乙烯亚胺能催化α，β-不饱和羰基化合物与硫醇的加成反应，生成具有光活性的加成产物。其中α，β-不饱和羰基化合物可为甲基丙烯酸甲酯、丙烯酸甲酯、甲基乙烯酮、苯基乙烯酮、反式-丁二烯二酸甲酯和顺式-

丁二烯二酸甲酯等。

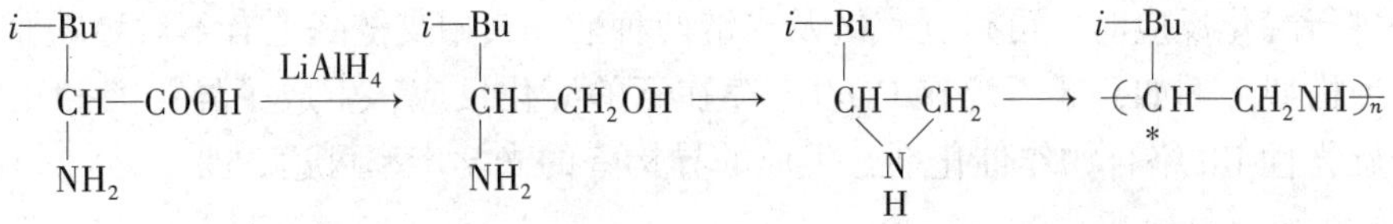

当顺式-丁烯二酸二甲酯与十二烷基硫醇进行加成反应，得到的加成产物具有旋光性。

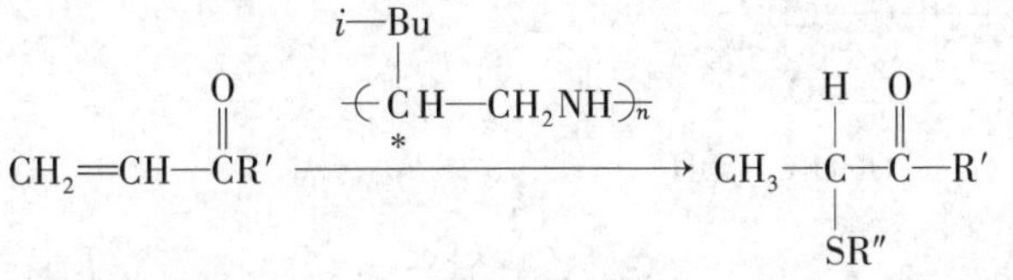

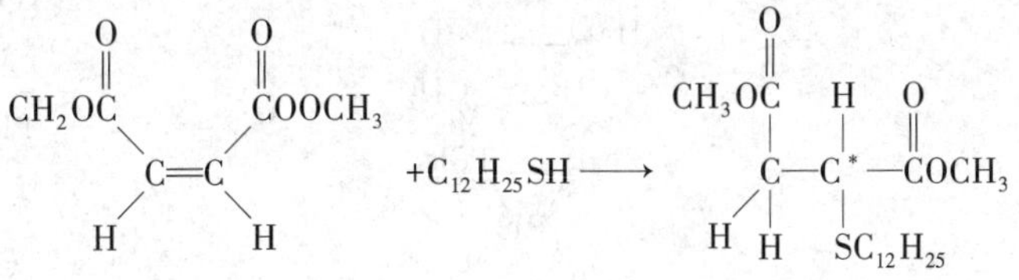

当 α，β-不饱和羰基化合物与二元硫醇反应时，可得到具有光学活性的聚合物。

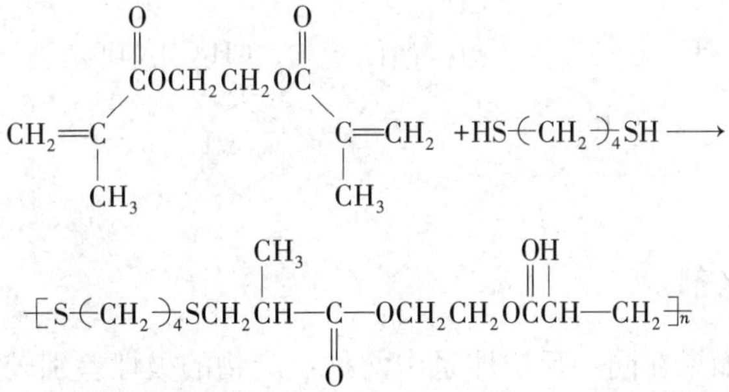

2. 旋光性高分子金属络合物作催化剂

用高分子金属络合物进行不对称反应的类型有加氢、醛化、硅氢加成和重排反应等。

(1) 加氢反应

与通常的烯烃加成加氢反应一样，常用的不对称加氢催化剂为铑的络合物，但要用旋光性高分子作配体。例如，用聚-L-2-甲基乙基亚胺与铑的络合物来催化加氢反应，得到 D-构型的产物，该化合物之所以具有立体选择性，是因为配位体的立体构型控制了反应的进程。

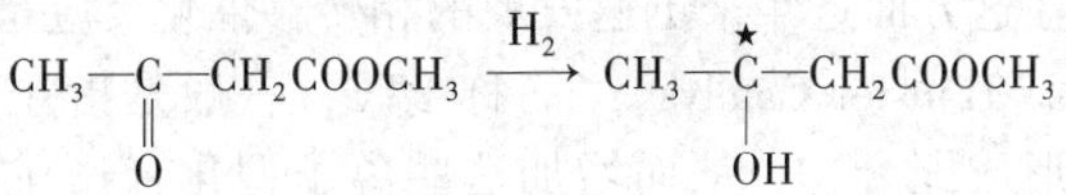

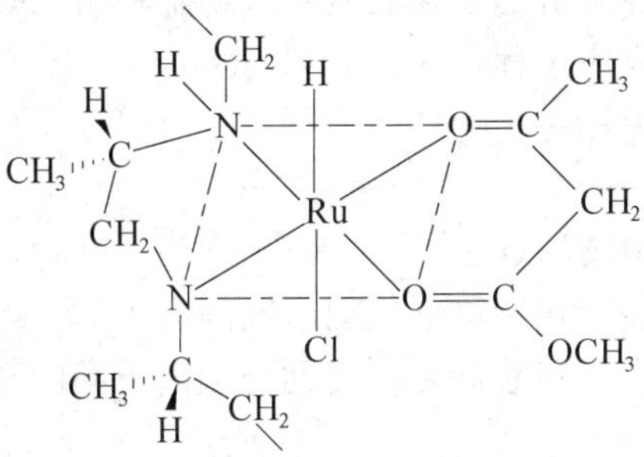

(2) 醛化反应

烯烃进行醛化反应时，可得到直链及支链两种醛，其中支链醛上有不对称碳原子，存在 R 和 S 两种构型。例如，苯乙烯在 CO/H_2 存在下的醛化反应，生成了异构醛和正构醛。若用高分子旋光性 Rh 络合物作催化剂，生成的异构醛的光学产率可达 35%。

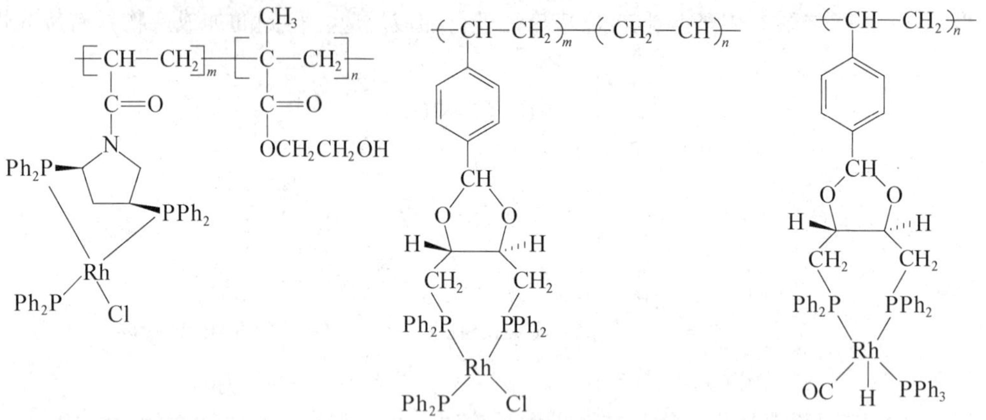

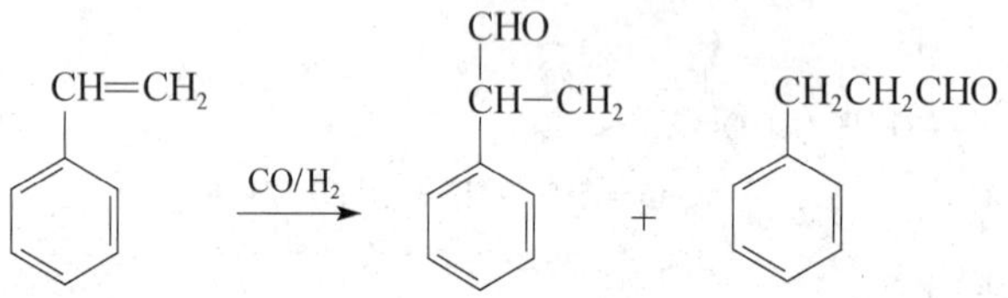

四、相转移催化剂

在化学反应中，如果在同一反应体系中两种反应物的极性差别较大，必须分别溶解在两种溶液中，而这两种液体又互不相溶，那么发生在两液相之间的反应，其反应速率一般很小，因为在每一相中总有一种反应物的浓度是相当低的。在这种情况下，反应主要发生在两相的界面上。要增加反应速度，虽然可以采用增加搅拌速度以增大两相的接触面积，提高界面反应比例，然而这种方法的作用是相当有限的。当然，也可以使用非质子极性溶剂增加对离子型化合物的溶解度，如二甲基亚砜(DMSO)、二甲基甲酰胺(DMF)、乙腈和六甲基磷酰胺(HMPA)等。除了上述溶剂比较昂贵之外，它们的高沸点造成的难以蒸除、溶剂污染也是应用方面的一大障碍。在这方面近年来迅速发展的相转移催化反应是比较理想的解决办法。

相转移催化剂(Phase Transfer Catalys)，简称 PTC，一般是指在反应中能与阴离子形成离子对，或者与阳离子形成配合物，从而增加这些离子型化合物在有机相中的溶解度的物质。这类物质主要包括亲脂性有机离子化合物(季铵盐和磷鎓盐)和非离子型的冠醚类化合物。一般认为相转移有如下反应过程：

有机相　$Q^+Y^- + R—X \longrightarrow R—Y + Q^+X^-$

水相　$Q^+Y^- + M^+X^- \longrightarrow M^+Y^- + Q^+X^-$

图中 Q^+Y^- 和 Q^+X^- 分别表示相转移催化剂形成的离子对，承担反应中离子在两相之间的传递和离子交换作用。冠醚类相转移催化剂借助与阳离子间的整合作用完成上述过程。

1. 高分子相转移催化剂

低分子相转移催化剂在反应结束后，要把催化剂从反应混合物中分离出来，以制得纯产品。对于制备困难、价格昂贵的相转移催化剂还要回收利用，而催化剂的分离回收是一个困难而复杂的过程。若把相转移催化剂接到高分子上，分离就相当方便，只需过滤就行。溴戊烷与异硫氰化钠反应时，有试验采用了高分子相转移催化剂，反应效率达 94%，这是三相催化反应，其中 SCN^-在水相、有机相和固相之间转移，见图 10-4。

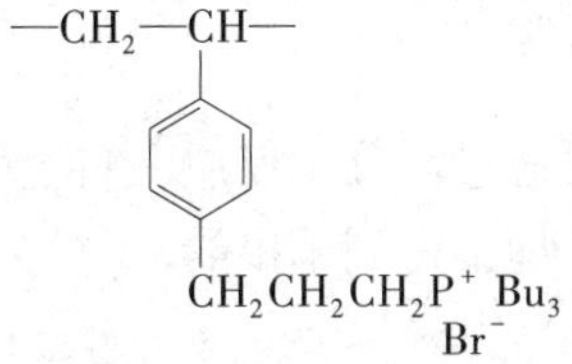

$$CH_3\text{-}(CH_2)_4\text{-}Br+KSCN \longrightarrow CH_3\text{-}(CH_2)_4\text{-}SCN+KBr$$

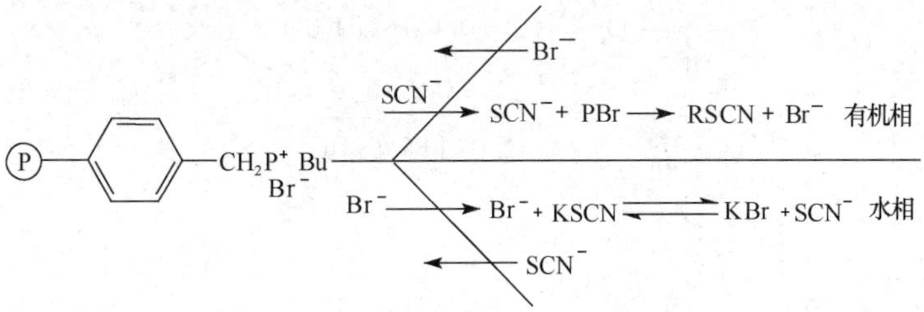

图 10-4 三相催化机理示意图

溶解在水中的阴离子 SCN^-与树脂上的 Br^-交换后进入树脂相，Br^-进入水相。树脂相的 SCN^-与有机相的 Br^-交换进入有机相，并与溴代烷反应生成异硫氰酸酯。可见在树脂上的侧基 $CH_2P^+Bu_3$ 的帮助下，阴离子 SCN^-和 Br^-在水相-固相-有机相界面进行输送，促进反应顺利进行。

2. 高分子相转移催化剂的制备

最常用、活性较高的是季铵盐，季鏻盐次之，季钟盐则很少用。季铵盐类高分子相转移催化剂可以用高分子反应的方法制备。例如，伯胺与带有季铵基团的酰氯反应，制备季铵类相转移催化剂。

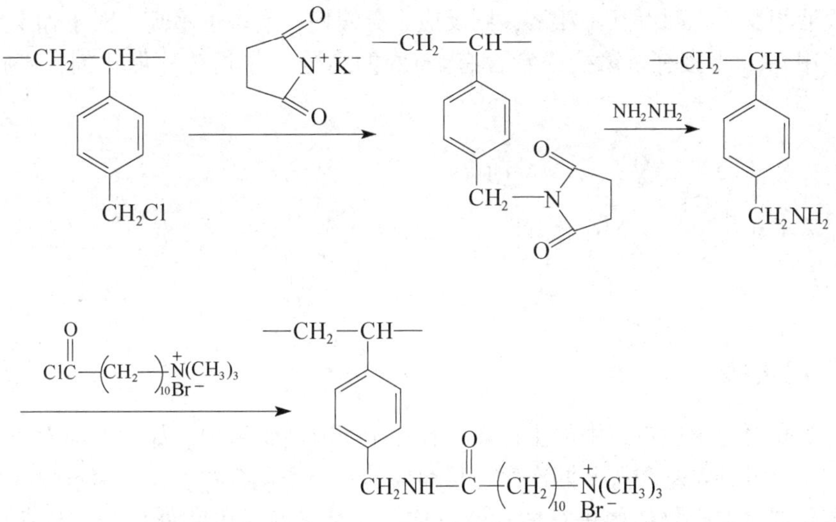

将官能团 $P(n\text{-}Bu)_3$ 与交联的氯甲基化聚苯乙烯反应，就可以得到季鏻盐型相转移催

化剂。

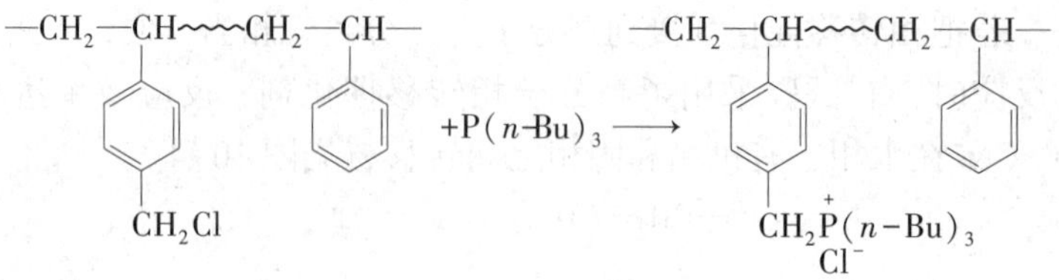

通常，先合成反应性冠醚，再通过高分子反应，将冠醚接到交联的聚苯乙烯树脂上。对于未反应的氯苄，可以用甲醇钠处理，得到苯甲醚。

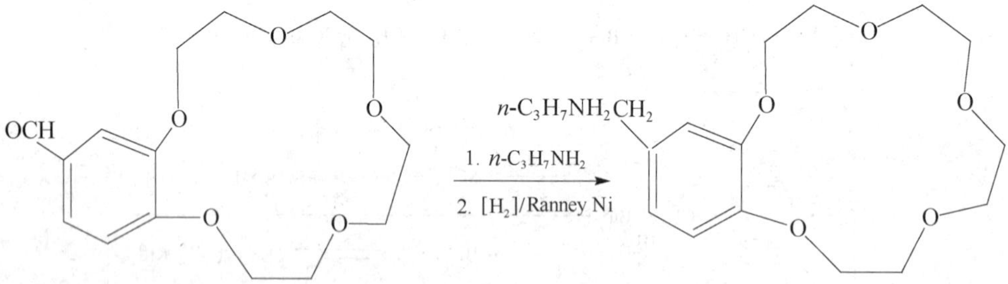

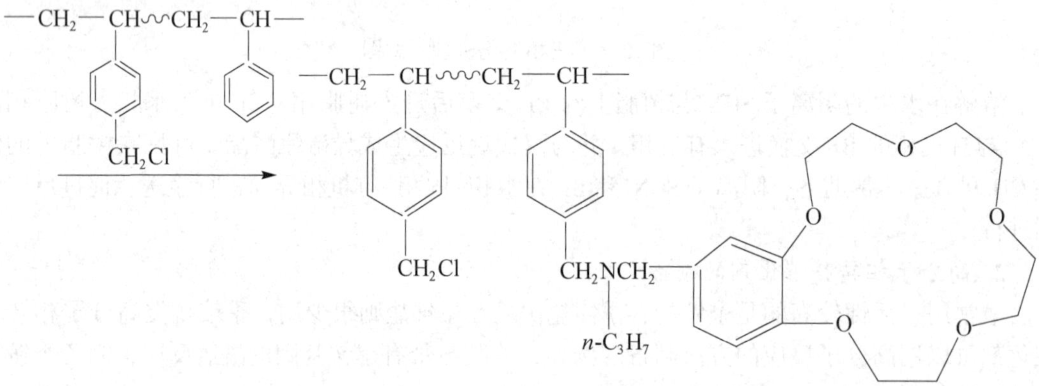

3. 固液相转移催化剂

对于固液相反应，两者互不相溶，则反应十分缓慢，产率也不高。对于如下反应式所示的反应，使用 SiO_2 上接有季鏻盐或者含有 18C6 的高分子作相转移催化剂，产物收率可达到 95%。

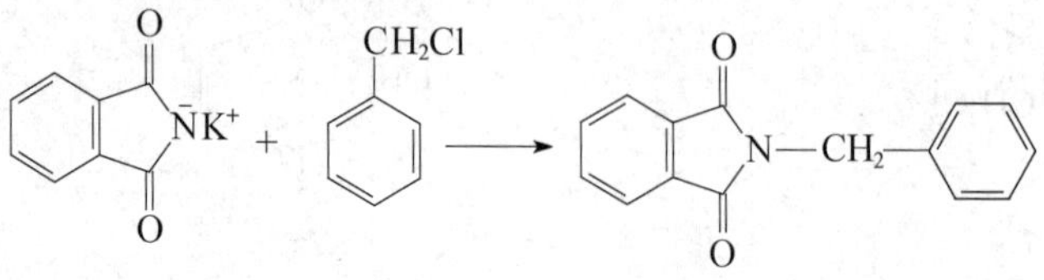

五、固定化酶

酶是一类相对分子质量适中的蛋白质，存在于所有活细胞中。如同在前面固相肽合成中介绍的，它是由各种氨基酸按不同次序连接而成的高分子化合物。在生命过程的化学反应中作为天然催化剂。在生物体内进行的化学反应，几乎全部是由酶催化的。与常规催化剂相比，酶作为催化剂最大的特点是催化效率高，选择性极好，大多数情况下是专一性催化。许多在工业上需要高温高压才能进行的反应，在生物体内由酶催化只需常温常压条件即可进行。酶催化剂的缺点在于酶的稳定性不好，很容易变性失活。此外大多数酶是水溶性的，在水性介质中为均相催化剂，反应后的分离、纯化和回收有一定困难。酶的这一性质大大限制了它在工业上的直接应用，因为在酶促反应之后要在不使酶变性的条件下回收酶是相当困难和复杂的。

酶的这种不易分离性质在应用时不仅浪费了贵重的酶，而且还增加了污染产品的机会。从20世纪50年代起，人们开始研究用各种方法在不减少或少减少酶的活性的前提下使酶成为不溶于水的所谓“固化酶”，并且已经取得了很大成功，开拓了酶在有机合成等各个领域里的应用范围。这一技术首先解决了反应后酶的回收和防止酶污染产品的问题。其次，酶的固化在一定程度上提高了酶的稳定性，适应反应条件的能力提高。酶的固化还使均相反应转变成多相反应，简化了反应步骤，使酶促反应可以实现连续化、自动化，为制造所谓“生物反应器”打下基础。酶的固化也采用了一些功能化和高分子化方法。

酶的固定方法有物理法和化学键合法两种。化学键合法是将酶通过化学键连接到合成的或是天然的高分子载体上，或连接到无机载体上。物理法是通过物理吸附、包埋和微胶囊法将酶固定在载体上。靠物理吸附法制成的固定化酶，在使用过程中，酶会逐渐流失。化学法在固定酶时，要控制一定的反应条件，尽量减少酶活性的降低。在进行酶固定化时，应考虑反应介质不应对酶或载体有溶解性，应避免高温、高压、强酸和强碱，以尽量减少固化反应对酶活性的影响。固化反应应选择酶结构中非催化活性官能团，载体应有一定的机械强度和化学稳定性。

1. 化学键合酶固化方法

用化学法制备固定化酶时，酶上可被利用的基团有—NH_2、—OH、—SH、咪唑基和苯基等。作为载体的高分子必须含有能与上述基团反应的功能基，如—$N_2^+X^-$、—F、—COCl、—SO_2Cl、—NCO、—NCS、—CHO等。

(1) 以合成高分子为载体

以合成高分子为载体，如聚丙烯酸、聚顺丁烯二酐和它的共聚物、聚丙烯酰胺及其共聚物、聚苯乙烯及其共聚物等，选择合适的反应条件，可得到稳定性较好的固定化酶。

① 聚丙烯酸。将聚丙烯酸制成酰氯再与酶反应。

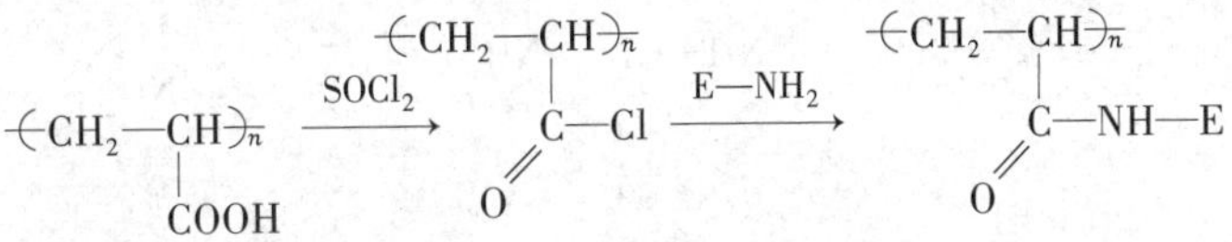

使用Woodward试剂(伍德华内盐试剂)活化载体上的羧基，再与酶反应得到固定化酶。

② 聚顺丁烯二酸酐及其共聚物。聚顺丁烯二酸酐与胰蛋白酶反应，固定化后，再将未

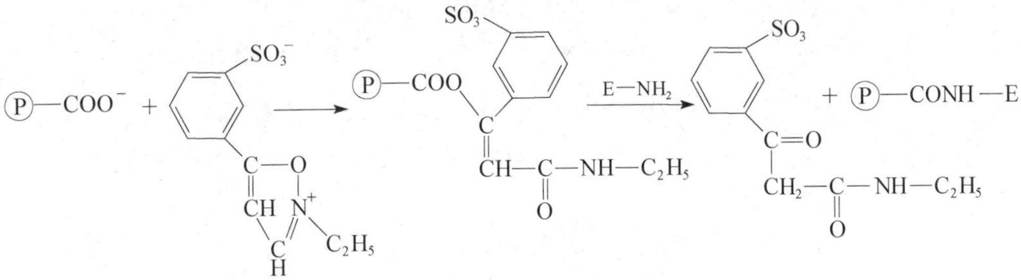

反应的顺丁烯二酸酐水解，载体变成水溶性高分子。

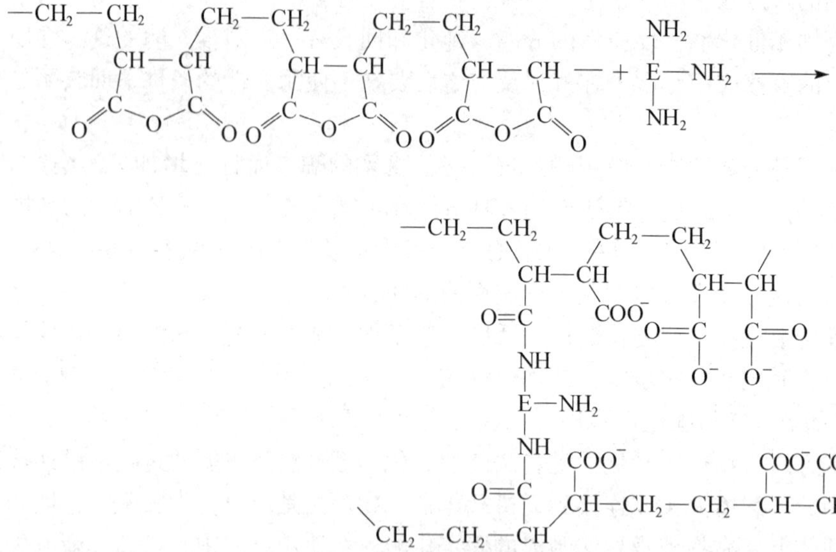

③ 聚丙烯酰胺及其共聚物。丙烯酰胺和 *N*，*N*′-亚甲基双丙烯酰胺共聚制得交联共聚物。高分子上的氨基进一步反应，生成较活泼的—N_3 基，能在温和条件下与酶反应。

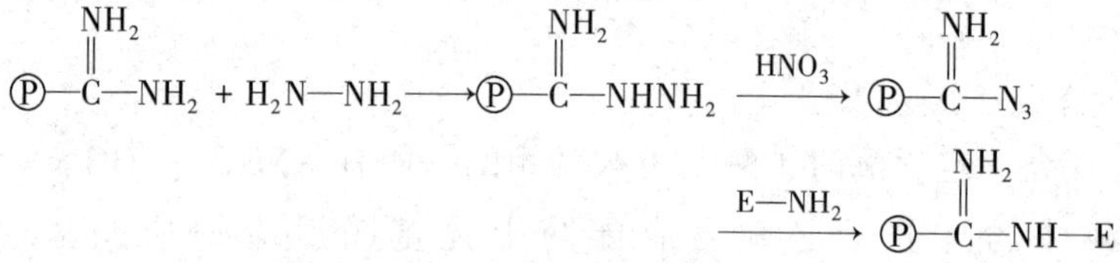

丙烯酰胺、*N*，*N*′-亚甲基双丙烯酰胺和苯乙烯胺进行共聚合反应，制得交联共聚物，经与硫代光气反应后，制得活泼的异硫氰酸酯，与淀粉酶等反应，得到固定化酶。

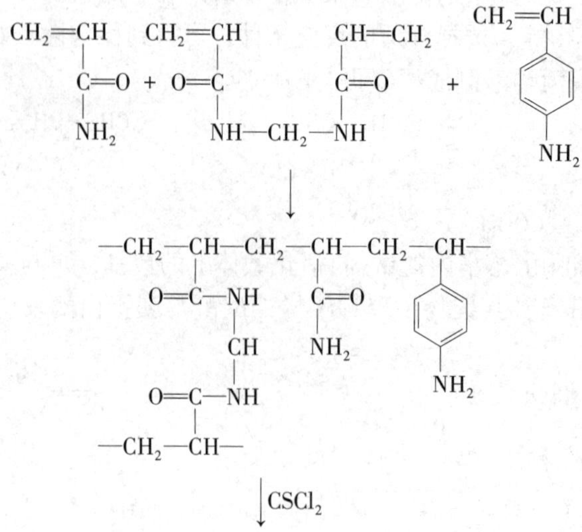

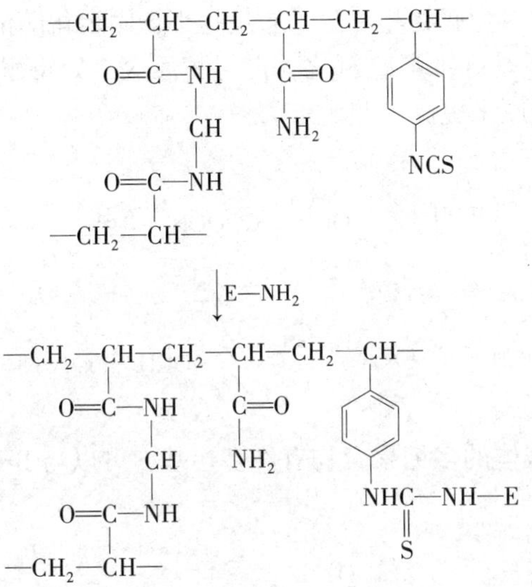

④ 聚苯乙烯及其共聚物。含重氮基的聚苯乙烯可以与淀粉糖化酶、胃蛋白酶、核糖核酸酶等反应，未反应的重氮基可以用α-萘酚处理。

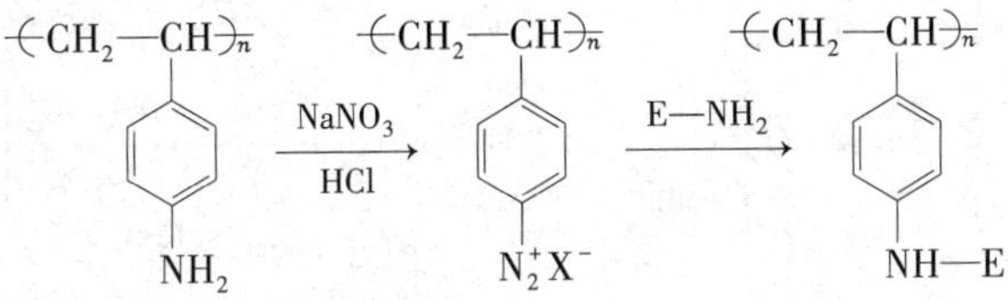

在4-氟代苯乙烯、甲基丙烯酸和二乙烯苯共聚物上，硝基可使氟原子活化，易与木瓜酶、淀粉糖酶等发生脱氟化氢反应。

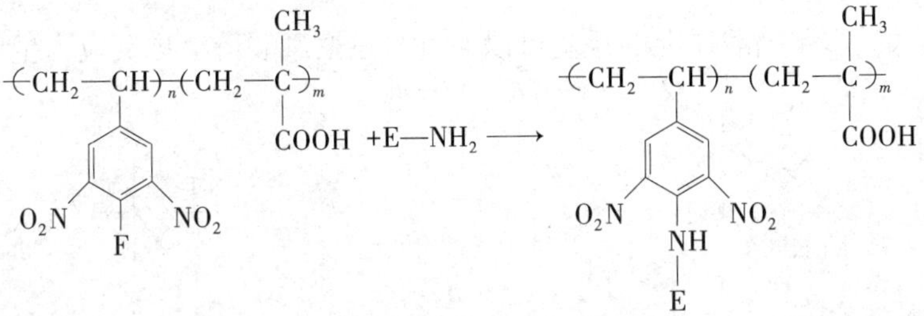

(2) 以天然高分子作载体

许多天然高分子是固定化酶的良好载体，如纤维素、琼脂糖等有疏水的骨架和亲水的羟基。原料便宜、易得，亲水性好，易加工，可采用多种化学反应把酶接到高分子上。

① 重氮化法。可将核糖核酸酶、胰凝乳蛋白酶固定在纤维素上，但活性小，可能是交

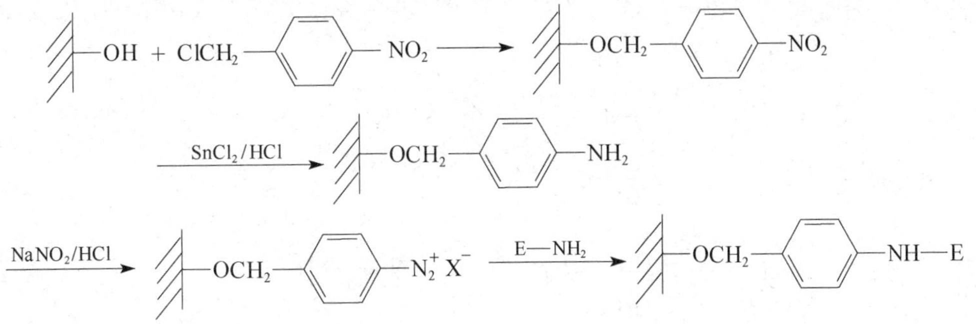

联、溶胀性较差造成的。因为底物相对分子质量越小，固定化酶溶胀性越高，活性也越高。

② 叠氮化法。将羧甲基纤维素叠氮化，再与酶反应，如将水溶性胰凝乳蛋白酶固定在纤维素上，其活性甚至比原来更高一些。

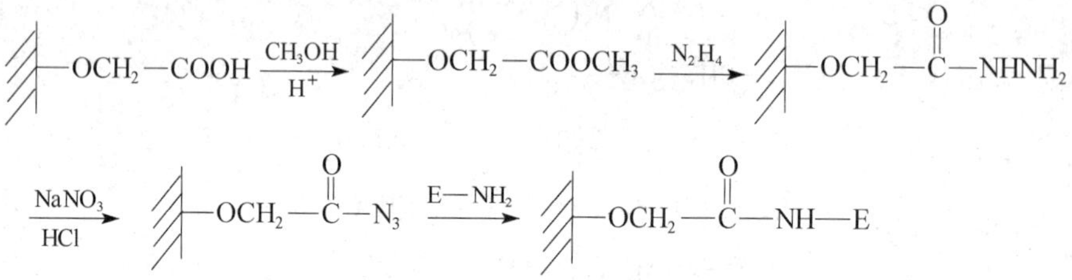

③ 溴化氰法。作为载体的多糖聚合物有许多羟基，可以与 BrCN 反应，生成活性较高的基团，再与酶反应。

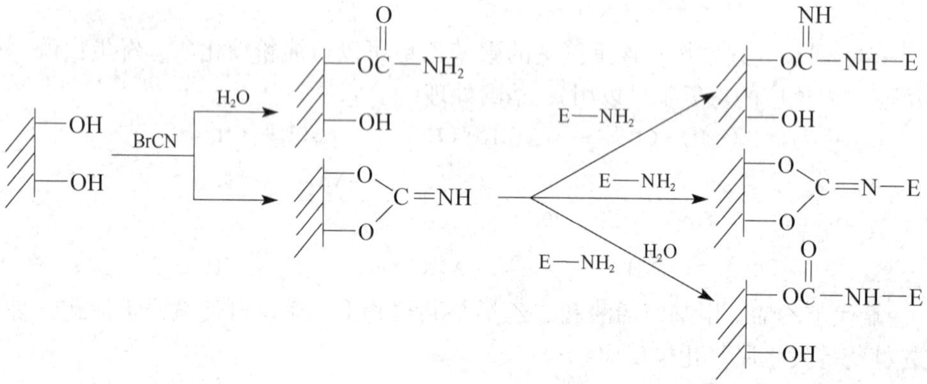

④ 均三嗪法。多聚糖载体上的羟基可以通过与三聚氰酸衍生物反应，生成活泼的基团。

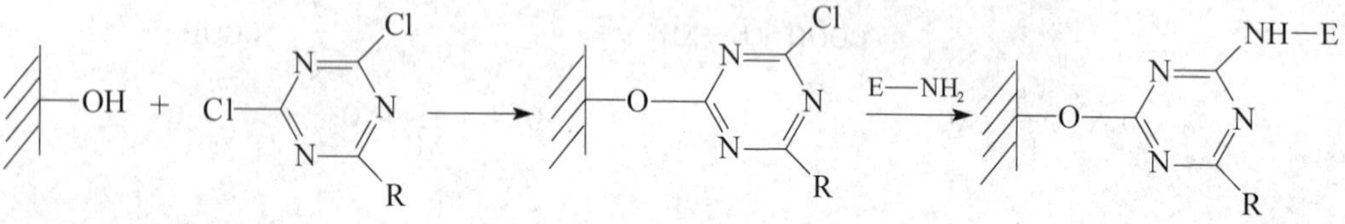

⑤ 异硫氰酸酯法。利用天然高分子上的羟基与环氧基等活泼基团反应生成能与酶反应的基团。

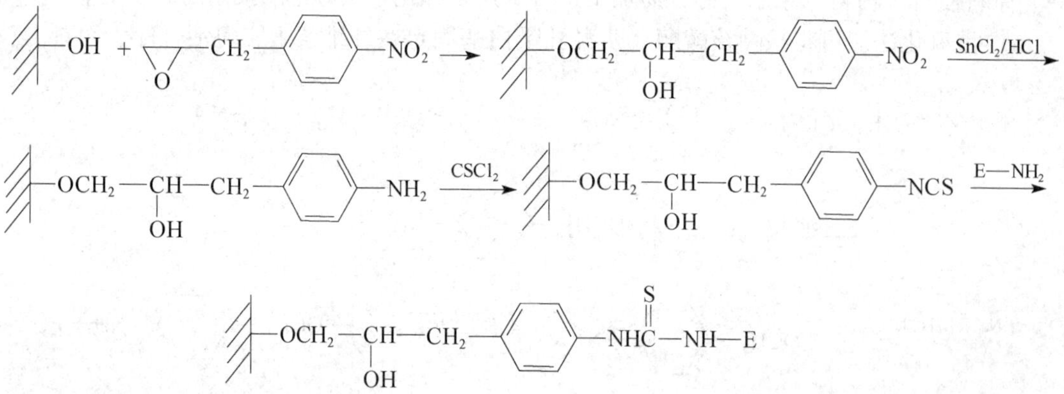

(3) 以无机物作载体

无机高分子载体通常采用多孔玻璃和硅胶。多孔玻璃与酶的结合量低，但强度高，对酶和微生物是惰性的，化学稳定性好。例如，用γ-氨丙基三乙氧基硅烷与多孔硅胶反应，引入氨基。氨基与羧基在缩合剂双环己基碳化双亚胺(DCC)存在下形成酰胺，把酶固定在无机载体上。也可以引入芳香胺基，再重氮化，进一步与酶偶联反应生成固定化酶。

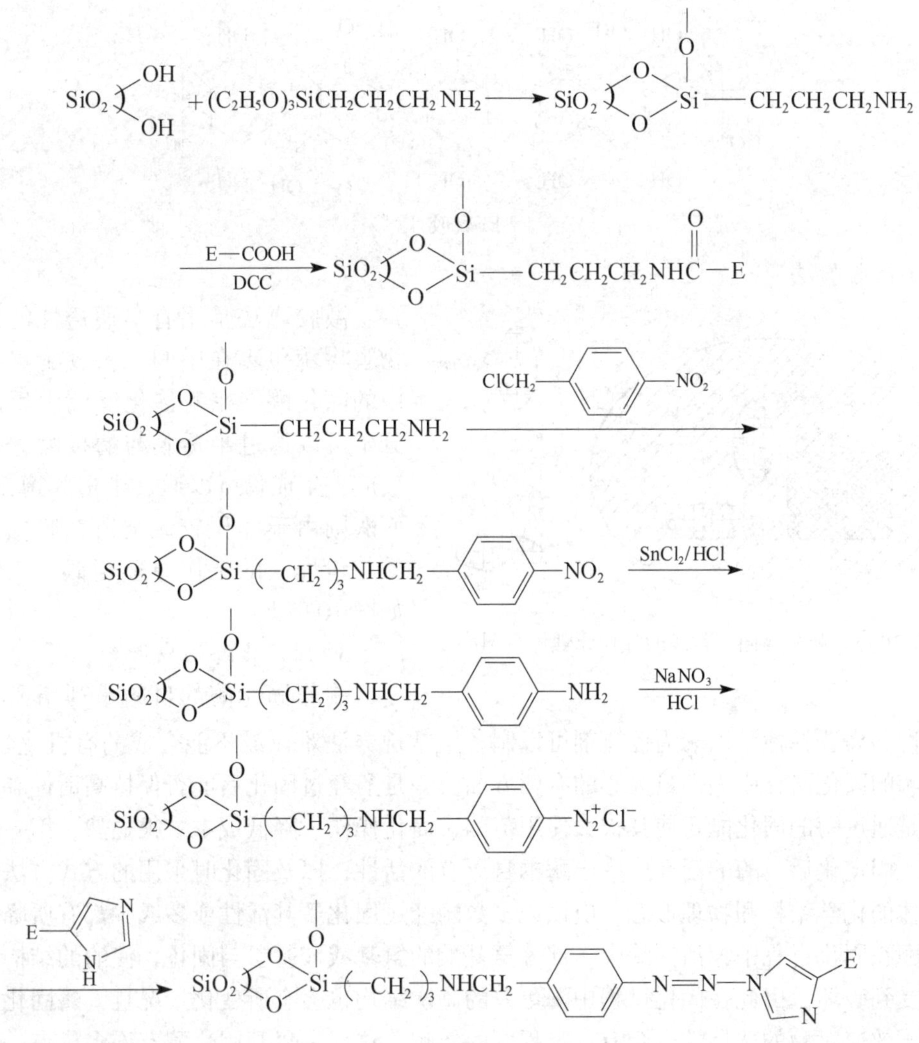

2. 物理法制备固定化酶

(1) 物理吸附法

利用载体的毛细孔吸附酶制备固定化酶。

(2) 包埋法

包埋法的制备过程是将酶溶解在含有合成载体的单体溶液中。在此均相体系中进行合成载体的聚合反应，聚合反应进行过程中使溶液中的酶被包埋在反应形成的聚合物网络之中，不能自由扩散，从而达到酶固化的目的。此法要求形成的聚合物网络在溶胀条件下要允许反应物和生成物小分子通过。例如，以苯酚类(如对苯二酚)和甲醛经缩聚而成的新一类凝胶状树脂(PF凝胶)即属于此类高分子材料。此类凝胶价廉并易于制备，疏松多孔、无毒、不溶于水，而且具有极强的亲水性，不溶于有机溶剂，有较好的机械强度。作为载体它能简单、快速、有效地对多种酶和蛋白质加以固定，对蛋白质有很高的结合量。当与淀粉酶等结合时，可用于淀粉等多糖的酶解反应。这类固定化酶应用于酶解淀粉时，具有高的转化率和高的稳定性。当加入一定量的间苯二酚参加缩聚反应后，还可以得到改性的PF凝胶，当作为酶的固定化载体时其性能又有所提高。

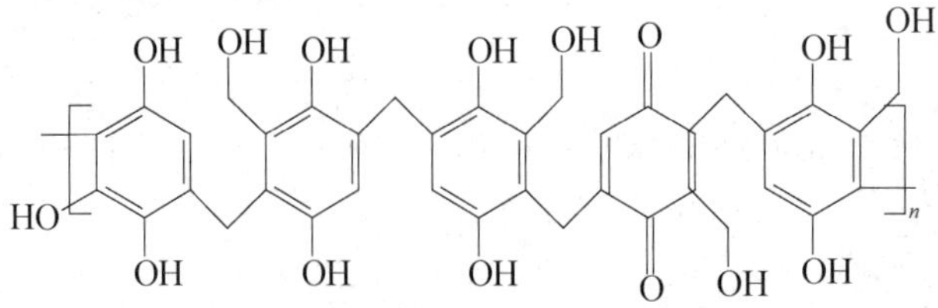

PF凝胶

（3）微胶囊法

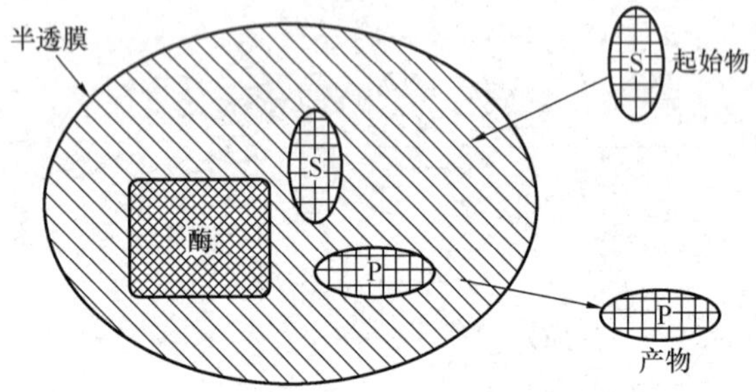

图 10-5　微胶囊固定化酶的工作原理示意图

微胶囊法是用有半通透性能的聚合物膜将酶包裹在中间，构成酶藏在微囊中的固化酶。在酶催化反应中反应物小分子可以通过半透膜与酶接触进行酶促反应，生成物可以通过半透膜逸出囊外，而酶则由于体积较大被留在膜内。其性质与包埋法的工作原理相似，工作原理如图10-5所示。

3. 固定化酶的应用

制作固化酶的目的是利用酶催化剂的高活性和高选择性。以酶为催化剂可以制备用常规方法难以或不能合成的有机化学产品。因此在酶的固化研究中人们最关心的有两方面：一是酶经过固化后能否保持高活性和高选择性，二是通过酶的固化能否使其扩大使用范围、简化操作、降低成本。很显然，第一条是最重要的。固定化后，酶的活性取决于酶本身原有的活性，以及固化时采用的方式方法，还有所用载体的化学结构和物理形态。应该说多数酶经过固化后其活性或多或少都有所降低，这是由于酶在固化过程中，活性酶中一部分氨基酸的氨基或羧基参与固化，使酶的结构在一定程度上受到破坏。因此在固化过程中酶蛋白的高次结构也会有所变化。况且，酶固化后形成的高分子效应对酶的选择性也会有一定程度的影响。这就是尽管固化酶有许多优点，但是在工业上的广泛应用仍受到许多限制的原因之一。但随着固化方法的不断改进，固化酶将会受到越来越广泛的重视和应用。

（1）光学纯氨基酸的合成

光学异构体的合成是有机合成，主要难点在于缺少专一性催化剂。而利用酶催化的专一性，用于光学异构体的合成是一条有效解决途径。例如，合成L-蛋氨酸，采用常规方法合成仅能获得外消旋体产物，而采用从Aspergillus aryzae菌中提取的酰化氨基酸水解酶作为催化剂，将此酶用物理吸附的方法固化在*N*，*N*-二乙基胺乙基葡聚糖树脂上，再将这种固化有酶催化剂的树脂装入反应柱中，使*N*-乙酰基-D，L-蛋氨酸外消旋体通过反应柱进行脱乙酰基反应，在柱的出口处将得到光学纯的L蛋氨酸，而且该反应柱可以连续反复使用。

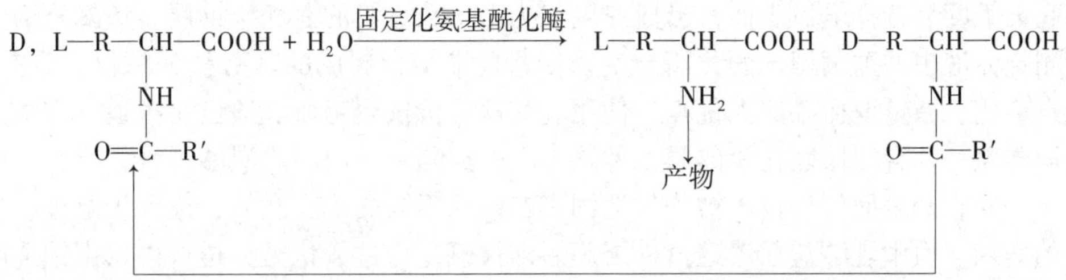

（2）6-氨基青霉素酸的合成

6-氨基青霉素酸是生产许多种青霉素产品的主要原料，有多种制备方法。其中固化酶法是将青霉素酰胺酶，接枝到经过活化处理的 *N*，*N*-二乙基胺乙基纤维素上，以此为固相催化剂，分解原料苄基青霉素，产物即为 6-氨基青霉素酸。在反应条件下分子结构中张力很大的四元和五元环未受影响。经固化后酶的稳定性增加。由这种固化酶装填的反应柱连续使用 11 周而未见活性降低。这是用常规方法所不能比拟的，而且比传统的微生物法生产的产品纯度更高、质量更好。

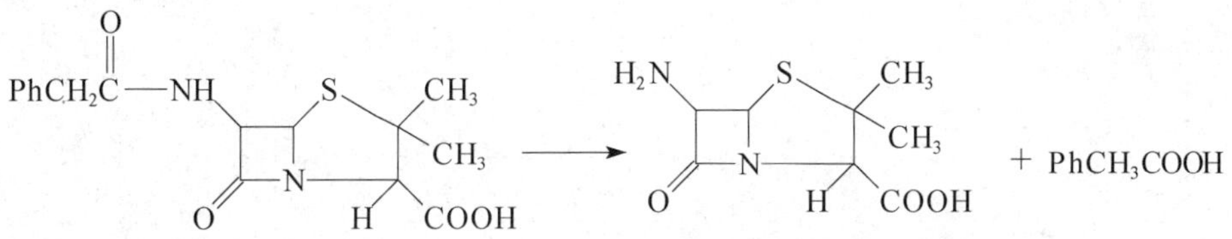

青霉素G　　　　6-氨基青霉素

目前工业上用化学法从青霉素 G 经化学扩环，再经水解反应，在酶作用下酰胺化等步骤制备头孢霉素。

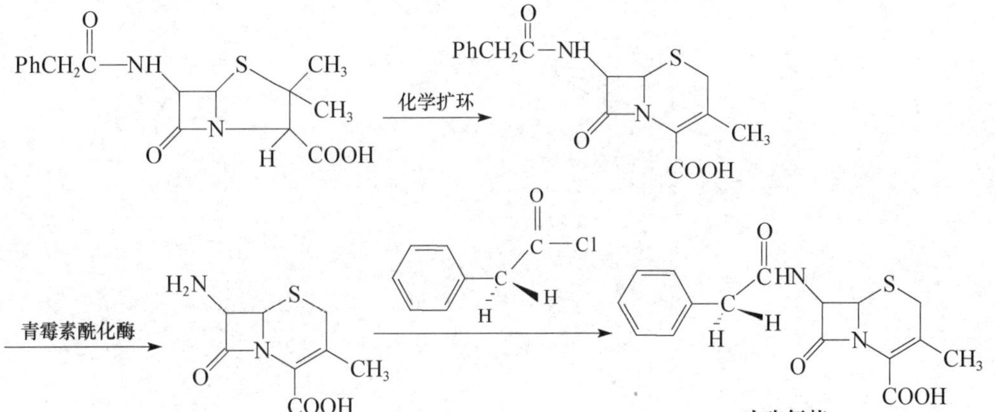

头孢氨苄

（3）固化酶在分析化学和化学传感器制作方面的应用

固化酶在临床医学和化学分析方面也有广泛应用，酶电极就是其中一种。将活性酶用特殊方法固化到电极表面就构成了酶电极，也有人称其为酶修饰电极。固化酶由于其不溶性质，在酶修饰电极制备方面具有优势。用酶电极可以测定极微量的某些特定物质，不仅灵敏度高，而且选择性好。它的最大优势在于酶电极可以做得非常小，甚至小到可以插入某些细胞内测定细胞液的组成，因此在生物学研究和临床医学研究方面意义重大。电极表面的酶修饰方法多种多样，包埋法是其中比较简便的一种。比如，将葡萄糖氧化酶用交联聚丙烯酰胺包埋在高灵敏度氧选择电极表面，形成厚度仅为微米数量级的表面修饰层。该酶修饰电极可以定量测定体液中的葡萄糖。固化酶与生物传感技术结合制成的乳酸盐分析仪，具有快速、准确、自动化、微量取血等四大优点，使用乳酸盐分析仪测定血乳酸已有报道。方法是乳酸电极表面覆盖一片含三层固化酶的膜，外层为聚碳酸酯膜，内层为醋酸纤维素膜，中层为乳酸盐氧化酶，它经表面处理技术被均匀地固定在两片不同的薄膜之间，起保护电极、限制扩散通路的作用。血中乳酸盐在渗透过外层膜后即被氧化为过氧化氢，透过内层由铂金电极检定其含量。讯号经微机处理为乳酸盐浓度，直接出现在荧光屏上或打印在纸上，或输送到电脑中作进一步分析。

此外，固定化酶还可以与安培检流计配合，应用于检测啤酒中亚硫酸盐和磷酸盐。

当然，固化酶法也有其不足之处，除了前面提到的几点之外，制备技术要求高，制备成本昂贵也限制了固化酶法在工业上的大规模应用。寻找廉价的载体，研究更简单的固化方法，将是下一步研究的主要目标。

第十一章 高 分 子 膜

第一节 概 述

一、膜分离技术的发展

膜是一种二维材料，即相对于长和宽，其厚度几乎可以忽略。膜广泛存在于自然界中，它具有分隔、分离和选择性透过的功能。膜分离过程是一种不涉及相变、新型的节能分离方法。其驱动力为压力、电场。为了加速传质过程，有时需要加热，总的来说，能量消耗较低。所以在水资源的再生、纯水的制备、废水废气中有用物质的回收利用等方面有广泛的用途，对环境保护有重要的意义。

高分子膜的分离功能很早就已发现。1748 年，A. Nelkt 发现水能自动地扩散到装有酒精的猪膀胱内，开创了膜渗透的研究。1861 年，A. Schmidt 首先提出了超过滤的概念。他提出，用比滤纸孔径更小的棉胶膜或赛璐酚膜过滤时，若在溶液侧施加压力，使膜的两侧产生压力差，即可分离溶液中的细菌、蛋白质、胶体等微小粒子，其精度比滤纸高得多。这种过滤可称为超过滤，按现代观点看，这种过滤应称为微孔过滤。

然而，真正意义上的分离膜出现在 20 世纪 60 年代。1961 年，A. S. Michealis 等人用各种比例的酸性和碱性的高分子电介质混合物，以水-丙酮-溴化钠为溶剂，制成了可截留不同相对分子质量的膜，这种膜是真正的超过滤膜。美国 Amicon 公司首先将这种膜商品化。50 年代初，为从海水或苦咸水中获取淡水，开始了反渗透膜的研究。1967 年，Du Pont 公司研制成功了以尼龙 66 为主要组分的中空纤维反渗透膜组件。同一时期，丹麦 DDS 公司研制成功平板式反渗透膜组件。反渗透膜开始工业化。

自 20 世纪 60 年代中期以来，膜分离技术真正实现了工业化。首先出现的分离膜是超过滤膜(简称 UF 膜)、微孔过滤膜(简称 MF 膜)和反渗透膜(简称 RO 膜)，以后又开发了许多其他类型的分离膜。在此期间，除上述三大膜外，其他类型的膜也获得很大的发展。80 年代气体分离膜的研制成功，使功能膜的地位又得到了进一步提高。

具有分离选择性的人造液膜是 Martin 在 60 年代初研究反渗透时发现的，这种液膜是覆盖在固体膜之上的，为支撑液膜。60 年代中期，美籍华人黎念之博士发现含有表面活性剂的水和油能形成界面膜，从而发明了不带有固体膜支撑的新型液膜，并于 1968 年获得纯粹液膜的第一项专利。70 年代初，Cussler 又研制成功含流动载体的液膜，使液膜分离技术具有更高的选择性。由于膜分离技术具有高效、节能、高选择、多功能等特点，分离膜已成为 20 世纪以来发展极为迅速的一种功能性高分子。

二、高分子膜的概念与分类

膜是指能以特定形式限制和传递流体物质，而分隔两相或两部分的界面。膜的形式可以是固态的，也可以是液态的。被膜分割的流体物质可以是液态的，也可以是气态的。膜至少具有两个界面，膜通过这两个界面与被分割的两侧流体接触并进行传递。分离膜对流体可以是完全透过性的，也可以是半透过性的，但不能是完全不透过性的。膜在生产和研究中的使用技术被称为膜技术。

高分子功能膜材料有很多种，分类的方法也多种多样。从目前的资料来看，功能膜主要有以下几种分类方式：

（1）根据构成膜的材料种类划分

分为以无机碳材料或陶瓷材料为主的无机膜、以合成高分子材料为主的有机合成膜、天然高分子材料为主的天然有机膜和液体高分子材料在支撑材料上形成的液体膜等。

（2）根据使用功能划分

包括用于混合物分离的分离膜、用于药物定量释放的缓释膜、起分隔作用的保护膜。

（3）根据被分离物质性质不同

有气体分离膜、液体分离膜、固体分离膜、离子分离膜、微生物分离膜等。

（4）根据被分离物质的粒度大小划分

有反渗透膜、纳滤膜、超滤膜、微滤膜。

（5）根据膜的形成过程划分

有沉积膜、相变形成膜、熔融拉伸膜、溶剂注膜、烧结膜、界面膜和动态形成膜。

（6）根据膜结构和形态不同划分

有密度膜、乳化膜和多孔膜。

（7）从膜的宏观外形划分

有管状膜、中空纤维膜和平面膜。

① 管状膜。其特征为膜是管状，管内和管外作为分离膜的给料侧和出料侧。被分离混合物溶液可以从管的内部加入，也可以从管的外部加入，并且在连续流动过程中进行分离。透过膜的物质和未透过物质分别在管内、外收集。在使用中经常将许多这样的管排列在一起组成分离器。管状分离膜最大的特点是容易清洗，适用于分离液浓度很高或者污物较多的场合。同时，管状膜适合连续不间断分离过程。在其他构型中容易造成的膜表面污染、凝结、极化等问题，在管状膜中可以由于溶液在管中的快速流动冲刷而大大减轻，而且使用后管的内外壁都比较容易清洗。由于在圆筒状管道内的流体比较容易控制，有利于动态分析研究，因此多数有关膜的流体力学方面的研究多在管状分离膜中进行。管状分离膜的缺点在于使用密度较小，在一定使用体积下，有效分离面积最小。同时为了维持系统循环，需要较多的能源消耗，因此，在实际大规模应用中只有在其他结构的膜分离材料不适合时才采用管状分离膜。

② 中空纤维膜。由半透性材料通过特殊工艺制成的中空纤维，其外径在 50～300μm 之间，壁厚约 20μm 左右（依据外径不同有所变化）。中空纤维膜也可以说是微型化的管状膜。在分离过程中通过纤维外表面加压进料，内部为收集的分离液。高使用密度是中空纤维过滤装置的主要特征，由于机械强度较高，常在高压力场合下使用。与管状分离膜相反，中空纤维的缺点是容易在使用中受到污染，受到污染后也比较难于清洗。因此在分离前，分离液要经过预处理。中空纤维的重要应用场合在血液透析和高纯水制备（采用大孔径中空纤维），以及人工肾脏（外径 = 250μm，壁厚 = 10～12μm）的制备方面。

③ 平面型分离膜。是分离膜中宏观结构最简单的一种。平面型分离膜还可以进一步分成以下几个类别：无支撑膜（膜中仅包括分离用膜材料本身）；增强型分离膜（膜中还包含用于加强机械强度的纤维性材料）；支撑型分离膜（膜外加有起支撑增强作用的材料）。平面型

分离膜可以制成各种各样的使用形式，如平面型、卷筒型、折叠型和三明治夹心型等，以提高单位体积下的有效膜面积。平面膜适用于反渗透、纳滤、超滤和微滤等各种分离形式。平面型分离膜容易制作，使用方便，成本低廉，因此使用范围较广。

三、膜分离的特点

膜分离过程没有相的变化(渗透蒸发膜分离过程除外)，它不需要使液体沸腾，也不需要使气体液化，分离过程没有相变化，因此分离物质消耗少，是一种低能耗、低成本的分离技术；膜分离过程一般在常温下进行，因而对需避免高温分级、浓缩与富集的物质，如果汁、药品等，显示出其独特的优点。膜分离装置简单、操作容易、制造方便，膜分离技术应用范围广，对无机物、有机物及生物制品均可适用，并且不产生二次污染。但膜过程中容易出现膜污染，降低分离效率，膜的分离选择性较低，同时膜的使用有一定的寿命。

第二节　高分子分离膜的分离机理

分离膜的主要用途是利用膜对不同物质的透过性不同，而对混合物进行分离。在膜科学中称分离膜的这种透过性差异为半透性，这是指分离膜对某些物质可以透过，而对另外一些物质不能透过或透过性较差。因此，膜对被分离物质的透过性和对不同物质的选择性透过，是对分离膜最重要的评价标准。在一定条件下，物质透过单位面积膜的绝对速率，称为膜的透过率，通常用单位时间透过的物质量为单位。两种不同物质(粒度大小或物理化学性质不同)透过同一分离膜的透过率比值称为透过选择性。

由于膜阻力的存在，任何物质透过分离膜都需要一定的驱动力。在膜分离过程中主要有三种驱动力，即浓度梯度驱动力、电场驱动力和压力驱动力。在驱动力作用下，被分离物质趋向于克服膜的阻力，从膜中穿过。膜的存在对被分离物质的透过起阻碍作用，包括机械的和物理化学的阻碍作用。膜对不同物质的阻碍作用是不同的，这种不同的阻碍作用力是膜分离的主要依据。驱动力对物质的推动和膜对物质的阻碍是膜分离过程中可供调节和利用的一对矛盾。膜的结构、性质和孔径决定了膜的阻碍性，而被分离物质的性质、结构和体积大小则决定透过性，不同物质在同一张膜上透过性的差异则决定了选择性。同时，被分离物质的浓度、物理化学性质、荷电情况等也影响到驱动力的产生和大小。

被分离物质透过膜的方式主要有两种，一种是穿过聚合物分子间的空隙，即分离膜的孔洞，其作用类似于机械过筛，是筛分作用，物质的透过能力取决于被分离物质的粒径和膜的孔径，只不过与常规筛网相比其筛孔要小得多；另一种是被分离物质的分子通过在聚合物中的扩散运动穿过分离膜，类似于溶质在溶液中的扩散运动。这时的透过性不仅与被分离物质的粒径等因素有关，而且与被分离物质在聚合物膜中的溶解性质有关，与混合物之间的相互作用有关。

表 11-1　几种主要的分离膜的分离过程和特点

膜过程	驱动力	分离机理	透过物	截留物	膜类型
渗　析	浓度差	溶质的扩散传递	低相对分子质量物、离子	溶　剂	非对称性膜
电渗析	电位差	电解质离子的选择传递	电解质离子	非电解质，大分子物质	离子交换膜

续表

膜过程	驱动力	分离机理	透过物	截留物	膜类型
气体分离	压力差	气体和蒸气的扩散渗透	气体或蒸气	难渗透性气体或蒸汽	均相膜、复合膜，非对称膜
渗透蒸发	压力差	选择传递	易渗溶质或溶剂	难渗透性溶质或溶剂	均相膜、复合膜，非对称膜
液膜分离	浓度差	反应促进和扩散传递	杂质	溶剂	乳状液膜、支撑液膜
微滤	压力差	颗粒大小形状	水、溶剂溶解物	悬浮物颗粒	纤维多孔膜
超滤	压力差	分子特性大小形状	水、溶剂小分子	胶体和超过截留相对分子质量的分子	非对称性膜
纳滤	压力差	离子大小及电荷	水、一价离子、多价离子	有机物	复合膜
反渗透	压力差	溶剂的扩散传递	水、溶剂	溶质、盐	非对称性膜复合膜

一、浓度梯度驱动膜分离过程

无论是溶液还是气体，溶质或气体分子均会从高浓度向低浓度方向扩散，直到两边浓度相等为止。当两种不同浓度的溶液或者气体，被具有一定透过性的膜隔开，溶质或气体分子会受浓度梯度驱动力的驱动，从浓度高的一侧向浓度低的一侧迁移。单位时间、单位面积上溶质或气体分子的扩散速率 R 与浓度梯度 $\mathrm{d}c/\mathrm{d}x$ 成正比。

$$R = -D\mathrm{d}c/\mathrm{d}x$$

式中，D 为扩散系数；$\mathrm{d}c/\mathrm{d}x$ 为浓度梯度；负号表示迁移方向与浓度梯度方向相反。扩散系数与扩散物质的分子性质和扩散介质有直接关系。

1. 气体、液体膜分离过程

在浓度梯度驱动分离过程中，被分离的主要是气态和液态物质，溶液中的固体微粒虽然也能用浓度驱动力进行分离，但是在实践中较少使用。上述被分离物质根据其性质可以分成三种类型，即永久性气体、可液化气体或蒸气、液体。气体透过高分子膜为溶解-扩散机制。气体首先溶解在膜的高压侧表面，然后在膜中扩散，在膜的低压侧溶解。在膜的高压、低压侧面的气体浓度分别为 c_1 和 c_2，膜厚为 l 时，在稳流态下：

$$\mathrm{d}c/\mathrm{d}x = -(c_1 - c_2)/l$$

单位时间内，透过单位膜面积的气体为透过率 R：

$$R = D(c_1 - c_2)/l$$

膜对气体的透过率 Q：

$$Q = DAt(c_1 - c_2)/l$$

式中，A 和 T 分别是膜面积和透过时间。气体溶于膜的浓度 c 和气体压力之间的关系由亨利定律给出，即 $c=Sp$，S 为溶解度系数。这样上式可改写为：

$$Q = DSAt(p_1 - p_2)/l$$

$$Q = PAt(p_1 - p_2)/l$$

式中，p_1 和 p_2 分别为膜高压、低压侧的气体压力；$p=DS$，为膜对某一气体的透过系数。高分子膜的透过系数主要决定于气体的种类和性质，膜材料的组成和结构。当同一气体透过不同的高分子膜时，透过系数主要决定于气体在膜中的扩散系数；而不同气体透过同一种膜时，该值取决于气体在膜中的溶解度系数。

液体透过密度膜时，由于温度和压力的作用，一般为喂入一侧呈液相，收集一侧呈现气相，这一过程有时也称为完全蒸发过程，或膜蒸发。液体通过分离膜的分离过程比气体分离要复杂一些，分离膜的各种性质，如透过性和选择性更多地受到被分离物质的种类、浓度和组成的影响。其中膜分离的选择性主要依靠被分离物质的物理化学性质，而外形尺寸的重要性将下降。如对于甲醇和苯的分离，当采用非极性膜时，苯在产物一侧富集。而采用极性膜时情况正好相反，甲醇在产物一侧富集。与气体分离相类似，分离膜的结晶度和晶体形状、尺寸、增塑剂、操作温度以及材料的玻璃化温度对透过性和透过选择件有类似的影响。但是由于液体的不可压缩性，压力对透过性和选择性几乎没有影响。提高操作温度可以明显提高透过率，而选择性一般只有中等程度的下降。分子大小类似时，烯烃的透过率要大于同碳数的烷烃；无分枝的烃类要大于有分枝的烃类。当膜中存在银粒子时，由于可以形成 π 配合物，溶解度增加，因而可以大大增加烯烃的透过率。

2. 透析过程

透析是一个扩散控制，浓度梯度驱动过程，主要用于溶液中某些溶质的分离。在这一过程中被分离物质从高浓度溶液一侧，穿过分离膜，进入低浓度溶液。其特征为两侧均为同种溶剂组成的溶液。透析在功能上是用于除去大分子溶液中的小分子溶质。溶质从被透析溶液透过透析膜，进入透析液，需要克服膜和溶液造成的阻力。如果不考虑溶液产生的阻力(在有搅拌时其值很小)，溶质通过膜的通量与膜厚度成反比，与膜有效面积和浓度梯度成正比。

$$J_s = -kA\Delta c/l$$

式中，k 为透过系数；A 表示膜的有效面积；Δc 表示膜两侧的浓度差；l 为膜厚度。

血液透析是膜透析的主要应用领域之一，其目的是代替肾脏除掉尿毒症患者血液中有毒的小分子。如脲和肌酸酐等，以及药物中毒患者血液中的小分子有毒物质。除此之外，透析还在制药工业中用于脱盐(注意与反渗透过程的脱盐相区别)、人造丝工业中用于回收浸液中的碱、冶金工业中回收废酸等。

3. 控制释放

在现实生活中我们经常碰到需要将某些有特定效用的物质在一定时期内均衡不断地释放出来，以延长作用时间和作用效果。比如，某些药物、香味剂、杀虫剂、除草剂、化肥等，如果能够将其加工成能缓慢均衡释放的形式，将会大大延长其作用时间，提高有效成分的利用率，并且可以防止使用次数多而造成的劳动力浪费。能够实现上述目标的装置称为控制释放装置。利用分离膜的控制透过作用即可以制成具有缓释功能的控制释放装置。

以缓释药物为例，采用半透膜作为控制释放装置。控制释放原理是将被释放的药物用分离膜封闭，封闭药物的释放必须经过药物分子透过分离膜的过程，利用膜对药物分子迁移的阻碍作用，达到延缓释放，延长药物作用时间的目的。在控制释放装置中，膜的孔径和性质是实现控制释放的主要因素。除了用半透膜作为缓释材料之外，为了简化制备过程，也可以将药物与半透性材料混合浇注成型使用，混在半透性聚合材料中的药物通过材料中的微孔缓慢释放，达到控制释放的目的。

药物释放装置主要应用在激素类药物、计划生育类药物，某些慢性病需要在体内长期保持一定浓度的药物的给药过程。采用控制释放装置的长效杀虫剂、长效除草剂和长效化肥，不仅可以减少施用次数，节约用工，而且可以减轻有效成分浓度变化过大造成的副作用。从环境保护的角度考虑，制成半透性膜的材料可以通过生物降解，减少二次污染，是实现上述应用目的同时必须要考虑的内容。

二、电场力驱动膜分离过程

电解质会在水溶液中解离成正、负离子。在电场中，正、负离子会向符号相反的电极方向移动。移动的速度取决于电场强度、离子的电荷密度以及溶液的阻力。如果在移动过程中遇到高分子膜，移动速度还将受到膜的透过性制约。如阳离子交换膜允许阳离子通过，阴离子膜允许阴离子通过。各种带电、不带电粒子在电场中受到的力是不一样的，所以在电场和膜的双重作用下，混合物中不同组分得到分离，或者液体得到净化。这种在电场作用下完成的膜分离过程成为电场驱动力膜分离，不仅可用于水处理，也可用于物质的提纯。

1. 电透析

电场力驱动膜分离过程中最重要的应用是电透析。电透析被用来稀释或浓缩含有离子型小体积溶质的溶液。电透析最常见的一种形式是离子在电场力作用下通过由阳离子或阴离子交换树脂构成的离子分离膜，从而与其他非离子型物质和反离子物质分离。电透析可以用来将电解质与非电解质分离、大体积电解质与小体积电解质的分离、电解质溶液的稀释和浓缩、离子替换、无机置换反应、电解质分级以及电解产物的分离等方面。

电透析分离的主要依据是在电场力作用下，同离子、反离子和非电解质在电场内的受力大小和方向不同，通过离子交换膜的透过能力也有较大差别。只有那些带电离子才能受到电场力驱动，所带电荷种类不同，受到的驱动力方向相反。非荷电物质电场力对其没有作用。膜两边所加的电压值和膜的透过率是电透析过程中两个主要控制因素。电压值与透过率成正比，但是选择电压值时，应该特别注意电压对被分离物质稳定性的影响。膜对带电被分离物质透过性的影响表现在两个方面：一是膜的结构和孔径对所有物质透过的影响，其次是膜所带离子的性质对带电离子透过性的影响。显然，阳离子交换树脂构成的分离膜一般只允许阳离子透过。反之亦然。

电透析脱矿物质装置如图 11-1 所示。阳离子和阴离子交换膜交替放置在电解质溶液中，构成一串联式电透析装置。在电场力的作用下，阳离子和阴离子分别向阴极和阳极方向移动。但阴离子交换膜只让阴离子通过，阳离子不能通过；阳离子可通过阳离子交换膜，而不能通过阴离子交换膜。结果，在一半透析池中，无机盐得到了浓缩；另一半透析池中，无机盐浓度大大降低，成为淡水池。改变上述透析装置，使淡水池中的淡水不断取走，要处理的水不断输进透析池，使静态透析成为动态透析，以提高透析效率。在透析过程中，施加的电压必须大于所有膜电势的总和，同时还要考虑电流的不可逆消耗和热效应对电压的消耗。

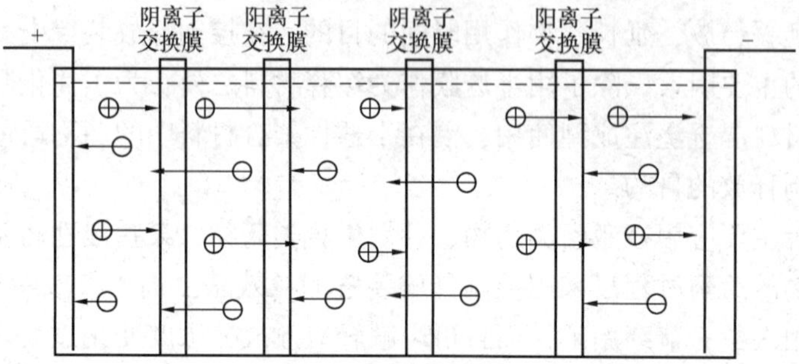

图 11-1　电透析脱矿物质装置示意图

2. 选择性膜电极

这是化学敏感器的一种，是指这一装置对某些或某类化学物质，包括气态和液态化合物敏感，能与之发生化学反应，并将其浓度值转变成电信号的装置。化学敏感器的种类很多，制备方法多种多样。选择性膜电极仅是其中的一种形式。

选择性膜电极的测定原理比较简单，在测定电极表面覆盖一层选择性透过分离膜，被测定物质必须通过渗透或扩散穿过分离膜，才能与电极反应产生电信号，借此提高电极的选择性。选择性膜电极可以测定的物质很多，可以是气体、离子，甚至某些非离子性物质都可以测定，前提是扩散进入电极的物质能够参与特定反应，而反应产物对电极电势有响应。表11-2中给出了部分可被选择性膜电极测定的气体，以及测定原理。表中第一栏是指扩散进入电极表面的物质，即被测定物质。第二栏给出在电极表面被测定物质参与的化学反应。最后一栏给出由此反应产生的电极敏感物质。

表 11-2　气体敏感选择性膜电极的测定物质及原理

扩散物质	反 应 式	电极敏感物质
NH_3	$NH_3+H_2O \rightleftharpoons NH_4+OH^-$	H^+
	$xNH_3+M^{m+} \rightleftharpoons M(NH_3)_x^{m+}$	$M=Ag^+$、Cd^{2+}、Cu^{2+}
SO_2	$SO_2+H_2O \rightleftharpoons H^++HSO_2^-$	H^+
NO_2	$2NO_2+H_2O \rightleftharpoons NO_2^-+NO_3^-+2H^+$	H^+、NO_3^-
H_2S	$H_2S+H_2O \rightleftharpoons HS^-+H^+$	S^{2-}
HCN	$Ag(CN) \rightleftharpoons Ag^++CN^-$	Ag^+
HF	$HF \rightleftharpoons H^++F^-$	F^-
	$FeF_x^{2-x} \rightleftharpoons FeF_y^{3-y}+(x-y)F^-$	Fe
HOCl	$Cl_2+H_2O \rightleftharpoons 2H^++ClO^-+Cl^-$	H^+
Cl_2	$Cl_2+H_2O \rightleftharpoons 2H^++ClO^-+Cl^-$	H^+
CO_2	$CO_2+H_2O \rightleftharpoons 2H^++HCO_2$	H^+
X_2	$X_2+H_2O \rightleftharpoons 2H^++XO^-+X^-$	$X=I^-$、Br^-

三、压力驱动膜分离过程

以压力为驱动力，以除去溶液中悬浮的微粒和溶解的溶质为目的的连续膜分离过程称为压力驱动膜分离过程。应该说压力驱动膜分离过程是所有膜分离过程中使用频率最高的一种方法，设备简单、分离条件可控性高、应用范围广泛。使用这种分离方法需要在膜的两侧制造压力差，使被分离体系中的所有物质都有从压力高的一侧向低压一侧移动的趋势。能否通过膜的阻碍则取决于被分离物质与分离膜的性质和特征，以及相互作用。膜两侧的压力差可以用两种方法获得，一种是在给料一侧施加正压力，迫使物料向处在常压的另一侧移动，这种方法被称为正压分离过程，另一种是在收料一侧进行减压，给料一侧处在常压状态，形成的压力差使物料向负压一侧移动，这种方法被称为减压分离法。在工业上使用正压法较多，在实验室一般采用减压法。在压力驱动膜分离过程中使用的分离膜为微多孔性薄膜。根据分离膜孔径的大小，压力驱动膜分离可进一步分成微滤（MF）、超滤（UF）、纳滤（NF）和反渗透（RO）。以上述次序为序，膜的孔径依次从大变小。其中反渗透有时也称为超细过滤（HF）。压力驱动膜分离的依据全部（MF，UF）或部分（NF，RO）为被分离物质的粒径、形状和膜的孔径等机械参数。它们的特点和差别以及膜特征列于表11-3。

表 11-3　各种压力驱动膜分离过程特征

膜分离过程特征				分离膜特点		
分离过程	最大使用浓度	可通过相对分子质量	操作压力/MPa	孔隙率/%	孔径范围/nm	孔密度/(个/cm^2)
MF	10%	极大	0.1～0.2	70%	10^2～10^4	10^9
UF	10^{-3}mol/L	10^3～10^6	0.1～0.5	60%	10～10^2	10^{11}
NF	1mol/L	10^2～10^3	0.5～5	50%	1～10	10^{12}
RO		10～10^2	1～10	<50%	<1	>10^{12}

1. 微滤膜

过滤分离不同的粒子要使用相应的过滤介质，过滤介质一般分为深层过滤介质和筛网过滤介质两种类型。常规过滤中所用的多属深层过滤介质，如滤纸、滤布、沙等，它们呈不规则交错堆置的多孔体，孔型不规则。以深层介质过滤时，不能保证没有少量大颗粒物质进入滤液，而微细粒子则由于吸附而被阻留。微孔过滤(简称微滤)是以压力差为推动力的膜分离过程，微孔滤膜具有形态整齐的多孔结构，分离的机理是膜孔对溶液中的悬浮微粒的筛分作用，在压力差的作用下，小于孔径的微粒随溶剂一起透过膜上的微孔，大于孔径的微粒被截留。微滤膜的孔径大(10^2～10^4nm)，孔隙率高(70%)，阻力较小，需要的驱动力较小。所用操作压力一般在 0.207MPa 以下。

膜的透过性主要由膜的孔径、孔密度决定。被分离微粒的性质和它与膜的相互作用、溶液的浓度和施加的压力对透过性也有影响。所以膜的孔径是微滤膜的一个重要指标。孔径通常采用鼓泡方法测得，首先将膜浸在水里，捞出后，空中会形成液膜，加压使液膜破裂，空气才能通过。记录刚好使空气通过时的空气压力 p，由下式求出平均孔径 r：

$$r = 2\sigma/p$$

式中，σ 为水-空气的表面张力。

膜孔径还可以通过在恒定压力下、给定时间内流过膜的水体积 Q，计算得到。

$$Q = \frac{n\pi r^4 Apt}{8\eta d}$$

式中，Q 为单位时间内透过膜的水体积；n 为每平方厘米的微孔数；A 为膜的有效面积，cm^2；p 为施加的压力，Pa；t 为时间，s；η 为流过液体的黏度，Pa · s；d 为分离膜的厚度，μm。上式可以改写为：

$$r = \left(\frac{8Q\eta d}{n\pi Apt}\right)^{1/4}$$

由于多孔膜中的空隙体积 $V=n\pi r^2$，上式也可以写成：

$$r = \left(\frac{8Q\eta d}{VApt}\right)^{1/2}$$

这样只要采用一定方法测出多孔膜的孔密度 n，或者空隙体积 V，即可用上式求出微孔径。孔密度可以通过在显微镜上直接观察得到。空隙体积可以通过在膜中吸入密度一定的液体，通过干膜和吸入液体膜的质量差来求得。

微滤膜根据需要可以制成平面型、管型、中空纤维型、折叠型和卷筒等形状，以适应不同用途，并减少占用体积。在使用过程中由于微孔会不断被一些微粒堵塞，透过率逐渐减小，而失去分离能力。在实践中，常常采用透过率下降 20%作为膜失效的标准，或者以一定的使用时间或者流过液体体积为衡量膜寿命的尺度。为了提高膜的使用寿命，有人提出改变被分离溶液的注入角度，或者引入多层过滤结构等方法，可以在一定程度上提高分离膜的使用寿命。

2. 超滤膜

超滤是以压力差为驱动力的膜分离过程，分离截留的机理为筛分，小于孔径的微粒随溶剂一起透过膜上的微孔，大于孔径的微粒被截留。膜上微孔的尺寸和形状决定膜的分离性质。

超滤所用的膜为不对称膜，它的特点是膜断面形态的不对称性，如图 11-2 所示，它是由表面活性层与大孔支撑层两层组成。表面活性层很薄，厚度 0.1~1.5μm，膜的分离性能主要取决于这一层。表面活性层有孔径 1~20nm 的膜为超滤膜。支撑层的厚度为 50~250μm，起支撑作用。它决定膜的机械强度，呈多孔状，超滤膜的大孔支撑层为指状孔。

超滤膜的另一种形式是中空纤维膜，如图 11-3 所示，超滤所用的中空纤维膜的外径为 0.5~2nm，其直径小，强度高，管内外能承受一定的压差，使用时不需专门的支撑结构。其另一个特点是单位体积内膜具有非常大的表面积，能有效地提高渗透通量。

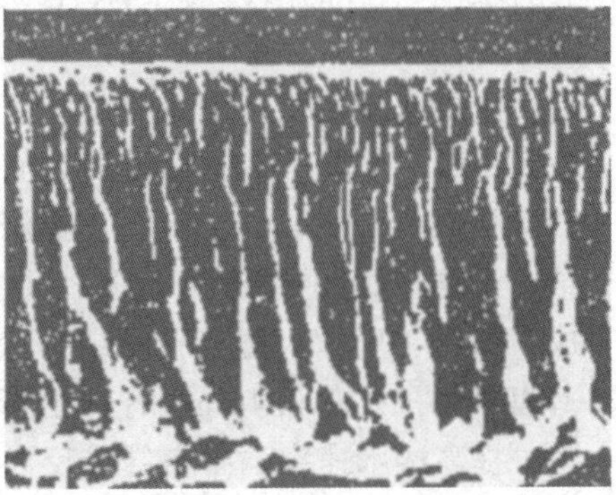

图 11-2　不对称膜

图 11-3　中空纤维膜

超滤膜的孔径较微滤膜小(约 $1\sim10^2$nm)，孔隙率中等(60%)。被分离物质通过膜的阻力比微滤膜大，操作压力为 0.345~0.69MPa。通常，超滤膜用来除去水中的胶体微粒或滤去大分子溶质。膜的过滤效率常常用过筛常数 Φ 来表示。

$$\Phi = C_f/C_s$$

式中，C_f 为通过膜的溶液的浓度；C_s 为未通过膜溶液的浓度。当吸附和阻塞作用可以忽略不计时，Φ 值可以通过膜孔径与微粒直径之比，由下式计算得到：

$$\Phi = 2(1 - R/r)^2 - (1 - R/r)^4$$

式中，R 为滤去微粒的半径；r 为多孔膜半径；当吸附或堵塞较严重时，Φ 要适当修改。

超滤膜主要用于分离胶体和溶液中的聚合物分子。如从静电喷涂废液中回收胶体涂料；从食品工业废弃的乳清中回收蛋白质；对相对分子质量分布较宽的聚合物溶液进行分级等。

3. 超细滤膜(反渗透膜)

渗透和反渗透的原理如图 11-4 所示，如果将淡水和盐水(或两种不同浓度的溶液)用一种只能透过水而不能透过溶质的半透膜隔开，淡水会自然地透过半透膜渗透至盐水(或从低浓度溶液渗透至高浓度)一侧，这一现象称渗透。这一过程的推动力是纯水的化学位与盐水中水的化学位之差，表现为水的渗透压。随着水的渗透，盐水侧水位升高，压力增大。盐水侧的压力与纯水侧的压力之差为渗透压。渗透过程达到平衡后，水不再有净渗透，渗透通量为零。如果在盐水侧加压，使盐水侧与纯水侧的压差大于渗透压，则盐水中的水将通过半透膜流向纯水侧，这一过程称为反渗透。

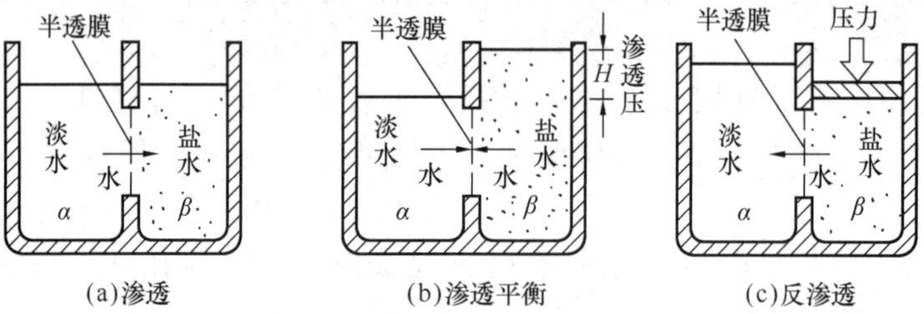

图 11-4　渗透、渗透平衡和反渗透

分离物质的相对分子质量小于 500 时，膜分离过程为反渗透，外加压力 2~100MPa；分离物质的相对分子质量大于 500 时，膜分离过程为超滤，外加压力 0. 1~0. 5MPa。溶质的相对分子质量大，渗透压小。渗透压对超滤的影响比较小。实际的渗透过程中，渗透液并不是纯水，多少含有一些溶质。

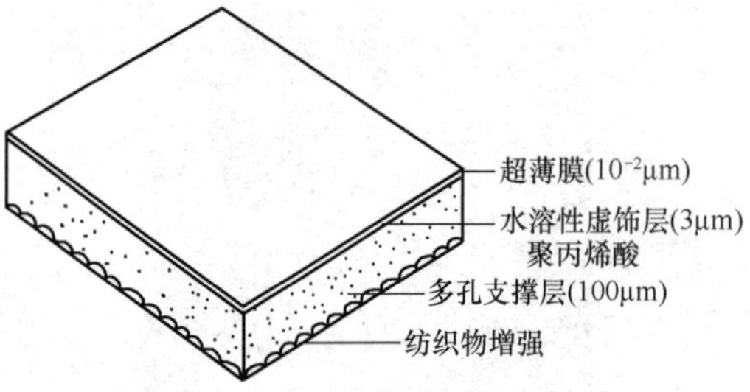

图 11-5　复合膜的剖面示意图

反渗透膜主要是不对称膜、复合膜和中空纤维膜，反渗透不对称膜的表面活性层上的微孔很小(约 2nm)，大孔支撑层为海绵状结构；复合膜由超薄膜和多孔支撑层等组成，图11-5所示为复合膜的结构示意图。超薄膜很薄，只有 0. 4μm，有利于降低流动阻力，提高透水速率。中空纤维反渗透膜的直径极小，壁厚与直径之比值较大，因而不需支持就能承受较高的外压。

对于渗透压可以用 Van' t 范德霍夫理论估计。在稀溶液中，渗透压与理想气体有相似的表达式。

$$\pi V = nRT$$

式中，π 为渗透压；V 为溶液的体积；n 为溶质的物质的量；R 为摩尔气体常量；T 为热力学温度。因 $n/V=c$，所以渗透压可以估算：

$$\pi = cRT$$

反渗透膜的主要用途是海水或苦咸水的脱盐、高硬度水的软化、被有机物污染的水的处理等。在应用中存在的问题是，随着溶液中盐的浓度的增加，有效压力减小。为保持一定的处理速度，应逐渐增加压力。另一方面，溶质浓度增加，溶质会析出沉积在膜表面，造成膜的阻塞而失去功能。

四、液膜

液膜分离技术是 1965 年由美国 Exssen 研究和工程公司的黎念之博士提出的一种新型膜分离技术。直到 80 年代中期，奥地利的 J. Draxler 等科学家采用液膜法从黏胶废液中回收锌获得成功，液膜分离技术才进入了实用阶段。液膜是一层很薄的液体膜，它能把两个互溶的、但组成不同的溶液隔开，并通过这层液膜的选择性渗透作用实现物质的分离。根据形成液膜的材料不同，液膜可以是水性的，也可是溶剂型的。

液膜的特点是传质推动力大，速率高，且试剂消耗量少，这对于传统萃取工艺中试剂昂贵或处理能力大的场合具有重要的经济意义。另外，液膜的选择性好，往往只能对某种类型的离子或分子的分离具有选择性，分离效果显著。目前存在的最大缺点是强度低、破损率高、难以稳定操作，而且过程与设备复杂。

膜溶剂、表面活性剂和流动载体是液膜的主要组成部分。当然膜溶剂不能溶于欲被液膜分隔的溶液，并希望膜溶剂与被其分隔的溶液有一定的相对密度差（一般要求相差 0.025g/cm^3）。表面活性剂直接影响膜的稳定性、渗透速度等性能。流动载体的作用是使指定的溶质或离子进行选择性迁移，其作用相当于萃取剂。它的研究是液膜分离技术的关键。

液膜从形状来分类，可将液膜分为支撑型液膜和球形液膜两类，后者又可分为单滴型液膜和乳液型液膜两种，见图 11-6~图 11-8。

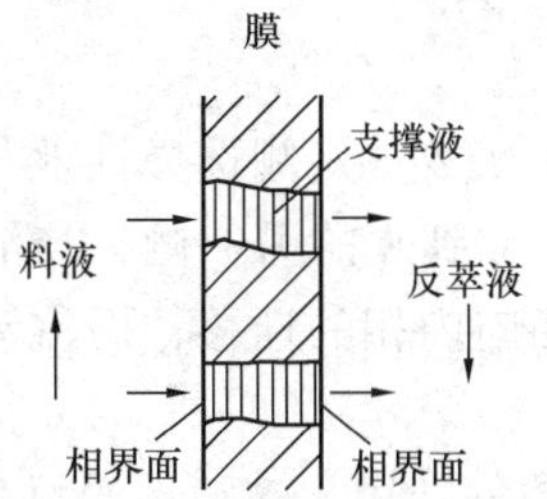

图 11-6　支撑型液膜示意图

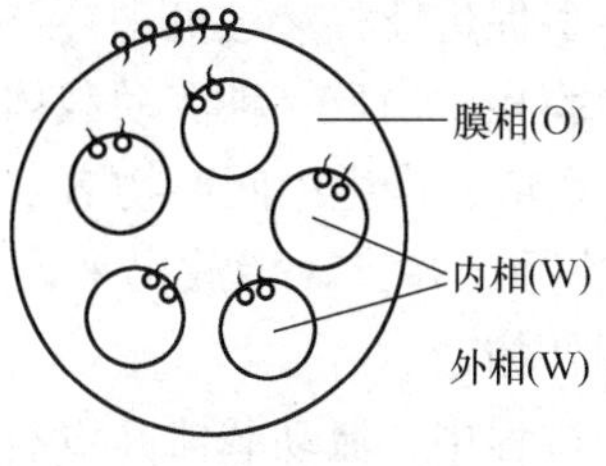

图 11-7　乳液型液膜示意图

根据液膜的结构和组成的不同，其分离机理也有所不同，主要有以下三种：

(1) 单纯迁移渗透机理

当液膜中不含流动载体，液滴内、外相也不含有与待分离物质发生化学反应的试剂时，待分离的不同组分仅由于其在膜中的溶解度和扩散系数的不同，导致透过膜的速度不同来实现分离。这种液膜分离机理称为单纯迁移渗透机理。

如图 11-9 所示，当 A、B 两种物质被包裹在液膜内，若要实现 A、B 的分离，就必须要求其中的一种溶质 A 透过膜的速度大于 B。由于渗透速度正比于扩散系数和溶质的分配系数，而在一定的膜溶剂中，大多数溶质的扩散系数近似相等，所以分配系数的差别是分离过程的关键。又由于此种机制中溶质在膜相和料液相之间的分配取决于溶质在料液相和膜相中的溶解度，所以溶质 A、B 在膜中的溶解度差别就成为 A 与 B 分离的决定性因素。

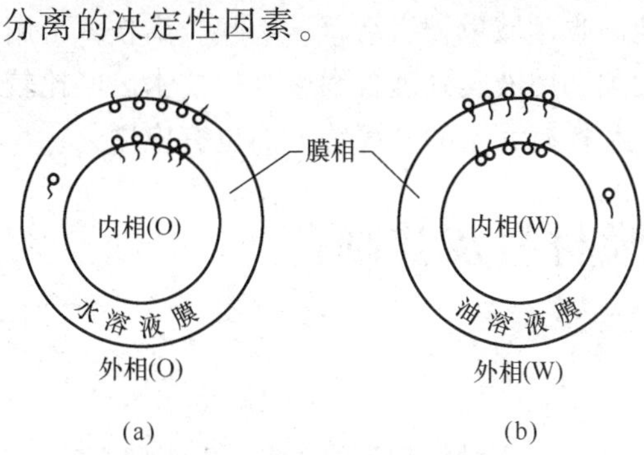

图 11-8　单滴型液膜示意图

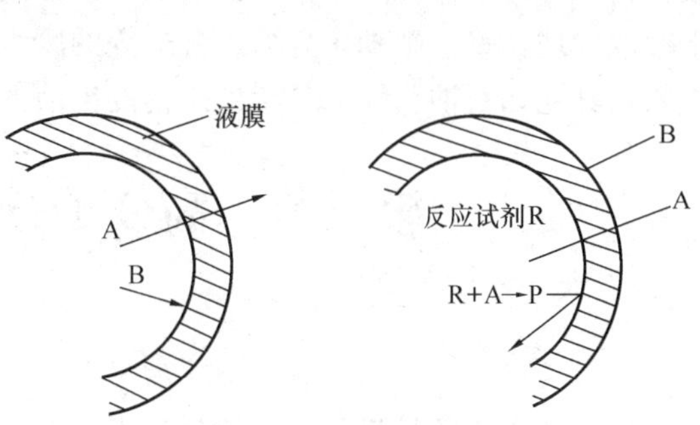

图 11-9　液膜分离机理示意图

若A易溶于膜，B难溶于膜，那么A透过膜的速度就大于B。经过一定时间后，在外部连续相中A的浓度大于B，液滴内相中B的浓度大于A，从而实现有效的分离。单纯迁移的分离效率可用分离系数S来描述：

$$S=\frac{C_{A内}}{C_{A外}}/\frac{C_{B内}}{C_{A外}}$$

液膜的这种单纯迁移渗透分离过程当进行到膜两侧被迁移的溶质浓度相等时，传质过程便自动停止。因此这一过程不能用于物质的浓缩。

（2）Ⅰ型促进迁移渗透机理

如果在溶质的接受相内加入能与溶质发生化学反应的试剂，通过化学反应促进溶质的迁移，从而提高分离效率，这种方法称为Ⅰ型促进迁移，又称滴内化学反应。在乳液型液膜的内相添加一种能与迁移溶质A发生不可逆化学反应的试剂R，则A与R形成一种不能逆扩散的新产物P，从而使内相中的渗透物A的浓度实质上为零。因此A在液膜内、外相两侧有最大的浓度梯度，促进了A的输送。

（3）Ⅱ型促进迁移渗透机理

如果在膜相中加入一种流动载体，载体分子R_1先在料液(外相)侧选择性地与某种溶质A发生化学反应，产生中间产物R_{1A}，然后这种中间产物扩散到膜的另一侧，与液膜内相中的试剂R_2作用，并将A释放出来，从而完成了溶质从外相向内相的迁移，而流动载体又重新扩散回到外相。

在整个过程中，流动载体并没有消耗，只起了搬移溶质的作用，被消耗的只是内相中的试剂。这种含有流动载体的液膜在选择性、渗透性和定向性三方面更类似于生物细胞膜的功能，它使分离和浓缩两步合二为一。

在上述液膜中所选的流动载体与被迁移物质进行的化学反应应是专一的，才能保证液膜能从复杂的混合物中分离出所需的组分。此外，如果加入的流动载体与被分离物质反应所生成的中间产物能提高溶质在膜相中的溶解度，则可使被分离溶质渗透通量提高。

由于上述化学反应的存在，使渗透溶质在液膜内、外相两侧始终有最大的浓度梯度，直到把溶质输送完为止。这种高度定向性地迁移物质的特征恰是生物细胞膜所特有的。给流动载体提供的化学能的形式可以是酸碱中和反应、同离子效应、离子交换、络合反应和沉淀反应等。

液膜分离技术在生物化学中，为了防止酶受外界物质的干扰而常常需要将酶“固定化”。液膜在医学上用途也很广泛，如液膜人工肺、液膜人工肝、液膜人工肾以及液膜解毒、液膜缓释药物等。目前，液膜在青霉素及氨基酸的提纯回收领域也较为活跃，液膜分离技术可用于萃取处理含铬、硝基化合物、含酚等的废水。我国利用液膜处理含酚废水的技术已经比较成熟。其他如石油、气体分离、矿物浸出液的加工和稀有元素的分离等方面也有应用。

第三节　高分子分离膜材料及其制备

一、膜材料

用作分离膜的材料包括天然的和人工合成的有机高分子材料和无机材料。原则上讲，凡能成膜的高分子材料和无机材料均可用于制备分离膜。但实际上，真正成为工业化膜的膜材料并不多。这主要决定于膜的一些特定要求，如分离效率、分离速度等。此外，也取决于膜的制备技术，目前，实用的有机高分子膜材料有纤维素酯类、聚砜类、聚酰胺类及其他材料。从品种来说，已有成百种以上的膜被制备出来，其中约40多种已被用于工业和实验室中。以日本为例，纤维素酯类膜占53%，聚砜膜占33.3%，聚酰胺膜占11.7%，其他材料的膜占2%，可见纤维素酯类材料在膜材料中占主要地位。

1. 纤维素酯类膜材料

这一类材料包括再生纤维素、硝酸纤维素、醋酸纤维素、乙基纤维素以及其他纤维素衍生物等。由于纤维素的相对分子质量较大，结晶性很强，因而很难溶于一般的溶剂，通常对之进行改性使之醚化或酯化。

醋酸纤维素是由纤维素和醋酸反应而成，主要用于反渗透膜材料，也用于制造超滤膜和微滤膜。醋酸纤维素膜价格便宜，膜的分离和透过的性能良好，但pH值适用范围窄(4~8)，容易被微生物分解，在高压操作下时间长了容易压密，引起透过性下降。

硝酸纤维素价格便宜，广泛用于透析膜和微滤膜材料。为了增加膜的强度，一般与醋酸纤维素混合使用。

在制膜工业中应用的还有醋酸丙酸纤维素与丁酸的混合酯和乙基纤维素等。

纤维素本身也能溶于某些溶剂，如铜氨溶液、二硫化碳、*N*-甲基吗啉-*N*-氧化物。在溶解过程中发生降解，相对分子质量降至几万到几十万。在成膜过程中又回复到纤维素结构，称为再生纤维素。再生纤维素广泛用于人工肾脏透析膜材料和微滤、超滤膜材料。

目前对纤维素类的分离膜进行了多种形式的改性研究，如氰乙基醋酸纤维素、羟丙基醋酸纤维素、纤维素氨基甲酸酯等，以及纤维素与其他高聚物混合使用(共混)，可望达到更好的效果，并采用了多种制备和表面处理工艺，以提高其使用性能。

2. 聚砜类

聚砜类是一类具有高机械强度的工程塑料，耐酸、耐碱，但耐有机溶剂的性能差。自双酚A型聚砜(PSF)出现后，即发展成为产量最大的高聚物膜材料。它可用作超滤材料，并且是多种商品复合膜(反渗透膜、气体分离膜)的支撑层材料。

聚砜类材料可以通过化学反应，制成带有负电荷或正电荷的膜材料。荷电聚砜可以直接用作反渗透膜材料，用它制成的荷电超滤膜抗污染性能特别好。

聚芳醚砜(PES)、酚酞型聚醚砜(PESC)、聚醚酮(PEK)、聚醚醚酮(PEEK)也是制造超滤、微滤和气体分离膜的材料。经硫化的聚醚砜(SPES-C)可用于制造均相离子交换膜。

3. 聚酰胺类及聚酰亚胺类

醋酸纤维素(CA)膜不能经受反渗透海水淡化高压操作，20世纪60年代中期，芳香聚酰胺(APA)、芳香聚酰胺-酰肼(APAH)首先被选中作为制造耐高压的反渗透膜材料。随后，聚苯砜酰胺(APSA)、聚苯并咪唑(PBIL)等也相继用于制造耐高压非对称反渗透膜的材料。目前性能最好的海水淡化反渗透复合膜，其超薄皮层都是芳香含氮化合物。这类复合反渗透膜的分离与透过性能都很好，也耐高压，其缺点是耐氯性能差。

聚酰亚胺(PI)耐高温、耐溶剂，具有高强度，一直是用于耐溶剂超滤膜和非水溶液分离膜研制的首选膜材料。在气体分离和空气除湿膜材料中，它亦具有自己的特色。

聚酯酰亚胺和聚醚酰亚胺的溶解性能较聚酰亚胺大有改善，已成为一类新兴的有实用前景的高性能膜材料。

4. 聚酯类

聚酯类树脂强度高，尺寸稳定性好，耐热、耐溶剂和化学品的性能优良。

聚碳酸酯薄膜广泛用于制造经放射性物质辐照、再用化学试剂腐蚀的微滤膜。这种膜是高聚物分离膜中唯一的孔呈圆柱形、孔径分布非常均匀的膜。

聚四溴碳酸酯由于透气速率和氧、氮透过选择性均较高，已被用作新一代的富氧气体分离膜材料。

聚酯无纺布是反渗透、气体分离、渗透汽化、超滤、微滤等一切卷式膜组件最重要的支撑底材。

5. 聚烯烃类

低密度聚乙烯(LDPE)和聚丙烯(PP)薄膜通过拉伸可以制造微孔滤膜。孔一般呈狭缝状，也可以用双向拉伸制成接近圆形的椭圆孔。高密度聚乙烯(HDPE)通过加热烧结可以制成微孔滤板或滤芯，它也可作为分离膜的支撑材料。

聚4-甲基-1-戊烯(PMP)已用作氧、氮分离的新一代膜材料。表面氟化的PMP非对称膜，其氧、氮分离系数高达7~8。

6. 乙烯基类高聚物

乙烯基类高聚物是一大类高聚物材料，其中包括聚丙烯腈、聚乙烯醇、聚氯乙烯、聚偏氟乙烯、聚丙烯酸及其酯类、聚甲基丙烯酸及其酯类、聚苯乙烯、聚丙烯酰胺等。前四种已用于分离膜材料。

聚丙烯腈(PAN)是仅次于聚砜和醋酸纤维素的超滤和微滤膜材料，也可用于渗透汽化复合膜的支撑体。由聚乙烯醇与聚丙烯腈制成的渗透汽化复合膜的渗透通量远远大于聚乙烯醇与聚砜支撑体制成的复合膜。此外它在生物催化剂的固定、分子识别、血液透析等方面也有成功的应用。

表11-4　一些丙烯腈共聚物分离膜的制备及应用

共聚单体	共聚合方法	制膜方法	用　途
丙烯腈/甲基丙烯酸羟乙酯	乳液聚合	浇铸成膜	分离甲醇-甲苯混合液
丙烯腈/乙烯基吡咯烷酮	乳液聚合	浇铸成膜	分离甲醇-乙二醇混合液
丙烯腈/丙烯酸	乳液聚合	浇铸成膜	乙酸脱水
丙烯腈/甲基丙烯酸缩水甘油酯	自由基聚合	相转化成膜法	固定葡萄糖氧化酶
丙烯腈/*N*-乙烯基咪唑	自由基聚合	相转化成膜法	固定葡萄糖氧化酶
丙烯腈/丙烯酸	自由基聚合	相转化成膜法	分子标识
丙烯腈/马来酸酐	水相沉淀聚合	相转化成膜法	血液透析

7. 有机硅聚合物

有机硅聚合物是一类半无机结构的高分子物质，其分子结构的特殊性赋予硅聚合物许多独特的性质，如耐热性和耐低温性好，具有憎水、透气和化学稳定性，能耐强侵蚀介质等，是具有良好前景的膜材料。硅聚合物对醇、酯、酚、酮、卤代烃、芳香烃、吡咯等有机物有良好的吸附选择性，能选择性透过O_2或CO_2，成为目前研究的最广泛的有机物优先透过的渗透汽化膜和富氧膜材料。目前，研究较多的有机硅材料有聚二甲基硅氧烷、聚三甲基硅丙炔、聚甲基乙烯基硅氧烷、聚甲基丙烯酸三甲基硅烷甲酯、聚甲基苯基硅氧烷等。在硅橡胶膜中充填对有机物有高选择性的全硅沸石，能明显有效改善膜的渗透汽化性能，提高分离系数和渗透通量。

8. 含氟聚合物

目前研究的用于膜材料的含氟聚合物主要有聚四氟乙烯、聚偏氟乙烯、聚六氟丙烯、Nafion(聚磺化氟乙烯基醚与聚四氟乙烯的共聚物)、聚四氟乙烯与聚六氟丙烯共聚物。

聚四氟乙烯可用拉伸法制成微滤膜，化学稳定性好，膜不易被污染所堵塞，且极易清洗。在食品、医药、生物制品等行业很有优势。PVPDF 化学性质稳定，耐热性能好，抗污染，可溶于某些溶剂(DMF、DMAc、NMP)，易于用相转化法成膜，且对卤代烃、丙酮、乙醇和芳香烃等有良好的选择性，具有较强的疏水性能，除用于超滤、微滤外，还是膜蒸馏和膜吸收的理想膜材料。

这类材料的特点是价格昂贵，除聚偏氟乙烯外，其他氟聚合物难以用溶剂法成膜，一般采用熔融-挤压法由熔体制备膜或在聚合物期间成膜，制膜工艺复杂。

9. 甲壳素类

这一类材料中包括脱乙酰壳聚糖、氨基葡萄糖、甲壳胺等。壳聚糖是存在于节肢动物如虾、蟹的甲壳中的天然高分子，是一种氨基多糖，分子链上氨基可和酸成盐，易改性且成膜性良好，膜材亲水并有抗有机溶剂性，是极有潜力的膜材料之一。同时它具有生物相容性，可用于生物化工和生物医学工程等领域。甲壳糖是脱乙酰壳聚糖，溶于稀酸即可制造成膜。有望用于渗透汽化以及一些智能型的膜材料。

10. 高分子合金膜

液相共混高分子合金分离膜是将两种或两种以上的高分子材料用液相共混的方式配置成铸膜液，然后以 L-S 法制成高分子分离膜。高分子合金分离膜起源于20世纪60年代，这一类材料研究较多的有二醋酸纤维素/三醋酸纤维素合金反渗透膜、环氧/聚砜共混制备合金超滤膜、以聚酰胺为主要材料的合金渗透汽化超滤膜、共聚酰胺与亲水性的聚乙烯醇、聚丙烯酸材料共混制备合金渗透汽化膜等，并进行了高分子合金渗透汽化、气体分离膜材料与膜性能相关性的研究，在提高渗透性和选择性方面取得了一些进展。

11. 液晶复合高分子膜

高分子与低分子液晶构成的复合膜具有选择渗透性。普遍认为，液晶高分子的选择渗透性是由于球粒(气体分子、离子等)的尺寸不同，因而在膜中的扩展系数有明显差异，这种膜甚至可以分辨出球粒直径小到 0.1nm 的差异。功能性液晶高分子膜易于制备成较大面积的膜，强度和渗透性良好，对电场甚至溶液 pH 值有明显响应。

如将高分子材料聚碳酸酯和小分子液晶对(4-乙氧基苄基氨基)丁苯按 40∶60 混合比制成复合膜，可用于 $n\text{-}C_4H_{10}$、$i\text{-}C_4H_{10}$、C_3H_8、CH_4、He 和 N_2 的气体分离。在液晶相，气体的渗透性大大加强，而且更具选择性。

二、高分子膜的制备方法

1. 密度膜

密度膜是指膜本身没有明显孔隙，某些气体和液体的透过是通过分子在膜中的溶解和扩散运动实现的一种分离膜。密度膜的制备方法主要有三条路线，即使用聚合物溶液注膜、聚合物直接熔融拉伸成膜和直接聚合成膜。

(1) 聚合物溶液注膜成型法

将聚合物溶解在合适的溶剂中，配成一定浓度和黏度的聚合物溶液，将其刮涂在玻璃或不锈钢板的表面，在室温下让溶剂挥发至触干，再转移至烘箱或真空烘箱中干燥，即可制得密度膜。若要制备较薄(<1μm)的分离膜，可用旋转平台法。

溶剂对分离膜的物理、机械和渗透性质有重要影响。一般规律是：溶剂的溶解能力越强，生成的聚合物的结晶度越低，膜的渗透性越好。另一因素是溶剂的挥发速度。脱溶剂速度快，高分子链聚集快，分子来不及调整构象，易形成无定形聚合物。温度和溶剂的挥发性是决定脱溶剂速度的主要因素。在脱溶剂过程中，环境的湿度对膜的性质有影响。一般湿度大时，易形成孔隙率大的膜，提高了膜的渗透性。

(2) 熔融拉伸成膜

首先将聚合物熔融拉伸，通过模板成型，然后冷却、固化成分离膜。其性能取决于聚合物的组成和结构，包括分子链的刚性、聚合物的结构(如支化)、相对分子质量和相对分子质量分布和分子间相互作用等。另一因素是成膜后的淬火和退火。快速淬火导致形成细小晶区，退火使晶区增大，结晶度高。被分离物分子是在无定形区域扩散的，所以结晶度提高不利于渗透性的改进。

(3) 直接聚合成膜

将溶有单体和引发剂的溶液放在模板上，用适当的方法使其聚合。一般聚合反应和成膜同时进行。最后，彻底除去溶剂便成分离膜。例如，间苯二胺与三苯磺酰氯溶解在同一溶剂中，倒在一块玻璃模板上，加热，溶剂挥发，缩聚反应也同时进行。最后在烘箱中烘干，成膜。

2. 多孔膜

采用改变相态法制备聚合物分离膜是膜制备方法中最重要的路线之一，得到的分离膜多为多孔性膜，作为微滤和超滤膜使用。在这一过程中首先需要制备聚合物溶液(此时溶剂是连续相)，然后将此聚合物溶液通过改变溶解度的方法，将高分子溶液通过双分散相转变成大分子溶胶(此时聚合物是连续相)，此时，分散状态的溶剂占据膜的部分空间，在溶剂蒸发后即留下多孔性膜。在制备多孔膜时，从高分子溶液向高分子溶胶转变是这一制备方法的关键步骤，促使相转变过程发生的机制有多种，下面根据这些相转变机制，分别介绍几种多孔膜制备方法。

(1) 相转变法(L-S 法)

高分子溶液的相转变有两种情形：其一是分子分散的单一相溶液；首先转变成以分子聚集体分散的双分散相液体，然后进入胶化阶段。其二是直接制备双分散相液体；然后进入胶化阶段。无论哪一种过程，双分散相液体都是必经的一步。从分子分散的单一相溶液向大分子溶胶转变的方法主要有以下四种。

① 干法成膜。干法是采用蒸发法，当高分子溶液中含有两种以上溶剂，并且良溶剂的沸点较低，非溶剂(溶胀剂)沸点较高时采用。在对溶液体系加热过程中，不断将沸点较低的溶解度较强的溶剂从溶液中蒸出，溶液中沸点较高的非溶剂浓度逐步提高，对高分子的溶解能力逐步下降，促使高分子溶液依次变成分子聚集体分散的双分散相液体和大分子胶体，完成相转变过程，形成多孔膜。

② 湿法成膜。湿法是通过非溶剂与良溶剂交换方式改变溶解能力的方法。具体方法是将聚合物溶液直接或经部分蒸发后放入某种非溶剂中，非溶剂分子与良溶剂发生交换，使原高分子溶液内的非溶剂比例上升，溶解度下降，通过双分散相，逐步形成大分子溶胶。由于交换用的非溶剂常常是水，因此被称为湿法。

③ 热法成膜。热法是利用改变温度来调整高分子溶液溶解度的方法，其根据是某些溶

剂对于特定的聚合物，在温度不同时表现出明显不同的溶解能力而设计的。如在高温下溶剂对聚合物有较好的溶解性能，溶液呈现分子分散相特征，当温度下降时溶解度迅速下降，溶液转变成双分散相；而当温度进一步下降到一定温度时，溶剂对聚合物失去溶解能力变成非溶剂，聚合物溶液变成分子聚集体，再凝胶化膜。

④ 聚合物辅助相转变法成膜。用一种溶剂将两种相容性较好的聚合物溶解，形成溶液。将溶液注膜成型，制成双组分密度膜，然后将其浸在一种溶剂中。该溶剂对其中一种聚合物是良溶剂，对另一种是不良溶剂。在溶剂作用下，可溶性聚合物被除去，形成无表面致密层的多孔型分离膜。用这种方法制成的分离膜的结构和性能决定于两种聚合物的相容性，相容性越好，孔径越小。这种膜的优点是膜内外结构一致，孔径分布均匀，机械强度好。孔隙率与第二种聚合物的加入量有关。

（2）粉末烧结法

把聚合物粉末，如高密度聚乙烯或聚丙烯粉末筛分，得到一定粒度范围的聚合物颗粒，经高压压制成不同厚度的板材和管材。在略低于熔点的温度下进行热处理时，微粒表面软化，由于聚合物的自重和表面张力，颗粒间接触面增大，冷却后成为连在一起的多孔材料。烧结成型得到的产品的孔径在微米级，大都用作复合膜的机械支撑材料。

膜的孔径和分布与聚合物颗粒的大小、均匀性有关。最好是用均匀的球形颗粒，用它制备的分离膜孔径分布较窄，分离性能较好。除此以外，烧结过程中温度的均匀性、加热方式和加热的速度对于膜的质量有影响。

（3）拉伸致孔法

将聚合物如低密度聚乙烯和聚丙烯薄膜在室温下拉伸，其无定形区在拉伸方向上可出现狭缝状细孔（长宽比约为 10 :1），再在较高温度下定型，即可得到多孔膜。可以是平面膜，也可以是中空纤维。聚四氟乙烯难以找到溶剂溶解，它们的多孔膜也可以用相似的方法制备。

（4）核径迹法

聚合物如聚碳酸酯膜，在高能粒子流（质子、中子等）辐射下，粒子经过的径迹经碱液刻蚀后，可生成孔径非常单一的多孔膜。膜孔成贯穿圆柱状，孔径大小可控，孔径大小分布极窄，但孔隙率较低。单位面积的水通过量较小。

3. 离子交换膜

根据离子交换膜的结构可分为异相膜、均相膜、半均相膜。

（1）异相膜

将离子交换树脂粉碎成很细小的颗粒，经筛分后，得到粒度较为均匀的树脂颗粒。然后与高分子材料（如聚乙烯）加热共混，制成一定形状和大小的离子交换膜。例如，将国产的732 强酸阳离子交换树脂或强碱阴离子交换树脂粉碎成 200 目的细颗粒，然后与聚乙烯和聚异丁烯混炼，以锦纶为增强绸布，热压成离子交换膜。这种膜的生产工艺简单，机械强度较好。但它们的电化学性质不太好，膜电阻较大。

（2）均相膜

均相膜是指离子交换基团在膜上均匀分布的一种离子交换膜。它的制备方法，可以是将具有交换基团的聚合物溶解在一定的溶剂中，用溶液注膜法成膜；也可以直接聚合成膜。例如将环氧氯丙烷与四乙烯五胺缩聚成一定黏度的线性聚合物浆液。将浆液放在玻璃板上，成膜后，升高温度，使高分子发生交联反应。脱模后，便成均相离子交换膜。或者将高分子膜经高分子化学反应，接上离子交换基团，制成离子交换膜。例如一定规格的聚乙烯薄膜，经紫外光或者$^{60}Co\gamma$射线辐照，生成了链自由基，将它放在苯乙烯单体溶液中，引发苯乙烯聚合，得到接枝聚苯乙烯，然后进行磺化反应，可以制得阳离子交换膜。或者经氯甲基化、胺化得到阴离子交换膜。一般来说，均相膜的机械强度不如异相膜，但它的电化学性能远远优于异相膜。

(3) 半均相膜或复合膜

半均相膜的制备方法有：

① 含浸法。将聚合物膜(如以聚偏氟乙烯为基膜)浸于苯乙烯和二乙烯苯混合物中，被单体充分溶胀的聚偏氟乙烯经适当方法聚合，再通过高分子反应，在苯环上引入磷酸基或磺酸基或季铵基团等。

② 流延法。将含有交换基团的聚合物，例如将聚α，β，β'-三氟苯乙烯磺酸溶解在极性溶剂和DMF中。经胶体磨、研磨、过滤和脱气泡，将此高分子浆液倒在抛光的平板玻璃上流延成膜，待溶剂挥发、烘干后，便成了离子交换膜。该法的特点是消耗大量溶剂，不仅浪费，也污染环境。

③ 刮浆法。又称糊法。这是生产离子交换膜最好的一种方法，适宜于大规模、连续的生产，自动化程度高。具体的制备方法是将线性无功能基的聚合物溶解或分散在可引入交换基团的烯类单体和交联剂的混合溶液中，调成糊状，并刮涂在增强用的网布上，在适当条件下进行聚合，得到基膜。通过高分子反应引入离子交换基团，制成离子交换膜。

④ 浸胶法。将增强用网布浸渍在含有功能基的聚合物溶液中，溶剂挥发后制成膜。本法有利于大型自动化生产。

第四节　高分子分离膜的应用

一、水资源再利用

随着生活水平的提高，人均耗水量也不断上升。所有大城市几乎都面临水荒问题。除节约用水的措施外，水资源的再利用是重要措施。RO海水脱盐制水在1988年全球的总能力已超1000万m^3/d。苦咸水的淡化以低压逆渗透和EDR法为主。工业用水和生活用水的再利用也可用UF、NF来解决。日本大型高层建筑均配备水再利用的装置，夹带固体杂质较多的还需要有沉降絮凝等辅助设备。

海水淡化使用反渗透膜，大多为聚酰胺的中空纤维膜，产水量$16\sim60m^3/d$，脱盐率99%以上。苦咸水淡化用反渗膜加压处理，价格并不贵。

二、环境保护

(1) 废水处理

各种工业废水用膜法处理的同时，可收到回收有用物质和使排放污水达标的双重作用。电影照相工业废显影液的回用、纺织工业中纤维用乳化油剂的回收、聚乙烯醇退浆水处理及印染废水中染料回用、汽车工业中电咏漆的回收、电镀工业含铬废水处理、造纸工业黑液处理、机械工业切割用乳化油剂回收、石油工业含油废水处理等，都是UF和RO膜过程的用武之地。城市污水的二级处理采用水池曝晒、生物反应器和微滤。

(2) 废气处理

CO_2 的回收和脱除，采用气体分离膜和有机胺吸收相结合的过程。合成氨厂弛放气和石油炼厂弛放气(原由点天灯或送入锅炉作燃料)中氢的回收已取得很大经济效益。汽油等油品储罐含烃空气排放时烃的回收已获成功。H_2S、SO_2 等酸性气体的膜法回收和处理现仍处于攻关阶段。

三、微电子工业

超纯水和超纯气体是提高微电子器件成品率的关键所在。水道水需经逆渗透(或电渗析)、离子交换和超滤使金属离子降至百万分之一级，电阻率达 18MΩ · cm，空气的洁净度由 PVDF 荷电微滤膜控制到 1000 级以下。

四、石油化工行业

在油田的注水中，并不是什么水都可以注，要求悬浮粒子直径必须小于 1μm，应用聚砜中空纤维超滤器，对注水进行深度处理，提高单井注水量，产油量增加。

在合成氨的弛放气中，用膜技术回收后，日产 1000t 的装置，可以每天增产 50t，还可以把回收的 H_2 作为一种清洁能源。

利用膜技术，可以从有机蒸气中回收有机物，在核工业原料的液相和气相浓缩中，起到特殊的作用。

氯碱工业均已换代到膜法电解池，所用为全氟磺酸膜和羧酸膜。

用聚硅氧烷制成的富氧膜，使通过的空气变成含氧量 28%以上，用于燃烧，可节省燃料 30%~50%，有的富氧膜还可以得到 35%的富氧空气，用于炼钢，不仅节能，而且可以减少 3%的铁损失。富氧空气用于化肥工业上可以节能、降耗，用于医疗急救用气，节省费用。

膜法富氮作为中小型使用方便的氮源，可用于化学工业(和石化工业)易燃易爆储罐和输送管道的覆盖气体。渗透汽化作为有机液体的分离手段有望在今后 10 年内得到蓬勃发展，届时蒸馏分离等传统化工分离过程将被逐步取代。

五、食品工业及医药工业

工业发达导致的水质下降使人们对饮用水的要求越来越高，家用净水器(超滤加活性炭吸附)有着广阔的市场。瓶装饮用水的习俗已从矿泉水转向蒸馏水、太空水(均系经 RO 过滤的纯水)，软饮料装瓶前大都已经微滤除菌，生啤酒(扎啤)和低度酒(如干葡萄酒等)经微滤除菌，可延长其保质期。

牛奶浓缩制奶粉，传统的方法是蒸发除水，再喷雾干燥。引入膜技术后，可先用超滤膜去除 80%的水，大大节省能量。在乳制品工业中，应用反渗透膜还可以提高乳品质量，可以从乳品中除去灰分，而且可以得到多种乳制品。

乳清中优质水溶性蛋白质的超滤回收是乳制品厂的一大附加产品。我国豆腐水中水溶性优质蛋白质的回收利用亟待开发。

用反渗透技术，可以把啤酒中酒精含量从 3. 5%降到 0. 1%，也可以浓缩。还可以除去酒中杂质，减少浊度。

果汁的浓缩(尤其是我国的一些名贵水果品种)和名茶汁的浓缩是食品工业的重要方面，

除传统的逆渗透和纳滤技术外，膜蒸馏和渗透膜蒸馏将占一定比例。

果品的保鲜，使用复合的半透膜，可以有效地排除果品呼吸产生的水汽和 CO_2 气。

超滤在药品的生产中占有重要地位，在中药成分提取、培养基除菌、透析膜的医用、大输液的生产试剂、抗生素发酵液的浓缩、使用纳滤膜在抗生素成分的分离、纯化上，已取得很好的成果。

六、生物工程

原来分离膜(UF)只用于生物工程中酶的回收使用和下游产物的分离。膜酶反应器的出现使酶(或微生物)限制在中空纤维组件的纤维间的腔中，底物从纤维内经膜进入，产物经膜由纤维中间输出，大大提高了酶的活力和寿命。此装置也可用于细胞和单克隆体的培养。

第十二章　医用高分子

第一节　概　　述

一、医用高分子的含义

医用高分子是指可以应用于医药的人工合成(包括改性)的高分子材料，不包括天然高分子材料、生物高分子材料、无机(高分子)材料等在内。实际上，医用高分子材料也可以叫高分子医用材料，有两层含义，一层是医用生物材料，或者叫合成高分子医用生物材料，定义比较狭窄，指应用于生物体内的包括药物在内的材料。另一层含义是在医疗行业或在医药领域内被使用的人工合成的高分子材料，显然后者可能还包括一些药用包装材料等。我们现在讲的医用高分子往往指后一层含义，即广泛的医用高分子材料的含义，但研究或讨论的重点，又往往是第一层含义，即指那些医用生物材料，作用或应用于人体，起组织、药用、替代、修复、增强、治疗、处理、护理等作用的合成高分子材料。

医学是生命科学研究的一个领域，医学又是研究生物体组织结构，结构与功能关系以及治疗、修复整理的一门技术学科或工程学科。生命科学探索生命的奥秘，研究生命的起源、成长、发展，生命体组织和各器官的功能及化学、物理组成，探索其相互关系的消长原理和奥秘，研究新陈代谢、遗传、病变等机制的物质基础和原理等科学范畴。近十多年，新兴起来的生物医学工程是将生命科学与工程学结合起来的交叉学科，应用生命科学的原理与方法，应用工程学科工程技术的原理和手段，了解正常的和病理的(哺乳类生物)组织结构与功能关系，研制生物代用品或仿制生物品以恢复、维持、改善功能的学科。生物医用材料学科是生物医学工程的重要研究门类和重要的分支，生物相容性材料的开发研究是生物医学材料研究的核心技术之一。

然而，现在许多新型的高分子材料用于医疗器械上，如胃镜、听诊器、输液器、各种导管、纱布替代品等，有的起了很大的作用，甚至某些产品起了不可替代的意义。因此，当前用于医疗器械的高分子成为很热门的材料。其实，在某种意义上说，这些材料并没有什么专用性，但由于用在医疗行业上也被称为医用高分子。所以说，医用高分子，包括上述的医用生物材料，从一定的含义上讲，是被应用于医疗事业的高分子材料，不是专门为了医学事业而研制合成的新的功能高分子。但从今后发展意义上来说，医用高分子的分子设计将会登上历史舞台。

二、医用高分子发展历史简述

从上述的医用高分子的含义来说，医用高分子在医疗器械的使用和进步，几乎是伴随着高分子材料的产生而发展起来的。高分子材料作为早先使用的天然材料的代用品。然而，高分子材料的独特性能已经使天然材料大为逊色，给医疗诊断和医疗措施材料带来重大的变化。随着高分子新材料的出现，医疗部门总是注意这些材料在医疗器械上的应用意义，发展的速度长盛不衰。

而人工器官的进展是近几十年乃至近十多年来令人刮目相看的事。人工器官的进步有赖于材料尤其是高分子材料的进展。换一角度来说，医疗器械是人类在医疗工作中积累了丰富的经验和技术，逐步发展和完善起来的器械和器具，高分子材料的出现则是代替了一些传统的材料，不是更轻便，就是更耐久，或者更便宜，或者加工很方便，或者可以一次性使用更加安全卫生，或者是某些功能优于以往的器械等，很少因为高分子材料的出现而出现了新型器械或器械的革命。而人工器官则不然，这几乎是人类梦寐以求而终不可得的器官，一旦出现了医用高分子材料，随着材料合成和加工技术进步到一定的程度，终于实现了人类几代人甚至几千年的梦想。大约五千多年前，据说埃及人已用棉花或马鬃缝合伤口，中国人用羊肠缝堵伤口，用狗皮贴伤，古老的印地安人使用木片修补过受伤的颅骨。四千多年前中国、埃及一些墓葬中发现过假牙(义齿)、假耳，当然可能有争议，但中国汉代医学家的开颅术已很成功，无论是修补、缝合，都要用材料，不过他们应用的是天然高分子材料。

直到20世纪30年代之后，人工合成的高分子材料登上了历史舞台，给了医学界一个惊喜。医学家和材料学家合作把一些材料用作人工器官。1940年，临床首例用了人工骨，到40年代末、50年代初，人工器官应用成了热门。人工肾于1943年，人工气管于1948年，人工尿道于1950年，人工血管于1951年，人工食道于1951年，人工心瓣膜于1952年，人工肺于1953年，人工关节于1954年等出现了临床的首例应用。以后，随着材料技术的发展与进步，人工器官应用越来越广泛，现在诸如像人工关节、植入牙这些成了似乎常规的外科手术器官。而人工肾、心瓣膜、起搏器的应用不知道拯救了多少垂危的生命。整形外科诸如耳、鼻、乳房的整形和人造，使许多因伤、病或其他原因造成的缺失而得到修复，从生理上和心理上使许多人走向了健康。目前，人工器官的成就使人体从天灵盖到脚趾骨、从内脏到皮肤、从血液到五官、体征器官，几乎是除了大脑和大多数内分泌器官之外，大多数都有了代用的人工器官。其中，相当一部分当然还是初步的探索性的，甚至于还是有争论的。主要是材料的性能、应用的可靠性、医学特性对人体的负面作用等还有争论或尚有不尽如人意处，或者还有许多未知的领域，但随着科技的发展与进步，医用生物材料将逐步走向完善。

据统计，世界上应用医用高分子有近百个品种，近两千种制品，大约消耗高分子材料的10%~15%，并且每年以8%~12%的速度在增长。

我国从20世纪50年代中期开始人工血管的研制，起步较晚，到60年代开始全面研制医用高分子材料及其制品，四五十年间发展较快，现已有医用高分子材料60多种，制品有400多种。但尚有不小差距，主要表现为规模小、品种少、规格不齐全，出成果周期偏长，检验手段尚不够先进，产品质量不稳定。

三、医用高分子材料分类

生物医学材料可以包括许多种类，其中有人工合成或改性的高分子材料，从高分子材料角度来分类，有：

- 医用高分子材料
  - 医用塑料材料
    - 硬质塑料材料
    - 中软质材料
    - 膜、片质材料
  - 医用弹性体
    - 已硫化弹性体
    - 后硫化弹性体
    - 多孔弹性体
  - 医用纤维材料
  - 医用黏合剂

从医疗和医学角度来分，有：

- 医用高分子材料
  - 生物医学材料
    - 人造器官
    - 人造血液
    - 外科材料
    - 药物释放媒介材料
  - 医疗器械和其他材料
    - 医疗器械
      - 诊断器械
      - 检验器械
      - 治疗器械
    - 其他
      - 包装材料
      - 卫生消毒材料

如果把外科材料和药物都看成医疗手段的话，当成一种器械和工具用具，就可以有更概括简略的分类。

- 医用高分子材料
  - 人工器官(包括血液)
  - 医疗器具
  - 其他

上述分类方法中的“生物医学材料”按医学上使用要求来划分，则是：

- 生物医学材料
  - 非植入性材料和制品
  - 植入性材料和制品
  - 血液接触性材料
  - 降解和吸收性材料
  - 其他

“生物医学材料”按医用材料在人体应用部位来划分，则是：

- 生物医学材料
  - 硬组织材料
    - 骨科
    - 齿科
    - 其他
  - 软组织材料
    - 填充、整复材料
    - 其他
  - 心血管材料
    - 心血管
    - 导管
    - 其他
  - 血液代用材料
    - 血浆
    - 血球
  - 分离、过滤、透析膜材料
  - 其他

如果我们按比较粗略的划分法来讨论，医疗器械的进步主要是材料和它们的代用品。从医学工程的应用领域又可以分为：

- 医用高分子材料
  - 与血液接触的高分子材料
    - 血管
    - 心脏瓣膜
    - 血囊
    - 人工肺
    - 其他
  - 用于组织工程的高分了材料
    - 组织再生支架
    - 调节细胞功能材料
    - 免疫保护材料
    - 其他
  - 药用高分子材料
    - 药物
    - 外用药物
    - 降解药物
    - 缓释药物材料
    - 其他
  - 医疗器械
    - 外科材料
    - 牙科材料
    - 眼科材料
    - 治疗器械
      - 输液
      - 注射
      - 其他
    - 检查化验器材
    - 手术用具和材料(如缝合线)
    - 麻醉材料等
    - 其他
  - 包装材料及其他材料

国外一些毒理学专家的分类则另有说法，如表 12-1 所示。

表 12-1　医用材料与制品分类表

类　别			定　义	举　例
材料及制品在体外	非接触		材料与制品不直接不间接接触患者	细胞分离用磁性高分子微球、凝集试验用聚苯乙烯乳液、一次性使用的医用器皿
	与体表接触	A B C	材料与制品仅接触体表	体外修复物、创口贴、监护仪导电膏、超声传导凝胶
	与损伤或破损体接触	A B C	材料与制品和损伤或已破坏的体表接触	与溃疡、烧伤和肉芽组织接触的各类绷带或装置、敷料

续表

类别			定义	举例
材料及制品在体外与体内接触	与体腔接触	A B C	材料和制品与体腔相通	接触眼镜、导尿管、气管内导管、支气管镜套
	与血液间接接触	A B C	材料与制品在人体某一部位和血液接触或通过装置将液体、血液输入血管体系	输血器、输液器、静脉高营养、留置导管、注射器
	与血液直接接触	A B C	材料与制品和循环血液接触	静脉内插管、氧合袋、体外氧合器和附件、透析器、血浆分离器、透析器管道与附件
材料及制品植入体内	与骨接触	A B C	材料与制品主要和骨接触	矫形钉、矫形板、人工关节、人工骨、骨水泥
	与组织和组织液接触	A B C	材料与制品主要与组织和组织液接触，或与肌肉膜接触	药物释放装置、人工肌腱、人工乳房、人工喉、女性节育装置和宫内节育器、脑积水引流器
	与血液接触	A B C	材料与制品主要与血液接触	人工血管、人工心脏瓣膜、动静脉瘘管、左心辅助泵、反搏气囊、静脉内药物释放装置

注：A—暂时(<5 分钟)；B—短期(5 分钟~19 天)；C—长期(超过 30 天)。

目前医用高分子材料应用领域见表 12-2。

表 12-2　人工器官和医疗器具中使用的高分子材料

用途	功能	主要使用的高分子材料
人工血管	置换病变血管或进行搭桥手术	聚酯纤维、真丝、膨体聚四氟乙烯、聚氨酯
人工瓣膜	置换病变的瓣膜	聚氨酯、硅橡胶、聚四氟乙烯、聚酯纤维
人工心脏及心脏辅助装置	置换心脏或加强病变心脏功能	聚氨酯、聚氯乙烯、硅橡胶、天然橡胶
心脏补片	心脏修复手术	聚四氟乙烯、聚酯纤维
人工血浆	代替血浆、血液增容	葡聚糖(右旋糖酐)、羟乙基淀粉、聚乙烯基吡咯烷酮、聚 *N*-羟丙基丙烯酰胺
人工血红蛋白	代替红血球输运氧气	全氟三丁胺、全氟三丙胺、环氧乙烷与环氧丙烷共聚物乳液
人工玻璃体	填充眼球玻璃体腔	硅橡胶海绵、聚四氟乙烯海绵、骨胶原
人工晶状体	矫治白内障	甲基丙烯酸甲酯、甲基丙烯酸羟乙酯共聚物、聚丙烯、聚有机硅氧烷凝胶
人工角膜	提供光线传递到视网膜的途径	甲基丙烯酸酯类共聚物水凝胶、共聚涤纶、硅橡胶
人工泪管	矫治泪道慢性阻塞	硅橡胶、聚甲基丙烯酸酯
隐形眼镜	矫正视力，治疗角膜疾患	聚甲基丙烯酸羟乙酯及其与乙烯基吡咯烷酮的共聚物、硅橡胶、聚氨基酸、甲壳素衍生物

续表

用　途	功　能	主要使用的高分子材料
人工中耳骨	替代病变中耳骨，康复听力	聚四氟乙烯与碳纤维复合物 Froplest、聚甲基丙烯酸羟乙酯与羟基磷灰石共混物 Ceravial、甲基丙烯酸甲酯与苯乙烯共聚多孔骨水泥、聚乙烯
耳鼓膜	康复听力	硅橡胶
人工食道	食道根除术后重建食道	硅橡胶涤纶复合物、聚乙烯、聚四氟乙烯、天然橡胶
人工皮	保护创伤面，防感染，透气有助于新皮生长	硅橡胶骨胶原无纺布、离子型聚酯复合物、聚氨基酸、聚甲基丙烯酸羟乙酯
人工骨	骨替代	羟基磷灰石、多孔聚四氟乙烯、超高相对分子质量聚乙烯、聚砜碳纤维复合物
人工颅骨	颅骨替代	聚甲基丙烯酸甲酯、甲基丙烯酸甲酯与苯乙烯共聚物、聚碳酸酯
人工关节	置换变病及损伤的关节	钛-钴-钼-镍合金和高相对分子质量高密度聚乙烯、甲基丙烯酸甲酯与苯乙烯共聚物、多孔聚四氟乙烯、聚甲基丙烯酸甲酯碳纤维复合物
骨板、骨钉、脊椎钉 Harrington 杆	骨折修复，排列错位校正，矫正慢性脊柱弯曲	聚砜碳纤维复合材料、聚乳酸、聚乙烯醇复合材料
齿料材料	齿修补、替代	尼龙、聚甲基丙烯酸甲酯、聚碳酸酯、氯乙烯与醋酸乙烯共聚物、硅橡胶、环氧树脂、聚苯乙烯、聚砜、吸水树脂
人工喉	喉头切除后发音功能恢复	硅橡胶涤纶织物复合物、膨体聚四氟乙烯、聚氨酯、聚乙烯、尼龙、聚甲基丙烯酸甲酯
人工肾	肾功能衰竭患者肾功能的替代	醋酸纤维素、铜氨纤维素、聚丙烯腈、聚甲基丙烯酸甲酯、聚乙烯醇、乙烯-乙烯醇共聚物、聚砜、聚碳酸酯、丙烯腈苯乙烯共聚物、聚氨酯、聚四氟乙烯、聚氯乙烯、硅橡胶、吸附树脂、炭化树脂、火棉胶、聚甲基丙烯酸甲酯
人工肝	急性肝功能衰竭治疗，血液解毒净化	活性炭、炭化树脂、吸附树脂、聚丙烯酰胺、环氧氯丙烷交联琼脂糖、火棉胶、白蛋白、硅橡胶、聚氨酯、聚四氟乙烯、聚丙烯
人工肺	替代肺进行血液气体交换	聚氯乙烯、硅橡胶、聚丙烯空心纤维、聚砜空心纤维
人工胰	替代胰脏功能，释放胰岛素，控制血糖水平	海藻酸、聚丙烯腈、聚氨基酸
人工胆道	替代摘除的胆道	聚氨酯、硅橡胶
人工输尿管	替代摘除输尿管	聚氨酯、硅橡胶、涤纶织物、毡、聚甲基丙烯酸羟乙酯涂料
人工膀胱	膀胱全切后，替代膀胱集尿、排尿功能	硅橡胶、聚氨酯、天然橡胶乳液、涤纶织物、毡、聚丙烯
人工括约肌	控制排尿	硅橡胶
人工乳房	乳房修复、整容	硅橡胶、硅凝胶、氟硅橡胶
人工睾丸	睾丸修复	硅橡胶

续表

用途	功能	主要使用的高分子材料
人工阴茎	治疗器质阳痿	硅橡胶、聚氨酯、聚甲基丙烯酸酯
人工脑硬膜	脑手术	硅橡胶、聚四氟乙烯
人工腹膜	代替	聚乙烯、聚四氟乙烯、硅橡胶、血纤维蛋白、涤纶、PVC
疝增补材料	修补	聚乙烯醇、涤纶、尼龙、聚四氟乙烯、聚乙烯
人工指	修复	硅橡胶、聚丙烯、超高相对分子质量聚乙烯
人工角膜	替代	硅橡胶、聚甲基丙烯酸甲酯
人工眼珠	替代	硅橡胶
人工玻璃体	替代	液状有机硅、骨胶原、聚乙烯醇水凝胶
人工输卵管	修补、替代	硅橡胶
各种医用插管	治疗过程中引流、输液检查	聚乙烯、聚氯乙烯、硅橡胶、天然橡胶、聚氨酯、聚四氟乙烯
注射器	向人体输送液体、药物	聚丙烯、聚乙烯、聚苯乙烯、聚氯乙烯、天然橡胶、泡沫聚苯乙烯、氨纶弹力丝织带
输液输血袋、输液输血器	向人体输液、输血	聚氯乙烯、聚丙烯、聚乙烯、ABS 树脂、尼龙
医用手套、指套	检查疾患、手术时医生使用	天然胶乳
避孕套	避孕	天然胶乳、聚氨酯
宫内节育器	妨碍受精卵着床	硅橡胶、聚乙烯
长效避孕药具	缓释避孕药	硅橡胶、聚乳酸
绷带	固定、包扎伤口	反式聚异戊二烯、水固化聚氨酯、泡沫聚苯乙烯、氨纶弹力丝织带
手术覆盖膜	代替手术圆孔巾、防止汗液感染	聚乙烯膜、聚甲基丙烯酸酯压敏胶、有机硅处理的尼龙布
止血海绵	伤口及刀口止血	聚乙烯醇、明胶
组织黏结剂	用黏合代替缝合	α-氰基丙烯酸丁酯、亚甲基丙二酸酯类、聚氨酯预聚物、GRF 胶(由明胶、间苯二酚、甲醛组成)、环氧树脂
血液消泡剂	输血消炎	硅油
手术衣		无纺布(聚酯、尼龙)等
各种手术器具		聚乙烯、增强塑料
消毒罐		工程塑料

第二节 医用高分子材料的基本要求

人体是一个极其复杂的生理环境，存在着影响材料性能的许多因素。材料本身的性能或隐藏的问题(如材料中的端基功能)、低聚物和单体的存在、添加剂和加工过程中混入的杂质(如稳定剂、增塑剂、填料、交联剂、催化剂，包括有机杂质和无机物杂质)可能与人体组织接触时发生多种反应，同时人体对材料也会产生多种影响。这种影响可使高分子降解或歧化，反过来又会产生新的生物反应。

生物体的结构层次，可示意如下：

个体$\rightleftharpoons$器官(系统)$\rightleftharpoons$组织$\rightleftharpoons$细胞$\rightleftharpoons$分子

分子包括水、无机物离子、蛋白质、核糖、酯类、氨基酸类等。

高分子材料结构层次可示意为：

制品⇌高分子物⇌三次结构和高次结构⇌二次结构⇌一次结构(单体结构)

它们之间相互影响的微观变化很难说清，我们只能从半微观(可观察到的微观形态)和宏观上看到这些相互作用示意如下：

- 生物体与材料的相互作用
  - 生物反应
    - 血液反应
      - 血栓
      - 凝血、溶血
      - 白血球减少
      - ……
    - 免疫反应
      - ……
      - 抗原抗体反应……
      - ……
    - 组织反应
      - 炎症、粘附等
      - 细胞增强
      - 伪内膜
      - 细胞质转变等
  - 材料反应
    - 物理性能变化
    - 化学性能变化

一、医用高分子的基本要求

作为医用高分子，必须具有下列基本要求。

1. 组织相容性

机体对外来物的反应，即“排异”性，是生物的自然保护功能。哪怕无毒的高分子进入机体，也必然会受到排斥，引起程度不同、持续时间不同的反应。最终能否在机体中存在下来，主要在于材料自身的化学稳定性以及材料与机体组织的亲和性或者说是容忍性。

纯的合成材料，目前要完全达到高度的生物功能和组织相容性还比较难，只能说有些材料相对较好或好得多。

组织相容性的另一方面是外来物对机体的影响，包括是否与机体反应，是否引起炎症、过敏或癌变等，通常绝大多数纯的聚合物负面影响较小，而它的低聚物未反应的单体或添加剂杂质的毒性影响较大。

此外，高分子材料对机体的相容性还与它们在体内的存在方式以及与它们的外观形态有关。比如有人研究同一种材料，片状的要比粉末状和纤维状更容易引发肿瘤，即使片状形式，连续放置也比开孔放置更易引发恶性肿瘤。

2. 耐生物机体介质和酶生物老化性

人体环境比自然环境要复杂得多。高分子材料在人体内不同部位又有不同的介质，如胸腔碱性，胃液酸性，肠是碱性的，血液和体液有各种离子、蛋白和大量脂类物质、酶和一些代谢产物、胺、醇之类等。

“体内老化”主要因素可能是体液引起高分子降解、交联、相变或溶胀；自由基引起的氧化、过氧化降解或交联；酶的作用引起分解等。

3. 血液适应性

血液适应性包括不凝血、不溶血、不改变血液中的蛋白，不破坏血小板等。不在材料的表面引发凝血，要形成抗血栓。一般认为材料表面与血液接触后，蛋白质和脂质吸附于材料表面，材料发生构象变化，有些则导致血液中各有关成分发生相互作用，有的凝血、有的溶血反应，最终形成血栓。各国科学家都从分子和细胞水平上研究了血栓形成的基本过程以及高分子材料的影响。有人提出从高分子结构的变化入手，形成具有微相分离结构的材料，以改进血液的适应性；有人提出用生物化学的方法，引进生物活性物质来改善高分子材料的血液适应性等。

除了上述三点之外，医用高分子材料还应有下列的基本要求。作为医用高分子材料要求材料本身的溶出物和可渗出物含量低；有适用的物理机械性能；有较好的或说有满意的成型加工性能，还要有良好的灭菌操作性能。

另外，所谓生物相容性是一个统计学的概念，在做动物实验和临床实验时，更要注意组织反应的个体差异，在使用材料时，要注意跟踪研究和观察。

二、医用高分子材料的选择和鉴定

数十年的经验和使用实践，人类认识了许多高分子材料并应用于临床，这些材料都罗列在本章的一些表格中。但这些材料还不是尽善尽美的，人类在使用中或多或少地都会发现它们的不足。因此，材料的改进和进步是医用高分子材料的重要课题。

新材料新功能材料的研究结果应用到医学上，尤其是作为人体组织和器官，作为与血液体液接触的医疗器械，要进行综合评价，过程和次序大致是：

1. 理化性能测试

包括材料的外观、加工性能、摩擦系数、软化点、机械强度等等，这些由研究材料方提供。

2. 与现有产品和替代品的功能评价

如已有医疗器械，则新型的制品在功能上要进行评估。比如使用性能、使用寿命、消毒杀菌性能、清洗性能，以至于性价比等。尤其要评估与老产品之间的优缺点，对于改进和改善之处要慎重评价。

3. 体外试验和评价

以耐老化试验模仿耐体液性、对生物体的反应等等，在这个基础上，对材料提出新的要求并加以改性。

4. 生物体内试验和评价

包括长期埋入生物体内进行试验，提出改进意见。

5. 综合评估

对选择和提供的新材料综合鉴定，决定取舍。

三、医用高分子材料设计

医用高分子材料的设计，其实还要有待于医学的基础研究。

前面已经述及医用高分子材料的三个基本要求。有许多问题，人类的认识还没有深化，即以组织相容性而论，影响的因素就很多，甚至于至今还没有一个十分明确的说法。有人认为，任何材料都有排异性，只是程度不同而已。如果生命与排异过程并存，相安就可以认为不排异，于是人们着眼于“惰性材料”。实践证明，也并不是所有“惰性”材料都具有真正的惰性，在不同的生物体内，反应也不完全一样。

现在，研究材料的血液适应性的成果较多，许多学者研究血栓形成的原因，认为血液与异物接触，很快就会出现蛋白吸附，形成血小板粘附、红血球粘附、KH 因子活化等，最终形成溶血或血栓。可示意如下：

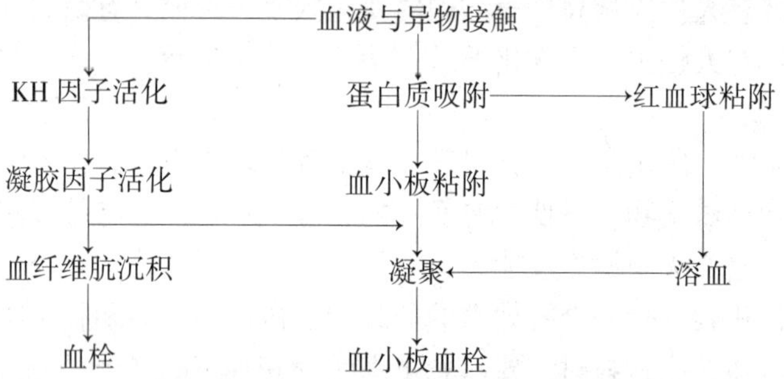

为了防止血栓和溶血，必须防止凝固因子被活化，因此有人提出用表面自由能小的或界面自由能为零的材料，有人研究带有负电的材料，认为难以形成血栓。

许多人研究了非离子型高分子材料表面的亲水性，认为材料特别易于润湿，具有很好的亲水性，或者特别憎水，其抗血栓性能要有所提高。

在这些理论指导下，人们合成的许多亲水聚合物，如聚醚长链高分子、具有许多羟基羧基的高分子等，有一些特别憎水的高分子如有机氟、有机硅等都被应用。有的把亲水、疏水材料加以嵌段、交替、复合等等，创造出了许多新型的医用材料。

判断高分子材料的血液相容性，主要研究其抗凝血能力和不损伤血液成分功能的问题，即研究材料表面抑制血管内血液形成血栓的能力，以及研究材料对血液的溶血现象和血小板机能降低的问题，研究不改变血液中电解质浓度，不引起有害免疫反应等问题。

在深入研究高分子材料结构和抗凝血关系的基础上，许多学者提出了种种血液相容性高分子材料的表面假说。

在此基础上，提出了各种高分子设计理论，得到了较好的抗凝血性能的高分子材料。实际上，一种好的抗凝血材料要兼具上述几种性能，才能成为好的血液相容性材料。现在对材料的研究进步有下列说法：

(1) 引入高含水的扩散表面

如用聚乙烯醇、聚乙二醇、葡聚糖、丙烯酰胺等接枝到聚合物表面上。最简单方法是将含羟基的水溶性聚合物涂布于聚合物表面，并适度交联。

(2) 形成微相分离结构

其中研究最多的是嵌段聚氨酯，亲水链多用聚羟基四亚甲基乙二醇、聚丙二醇、聚乙二醇，与二异氰酸酯聚合、扩链，变成微相分离的嵌段聚氨酯(SPU)。此外，还有苯乙烯-丁二烯共聚弹性体等。

(3) 形成活性药物表面

聚氨酯-肝素复合物具有良好的生物相容性和血液相容性。因此，研究聚苯乙烯、聚乙烯、聚丙烯、聚碳酸酯、硅橡胶表面进行肝素化处理，均获得良好的相容性。

(4) 形成伪内膜表面

在试验中发现在体内的高分子材料内壁形成一种结构与血管壁类同的稳定的内膜，称为伪内膜，在其上面不再产生凝血。许多研究者提出高分子的设计设想，研制成一种多孔高分子材料，在上面形成新的内皮细胞层。临床用于人工血管和人工心瓣，如编织涤纶人工血管、针织涤纶人工血管、膨体聚四氟乙烯等，似乎都有效果。

第三节　医用高分子材料应用概论

一、人工脏器和应用的高分子材料

1. 人工心脏、血泵

人工心脏的关键组成是血泵。泵体材料，有加成型硅橡胶、甲基硅橡胶、聚氨酯、聚醚聚氨酯、聚四氟乙烯织物、聚酯织物、聚硅氧烷和聚氨酯的嵌段共聚物等。临床上认为最好的应当是具有微相分离结构的聚氨酯嵌段共聚物，以及引入亲水聚合物的微相亲水疏水分离的聚氨酯嵌段共聚物。但聚氨酯长期植入后引起血液中钙沉积，钙化易引起泵体损伤的问题，尚待研究，并未彻底解决。

2. 人工心脏瓣膜

人工心脏瓣膜指能使心脏血液单向流动而不返流，具有人体心脏瓣膜功能的人工器官。一般由支持框架、底部转轮圈和活门三个主要部件组成。支持框和底部转轮圈要求一定的强度，一般用金属制造，但必须覆盖高分子抗凝血材料，即用形成伪内膜的涤纶或聚四氟乙烯织物包覆金属才可能实现。活门材料要求有相当好的耐磨性和抗老化性能，而且由于不断开合要求尽可能轻，聚四氟乙烯和硅橡胶是较合适的材料。

3. 人工肺

人工肺有四种形式，静立垂屏式人工肺、转碟式人工肺、鼓泡式人工肺和膜式人工肺。前两种已很少使用。由于膜式人工肺的特点是由膜将血液与气体分开，避免了由血气直接接触引起的血细胞破坏和蛋白变性，可安全地应用于长期体外循环。

膜式人工肺使用的高分子材料主要是：

① 无孔薄膜：以硅橡胶为代表，气体扩散性能好。硅橡胶包括二甲基硅橡胶、含苯基硅橡胶和氟硅橡胶，用于无孔薄膜的还有聚烷基砜。

② 微孔薄膜：血气交换功能良好。常用聚丙烯微孔薄膜，聚丙烯空心纤维是首选材料，也可用聚四氟乙烯、聚砜等材料。

③ 复合膜：可以克服微孔薄膜水渗出和无孔薄膜硅橡胶强度不够的缺点，用滤纸双面涂硅橡胶、微孔聚丙烯涂硅橡胶、聚酯纤维织物涂硅橡胶、有机硅和聚碳酸酯共聚物、烷基聚砜以微孔聚丙烯增强等。

4. 人工肾

所谓人工肾就是利用高分子材料或生物活性物质承担透析过滤和解毒作用，代替肾脏使血液中代谢的有毒物质排出体外或转化为无毒物质。近年人工肾的基础研究取得进展，推动了新材料、新器具、新装置的出现。

(1) 血液透析器

又叫透析型人工肾。临床上透析器有平板型、盘管型和中空纤维型，目前基本上使用中空纤维型，一般由外壳、透析膜、支承片组成，外壳和支承片材料要有一定强度，常用 ABS

或尼龙、聚乙烯或AS共聚物注射成型，空心纤维透析膜与外壳之间用聚氨酯密封，用作透析膜的主要材料有铜氨人造纤维(再生纤维)、醋酸纤维素、聚丙烯腈、聚碳酸酯、聚砜、聚甲基丙烯酸甲酯以及聚乙烯和聚醋酸乙烯共聚物等。纤维素衍生物原料易得，价格低廉，常常使用。

近年对材料的开发有较大进展，用丙烯酸改性PAN提高了其亲水性能，有人合成了全同立构的聚甲基丙烯酸β羟乙酯并用二异氰酸酯HDI适度交联，不同立构的膜，对一些物质的扩散顺序不同。比如交联度高的全同立构膜，扩散顺序为：尿素>氯化钠>乙酰胺，而间同立构则为氯化钠>尿素>乙酰胺。据报道聚乙烯和乙烯醇共聚物(聚乙烯和醋酸乙烯共聚后水解)中，疏水性乙撑链占30%时，膜的血液相容性、透析性、机械强度和安全性均令人较为满意。由甲壳类转化的壳聚糖制成的膜已受到人们重视。

(2) 血液过滤膜

膜材料包括聚砜、PMMA、三醋酸纤维素、丙烯腈-甲基丙烯磺酸钠共聚物、聚酰胺等。

(3) 血液灌流

利用吸附法把血液中代谢物去除。活性炭虽然有优良的吸附性能，但强度低，用离子交换树脂和极性吸附树脂，对尿酸吸附率达98%，对肌酐达99%以上，还能吸附活性炭不能吸附的血清胆红素。

(4) 生物活性物质处理高分子膜

要使人工肾作为人体器官，还有很长的路要走，利用生物活性物质和高分子材料相结合的方法制得的材料，已经在某些功能上取得好的效果，如报道聚丙烯酰胺-尿酶凝胶球，对氨转变为谷氨酸有很好的效果。

5. 人工膀胱

人工膀胱除生物相容性之外，机械强度、弹性和经受尿液的腐蚀性尤为重要。此外人工膀胱还要密封良好，与尿道、输尿管易于缝合，不产生漏尿，易于手术和消毒等。

人工膀胱的类型有：

人工膀胱—
- 生物体材料
  - 自体移植
  - 异体移植
- 高分子材料
  - 体外留置型
  - 再生型
  - 全置换体内移植型

体外留置型用硅橡胶作引流管，用一次性使用的集尿袋，使组织反应大为减少。用橡胶、PE、PP等制作集尿袋。

再生型是在膀胱切除后，体内留膀胱支架，使残留的膀胱和尿道再生一个膀胱，最后去除支架。支架材料有两类，一类如PE，用后取出，另一类由生物降解材料制成。

全置换膀胱用材料有硅橡胶、聚四氟乙烯、涤纶、聚丙烯、聚氨酯、聚乙烯海绵等，目前还在试验中。

6. 人工血管

人工血管应用广泛，目前世界上主要研究制作小直径血管。编织的聚酯纤维管是常用的血管材料，但仅限于6mm以上的。小于4mm的血管常用聚氨酯。为了改进聚氨酯的血液相容性，人们进行了多方面研究，主要研究嵌段聚氨酯。

材料要求在植入后，能缓缓释放出活性物，如血管生长因子、血小板活化因子等，新生的组织很快在植入的多孔支架材料上形成新的血管，用特氟纶(聚四氟乙烯纤维)和涤纶制成。用聚氨酯作为胶黏剂，并在血管内生成一种生物膜。

用于外科血管移植，填补材料除了PP、PA、PE、POR、PS及醋酸纤维素外，常用骨原胶或肝素加以改性。

7. 人工血液类

(1) 人工血浆

包括具有血浆蛋白渗透压的物质和营养液，主要是前者，曾用聚乙烯吡咯烷酮，现已被右旋糖酐(葡聚糖)、羟乙基淀粉等取代。

(2) 人工红细胞

人工红细胞主要成分为血红蛋白，其主要功能是 O_2 和 CO_2 的交换，因此开发高度气体交换的功能材料就是合成人工红细胞的主要目标。现在大多使用氟碳化合物，如全氟萘烷和全氟萘烷加全氟三丁胺等，如氟碳代血。

组成(质量份)：		NaCl	0.6
全氟三丁胺	20	KCl	0.034
全氟萘烷	14	$MgCl_2$	0.02
全氟三丙胺	6	$CaCl_2$	0.028
乳化剂	2.56	$NaHCO_3$	0.21
卵磷脂	0.4	葡萄糖	0.18
羟乙基淀粉	3.0	水	100

近年来用天然血红蛋白与高分子材料结合的“杂化”型人工血红细胞取得了新的进展。

8. 人工肝脏、人工胰脏等

早期的人工肝脏是由血液透析、血浆分离、毒物吸附器等组合，可以作为体外的功能代用器。透析膜有的用PS，有的用PCN，以及用离子交换树脂膜作吸附膜等。现代有研究在高分子材料表面增植活体肝细胞，但还在研究，目前还只限于制成透析膜，用于肝昏迷急救。

所谓人工胰脏往往是活体胰脏外面覆盖一层高分子膜，或研究用中空纤维作为胰岛素供应装置，以控制胰岛素分泌。

二、五官科、创伤外科和整形外科材料

1. 人工皮肤

人工皮肤的主要作用是防止水分和体液从创面蒸发或流失，预防感染和使肉芽上皮细胞逐步成长，促进治愈。因此对人工皮肤主要要求是有类似皮肤的柔软性、润滑性、透湿性，与创面组织能贴紧，具有相容性，但治愈后又易脱落，防止创面水分和体液损失，并具吸收渗出液的特性，无毒，无刺激，不引起免疫反应，易于消毒和保存。

临床常用两种形式：一种是织物，一种是薄膜。织物大多采用尼龙、聚酯、聚丙烯纤维织成丝绒状，织物的基底层涂布硅橡胶或聚氨基酸，特别是氧化聚蛋白酸。薄膜材料一般是聚乙烯醇、聚氨酯、硅橡胶、聚乙烯、聚四氟乙烯多孔膜等。由硅橡胶和尼龙纤维复合人工皮，用于三度烧伤已较成功，在硅橡胶或复合硅橡胶膜上加上多孔胶原软骨素或微孔甲壳素复合膜、多肽膜与尼龙丝绒复合膜等，均具有许多优点，超

过单纯的高分子材料。

2. 人工骨和人工骨关节等

人工骨的使用历史较久，最早使用人工骨至今已一百多年。20 世纪后期，许多工程塑料问世，使骨科材料大大拓展。用聚砜复合磷酸氢钙等骨质材料，可以促进新骨生长。用聚甲基丙烯酸甲酯(PMMA)的复合体，力学性能好，而且适应 X 光造影。超高相对分子质量的聚乙烯，耐磨耐冲击，人体适应性较好。

骨关节比较复杂一些，腕关节常用聚酯，骨臼等部位常用泡沫孔的超高分子聚乙烯。指、趾关节常用聚丙烯和硅橡胶。硅橡胶有很好的抗老化性，伸张-弯曲抗疲劳寿命超过 6 亿次。作为人工关节的还有聚甲醛、多孔聚四氟乙烯以及 PMMA 的碳纤维复合材料等。

接骨材料常用 PMMA 和硅橡胶。

3. 眼科材料

人工角膜常用硅橡胶，柔软透气，透光率好，与角膜曲率相同，而且可以直接缝合作人工内膜。此外也有用 PMMA、PAA 复合物等亲水性薄膜作为人工角膜材料。

人工晶状体一般用硅橡胶，也有用丙烯酸丁酯、环已酯等丙烯酸酯共聚物制成的。

用 PVA 的水凝胶制作人工玻璃体，已经使用多年。用泡沫硅橡胶作人工眼球，有弹性，饱满度好。

用作视网膜脱落的修复材料，主要是硅橡胶。

接触眼镜也可视为眼科材料，一般用聚乙烯吡咯烷酮、聚甲基丙烯酸的羟基酯、硅凝胶。

4. 牙科材料

龋齿的填补材料很多，主要的要求是在室温下能够固化的材料。有用甲基丙烯酸酯的共聚物与填料，主要是 SiO_2 或玻璃等混合，有人主张用室温可以激发自由基的引发剂以液相或黏稠的预聚物用于补牙，可以做到“无孔不入”，充分补填牙洞。

假牙要求抗压、耐磨和一定的机械强度，以 PMMA 为主体的丙烯酸酯类共聚物，使假牙光泽而美观，也有用聚砜材料的。

人工冠齿和牙托材料，仍然以甲基丙烯酸酯共聚物为主体，还可用高抗冲的聚砜或其他材料，以硅橡胶作牙托衬垫材料，可以直接在口腔内咬合固化成型，牙托有弹性，而且可以提高咀嚼力。

5. 人工听骨

用于骨畸形、中耳炎、中耳听骨缺损，可恢复部分听力。常用多孔性的超高相对分子质量的聚乙烯。

6. 人工乳房

乳腺疾病成了困扰女性的重要疾病，而其中许多妇女需要做乳房切除术。为了给手术后的女性一种尊严，为了给女性人格创伤的修复，许多需要做乳房再造手术。以一种高抗撕硅橡包膜，内充半流动硅凝胶制成人工乳房假体，外形可以有多种形式，可以供只切除一个乳房的女性选用。整个人工乳房植入后，生成的组织会将它固定在胸壁，手感逼真，形态美观稳定。但对其毒理尚有争议，多数人倾向于无毒之说。然而一旦植入之后，将会影响乳房部位的进一步 CT 检查，不容易发现早期的肿瘤。所以，人工乳房不是美容品，也不是纯美意义上的整容，它只是给疾病折磨的女性带来尊严，而不主张给“爱美”的女性去整容。

7. 其他外科和整形材料

鞍鼻的整形主要使用室温硫化硅橡胶。一种是先定形再植入，另一种则用液体的室温硫化硅凝胶，注射到需要整形的部位，可以收到很好的效果。

下颌骨在病伤被切除后，不仅不美，也不能咀嚼。用室温硫化硅橡胶和高抗撕硅橡胶制成人工下颌骨，切口愈合后，不见疤痕。

硅橡胶制成耳壳，以氰基丙烯酸酯或 PMMA 作耳壳和皮肤的粘接，富有弹性，不易老化变质。也有用聚氨酯弹性体制耳壳的。

用硅橡胶作人工喉是一种理想的材料，硅橡胶还用于修补其他损伤。

三、高分子药物、药物释放媒介

天然高分子用作药物已有不短的历史。如淀粉、纤维素的应用，酶和酶制剂，用作药物的激素等。而人工合成的高分子或人工改造的高分子应用于药物上，是近几十年的事情，无论从药理药性药效上，自不能同日而语，一般分为：

高分子药物—
- 高分子本身就成为药物
  - 本体
  - 络合物
- 以高分子为骨架的药物
  - 侧基接枝
  - 离子交换
- 高分子为药物媒介的
  - 包衣和胶囊
  - 释放媒介体系
    - 缓释药物
    - 靶向药物
    - 传递药物

1. 药理活性的高分子

这部分本身具有药理活性的高分子较少。例如实验证明癌细胞负电荷高于正常细胞，利用正离子型聚合物中和负电荷，对癌有阻止作用，聚氨基酸、聚乙撑亚胺、聚丙撑亚胺、聚乙烯基胺、聚乙烯基-*N*-羟基吡啶等，有利于进入癌组织，但有毒性和过敏等副作用。

负离子聚合物中，乙烯基醚-顺酐共聚合得到的吡喃聚合物能抑制许多病毒，有持续的抗肿瘤活性；许多顺酐的共聚物水解后成为聚电解质，具有良好的抗病毒性。

有人用聚丙烯酰胺低浓度注入血管，可维持血管弹性。合成肝素是一种聚多糖，用作抗凝血剂。

聚乙烯基咪唑是模拟天然酶的聚合物。还有聚丙烯酰咪唑等，其与醋酸乙烯酯、甲基丙烯酸、丙烯酰胺等的共聚物，也有良好的水解能力。

二甲基硅油(有机硅油)用作消泡剂，治疗肺水肿、肺气肿疗效显著。肠胃功能紊乱而出现的大量泡沫能引起胀痛和呼吸困难等，用硅油口服，可以有确定的效果。硅油已被载入药典。此外硅油还用于手术防粘连、烧伤涂敷创面防止感染，有利于机体新生，硅油还用作皮肤某些疾患的辅助疗剂。

2. 与高分子链接枝的低分子药物

酶用于治病，功能自显。但由于它的水溶性，使酶不稳定，很易于失去活性。用高分子材料将之接枝到侧链上，形成固定化酶，保持了活性，收到很好效果。用于固定化的有聚丙烯酸、聚丙烯酰胺、聚丙烯酸酯、聚甲基丙烯酸甲酯。这个方法现在扩而大之，可以固定化激素，固定化的激素在药效上有缓释长效的结果。

将对氨基水杨酸这种传统的抗结核药物与聚乙烯醇反应，在侧基上发生酯化反应，成为聚对氨基水杨酸乙烯酯，仍然是一种长效抗结核药物。高分子表达式为：

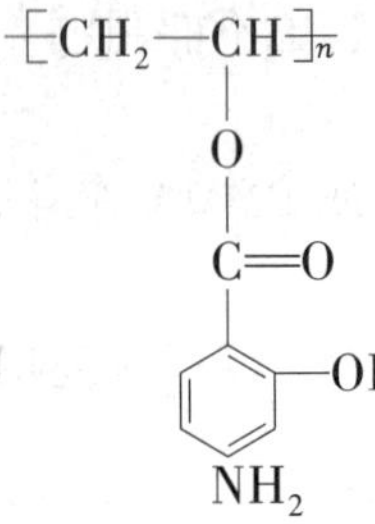

有些药物和高分子接枝后，可降低毒性，或者制成水溶性药物，或者可以提高药效。例如，水杨酸酯类有良好的抗紫外线性能，但毒性较大。当它和聚乙烯接枝，变成

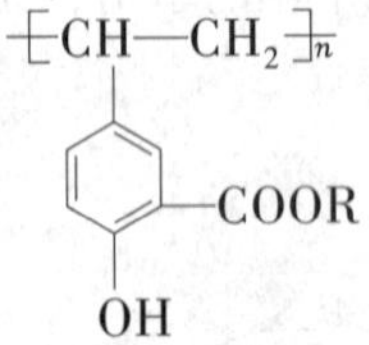

，毒性大大下降。

3. 高分子材料作为药物释放的媒介

化学药物通常可以治病，但一般都具有毒副作用。况且，许多化学药物作用激烈，很容易破坏人体的各种平衡，例如糖尿病患者血液中糖(葡萄糖)浓度甚高，如以胰岛素促进组织吸收血糖，可使血糖降低，但血糖过低又会危及生命，破坏人体平衡。这当然与早期形而上学的思维方法有关，为了挽救这种形而上学的医药思维，因此有人提出一种“智能用药”的实验，它设想有一种智能型的材料可以感知需要药的用量和需要与否，它以感知疾病引起的化学物理变化为信号，反馈药物的释放、释放量和终止释放。例如胰岛素的释放与糖浓度有关，采用多孔的聚甲基丙烯酸羟乙酯、聚碳酸酯、再生纤维素或聚偏氟乙烯膜，似乎可以起到调节作用。最近有人用氨端基的聚醚(PEO)为分散剂，将含胰岛素的刀豆球蛋白水溶液的己二胺油包水体系，与癸二酰氯的环己烷氯仿溶液进行界面缩聚，得到含胰岛素尼龙微胶囊(70μm)，封闭于偏氟乙烯膜中。胰岛素从这些微胶囊中释放迅速，糖浓度升高10倍时，胰岛素释放，迟延时间小于10分钟，而当糖浓度正常时，释放速率立即减小而且无迟延。这种自动调节的释放药物装置还在研究中。

此外，靶向给药体系、利用电流控制给药体系等都要应用药物形成高分子的微胶囊。微胶囊的制备有物理方法、化学方法和化学物理方法等。

高分子材料作为药物的载体，包括药物的包装和缓释包衣、粘贴性药物、凝胶吸附药物和上述的微胶囊药物或智能微胶囊药物等。水溶性高分子作为药物包衣是最常用的，如聚乙二醇、聚乙烯醇、羧甲基纤维素、羧丙基纤维素等，有些药物要在胃中起作用，依靠胃溶性高分子作包衣和缓释包衣。需要在酸中(胃酸 pH = 1 ~ 2. 5)缓解的聚合物，如聚乙烯吡啶、羟氨基烃基纤维素聚甲基丙烯酸氨基酯、聚氨基甲基苯乙烯等。有些药物要在肠中溶解吸收，如在胃中可能刺激、恶心，因此要有在胃酸环境中不溶解而到肠道环境(十二指肠 pH5 ~ 7、回肠 pH8)中溶解的高分子作包衣，如醋酸乙烯琥珀酸酯、聚醋酸乙烯酯-邻苯二甲酸和顺酐共聚物、丙烯酸酯共聚物、苯乙烯-顺酐共聚物等含有羟基的高分子聚电解质。

中国的膏药沿用已久。西药一般都是橡皮膏，易引起过敏，现在可用聚丙烯酸、聚乙烯醇等高分子材料与药物制成膜剂，作粘贴性缓释药物，亦有独到之处。用凝胶制成能够“感知”外界变化(物理变化)的一些智能型药物，同智能型胶囊、靶向给药、植入微胶囊药物、靶向移植药物系统一样，正在被人们重视和研究，其中一些很特别的高分子材料将起着特殊的作用。例如用硅橡胶包封的药物，可以放入体内，已用于女性避孕，用于治疗肿瘤。

作为药物应用的高分子材料一般应本身无毒，不会引起组织反应，不会导致炎症、肿瘤，一般能溶于水，能到达病灶。

四、医疗用品和器械以及包装材料

高分子材料主要用途是医疗器械。

医疗器械——
- 一次性医疗用品(如注射器、输液器、麻醉和某些检查器具)
- 黏合剂、缝合线
- 检查和检验用品(听诊、检查、化验等)
- 囊袋用品(血袋、尿袋等)
- 手术工具，包括担架、手术台等
- 消毒器具
- 外科、伤科材料，器具、机械、零件
- 其他

包装材料分为硬性材料和软性材料两类，要求强度高、尺寸稳定、尽量透明、气密性好。

医疗器械和包装材料，仍然要求无毒、溶出物极少、溶出物无毒、无组织反应等，常用工程塑料及 PE、PP、聚酯、聚氨酯、聚乙烯醇、硅橡胶等。过去许多地方用聚氯乙烯，由于其单体氯乙烯强烈致癌，且软 PVC 必须添加增塑剂，通常有毒有害。今后应逐步使 PVC 退出医用材料行列。现在相似的高分子很多，不必拘泥于成规和成法。

1. 医疗用品和医疗器械

高分子材料用于医药用品和医疗器械，一般说来，仅仅是材料的替代和更新，有些要比原有材料有突出的优点，试举例如下：

医用绷带和绷扎材料，过去用石膏，现在改用由异氰酸酯封端的聚氨酯，使用前在水中轻浸，然后一层一层扎在需要固定的部位，聚氨酯固化后形成有微孔的硬泡塑料，汗液易于散发，强度足以固定骨折部位。

医用导管，过去一直用乳胶，用于导流如导尿和导出体液，可能有副作用而且阻力大，现在改为使用尼龙、硅橡胶、聚氨酯等材料，流体阻力大为减小，对人体无刺激作用。

有些隔离无菌布，用硅橡胶处理，不仅无毒、透气，而且剥离十分简易，没有粘连生物体液的现象，用于创伤、颅外伤手术，是其他材料几乎不可替代的。

医用缝合线，实际使用量较大，一般分为可吸收和不可吸收的，都有相应的医用高分子材料等。此外还有许多一次性医疗用品如一次性手术床垫、手术衣、垫布等。许多囊袋如血袋用塑料口袋则利于运输、消毒和使用。

2. 诊断检查器械和试剂

高分子检查诊断试剂的领域发展十分迅速，在许多时候医用高分子可以起到吸附生理活性物，起到吸附体载体隔离膜的作用等。

例如许多酶试剂，氧化-还原酶、脱氢酶、转移酶等用高分子加以固定，形成方便使用的试剂和测试、普查、检测的工具中的关键部件。

有些利用吸附功能的高分子材料，对免疫体抗体抗原的吸附，形成敏感乳胶表面，可以很方便地检测试样的抗体或抗原反应发生凝聚作用。这种方法方便经济，检出率高。

听诊器的橡胶导管改用硅橡胶，可以很清楚地听到微弱的杂音，用硅橡胶或聚氨酯、特氟隆材料等制成胃镜的导管，不呛不卡，用于光导纤维的外涂层，无毒，摩擦系数小，适用于胃镜、喉镜等诊疗器械。

3. 高分子药物包装材料

药物的包装，是药物制剂中重要的辅助材料。药物要求要有适合治疗要求的形态，有些还要防潮、避光、密封、储存，药物的包衣必须满足各类要求。有的易溶包衣，有的是胃溶包衣，有的是肠溶包衣等，类似于药物的重要组成部分。

至于药物中的增稠、分散、消泡、稀释等添加剂，在液态形态的药物“包装”中，起重要作用。

各类药物使用的黏合剂、骨剂、涂膜剂都离不开医用高分子。

第四节　几种重要的医用高分子材料简介

一、有机氟和特氟隆

高分子的主链是碳链或碳杂链，氟原子作为碳键上的取代基而存在，这类高分子一般称为有机氟，所有的氢都被氟取代的称氟碳聚合物，部分被氟取代的或者含有其他原子的称含氟聚合物。医用材料中，使用最广的是聚四氟乙烯，特氟隆又叫氟纤维，是由聚四氟乙烯“纺丝”制成的。

聚四氟乙烯的合成一般是由自然界的氟萤石（CaF_2）生产无水的 HF：

$$CaF_2+H_2SO_4 \longrightarrow HF\uparrow +CaSO_4$$

无水氟化氢合成 F_{22}：

$$CH_3Cl+2HF \longrightarrow CHClF_2$$

F_{22}裂解为四氟乙烯：

$$2CHClF_2 \longrightarrow CF_2=CF_2+2HCl$$

四氟乙烯在高压釜中悬浮聚合或乳液聚合，用引发剂过硫酸铵，温度 45～50℃，压力 0.4～0.6MPa，聚合 1～2h，可以得到粉状的聚四氟乙烯。

聚四氟乙烯可以加工成 0.2μm 的超细粒子，悬浮在液体中，形成胶体溶液，用于浸渍碳纤维和合成纤维或多孔物质，一般认为聚四氟乙烯胶体粒子可以较好地附着。

聚四氟乙烯制品，常常是用聚合物粒子以粉末冶金的方法，先冷压成制品，这种冷压材料又叫“生料”，把生料在 380℃左右烧结，就变成制品，由于聚四氟乙烯熔点接近分解点，熔体黏度在 10^{10}Pa·s 以上，无法用注塑模压等方法加工。许多制品是由聚乙氟乙烯烧结成棒、管、板材，再用机械方法加工。

聚四氟乙烯只有在高温高压下被 F_2、熔融的碱金属等腐蚀，几乎能耐受所有的介质。对生物体液完全耐受，很难为一般液体所浸润。聚四氟乙烯热稳定性好，不受紫外光、臭氧影响，耐高温、耐疲劳，是十分理想的“惰性材料”。

特氟隆纤维一般可由聚四氟乙烯棒材车削成薄膜，再切割成纤维进行热拉伸得到，也可以将聚四氟乙烯分散体与其他化学纤维原料胶体混合，进行纺丝，再烧掉化学纤维，可得中空的特氟隆。

二、聚丙烯酸酯

通常是指单体丙烯酸、甲基丙烯酸和它们的甲酯、丁酯、戊酯、羟乙酯、羟丙酯以及酰胺均聚或共聚合的产物。

医用的聚丙烯酸酯当中，最为常见的是聚甲基丙烯酸甲酯(PMMA)、聚甲基丙烯酸羟乙酯和聚丙烯酰胺类。PMMA 材料性质稳定、透明，易于加工，生理惰性，与生物机体相容性尚好，与甲基丙烯酸羟乙酯共聚，可以获得高亲水性的聚合物。聚甲基丙烯酸、聚甲基丙烯酸羟乙酯适当交联可以制成水凝胶，作为医用高分子材料适应血液的涂层，保护膜作为亲水膜，都有十分重要的意义。

聚丙烯酸酯一般在溶剂中沉淀聚合，引发剂用偶氮化合物，反应温度 60~70℃，反应放热较大，要控制反应速度，现代有反相悬浮聚合，可以获得较纯的亲水聚合物。

三、聚氨酯

聚氨酯是由二异氰酸酯和含有活泼氢的化合物(如醇、胺等)反应而成，反应式如下，不要任何催化剂，不要溶剂就可反应。

$$x\mathrm{O{=}C{=}N{-}R{-}N{=}C{=}O} + y\mathrm{HO{-}R'{-}OH} \longrightarrow \mathrm{HO{-}R'{-}O{-}\underset{\underset{O}{\|}}{C}{-}NH{-}R{-}NH{-}\underset{\underset{O}{\|}}{C}{-}O{-}R'{-}OH}$$

$$\text{或}\quad \mathrm{O{=}C{=}N{-}R{-}NH{-}\underset{\underset{O}{\|}}{C}{-}O{-}R'{-}OH}$$

$$\text{或}\quad \mathrm{O{=}C{=}N{-}R{-}NH{-}\underset{\underset{O}{\|}}{C}{-}O{-}R'{-}O{-}\underset{\underset{O}{\|}}{C}{-}NH{-}R{-}N{=}C{=}O}\ \text{等}$$

$$\mathrm{O{=}C{=}N{-}R{-}NH{-}\underset{\underset{O}{\|}}{C}{-}O{-}R'{-}O{-}\underset{\underset{O}{\|}}{C}{-}NH{-}R{-}N{=}C{=}O} + \mathrm{HO{-}R''{-}OH} \longrightarrow$$

$$\mathrm{O{=}C{=}N{-}R{-}NH{-}\underset{\underset{O}{\|}}{C}{-}O{-}R'{-}\cdots\cdots R''\cdots\cdots R'{-}O{-}\underset{\underset{O}{\|}}{C}{-}NH{-}R{-}N{=}C{=}O}$$

$$\text{或}\quad \mathrm{HO{-}R'{-}O{-}\underset{\underset{O}{\|}}{C}{-}NH{-}R{-}NH{-}\underset{\underset{O}{\|}}{C}{-}O{-}R''\cdots\cdots R''{-}O{-}\underset{\underset{O}{\|}}{C}{-}NH{-}R{-}NH{-}\underset{\underset{O}{\|}}{C}{-}O{-}R'{-}OH}$$

其中，R 是代表二异氰酸酯的烃基；R′是代表醇或胺的烃基。这些基团有的柔性，有的刚性，就构成有声有色的高聚物。

聚氨酯的形态有塑料树脂，可以自动交联，也可以用外交联剂交联；还可是泡沫塑料，形成多孔状的软的和硬的“海绵”；也可以纺成丝，就是有名的氨纶，现在已经为人们所重视，氨纶弹性好，耐介质性好，性能稳定；如果改变聚氨酯体系中的 R 和 R′基团，还可以制造出生物降解的纤维材料。医学上常用的则是聚氨酯的弹性体和纤维。

聚氨酯弹性体是由软链段和硬链段交替组成的，含有许多—NHCOO—基团的极性高聚物，通过选择适当的软、硬链段结构及其比例，就可合成出具有良好的物理机械性能、同时具有血液相容性和生物相容性的医用高分子材料。聚氨酯弹性体优异性能，具有优良的抗凝血性能；毒性试验符合医用要求；临床应用中生物相容性好，无致畸变作用，无过敏反应；可解决天然胶乳医用制品存在的“蛋白质过敏”和“致癌物亚硝胺析出”两个问题，从而成为许多天然胶乳医用制品的更新换代产品；具有优良的韧性和弹性，加工性能好，加工方式多样，是制作各类医用弹性体制品的首选材料；具有优异的耐磨性能、软触感、耐湿气性、耐多种化学品性能；能采用通常的方法灭菌，暴露在 γ 射线下而性能不变，可以适合于所需的医疗环境。

1. PU 弹性体的应用领域

PU 弹性体广泛用于生物医学和医疗卫生领域，成为重要的医用高分子材料。参见表 12-3。

表 12-3　PU 弹性体的应用领域

范　围	应　　用
普通外科	导管，气管套管，胃镜软管，医用连接管，血管手术缝合修补的外涂层，导液管等
整形外科	人工关节，人工骨，骨胶合剂，固定用敷料，弹性绷带，软骨等
成型外科	创伤被敷材料，人造皮肤
心血管外科	人工血管，人工心脏材料，人工瓣膜，血泵，分流泵泵腔，内反搏气囊和助搏气囊等
眼　科	隐形眼镜
泌尿科	人工尿管，男性输精管
其　他	医用手套，无粉手套
	计划生育用品，如可逆式输精管用聚氨酯栓堵剂，避孕套
	齿科材料如制造假牙，修补假牙
	缓释药物胶囊

2. 聚氨酯弹性体的发展方向

随着聚氨酯在医学生物领域中用途的不断拓宽，开发可生物降解的聚氨酯材料成为理想途径之一。如低聚糖衍生聚氨酯；木质素、单宁及树皮衍生聚氨酯；纤维素衍生聚氨酯；淀粉衍生聚氨酯；其他类型的可生物降解聚氨酯。可生物降解的聚氨酯在生物医学领域具有巨大的发展潜力。

具形状记忆功能的聚氨酯称为室温形状记忆聚氨酯。其工作原理是利用了硬段和软段二相之间的玻璃化温度的差别来实现形状记忆过程。它可用于制作各种矫形、保形用品，如牙科矫形器、骨科矫形器、绷带、乳罩、腹带等，可以先做成所希望的形状，然后二次成型为易于使用的形状，在使用时再加热使其恢复原形，从而达到预期的效果。形状记忆聚氨酯的应用前景广阔，改善其恢复温度的精确性是研究的重点。

目前，PU 在医疗卫生领域的开发，正向生物工程、细胞工程、免疫工程等方面迅速发展。从长远看，组织工程是生物医学工程领域中一个快速发展的新方向。这门交叉学科的核心是应用生物学和工程学的原理和方法来发展具有生物活性的人工替代品，用以维持、恢复或提高人体组织的功能。由于临床治疗的需要，应用于输血、烧伤、糖尿病、心血管等方面的组织工程技术得以优先发展。因此，对聚氨酯这种生物材料进行技术改性，有很好的前景。

PU 血液相容性较优，在提高其血液相容性的同时，开发在身体和材料之间具有物理、机械特性的相适合性更好的聚氨酯材料将有很好的前景。

四、有机硅

有机硅是半无机高分子，主链骨架是 ~Si—O—Si—O~ ，又称为聚硅氧烷。

聚硅氧烷的单体 HO—Si(R′)(R)—OH 极不稳定，一般都是由氯硅烷水解而得到的。

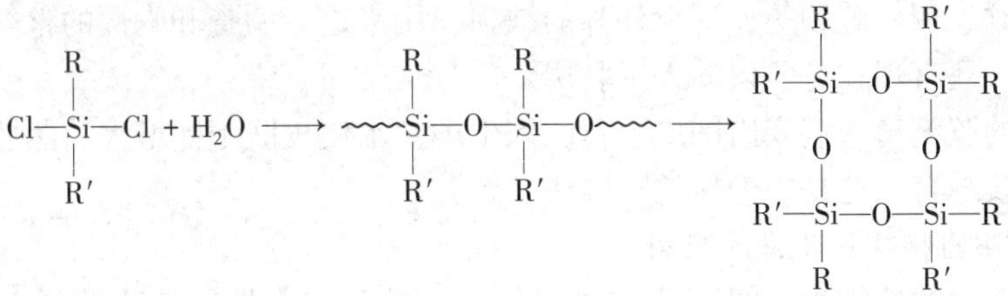

低聚体也可以成环状物存在，环状物中一般含 3~12 个硅原子。水解产物，包括环体和线性低聚体，用离子聚合方法可以聚合，常用 KOH、浓 H_2SO_4 和季铵 $N(CH_3)_4OH$ 作引发剂。

聚硅氧烷的性质与主链上硅原子接连的 R，R′基团有关。R，R′可以相等，可以不等，它们可能是—Cl、—C_6H_5、—CH_3、—C_2H_5、—OH，—H，—CH ═CH_2 等等。

如果单体是二氯硅烷，水解后产物是线型的；如果是三氯或四氯硅烷，水解后就可能成为交联的网状结构聚合物。网状聚合物称为硅树脂。调节硅原子上连接的 R 基团的性质，可以得到软、硬、韧、脆等不同性能、外观和特色的有机硅树脂材料，这些材料可能应用在医疗器械上作为耐气候、耐腐蚀、耐水、耐高温的涂层，也可能用在光纤的涂层。

有机硅当中，应用较多的是线性聚合物。当聚合度不大的时候，相对分子质量不到一万或一万左右，有机硅呈液体态，又称为硅油。如果主链上硅原子连接的 R′，R 基团都是—CH_3，称为二甲基硅油。如果一个 R 是 CH_3，另外一些 R′可能是—H，则叫“含氢硅油”。可能是—C_6H_5，则叫甲基苯基硅油。如果是—CH ═CH_2，又叫乙烯基硅油。如果 R′表示—OH，则被称为羟基硅油。

同样，线性聚合物中相对分子质量大于几万的，呈半流动态，叫硅橡胶，这是应用较多的有机硅品种。

如果有机硅链上有较多的羟基，它们之间可以缩合，类似于橡胶硫化。外加交联剂的常在室温下硫化，称室温硫化硅橡胶。不加交联剂，则往往是把羟基封锁，利用水汽解封自动交联，也叫室温硫化硅橡胶。利用基团含 H 和含—CH ═CH_2 的，可以自我“加成”，变成加成性硅橡胶，室温下自动加成的又叫硅凝胶。大多数含—CH ═CH_2 基团的，要加热才能硫化，故称为高温硫化硅橡胶。

作为医用高分子材料，硅橡胶的应用领域包括以下几方面：

1. 长期留置于人体内，作为器官或组织的代用品

这些产品包括脑积水引流装置、人工肺、视网膜植入物、人工脑膜、喉头、人工手指、

手掌关节、人造鼓膜、牙齿印模及托牙软衬垫、人工肌腱、人工心脏瓣膜附件等，有些要生物处理。

2. 短期留置体内，起到补液、抢救、引流注入、防粘连或消泡作用

这些产品包括静脉插管、导尿管、动静脉外瘘管、腹膜透析管、胸腔引流管、输血管、泄压管、胃镜套管、中耳炎通气管、导液管、鼻插管、接触眼镜等。

3. 作为医疗机械上关键性组成部件之一

这些产品包括人工心肺机输血泵管、膜式人工心肺机、胎儿吸引器和人工血液循环装置等。

4. 硅橡胶在整容和修复术方面的应用

用硅橡胶可制成一系列关节植入物和填复物来修补面容和身体、四肢的缺陷，修补前额、鼻子、下颏、颚、脖颈等，治疗外耳的缺损，用来进行颅骨和胸部的整容手术以及修补内脏、四肢等，还有现在有争议的人工乳房。

用硅橡胶的胶囊植入病变周围皮下，注入生理盐水使皮肤不断增大，然后切除病变，接着用扩张的皮肤缝合，这是一种新的整容法。

5. 硅橡胶在药物缓释体系的应用

延长药物疗效的持续性，提高药物作用的专一性和安全性，是药学研究中的一项重要课题。

1957 年人们开始把硅橡胶材料作为控制释放药物的包裹材料。1964 年 Folkman 和 Long 首先证明了封闭的硅橡胶管内药物可以缓慢释放出来，在相当长的时间里，在体内维持一定的药物浓度。随着科研人员的不断研究与探索，人们发现硅橡胶具有良好的渗透及透过性，使之成为理想的药物缓释材料。药物就可以利用硅橡胶的这种特性，透过硅橡胶进行有效的控制释放和缓慢释放。

利用硅橡胶来控制药物释放的方式主要有两种：一是包封型，即以药物作核心，外用硅橡胶薄膜包封。这种载药方式相当于把高分子膜囊作为药物的“仓库”，因此也称储库剂或膜制剂。二是微粒分散型，即药物以微粒分散在硅橡胶的基质中，随着药物释放的速度和释放时间的增大而变小，但它的制造比较简单，只要把药物和硅橡胶混匀、成型即可。

在这两种释药方式中，只有包封型才能把药物以稳定而适宜的速度释放出来。现在，利用硅橡胶生物材料为基质的缓释供药已应用于避孕药和抗癌药中，并已取得良好的效果，例如用它使避孕药物进入子宫或阴道内，达到长效、高效。该释放系统也可用于其他许多药物在动物体内的控制释放。

以硅橡胶为药物缓释体系中的主要载体应用产品有：

硅橡胶制成胶囊，通过这种胶囊壁膜能将药物(如各种甾族化合物、前列腺素、抗生素、镇静剂、安眠药、抗癌药、麻醉剂等)缓慢地扩散到体内。例如，将治疗青光眼的毛果兰香碱或治疗运动呕吐的莨菪胺包在胶囊中，贴在皮肤上，药物通过此胶囊缓慢释放，达到治疗的目的。

硅橡胶长效避孕药具，是以硅橡胶为载体的埋植剂，能缓慢、恒定地释放内含的甾体药物。经过几十年的研究表明，皮下埋植剂是适宜的长效避孕药具。

硅橡胶作为药物释放基质而制成的基质型药物缓释制剂，如：促进牛生长的荷尔蒙激素制剂。

硅橡胶应用于皮肤吸收型的制剂，如：作为冠心病预防药硝化甘油的 TTS 产品。

硅橡胶活性的释药阴道环及宫内节育器应用效果好而长效。以医用硅橡胶为原料的惰性的节育器几乎全部为这种活性的节育器所取代，这类阴道环所释药物有孕激素、雌孕合剂、雌激素、铜离子等。

6. 硅橡胶用作体外用品

由于硅橡胶薄膜具有良好的透氧、透二氧化碳的特性，具有与人体皮肤水分蒸发量相近的透湿性，对人体无毒、无害、无过敏、不易引起异物反应或排斥反应等优点，在用尼龙、聚酯纤维等增强后可用作人工皮膜。烧伤后的皮肤修复用硅橡胶贴片，可获得好的效果。

此外，加成型硅橡胶可用于非手术的女性输卵管粘堵绝育，硫化后，硅橡胶硬度适中，似软骨，具有伸展性，对周围组织无刺激作用，不会引起炎症和异物反应。

在许多医疗领域都采用了医用硅橡胶管，它是硅橡胶制品中发展最快、用途最广的产品。用于人体的医用硅胶管的发展趋势是微型化、薄壁、多腔、多种功能，既能抽样检测，又能灌洗、输液等。

7. 其他应用

医用硅橡胶可制备医用富氧膜。

利用硅橡胶进入体内固化的特点，用于作肿瘤的动脉栓塞促使肿瘤失去活性也很有前途。

医用硅橡胶除了上述几方面的应用外，还能应用于生物医学工程领域，其产品主要包括医疗用装置、医用电极、生物植入传感器的外包装材料。

例如，腹腔内化疗输药装置是一种全硅橡胶植入式腹腔内化疗导管系统。该系统以医用硅橡胶为原料，由储药盒和导管组成。该系统的特点是放置、使用简单易学，手术时无须增加器械设备，便于普及，有利于卵巢恶性肿瘤病人的治疗。

医用电极(板)：由于电极(板)与人体接触，因此要求材料柔软、舒适、呈生理惰性、对人体无毒、对皮肤无刺激、透气性能好。在使用过程中还要承受高温高压、有关溶剂的消毒，而性能不受影响。根据上述要求，选用硅橡胶作为基材较为合适。

生物传感器是目前生物电子学研究与开发的主要课题之一。它应用广泛，不仅在基础研究、临床医学、食品发酵、环境保护等方面显示了美好的前景，而且在活体应用方面也已变成了可能。其中，两种生物传感器——生物医学电极和植入传感器是活体应用的较为典型的例子。供移植使用的生物传感器外面通常需要一层包装材料，用来隔开周围的生理环境，因此，做活体应用尤其是植入人体的生物医学设备对材料的可靠性、耐久性、生物相容性等提出了更高的要求。而硅橡胶具有弹性好、良好的生物相容性，因此在电极外的硅橡胶层可以很薄，水和其他小分子可以自由通过。这种硅橡胶可以作为一种葡萄糖敏感电极的外包装，用来监控和调节糖尿病人血液中的葡萄糖水平。

硅橡胶在医用领域已占据了相当重要的地位，但若要有更大发展，仍需解决有关技术问题。

由于硅橡胶的疏水性，使其制品植入人体后仍有轻微的异物感。要解决这个问题，可采用表面改性，如在硅橡胶制品表面涂敷亲水性物质，或用辐射法使硅橡胶表面接枝，或用等离子体处理或通过共混改性，都可提高其亲水性。

随着生物医学工程、组织工程的发展，对材料的技术和性能要求日益提高。就硅橡胶而言，如何使其充分应用于生物工程与组织工程是今后研究工作的主要方向。如：生物传感器是当今引人注目的一项生物技术，生物传感器的微型化，与生物体的适应性等，将成为与人工脏器相关的重要课题。

总之，医用硅橡胶在生命科学、医疗器械、药物等领域中已得到广泛而重要的应用，但还有巨大潜力可挖，随着生命科学的发展及生物材料的研究，它将为人类社会做出更大的贡献。

第十三章　智能高分子

第一节　概　　述

一、智能高分子材料的发展

智能材料的构想来源于仿生，它的目标就是想研制出一种材料，使它能成为具有类似于生物的各种功能的“活”的材料。因此，智能材料必须具有感知、驱动和控制这三个基本要素。

20 世纪 50 年代，出现了智能结构这一概念，当时把它称为自适应系统。在智能结构发展过程中，人们越来越认识到智能结构的实现离不开智能材料的研究和开发。于是在 1988 年 9 月，美国陆军研究办公室组织了首届智能材料、结构和数学的专题研讨会；随后，1989 年日本航空-电子技术审议会提出了从事具有对环境变化做出响应能力的智能型材料的研究。从此，有关智能结构及智能材料的会议在国际上几乎每年一届。由已公布的资料来看，美国的研究较为实用，是以应用、需求为主推动研究与开发。日本偏重于从哲学上澄清概念，目的是创新拟人智能的材料系统，甚至企图与自然协调发展。因此，早期研究时美、日分别用“机敏”和“智能”一类定语，随着这种材料的出现，人们已逐渐接受“智能材料”这一概念。

1989 年日本高木俊宣教授给智能材料做了较为明确的定义，即智能材料是指对环境具有感知、可响应，并具有功能发现能力的新材料。此外，美国的 RE. Newnham 教授提出了灵巧材料概念，也有人称为机敏材料。这种材料具有传感和执行功能。他将该类材料分为三种：第一种是能响应外界变化的材料称为被动灵巧材料；第二种是能识别变化，经执行线路能诱发反馈回路，而且响应环境变化的材料称为主动灵巧材料；第三种是感知、执行功能并且响应环境变化，从而改变性能系数的材料，称为很灵巧材料，即称为智能材料。

20 世纪 90 年代以来，日本、美国、西欧等世界各国的材料界都开始研究智能材料。科学工作者又将必要的仿生功能引入材料，使材料和系统达到更高的层次，成为具有自检测、自判断、自结论、自指令和执行功能的新材料。从而，智能结构材料常常把高技术传感器或敏感元件与传统结构材料和功能材料结合在一起，赋予材料崭新的性能，使无生命的材料变得有了“感觉”和“知觉”，能适应环境的变化，不仅能发现问题，而且还能自行解决问题。

从研究的机理上看，智能材料来自于功能材料，功能材料有两类：一类是对外界(或内部)的刺激强度(如应力、应变、热、光、电、磁、化学和辐射等)具有感知的材料，通称感知材料，用它可做成各种传感器；另一类是对外界环境条件(或内部状态)发生变化做出响应或驱动的材料，这种材料可以做成各种驱动(或执行)器。智能材料是利用上述材料做成传感器和驱动器，借助现代信息技术对感知的信息进行处理并把指令反馈给驱动器，从而做出灵敏、恰当的反应，当外部刺激消除后又能迅速恢复到原始状态。这种集传感器、驱动器和控制系统于一体的智能材料，体现了生物的特有属性。把感知、执行和信息等三种功能材料有机地复合或集成于一体就可实现材料的智能化。

由于智能材料和系统的性能及所带功能可随环境而变化，其应用前景十分广泛。飞机的机翼引入智能系统后，能响应空气压力和飞行速度而改变其形状；进入太空的灵巧结构上设置了消震系统，能补偿失重，防止金属疲劳；潜水艇能改变形状，消除湍流，使流动的噪声不易被测出而便于隐蔽；金属智能结构材料能自行检测损伤和抑制裂缝扩展，具有自修复功能，确保了结构物的可靠性；高技术中采用许多灵巧系统，增加使用功能。其中还有智能水净化装置可感知而且能除去有害污染物；电致变色门窗可响应气候的变化和人的活动，调节热流和采光；智能卫生间能分析尿样，做出早期诊断；智能药物释放体系响应血糖浓度，释放胰岛素，维持血糖浓度在正常值；自愈自涂膜可以自动将裂缝愈合，保证防水、防潮、防透工程。

二、智能材料的分类

智能材料是最近二十年才出现的新功能材料。它的研究呈开放和发散性，涉及化学、物理学、材料学、电子学、人工智能、信息技术、计算机技术、生物技术、加工技术及控制论、仿生学和生命科学、海洋工程和航空等前沿学科及高技术领域，拥有广泛的应用前景和巨大的社会效益。目前智能材料的分类常按其组成来划分。

1. 金属系智能材料

金属智能材料，主要指形状记忆合金材料(SMA)。形状记忆合金是一类重要的执行器材料，可用其控制振动和结构变形。形状记忆是热弹性马氏体相变合金所呈现的效应，金属受冷却、剪切由体心立方晶格位移转变成马氏体相。形状记忆就是加热时马氏体低温相转变至母相而回复到原来形状。

目前研究开发的金属系智能材料主要有形状记忆合金和形状记忆复合材料两大类。

2. 无机非金属系智能材料

无机非金属系智能材料主要在压电陶瓷、电致伸缩陶瓷、电(磁)流变体、光致变色和电致变色材料等方面发展较快。

3. 高分子系智能材料

由于人工合成高分子材料的品种多，范围广，所形成的智能材料因此也极其广泛，其中主要有智能凝胶、形状记忆高分子、智能型药物控制释放体系、压电聚合物、智能高分子黏合剂、智能膜等高分子智能材料。

有些智能材料如形状记忆材料，既可以是金属系形状记忆合金，又可以是形状记忆陶瓷，也可以是形状记忆聚合物。既有磁致伸缩合金，也有磁致伸缩陶瓷。因此，也有从智能材料的自感知、自判断和自结论、自执行的角度出发，分为自感知智能材料(传感器)、自判断智能材料(信息处理器)以及自执行智能材料(驱动器)。

在上述智能材料中，智能高分子是一类当受到外界环境的物理、化学乃至生物信号变化刺激时，其某些物理或化学性质会发生突变的高分子材料。智能高分子也常被称为"刺激响应性高分子""环境敏感性高分子"等，是一种能感觉周围环境变化，而且针对环境的变化能采取响应对策的高分子材料。这是通过分子设计和有机合成的方法使高分子材料本身具有生物所赋予的高级功能，如自我修复与自我增强功能、认识与鉴别功能、刺激与响应功能等。目前主要的智能高分子材料有以下几类。

(1) 智能高分子凝胶

这是一种三维高分子网络和溶剂组成的体系。这类高分子凝胶材料可随环境的变化而产生可逆的、非连续的体积变化。高分子凝胶的溶胀收缩循环可用于化学阀、吸附分离、传感器和记忆材料。循环提供的动力可用来设计“化学发动机”，网孔的可控件可以用于药物释放体系。

(2) 形状记忆高分子材料

形状记忆高分子材料是利用结晶或半结晶高分子材料经过辐射交联或化学交联后形成的具有记忆效应的一类新型智能高分子材料。在医疗上，形态记忆高分子树脂可代替传统的石膏绷带。具有生物降解性的形状记忆高分子材料可做医用组合缝合器材、止血钳等。航空上，形状记忆高分子树脂被用于机翼的震动控制。利用高分子形状记忆材料可制备出热收缩管和热收缩膜等。

(3) 智能织物

这类织物具有可逆收缩，受潮湿时收缩，干燥后恢复到原始尺寸，湿态收缩率可达35%。可用于传感与执行系统、微型马达及生物医用压力与压缩装置。如压力绷带，它在血液中收缩，在伤口上所产生的压力有止血的作用，绷带干燥时压力消除。目前，分子纳米技术与计算机、检测器、微米或纳米机器的结合，又使织物的智能水平大大提高。

(4) 智能高分子膜

用高分子凝胶制成的膜能实现可逆变形，并能承受一定的压力。它的智能化是通过膜的组成、结构和形态来实现的。目前研究的智能高分子膜主要可起到“化学阀”的作用。但是目前对于化学阀功能的高分子膜应用范围还比较窄，尚有待于新材料的开发。

(5) 智能高分子复合材料

新的高分子复合材料具有自愈合、自应变等功能。在航空领域，用复合材料制成的贴在机翼上的“智能皮”，能取代飞机起飞、转向、降落所必需的尾翼和各襟翼。在建筑方面利用智能复合材料的自诊断、自调节、自修复功能，可用来快速检测环境温度、湿度，取代温控线路和保护线路。

第二节　智能型高分子凝胶

一、高分子凝胶

高分子凝胶是一种刺激应答性凝胶。自然界的一些生物(如海参等)的原始器官主要为水凝胶，它能够对外界的接触迅速作出响应，或柔软的躯体瞬间变得僵硬或部分体壁变为流动性物质。又如生物体肌肉收缩、松弛的分子机理为肌浆球蛋白和肌动蛋白纤维的互相滑移，肌肉收缩和松弛时，肌浆球蛋白间的纤维(可交联为凝胶状)产生很大的收缩或溶胀。在许多类似的自然现象的启示下，人们日益重视对高分子凝胶特别是刺激响应性智能凝胶的研究。

智能高分子凝胶是一类对外界刺激能产生敏感响应的高分子凝胶。根据对外界刺激的响应情况，智能高分子凝胶分为温度敏感性水凝胶、pH 值敏感性凝胶、光敏感性凝胶、压力敏感性凝胶、生物分子敏感性凝胶以及电场敏感性凝胶等。

高分子凝胶是由三维网络结构(交联结构)的高聚物和溶胀剂组成的，网络可以吸收溶胀剂而溶胀。根据溶剂的不同，凝胶又分为高分子水凝胶和高分子有机凝胶。智能高分子凝胶是指结构、物理性质、化学性质可以随外界环境改变而变化的高分子凝胶。当这种凝胶受到环境刺激时其结构和特性(主要是体积)会随之响应，如当溶剂的组成、pH 值、离子强度、温度、光强度和电场等刺激信号发生变化时，或受到特异的化学物质的刺激时，凝胶的体积会发生突变，呈现体积相转变行为(溶胀相←→收缩相)。即当凝胶受到外界刺激时，凝胶网络内的链段有较大的构象变化，呈现溶胀相或收缩相，因此凝胶系统发生相应的形变。一旦外界刺激消失时，凝胶系统有自动恢复到内能较低的稳定状态的趋势。

根据交联网络键合机理的不同，凝胶可分为物理凝胶和化学凝胶。物理凝胶是通过物理作用如静电作用、氢键、链的缠结等方式形成的凝胶。这种凝胶是非永久性的，通过加热，凝胶可以转变为溶胶，所以也被称为热可逆凝胶。例如许多天然高分子，在常温下呈稳定的凝胶态，当温度超过 60℃，凝胶逐渐转变成为溶胶，如 K 型卡拉胶等。在合成聚合物中，聚乙烯醇(PVA)是一个典型的例子，经过冰冻-融化处理，可得到在 60℃以下稳定的水凝胶。化学凝胶是由化学键交联形成的三维网络结构的聚合物，是永久性的，又称为真凝胶。根据大小形状的不同，凝胶有大凝胶与微凝胶之分。目前制备的微凝胶有微米级和纳米级。凝胶可以由一种或多种单体通过电离辐射、紫外线照射、物理缠结、氢键(或静电作用)复合，以及由化学试剂引发交联聚合的方法得到。合成凝胶的单体很多，大致分为中性(如甲基丙烯酸羟烷基酯、丙烯酰胺及其衍生物、丙烯酸酯及其衍生物)、酸性或阴离子型(如丙烯酸及其衍生物、苯乙烯磺酸钠)、碱性或阳离子型(如乙烯基吡啶)等。

二、高分子凝胶的形成

高分子凝胶在其良溶剂的作用下，将会发生溶胀。其溶胀的过程通常包括三个步骤：小分子溶剂(如水)向高分子网络的扩散；在溶剂化作用下，高分子链段开始松弛，构象发生变化；高分子链向空间伸展，使凝胶网络受力产生弹性回缩，当这两种相反的倾向达到平衡时，凝胶呈溶胀平衡状态。因此，高分子凝胶的性质，与高分子网络的结构以及它所包含的液体同高分子链的亲和力有关。

由于智能型凝胶的结构特点，在其中通常存在可离子化基团，如羧基、季铵基、磺酸基等，为电解质凝胶。若将这种凝胶结构放于纯水中，由于其中的可离子化基团解离，带离子的高分子网络由于静电斥力的作用而伸展，因此可吸收大量的水分。当向其中加入小分子电解质溶液时，解离出来的同高分子链上的离子电荷相反的盐离子，在高分子链周围聚集，从而中和高分子链上的离子，使凝胶产生收缩。

三、智能高分子凝胶的相转变行为

Tanaka 等把诱导高分子发生相转变的作用力归纳为四类：疏水相互作用、亲水相互作用(包括氢键和水的溶剂化作用)、范德华力和离子间的静电相互作用。随着外界环境的变化，这四种作用力相互竞争，引起高分子链段在溶液中的构象发生变化，最终导致相转变的发生。

1. 温度敏感性相转变

当大分子链上同时具有亲水性的基团和疏水性的基团时，线型高分子在水溶液中会随着溶液温度的变化而发生分子链构象的变化。由伸展的无规线团(coil)状转变为蜷曲球(globular)状，这种构象的变化，一般认为是亲水作用和疏水作用相互竞争的结果。例如，线型聚 *N*-异丙基丙烯酰胺(PNIPAm)，其结构式为该大分子链上同时具有亲水性的酰胺基和疏水性的异丙基。在低温时，水分子与 PNIPAm 的酰胺基团形成氢键，使得聚合物被一层高度有序的水分子包裹，此时，水和聚合物之间的亲水相互作用，导致体系的混合自由能降低，聚合物在水中溶解形成均匀的溶液；当温度升高至32℃时，氢键和溶剂化层遭到破坏，包裹在聚合物周围的水分子减少，疏水相互作用大于亲水作用，体系混合自由能上升为正值，溶液发生相分离，表现出最低临界溶解温度(LCST)。在NIPAm聚合过程中加入交联剂，就成为PNIPAm水凝胶，它在室温下吸水溶胀，而在32℃左右发生体积相转变而收缩。收缩的凝胶会随着温度的降低而再次溶胀，恢复原状。这种由温度敏感性引起的高分子的智能性和记忆效应，引起了人们很大的兴趣。

2. 凝胶的相转变

高分子凝胶受到外界环境条件(如pH值、溶剂组成、温度、光强度或电场等)刺激后，其体积会发生变化，在某些情况下，会发生非连续的体积收缩，即体积相转变。凝胶这种可与外界交换能量和信息并作出响应的特性，类似于开放的生物系统。

凝胶相转变可以是由溶胀相转变为收缩相，或由收缩相转变为溶胀相。天然和合成的高分子凝胶大都存在相转变，将引起其溶胀性能的较大变化。这种相转变类似于物质的液气相变。某些高分子凝胶正是因为可以发生体积相转变，才具有某种智能行为，因此体积相转变是我们讨论各种响应性凝胶的基础。

四、高分子凝胶的响应性

高分子凝胶可以由于环境中的物理或化学条件的变化而引起体积或形状的改变，根据高分子凝胶受刺激信号的不同，可分为不同类型的刺激响应性凝胶。例如受化学信号刺激的有pH响应性凝胶、化学物质响应性凝胶；受到物理信号刺激的有温敏性凝胶、光敏性凝胶、电活性凝胶、磁响应性凝胶、压敏性凝胶等，此外，还有生理活性凝胶等。它们是通过改变高分子链的溶剂化状态、电离度、分子链密度实现对凝胶溶胀状态的控制。电场驱动的凝胶有三种可能的方式：改变pH值或反离子的分布，由氧化还原反应产生离子和电场改变大分子的取向。前两者引起凝胶体积变化，后者则引起凝胶形状的变化。光照驱动凝胶也有三种方式：光照引发离子化、吸光局部发热和光照引发构象改变。磁场控制凝胶是将直径约为10nm的磁流体微粒固定到凝胶上，因此所引起的也是形状变化。化学反应驱动则是与特定的物质发生化学反应或生化反应，从而改变凝胶中的pH值、离子浓度等因素。

1. 温敏性凝胶

温敏性凝胶是其体积能随温度变化而变化的高分子凝胶，分为高温收缩性凝胶和低温收缩性凝胶两类。其中聚异丙基丙烯酰胺及其共聚物是研究得最为透彻的一类高分子凝胶。轻微交联的*N*-异丙基丙烯酰胺(NIPAm)与丙烯酸钠的共聚体水凝胶能响应温度变化而发生形变，呈现最低临界溶解温度(LCST)和温度依赖特性。这种凝胶在低于32℃的水溶液中溶胀，大分子链因水合而伸展，分子链呈扩展构象；而在32℃以上时，凝胶发生急剧的脱水合作用，由于疏水基团的相互吸引作用，链构象收缩而出现脱溶胀现象，凝胶收缩。在上述高分子凝胶中，丙烯酸钠是阴离子单体，其含量对高分子凝胶的溶胀比和热收缩敏感温度有明显影响。阴离子单体含量增加，溶胀比增加，热收缩温度也提高。所以可以通过阴离子单体的加量来调节溶胀比和热收缩温度。此外，NIPAm与甲基丙烯酸钠共聚交联体亦是一种性能优良的阴离子热缩温敏性水凝胶。

最近报道的以NIPAm、丙烯酰胺-2-甲基丙磺酸钠、*N*-(3-二甲基胺)丙基丙烯酰胺制得的两性水凝胶，其敏感温度随组成的变化而变化，在等物质的量比时最低，约为35℃，而只要正离子或负离子的量增加，均会使敏感温度上升。

采用不同的化学物质与异丙基丙烯酰胺共聚可以调节其 LCST，如将其与丙烯酸、羟乙基甲基丙烯酸共聚，将会提高其 LCST。若在同一种高聚物上引入两种 LCST 不同的温敏性基团，还可以获得不同体积的相转变。Inoue 等将异丙基丙烯酰胺与 *N*-乙烯基己内酰胺进行接枝共聚，在 32℃和 60℃时有两种不同的体积相转变。

温敏性凝胶的温敏溶胀特性与高聚物的亲水性有关，共聚单体的亲水性越强，则高聚物凝胶的相转变温度越高。

利用共聚得到不同结构的高分子凝胶还可以改变其溶胀动力学。Yoshida 等发现在异丙基丙烯酰胺上接枝聚乙烯醇可以提高其对于温度的响应速度。

高分子凝胶的缺点是力学强度差，当其吸收大量的水处于溶胀状态时，较小的应力作用就可以使之损坏，因此可以将这种凝胶以化学键合的形式结合在高强度的基材上使用，如在不同基材上以化学接枝、等离子体、紫外光和高能射线使其结合在表面形成薄层而调控疏水-亲水性能。将聚乙烯醇与各种纤维如棉、聚酯等共混物结合，可使之具有热适应性和可逆收缩性，当温度升高时，氢键解离，系统趋于无序，线团松弛，过程吸热；当环境温度降低时，氢键使系统更为有序，线团收缩，过程放热。这种热适应织物可用于服装和保温。

2. pH 敏感性凝胶

pH 敏感性凝胶是其体积能随环境的 pH 值、离子强度变化而变化的高分子凝胶。这类凝胶大分子网络中具有可解离的基团，如羧基或碱性基团，其网络结构和电荷密度随介质 pH 值变化而变化，并对凝胶网络的渗透压产生影响，导致凝胶的体积发生不连续变化。也就是说，当 pH 值发生变化时，水凝胶体积随之变化；同时向网络中增加了离子，离子强度的变化也引起体积的变化。离子化基团主要是通过以下作用对水凝胶的溶胀率产生影响：①当外界 pH 值变化时，这些基团的解离程度相应发生改变，造成凝胶内外离子浓度改变，引起凝胶渗透压的变化；②这些基团的离子化会破坏凝胶内相关的氢键，使凝胶网络的交联点减少，造成凝胶网络结构发生变化，引起凝胶溶胀；③这些基团的离子化将产生电荷基团，这些电荷基团产生的静电斥力也会使凝胶的溶胀性发生突变。

pH 敏感性凝胶也可以是物理交联的刚直的非极性结构与柔韧的极性结构组成的嵌段聚合物。例如多嵌段聚胺凝胶，其分子链就是由聚脲链段（硬段）和聚氧化乙烯链段（软段）所组成的。

pH 敏感性凝胶的响应特性，如溶胀转变 pH 值的设置，可通过在弱聚电解质凝胶中引入少量疏水性重复单元来实现。它们形成的疏水微区相当于物理交联，能干扰聚电解质解离所引起的溶胀。疏水基团会使溶胀转变发生位移。例如对丙烯酸 *n* 烷基酯（*n* 等于 8、12、18）修饰聚丙烯酸凝胶溶胀的 pH 敏感性研究结果表明，疏水聚集对凝胶溶胀行为影响显著，增大 *n* 值和酯基含量使溶胀转变向碱性介质位移，因为疏水相互作用使凝胶的收缩态稳定。

对甲基丙烯酸烷基酯修饰的甲基丙烯酸 *N*，*N*-甲氨乙酯与二乙烯基苯交联的弱碱性聚电解质凝胶的研究也表明，凝胶疏水性增强则其溶胀转变向低 pH 值移动。

对聚[（环氧乙烷/环氧丙烷）星形嵌段-聚丙烯酰胺]/交联聚丙烯酸互穿网络凝胶进行研究的结果表明，该凝胶具有 pH 响应性；在高 pH 值或低离子强度下，水凝胶的溶胀度和溶胀速率较大，而低 pH 值或高离子强度时较小。凝胶体系的 pH 值较低时，聚合物网络内羧基质子化，羧基上的氢与醚键上的氧或与酰氨基上的氮形成氢键，氢键的存在使凝胶中形成配合物，网络中大分子链呈紧密状态，表现为凝胶收缩。当 pH 值增大时，即在碱性介质中，许多羧基离解，网络内离子基团带有电荷，互相排斥，使凝胶溶胀度很高。当凝胶在高离子强度介质中达到道南平衡时，聚合物水凝胶网络内外溶液间离子浓度差减小，使水凝胶网络退溶胀。

鉴于温敏高分子水凝胶和 pH 敏感性水凝胶的不同特点，学者们研究了同时具有温度和 pH 双重敏感特性的水凝胶。卓仁喜等利用互穿聚合物网络的方法得到了这种具有双重敏感特性的水凝胶，所得水凝胶与传统的温度敏感水凝胶的“热缩性”溶胀性能恰好相反，属“热胀型”水凝胶。这种特性对于水凝胶的应用，尤其是在药物的控制释放领域中的应用具有较重要的意义。

3. 电活性凝胶

电活性凝胶一般由交联聚电解质(分子链上带有可离子化基团的高分子)网络组成。在此类凝胶中，荷电基团的抗衡离子在电场中迁移，使凝胶网络内外离子浓度发生变化，导致凝胶体积或形状改变，并将电能转化为机械能。

只要形成凝胶的高聚物网上带有电荷，无论是天然的还是合成的，在直流电场的作用下均可发生凝胶的电收缩现象。网络上带正电时，水分从阳极放出；网络上带负电时，水分从阴极放出，凝胶的电收缩现象也是可逆的。如将一块高度吸水膨胀的凝胶放在一对电极之间，然后加上直流电，将会观察到凝胶收缩放出水的现象。见图 13-1。

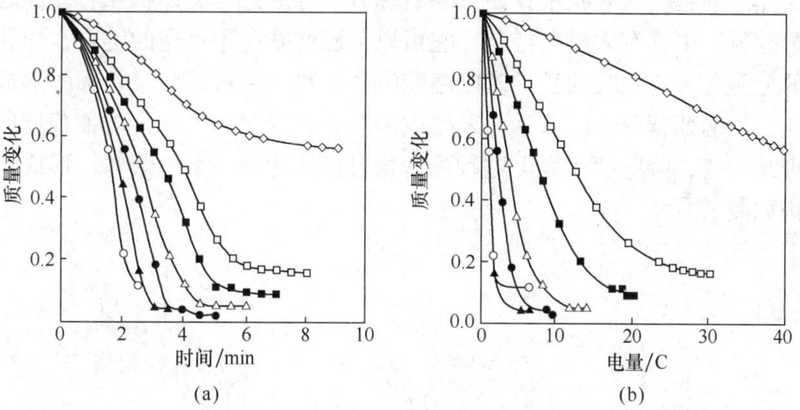

图 13-1 凝胶的电收缩现象

(a)在 1V/cm 的电场下，尺寸 $1cm^2$ 具有不同膨胀度的聚 2-丙烯酰胺-2-异丁基磺酸(PAMPS)凝胶的质量变化过程；(b)不同膨胀度的 PAMPS 凝胶的质量变化与通过凝胶的库仑电荷的关系

膨胀度：◇-25；■-100；△-200；●-256；▲-512；□-750

凝胶对电场的响应与施加电场后引起渗透压的变化有关。当对凝胶试样施加直流电场时，与凝胶中荷电基团抗衡的阳离子移向负极，聚离子未迁移，周围溶液中的自由离子向与其相反的电极迁移进入凝胶。结果正极一侧的渗透压 π^+ 增大，大于负极一侧的渗透压 π^-，在凝胶中产生渗透压差 $\Delta\pi$，凝胶受 $\Delta\pi$ 的作用而弯曲。当 $\Delta\pi>0$ 和 $d\pi/dt>0$ 时，凝胶溶胀，弯向负极；当 $\Delta\pi<0$ 和 $d\pi/dt<0$ 时，凝胶溶胀，弯向正极。另一个原因是自由离子定向移动会造成凝胶内不同部位 pH 值不同，从而影响凝胶中聚电解质电离状态，使凝胶结构发生变化，造成凝胶变形。

姚康德等制备了聚[(乙二醇-共-丙二醇)-接枝-丙烯酰胺]：交联-聚丙烯酸互穿聚合

物网络水凝胶，研究确认了其化学机械特性。该凝胶试样在Na_2CO_3和Na_2SO_4水溶液中可于非接触直流电场下弯曲，而且试样的弯曲程度与电压及电解质类型和浓度相关。而明胶/聚甲基丙烯酸羟基乙酯互穿聚合物网络电场刺激下的弯曲行为可借网络结构、pH 值、离子强度和施加的直流电压调控。

与凝胶的电收缩现象相反，凝胶还可以将机械能转换成电能。如果给一块由弱电解质构成的凝胶加上一定的压力使其变形，凝胶内的弱电解质电离基团就会因为它们相互之间的相对位置发生变化而产生新的电离平衡，因此凝胶内的 pH 值就会发生变化，见图 13-2，这一现象说明凝胶还可以体现出压电性。利用凝胶的这种性质可以制备人工肌肉，在机器人驱动元件及假肢方面也得到应用。

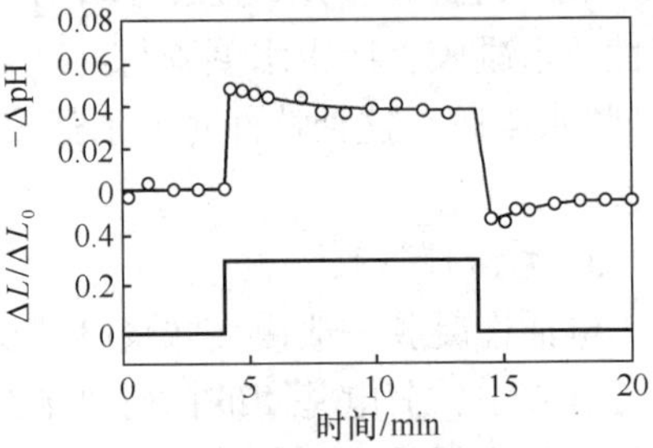

图 13-2　丙烯酸和丙烯酰胺共聚凝胶的压电效应

4. 化学物质响应凝胶

有些凝胶的溶胀行为会因特定物质(如糖类)的刺激而发生突变，如将葡萄氧化酶固定在 PAA-PNIPA 凝胶上，当遇到葡萄糖时氧化成葡萄糖酸，使 pH 值降低，凝胶中 PAA 的电离度也随之减小，体积收缩。利用这一现象可使药物释放体系依据病灶引起的化学物质(或物理信号)的变化进行自反馈，通过凝胶的溶胀与收缩调控药物释放的通、断。另外可在相转变附近将生理活性酶、受体或细胞埋入凝胶中，使其在目标分子等近旁诱发体积相转变而起作用。

如聚乙烯醇凝胶中含有大量的羟基，它可以与硼酸基产生可逆的键合，而胰岛素中对葡萄糖敏感的部分是含苯基硼酸的乙烯基吡咯烷酮共聚物，它可以与聚乙烯醇形成结构紧密的高分子配合物，当葡萄糖分子渗入后，苯基硼酸和聚乙烯醇间的配合被葡萄糖所取代，上述大分子间的键合解离，溶胀度增大。这种配合物可以作为胰岛素的载体，形成药物控制释放体系。其结构如图 13-3。

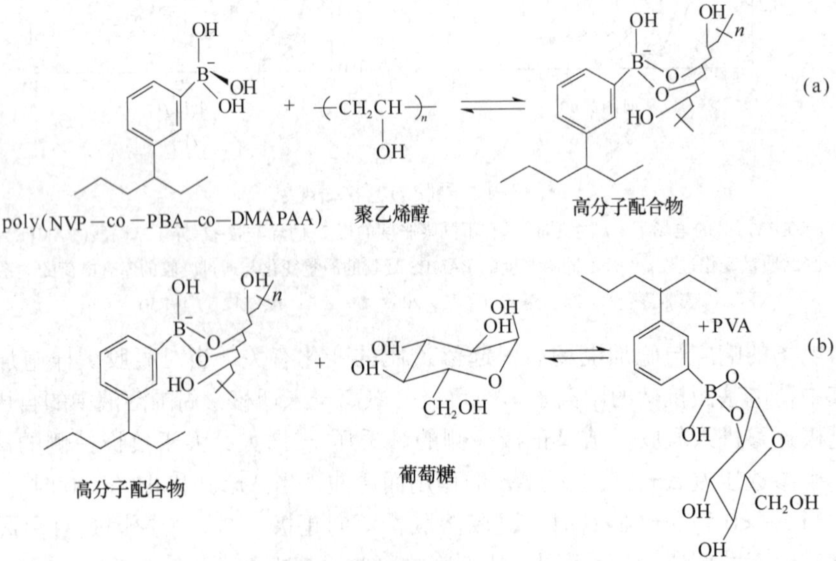

图 13-3　苯基硼酸的乙烯基吡咯烷酮共聚物/PVA 配合物对葡萄糖刺激的响应机制结构

5. 表面活性剂刺激凝胶

表面活性剂添加至聚合物溶液中会形成聚合物/表面活性剂配合物，从而使聚合物的物理性质发生变化，其作用可归结为以下几类：①聚合物构象变化，如线团-球转变和线团-杆转变；②聚合物/溶液相界面上相分离区扩展和位移；③形成复合微相；④溶胶凝胶转变的位移和流变性能变化。聚合物具有少量疏水基团时会使上述效应增强。

高分子电解质可以通过静电作用，吸附带相反电荷的表面活性剂，形成一对一的缔合物，这种协同作用使之具有自组装趋势，见图 13-4。高分子电解质与表面活性剂生成缔合物后，将使电解质凝胶失去其静电能，发生收缩。图 13-5 为表面活性剂十二烷基吡啶氯盐与 PAMPS 凝胶的等温吸收曲线，横坐标 C_S 是在平衡状态下自由的表面活性剂分子的浓度，纵坐标 β 是高分子电荷与表面活性剂分子的复合率。从图中可见，对于线型高分子存在着一个明显的临界表面活性剂浓度，在此浓度下，几乎没有缔合物的生成，在此浓度之上，高分子上所有的官能团与表面活性剂产生相互作用形成缔合物。

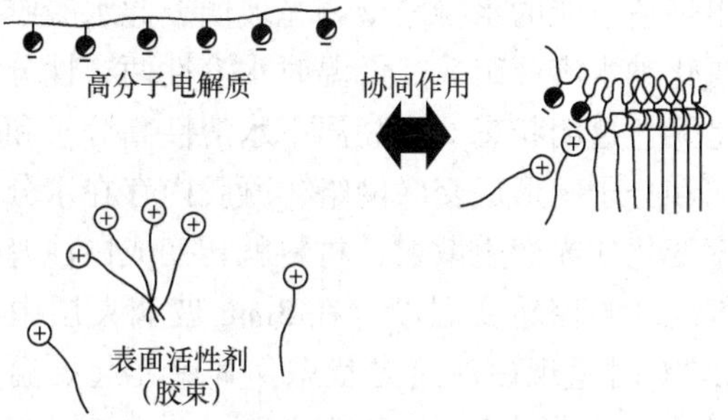

图 13-4　高分子/表面活性剂的协同性相互作用过程

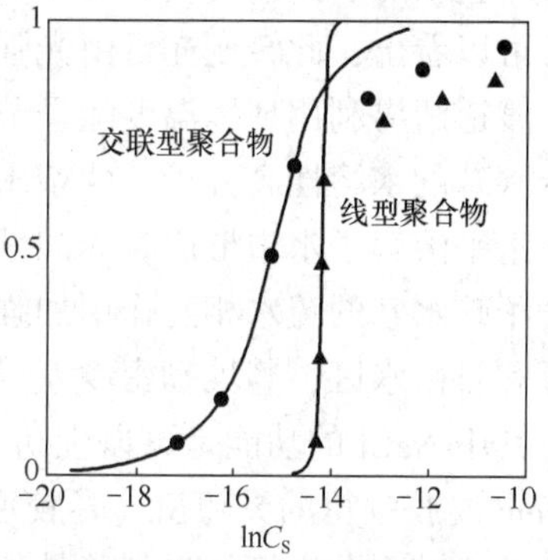

图 13-5　线型高分子以及高分子凝胶 PAMPS 对表面活性剂的等温吸收曲线

大多数水溶性缔合物在加热时产生相分离，呈现低临界溶解点，此 LCST 行为是由于水分子在聚合物链上水合而产生的。它的添加会使聚合物与水的混溶性降低，从而扩大了相分离区，向 LCST 移向低端。

6. 光敏感性凝胶

光敏性凝胶是出于光辐射(光刺激)而发生体积相转变的凝胶。如紫外光辐射时，凝胶网络中的光敏感基团发生光异构化、光解离，基团构象和偶极距变化可使凝胶溶胀。

阳光照射到物质时，一部分能转变成热能。因此建筑上希望开发热敏性遮光材料，它们在室温下透明，但在强阳光下白浊化，使部分阳光漫散射。德国政府资助 BASF、Interpane 和 StoAG 三家公司开发了室温透明、强阳光下变混浊、可将一部分阳光散射的智能高分子材料。此类温致光透过性变化材料可为聚合物共混物或水凝胶。前者是由于温度上升至一临界温度，相容性降低，在薄膜产生散射中心。

热敏聚合物共混物是利用部分相容共混物(聚苯乙烯/氧化聚丙烯)溶解度曲线的温度依赖性。温度低时两者相容，在某温度以上相容性丧失，使光散射而白浊化，由散射中心尺寸调控光散射程度。一旦温度下降，材料由白浊化转变成透明，这是一个可逆过程。

水凝胶系统的热敏透光是赋予其“开关”温度 T_θ，在此温度以下凝胶网络透明，温度升至 T_θ 以上，则形成散光的微粒。据此，可在水凝胶所包络的大量水中溶解另一个聚合物，使其与网络相容。即由单体、交联剂在热敏聚合物存在下紫外辐射凝胶化制备热敏凝胶。聚合物对水亲和使其水合，加热至特定的开关温度，此热敏聚合物脱水合，不溶于水而沉淀，在水分散体系中相分离产生微离子成为光散射中心。此体系对水的溶解特性的温度依赖性完全可逆。

这些体系的浊点能在20~100℃范围内以1℃精度调节，它们可望用作玻璃窗和屋顶涂层。但要将其开发成商品至少应有十年寿命，因而应在苛刻条件下试验，且应考虑其性能/价格比，预计尚需数年的市场开发。

凝胶受光照时，光产生吸收、散射和透过。由疏水性异丙基丙烯酰胺、离子解离性丙烯酸钠(SA)和叶绿酸(CH)共聚可制备色素修饰热响应性凝胶。它在38℃呈现不连续的相转变，pH值7.5~8间存在三重相，说明pH值变化时除了溶胀相和收缩相外，还呈现中间相。此现象反映凝胶内分子间相互作用平衡的宏观体积变化。由于该凝胶直径-pH值和直径-温度曲线存在滞后现象，利用此现象，发现光遮断时凝胶仍保持收缩状态的记忆功能。可将pH值固定在引起收缩、溶胀相转变的中间值，使凝胶溶胀，之后光辐照数分钟局部产生收缩后终止辐照。由此可确认两相共存状态，当温度由30℃环境再升至38℃时，此相转变可逆。可以看出，此转变亦可由光强度的通-断控制，当然更能以pH值变化消除溶胀相转变。

渡道睛男利用环境温度随季节变化开发出舒适节能的水凝胶型调光玻璃。此水凝胶由含有疏水苯的水溶性高分子、两亲水性分子和氯化钠水溶液组成。低温时水溶性两亲性分子以分子水平溶解于水中形成各向同性水溶液，呈无色透明状态。而高温下水溶性高分子和两亲性分子疏水基的疏水相互作用加强，使分子内和分子间形成交联网络，凝胶内存在水分子凝聚区和自由水区，其堆砌密度差异导致折射率变化使光产生散射，材料就转变成白浊遮光状态。其中NaCl的功能是可以促进结合水解离，以调控转变温度。在3mm玻璃夹层中填充0.5mm凝胶制得的灵巧窗，凝胶浊点28℃，32℃时呈现白浊遮光状态，其遮光起始温度是可调的，其耐久性已经受耐紫外线和耐热性考核，已进入实际应用中。

7. *力敏感型凝胶*

体积相转变温度随压力改变，表现了对压力的响应。

断裂传感器，是能够自预警结构损伤断裂的传感器。姚康德等以连续碳纤维增强不饱和聚酯/聚氨酯(UP/PU)互穿聚合物网络(IPN)为模型复合材料，通过考察周期拉伸应力作用下电阻与应变的关系可判断材料的损伤程度。开始阶段，当载荷小时，由于变形小，电阻增加不多而且随应变呈线形变化；载荷增大时，电阻非线性变化；卸载时，材料形变恢复至原来的状态，但电阻却不能恢复至零，即存在残留电阻，表明部分碳纤维已发生断裂，从残余电阻的大小可判断材料的损伤程度；当载荷增加到一定值，电阻急剧增加直至无穷大，此时复合材料发生断裂。这种传感器最显著的特点是简便易行，只需一个简单的回路即可，对于复合材料整体致命破坏的检测可信度大；碳纤维本身既承受载荷，作为复合材料有机组成部分又起到传感作用。因而，通过电阻的测量，碳纤维增强复合材料可作为具有损伤自诊断功能的灵巧材料。该传感器监测可信度较大，可望用于大型构件如飞机、桥梁的损伤检测上。

五、智能型高分子凝胶的应用

利用凝胶的变形、收缩、膨胀的性能，可以产生机械能，从而建立起将化学能转变为机械能的系统。表13-1列出了智能聚合物的一些应用领域，其中有些凝胶产品已进入市场。由凝胶材料构成的仿生系统，在现阶段只能在某程度上达到自感知和自我控制的能力，还远无法与人体肌肉、神经系统相提并论。

表 13-1　智能凝胶的应用

领　　域	用　　途
传感器	光、热、pH 值和离子选择传感器，免疫检测，生物传感器，断裂传感器，超微传感器
驱动器	人工肌肉
显示器	可在任何角度观察的热、盐或红外敏感的显示器温度和电敏感光栅
光通信	用于光滤波、光通信
药物载体	控制释放、定位释放
选择分离	稀浆脱水、大分子溶液增浓、膜渗透控制
生物催化	活细胞固定、可逆溶解生物催化剂、反馈控制生物催化剂、强化传质
生物技术	亲和沉淀、两相体系分配、调制色谱、细胞脱附
智能织物	热适应性织物和可逆收缩织物
智能催化剂	温敏反应“开”和“关”催化系统

1. 细胞培养基质

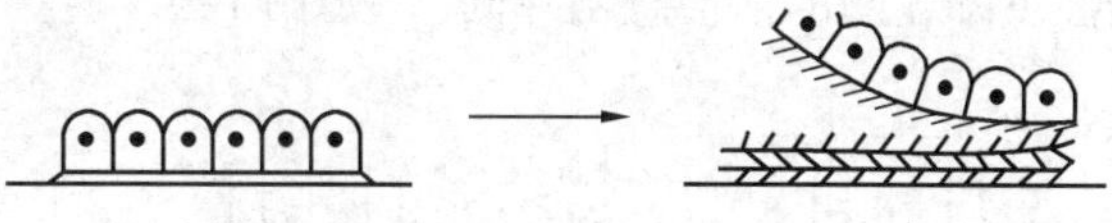

图 13-6　细胞在温敏性水凝胶表面粘附/脱附示意图

通常细胞的培养是在培养皿上进行的，细胞增殖后，通过一种叫胰蛋白酶的物质消化切断细胞与底物间的粘连，但这不可避免地影响细胞的某些功能。科学家们巧妙地利用了温敏性高分子水凝胶，将聚异丙基丙烯酰胺接枝到聚苯乙烯培养板表面形成一层薄膜，将小牛的内皮细胞或鼠的肝细胞在凝胶表面层于 37℃ 培养。在 37℃ 下，凝胶表面呈现疏水性，能与细胞很好地粘附。当细胞成熟后，将温度降至 20℃，由于凝胶表面变得亲水，细胞可自动从表面脱附，见图 13-6。

2. 人工肌肉(化学-机械系统)

Katehalsky 等早在 20 世纪 50 年代就在不同浓度盐水溶液中浸渍胶原纤维，根据胶原的结晶-熔融产生的伸缩机理制备出机械化学发动机，即利用凝胶将物理化学能直接转变成机械能，被称为“机械化学系统”或“化学机械系统”。此类高分子驱动元件可望用于人工肌肉、微机械(分子机械)等独特领域。实际上肌肉是由分子尺寸肌动蛋白和肌球蛋白巧妙地按运动机构组成的。不同种类肌肉性能不同。有的学者给出肌肉的收缩率为 30%，收缩应力为 0.3MPa，响应时间约为 0.1s。目前人类还不能从分子水平模仿生物体的肌肉。

3. 环境工程

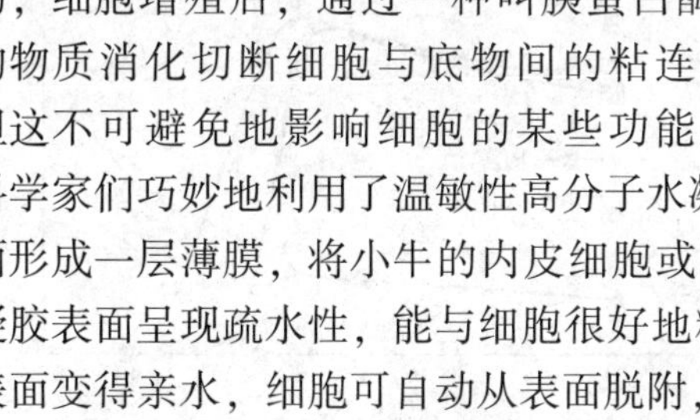

图 13-7　凝胶用于污泥脱水过程示意图

污水处理中产生的大量污泥一直是环境工程中的大问题。污泥中含有大量的水，机械脱水耗能巨大。日本学者用聚乙烯基甲基醚(PVME)凝胶海绵吸收污泥中的水分，污泥脱水后得到浓缩，分离再生吸水溶胀的凝胶可循环利用，污泥则连续脱水，流程如图 13-7 所示。

近年来，日本学者采用厚度为 10mm 的 PVME 凝胶海绵在脱水装置中处理食品加工厂排出的高浓度活性淤泥，脱水时间为 10min，凝胶含水率为 88%，而脱水后淤泥的含水率很低。由于该过程没有使用其他助剂，脱水后的淤泥可得到有效利用。

田中丰一等开发了能选择性识别、吸附和释放如铅离子等有毒重金属离子的凝胶。它由丙烯酸和异丙基丙烯酰胺共聚而成，低于 37℃ 时溶胀，加热至 50℃ 急剧收缩。由于该水凝胶含有螯合基团(丙烯酸单元上含有的羧基)，可与二价金属离子形成配合物。凝胶溶胀时此类基团间的间距增大，加热时凝胶收缩，基团靠拢而形成捕获金属离子的特性位点，凝胶再次溶胀释放出截留的金属离子，从而达到分离的目的。此外，所截的金属离子不同时，凝胶的相转变温度有所变化，这就使该凝胶在水处理中具有广阔的应用前景。

用聚乙烯基甲基醚凝胶制得热响应性分离阀装置。如图 13-8 所示，阀中加入冷水时，凝胶溶胀，堵住阀孔，冷水流经阀的右侧。加入热水时，凝胶收缩，水流向阀的左侧。

4. 酶的活性控制

游离的淀粉转化葡糖苷酶的活性在 20~50℃的范围内随温度的上升而提高，活性难以控制。科学家们将酶固定在温敏性 PVME 或聚异丙基丙烯酰胺(PIPAm)凝胶中，在 PVME 的相转变温度(38℃)和 PIPAm 的相变温度(32℃)之前，随着温度上升，酶的活性提高。但是达到凝胶的相变点后，凝胶高度脱水收缩，结构变得致密，基质和生成物等亲水性物质的通透性下降，酶的活性急剧降低，见图 13-9。

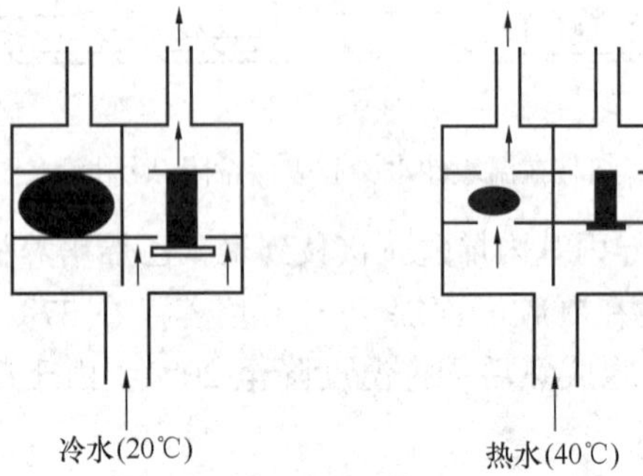

图 13-8　温敏性凝胶制成的自控阀

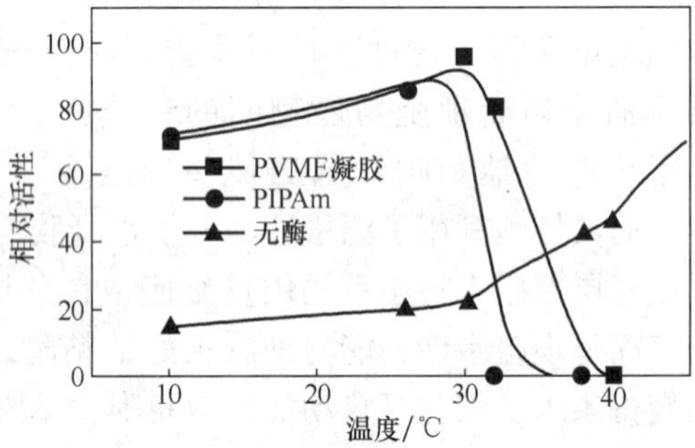

图 13-9　利用温敏性凝胶控制酶的活性

5. 药物释放载体

近年来非胃肠道药物释放体系引起了广泛的关注。但是由于黏膜表皮细胞紧密的交叠，形成很强的吸附壁垒，尤其是多肽和蛋白质类极性药物更加难以跨越表皮细胞。科研人员尝试利用酶阻止剂和吸附增强剂克服吸附壁垒。研究结果表明，壳聚糖能够提高极性药物在表皮细胞表面的传输，这一特性被认为是由于壳聚糖的生物粘连性，它能在表皮细胞表面形成瞬间孔道。Holmer 等以 Caco-2 细胞为模型考察了氯代壳聚糖对跨表皮细胞膜渗透性的影响。为拓宽壳聚糖在药物释放载体方面的适用性，作者采用不同碳链长度的卤代烷对壳聚糖进行 *N*-烷基化改性，考虑到目前常用的戊二醛交联剂具有细胞毒性，以高碘酸钠氧化法制备新型无细胞毒葡萄糖醛交联剂。在不同 pH 值介质中测定维生素 B_2 在葡萄糖醛交联的 *N*-烷基化壳聚糖膜材的扩散系数。

$$\ln\left[1-\frac{C_t}{C_0}\right]=-\frac{2A}{V}P_t$$

式中，C_t 为 t 时间接受池中溶质浓度；A 为维生素 B_2 在渗透过程的有效面积；C_0 为供给池中初始溶质浓度；V 为每个实验池的体积；P 为渗透系数。维生素 B_2 在壳聚糖衍生物膜的渗透系数见表 13-2。

由表 13-2 可以看出，引入烷基后壳聚糖的渗透系数与壳聚糖本身相比发生了变化。壳聚糖的渗透系数比 *N*-烷基化壳聚糖高，而且随着烷基链的增长渗透系数呈下降趋势。这主要是因为烷基属疏水性基团引入壳聚糖后使壳聚糖的疏水性增加，并且烷基链越长，疏水性越大，表现为渗透系数相应减小。

表 13-2　不同 pH 值条件下的渗透系数

pH 值	壳聚糖	*N*-辛烷壳聚糖	*N*-十烷壳聚糖	*N*-十六烷壳聚糖
2	3.05×10^{-3}	2.99×10^{-3}	1.70×10^{-3}	3.34×10^{-4}
4	4.31×10^{-4}	3.65×10^{-4}	2.97×10^{-4}	2.31×10^{-4}
6	3.34×10^{-4}	2.86×10^{-4}	2.37×10^{-4}	7.17×10^{-5}
8	2.65×10^{-4}	2.30×10^{-4}	1.94×10^{-4}	3.19×10^{-5}

当缓冲溶液的 pH 值由低到高时，不论是壳聚糖，还是 *N*-烷基化壳聚糖的渗透系数都逐渐降低，这主要是因为在酸性条件下，存在足够的 H^+ 使—NH_2 质子化为 NH_3^+，氢键遭到破坏，因此凝胶膜可以充分溶胀，渗透系数较大；而在弱酸性及弱碱性条件下，由于去质子化作用，氢键重建，因此凝胶溶胀很缓慢，即表现为较小的渗透系数。将 DNA 释放到目标细胞只是基因治疗整个过程的一个环节，为了发挥 DNA 的预期效应，DNA 分子需要释放到目标细胞，通过细胞质、透过细胞核膜转移至核内。在整个过程中，保护 DNA 不被酶解是十分重要的。

以十二烷基壳聚糖与鱼精 DNA 通过静电相互作用形成配合物凝胶，测定不同温度下 DNA 和其在配合物中的紫外吸收谱发现，由于十二烷基壳聚糖的保护作用，DNA 分子热稳定性提高。低相对分子质量的盐，如 Na^+、K^+、Mg^{2+} 能够使 DNA 从配合物中解离出来。DNA 酶解实验表明，原始 DNA 酶解成碎片，而得到十二烷基壳聚糖保护的 DNA 保持完好。

6. 组织工程材料

生物体内许多组织具有水凝胶结构。生物体组织由细胞和细胞外基质组成，而细胞外基质成分蛋白质、多糖等构建成类水凝胶结构。因而从仿生角度出发，创建多糖、蛋白质或多肽水凝胶具有极其重要的生物学意义。

科研人员通过对人工软骨组织工程四十余年的不懈探索，提出了新的基于细胞修复的人工软骨概念。首先，用于精巧建造软骨的细胞种类对于长期的移植十分关键；此外，生物材料支架的选择也是成功实施软骨修复的关键要素。理想的细胞载体支架应该是能非常近似地模拟真实的人工软骨基质环境。实验已确认软骨特异细胞外基质成分如Ⅱ型胶原和糖胺聚糖(GAG)在调控软骨细胞的表型和软骨生长中起着关键的作用。天然生物高分子Ⅰ型和Ⅱ型胶原、胶原-海藻酸盐复合物、聚乳酸及其复合物等可作为有效的软骨细胞释放支架，因而被广泛地研究。

多糖在细胞传递信息和免疫识别上起着关键的作用，合成技术的发展使人们能合成出寡糖，由此加快了揭开寡糖在信号传递中的作用。蛋白聚糖是人工软骨主要的生物大分子之一，它包括一个核心蛋白和共价联接的糖胺聚糖链。具有软骨特异性的 GAG 由硫酸-4 软骨素、硫酸-6 软骨素和硫酸角质素组成。但是这些分子是高度水溶的，相对分子质量较低，难以形成凝胶。但与其他阳离子多糖如壳聚糖(CS)等作用可形成凝胶配合物，有望用于软骨支架中。另一类 GAG 是透明质酸，它存在于滑液，也存在于软骨基质内。其相对分子质量较大并可形成凝胶。透明质酸通过化学改性拓展了其在医学领域的应用。完全酯化的透明质酸可在体内存留几个月，而部分酯化的在几周内可降解。透明质酸及其衍生物用于治疗骨关节炎，可提高关节表面的润滑性，减小关节疼痛。实验已证实透明质酸具有抗发炎性和前列腺素合成的阻遏效应。此外，透明质酸可抑制蛋白聚糖释放和降解，阻止受纤连蛋白调控的软骨分解。壳聚糖(CS)的结构类似于糖胺聚糖，壳聚糖与透明质酸之间的离子交联不仅可使硫酸软骨素固定在水凝胶中，而且模仿了 GAG 富集的关节软骨细胞外基质。Suh 研究组研制了硫酸-4 软骨素(CSA)-壳聚糖水(CS)凝胶，并考察了软骨细胞在其表面的生长情况。通过对比实验发现，一周内，在聚苯乙烯培养板表面上的细胞呈成纤细胞形态，细胞增殖较快；而在 CSA/CS 凝胶膜上的细胞保持球形和多角形态，只有轻度的有丝分裂。且培养在 CAS/CS 上的软骨细胞合成出软骨特异性的Ⅱ型胶原，而聚苯乙烯表面的软骨细胞合成复杂的胶原系，无软骨特异性。吉兰糖胶(gellan gum)是由假单胞杆菌伊乐藻属植物产生的细胞外基质多糖，它由 1，3-β-D-葡萄糖、1，4-β-D-葡糖醛酸、1，4-β-D-葡萄糖和 1，4-α-鼠李糖重复单元组成。Annaka 等合成了二乙烯砜交联的吉兰糖水凝胶，该凝胶在盐溶液中低 pH 值下溶胀度显著降低，且凝胶体积呈连续性变化，此归因于吉兰糖分子链较大的韧性所致。吉兰糖水凝胶本质上属于细胞外基质多糖，因而可望用于生物医学领域。

目前，被科研人员广泛关注的另一类生物高分子凝胶是多肽凝胶。合成多肽水凝胶的优势在于多肽具有比蛋白质更规整的氨基酸排列和可选择的氨基酸残基种类。中西英二报道了一系列功能性多肽凝胶。天冬氨酸以 γ 射线辐照交联可形成凝胶，其吸水率高达 3400 倍。研究人员对利用微生物产生的多肽创制凝胶也进行了很多探索性工作，这些 α-多肽具有不同的生物降解性。从杆状菌的菌株发酵合成的聚 γ-谷氨酸以 γ 射线交联可形成透明的凝胶，且吸水率高达 3500 倍。这些凝胶不仅具有高吸水性，且可为体内的酶分解。另一具有吸引力的多肽凝胶是化学交联的聚 *N*-烷羟基-*L*-谷酰胺，它具有适宜的水蒸气透过性和力学强度，并可被体内酶分解。改变烷基链的长度可控制多肽链的构象，使其具有与生物体软组织同等的力学强度，即低杨氏模量和高的断裂强度。

7. 可视化光学传感材料

化学传感器能以不同方式响应特异分析物的存在。其中最便捷的方式之一是利用分析物的光学特性，特别是可见光的变化。美国学者把水凝胶内聚合的直径约 100nm 的聚合物微球结晶胶体阵列(PCCA)作为化学传感材料。这种水凝胶在某些分析物(金属离子和葡萄糖)存在下可逆溶胀和收缩。结晶胶体阵列衍射的可见光产生颜色，而所用水凝胶含有分子识别基团(如用于金属离子的冠醚)或能与分析物选择性反应的分子识别试剂。此类识别结构使渗透压加大，水凝胶溶胀，导致胶体球间平均距离增大，衍射光的 Bragg 峰移向长波。

将 4-乙酰胺苯基-8-冠醚-6 衍生单体共聚引入 PCCA，可得智能 PCCA(IPCCA)。其冠醚能选择性地和 Pb^{2+}、Ba^{2+}及 K^+等金属离子形成配合物。IPCCA 在非干扰电解质中衍射波长随 Pb^{2+}浓度的增加而单调增大，见图 13-10。浓度为 20μmol/L 的 $Pb(CH_3COO)_2$产生的 IPCCA 衍射位移易被肉眼所观察。该水凝胶体积约在 $Pb^{2+}=10$mmol/L 时达到最大值，此时冠醚被 Pb^{2+}饱和，Pb^{2+}浓度继续升高时凝胶收缩，这种溶胀是可逆的。在去离子水中浸几分钟，Pb^{2+}可被 H^+交换，衍射峰又恢复到原来的波长。

若将葡萄糖氧化酶(Gox)与聚苯乙烯胶体的 PCCA 结合，可制备智能聚合结晶胶体阵列(IPCCA)葡萄糖传感器。它在葡萄糖代谢时还原成阴离子而溶胀，即

$$\text{Gox(氧化)}+\text{葡萄糖}\longrightarrow\text{Gox(还原)}+\text{葡糖酸}+H^+$$

虽然氧化黄素在中性 pH 值条件下不带电荷，但还原黄素在 pH=7 时为阴离子，它可被氧再次氧化。

图 13-11 为 125μm 厚的智能聚合结晶胶体阵列葡萄糖传感器示意图。从图可见，吸收光谱吸光度与葡萄糖浓度相关。

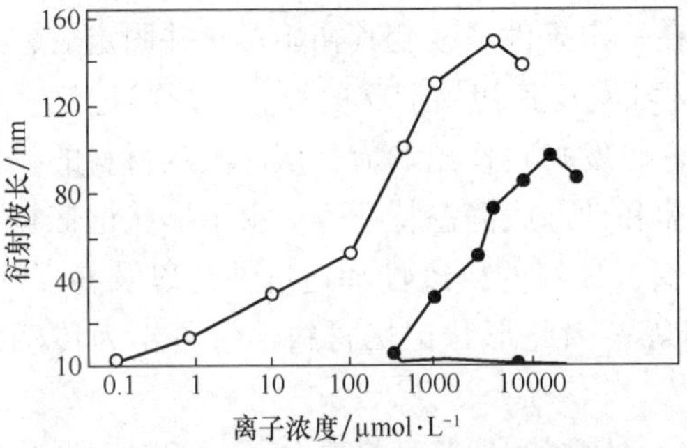

图 13-10　IPCCA 传感器的衍生波长与其冠醚结合阳离子浓度的关系曲线

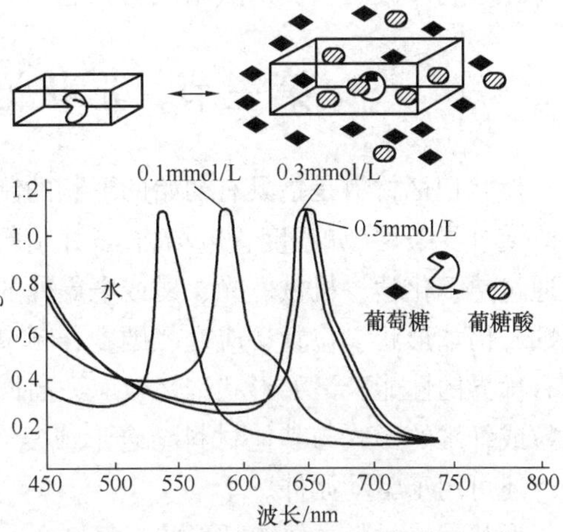

图 13-11　葡萄糖传感器的可见吸收光谱

8. 表面图案技术

刺激响应性凝胶的应用正在向各领域扩展。水凝胶溶胀或收缩时表面会产生复杂的图案，美国北得克萨斯大学的 Hu 研究组首先报道了环境响应水凝胶表面图案的调控技术。他们将金薄膜方格阵列溅射沉积在聚异丙基丙烯酰胺凝胶表面。该阵列的周期可随温度或电场连续变化。

此类凝胶表面产生的周期性阵列可作为二维光栅，其狭缝宽度和单位面积狭缝数目能随外界刺激(如温度和电场)而可逆变化，衍射角亦随之改变。此类凝胶光栅可望用于光纤、传感器和光通信中。

将金属阵列置于水凝胶表面，为微电极阵列装置的制备提供了新途径，将在离子色谱、酶活性测定和细胞活性监测方面有所应用。

美国学者还将聚异丙基丙烯酰胺(PIPAm)凝胶沉积在另一凝胶(聚丙烯酰胺 PAAm)表面，室温下 PAAm 基材和表面的 PIPAm 均透明。将此试样加热至 37℃时，PIPA 部分变浑浊，而 PAAm 仍保持透明状态，从而在其表面显示有 PIPAm 的图案。当温度高于或低于 PIPm 的临界共溶温度时，图案便出现或消失，所需时间约为 10s。该凝胶显示图案时，可从各个角度清楚地看到，这优于只能正面观察的液晶显示技术。

9. 吸附分离致癌物质

致癌过程是由各种刺激引发的。在这些刺激中，化学物质的致癌作用一直困扰着科研人员。科学研究已表明，一些化学物质与 DNA 紧密结合，使 DNA 双螺旋损伤。因此亟待找出有效的方法去除基因毒性(genotoxicitic)的化学物质。已有科学家提出将 DNA 锚固到高分子树脂上，经 DNA 修饰的树脂对毒性化学物质有良好的亲和性，但是这种方法负载的 DNA 量十分有限，难以有效地分离基因毒性物质。近来，科学家们独具匠心地将高分子凝胶的分离特性用于除去基因毒性物质。如何将 DNA 与凝胶相互作用是解决问题的关键。首先将可聚合的乙烯基单体通过紫外光引发连接到 DNA 上形成乙烯基 DNA 大单体。再将丙烯酰胺、过硫酸铵/四甲基乙二胺引发剂和 *N*，*N*-甲基双丙烯酰胺交联剂加入大单体中形成 DNA/丙烯酰胺杂化凝胶。这种方法操作弹性大，DNA 的负载量可通过改变配方而改变，且改变交联密度可控制凝胶的力学强度。科学家们发现杂化水凝胶对吖啶橙、吖啶黄、结晶紫、甲基紫晶等化学物质具有很高的吸附能力，这一 DNA 杂化水凝胶可望用于医疗领域。

第三节　形状记忆功能高分子材料

形状记忆材料是指具有初始的形状的制品，在一定条件下改变其初始形状并固定后，通过改变外界条件(如温度、电场力、pH 值等)，又可恢复其初始形状的材料。形状记忆材料可通过热、化学、机械、光、磁或电等外加刺激，触发材料作出响应，从而改变材料的技术参数，诸如形状、位置、应变、硬度、频率、摩擦和动态或静态特征等。由于形状记忆材料具有优异的性能，诸如形状记忆效应、高回复形变、良好的抗震性和适应性，以及易以线、颗粒或纤维的形式与其他材料结合形成复合材料等，因此形状记忆材料不仅可作为传感元件，还可用于驱动元件。

形状记忆材料主要包括形状记忆合金、形状记忆陶瓷和形状记忆高分子。相对于形状记忆合金，形状记忆高分子材料不仅具有大的形变量、赋型容易、形状响应温度易于调整，而且具有保温、绝缘性好、不锈蚀、易着色、可印刷、质轻价廉的优点。但其形状记忆是单向的，而不像形状记忆合金其形状记忆是双向的。

形状记忆聚合物(SMP)作为一种功能性高分子材料，是高分子材料研究、开发、应用的一个新分支，并且由于形状记忆高分子与纺织材料具有相容性，在纺织、服装以及医疗护理产品中具有潜在应用优势。

一、形状记忆原理及其过程

高分子的记忆过程可以简单表示为：

$$l \xrightarrow[t>t_g \text{ 或 } t>t_{ms}]{\text{变形}} l+l' \xrightarrow[t>t_g \text{ 或 } t>t_{ms}]{\text{固定}} l+l' \xrightarrow[t>t_g \text{ 或 } t>t_{ms}]{\text{回复}} l$$

式中　l——样品原长；

l'——形变量；

t_g——聚合物玻璃态温度；

t_{ms}——聚合物软链段熔化温度。

其作用机理也可以通过图 13-12 分子模型予以解释。

对于形状记忆效应，美国麻省理工学院教授 Langer 用高分子材料形状变化予以形象地表示(图 13-13)。

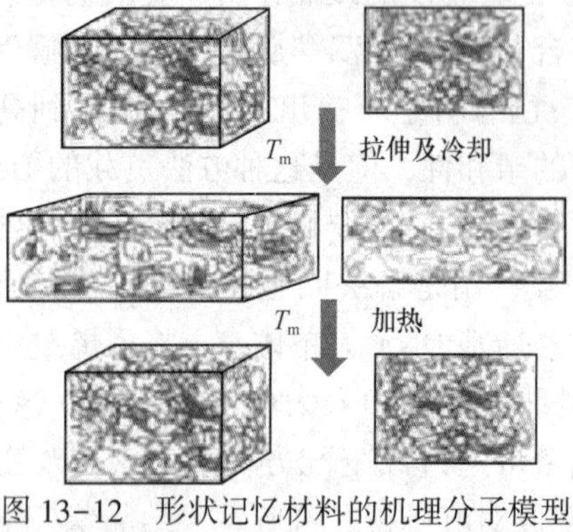

图 13-12　形状记忆材料的机理分子模型

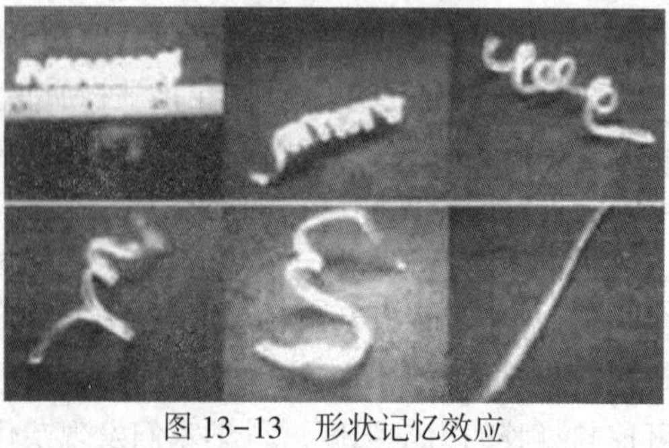

图 13-13　形状记忆效应

通常认为，这类形状记忆聚合物可看作是两相结构，一相是形状记忆过程中保持固定形状的固定相(或硬链段)，另一相是能随温度变化可逆地固化和软化的可逆相。可逆相一般为物理交联结构，称软链段，通常表现为结晶态、玻璃态与熔化态的可逆转换。固定相则包括物理交联结构或化学交联结构，在形状记忆过程中其聚集态结构保持不变。一般为玻璃态、结晶态或两者的混合体。因此，该类聚合物的形状记忆机理可以解释为：当温度上升到软链段的熔点或高弹态时，软链段的微观布朗运动加剧，易产生形变，但硬链段仍处于玻璃态或结晶态，阻止分子链滑移，抵抗形变。当温度降低到软链段玻璃态时，其形变被冻结固定下来。提高温度，可以回复至其原始形状。也可以这样认为，形状记忆高分子就是在聚合物软链段熔化点温度上表现为高弹态，人为地在高弹态变化过程中引入温度下降或上升等因素，高分子材料则发生从高弹态到玻璃态之间转化的过程。

二、形状记忆高分子的特点

形状记忆高分子材料在常温范围内应具有塑料的性质，即稳定的形状和一定的力学强度，而在形状记忆温度下，具有橡胶的性质。根据上述原理，对不同的高分子材料作为形状记忆高分子使用时，在其结构上应具有不同的特点。对于结晶性高聚物要求适度结晶，此时晶区作为物理交联点存在，限制高分子链在形状记忆温度时的滑移(如聚氨酯)，但是当结晶温度过高时将无法产生形状记忆功能。对于无定形聚合物，要求其相对分子质量足够大，大分子间的缠结足够紧密，在温度大于玻璃化温度(T_g)接近流动温度(T_f)时，缠结点也不会因松弛而解除。对于交联高聚物，如交联聚乙烯、交联聚乙酸乙烯酯等，其交联度必须适当，否则将会因交联度过高而无法实现聚合物的形变；而当交联度过低时，虽其形变容易，但形状的恢复会产生困难。对于一些微相分离材料，对于两相之间玻璃化温度的差异有一定的要求，两相的玻璃化温度相距较近时，其形状记忆功能则不能明显地表现出来。

另外作为形状记忆材料，需要较好的实用性，容易二次成型，且不能影响记忆的准确性，即可逆相的玻璃化温度不能太高或太低，可逆相的形变温度与固定相的软化温度不能太接近。

与形状记忆合金相比，形状记忆高分子具有如下的特点：

① 形状记忆高分子的形变量高，如形状记忆聚异戊二烯和聚氨酯的形变量均高于400%，而形状记忆合金则较低，一般在10%以下。

② 形状记忆高分子形状恢复温度可通过化学方法加以调整，对于确定组成的形状记忆合金的形状恢复温度一般都是固定的。

③ 形状记忆高分子的形状回复应力一般比较低，在9.81~29.4MPa之间，而形状记忆合金的则高于1471MPa。

④ 形状记忆高分子耐疲劳性差，重复形变次数约为5000次，甚至更低，而形状记忆合金的重复次数可达10^4数量级。

⑤ 形状记忆高分子只有单程记忆功能，而在形状记忆合金中有的有双程记忆效应和全程记忆效应。

三、形状记忆高分子材料

1. 反式聚异戊二烯(TPI)

TPI由反式-1，4-异戊二烯结合而成，主链中含双键，熔点为60~70℃，结晶性聚合物。TPI 在常态下似硬质树脂，升温至一定程度变软。用硫黄或过氧化物交联可得到化学交联结构，交联度不同，其性能也不同，交联度过高，其结晶性就会完全丧失。结晶性和交联度合理匹配可得到具有热致形状记忆功能的 TPI。TPI 的主要原料是巴拉塔胶、杜仲胶和古塔波胶，以及人工合成的反式聚异戊二烯。形状记忆 TPI 是 TPI 树脂、填料及交联剂等原料合理配方，用双辊混炼机或密炼机和挤出机等混炼制成。

采用 AlR_3-VCl_3系列 Ziegler 催化剂，经溶液聚合，开发成功了形状记忆 TPI。用万能电子试验机测试形状记忆 TPI 的强度特性，并根据温度与形变曲线和 DSC 曲线确定了 TPI 形状记忆温度为 40℃。

交联结构的 TPI 与普通交联结构的橡胶不同，橡胶通常是非晶态物质，其玻璃化转变温度(T_g)远低于室温，在接近室温时，橡胶受外力伸展，除去外力后可立刻回复原状；交联 TPI 具有交联结构和部分结晶结构(结晶度 40%)，在熔点以上时，结晶被破坏，变成非晶态结构，其性能与橡胶相同，材料进入高弹态，具有形状记忆功能。当冷却至熔点以下时，重新结晶。结晶部分能抵消回复交联时产生的弹力，从而使形状固定下来。当形变固定的 TPI 再次加热到熔点以上时，结晶部分再次非晶态化，材料的弹性作用使 TPI 回复交联时的形状，冷却后仍保持这种形状。这种从硬质固态向高弹态转变的温度称为熔点，也称为材料的临界记忆温度。

由于形状记忆 TPI 具有形变量大、加工成型容易、形状回复温度可调整、耐溶剂性好、耐酸碱、高度的绝缘性、极好的耐寒性及耐臭氧性等优点，期望在更多领域开辟其潜在的用途。

2. 交联聚乙烯(XLPE)

XLPE 是聚乙烯的交联产物，它是 1982 年开发的第一个热致形状记忆高分子材料。低密度聚乙烯(LDPE)可通过两种方法使之交联：

① 加入交联剂，如过氧化物或邻苯二甲酸二壬酯(DCP)；

② 使用高能电子束辐射 LDPE，如果在交联的同时保持一定结晶度，可制得热致形状记忆材料，其特点是在软化点具有橡胶的特性，即拉伸变形可回复；未经交联的聚乙烯在温度高于 110℃时完全软化，成为一种黏性流体。

聚乙烯和交联剂(LDPE 用异丙过氧化物，HDPE 用特丁基过氧化物)在一定温度下混合造粒和成型，然后在高温下进行化学交联，可制得热致形状记忆材料。另外，在过氧化物存在下，聚乙烯与乙烯基三乙氧基硅烷接枝共聚，形成接枝共聚物，将接枝共聚物和含有机锡催化剂的聚乙烯(95/5)混炼造粒，即可得到具有形状记忆功能的 XLPE。

3. 聚降冰片烯

以 Diels-Alder 反应试剂为催化剂，由乙烯与环戊二烯开环聚合得到聚降冰片烯无定形聚合物。发现它具有形状记忆功能，并投放市场，商品名为 Norsorex。该聚合物的分子链长，平均相对分子质量为 300×10^4，T_g 为 35℃，介于橡胶与树脂之间。受热 250℃以上时，试样可任意改变形状，但只要环境温度不超过 40℃，只需很短的时间就能回复原来的形状，而且温度越高回复越快。在 T_g 以上，分子链之间的缠结也很明显，足以起到物理交联的作用，链缠结点之间的相对分子质量大于产生橡胶熵弹性的临界相对分子质量，从而可呈现形状记忆特征。固定相为高分子链的缠绕交联，以玻璃化转变为可逆相。与其他 SMP 相比，它具有 4 大特点：①分子内没有极性官能团和一般橡胶具有的交联结构，它属于热塑性树脂，可通过压延、挤出、注射、真空成型等工艺加工成型，但由于相对分子质量太高，加工较为困难；②T_g 接近人体温度，室温下为硬质，适于制作人用织物，但此温度不能任意调整；③充油处理后变成 JIS 硬度 15 的低硬度橡胶，具有较好的耐湿气性和滑动性；④未经硫化的试样强度高，具有减震性能。

4. 聚氨酯(PU)

第一例形状记忆聚氨酯由日本三菱重工业公司开发成功。该聚合物以即非结晶部分为软段，作可逆相。以结晶部分为硬段，作物理交联点(固定相)。软段的 T_g 为形状回复温度(-30~70℃)，可通过原料种类的选择和配比调节。现已制得 T_g 分别为 25℃、35℃、45℃、55℃的形状记忆聚氨酯。由于分子链为直链结构，具有热塑性，因此可通过注射、挤出和吹塑等方法加工。由于该 SMP 质轻价廉、着色容易、形变量大(最高可达 400%)、耐候、重复形变效果好，因此受到重视。日本 Mitsubishi 公司进一步开发了综合性能优异的形状记忆聚氨酯，室温模量与高弹模量比值可达到 200，甚至更大；与通常的形状记忆高分子材料相比，具有极高的湿热稳定性与减震性能；且 tgδ 很大，在 47℃时 tgδ 近似于 1。

有一类液态聚氨酯系 SMP，分为热塑性和热固性，除加工成片材及薄膜外，还可通过注射加工成各种形状，将变形后的制品加热至 40~90℃，可回复到原来的形状。在聚氨酯体系中引入结晶性软段(聚己内酯)，可得到具有热致形状记忆效应的多嵌段聚氨酯材料，聚氨酯分子结构的异同性使分子间相分离，利用两相间 T_g 差，使大分子聚集体在一定温度下具有形状记忆功能成为可能。对于具有形状记忆功能的聚氨酯类材料，影响其临界记忆温度的主要因素是软段的结构组成和相对分子质量，软段结构组成尤其重要，而硬段结构对记忆温度影响不大。

5. 凝胶体系

有人将 PVC 完全皂化，反复提纯溶液并制成膜，形成物理凝胶；将物理凝胶用戊二醛处理，引入化学交联键，制成具有形状记忆功能的化学凝胶。以 AIBN 为引发剂，将丙烯酸和丙烯酸正十八烷酯自由基共聚 24 小时形成凝胶，在水中溶胀，形成一种具有热致形状记忆行为的水凝胶，响应温度为 50℃。还有人开发了具有形状记忆功能的丙烯酰胺共聚物凝胶体系。或利用凝胶互穿网络技术制备凝胶体系，该体系由两部分组成：对环境温度敏感的部分和不受温度影响的基质部分，通过改变外界温度，可记忆原来形状。

6. 其他形状记忆功能高分子材料

如一种具有形状记忆功能的环氧树脂，不同的增塑剂对体系性能有影响，发现加入 2%~4% 的增塑剂有利于材料形状回复，降低环氧基数目可提高形变的回复速度。

苯乙烯与丁二烯的共聚物，其固定相为聚苯乙烯(T_g 为 120℃)，可逆相为低熔点的聚丁二烯(T_m 为 60℃)。

聚酯为主要成分的聚合物合金 SMP，通过改变聚合物的组分，使其形状回复温度控制在 4~80℃。还有热致形状记忆乙烯与乙酸的共聚物(EVA)材料。用 γ 射线辐射交联聚乙烯甲基醚(PVME)的水溶液，得到形状记忆交联 PVME。

四、形状记忆高分子材料的应用

尽管形状记忆高分子开发时间不长，但由于其具有质轻价廉、形变量大、成型容易、赋形容易、形状恢复温度便于调整等优点，目前已在医疗、包装、建筑、玩具、汽车、报警器材等领域应用，并可望在更广泛的领域开辟其新的用途。应用举例如表 13-3 所示。

表 13-3　形状记忆高分子的应用领域

应用领域	应用举例
土木建筑	固定铆钉、空隙密封、异径管连接
机械制造	自动启闭阀门、热收缩套管、防音辊、防震器、连接装置、衬里材料、缓冲器等
电子通信	电子集束管、电磁屏蔽材料、光记录媒体、电缆防水接头等
印刷包装	热收缩薄膜、夹层覆盖、商标等
医疗卫生	绷带、夹板、矫形材、扩张血管、四肢模型材料、人工假肢套等
日常用品	便携式饮具、餐具、头套、乳罩、人造花、领带、衬衣领、残疾人用勺、包装材料等
文体娱乐	文具、教具、玩具、体育保护器材等
科学试验	大变形的应变片、机械零件模拟实验
其他	商品识伪、火警装置、口香糖基料、服装定型剂、丝绸印染剂、矿井柔性支架等

第四节　智能型高分子复合材料

树脂基复合材料由树脂与增强材料(如常用的碳纤维、玻璃纤维等)组成，它为制品提供高的性能。但材料中常由于应力的作用而存在许多肉眼不易觉察的缺陷，如微小的裂纹、分层等，它们对材料性能的影响甚大。因此，最好复合材料应具有对这些缺陷实行自我监控和自我修复的能力，即复合材料具有智能性。

将树脂(热固性树脂或热塑性树脂)与各种传感材料(如碳纤维、光纤、记忆合金等)复合制备成复合材料，可以开发应力传感器，它可以感知复合材料在受力过程中微小的应力变化，从而对其中的缺陷进行预知。同时利用高聚物、低聚物和共聚物的聚集体分子间氢键的破坏和建立，并将之转变为电信号，也可用于应力传感器的研究。

若将含特定化学物质的纤维或其他的复合体置于树脂基复合材料中，在外力作用下纤维断裂，与基材剥离或因腐蚀而达到一定的 pH 值时，纤维将释放出其中的化学物质，通过固化和交联等作用使材料增强，从而达到自修复的目的。

一、复合材料的自监控

具有自监控能力的复合材料一方面是在其中埋入传感器，但它不可避免地会对材料的性能产生一定的影响，而本质的智能结构复合材料则无需向其中加入传感器，利用其中所用的增强纤维的自身性能，即可具有应变敏感、裂纹敏感、温度敏感、热点敏感等功能。如向其中加入连续的可导电的碳纤维，即可使材料具有上述的功能，而碳纤维本身也是一种重要的增强材料。

1. *应变敏感材料*

对于碳纤维增强的复合材料，当沿与碳纤维平行的方向施加交变应力时，纤维在纵向和横向的排列方式上产生不同的变化，在这两个方向上引起的电阻可逆变化也不同。沿纤维方向的应力将会提高纤维排列的平行度，从而增加相邻间纤维的接触概率。因此，沿横向方向的电阻大，而沿纵向方向的电阻下降。

应变敏感性定义为可逆的电阻变化值 $\Delta R/R_0$ 与纵向应变振幅的比值。在纵向 $\Delta R/R_0$ 为负值(从 −17 ~ −12)，在横向 $\Delta R/R_0$ 为正值(从 17 ~ 24)。其数值与纵向和横向的应变敏感性对应。

若材料的电阻率不变，尺寸的变化将引起纵向方向的电阻，在拉应力下增大，而在压缩应力下减小。在受拉应力时，由电阻率变化而引起的$\Delta R/R_0$值，为尺寸变化引起的$\Delta R/R_0$值的7~11倍，因此，由尺寸引起的$\Delta R/R_0$的变化是可以忽略的。

当第一次应力循环后，将产生一些不可逆的变化。相对于可逆变化，其值是相当小的，表现为在拉应力时R将不可逆地减小。

2. 损伤敏感

连续碳纤维增强的树脂基复合材料中，损伤的自监控原理主要是由于损伤将引起材料的电阻的变化。

当材料产生破坏时，纤维微弱的破坏或纤维排列的混乱，使纤维之间的接触增多，因而将引起纵向或横向的电阻降低，较大的破坏如分层或层间界面的破坏，将引起材料中纤维或层间的接触减少，使横向电阻(更精确地说是层间界面的接触电阻)增加。纵向电阻不可逆地升高，表明了纤维的断裂。在受疲劳应力时，分层通常在疲劳寿命的30%时出现，纤维的断裂在疲劳寿命的50%时出现。但是在热循环时，界面上的接触电阻率的提高表明层间界面的破坏。

3. 温度敏感

连续碳纤维增强的环氧基复合材料，在受热时其行为类似于热敏电阻或热电偶。随着温度的变化，纤维或层间界面的电阻率将可逆地降低，使材料具有热敏电阻的功能。由Arrenius曲线的斜率可以计算其活化能，它是使电子从一层跃迁到另一层所需的能量。由于电子的激发，从而在横向方向具有导电性。电子的跃迁主要发生在相邻层间的纤维直接接触的位置。这种直接的接触，在复合材料的断裂过程中是可能的。

由于在不同层中可插入n型或p型的碳纤维，因此材料可显示出热电偶的功能。这种热电偶的敏感性和线性，等同于或优于商业化的热电偶。当交叉铺层时，可以得到二维的热敏电阻或热电偶，它具有温度分布的敏感性。

当材料中的n型或p型交叉时，其热电偶的敏感性可高达82μV/℃。在材料中引入碳纤维，表现出比金属热电偶更高的赛贝壳系数(热电偶系数)。这一形式在纤维复合材料中更为实用。

环氧树脂碳纤维复合材料的热电偶敏感性，与其固化度和纤维是单向或交叉铺层无关。这说明在纤维复合材料中，界面是作为热电偶的连接，在各个方向上是一样的。

需要注意的是，在纤维之间除环氧树脂外，并没有其他的偶联剂，而环氧树脂是不导电的。尽管在其连接点上存在着环氧树脂，但是在相邻层间仍存在着部分纤维的直接接触，从而形成了导电通道。

除碳纤维外，还可在树脂基体中埋入光纤，以探测其损伤。目前还有在其中加入微囊，当材料破坏时，它自身破裂，并发出光线，使人们易于对破坏点进行定位。

二、复合材料的自修复

碳纤维增强的树脂基复合材料中，在受到冲击作用后，将在其结构中产生微小的裂纹或分层，若不及时进行修复，将会导致材料的最终破坏。而且，这些缺陷也会促使杂质进入到材料的内部。因此，当材料发生破坏后，对之进行修复，使其恢复原有的强度很重要。复合材料的修复技术和方法较多，常用的传统方法是将破损部分除去，重新加固，以使应力可以有效地传递，但这种方法费时费力。

基于这一原因，提出了材料的自修复概念，也就是利用早已存在于材料内部的物质进行修复。有人将液体物质置于脆性外壳的胶囊中，当材料受到冲击时胶囊破裂，将液体的树脂释放出来，填充到破坏的地方并固化，其胶囊也可采用中空的玻璃纤维。这一技术首先应用于混凝土的修复中，树脂为三组分的甲基丙烯酸甲酯，结果使混凝土重新恢复了强度和挠性。

把氰基丙烯酸酯置于中空纤维中，发现在聚合物基复合材料破坏时它可以迅速地修复微裂纹，再次测试时其破坏在另外的地方产生。同样的方法对玻璃纤维增强复合材料进行了自修复。用直径较大(1.15mm)的中空玻璃纤维，在其中加入了着色剂和未固化的修复树脂，材料受到冲击后，着色剂和未固化树脂可以渗入到复合材料内部。

但上述在自修复技术中所采用有中空纤维与复合材料中的增强纤维相比均较粗，可能成为材料破坏时的裂纹源，因此有必要采用直径较细的中空纤维，它不仅可以作为修复剂的容器，同时也可以直接作为增强纤维使用，从而避免大直径纤维的有害影响。如同在药物生产中所用的微胶囊，也可以利用微胶囊包裹修复树脂或固化剂，将其直接置于树脂体系中。上述两种方法可以单独使用，也可以一起使用。

第五节　其他智能型高分子

一、智能型液晶高分子

由于主链型的高分子液晶的链段运动困难，其响应速度慢，因此在液晶的智能性和功能性研究中，主要着眼于侧链型的高分子液晶，以及高分子聚合物和小分子液晶的共混物。此外，盘状的液晶正逐渐受到重视，它适于制备自增值材料和功能性分子聚集体。

LCP 的分子间相互作用和其高次堆砌结构，对智能性有着极大的贡献。如高组织性纤维质聚 L-谷氨酸-苄酯是很有效的控释材料和人工皮肤，在电场作用下，它可以从胆甾相转变为向列相，从而改变其通透性。含本征导电聚合物结构单元的侧链 LCP、液晶凝胶、超分子结构 LCP 等都在多层次上丰富了 LCP 的信息功能，具有诱人的发展前景。如将带有液晶侧链的高分子链上接上特定的染料分子，利用染料吸收入射光线产生热量以达到分子的液晶态/液态的转变，而其中的数据存储也是通过液晶态/液态来表现，以光线照射读取，可以将其作为显示材料或储存器材料，大幅度提高存储密度。

以硝基螺苯并吡喃为发色基团的侧链液晶聚硅氧烷，在光照和温度的影响下可逆地显示红色、青色和黄色。含偶氮苯(侧基)的侧链液晶聚乙烯在光照作用下，偶氮苯发生异构化，聚合物由液晶态转变为各向同性液体。迅速冷却至玻璃化温度以下，其图形线条能维持一年，可用于全息摄影。

极化率较高的侧链 LCP 经涂布定向后，表现出二次非线性光学特性。此外，侧链液晶聚合物薄膜在一定温度下，发生液晶向非定型转变时，物质透过率出现转变，可用于智能 DDS(药物控释体系)。含低分子液晶的高分子薄膜也已用于智能 DDS 研究。

二、生物工程用智能型高分子

由于智能型高分子材料具有感知和修复的能力，因此也可将之运用于生物工程方面。如将具有导电性的聚噻吩接枝于聚合物凝胶上，在施加-0.8~0.5V的正弦波电场时，它将出现体积膨胀和收缩现象，当变形被严格限制在一定空间时，它将产生10kPa的作用力，可将其应用于小型的制动装置或瓣膜。

具有导电性的聚吡咯可用于神经细胞的修复，如在老鼠体内置入该聚合物，通过电流的刺激使之产生氧化态，将帮助神经修复细胞的生长。

一些在近红外区具有光敏性的高聚物可以作为诊断物质，如*N*-乙烯基咔唑与2，4，7-三硝基-9-芴酮的混合物。除作为数据存储材料、防伪标识等外，还可作为肿瘤的诊断材料。由于肿瘤与其他组织的结构不同，它在近红外区有不同的折射率，因此可以对肿瘤进行造影。

三、智能高聚物微球

智能微球是从细胞仿生角度出发而提出的，它力图用人工方法模拟细胞和细胞膜的功能，使之具有对环境可感知和响应的能力，并具有功能发现能力。

智能微球的尺寸在纳米到毫米范围，它可以通过溶液或凝胶、微乳液聚合、种子聚合、喷雾干燥、悬浮聚合等方法制备。

也可以利用微囊化技术，制备将核物质包于其中的复合微球。如由对苯二酰氯通过界面缩聚制备的5-磺基水杨酸微囊微球，由于其同时带有羧基和氨基，它能够感知外界溶液pH值和离子强度的变化，使微球粒径及表面电荷密度改变，从而导致其渗透特性的改变。微囊微球具有尺寸小、表面积大、内体积适宜和有稳定的半透膜等特点，可应用制作可控释药物体系、急性中毒的解毒剂、载酶微囊、生物反应器等。

作为智能微球，它可以以乳液及粉体的形式存在。

乳液是微球智能化的良好基材之一。如含甲基丙烯酸组分的乳液，由于其表面所含的羧基，在不同的pH值条件下，可对分散体系的黏度和流变特性进行调整；又如将有一定交联度的聚异丙烯酰胺(PIPAm)制成微球，在其分散液中，它的粒径随温度的变化而发生收缩或膨胀，在室温时吸收水，而在高温时吐出水，可用于浓缩各种物质，如蛋白质等。

分体智能化的主要途径是复合。如在凝胶色谱(GPC)中常用的玻璃微球，若通过氨基硅烷偶联剂可将PIPAm导入到玻璃微球的微孔内，由于PIPAm的温度敏感性，可得到温度响应性的GPC载体，极大地丰富了GPC测定的控制手段。

智能微球及其复合体系在电磁流变液、生物医用高分子、分子识别及分子印迹聚合物、化学反应催化剂、电磁波屏蔽和吸收材料方面均有广泛的应用前景。

四、智能高分子膜

高分子薄膜是以二维形式存在材料，其智能化在于使之具有对外部环境产生感知、响应性，如智能化的控制渗透膜、具有传感器功能膜、分子自组装膜、LB(Langmuir-Blodgett)膜等。它们可用于制备人工皮肤、分子电子器件、传感器、各种非电子光学器件等。

将热敏性的PIPAm通过γ射线照射接枝到聚对苯二甲酸乙二醇酯或聚丙烯上制成了温度响应性膜，当温度发生轻微变化时，即可使高分子链从一种形态转变到另一种形态，从而有效地控制膜的扩散分离。采用类似的方法可以制备 pH 敏感膜、光敏感膜、电场敏感膜等。

LB 膜是与生物膜的脂质双层结构非常相似的有序分子组合体。以前制备 LB 膜通常用小分子，近年来，为提高膜的稳定性和性能，越来越多地采用两亲聚合物制备 LB 膜，或将小分子的 LB 膜进行聚合形成高分子化。日本已成功地研制了人工视网膜，还可以利用其制作人工鼻、人工肾等，也可以作为分子筛对气体进行分离。

五、智能高分子纤维

将某些智能型的高聚物直接制成纤维或将其作为涂层涂覆于织物上，可以得到智能高分子纤维，它们能感知外部环境的变化与刺激，如光、热、电场、温度、磁场等，并对其做出反应，这就是智能高分子纤维。

从其物理形态及化学结构上可将智能纤维分为 pH 响应凝胶纤维、光敏纤维、温敏纤维。

pH 响应性凝胶纤维随 pH 值的变化将产生体积或形态改变，如将壳聚糖及丙烯酸共聚制得的互穿网络，在强酸条件下强烈溶胀，随着 pH 值的升高，溶胀度迅速下降。将聚丙烯腈纤维热处理后进行水分解，使之成为两性凝胶纤维，交替地加入酸或碱，则可以发生交替的收缩或膨胀，将化学能变为机械能，其响应时间约为 2s，有望作为人工肌肉应用。

在高分子链上引入发色基团或将高聚物与光敏物质相混合，则可以得到光敏性纤维，它们在不同的光波范围内呈现出不同的颜色，其导电性也可能产生可逆的变化。这种纤维主要有光致变色和光导纤维两种。

温敏性纤维是指在纤维中加入温敏性物质，使之在不同的温度下性能发生可逆的变化。如 1992 年日本尤尼卡公司和三菱重工等联合研制了一种聚氨酯纤维，其玻璃化温度在 0~60℃，将其制成的薄膜与织物复合后，得到透湿量可以随温度调节的防水透湿织物。在一定的温度范围内，随着温度的升高，其透湿率大幅上升，因此在体温上升时，可以有效地排汗。将相转变物质引入到纤维中，则可以得到蓄热调温纤维、如聚乙二醇填充的中空纤维、脂肪族聚酯熔融复合纺丝得到的纤维等。日本东洋公司将聚丙烯酸进行亲水化处理，向其中引入氨基和羧基，并进行交联，得到了具有调试调温功能的纤维，它可以吸收人体排出的水汽并将之转化为热能。

美国 Georgia 理工学院将塑料光纤传感器植入到衬衣中，可以对人体进行监护。将聚吡咯等导电高聚物制备成纤维或作为纤维涂层，可以在传感器中应用。

除上述几种外，研究中的智能型纤维还有磁敏纤维和溶剂组分敏感纤维等。在纤维中引入水状磁性流体时，可保持超常的磁性，出现沿磁场方向伸缩的行为，通过调节磁性流体的含量、交联密度等，可以得到对磁场刺激敏感的凝胶纤维。利用高分子链与溶剂的相互作用力的变化，非聚电解质凝胶纤维对溶剂组分的变化能产生响应。酒井等将聚丙烯酰胺纤维经环化处理后，所得产物在水中伸长，在丙酮中收缩，当溶剂体系中丙酮含量达到 40%以上时，凝胶体积的变化量将随着溶剂浓度的增加而减小。

近年来，智能纤维得到了迅速发展，如作为光纤传感器纤维、导电纤维、形状记忆纤维、变色纤维、蓄热调温纤维、调温和调湿纤维等都已实现了工业化生产，它在纺织业、信息业、宇航工业、医疗方面都体现了重要的用途，如智能型纤维作为纺织物，可以具有防水透湿、随环境改变颜色、调湿调温等功能。

第十四章　其他功能高分子

第一节　高分子微球

一、概述

高分子微球的起源非常早，最早的天然高分子微球来自天然的橡胶树的树液，被称为乳胶。也许由于这个原因，最早的合成高分子微球被应用于橡胶制品或橡胶制品的添加物，这些高分子微球都是由只有弹性的聚合物组成，如聚丁二烯、聚异戊二烯等。以后，随着微球制备技术的发展，聚合物微球又开始被应用于涂料、纸张的表面加工、胶黏剂、塑料添加剂、建筑材料等领域。近十几年来，应用领域又从以往的一般工业应用发展到高尖端技术领域，如医疗和医药领域、生物化学领域、信息领域等。

高分子微球的制备和应用技术越来越受到重视，是一项发展速度极快的研究领域。在微球制备技术方面，制备法和制备体系已逐步得到完善，已经建立了 0.02~100μm 的均一尺寸的聚合物微球的制备体系。尤其在近 10 年内，在纳米级微球(数十纳米)和超大微球的制备技术方面有了突破性的进展。高分子微球可以以单体为原料用自由基聚合方式来制备，也可以以事先合成好的聚合物或天然高分子等为原料，用特殊方法来制备。但是，由于天然高分子、生物可降解性聚合物微球以及一些特殊的高分子微球，无法直接用聚合方法来制备。针对这些特殊微球科学家们也开发了一些特殊的制备方法。

二、高分子微球的名称与分类

高分子微球的习惯性名称较多，并没有经过统一分类。大致可以按状态、尺寸和功能来分类。

(1) 以状态分类

① 微球、颗粒。微球或颗粒无论是乳液状态或干燥状态，其尺寸一般都是从纳米级至微米级。

② 高分子乳液。高分子微球一般在水或有机溶液中制备而成，所得到的微球分散液呈乳液状，因此，被称为高分子乳液。

③ 乳胶。微球尺寸与天然高分子乳液相近的合成高分子乳液也经常被称为乳胶。尺寸一般在数百纳米。

④ 聚合物胶体。一般尺寸较小的聚合物乳液被称为聚合物胶体。但是，有时数微米的聚合物乳液也被称为聚合物胶体。

⑤ 微凝胶。微球内部由化学键或物理作用交联的微球，在良溶剂中吸收溶剂而溶胀呈凝胶状态，因此被称为微凝胶。

⑥ 粉体。将高分子乳液干燥后，可制成粉体。一般被称为粉体的微球尺寸较大，在几个微米以上，而粉体所指的范围更广。

(2) 以大小分类

① 纳米微球。纳米级的微球有时为强调其极小的尺寸被称为纳米微球。

② 珠子。数微米以上的大微球也被称为珠子。

(3) 以性能分类

① 微胶囊。微球芯部包埋了其他功能性物质的微球被称为微胶囊。

② 复合微球。由两种不同性能的材料所制备的微球被称为复合微球。复合微球分为高分子-高分子复合微球和高分子-无机物复合微球。

③ 磁性微球。内部包含无机磁体的微球被称为磁性微球，属于复合微球。

④ 导电性微球。由导电性高分子材料制备成的微球被称为导电性微球。

三、高分子微球的一般制备法

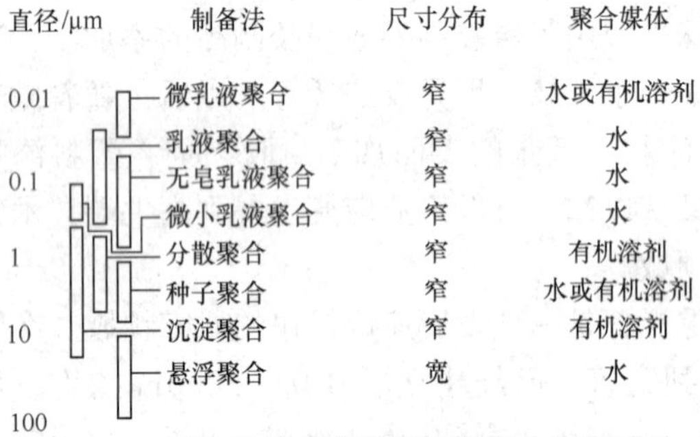

图 14-1 用各种聚合方法制备的高分子微球的直径及直径分布

高分子聚合物微球的一般制备法主要分为乳液聚合、无皂乳液聚合、分散聚合、沉淀聚合、悬浮聚合、微乳聚合、微小乳液聚合以及种子聚合。不同的方法可以制备不同尺寸的微球，制备方法与微球直径和直径分布的关系示于图14-1。制备法的聚合过程均可以分为成核过程和核成长过程，这两个过程是控制微球尺寸、尺寸分布以及聚合物组分的重要因素。

四、高分子微球的应用

1. 高分子微球在日常生活中的应用

高分子微球在日常生活中有着广泛的应用，如涂料、胶黏剂、纸张表面加工、塑料添加剂和化妆品等，这方面的应用历史悠久，主要是利用聚合物微球的成膜性能，但需要使用玻璃化温度适当的聚合物微球。

(1) 涂料

高分子微球很久以前就被应用在涂料工业，近年来，由于环境污染问题受到重视，水性涂料的开发越来越受到重视和利用，很大一部分已应用在建筑涂料、家庭内装修涂料。这些涂料内部都加入了聚合物乳液。而对于一些不得不使用有机溶剂的涂料，为了保护环境，必须尽量减少有机溶剂的使用量，增加涂料的固含量，这也需要添加聚合物乳液。

(2) 胶黏剂

用在胶黏剂领域的微球技术进步很快，特别是在微球设计方面，现在可以根据用途提供种类繁多的胶黏剂。以前无法解决的问题，现在通过微球结构的设计，可以得到圆满解决。应用在胶黏剂制备技术上最多的是核-壳型微球。

(3) 纸张表面加工

为了提高纸张的外观和印刷性能，一般需要对纸张表面进行涂层加工。传统方法是涂覆一些碳酸钙等无机颜料，然后进行轧光处理。这种处理不仅可以提高纸张的白色度、不透明度、纸张光泽，而且还能提高印刷质量、印刷光泽等。聚合物微球在纸张表面加工领域有两种应用，一种是作为胶黏剂与无机涂料一起添加，干燥后微球成膜失去其原有形状，起到粘合无机涂料的作用；另一种应用是利用微球的光散射性，将其作为颜料来使用，取代无机颜料。在后一种应用中，必须保持微球的原有形状，否则就会失去光散射性能。

(4) 塑料添加剂

微球在塑料添加剂方面的应用是比较传统的应用领域，例如在塑料里添加橡胶微球，不仅能维持塑料本身的优点，还能提高塑料的冲击强度。

(5) 化妆品

聚合物微球在化妆品方面的应用是近年来非常引人注目的领域。如擦脸油、化妆粉、腮红、口红、指甲油、各种芳香剂、沐浴剂等。特别是聚合物微球的光散射性能，具有增白作用，可以代替以往的二氧化钛等无机粉末，与无机粉末比，具有更多的优点。

2. 高分子微球在电子信息产业、记录材料方面的应用

(1) 液晶显示间隔材料

液晶显示器技术近年来发展很快，预计在近几年内会完全取代现在的荧光屏(阴极射线管)。液晶显示器的主要结构是：在两块玻璃板之间封入液晶材料，通过改变各像素上的印加电压，使液晶分子的排列结构或相发生变化，发生散射、折射、旋光、吸收等光学性质的变化，而达到显像的目的。

随着显示屏幕的不断增宽，两块玻璃板之间的厚度就难以保持一致。对于大型屏幕来说，如果厚度不均一，则液晶层的厚度也不均一，显示清晰度就会下降。为了保持玻璃板之间厚度的均一性，所采用的方法是均匀播散粒径非常均一的微球，用微球的高度来保持玻璃板之间的距离，因此被称为液晶显示器间隔材料。

(2) 显示材料

微球(微胶囊)也被应用在显示材料领域。例如，可将液晶材料直接包埋在粒径均一的聚合微球内，然后注入玻璃板内，通过改变印加在各个像素上的电压来改变微球内的液晶排列结构。用这种方法可以较容易地制备较薄的显示器。包埋了液晶材料的微球也可应用于家庭住宅的玻璃窗内，改变印加在玻璃板上的电压，可使玻璃板微球内的液晶发生排列结构的变化，从而使玻璃窗进行透明-不透明的转变。

(3) 感压复写纸

感压复写纸的原理是将包埋了油性发色剂的微球(微胶囊)涂覆在上层纸或中层纸的下表面，而将显色剂涂覆在中层纸或下层纸的上表面。写字时，因笔尖上的压力，微胶囊破裂，油性发色剂与显色剂结合而显色。用于包埋发色剂的聚合物有橡胶、聚尿素、聚尿烷等。

(4) 锂离子电池膜

随着移动电话等常用通信工具的小型化，锂离子电池及其电池膜的开发成为热点。锂离子电池膜一般用线型高分子来制备，但是制备上常常会遇到一些矛盾。例如，如果锂离子的导通性好(锂离子溶液的溶胀性好)，则膜的机械强度很弱，两者很难兼顾。Matsumoto 等用两种聚合物微球制备了导电度和机械强度均高的两相锂离子电池膜(导电度$>10^{-3}$S/cm)。

3. 高分子微球在医疗、生化领域的应用

聚合物微球在医疗方面起着重要的作用，越来越多的疗法涉及聚合物微球，除了对一些剧毒药物进行包埋外，在制备一些人工的生化材料时也需要用聚合物来包埋，如人工血液、人工细胞、DNA 搬运体、胰岛素搬运体等。另外，在生化药物纯化领域、临床检测领域也使用到聚合物微球。

五、高分子凝胶分子筛

用于分离过滤的高分子微球，有时被称为凝胶分子筛或高聚物凝胶分子筛。一般是交联

度较高的高分子，利用交联的桥键和高分子链的卷曲，形成高分子级的孔洞，而宏观体积又很微小，小到只有八十个或十多微米，具有很大的比表面积，这种微球，本质上一个高分子的凝胶体。主骨架结构有聚苯乙烯聚丙烯酸酯，以及一些半无机高分子，如聚硅氧烷经处理性生成的微球，一般这些微球用于生物分离、高分子分级和分析化学上，作为生物分离介质、凝胶渗透色谱和液相色谱、气相色谱的固定相。凝胶渗透色谱早期用于高分子的分级，有人把它说成凝胶分子筛。

1. 用于生物分离材料

这种高分子微球，利用微孔、凝胶孔和微球的表面吸附作用，将诸如血液或体液中的有害物质和有害杂质加以吸附分离，高分子骨架既要考虑有一定的吸附功能，还要有医用功能。例如用 100μm 的微球，可以吸附掉血液中的杂质或颗粒，可以去除低密度脂蛋白，据研究认为这种蛋白能引起高胆固醇血症。

用于分离的微球有时要对表面进行修饰，使它对生物物质有亲和性。不同的修饰基团对不同物质有亲和性，因此，又具有了分离的选择性。例如，一种修饰过的微球用于分离中血清蛋白和牛血清纤维蛋白，发现后者会吸附在微球上，得到很好的分离。

2. 用作高分子色谱固定相

这种高分子微球用于气相色谱(GTC)固定相，简写为 PPBs，用于气相色谱的微球与大孔树脂骨架和制造方法类似，但大多数仍是苯乙烯-二乙烯苯共聚体，也有用丙烯腈、甲基丙烯酸酯共聚的。这些不仅仅是色谱分离柱的填充相，而且还用于从气体中吸取微量物质。

液相色谱是现代分离技术中常用的。高效液相色谱(HPLC)中使用高分子微球，化学稳定性好，可以在广泛的 pH 值范围内保持柱床的稳定。

现代液相色谱柱的填料在 2~20μm，一般用凝胶分子筛填充，有时对微球表面进行修饰，以提高选择性，吸收分离的峰值主要是微球的孔尺寸。

凝胶渗透色谱(GPC)是典型的根据溶质分子大小尺寸来分离的，小的分子进入凝胶孔而大的则被洗脱，用于高分子的相对分子质量分级。而 GPC 用于分离，结果相当于几千块理论塔板，有很高的分离效率，过去常用苯乙烯-二苯乙烯系统，现代多用硅凝胶加以改性，或硅烷聚合物作为微球材料，可以耐受溶剂。

第二节　纳米复合高分子材料

一、概述

纳米材料是指粒子平均粒径在 100nm 以下的材料。其中，平均粒径为 20~100nm 的称为超细粉，平均粒径小于 20nm 称为超微粉。它是 20 世纪 80 年代发展起来的新型材料。1984 年，德国科学家 Gleiter 首先制备出纳米金属粒子，从而掀起了对纳米材料研究的热潮。1990 年 7 月在美国巴尔的摩召开的首届国际 NST(Nano Science and Technology)会议，标志着纳米科学与技术的正式诞生。同时，纳米材料也已被美国材料科学会誉为“21 世纪最有前途的材料”。它具有相当大的相界面面积和许多宏观物质所不具备的新异的物理、化学特性。既是一种多组分物质的分散体系，又是一种新型的材料。对纳米材料的研究，最初是从金属粉末、陶瓷等领域开始的。目前，纳米材料和技术已在微电子、冶金、化工、电子、国防、核技术、航天、医学和生物工程等领域得到了广泛的应用。

其实，早在一千多年前，我们的祖先就会制造和使用纳米材料，如用燃烧蜡烛的烟雾制炭，用于制墨和着色，只是不叫纳米材料而已。

纳米材料也存在于自然界中，只是为数不多，大多是人工制造的。

聚合物基纳米复合材料，是指用具有纳米尺寸的其他材料与聚合物材料以各种方式复合成型的一种新型复合材料。所采用的纳米单元按其成分分类，可以是金属，也可是陶瓷、高聚物等；按其所处的几何形状分类，可以是球状、片状、柱状，甚至是纳米丝、管、膜等；按其相结构分类，可以是单相的，也可以是多相的。按习惯说法，纳米材料的基本单元，在空间三维尺度上皆为纳米的，称零维，记为0，空间有两维处于纳米尺度的，如纳米丝、棒称一维，记为1。在三维空间有一维处于纳米尺度的，如超薄膜，称二维材料，记为2。当然，在三维空间都不是纳米的材料，材料称三维材料，记为3。从广义上来说，聚合物基纳米复合材料，只要其组分中的某一相至少有一维的尺寸处在纳米尺度范围，就可以将其视为聚合物纳米复合材料。其大致可分为以下三种复合类型：即0-0复合、0-2复合、0-3复合。聚合物基纳米复合材料是当今材料研究的热门领域，具有极高的理论研究和应用价值。

二、纳米材料的结构特性

任何一种材料，当其被细化到纳米数量级时，其物理-化学性能会发生巨大的变化，并激发出其超自然的活性及潜在的原始能，从而产生一系列异常的物理化学现象，并呈现出与常规材料完全不同的性质。主要具有如下三个方面的效应。

1. 表面与界面效应

纳米微粒尺寸小，表面能高，比表面积大，处于表面的原子数增多。这些表面原子具有很高的活性，极不稳定，容易与其他原子结合。表面原子的活性，也会引起表面电子自旋构象和电子能谱的变化，从而赋予纳米粒子低密度、低流动速度、高吸气性、容易混合等特性。如无机纳米粒子暴露在空气中会吸附气体，形成吸附段；金属的纳米粒子在空气中会燃烧。

2. 量子尺寸效应

日本科学家久保(kubo)认为：当粒子尺寸降低到最低时，会出现费米能级附近的电子能级由准连续变为离散能级的现象。这种现象，可以用久保公式来表达：

$$\delta = 4E_t/(3N)$$

式中，δ为能级间距；E_t 场为费米能级；N为总电子数。

宏观物体包含无限个原子(即 $N\to\infty$)，于是 $\delta\to 0$，即宏观物体的能级间距几乎为零；而纳米微粒包含的原子数有限，N值很小，导致有一定的值，即能级间距发生分裂；当能级间距大于热能、磁能、静磁能、光子能量或凝聚态能时，就会导致纳米微粒磁、光、声、热、电，以及超导电性与宏观特性的显著不同。如颗粒的磁化率、比热容与所含电子的奇偶性有关，会产生光谱线的频移、介电常数的变化等。近年来，人们又发现纳米微粒在含有奇数或偶数电子时，显示出不同的催化性质。

3. 小尺寸效应

当超细微粒的尺寸与光波波长、德布罗意波长以及超导的相干长度或透射深度等特征尺寸相当或更小时，晶体周期性的边界条件将被破坏。非晶态纳米微粒的颗粒表面层附近原子密度减小，导致声、光、电、磁、热及化学特性会发生变化，并呈现出新的小尺寸效应。例如：光吸收显著增加，并且产生吸收峰的等离子共振频移，磁有序向磁无序转变，超导相向正常相转变，声子谱发生改变等。利用这些小尺寸效应，可开拓出许多应用技术新领域，如纳米尺度的强磁性颗粒，当颗粒为单磁畴临界尺寸时，具有很高的矫顽力，可以制成磁性信用卡等。

由于纳米材料具有奇特的力、电、光、磁、吸收、催化、敏感等性能，因此有着广泛而诱人的应用前景。

三、纳米材料的制备方法

目前所说的纳米材料制备方法主要是指使材料外观尺寸纳米化的方法，与纳米加工技术无关，将其称为纳米化技术可能更为准确。目前有诸多纳米材料制备方法可供选择。若将其制备方法进行简单的分类，可分为物理法和化学法两大类。

1. *物理方法*

(1) 真空冷凝法

通过块体材料在高真空条件下挥发，然后冷凝成纳米颗粒的方法。其过程是采用高真空下加热块体材料，加热方法有电阻法、高频感应法等，使金属等块体材料原子气化或形成等离子体，然后快速冷却，最终在冷凝管上获得纳米粒子。真空冷凝方法特别适合制备金属纳米粉，通过调节蒸发温度场和气体压力等参数，可以控制形成纳米微粒的尺寸。真空冷凝法的优点是纯度高、结晶组织好、粒度可控且分布均匀，适用于任何可蒸发的元素和化合物。缺点是对技术和设备的要求较高。

(2) 机械球磨法

机械球磨法适合制备脆性材料的纳米粉。该方法以粉碎与研磨相结合，利用机械能来实现材料粉末的纳米化目的。适当控制机械球磨法的研磨条件，可以得到单纯金属、合金、化合物或复合材料的纳米超微颗粒。机械球磨法的优点是操作工艺简单，成本低廉，制备效率高，能够制备出常规方法难以获得的高熔点金属合金纳米超微颗粒。缺点是颗粒分布太宽，产品纯度较低。

(3) 喷雾法

喷雾法是通过将含有制备材料的溶液雾化，然后制备微粒的方法。适合可溶性金属盐纳米粉的制备。过程是：首先制备金属盐溶液，然后将溶液通过各种物理手段雾化，再经物理、化学途径转变为超细微粒子的方法。主要有喷雾干燥法、喷雾热解法。喷雾干燥法是将金属盐溶液送入雾化器，由喷嘴高速喷入干燥室，溶剂挥发后获得金属盐的微粒，收集后焙烧成超微粒子。如铁氧体的超微粒子可采用此种方法制备。通过化学反应还原所得的金属盐微粒还可以得到该金属纳米粒子。

(4) 冷冻干燥法

这种方法也是首先制备金属盐的水溶液，然后将溶液冻结，在高真空下使水分升华，原来溶解的溶质来不及凝聚，则可以得到干燥的纳米粉体。粉体的颗粒可以通过调节溶液的浓度来控制。采用冷冻干燥的方法还可以避免某些溶液黏度大、无法用喷雾干燥法制备的问题。

2. *化学方法*

(1) 气相沉积法

气相沉积法是利用金属化合物蒸气的化学反应来合成纳米微粒的一种方法。这种方法获得的纳米颗粒具有表面清洁、粒子大小可控制、无粘接、粒度分布均匀等优点，易于制备出从几纳米到几十纳米的非晶态或晶态纳米微粒。该法适合用于单质、无机化合物和复合材料纳米微粒的制备过程。

(2) 化学沉淀法

化学沉淀法属于液相法的一种。常用的化学沉淀法可以分为共沉淀法、均相沉淀法、多元醇沉淀法、沉淀转化法以及直接转化法等。具体的方法是将沉淀剂加入包含一种或多种离子的可溶性盐溶液中，使其发生化学反应，形成不溶性氢氧化物、水合氧化物或者盐类而从溶液中析出，然后经过过滤、清洗，并经过其他后处理步骤就可以得到纳米颗粒材料。其优点是工艺简单，适合于制备纳米氧化物粉体等材料。缺点是纯度较低，且颗粒粒径较大。

(3) 水热合成法

水热法是在高温、高压反应环境中，采用水作为反应介质，使得通常难溶或不溶的物质溶解、反应，还可进行重结晶操作。水热合成技术具有两个特点：一是其相对低的温度，二是在封闭容器中进行，避免了组分挥发。水热条件下粉体的制备有水热结晶法、水热合成法、水热分解法、水热脱水法、水热氧化法和水热还原法等。近年来还发展出电化学水热法以及微波水热合成法。前者将水热法与电场相结合，而后者用微波加热水热反应体系。与一般湿化学法相比较，水热法可直接得到分散且结晶良好的粉体，不需作高温灼烧处理，避免了可能形成的粉体硬团聚，而且水热过程中可通过实验条件的调节来控制纳米颗粒的晶体结构、结晶形态与晶粒纯度。

(4) 溶胶-凝胶法

溶胶-凝胶(Sol-Gel)法适合金属氧化物纳米粒子的制备。方法实质是将前驱物在一定的条件下水解成溶胶，再转化成凝胶，经干燥等低温处理后，制得所需纳米粒子。前驱物一般用金属醇盐或者非醇盐。无机材料的制备大多要经过高温退火处理，而溶胶-凝胶法优点之一是可以大大降低合成温度，反应条件温和。除了制备纳米粉体以外，该法还是制备有机-无机纳米复合材料的有效方法之一。

(5) 原位生成法

原位生成法也称为模板合成法，是指采用具有纳米孔道的基质材料作为模板，在模板空隙中原位合成具有特定形状和尺寸的纳米颗粒。模板可以分为硬模板和软模板两类。常见用于合成的模板有多孔玻璃、分子筛、大孔离子交换树脂等。这些材料也称为介孔材料。根据所用模板中微孔的类型，可以合成出诸如粒状、管状、线状和层状指定结构的材料，这是其他制备方法所做不到的。但是这种方法作为大规模生产技术还有相当难度。

综上所述，目前纳米颗粒的制备方法，以物料状态来分，基本上可归纳为固相法、液相法和气相法三大类。固相法制备的产物易固结，需再次粉碎，成本较高。物理粉碎法工艺简单、产量高，但制备过程中易引入杂质。气相法可制备出纯度高、颗粒分散性好、粒径分布窄而细的纳米微粒。近年来采用液相的化学方法加工纳米颗粒显示出巨大的优越性和广阔的应用前景。这是因为依据化学手段，往往不需要复杂的设备仪器，并可以获得规模化生产，这是物理法无法比拟的。

四、高分子纳米复合材料

高分子纳米复合材料是由各种纳米单元与有机高分子材料以各种方式复合成型的一种新型复合材料，所采用的纳米单元按照化学成分划分有金属、陶瓷、有机高分子、其他无机非金属材料等；按其外部形状划分有零维的球状、片状、柱状纳米颗粒，一维的纳米丝、纳米管，二维的纳米膜等。对于广义上的高分子复合材料，只要其中某一组成相至少有一维的尺寸处在纳米尺度范围，就可称为高分子纳米复合材料。

1. 高分子纳米复合材料的结构类型

高分子纳米复合材料的结构类型非常丰富。如果以纳米粒子作为结构组元，可以构成0-0复合型、0-2 复合型和 0-3 复合型三种结构类型。分别指纳米粉末与高分子粉末复合成型、与高分子膜型材料复合成型和与高分子体形材料复合，这是目前采用最多的三种高分子纳米复合结构。如果以纳米丝作为结构组元，可以构成 1-2 复合型和 1-3 复合型两种结构类型，分别表示为高分子纳米纤维增强薄膜材料和高分子纳米纤维增强体形材料，在工程材料中应用较多。如果以纳米膜二维材料作为结构组元，可以构成 2-3 复合型纳米复合材料。此外，还有多层复合纳米材料、介孔纳米复合材料等结构形式。

2. 高分子纳米复合材料的特点

高分子纳米复合材料多是由金属、陶瓷、黏土等作为纳米添加材料。高分子基体材料与添加材料之间性能差别大，因此形成的复合材料互补性好，容易获得两种材料都不具备的性能，有利于纳米效应的发挥。此外，由于高分子基体材料具有易加工、耐腐蚀等优异性能，工业化成本较低，有利于成果的产业化过程。高分子基体材料自身的特点，决定了它还能抑制纳米颗粒的氧化和团聚过程，使体系具有较高的长效稳定性，能充分发挥纳米单元的特异性能。

3. 聚合物基纳米复合材料的制备

(1) 插层复合法

该方法是制备聚合物纳米复合材料的重要方法。许多无机物如硅酸盐类黏土、磷酸盐类、石墨、金属氧化物、二硫化物等，具有层状结构，可以嵌入有机物，通过合适的方法将聚合物插入其中，从而制备聚合物纳米复合材料。复合过程可分为三类：

① 插层聚合。先将聚合物单体分散、插层进入层状硅酸盐片层中，然后进行原位聚合。利用聚合时放出的大量热，克服硅酸盐片层间的库仑力而使其剥离，从而使硅酸盐片层与聚合物基体以纳米尺度复合。其典型代表有黏土/PA6 体系。

② 溶液插层。聚合物大分子链在溶液中借助于溶剂而插层进入无机物层间，然后挥发除去溶剂。其典型代表有蒙脱土/PCL 体系。该方式需要合适的溶剂来同时溶解聚合物和分散黏土，而且大量的溶剂不易回收，对环境不利。

③ 熔体插层。把聚合物加热到熔融状态下，在静止或剪切力的作用下直接插入片层间，制得聚合物纳米复合材料。其典型代表有蒙脱土/PS 体系。该方法不需要溶剂，可直接加工，易于工业化生产。

值得注意的是，聚合物/黏土纳米复合材料是目前研究最多、最有希望工业化生产的聚合物基纳米复合材料。而插层复合法又是目前该类材料的主要方法。中国科学院研究者们采用插层复合法成功制备了 PA、PS、PP、PBT、PET 等层状硅酸盐纳米复合材料，并从一系列研究结果中得出如下重要结论，即：插层复合材料具有高耐热性、高弹性模量、高强度和阻隔性好等特点，其性能大大优于传统的复合材料。

④ 原位复合法。该法首先把纳米粒子分散在单体溶液中，然后使单体进行聚合，是制备具有良好分散效果的纳米复合材料的重要方法。典型代表有 SiO_2/PMMA 纳米复合材料。该方法反应条件温和，粒子在基体中分散均匀。但其使用有较大的局限性，因为该方法仅适合于在含有金属、硫化物或氢氧化物胶体粒子的溶液中，使单体分子进行原位聚合制备纳米

复合材料。

⑤ 溶胶-凝胶法。使用烷氧金属或金属盐等前驱物和有机聚合物的共溶剂，在聚合物存在的前提下，在共溶剂体系中使前驱体水解和缩合。如果条件控制得当，在凝胶形成与干燥过程中聚合物不发生相分离，即可获得有机-无机纳米复合材料。近年来，利用金属烷氧化物的溶胶-凝胶反应与聚合反应巧妙组合，制备聚合物基纳米复合材料已成为材料科学新的热点。该方法反应条件温和，分散均匀。其缺点是：前驱体大都是硅酸烷基酯，价格昂贵且有毒，且在干燥过程中，由于溶剂及小分子的挥发，使材料内部产生收缩应力，导致材料脆裂，因此很难获得大面积或较厚的纳米复合材料。

⑥ 纳米粒子直接分散法。该法是指将纳米粒子直接分散于聚合物基质的制备方法。其中，聚合物基质多选用具有良好性能的功能材料。该方法的优点在于纳米粒子与材料的合成分步进行，可控制纳米粒子的形态和尺寸。缺点是粒子易于团聚，难于均匀分散。解决的办法是：采用某些方法在纳米粒子的表面覆盖一层单分子层活性剂，从而防止纳米粒子本身的凝聚。

⑦ LB 技术。LB 膜是利用分子间相互作用而人为地建立起来的特殊分子体系，是分子水平上的有序组装体。利用 LB 膜技术制备聚合物基纳米复合材料，主要有两种方法：利用含金属离子的 LB 膜通过与 H_2S 等进行化学反应获得；已制备的纳米粒子的 LB 组装。

用 LB 膜技术制备的复合材料，既有纳米粒子特有的量子尺寸效应，又有 LB 膜分子层次有序、膜厚可控、易于组装等优点。通过改变 LB 膜的成膜材料和纳米粒子的种类及制备条件，可改变所得到材料的光电特性。因而使该类材料在微电子学、光电子学、非线性光学和传感器等领域得到广泛的应用。

总之，以上几种方法各具特色，各有其适用范围。对具有层状结构的无机物，可用插层复合法；对不易获得纳米粒子的材料，可采用溶胶-凝胶法；对易得到纳米粒子的无机物，可采用原位复合法或直接分散法；而 LB 膜技术可制备有序的无机、有机交替膜。

由于高分子纳米复合材料既能发挥纳米粒子自身的小尺寸效应、表面效应、量子效应和粒子的协同效应，而且兼有高分子材料本身的优点，使得它们在催化、力学、物理功能等方面呈现出常规材料不具备的特性，有广阔的应用前景。

第三节　超支化高分子

超支化高分子因其分子结构而得名，它是一种经一步法合成得到的高度支化的聚合物。早在 1952 年，Flory 就第一次提出超支化高分子的概念，并指出具有 AB_2 结构的单体可以合成超支化高分子，同时他还就其性质作了一些推测。但是，直到 20 世纪 80 年代初，Du Pont 公司的高分子研究小组成功地实现了室温下活的丙烯酸单体聚合，包括超支化高分子在内的结构高分子才引起了人们的极大兴趣。迄今为止，超支化高分子的研究已经历了十多年的历程。

一、超支化高分子的分子结构及其性能特点

早期合成的超支化高分子是以羟基和羧基封端的脂肪族聚酯，但是，这种聚合物的性能很不稳定，尤其是溶解性，用 GPC 测得的相对分子质量的重现性较差。超支化高分子、树枝状和传统的线型高分子的分子结构模型如图 14-2 所示。

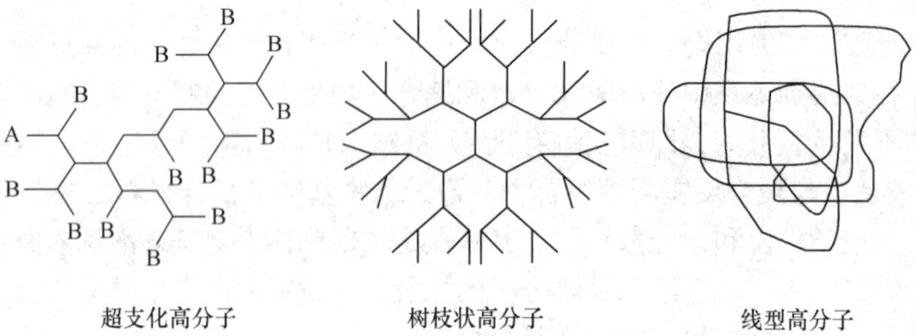

图 14-2　超支化、树枝状和线型高分子结构示意图

由图 14-2 可见，超支化高分子的结构特点，主要是分子中只含一个未反应的 A 基团，而含多个未反应的 B 基团。其分子形状近似球形，且分子周边具有大量的活性端基。但与树枝状相比，超支化高分子的分支是不完全的。

超支化高分子性能特殊，一些分子式相同的超支化高分子与线型高分子之间的性能差异较大。例如，聚苯是已知高分子中最难加工的高聚物之一，而超支化结构的聚苯却表现出惊人优异的流动性能。科学家还指出，相对于脂肪族超支化高分子而言，含有苯环等刚性结构单元的，其溶解性能相对较好。

超支化高分子与树枝状一样，单个分子的形状是球形的。但是，由于树枝状的分子具有完美的分枝结构，整个分子中无缺陷，因此，树枝状的分子是圆球形，而超支化高分子的分子中有缺陷，整个分子并不完全对称，所以，超支化高分子的单分子形状是椭球形。传统的线型高分子在无外力的作用下总是自发地呈卷曲形态。但是，当与线型高分子具有相同的端基数目时，超支化高分子的多端基结构决定了它的无链内缠绕性。同时，多支化破坏了链的规整性和对称性，使得超支化高分子的结晶性能大大下降。

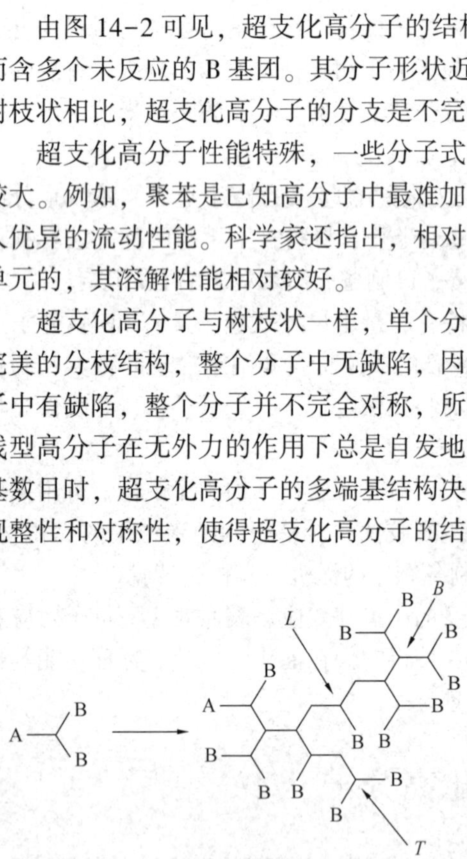

图 14-3　超支化高分子分支因素的计算

与树枝状不同，超支化高分子具有一些传统高分子化合物的性质，如相对分子质量分散性和异构性。传统的用来描述高分子的分支程度的术语——分支度(A)，已经不足以表明这种大分子的分支程度。为了更好地描述超支化高分子较完美的分支，科学家引进了分支因素(f_{br})概念。f_{br}等于已经完全分支的单体结构单元与在端基处的单体结构单元数目之和同所有单体结构单元数目的比值。如果假定在端基位置的单体结构单元的摩尔分数为 T，未分支的线型分子基团的摩尔分数为 L，完全分支的单体结构单元的摩尔分数为 B(如图 14-3 所示)。

则有：

$$f_{br}=(T+B)/(T+B+L)$$

超支化高分子也具有相对分子质量分散性。而且由于超支化高分子通常是由 AB_x 型单体自聚合得到，所以超支化高分子的相对分子质量分布比普通的线型高分子宽。理论上，当相对分子质量趋于无穷大时，超支化高分子的相对分子质量分布将无限增宽。对于 AB_2 型的单体，当单体转化率接近 90%时，相对分子质量分布将显著变宽。实际上，因为用 GPC 所测得的相对分子质量主要反映了高分子的分子尺寸，所以，即使对于已知相对分子质量的超支化高分子，也不能只用 GPC 实验的结果来表征超支化高分子的多分散性。

超支化高分子相对分子质量的分散性可通过以下两种方法加以改进：①采用多官能度的核，并降低核的浓度；②采用缓慢滴加单体的方法。有人在合成超支化聚硅氧烷时，就采用了以上两种方法来控制超支化高分子的结构和尺寸，并取得了较满意的结果。

某些超支化高分子还表现出胶体的性质，甚至有些有机金属超支化高分子在很低的浓度仍能自聚集。一种酯化的超支化聚苯表现出取向结构，并导致了具有 $CaCO_3$ 晶核结构的晶核生成。一些超支化高分子有介晶相，已有一系列的文献报道了一些含有可导致介晶相结构的单元的热致性超支化高分子。在高于其玻璃化温度时，这种超支化高分子可能通过向向列型介晶态转变，降低其自由体积而降低其自由能。此外，芳香族的聚酰胺在复盐的存在下，其高分子聚集态也出现了介晶结构。以胺为核的质子化的超支化聚酰胺也存在介晶相。

人们已经观察到分支程度和树枝状、超支化高分子的端基特性对它们的玻璃化温度有较大的影响，并且已用修正过的链端自由体积理论来解释聚酯树枝和聚醚树枝的相对分子质量对玻璃化温度的影响。然而，用修正后的计算 T_g 的 Flory 公式虽然考虑了聚苯醚树枝的分子独立性，但是，却不能解释端基对 T_g 的影响效果。在对超支化聚苯的研究中，人们发现 T_g 随着端基极性的增加而增大。一种超支化聚酯 2，2-二羟甲基-2-丙酸有三个松弛转变，玻璃橡胶转变及两个次级玻璃转变过程。实际上，完全可以将超支化高分子看成是由聚合物内部的所有的结构单元和端基组成的共聚物，因为其内部基团和端基基团的极性的不同，端基将和主链一样，影响着高分子的包括 T_g 在内的物理性质。

超支化高分子及树枝状最突出的特点是它们表现了惊人的低黏度，如前所述，聚苯是已知高分子中最难加工的之一，然而，超支化结构的聚苯却表现出令人难以置信的流动性能。这种特殊的低黏度性能与超支化高分子的结构特点息息相关。流体的黏度来源于分子间的内摩擦。超支化高分子的分子尺寸小，大量的短支链的存在，以及分子链本身及分子之间无缠绕，使得分子间相互作用力小，因而黏度较低。

二、超支化高分子的合成方法

超支化高分子通常是由具有 AB_x 型的单体聚合而成。当 $x \geqslant 2$ 且 A 基团只能与另一分子上的 B 基团反应时，这种单体将聚合成高度支化的聚合物。而当同一个分子上的 A 与 B 基团之间可相互反应时，则导致因成环而中断聚合反应。

反应得到带有一个未反应的端基基团 A 和 $(x-1)_{n+1}$ 个未反应的 B 端基基团的高度支化的高分子物质，其中 n 是聚合度。类似地，A_2 和 B_3 或其他的多官能度的单体也能得到超支化高分子，条件是聚合必须控制在凝胶点以下。理论上，任何已知的聚合方法如缩聚、加聚、开环等都可用来聚合 AB_x 型的单体。一般而言，溶液聚合是使用最广泛的聚合方法之一，但是，现在也有关于本体聚合及固体聚合的报道。此外，人们对于用 AB_x 单体及用 AB 与 B_3 单体共聚来合成超支化高分子也很感兴趣，而且有人认为 B_3 单体的引入能更好地控制超支化聚合物的分子几何结构。

1. 缩聚

很明显，用于缩聚反应的原料都是具有 AB_x 的结构，因此，缩聚法是最常见的合成超支化高分子的方法，如用羟基三溴苯来合成超支化聚醚。

2. 加聚

用加聚反应合成超支化高分子时，原料单体分子中应该同时包含一个引发基和一个增长基。与缩聚聚合机理不同，在加聚反应中是在已存在的引发基团上通过乙烯基加成反应而逐步反应生成超支化高分子的。带有一个悬挂基团且含有乙烯基团的单体可用于加成聚合制备超支化高分子，其中，悬挂基团必须在外界刺激下才能转变为引发基团。Miravet 用加成法制得了一种含硅的超支化高分子。

3. 开环聚合

用于开环聚合合成超支化高分子的反应实例较少。1988 年，Odian 和 Tomalia 就对 2-羧基-2-噁唑啉衍生物由开环聚合得到无规超支化聚合物的报道。现有的开环法合成超支化聚合物一般是利用环氧基团的开环反应，也还有一些其他的开环聚合。

4. 活性聚合

采用缩聚反应合成的超支化聚合物的相对分子质量分布较宽，且所用的单体有限。近年来，活性自由基聚合在合成窄分布线型聚合物和一些嵌段共聚物方面得到了很大的进展。采用自缩合乙烯基聚合反应(SCVP)、质子转移聚合(PTP)、原子转移聚合(ATRP)和离子聚合等活性聚合方式可以得到相对分子质量分布较窄的超支化聚合物。

三、超支化聚合物的应用

1. 在涂料工业中的应用

超支化聚合物在涂料中的应用有其独特优势。由于分子中带有许多官能性的端基，可以有目的地对其进行改性，而且超支化聚合物具有紧凑的分子结构，不易发生分子间的缠结，当相对分子质量增加或浓度增高时，体系仍能保持较低的黏度，从而使其具有独特的流变性质、很好的成膜性、极佳的抗化学性、耐候性和力学性能。可用于制作光固化涂料、粉末涂料、无溶剂涂料、高固体组分涂料及涂料添加剂，如超支化聚酯、超支化聚醚和超支化聚酰胺等。

2. 线型超支化大分子嵌段共聚物

在水溶液中具有自组装功能的两亲性嵌段聚合物如聚乙烯醇的共聚物，由于在生物工程、信息材料和药物传输等领域的潜在应用前景而备受关注。

超支化大分子—线型大分子的嵌段共聚物两亲性自组装功能，可以形成胶束。通过对超支化大分子表面的改性可作为分子载体吸纳不同的有机分子，起纳米胶囊作用。

3. 在聚合物共混中的作用

将超支化聚合物与普通线型聚合物共混，可以改善线型聚合物的物理化学性质。超支化聚合物根据其性质，可在共混物中作为增韧剂、交联剂、粘附剂、聚烯烃染色剂、增溶剂、分散剂及流变性能改性剂等。

4. 在药物缓蚀剂中的作用

超支化聚合物作为药物载体的研究较多，可望用于农业、化妆品和医药行业。

第四节　高分子表面活性剂

一、概述

一般表面活性剂的相对分子质量大于 3000 以上时被称为高分子表面活性剂。随着相对分子质量的增大，表面活性剂的性质和用途也发生较大变化。高分子表面活性剂包括合成高分子表面活性剂和天然高分子表面活性剂两大类。天然高分子表面活性剂主要包括藻酸、纤维素衍生物、明胶和小分子蛋白质等。合成高分子表面活性剂在结构上分析，多数是由小分子表面活性剂交联形成的，品种比较多，性质差异也比较大。但是从结构上分析，共同特征是在分子内都具有亲水性部分和亲油性部分。因此，也有人将高分子表面活性剂称为聚皂。与同类小分子表面活性剂相比，高分子表面活性剂在起泡力、渗透力和降低界面张力方面比较差，但是在分散和絮凝力方面作用较强，而且毒性比较小，多用在乳化和絮凝等方面。高分子表面活性剂在成膜性能方面比小分子表面活性剂好得多。而高分子表面活性剂最重要的应用领域是制备具有选择性透过功能的乳化型液体膜、制备具有特殊功能的 LB 膜和多种非线性电子器件等。由于这种由两亲高分子形成的膜材料分子排列有序，亲水区域和疏水区域界限分明，由这种膜制成的许多器件可以表现出极为特殊的性质。利用高分子表面活性剂形成膜和微胶囊的良好稳定性，也可以用于合成缓释药物和环境污染治理。

高分子表面活性剂的分类一般也和小分子表面活性剂一样根据其所带亲水性官能团的性质分成阳离子型、阴离子型、两性离子型和非离子型四种。但是根据其疏水部分的化学组成还可以将高分子表面活性剂分成碳氢型(常规表面活性剂)、以氟代替氢原子的氟碳型、以硅氧烷为疏水基的硅氧烷型和含特殊金属离子的高分子表面活性剂等四种。后一种分类方法对高分子型表面活性剂具有特殊意义。

二、合成高分子表面活性剂

合成高分子表面活性剂，一般为线型聚合物，在多种溶剂中溶解。一般是首先合成出具有两亲结构的单体，然后通过均聚、共聚或者缩聚得到。单体中的可聚合基团既可以连接在单体分子的疏水部位，在聚合反应后使亲水部分呈悬垂状态；又可以连接于单体分子的亲水部位，这时聚合物中疏水部分呈悬垂状态。上述两种表面活性剂的性质是不同的，就其结构来说，根据亲水性基团的种类和亲水性部分的化学成分，合成高分子表面活性剂主要有以下几类。

1. 阴离子型高分子表面活性剂

阴离子型高分子表面活性剂是指其亲水性基团由羧酸、磺酸等酸性基团构成。其中合成羧酸型高分子表面活性剂的前体中，多含有羧基或者羧基前体，聚合后这种前体可以通过适当处理，转变成羧基。这种高分子表面活性剂的合成，多数是采用亲水性单体单独聚合，或者与疏水性单体共聚。常用的亲水性单体多含有丙烯酸、甲基丙烯酸和顺丁烯二酸等结构。聚丙烯酸型高分子表面活性剂的制法是将丙烯酸或者丙烯酸盐用过硫酸盐等自由基引发剂引发，在水相中聚合。得到的聚合物经碱处理后在结构中形成水活性阴离子。

含有乙烯基磺酸盐、苯乙烯磺酸盐等结构的单体可以用来制备聚磺酸型表面活性剂。以苯乙烯磺酸为原料，需要在水相中聚合，并使用水溶性引发剂。聚苯乙烯磺酸型表面活性剂也可以通过其他方法合成。一般是首先由苯乙烯通过均聚反应合成聚苯乙烯，然后再通过高分子磺化反应引入磺酸基。聚苯乙烯磺酸盐具有良好的分散作用，同时还可以作为抗静电剂和特种记录纸的导电剂使用。将萘磺酸盐与甲醛通过缩聚反应，可以得到萘磺酸盐型高分子表面活性剂。这种表面活性剂常作为染料分散剂或者水泥减水剂。

除了羧酸型和磺酸盐型阴离子表面活性剂之外，磷酸盐型高分子表面活性剂也是一种常见类型。磷酸是三元酸，所以有单酯和双酯型磷酸表面活性剂，而磷酸三酯属于非离子型表面活性剂。磷酸酯型高分子表面活性剂通常通过聚醇的磷酸化，或者含有乙烯基的磷酸酯聚合而成。常见的磷酸化试剂包括五氧化二磷、磷酰氯。成酯用的醇包括高碳醇、低碳醇和多元醇。磷酸酯型表面活性剂，由于其毒性小，稳定性好，广泛用于纺织助剂、化妆品和油漆染料等领域。

2. 阳离子型高分子表面活性剂

阳离子型高分子表面活性剂通常含有季铵化的氨基，通过含有乙烯基的脂肪胺和芳香胺，或者季铵聚合得到。季铵化可以在聚合前进行，也可以先聚合，再季铵化。这种表面活性剂在酸性条件下比较稳定。比如将4-乙烯吡啶盐进行均聚，可以得到聚吡啶盐型高分子表面活性剂。将苯乙烯低聚物在溶液中进行氯甲基化，再用三甲基胺季铵化可以得到聚季铵盐型高分子表面活性剂。用自由基型引发剂引发，将甲基丙烯酸二甲氨基乙酯季铵盐在水相中聚合也可以得到这类阳离子表面活性剂。这种表面活性剂的特点是吸附絮凝作用强，是有代表性的阳离子型絮凝剂。可用于各种废水的处理。

3. 非离子型高分子表面活性剂

常见的非离子型高分子表面活性剂主要有聚乙烯醇、聚乙二醇和聚丙烯酰胺等。聚乙烯醇是首先合成聚乙酸乙烯酯，再用醇或碱进行酯键水解，得到具有亲水性羟基的高分子表面活性剂。聚乙烯醇主要作为在乙酸乙烯酯的乳液聚合中的保护胶体，也可以作为植物油、矿物油和石蜡的乳化剂。聚乙二醇型高分子表面活性剂是在酸性或碱性催化剂存在下使环氧乙烷发生开环聚合，生成以醚键为亲水结构的高分子表面活性剂。由于它的疏水部分少，降低表面张力作用较小，主要在纺织助剂中用作上浆剂和增强剂，在其他场合也用于分散剂和絮凝剂。

4. 氟碳型高分子表面活性剂

在工农业生产中大量使用的高分子表面活性剂一般是利用烃链作为疏水基，而还有一些高分子表面活性剂的疏水部分是由其他类型化学结构组成的，这些表面活性剂被称为特种表面活性剂。特种表面活性剂主要包括氟碳型表面活性剂、硅氧烷型表面活性剂和含金属表面活性剂。氟碳型表面活性剂因为是用稳定的全氟烃基作为疏水基，与含氢烃基相比，降低表面张力的能力增大。一般表面活性剂水溶液的表面张力降低限度为 2.5×10^{-4} N/cm，而氟碳型表面活性剂的水溶液则可达 1.5×10^{-4} N/cm，是已知表面活性剂中降低表面张力能力最强的。由于碳原子与氟原子的结合力极强，所以化学稳定性非常好。氟碳型表面活性剂是扑灭石油类火灾有效的泡沫灭火剂，并可作为金属电镀液的添加剂、防水、防油剂等。

5. 硅氧烷型高分子表面活性剂

硅氧烷型高分子表面活性剂，是由硅氧链代替常规表面活性剂中的碳碳链作为疏水性基团。硅氧烷表面活性剂降低界面张力的作用仅次于氟碳型表面活性剂，而且具有良好的润滑作用。硅氧烷型表面活性剂中的聚乙二醇硅氧烷，可用于制作泡沫塑料的泡沫稳定剂、化妆品中的添加剂和表面处理剂。硅氧烷型表面活性剂也可以分成离子型和非离子型两种，有多种合成方法。非离子型硅氧烷表面活性剂如聚二甲基硅氧烷-环氧乙烷共聚物，是用末端具有 Si—H 键的聚二甲基硅氧烷在铂催化剂催化下，与聚环氧乙烯丙烯基醚反应制备的。此外用乙氧基聚二甲基硅氧烷与聚环氧乙烯烷基醚进行酯交换反应也可以制备类似的表面活性剂。

6. 含金属型高分子表面活性剂

在分子结构中含有钛、锡等金属的表面活性剂，被称为含金属表面活性剂。常见的含有钛金属的高分子表面活性剂多是环氧乙烷型加成物，是有机溶剂中无机染料的良好分散剂。含硼表面活性剂，是用硼和醇类化合物为原料合成的，硼原子和碳原子之间形成半极性键。除此之外，还有锆、锗等金属的有机金属表面活性剂处在开发研制阶段。

三、天然高分子表面活性剂

天然高分子表面活性剂存在于动植物体内，在生命过程中起着相当重要的作用。从广义上讲，天然高分子表面活性剂，包括纯天然高分子物质和以天然物质为主要原料，经过加工处理得到的具有表面活性功能的化合物。在工业上有重要应用意义的天然高分子表面活性剂有以藻酸、纤维素衍生物为代表的多糖类，以明胶、卵白蛋白、牛奶酪蛋白为代表的蛋白质。氨基酸、甜菜碱和卵磷脂等也是重要的天然表面活性剂，但属于小分子范畴。天然高分子表面活性剂具有水溶性高分子所特有的增稠性和对生物组织安全等特点，但是其降低表面张力的作用不大，主要作为乳化稳定剂、分散剂、起泡稳定剂以及胶体保护剂等。

第五节　其他功能高分子简介

一、功能涂料

除了我们在导电高分子一章中介绍过导电涂料之外，再列举几种介绍如下。

1. 耐辐射涂料

涂料的组成一般有高分子成膜物质和填料。溶剂有时作为介质，有时可以不用。耐辐射涂料使用的填料一般要能吸收和消散 γ 射线。主要填料是钛、铅、铝、镁、铬、钙、铁、钡、锌、铁等金属及化合物，不能使用钴、镉、锶、锑等金属，它们会在 γ 射线作用下变成放射性元素，用得较普遍的是铅和钡的化合物。作为成膜和粘接物质的高聚物，本身必须耐辐射，一般认为高分子链中含有苯环、稠环都可以提高耐辐射性能，不同的聚合物耐辐射性能不尽相同，早期的研究认为，比较好的诸如酚醛树脂、脲醛树脂、含苯基的有机硅树脂、以氰胺固化的环氧树脂、聚乙烯咔唑等，有的研究者认为三聚氰胺甲醛树脂也较耐 γ 射线，比较差的如聚酯、聚乙烯，最差的是聚丙烯酸酯。随着高聚物研究的进展又有许多新材料见诸报道，如聚酰亚胺，不仅耐辐射，而且耐火焰。又如聚苯撑三唑、聚苯并二唑、聚苯撑硅氧烷以及有机硅与无机硅酸盐的接枝聚合物。聚有机无机硅耐辐射剂量可达 8×10^9 Racl（Racl，拉德，相当于一克物质吸收 100 尔格的辐射能，不是辐射能量单位）。

这类涂料除了用于航空航天之外，还可用于防范 X 射线、与放射线治疗室相邻的场所，防止在已有的遮蔽材料（如铅、水泥）背后产生的二次射线。还普遍用在核电站、原子反应堆以及储藏放射性物质的环境等。

2. 航天器热控涂料

航天器在地球外经受±200℃以上的温度变化，因此要有涂层保证内部的工作温度环境。一般热控涂料是光散射材料，用纯白色的颜料涂料，在空间环境要求稳定，如氧化锌、氧化钛就是较好的填料。涂料的黏合剂高聚物常用聚硅氧烷。

3. 伪装涂料

主要是变色龙迷彩涂料，利用光变色高分子材料作为粘接物质，可以在不同温度和光照下呈现不同的迷彩色。有的高分子材料和特殊的填料，如变色的低分子材料，也可以组成变色龙涂料的成膜物质，无机填料常用荧光物质或能够透过红外线的物质组成。

防雷达涂料又叫隐身涂料，利用能够吸收电磁波的材料与高分子成膜物组成涂料。随着侦察器件的水平升级，新的伪装涂料不断被研发。

4. 其他功能涂料

如耐烧蚀涂料、毒饵涂料、选择吸收太阳能光谱的涂料、阻尼涂料，以及红外线发射涂料、示温涂料等，一般都是有赖于低分子的功能。

二、吸声减振高分子材料

一般认为具有微孔的材料均有吸声降噪的功能。高分子材料经微发泡加工即具有此种功能，常用于发泡材料的是 PS 和 PU，微孔的 PE 既易得而且价廉。

用于减振的高分子材料在玻璃态和高弹态之间，许多材料可以用拼混的方法获得。在使用温度范围内，使高分子处于玻璃化温度附近。为了改善综合性能，往往用填料改性。在室温下使用较多的减振材料是丁基橡胶。较实用的是橡胶与金属的复合材料制成减振体，用于航空航天器中仪器的抗振及交通运输器的减振缓冲等。

三、高分子阻燃剂和阻燃高分子

世界上大多数火灾与香烟或其他火种有关，目前呈上升趋势的还有电器故障，此外还有自然灾害、雷电、电焊以及纵火等。所谓阻燃并不一定是不燃，而是指在一定的时间内(如烟头的可燃时间约 1~4min)不致被点燃，或者在着火后不蔓延，有自熄性。并要求不产生或较少产生烟害，低毒或无毒物释放。

常用的低分子阻燃剂包括有机磷系、有机卤化物或它们的混合体系，此外，硼系、锑系以及某些金属和它们的化合物也有阻燃功能。还有一些称为“毒气捕捉剂”的物质。

属于磷系的阻燃剂，主要有烷基磷酸酯、烷基亚磷酸酯、P—N 键化合物等。有机卤化物，用途最广最易得的是氯化石蜡，认为最有效的是一些溴代化合物，最常用的如十溴联苯醚。硼酸盐易得，而 Sb、Mo、Al、Bi 等化合物不仅阻燃还有一定的抑烟意义。

阻燃高分子大多数是由低分子阻燃剂与适应的高分子拼混复合而成。

有人研究将阻燃基团引入到高分子链上，这些合成的高分子阻燃剂，引入的基团大多数是磷酸酯的衍生物或氯代物，与高分子材料的拼混相容性好。但合成繁琐，成本较高，大多数阻燃材料仍用小分子添加剂。高分子聚酰亚胺本身可以耐火。

四、相变储能高分子材料

物质在相变过程中，吸收或释放能量。利用这个原理，把这种相变过程中热效应比较大的材料与高分子骨架包覆，穿插或填充，也就是用物理拼混方法制成相变储能高分子材料。这种相变材料要求相变的可逆性好，膨胀率低，相变体积变化小，密度较大。除了物理拼混之外，也有人研究用接枝的方法，把低熔点相变物质接到高分子骨架上，形成高分子的相变储能材料。用于温室，可以储存能量，还有调节温度的功能。这种材料已经在纺织、电力、建筑和航空航天方面得到应用。

五、光导电高分子

在无光条件下，光导电高分子是一种绝缘体，而在光照下，则可以导电。这种光导电高分子一般用在静电复印上，当被复印的文字或图像将光反射到涂有光导材料的表面，受光部分因导电而使电荷中和，未受光的部分则仍保持有静电，这时，静电分布与图像相同，调色剂或色粉在静电作用下，吸引成可视图像转移到复印纸上，加热固化定形。现在这种静电复印技术已成为普通技术，而使用的光导电高分子材料还在深入研究，因为目前常用的仍是无机物。高分子咔唑类聚合物，如聚乙烯咔唑，已经比较成熟，研究还在深入。

六、高分子光导纤维

光导纤维是由折射率高的芯和折射率低的包层组成，芯和包层的交界面是折射率差的界面，这界面上，光透不过，又叫光壁，保证芯材导光。一般常用芯材是SiO_2或氟化物玻璃等。无机材料有它们的特点，而高分子光导纤维对于短距离光信号传输系统安装和施工简便，运行可靠，低廉，发展很快。它是以透明高分子材料为芯，用比芯材折射率低的高分子材料作包层。作芯材的高分子主要是聚甲基丙烯酸甲酯，或者甲基丙烯酸的苯酯、环已酯等酯类、聚碳酸酯、聚苯乙烯、聚萘乙烯和聚乙烯基咔唑等，包层高分子如聚四氟乙烯-偏氟乙烯、聚四氟乙烯-全氟丙烯等。

七、功能性合成纤维

利用功能高分子材料的一些特性，与一般的成纤高分子拼混，可以纺出许多性能独特的纤维。随着成纤技术的改进，目前已经开发或使用的，有诸如异形纤维、中空纤维、中空保温纤维、储能纤维、防辐射纤维、抗静电纤维、抗电磁辐射纤维、生物可降解纤维等，还有用作复合材料的高强度、超高强度、高模量纤维等。

八、赋予各行业特别功能的材料

许多功能高分子材料，或不一定是具有某种功能的高分子材料，应用到某些行业中，起到功能化的作用。例如食品保鲜材料、耐高温包装材料、无菌包装材料、耐高温涂层、耐磨涂层、耐高温不粘涂层、消泡、抑泡、匀泡的添加剂、粘接、填充的材料，尤其是高性能高功能混凝土的添加剂、高分子防水堵水材料、灌浆材料、高分子岩土工程材料、建筑施工滑块材料等，不一而足。

不过这里又回归到第一章所云，功能和性能并没有截然的界限，只看你感不感到稀罕。

参 考 文 献

1 江明，府寿宽．高分子科学的近代论题．上海：复旦大学出版社，1998
2 马如章．功能材料学概论．北京：冶金工业出版社，1999
3 李福绵译．功能高分子．北京：科学出版社，1983
4 王国建．功能高分子．上海：华东理工大学出版社，2007
5 陈义镛．功能高分子．上海：上海科学技术出版社，1988
6 王德中．功能高分子材料．北京：中国物资出版社，1998
7 马建标．功能高分子材料．北京：化学工业出版社，2000
8 王国建．功能高分子材料．上海：华东理工大学出版社，2006
9 赵文元．功能高分子材料化学．北京：化学工业出版社，2003
10 韩冬冰，王慧敏．高分子材料概论．北京：中国石化出版社，2002
11 贡长生，张克立．新型功能材料．北京：北京化学工业出版社，2001
12 邹新强．超强吸水剂．北京：化学工业出版社，2002
13 严瑞瑄．水溶性高分子．北京：化学工业出版社，1998
14 刘引烽．特种高分子材料．上海：上海大学出版社，2001
15 王国建．特种与功能高分子材料．北京：中国石化出版社，2004
16 陈莉．智能高分子材料．北京：化学工业出版社，2005
17 李树尘，陈成橱．现代功能材料应用与发展．西安：西南交通大学出版社，1981
18 张卫，97 中国材料研讨会论文集——能源材料、智能材料和梯度材料新进展．北京：冶金工业出版社，1998
19 何天白．功能高分子与新技术．北京：化学工业出版社，2001
20 李青山．功能纤维与智能材料．北京：中国纺织出版社，2004
21 王中林，康振川著，孙家枢等译．功能与智能材料　结构演化与结构分析．北京：科学出版社，2002
22 何天白．海外高分子科学的新进展．北京：化学工业出版社，1997
23 马光辉，苏志国．新型高分子材料．北京：化学工业出版社，2004
24 姚康德等．智能材料——21 世纪的新材料．天津：天津大学出版社，1996
25 姜德生．Richard O. Claus 著．智能材料　器件　结构与应用．武汉：武汉理工大学出版社，2000
26 陶宝祺．智能材料结构．北京：国防工业出版社，1999
27 杨大智．智能材料与智能系统．天津：天津大学出版社，2002
28 陈立新，焦剑，蓝立文．功能塑料．北京：化学工业出版社，2004
29 周学良主编．功能高分子材料．北京：化学工业出版社，2002
30 张丰志．应用高分子手册．北京：化学工业出版社，2006
31 郭卫红，汪济奎．现代功能材料及其应用．北京：化学工业出版社，2008
32 潘才元．功能高分子．北京：科学出版社，2006
33 蓝立文．功能高分子材料．西安：西北工业大学出版社，2007
34 孙酣经．功能高分子材料及应用．北京：化学工业出版社，1990
35 焦剑．功能高分子材料．北京：化学工业出版社，2007
36 李青山．功能高分子与智能材料．哈尔滨：东北林业大学出版社，2001
37 杨永芳，刘敏江．导电高分子材料进展．工程塑料应用，2002，30(7)：57
38 钟昭明．磁性材料家族的新成员——高分子有机磁性材料．磁性材料及器件，1999，30(6)：31
39 陶长元，吴玲等．磁性高分子材料的研究及应用进展．材料导报，2003，17(4)：50
40 丁小斌，孙宗华，万国祥．磁性高分子微球的制备和应用研究进展．化学通报，1997，1：1
41 何炳林，李乃红．高分子试剂．科学杂志，1988，3(9)：654